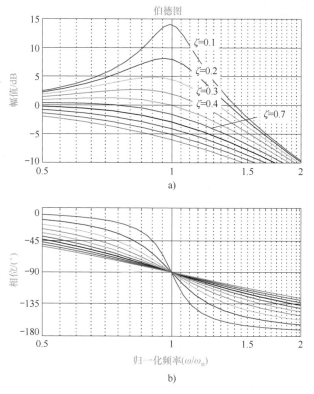

图 5.30　幅值和相位响应的伯德图

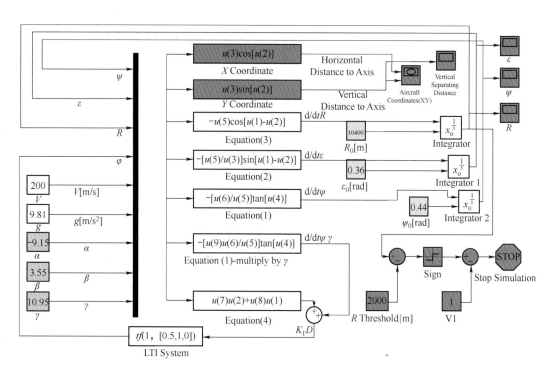

图 6.15　飞机着陆模型的 Simulink 框图

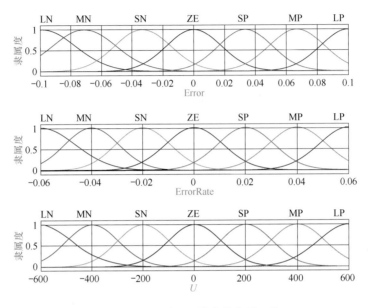

图 7.23　用于输入和输出的隶属函数

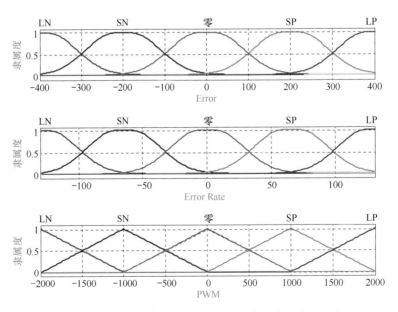

图 8.2　输入误差、误差率和控制器输出对应的隶属函数

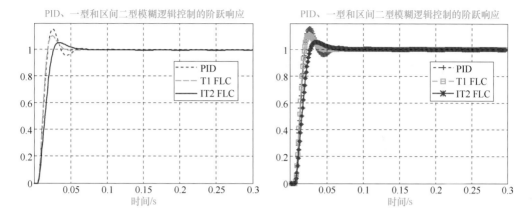

图 9.15　3 种控制器的仿真阶跃响应

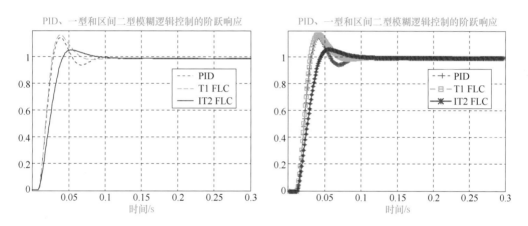

图 9.16　针对 3 种控制器使用 10ms 时滞仿真的阶跃响应

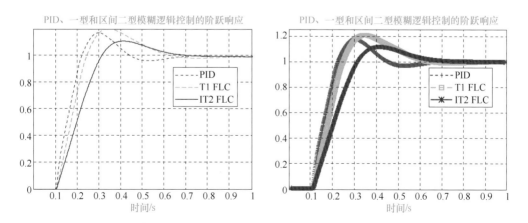

图 9.17　针对 3 种控制器使用 100ms 时滞仿真的阶跃响应

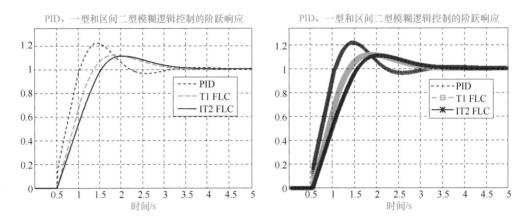

图 9.18　针对 3 种控制器使用 500ms 时滞仿真的阶跃响应

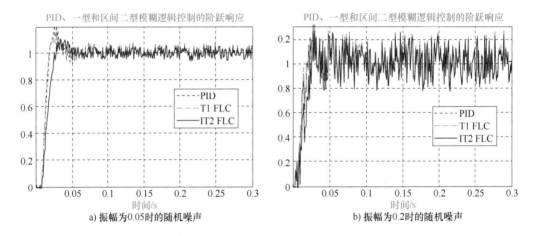

图 9.20　针对 3 种控制器使用随机噪声仿真的阶跃响应

时代教育·国外高校优秀教材精选

基于微控制器的经典控制理论与现代控制技术

——设计、实现与应用

Classical and Modern Controls with Microcontrollers
Design, Implementation, and Applications

[美] 白颖（**Ying Bai**）
兹维·S. 罗斯（**Zvi S. Roth**）　著

赵振东　蔡隆玉　华国栋　杨　敏　谢继鹏　李　春　译

机 械 工 业 出 版 社

本书介绍了基于微控制器的经典控制理论与现代控制技术，包括 PID 控制、一型模糊逻辑控制和区间二型模糊逻辑控制。全书共 9 章，第 1 章为绪论；第 2、4~7 章介绍了不同领域中应用的经典控制理论和现代控制技术；第 3、8、9 章介绍了特定的微控制器、微控制器评估板、外围设备和接口，以及针对闭环控制系统开发和构建的专业控制程序软件包。借助应用案例，本书分析了各种 MATLAB 控制工具箱及相关的控制函数和工具的使用特点，展示了运用 MATLAB Simulink 进行相关仿真的研究成果。此外，本书附录提供了一套完整的说明和指导，可以帮助读者轻松快速地下载并安装开发工具和工具包。

本书系统性强、内容翔实、案例丰富，编排结构适于教学使用，可供高等院校自动化类、电气信息类、电子信息类和计算机类等相关专业以及"新工科"专业的本科生、研究生和教师使用，还可供控制编程人员、软件工程师和科研工作者参考。

First published in English under the title
Classical and Modern Controls with Microcontrollers: Design, Implementation and Applications
by Ying Bai and Zvi S Roth, edition: 1
Copyright © Springer Nature Switzerland AG, 2019
This edition has been translated and published under licence from
Springer Nature Switzerland AG.

图书在版编目（CIP）数据

基于微控制器的经典控制理论与现代控制技术：设计、实现与应用/（美）白颖，（美）兹维·S.罗斯著；赵振东等译. —北京：机械工业出版社，2023.12
（时代教育：国外高校优秀教材精选）
书名原文：Classical and Modern Controls with Microcontrollers Design，Implementation，and Applications
ISBN 978-7-111-75139-7

Ⅰ.①基⋯　Ⅱ.①白⋯　②兹⋯　③赵⋯　Ⅲ.①微控制器－高等学校－教材　Ⅳ.①TP368.1

中国国家版本馆 CIP 数据核字（2024）第 032381 号

机械工业出版社（北京市百万庄大街22号　邮政编码100037）
策划编辑：刘元春　　　　　　　责任编辑：刘元春　王　荣
责任校对：张婉茹　王　延　　　封面设计：王　旭
责任印制：单爱军
保定市中画美凯印刷有限公司印刷
2024年7月第1版第1次印刷
184mm×260mm・29印张・2插页・721千字
标准书号：ISBN 978-7-111-75139-7
定价：98.00 元

电话服务　　　　　　　　　　网络服务
客服电话：010-88361066　　　机 工 官 网：www.cmpbook.com
　　　　　010-88379833　　　机 工 官 博：weibo.com/cmp1952
　　　　　010-68326294　　　金　书　网：www.golden-book.com
封底无防伪标均为盗版　　　机工教育服务网：www.cmpedu.com

● ● ●

谨以此书献给我的妻子 Yan Wang 和女儿 Susan（Xue）Bai。

——Ying Bai 博士

感谢这些年来指导过我的老师及同事们，有了大家的支持，我才能在控制系统领域有所研究。我要把这本书献给我的启蒙老师——以色列理工学院的 Julius Preminger 教授和 Eliezer Schoen 教授。他们引领我入门，激发了我对控制领域的兴趣，兴趣延续又发展为贯穿我整个职业生涯的热爱。Preminger 教授后来成为我的硕士生导师。我还多次担任了 Schoen 教授的助教。通过每周的研讨会，我学到了很多东西。研讨时期的讲义看起来仍然新颖独特，且与本书的主题相关。因此，我在这本书中使用了一些讲义材料。Schoen 教授将所有的学生都带入了动力学仿真领域。在 20 世纪 70 年代早期，所选择的工具是基于文本的连续系统建模程序。这些仿真工具成了我研究道路上终生的朋友。

——Zvi S. Roth 博士

控制理论和技术的快速发展对控制工程及其应用产生了全面的影响，带来了新的控制理论、执行机构、传感器系统、计算方法、设计原理和新的应用领域。从回路控制到满足要求的系统设计，这一过程往往充满了不确定性和混乱，而控制工程论文及书籍对综合问题的分析和研究很多，对控制设计问题的分析和研究却很少。同时，理论研究通常不会提及微处理器的传感器系统、执行器和数值实现方法等方面。针对上述问题，本书做了较为详细的探讨。

本书系统介绍了基于微控制器的经典控制理论与现代控制技术，包括 PID 控制、一型模糊逻辑控制和区间二型模糊逻辑控制，内容翔实，案例丰富，编排结构符合教科书要求。因此，将这本国外优秀著作引进给国内高校师生和工程专业技术人员是十分必要的。

本书译自 Springer 出版社出版的先进工业控制丛书中的一本，原书作者团队是智能控制、混合语言编程、模糊逻辑控制、机器人控制和模糊多准则决策等方面的知名学者，多年来一直致力于控制设计及其实现，具有丰富的行业经验，培养了大量的优秀人才。

本书由南京工程学院赵振东翻译第 1、2、4 章，南京理工大学紫金学院蔡隆玉翻译第 3、9 章及附录，江苏智行未来汽车研究院有限公司华国栋翻译第 5 章，南京理工大学紫金学院谢继鹏翻译第 6 章，南京理工大学紫金学院杨敏翻译第 7 章，金龙联合汽车工业（苏州）有限公司李春翻译第 8 章，全书由赵振东指导并定稿。

译者在翻译过程中力求忠实于原著，向读者展现国外学者的最新研究成果。由于译者水平有限，不妥甚至错误之处在所难免，诚望广大读者批评指正。

译　者

Michael J. Grimble，英国格拉斯哥，斯特拉斯克莱德大学电子与电气工程系。
Antonella Ferrara，意大利帕维亚，帕维亚大学电气、计算机和生物医学工程系。

先进工业控制丛书简介

先进工业控制丛书旨在为工程环境中控制技术的应用提供最新的先进控制理论。该丛书已供世界各国工程师、研究人员使用，并于各国图书馆收藏。

本系列丛书促进了学术界和工业界之间的信息交流，从理论层面论证了最新的先进控制方法，并说明了如何在试验装置或实际的工业环境中应用这些理论方法。丛书根据所使用的理论类型和案例的应用类型来分类。值得注意的是，丛书所指的"工业"是指广义工业，也就是说本系列丛书不仅适用于工业工厂中使用的工艺，还适用于航空电子设备、汽车制动系统和传动系统等。此外，本系列丛书中还补充了通信和控制工程的理论和更多数学方法。

本系列丛书现已收录于 SCOPUS 数据库和工程索引（Engineering Index）。

关于本系列丛书原著的更多信息，可访问：http://www.springer.com/series/1412.

研究人员和工程师对控制系统工程的认识有很大的不同。研究人员主要运用基本数学原理来推导出通用算法，而工程师更关注的是让设备和工厂拥有最短的停工期。先进工业控制丛书努力为两者架起沟通的桥梁，并希望在工业生产得到保证的情况下可以更多地提供先进控制技术。

控制理论和技术的快速发展对控制工程及其应用产生了全面的影响，带来了新的控制理论、执行机构、传感器系统、计算方法、设计原理和新的应用领域，也使相关系列著作得以修订。工程应用中出现的新挑战也促进了相关控制理论的进一步发展。如果控制系统设计问题需要在不同层面投入足够的精力才能得以解决，那么，对应用层面的关注也是同样重要的。

在控制工程中，对综合问题的分析和研究很多，但对控制设计问题的分析和研究却很少。从回路控制到满足要求的系统设计，这一过程往往充满了不确定性和混乱。本系列丛书让研究人员有机会对工业控制方面的新工作进行更广泛的阐述，提高人们对可能产生的重大效益和可能出现的挑战的认识，并能有机会解决控制系统设计中的重要问题。

本书的作者们多年来一直致力于控制设计和实现这一主题，并在快速变化的环境中发表了诸多研究著作。本书关注的是实现控制系统时使用的技术。控制技术和编程方法变化非常快，要呈现相关主题的内容是不容易的。然而，作者提到了一些基本原则可以为当前和未来可能出现的系统提供共同的基础。事实上，大部分系统都涉及控制基础，但这些基础往往与数字化设备中的实际应用问题有关。

在理论研究中，通常不会提及微处理器的传感器系统、执行器和数值实现方法等内容，但本书对这些内容进行了详细介绍，同时介绍了经典控制理论中一些最有用的工具，并提及了一些基于模型的先进控制方面的内容。MATLAB®脚本适于学生学习使用，课后习题作业和实验部分的内容更适于教师教学使用。

控制工程领域大量论文和书籍中通常未考虑的内容，本书都会有所涉及。因此，它是先进工业控制丛书的一个重要补充，深受读者的欢迎。

Michael J. Grimble
英国 格拉斯哥
2018 年 8 月

今天，在我们日常生活中最常见和最强大的控制技术是自动控制和智能控制。世界上的每个人，或多或少都受到数字控制的影响或从中受益。汽车、智能图形化计算器、房间扫地机器人、洗衣机/烘干机、暖通空调系统、冰箱、自动取款机、iPad、iPhone、自动售货机等，都应用了这类控制技术。我们生活的几乎所有方面都受到经典或现代控制技术的影响。

为了跟上控制技术的发展步伐，并能理解和掌握这些控制技术，我们所有人，当然也包括大学生，都需要一个完整而扎实的理解和学习过程。一本好的、实用的教材是这一学习过程的先决条件。

然而，目前的图书市场上，很难甚至不可能找到一本好的或匹配的教科书来实现这一目标。大多数控制领域的教科书只是讨论或提及了一些流行的控制理论和仿真方法。这类教材不能使学生完全理解并应用所学知识，仅凭理论和仿真经验无法开发出真正的控制系统。要提高学生对经典和现代工业控制技术的学习能力和理解能力，一条完整详细的开发链是必不可少的。这正是本书撰写的主要目标。

本书作者试图提供一个完整的软件包，利用微控制器系统 TM4C123GXL 介绍经典控制理论和现代控制技术。

该软件包不仅可用于经典和现代控制技术的坚实理论和仿真方法的学习，而且还包括了一套实现组件，其中的主要内容如下：

1）功能强大的最新微控制器——TM4C123GH6PM（德州仪器）。

2）Tiva™ TM4C123GXL LaunchPad™ 评估板（EVB）。

3）EduBASE ARM Trainer（培训器）。

4）Keil® MDK-ARM® μVision-5 IDE（集成开发环境）。

借助这些硬件和软件以及实际应用注释和实例，学生可以通过编写开发代码，利用微控制器系统对某些电动机进行实时控制，从而设计、开发和构建一些实际的控制系统。书中的所有示例项目都经过了编译、链接和测试。为了帮助学生掌握主要的技术和思想，还提供了3个附录，帮助学生在学习过程中少走弯路。

除了所附的习题作业之外，本书还包含两个实践项目，分别是课堂项目和实验项目。学生通过完成实践项目，能够有效地学习和构建实际控制程序用于实际控制系统。为方便教师教学，本书提供了一套完整的课后习题答案和PPT课件。

欢迎您对本书提出任何问题或评论。

Ying Bai 博士
于美国夏洛特
Zvi S. Roth 博士
于美国博卡拉顿

致 谢

首先也是最特别要感谢的是我的妻子 Yan Wang，没有她的真诚鼓励和支持，我无法完成这本书。

非常感谢编辑 Oliver Jackson，Meertinus Faber 和 Subodh Kumar，是他们让这本书得以出版。如果没有他们的深刻见解和辛勤工作，你是不可能从市场上找到这样一本书的。同样感谢本书背后的编辑团队。没有他们的贡献，这本书就不可能出版。

最后，同样重要的是，感谢所有支持我们完成这本书的人。

Ying Bai 博士

在佛罗里达大西洋大学 36 年的学术生涯中，我享受到了极大的学术自由，这要感谢我遇到的许多系主任和院长，他们的支持使我能够在这些年来编写了大量的本科生和研究生课程的教学材料。这对我的写作帮助很大。本书的大部分内容来自我在"控制系统 1""控制系统 2""非线性系统"和"生物系统建模与控制"课程的讲义。

我很幸运有很多优秀的学生。多年来，我收集了每门课程中最好的学生的解答。这些解答材料对案例研究和家庭作业中问题的选择都非常有帮助。本书使用了以下学生的作品，我非常感谢他们：Kasra Vakilinia 博士、Ivan Bertaska 博士、Claude Lieber 博士、Benjamin Coleman、Dennis Estrada 等。

最后，非常感谢我深爱着的妻子 Eva，是她把我从许多重要的家务中解放出来，让我能够专注于完成这本书。我还要感谢我的孩子们，他们表现出积极的兴趣，鼓励我坚持下去。

Zvi S. Roth 博士

Ying Bai 博士是约翰逊 C. 史密斯大学（Johnson C. Simith University）计算机科学与工程系教授。他的研究领域包括智能控制、软计算、混合语言编程、模糊逻辑控制、机器人控制、机器人校准和模糊多准则决策等。Ying Bai 博士有着丰富的行业经验，在 Motorola MMS、Schlumberger ATE Technology、Immix TeleCom 和 Lam Research 等公司担任软件工程师或高级软件工程师。

近年来，Ying Bai 博士在 IEEE Trans 系列期刊和国际会议上发表学术论文 50 余篇。他还与 Prentice Hall、CRC、Springer、剑桥大学出版社和 Wiley IEEE 出版社等合作，出版了 14 部著作。Prentice Hall 出版社于 2005 年出版了他的第一本书《使用多种语言的应用程序接口编程》（*Applications Interface Programming Using Multiple Languages*）的俄文译本。他的第 8 本书 *Practical Data base Programming with Visual C#. NET*（《C#数据库编程实战经典》）的中文译本于 2011 年年底由清华大学出版社出版。他的大多数著作都与工业应用中的接口软件编程、串口编程、数据库编程和模糊逻辑控制以及微控制器编程和应用等相关。

Zvi S. Roth 博士分别于 1974 年和 1979 年在以色列理工学院获得电气工程学士和硕士学位，并于 1983 年在凯斯西储大学（Case Western Reserve University）获得系统工程博士学位。随后，他加入了佛罗里达大西洋大学（Florida Atlantic University，FAU）工程与计算机科学学院，目前是该学院计算机与电气工程系和计算机科学系的教授。

Benjamin Mooring 博士、Zvi S. Roth 博士和 Morris Driels 博士撰写了《机械手校准基础》（*Fundamentals of Manipulator Calibration*，1991 年由 John Wiley 出版社出版）一书。1985—1993 年，Roth 博士担任佛罗里达州资助的 FAU 机器人中心主任。1985—1998 年，FAU 机器人中心毕业了 30 多名博士生。1996 年，Hanqi Zhuang 博士和 Roth 博士撰写了《摄像机辅助机器人校准》（*Camera-Aided Robot Calibration*，由 CRC 出版社出版）一书。

1993—1997 年，Roth 博士担任电气工程系主任。2005—2008 年，他担任佛罗里达州资助的佛罗里达-以色列研究所所长。多年来，Roth 博士的研究兴趣延伸至生物技术的自动化设计、亚微米模拟电子电路设计，以及生物和生理系统的建模等领域。他在期刊和会议上发表了 50 余篇论文，并培养了 9 名博士。

- Arm®是 Arm Limited 公司的商标和产品。
- Cortex®是 Arm Limited 公司的商标和产品。
- Keil®是 Arm Limited 公司的商标和产品。
- μVision®是 Arm Limited 公司的商标和产品。
- Arm7™是 Arm Limited 公司的商标和产品。
- Arm9™是 Arm Limited 公司的商标和产品。
- ULINK™是 Arm Limited 公司的商标和产品。
- MATLAB®是 MathWorks®公司的商标和产品。
- Simulink®是 MathWorks®公司的商标和产品。
- System Identification Toolbox™是 MathWorks®公司的商标和产品。
- Control System Toolbox™是 MathWorks®公司的商标和产品。
- Fuzzy Logic Toolbox™是 MathWorks®公司的商标和产品。
- Neural Network Toolbox™是 MathWorks®公司的商标和产品。
- Texas Instruments™是 Texas Instruments 公司的商标和产品。
- Tiva™是 Texas Instruments 公司的商标和产品。
- TivaWare™是 Texas Instruments 公司的商标和产品。
- LaunchPad™是 Texas Instruments 公司的商标和产品。
- Code Composer Studio™是 Texas Instruments 公司的商标和产品。
- Stellaris®是 Texas Instruments 公司的商标和产品。

第 3 章和第 4 章使用了 Wiley IEEE 出版社的以下版权材料:

- *Practical Microcontroller Engineering with ARM Technology*,Ying Bai,2016 年第 1 版。重复使用的材料包括:第 2 章 2.6.1~2.6.2 节、2.6.3.3 节、2.7 节和 2.8 节,第 3 章 3.2 节~3.4 节,第 7 章 7.6.1 节~7.6.3 节、7.6.4.1 节~7.6.4.2 节、7.6.5.1 节、7.6.6.1 节~7.6.6.3 节、7.6.7 节~7.6.8 节,第 10 章 10.3 节~10.5 节。

所有这些重复使用的材料都是 2016 年 John Wiley & Sons 公司的许可下复制。

第 7 章使用了 Springer 出版社的以下版权材料:

- Ying Bai,Hanqi Zhuang 和 Dali Wang 等人的 *Advanced Fuzzy logic Technologies in Industrial Applications*,2006 版,第 2 章:*Fundamentals of Fuzzy Logic Control—Fuzzy Sets,Fuzzy Rules and Defuzzifications*,17~35 页的全部内容。

这些重复使用的材料 2006 年经 Springer 出版社的许可进行了复制。

目　录

第 **1** 章

绪　　论

　　多年来，我们采用了不同控制策略和技术，在经典和现代控制的工程实践和课程教学等方面积累了大量经验。近年来，越来越多的先进控制理论和技术不断发展，并且得以报道。然而，控制理论与实际的控制实现之间似乎始终存在一定的差距。目前，图书市场上的大多数控制类书籍，包括教材，很少能弥补这方面的差距。

　　大多数控制类书籍延续了传统的写作风格：首先，对控制理论和原则进行了介绍；接着，讨论了一些解决控制问题的技术；最后，运用了一些仿真工具，通过示例验证了书中所介绍的控制理论。大多数探讨经典和现代控制技术和实现的控制类书籍都采用了这种写作风格。

　　但是，对于学生而言，他们需要更详细地了解常用的实际控制系统的信息以及真正的控制知识和技术。不仅如此，他们还需要利用从课堂上学到的知识和技术，设计具有实际控制目的或目标的完整控制系统，借此来充分理解所学到的内容。这样一来，学生才可以更充分地学习和理解控制理论和技术，这是因为仅仅通过理论研究和系统仿真，是不足以使他们完全理解那些控制策略的。

　　本书的内容是基于上述思路进行规划和准备的。本书旨在为学生提供弥补上述差距的一种方法或一个桥梁。通过学习，学生能够将课堂所学的控制理论与常见的实际控制目标结合起来，针对实际控制目标，制定有实用性的实时闭环控制策略，并亲自设计、调试、仿真，开发出控制程序，从而得到最优控制系统。

　　为此，我们需要使用真正的控制器或微控制器系统作为工具，使学生能够在此基础上开发控制算法和程序，针对控制目标或控制对象真正地实现控制功能。为了帮助学生更好地设计和构建控制程序，本书还提供了一系列相关的软件工具。

　　在诸多常见的微控制器系统中，本书选用的是由 Texas Instruments™（德州仪器，TI）生产的产品，即微控制器（Microcontroller Unit，MCU）TM4C123GH6PM 及其评估板 TM4C123GXL。此 MCU 是一个 32 位的微控制器，可提供多种控制功能。相关的软件工具包括集成开发环境（Integrated Development Environment，IDE）、Keil® MDK-ARM® μVision（原书为 Version，

ⓒ Springer Nature Switzerland AG 2019.

Y. Bai and Z. S. Roth, *Classical and Modern Controls with Microcontrollers*，Advances in Industrial Control，https：//doi. org/
10. 1007/978-3-030-01382-0_1.

现改为 Vision)® 5. 24a 以及 TivaWare™ SW-EK-TM4C123GXL 驱动程序软件包。

1.1 TM4C123GH6PM 微控制器开发工具和工具包

本书中，我们将主要使用德州仪器的一款典型且热门的 ARM® Cortex®-M4 微处理器评估系统 TM4C123GXL，其中使用了两个名为 TM4C123GH6PM 的 ARM® Cortex®-M4 微处理器。将相关的开发工具和工具包可以分为两部分：硬件部分和软件部分。

1）硬件部分包括：

① Tiva™ C 系列 LaunchPad™ TM4C123GXL 评估板（Evaluation Board，EVB），TM4C123GXL。

② EduBASE ARM® Trainer（含大多数常用的外围设备和接口）。

③ 其他一些相关的外围设备，例如直流电动机、CAN（Controller Area Network）接口和数/模（D/A）转换器。

2）软件部分包括：

① 集成开发环境 Keil® MDK-ARM® μVision® 5. 24a。

② TivaWare™ SW-EK-TM4C123GXL 驱动程序软件包。

③ Stellaris 电路内调试接口（In-Circuit Debug Interface，ICDI）。

本书的附录 A~C 提供了下载和安装这些软件工具的详细信息和指导。

1.2 本书的主要特点

1）借助真实案例，介绍了经典和现代控制理论及控制技术，包括 PID 控制、一型模糊逻辑控制和区间二型模糊逻辑控制。

2）使用各种 MATLAB® 控制工具箱［包括非线性控制工具箱（Nonlinear Control Toolbox）］以及相关的控制函数和工具，介绍了线性和非线性控制理论及技术，探讨了各项技术的特点。

3）对于所有控制策略，使用 MATLAB® Simulink® 展示了经典和现代控制理论、线性和非线性控制以及相关仿真技术的研究状况，从而在读者脑海中勾画出一幅真实的完整的知识图谱，使读者能清晰地了解所介绍的控制技术的控制性能。

4）使用详细的插图对控制理论和实际的控制程序开发实践过程进行了逐步讲解，使学生能够亲自动手在真正的微控制器系统 TM4C123GXL 上构建控制算法和程序，从而针对直流电动机闭环控制系统执行实时控制。不仅如此，学生还可以通过绘制这些闭环控制系统的阶跃响应图来验证控制性能。

5）本书中提供了超过 12 个真实的课堂项目，其中包含详细的逐行说明和插图，使读者能够更轻松快速地学习并理解经典和现代控制策略。

6）本书中一共提供了 16 个真实的实验项目，使学生能够亲自动手设计和构建各种控制策略，从而更好地理解如何更有效地实现经典和现代控制策略。

7）每章结束后附带有一套完整的课后作业和实验项目。这使学生能够通过自身的实践来更好地理解他们所学的内容。

8）针对所有课后作业和实验项目，为教师们提供了一套完整的答案。

9）为教师们提供了一套完整的 Microsoft PowerPoint 教学幻灯片，方便他们轻松地教授本书内容。

10）附录 A~C 提供了一套完整的说明和指导，帮助读者轻松快速地下载并安装开发工具和工具包。

11）对于大学生而言，本书可以作为优秀的学习教材使用；对于控制编程人员、软件工程师和学术研究人员而言，本书可以作为优秀的参考书使用。

1.3 本书的适用人群

本书面向电子与计算机工程（Electrical and Computer Engineering，ECE）、信息系统工程（Information System Engineering，ISE）、电气工程（Electrical Engineering，EE）和计算机工程（Computer Engineering，CE）专业学习自动化控制、数字控制或现代控制等课程的大学生，以及想要开发实用的具有商用价值的控制程序和相关开发工具的软件编程人员。本书假设读者对 C 语言编程已有基本的认识和了解。

1.4 本书的主要内容

本书分为 9 章，通过简单易学的方式使学生能够切实有效地学习经典和现代控制技术。各章含有相应的课后习题和实验项目，使学生能够通过必要的练习来加深对相关材料和技术的学习和理解。

第 1 章：本章简要介绍了全书内容，重点展现了本书的主要特点以及内容结构。

第 2 章：本章介绍并讨论了基本的控制技术，包括经典和现代控制策略，通过一些真实的示例，说明了开环和闭环控制系统；介绍了一些用于分析线性闭环控制系统的常用技术，包括拉普拉斯变换和框图，通过真实的示例探讨并分析了与拉普拉斯变换密切相关的一些重要属性，例如极点和零点。

第 3 章：本章对德州仪器生产的微控制器（MCU）的 Tiva™ C 系列 LaunchPad™——TM4C123GXL 进行了基本介绍。利用仿真方法，本章对现代控制技术进行了相关的理论介绍和探讨。同时，通过实际的控制编程代码，介绍并探讨了实用的技术实践方法。两方面内容（理论、实践）的结合使学生能够轻松地将理论知识成功地应用到实际过程（如直流电动机控制）中，实现完整控制系统的构建。因此，在进行更深入的学习之前，读者务必要对 LaunchPad 相关的硬件和软件配置有清晰的认识。

第 4 章：本章探讨了适用于现实生活的最常用的系统和最常见的数学模型；介绍了设置、分析和识别系统模型的不同方法，使读者能够根据这些模型成功设计出所需的控制系统。

第 5 章：本章重点关注 PID（Proportion Integral Derivative）控制系统的设计和分析。通过一些示例，详细介绍并探讨了 3 种常用的设计方法，包括根轨迹图、伯德图和状态空间法；系统地讨论了 3 个热门的计算机辅助设计工具，包括 SISOTool、MATLAB PID Tuner 和 MATLAB® Simulink®。此外，通过一些实用的 MATLAB 函数，介绍并探讨了奈奎斯特稳定判据。

第 6 章：本章重点介绍受控过程模型中固有的非线性特点，例如在运动动力学中，运动几何会直接导致在过程模型中出现三角函数。本章中探讨的其他非线性是有意添加到控制环路中的非线性，例如继电器的非线性。这样做的目的是针对某些特定的输入指令实现控制性能，这样的性能可能要优于通过线性控制方法获取的控制性能。使用 MATLAB® Simulink® 和 Nonlinear Control Toolbox，本章进一步介绍了各种非线性系统的仿真研究，并给出了研究结果；通过一些真实示例，探讨并呈现了大多数常用的非线性控制策略，包括单继电器、多继电器、单输入单输出（Simple Input Simple Output，SISO）和多输入多输出（Multiple Input Multiple Output，MIMO）滑动模式控制、李雅普诺夫稳定性定理和李雅普诺夫函数的综合。

第 7 章：本章详细探讨了模糊逻辑控制系统（Fuzzy Logic Control System，FLCS）及其实现，涉及的内容包括模糊集合、隶属函数、模糊控制规则和去模糊化过程。通过一些真实示例，本章详细呈现并说明了典型集合和模糊集合、模糊集合运算、模糊规则推理和去模糊化 [包括重心（Center of Gravity，COG）法]。本章通过一些仿真研究，使用不同时滞、干扰噪声以及不确定系统动态模型对 PID 控制器和模糊逻辑控制器（Fuzzy Logic Controller，FLC）进行了比较，借此说明 FLC 相较于 PID 控制器的性能优势，通过进行频谱分析，证明了 FLC 是更好的鲁棒控制器。

第 8 章：本章的核心主题是通过使用实际的微控制器及其编程技术在任意闭环控制系统上实现了模糊逻辑控制器（FLC）。本章介绍并探讨了如何在任意闭环系统上成功实现模糊逻辑控制器的 3 个主要操作步骤：模糊化、控制规则设计和去模糊化。使用了一个实际的直流电动机闭环控制系统作为示例，逐步说明如何通过实际的 C 编程控制代码在该系统上设计和实现 FLC。通过详细的说明和示例编码过程，探讨了以 C 编程语言实现的真实模糊逻辑输出查找表和二维矩阵之间的映射技术。借助以下方式，包括 MATLAB 引擎库方法、设计 VC++ 和 MATLAB 之间的用户界面（User Interface，UI），说明了一种在线模糊输出策略，并实现了该策略，从而可以访问 MATLAB 环境中内置的模糊推理系统（Fuzzy Inference System，FIS）。

第 9 章：本章探讨的核心主题是区间二型模糊逻辑控制（Interval Type-2 Fuzzy Logic Control，IT2 FLC）策略。这一策略在诸多常见控制系统（包括线性和非线性系统）中都有应用。本章介绍了一型模糊集合和区间二型模糊集合之间的差异，为读者清晰、完整地展现了这两种模糊集合和推理系统。之后，在 9.2 节和 9.3 节中更详细且深入地探讨了区间二型模糊集合（Interal Type-2 Fuzzy Set，IT2 FS）的运算和区间二型模糊推理系统。探讨了仿真研究方法，帮助用户熟悉使用 MATLAB Simulink 工具对区间二型模糊逻辑控制（IT2 FLC）进行仿真研究的方法。通过对比 3 种控制策略的仿真研究，即利用仿真分析了 PID 控制器、一型模糊控制器和区间二型模糊逻辑控制器等的控制因素和性能，说明了一型模糊控制器较 IT2 FLC、PID 控制器的优势所在，包括长时滞、短时滞、随机噪声和模型不确定性等性能。

- 附录 A：提供了 Keil® MDK-ARM® μVision® 5.24a 的下载、安装和配置指导。
- 附录 B：提供了 TivaWare™ SW-EK-TM4C123GXL 的下载和安装指导。
- 附录 C：提供了在计算机上下载和安装 Stellaris ICDI 调试程序、设置虚拟 COM（Component Object Mode）端口的详细说明。

1.5 本书的结构及使用建议

本书的第 2 章和第 4~7 章对人们现实世界所有领域中应用的经典和现代控制技术进行了基本的专业介绍。第 3、8、9 章详细介绍并探讨了指定的微控制器 TM4C123GH6PM、微控制器评估板 TM4C123GXL 和 Keil MDK-ARM 5.24a IDE，以及针对闭环控制系统开发和构建专业控制程序的软件包。因此，对于一些仅需要对控制理论以及针对经典和现代控制的应用有基础了解的读者或学生来说，可以跳过第 3、8、9 章。这几章对他们而言都是可选读的材料。我们可以将这类受众归类为 I 级学组。

对于掌握了一些基础性控制知识的读者或学生，可以将他直接归类为 II 级学组，适合他们的内容为第 3~8 章。这些读者可以跳过第 2 章和第 9 章。第 2 章是对大多数常见的控制模型和系统进行的基本介绍，而第 9 章介绍的是区间二型模糊逻辑系统（Interal Type-2 Fuzzy Logic System，IT2 FLS）。前者是这些读者已经掌握了的内容，而后者对于他们而言则是较为复杂的最新模糊控制技术。

根据上述所提到的本书的内容结构，本书可以分为两类学习级别：I 级和 II 级，如图 1.1 所示。

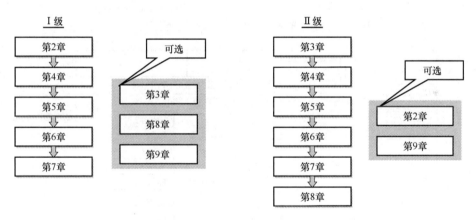

图 1.1 本书的两类学习级别

对于大学本科生或初级控制编程人员而言，我们强烈建议学习并理解第 2 章以及第 4~7 章的内容，这些内容是大多数经典和现代控制实现中所用到的基本知识和技术（I 级）。而第 3~8 章中的内容，它们不仅与基础的经典和现代控制有关，而且还涉及指定的微控制器闭环控制编程（II 级）。这一级内容适用的对象是研究生。

1.6 源代码和示例项目的使用方法

本书中的所有项目分为两个部分：课后习题项目和实验项目。书中提供了这些项目的所有源代码。不过，尽管所有课堂项目均面向教师和学生，但实验项目仅面向教师，因为学生需要自己构建这些实验项目。这些项目的所有源代码都已经过调试和测试，可以直接在任意 TM4C123GXL 评估板中执行。

所有课堂项目都归类到 http://extras. springer. com/2019/978-3-030-01381-3. l 中 C-M Control Class Projects 文件夹下的相关章节中。你需要使用本书的 ISBN（International Standard Book Number）、标题或作者姓名来访问这些项目并将文件下载到计算机上，然后按需运行这些项目。若要成功在计算机上运行这些项目，必须满足以下条件：

1）Tiva™ C 系列 LaunchPad™ TM4C123GXL 评估板必须已安装并连接到你的主机上。

2）EduBASE ARM® Trainer（含大多数常用的外围设备和接口）必须已安装并连接到 TM4C123GXL 评估板上。

3）计算机上必须已安装 Keil® MDK-ARM® 5. 24a 集成开发环境或更高版本的集成开发环境。

4）计算机上已安装 TivaWare™ SW-EK-TM4C123GXL 驱动程序软件包。如果想使用 TivaWare Peripheral Driver Library 所提供的任意 API（Application Programming Interface）函数，必须安装此软件包。

5）计算机上已安装 Stellaris 电路内调试接口（ICDI）。

请参见附录 A~C 以完成步骤 3）~5）。

可以在 Springer（斯普林格）图书支持网站上的相关文件夹中找到与本书相关的所有教学和学习材料，包括课后习题项目、实验项目、附录、教学幻灯片和课后作业解答，如图 1. 2 所示。

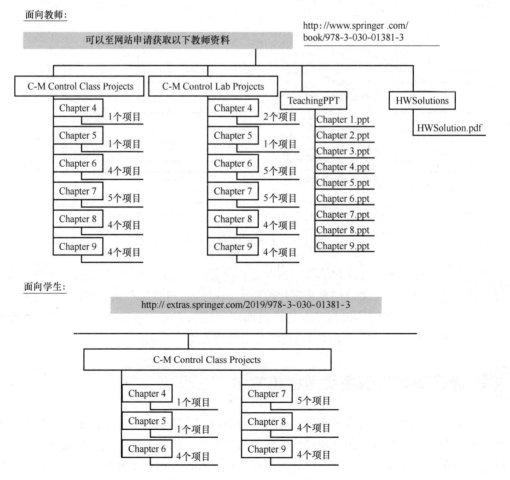

图 1. 2　网站上与本书相关的材料

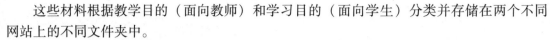

这些材料根据教学目的（面向教师）和学习目的（面向学生）分类并存储在两个不同网站上的不同文件夹中。

面向教师提供以下材料：

1）C-M Control Class Projects 文件夹：包含不同章节的所有课后习题项目。

2）C-M Control Lab Projects 文件夹：包含不同章节中所含的所有实验项目。学生需要按照每个课后作业实验部分中的指导亲自构建和开发这些实验项目。

3）TeachingPPT 文件夹：包含每个章节的所有教学幻灯片。

4）HWSolutions 文件夹：包含本书中开发和使用的课后习题项目和实验项目的一套完整解答。按照本书的章节顺序，这些解答分类并存储在不同的章节子文件夹中。

面向学生提供以下材料：

C-M Control Class Projects 文件夹：包含不同章节的所有课后习题项目。在设置好合适的环境后，学生可以将这些课后习题项目下载到他们的主计算机上并运行这些项目（请参见上文列出的条件）。

1.7 读者支持

所有章节的教学材料已制作成一系列的 Microsoft PowerPoint 文件。每个文件对应一章。感兴趣的教师可以在 http：//www. springer. com/book/978-3-030-01381-3 中的 Teaching PPT 文件夹中找到这些教学材料，并且可以在 www. springer. com 上的图书列表中请求获取这些教师材料。

此外，还可以在同一网站上的图书列表中请求获取一套完整的作业解答。

本书的读者可以通过电子邮件获取支持，可以将你的所有问题发送到以下电子邮件地址来联系我们：ybai@ jcsu. edu。

图 1.2 给出了 Springer 网站中所有与本书相关的材料的详细结构和分布，包括面向教师的教学材料和面向学生的学习材料。

第 2 章

控制系统基本原理

2.1 引言

两种常用的控制系统为开环控制系统和闭环控制系统。系统可以定义为一个集成体或一个元素。例如，可以将一家公司、一辆汽车、一台电动机、一个人的身体或者甚至可将我们的地球看作一个系统。一个系统也称为一个对象。控制系统应包含控制器，用于实现各种控制功能以获取所需的输出。因此，完整的控制系统应由输入、控制器、系统或过程以及输出组成。

如今，大部分的控制系统是闭环控制系统，但有些则是开环控制系统。

2.2 开环控制系统

微波炉是一个典型的开环控制系统，图 2.1 给出了微波炉的加热过程。

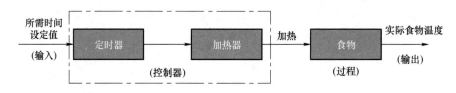

图 2.1 微波炉的加热过程

使用者设定所需的时间间隔（设定值，可以将此时间间隔看作是输入）后，定时器和加热器（控制器）将启动并维持所需的时间，使加热器能够将食物加热（过程）到合适的温度（输出）。

我们将这类控制系统称为开环系统，这是因为输出对于输入信号的控制执行不会造成任何影响。换句话说，在开环控制系统中，既不会测量输出值，也不会将输出值与输入值进行

Y. Bai and Z. S. Roth，*Classical and Modern Controls with Microcontrollers*，Advances in Industrial Control，https：//doi. org/10. 1007/978-3-030-01382-0_2.

比较形成反馈值。因此，无论最终结果如何，开环系统应切实遵循它的输入命令或设定点。此类控制系统也称为非反馈控制系统。

此外，开环系统不监测输出结果，例如食物温度。因此，当设定值漂移时，即使会与设定值形成过大的偏差，系统也无法对可能造成的误差进行任何的自我修正。

开环系统的另一个弊端是无法处理干扰或条件出现变化的情况，这可能会导致系统性能降低，无法完成所需的任务。例如，当微波炉的炉门打开时，热量会流失；无论完整的时间间隔是多少，定时控制器都会继续工作，但在加热过程结束时，食物并没有被加热。这是因为缺乏信息反馈，系统无法将温度维持到等于或接近输入值（设定值）的恒温状态。

其中，可能出现的一个问题是开环系统误差，例如环境温度变化或定时器运行出现故障时，会干扰食物加热的过程。因此，需要用户（例如操作人员）进行额外的监视。可以预料到，这类控制方法的问题在于用户需要频繁地监视过程温度，并在食物加热过程中偏离设定值时采取改进措施。

开环控制系统的另一个典型示例是直流电动机风扇开环控制系统，如图 2.2 所示。

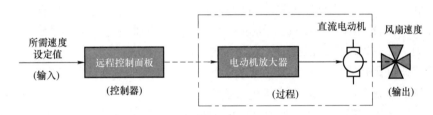

图 2.2 直流电动机风扇开环控制系统

在此控制系统中，控制目标是通过远程控制面板设定所需的速度值（设定值），使电动机在此速度下旋转，并且不会出现误差。电动机旋转的速度取决于输入设定值，该值可以转换为提供给电动机放大器的电压。输出电压值可能与远程控制面板上的设定值成正比。

如果远程控制面板上的设定值为高速，那么将为放大器提供全部的正电压，表示电动机和风扇的转速应该较高。同样，如果远程控制面板上的设定值为低速，那么将为电动机提供较低的电压，表示电动机应以较低的速度旋转。由于电动机输出速度的期望值等于远程控制面板上的设定值，所以应将系统的总体增益当作一个整体来看待。

然而，远程控制面板、电动机放大器和直流电动机的各项增益可能会随时间而变化，从而使供电电压或温度发生变化，或者电动机负载（风扇）可能会增加，这会对电动机的开环控制系统造成外部干扰。可以通过定期监测设定值和电动机运行速度之间的关系，以及手动提高或降低设定值来减少此类干扰。

此电动机风扇开环控制系统的优势在于成本较低且易于实现，非常适合在定义完善的系统中使用，在这样的系统中，输入和输出之间是直接的关系，不受外部干扰的影响。此类控制系统的缺陷也显而易见，即输出值（电动机转速）与远程控制面板上的输入值（设定值）不相关。电动机转速可能等于也可能不等于设定值。换言之，此控制系统对于系统的输出没有任何控制能力！因此，此类开环系统并不实用。系统中存在的变化或干扰会影响电动机的转速，所以，此类开环控制系统在现实世界中并不可靠。

不过，定义完善的系统，可以通过数学公式对输入和输出之间的关系进行可靠建模。对于这样的系统，开环控制是有效的，并且具有一定的经济效益。一个比较好的应用实例是确定要馈送给直流电动机的电压以驱动恒定负载，从而达到所需的转速。但是，如果负载不可预测并且变得过大，那么电动机的转速可能不仅会受输入电压的影响，还会受到负载的影响，从而发生变化。此时，开环控制器不能确保对速度进行重复控制。

根据上述讨论可知，开环控制系统具有以下潜在问题：

1）不会对实际输入值和所需输出值进行比较。

2）没有针对输出值的自我调整或自我控制策略。

3）每一个输入设定值都会决定控制器的固定输出值。

4）无法减少或克服所有来自外部条件的变化或干扰。

为了解决这些潜在问题并提高整个控制系统的性能，我们需要将目光转移到另一类控制系统上，即闭环或称反馈控制系统。

2.3 闭环（反馈）控制系统

闭环控制系统（也称为反馈控制系统）是基于开环系统而构建的、前向通道有一个或多个反馈环路（因此而得名）或输出和输入之间有信息传递通道的控制系统。可以将反馈简单地理解为一部分输出会返回到输入成为系统激励的一部分。

闭环系统通过比较输出结果与实际的输入条件，自动实现并维持所需的输出结果。具体实现方法是将部分或全部的输出反馈与输入条件进行比较，生成误差信号，即输出和参考输入之间的差，用于生成控制指令。换言之，闭环系统是自动控制系统，其控制指令在某种程度上取决于输出。

我们仍用之前的微波炉为例。可以通过以下方式将它变成一个闭环控制系统：使用一个传感器用于检测实际食物温度，再用一个比较器将反馈输出与输入（设定值）进行比较，最终在系统中添加一个反馈通道。通过比较输出反馈和输入来获取误差信号，此误差信号可用作控制器的输入，从而实现对输出的自动调节，使输出结果达到设定值，或者使输出结果尽可能等于设定值。

温度传感器将监控食物的实际温度，并将实际温度值与输入设定值进行比较，或者从输入设定值中减去此实际温度值。误差信号随后经控制器放大，而控制器的输出会对加热系统进行必要的修正，从而减少任何类型的偏差。例如，如果食物不够热，控制器可能会提高温度或增加加热时间；同样，如果食物非常热了，控制器可能会降低温度或停止加热过程，使食物不至于过热或被烤焦。

闭环结构是根据来自食物加热系统中传感器或温度计的反馈信号定义的。误差信号的幅度和极性与所需的加热温度和实际食物温度之间的差直接相关。

闭环控制这一术语通常意味着使用反馈控制来减少输出和输入之间存在的任何误差。这一反馈正是开环系统和闭环系统之间的重要区别。因此，输出的准确性取决于反馈通道，此通道的反馈结果通常非常准确，并且此通道位于电子控制系统和电路中。

从微波炉这个简单的示例可以看出，与开环系统相比，闭环系统有很多优势。闭环反馈控制系统的主要优势在于能够降低系统对外部干扰的敏感度，并且可以自动修正误差，使输出尽可能等于输入。

对于此反馈控制系统，另外要注意的是反馈通道或传感器必须能够实现以下两项功能：

1）将部分或全部的输出引导回输入，使比较器能够对输入和输出进行比较，从而得到一个差值或误差信号来作为要向控制器更新的输入。

2）将输出类型转换为输入类型并实现比较。

图 2.3 所示为微波炉中食物加热闭环控制系统。传感器不仅需要将输出的反馈提供给输入，还需要将输出类型（食物温度）转换为输入类型（定时器设定值）。通过调整定时器设定值，可以改变所需达到的食物温度。否则，由于输入和输出的类型不同，将无法完成输入和输出之间的比较。

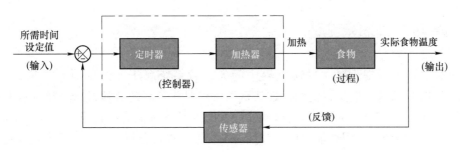

图 2.3 微波炉中食物加热闭环控制系统

我们再仔细观察一下图 2.2 所示的直流电动机开环控制系统，并将它更改为一个闭环控制系统，结果如图 2.4 所示。

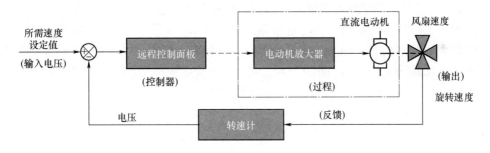

图 2.4 直流电动机闭环控制系统

为了将输出（电动机或风扇的转速）反馈送回输入（电动机放大器的输入电压），需要在直流电动机的转轴上安装一个转速计，用于检测电动机的转速并将检测结果转换为与电动机转速成正比的电压值。转速计也叫作测速发电机，它是一个永磁直流发电机，提供与电动机转速成正比的直流输出电压。

直流电动机闭环控制系统的任何外部干扰（例如电动机的负载增加），会使实际电动机转速产生的电压值和输入电压设定值之间出现偏差。此偏差会生成误差信号，控制器会自动响应该信号，根据信号幅度调整电动机的转速。随后，控制器会尝试最大限度地减少误差信号，零误差意味着实际转速等于设定值。

与开环控制系统相比，闭环控制系统有很多优势。闭环控制系统使用反馈后，系统对外部干扰和系统参数的内部变化（例如温度或元素变化）的响应相对不那么敏感。这样可以通过使用相对不太准确且成本较低的组件，实现对给定过程或对象的精准控制。

根据上述所讨论的内容，我们可以得出这样的结论：闭环控制系统比开环控制系统更具

11

优势。具体的优势如下：

1）可以自动调整系统输入，从而减少误差。

2）可以提高不稳定系统的稳定性。

3）可以降低系统敏感度，从而增强对过程中外部干扰或内部变化的抵抗性。

4）可以提供可靠且可重复的性能。

现在我们对控制系统的两种类型有了清晰的认识。接下来，我们探究能够更轻松、更简单地实现控制系统分析和研究的实用工具。

2.4 拉普拉斯变换简介

正如本章开头所提到的，现实世界中的大多数系统属于非线性时变（Nonliner Time Variant，NLTV）系统。但是，我们很难甚至不可能对此类系统直接进行分析。若要对此类系统进行分析，一个简单的方法是将这些非线性时变系统近似为线性时不变（Linear Time - invariant，LTI）系统。使用叠加原理对线性时不变系统进行分析，可以使研究变得更加轻松和简单。关键问题在于叠加原理仅适用于线性时不变系统。

众所周知，大多数线性时不变系统都可以用一系列微分方程来表示。为了将微分方程简化，实现更简单的分析，需要使用拉普拉斯变换将微分方程转换为代数方程。

首先，从 RC 低通滤波器电路讲起，如图 2.5 所示。

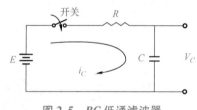

图 2.5 RC 低通滤波器

输出电压 V_0 正是电容器 V_C 上的电压降。根据基尔霍夫电路定律［Kirchhoff's Voltage Law，KVL］，可以得出输入电压 E 和输出电压 V_0 之间的关系，如式（2.1）所示。

$$E = V_R + V_C = i_C R + V_C = CR \frac{dV_C}{dt} + V_C \tag{2.1}$$

或得

$$CR \frac{dV_C}{dt} + V_C = E \tag{2.2}$$

式（2.2）是具有通解和特解的一阶非齐次微分方程，其完整的解如式（2.3）所示。

$$V_C(t) = E\left(1 - e^{-\frac{t}{RC}}\right) \tag{2.3}$$

但是，通过使用拉普拉斯变换，则可以将此一阶微分方程简化为代数方程，如式（2.4）所示。

$$V_C(s) = \frac{E(s)}{sRC + 1} \tag{2.4}$$

关键的问题是使用拉普拉斯变换（L）后，导数运算可能会转换为乘法运算，例如

$$L\left\{\frac{df(t)}{dt}\right\} = sF(s) \tag{2.5}$$

另一个稍显复杂的例子是简易弹簧-质量块阻尼机械系统，如图 2.6 所示。根据牛顿

第二定律，可以将此系统的输入输出关系描述为式（2.6）的形式。

$$M \frac{\mathrm{d}^2 y(t)}{\mathrm{d}t^2} + f \frac{\mathrm{d}y(t)}{\mathrm{d}t} + Ky(t) = r(t) \qquad (2.6)$$

当 $r(t) = 0$、$y(0^-) = y_0$ 且 $y'(0^-) = 0$ 时，此二阶微分方程的拉普拉斯变换可以写为

$$Y(s) = \frac{(Ms + f)y_0}{Ms^2 + fs + K} = \frac{p(s)}{q(s)} \qquad (2.7)$$

从这两个示例可以得出，使用拉普拉斯变换法可以大大简化由微分方程表示的复杂系统的输入输出关系。

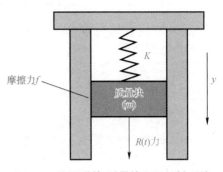

图 2.6　简易弹簧-质量块阻尼机械系统

我们来详细了解一下拉普拉斯变换法。

如上述两个示例所示，针对所有可以由线性微分方程表示的系统，都可以使用拉普拉斯变换法将更复杂的微分方程转换为相对简单的代数方程。换言之，拉普拉斯变换法使用相对容易求解的代数方程来取代更难解的微分方程。事实上，拉普拉斯变换 $F(s)$ 是微分方程 $f(t)$ 的积分过程，如式（2.8）所示。

$$F(s) = \int_{0^-}^{\infty} f(t)\, \mathrm{e}^{-st} \mathrm{d}t = L\{f(t)\} \qquad (2.8)$$

使用拉普拉斯变换积分的前提条件是 $f(t)$ 的积分必须是收敛的，如式（2.9）所示。

$$\int_{0^-}^{\infty} |f(t)|\, \mathrm{e}^{-\sigma t} \mathrm{d}t < \infty \qquad (2.9)$$

式中，σ 是实部正数。如果 $f(t)$ 的值可以绝对收敛，意味着当所有 t 的值为正时，$|f(t)| < M\mathrm{e}^{\alpha t}$，那么当 $\sigma > \alpha$ 时，积分将收敛。将 σ 称为绝对收敛的横坐标。

拉普拉斯逆变换可以表示为

$$f(t) = \frac{1}{2\pi \mathrm{j}} \int_{\sigma - \mathrm{j}\infty}^{\sigma + \mathrm{j}\infty} F(s)\, \mathrm{e}^{st} \mathrm{d}s \qquad (2.10)$$

通常可以使用赫维赛德（Heaviside）部分分式展开得到拉普拉斯逆变换。此类变换适用于系统分析和设计，这是因为通过此变换可以清楚地观察到每一个特征根或特征值。

通常，可以将拉普拉斯变量 s 看作微分算子，如式（2.11）所示。

$$s \equiv \frac{\mathrm{d}}{\mathrm{d}t} \qquad (2.11)$$

同样，可以考虑如式（2.12）所示的积分算子，即

$$\frac{1}{s} \equiv \int_{0^-}^{t} \mathrm{d}t \qquad (2.12)$$

为了转换和推导控制系统的输入输出关系，使用拉普拉斯变换进行常规运算的过程包括以下步骤：

1）根据实际的控制系统模型建立微分方程。

2）使用拉普拉斯变换将微分方程转换为代数方程。

3）求解相关变量的代数方程。

表 2.1 列出了最重要的拉普拉斯变换对。

表 2.1 最重要的拉普拉斯变换对

$f(t)$	$F(s)$
阶跃函数 $u(t)$	$\dfrac{1}{s}$
e^{-at}	$\dfrac{1}{s+a}$
$\sin\omega t$	$\dfrac{\omega}{s^2+\omega^2}$
$\cos\omega t$	$\dfrac{s}{s^2+\omega^2}$
$\mathrm{e}^{-at}f(t)$	$F(s+a)$
t^n	$\dfrac{n!}{s^{n+1}}$
$f^{(k)}(t)=\dfrac{\mathrm{d}^k f(t)}{\mathrm{d}t^k}$	$s^k F(s)-s^{k-1}f(0^-)-s^{k-2}f'(0^-)-\cdots-f^{k-1}(0^-)$
$\displaystyle\int_{-\infty}^{t} f(t)\,\mathrm{d}t$	$\dfrac{F(s)}{s}+\dfrac{1}{s}\displaystyle\int_{-\infty}^{0} f(t)\,\mathrm{d}t$
脉冲函数 $\delta(t)$	1

使用拉普拉斯变换法将微分方程转换为相关的代数方程时，必须记住以下几点：

1）必须使用线性微分方程描述要转换的控制系统。这意味着每个微分项的每个系数必须是一个常数，并且必须是一个时不变变量。

2）微分方程中的每一项必须是绝对收敛的。

2.5 传递函数和控制框图

针对控制系统使用拉普拉斯变换法的一种最普遍的应用是传递函数。所谓的传递函数是指假设初始条件为零时，输出变量的拉普拉斯变换与输入变量的拉普拉斯变换之比。换言之，通过使用传递函数，可以得出 s 域中控制系统的输出和输入之间明确的关系。

对任何控制系统应用传递函数时，必须记住以下几点：

1）传递函数仅适用于线性系统或稳定系统，或可以使用线性微分方程描述的控制系统。非稳定系统（通常称为时变系统）包含一些时变系数，因此，拉普拉斯变换法可能无法适用。

2）传递函数仅提供系统的输入输出关系。因此，传递函数自身可能不包含任何有关系统的内部结构及过程行为的详细信息。

通过使用拉普拉斯变换法，可以将 RC 低通滤波器电路的传递函数表示为

$$G(s)=\frac{V_C(s)}{E(s)}=\frac{1}{sRC+1} \tag{2.13}$$

通常，使用 $G(s)$ 来表示传递函数。

简易弹簧-质量块阻尼机械系统的传递函数可以写为

$$G(s) = \frac{Y(s)}{R(s)} = \frac{1}{Ms^2 + fs + K} \tag{2.14}$$

在使用传递函数后，可以通过输出拉普拉斯变换与输入拉普拉斯变换之比来简单清晰地描述控制系统的输入输出关系。在许多控制系统中，系统由若干组件构成，而这些组件连成一条链条，其中输入来自之前的输出，因此，整个控制系统的方程可以写作一系列独立的单元方程。为了表示这些关系，通常会使用控制框图的形式简化组件。例如，直流电动机闭环控制系统的控制框图如图 2.7 所示。

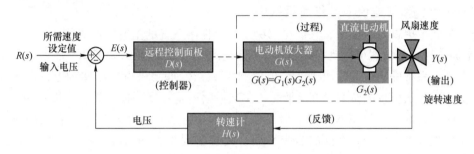

图 2.7　直流电动机闭环控制系统的控制框图

电动机放大器和直流电动机可以分别表示为两个单独的过程 $G_1(s)$ 和 $G_2(s)$。两个过程串联后，形成一整个过程，表示为 $G(s) = G_1(s)G_2(s)$。控制器可以映射到 $D(s)$，反馈通道可以表示为 $H(s)$。输入和输出的拉普拉斯变换可以分别写作 $R(s)$ 和 $Y(s)$。

根据图 2.7，输出和输入的关系可表示为

$$Y(s) = D(s)G(s)E(s) \tag{2.15}$$

$$E(s) = R(s) - H(s)Y(s) \tag{2.16}$$

将式（2.16）代入式（2.15）中，可以得出

$$Y(s) = D(s)G(s)[R(s) - H(s)Y(s)] \tag{2.17}$$

由此，输出与输入之比为

$$\frac{Y(s)}{R(s)} = \frac{D(s)G(s)}{1 + D(s)G(s)H(s)} \tag{2.18}$$

式（2.18）是闭环控制系统的典型传递函数。分子中的 $D(s)G(s)$ 可以称为开环或前向增益，$D(s)G(s)H(s)$ 称为环路增益。

2.6　极点和零点

通过使用拉普拉斯变换和传递函数，可以更容易实现控制系统的分析和研究。更进一步，我们可以得出传递函数的一些有意思的属性。

例如，可以将过程传递函数 $G(s)$ 表示为

$$G(s) = \frac{2s+1}{s^2+3s+2} = \frac{2(s+0.5)}{(s+1)(s+2)} = \frac{3}{s+2} - \frac{1}{s+1} = \frac{p(s)}{q(s)} \tag{2.19}$$

若要使分子 $p(s) = 0$，则可以令 $s = -0.5$。同样，通过使分母 $q(s) = 0$，我们可以得到 $s_1 = -1$ 且 $s_2 = -2$。使 $p(s) = 0$ 的 s 值称为零点，使 $q(s) = 0$ 的 s 值称为极点。在水平的实轴和

垂直的虚轴建立起来的 s 平面内可以表示出极点和零点，如图 2.8 所示。

如果使用拉普拉斯逆变换法，时域中的过程函数如式（2.20）所示。

$$L^{-1}\{G(s)\} = h(t) = 3e^{-2t} - e^t \quad (t \geq 0) \quad (2.20)$$

事实上，对于更复杂的控制系统，传递函数中可能会涉及更多的极点和零点，这使得分析变得更加困难。但通常情况下，传递函数中的极点，确切地说，是传递函数中极点的位置起到了更重要的作用，它们可以决定一个控制系统的主要特征或属性。

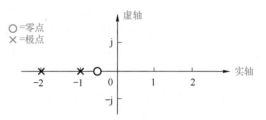

图 2.8 s 平面内的零点和极点

s 平面中极点的位置可以唯一确定一个控制系统的主要属性。如图 2.9 所示，如果极点位于原点处，系统的响应或输出为一个单位响应 $u(t)$。如果极点位于实轴上，系统响应则为一个实函数。从极点的位置是在 s 平面的左半平面还是右半平面来看，当极点位于 s 平面的左半平面时，响应将呈指数衰减。极点位置越靠左或者说越远离原点，衰减的速度会越快。但是，如果极点位于 s 平面的右半平面，则会出现相反的情况，系统响应将呈指数发散。极点位置越靠右或者说越远离原点，发散的速度会越快。

当极点位于 s 平面的左半平面时，系统将呈指数衰减或收敛，因此，称为稳定系统。同样，当极点位于 s 平面的右半平面时，系统响应将呈指数发散，响应振幅会变得越来越大，最终，系统将出现定期或不定期的振荡，从而变得不稳定。因此，这样的系统称为不稳定系统。

当极点位于虚轴上时，将产生稳定的振动，有明确的振幅。极点位置越靠上，越远离原点或实轴，振动发生的频率越高。

有一种更复杂的情况，即一对共轭复数极点，既不位于实轴也不位于虚轴上，如图 2.9 中的极点 A 及其共轭复数极点 A^*。同样，从极点或其共轭复数极点的位置来看，当极点位于 s 平面的左半平面时，系统将为稳定系统并且会出现衰减的振荡，这是因为该振荡的振幅将呈指数衰减，并最终收敛为无限小值。否则，如果极点位于 s 平面的右半平面，将出现发散的振荡，系统为不稳定系统。

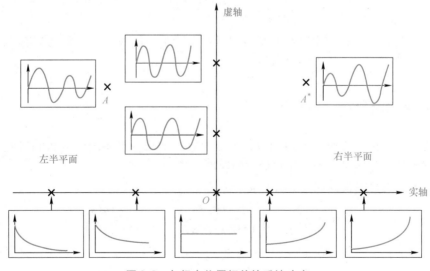

图 2.9 与极点位置相关的系统响应

例如，RC 低通滤波器电路就是一个稳定系统，因为该系统上仅拥有一个极点，并且它位于 s 平面的左半平面，$s=-1/RC$。

从上述内容来看，对于传递函数而言，零点似乎没有起到与极点同等重要的作用。但是，零点有一个作用是使不稳定的系统变为稳定的系统，方法是使用零点抵消或补偿位于 s 平面的右半平面的不稳定极点（所使用的零点应与这些极点位于同一位置）。

若要获取示例所述的直流电动机闭环控制系统的极点，可以让分母等于零，即 $1+D(s)G(s)H(s)=0$。

2.7　线性时不变控制系统

正如 2.4 节中所提到的，传递函数仅适用于线性时不变（LTI）系统，不能用于线性时变（Liner Time Variant，LTV）或非线性系统。在本节中，将深入探讨线性时不变（LTI）系统。首先，我们来了解一下时不变系统。

2.7.1　时不变系统

可以将给定输入 $x(t)$ 的输出 $y(t)$ 定义为

$$y(t)=f[x(t)] \tag{2.21}$$

可以使用式（2.22）所定义的符号表示此函数，即

$$x(t) \mapsto y(t) \tag{2.22}$$

当输入存在 t_0 的延迟时，随后的输出也有等量延迟，此连续系统称为时不变系统。可以使用式（2.23）所示符号来表示。

$$x(t-t_0) \mapsto y(t-t_0) \tag{2.23}$$

图 2.10 所示为时不变系统的测试框图。

在上层分支中，输入首先会有 t_0 的延迟，随后会应用到系统中，得到输出 $z(t)$。在下层分支中，输入首先会应用到系统，来得到输出 $y(t)$，随后该输出会有 t_0 的延迟。如果可以确认输出 $z(t)$ 和 $y(t-t_0)$ 相等，那么，可以说此系统是一个时不变系统。

现在，使用此方法对一个二次方律系统 $y(t)=[x(t)]^2$ 进行测试，检验它是否是一个时不变系统。

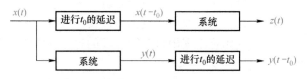

图 2.10　时不变系统的测试框图

对于上层分支，我们可以得出此二次方律系统的输出为 $z(t)=[x(t-t_0)]^2$。对于下层分支，我们可以得出 $y(t-t_0)=[x(t-t_0)]^2=z(t)$。因此，此二次方律系统是一个时不变系统。

另一个例子是时间翻转系统 $y(t)=x(-t)$。同样，对于上层分支，可以得出 $z(t)=x(-t-t_0)$。对于下层分支，可以得出 $y(t-t_0)=x[-(t-t_0)]=x(-t+t_0)$。由于 $z(t) \neq y(t-t_0)$，因此，时间翻转系统不是一个时不变系统。

使用相同的方法可以测试系统 $y(t) = tx(t)$ 是否是一个时不变系统。

2.7.2 线性系统

线性系统的性质主要基于以下两个因素（齐次性和叠加性）：

如果两个子系统 $x_1(t) \mapsto y_1(t)$ 且 $x_2(t) \mapsto y_2(t)$，那么，$x(t) = \alpha x_1(t) + \beta x_2(t) \mapsto y(t) = \alpha y_1(t) + \beta y_2(t)$。

对于任何类型的常数 α 和 β，此线性性质恒成立。此定义表明，如果输入由一系列缩放序列的总和构成，那么输出也是与各个输入序列相对应的缩放输出的总和。图 2.11 为线性属性测试框图。

在上层分支中，$x_1(t)$ 和 $x_2(t)$ 这两个输入将应用到系统，分别得到输出 $y_1(t)$ 和 $y_2(t)$。随后，通过分别乘以两个常数 α 和 β 对这两个输出进行缩放，从而得到总和或输出 $z(t)$。在下层分支中，首先会对这两个输入 $x_1(t)$ 和 $x_2(t)$ 进行缩放和求和，然后再输送到系统中来得到输出 $y(t)$。如果可以确认输出 $z(t)$ 和 $y(t)$ 完全相等，则此系统是一个线性系统。

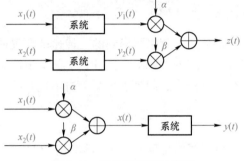

图 2.11　线性属性测试框图

线性条件等同于叠加原理，这意味着如果输入是两个或更多缩放序列的总和，那么可以从每一单独起作用的序列中将这些单独的缩放输出相加，从而得到输出。在某些情况下，合并条件可以分为两个条件，假设 $\alpha = \beta = 1$，则

$$x(t) = x_1(t) + x_2(t) \mapsto y(t) = y_1(t) + y_2(t) \tag{2.24}$$

且有

$$x(t) = \alpha x_1(t) \mapsto y(t) = \alpha y_1(t) \tag{2.25}$$

现在，让我们对一些系统进行测试，检验它们是否是线性系统。以二次方律系统 $y(t) = [x(t)]^2$ 为例，将其应用到上层分支中，可以得出

$$z(t) = \alpha [x_1(t)]^2 + \beta [x_2(t)]^2$$

然后，将两个输入应用到下层分支中，可以得出

$$y(t) = [\alpha x_1(t) + \beta x_2(t)]^2 = [\alpha x_1(t)]^2 + 2\alpha\beta x_1(t)x_2(t) + [\beta x_2(t)]^2$$

此结果明确表明 $z(t) \neq y(t)$，所以此二次方律系统 $y(t) = [x(t)]^2$ 不是一个线性系统。

对于线性系统而言，还有其他一些性质，例如可以使用线性微分方程描述的系统属于线性系统。所谓的线性微分方程意味着方程中每个微分项的每个系数都为常数，并且这些项都不是时间的函数或与时间无关。

用于线性时不变系统的一些典型分析工具包括拉普拉斯变换、连续域中的傅里叶变换以及离散域中的 Z 变换。用于线性时不变系统的传统设计方法包括使用伯德图的频率法、奈奎斯特稳定判据法、根轨迹法和状态空间法。我们将在之后的相关章节中探讨这些分析和设计方法。

除了这些传统的分析和设计方法外，出于模拟目的，还可以使用一些现代方法和工具，例如 MATLAB® Control System Toolbox™、MATLAB PID 控制系统调整工具和 MATLAB® Simulink®。

与线性时不变（LTI）系统相比，线性时变（LTV）系统是指系数为时变参数且不为常数的系统。这意味着在每个不同的时刻，微分方程的系数均拥有不同的值，确切的值视当时的时间而定。如果一些线性时变系统会快速变化或在测量之间出现明显差异时，那么这些线性时变系统的表现可能会更像非线性系统的。

对于以下时变系统，是无法假设这些系统是时不变系统从而建立这些系统模型的：

1）飞行器系统的时变特征由以下因素引起：起飞、航行和着陆时操纵面的不同配置，以及由于燃料消耗而导致的机身重量持续降低。

2）地球对传入的太阳辐射的热响应，会随时间因地球的反照率以及大气中温室气体的变化而发生变化。

3）人类的声道是一个时变系统，在任何给定时间下，它的传递函数会随发声器官的形状而变化，就像充满液体的管道一样，共振（也称为共振峰）会随发声器官（例如舌头和软腭）的移动而发生变化。因此，声道的数学模型是时变的，它的传递函数通常会在不同时刻的各状态之间呈线性插值的形式。

4）在一定时间范围内进行的线性时变过程（例如振幅调制），类似于信号输入过程，或者线性时变过程要比信号输入过程更快。在实践中，振幅调制通常是使用时不变系统非线性元件（例如二极管）实现的。

5）在现代信号处理中常使用的离散小波变换是时变的，这是因为它会用到降采样的处理方式。

更具挑战性的控制系统是非线性时变系统，必须使用一些特殊的方法和技术来处理这些系统。

2.8 非线性时变控制系统

非线性控制理论适用于非线性系统、时变系统及非线性时变系统。非线性控制系统是非线性环节在过程（对象）中或控制器本身中起到重要作用的那些控制系统。事实上，非线性控制理论涉及非线性控制系统的分析和设计。

非线性控制理论涵盖了大量不能应用叠加原理的系统。非线性控制理论适用于几乎所有现实世界的系统，因为所有的实际控制系统都是非线性的。可以使用非线性微分方程来表示这些非线性系统。

通常，可以将非线性系统定义为

$$\begin{cases} x'(t) = f(t, t_0, x, x_0) \\ x(t_0) = x_0 \end{cases} \tag{2.26}$$

式中，f 是时间的非线性函数；x 是系统状态；x_0 是初始条件。如果已知初始条件，此函数可以简化为

$$x'(t) = f(t, x) \tag{2.27}$$

下面给出了此方程的通解，即

$$x(t) = x_0 + \int_{t_0}^{t} f(\tau, x) \, \mathrm{d}\tau \tag{2.28}$$

图 2.12 所示为典型非线性闭环反馈控制系统。

典型的非线性系统是金属氧化物半导体场效应晶体管（Metal-Oxide Semiconductor Field-Effect Transistor，MOSFET）的输出电流和输出电压或 i_D-v_{DS} 之间的关系，如图 2.13 所示。虚线左侧的区域称为非饱和区，因为在这片区域，电流电压关系曲线为非线性曲线。虚线右侧的区域称为饱和区，因为在这片区域，无论电压的值有多大，电流看起来像是一个常数。

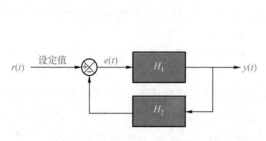

图 2.12　典型非线性闭环反馈控制系统　　　　图 2.13　i_D 和 v_{DS} 之间的非线性关系

对于一般非线性控制系统而言，可以将研究分为两个部分：分析部分和设计部分。

以下方法或工具可以用于非线性控制系统的分析：

1）相平面法。

2）极限环和描述函数。

3）小增益定理。

4）圆判据。

5）波波夫（Popov）判据。

6）中心流形定理。

7）李雅普诺夫（Lyapunov）稳定性理论。

以下方法和工具广泛应用于非线性系统的设计中：

1）局部线性化和增益规划。

2）反馈线性化。

3）反推控制。

4）李雅普诺夫再设计。

5）滑动模式控制。

6）非线性阻尼。

近年来，研发出了一些新的现代控制策略，用于帮助设计非线性控制系统，这些技术包括：

1）最优控制。

2）模型预测控制。

3）自适应控制。

4）模糊逻辑控制。

5）神经网络控制。

除了这些方法外，MathWorks® 公司还提供了一些实用的有效现代控制工具箱，例如 Control System Toolbox™、MATLAB PID Tuner、MATLAB® Simulink®、Fuzzy Logic Toolbox™、Neural Network Toolbox™ 和 MATLAB SISOTool，这些工具箱常用于设计和开发用于现代控制

系统的控制器。我们将在第 5 章和第 7 章中详细探讨其中的一些分析和设计方法。

2.9　连续控制系统

到目前为止，我们讨论的所有控制系统都属于连续控制系统，这意味着所有控制函数 $f(t)$ 都是时间 t 的连续函数。根据数学中的基本定义，连续函数的定义如下：

如果称一个函数是连续的，则该函数在特定范围内的任何时刻均有一个定值，且其左极限值和右极限值均等于该时刻的函数值。

连续函数的定义如图 2.14 所示，即如果 $\lim\limits_{t \to t_0^-} f(t) = \lim\limits_{t \to t_0^+} f(t) = f(t_0)$ $(t \in \mathbf{R})$，那么，函数 $f(t)$ 在 $\mathbf{R}$ 中是一个连续函数。

对于任何连续函数，这两个变量［例如 t 和函数 $f(t)$］必须是连续的，并且能进行相应的拉普拉斯变换或傅里叶变换。

根据此定义，现实世界中所有的系统都是连续系统。之前的所有示例系统也都是连续系统，如 RC 低通滤波器、简易弹簧-质量块阻尼机械系统以及直流电动机控制系统。

需要注意的一点是，连续信号可以是真正

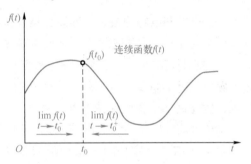

图 2.14　连续函数的定义

的数学函数，但对信号应用的一些变换会产生包含实部和虚部的复信号。如图 2.9 所示，一对共轭复数极点 A 和 A^* 位于 s 平面中，并且这两个极点都有实部和虚部。这两个极点的物理意义在于存在两个频率相同的振荡信号，但位于 s 平面的左半平面的那个极点呈指数收敛，而位于 s 平面的右半平面的另一个极点呈指数发散。

连续系统也称为模拟系统，应为这些模拟系统设计模拟控制器来执行控制功能。不过，如今大部分（或者可能）的控制工作都是由计算机来完成的。正如我们所知，计算机是数字逻辑设备，它们只能处理数字信号或数字系统，而不能处理模拟（或连续）信号或模拟系统。因此，我们需要使用转换器将模拟信号转换为数字信号，之后我们才能将它们输入计算机中来让计算机对它们进行处理。

2.10　离散和数字控制系统

为了使计算机能够充当控制器来执行所需的控制工作，需要将连续或模拟信号转换为离散或数字信号，这是因为出于硬件属性的限制，计算机只能识别和处理数字信号。正如我们所知，构成计算机系统的基础组件是 MOSFET，我们可以使用超大规模集成（Very Large-Scale Integrated，VLSI）电路技术将数百万甚至数十亿个 MOSFET 集成到一个非常小的半导体芯片中，从而得到强大的控制功能。在充当数字逻辑门或正反器时，任何 MOSFET 只响应两个值，即 0 或 1，或逻辑低电平或逻辑高电平，或者 False（假）或 True（真）。正是因为存在此属性，所以，计算机只能响应或识别这两个逻辑值（二进制），或这些二进制值的组合。

用于执行此模拟/数字信号转换的实用组件称为模拟数字转换器（Analog-to-Digital Converter，ADC），它由采样保持电路和 ADC 元件构成，如图 2.15 所示。

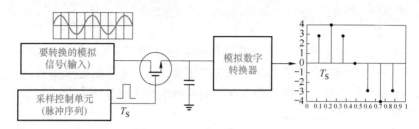

图 2.15　一个典型 ADC 的图解

MOSFET 和电容构成一个零阶保持器的采样保持电路。MOSFET 充当开关，会定期打开和关闭来对电容进行充电和放电；电容则充当数据保持器。此采样保持电路用于在每个周期时间 T_S 内对模拟输入信号进行采样和保持，在此期间，打开 MOSFET 连接输入可以对电容进行充电，从而得到输入样本。由于在模拟/数字信号转换期间不能更改或修改针对 ADC 的输入，因此需要使用此保持电路。

ADC 的输出为一系列离散信号，且保持有转换期间的采样值。此时，此类信号不再是一种连续信号，这是因为采样值只位于每个采样点 $4\sin(nT_S)$ 处，其他的所有值都为零。此外，水平轴上的值都不是连续的值。此类信号称为离散信号，但不等同于数字信号。

离散信号和数字信号之间有一些微小的差异：

1）不能将离散信号等同于数字信号，因为离散信号的值是模拟值或连续值，如图 2.15 中的输出。例如，当水平值或采样时间为 0.1s 时，采样输出为 3；当 $T_S = 0.3s$ 时，采样输出为 4。

2）数字信号仅包含数字或二进制值。若要将此离散信号转换为数字信号，需要执行数字化过程来将所有模拟值转换为数字值。例如，当 $T_S = 0.1s$ 时，输出值应为 00000011（即十进制数 3）；当 $T_S = 0.3s$ 时，输出值应为 00000100（即十进制数 4）。这里，我们假设并采用了 8 位二进制值。

使用计算机充当数字控制器时，我们需要同时拥有模拟数字转换器和数字模拟转换器，这是因为控制目标是一个连续对象。

例如，对于我们的直流电动机闭环控制系统，若要使用计算机来替代远程控制器，我们需要在误差检测部分后添加一个 ADC 来将模拟误差信号转换为相应的数字信号，并输送到充当数字控制器的计算机中。此外，我们需要针对计算机的输出添加一个数字模拟转换器（Digital-to-Analog Converter，DAC），将数字信号转换回要针对电动机放大器和直流电动机应用的模拟控制信号，因为电动机放大器和直流电动机都是模拟器件，只能接收模拟或连续信号。图 2.16 显示了将计算机用作数字控制器的一个完整的闭环控制系统。

正如我们所知，拉普拉斯变换和傅里叶变换仅适用于连续信号，它们不适用于离散或数字信号。为了处理离散和数字信号，我们需要使用离散拉普拉斯或离散傅里叶变换来处理这些信号。Z 变换这一有用的变换也适用于离散和数字信号。

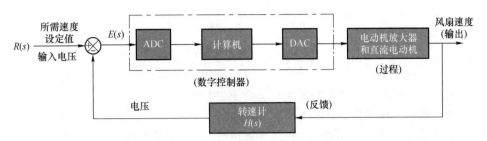

图 2.16　将计算机用作数字控制器的一个完整的闭环控制系统

2.11　本章小结

本章介绍并讨论了基础的控制技术，包括经典和现代控制策略。

从 2.2 节起，通过一些真实的案例对开环和闭环控制系统进行了介绍。使用真实的案例讨论并分析了这两种控制系统的优势。此外，突出并强调了这两种控制系统之间的显著差异，使读者能够对这些控制系统有一个清晰的认识。

本章还介绍了一些用于分析线性闭环控制系统的常用技术，包括拉普拉斯变换和框图。2.6 节中讨论了真实案例，分析了这些案例与拉普拉斯变换密切相关的一些重要属性，例如极点和零点。

随后，通过线性时不变（LTI）系统对一些重要且常用的控制术语进行了介绍，例如线性和时不变。2.8 节中讨论了非线性和线性时变控制系统。在 2.8 节中，列出并讨论了用于非线性控制系统的一些重要且常用的分析和设计方法，包括传统和现代控制方法。

在 2.9 节和 2.10 节中，讨论了连续系统、离散系统和数字系统。在案例中重点列出了离散信号和数字信号之间的差异。

课 后 习 题

2.1　什么是开环控制系统？什么是闭环控制系统？它们之间的主要区别是什么？

2.2　请指出以下哪些系统是开环控制系统，哪些系统是闭环控制系统。

（a）一个人正在开车。

（b）一名士兵正在朝目标射击。

（c）使用浮子阀控制水位。

（d）房间温度控制系统——空调。

（e）微波炉加热过程。

（f）教学过程。

（g）洗涤和干燥过程。

2.3　针对图 2.4 中所示的闭环控制系统，请绘制出相关的程序框图，并指出：

（a）参考输入（设定值）。

（b）控制器。

（c）过程（对象）。

（d）反馈组件。

（e）系统输出。

2.4　一个闭环控制系统的传递函数为 $G(s) = \dfrac{2s+1}{s^2+2s+5}$。

（a）此系统中有多少个极点和零点？值是多少？

（b）此系统是否稳定？为什么？

2.5　请判断以下系统是否为（1）线性系统（2）时不变系统。

（a）$y(t) = x(t)\cos(200\pi t)$。

（b）$y(t) = x(t) - x(t-1)$。

（c）$y(t) = |x(t)|$。

（d）$y(t) = Ax(t) + B$（A 和 B 为常数）。

2.6　请绘制一个家庭采暖系统的框图，并识别每个组件的函数以及输入和输出信号。

2.7　一个 ADC 可以将输入模拟电压从 0V 转换到 12V，电压分辨率为 5mV。此 ADC 必须有多少位？

第 3 章

Tiva™ C 系列 LaunchPad™ —— TM4C123GXL 简介

3.1 引言

　　德州仪器的产品之———Tiva™ C 系列 TM4C123GXL，是一个 LaunchPad™平台，包含了常用的 ARM® Cortex®-M4 微控制器系统。相关评估套件［或称为评估板（EVB）］TM4C123GXL 由两个 ARM® Cortex®-M4 微处理器或微控制器 TM4C123GH6PM 构成，用于支持并协助该MCU系统的开发。在本书中，我们将使用该 EVB，与 EduBASE ARM Trainer 相结合，构建和开发实际的控制系统项目。

　　完整的开发工具和工具包可以分为两部分；硬件包和软件包。

硬件包包括：

1）TM4C123GH6PM 微控制器。

2）Tiva™ C 系列 LaunchPad™ TM4C123GXL 评估板。

3）EduBASE ARM® Trainer（包含最流行的外围设备和接口）。

4）其他相关外围设备和接口，如直流电动机、脉宽调制（Pulse Width Modulation，PWM）模块和正交编码器接口（Quadrature Encoder Interface，QEI）。

软件包包括：

1）集成开发环境 Keil® MDK-ARM® μVision® 5.24a。

2）TivaWare™ SW-EK-TM4C123GXL 驱动程序软件包。

3）Stellaris 电路内调试接口（ICDI）。

　　本书附录 A~C 提供了在主机上下载和安装这些软件工具的详细信息和说明。该开发环境的完整配置（或功能框图）如图 3.1 所示。

　　将 Tiva™ C 系列 LancePad™ TM4C123GXL 评估板连接到主机上，并执行以下操作（见图 3.1）：

© Springer Nature Switzerland AG 2019.

Y. Bai and Z. S. Roth, *Classical and Modern Controls with Microcontrollers*, Advances in Industrial Control, https：//doi.org/10.1007/978-3-030-01382-0_3.

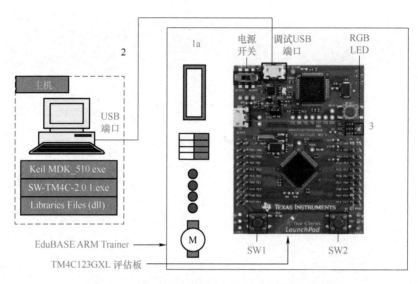

图 3.1　开发环境的完整配置（德州仪器公司提供）

1）设置 Tiva C 系列 TM4C123GXL 评估板，将调试模式的电源开关切换到右侧（1a）。

2）将 USB 线从主机（PC）的 USB 端口连接到 Tiva C 系列 TM4C123GXL 评估板上的调试 USB 端口，如图 3.1 所示。

3）将 TM4C123GXL 评估板通过增压包 XL 接口连接器 J1 ~ J4 插入 EduBASE ARM Trainer，并在 EduBASE ARM Trainer 上安装 J14 和 J19，如图 3.1 所示。

接下来，让我们仔细探讨一下这些硬件包和软件包。首先是关于硬件包的介绍。

3.2　硬件包简介

硬件包由 4 个主要部分组成：

1）TM4C123GH6PM 微控制器，包括芯片内的存储器和通用输入输出（General Purpose Input and Output GPIO）端口。

2）Tiva™ C 系列 LaunchPad™ TM4C123GXL 评估板。

3）EduBASE ARM® Trainer（包含最流行的外围设备和接口）。

4）其他相关外围设备和接口，如直流电动机、脉宽调制（PWM）模块和正交编码器接口（QEI）。

我们将按此顺序逐一讨论这些部分。对于直流电动机，QEI 和 PWM 将在后续的不同章节中分别讨论。让我们从 TM4C123GH6PM 微控制器开始介绍。

3.2.1　TM4C123GH6PM 微控制器概述

TM4C123GH6PM 微控制器是一种高性能嵌入式控制器，具有多种功能和先进特性。与 ARM® Cortex®-M4 不同，该微处理器包含相当多的组件，例如片上内存和一些片上外围设备以及各种外围设备接口，并将它们集成到芯片中。如图 3.2 所示，微处理器中嵌入的主要组件包括：

1）32 位 ARM® Cortex®-M4F 微控制器内核，带有浮点运算单元（Floating Point Unit，FPU）。CPU 速度为 80MHz，具有 100 DMIPS（Dhrystone Million Instruction Executed Per Second）性能。

2）芯片内的存储设备包括：

① 256KB 单周期闪存。

② 32KB 单周期 SRAM（静态随机存取存储器）。

③ 2KB EEPROM。

④ 内部 ROM 加载 C 系列的 TivaWare™软件。

3）系统计时器（System SysTick）。

4）6 个物理通用输入输出（GPIO）端口或模块。

5）2 个高达 1MSPS 的高速 12 位模数转换器（ADC）。

6）3 个独立的集成模拟比较器（Integrated Analog Comparator，IAC）和 16 个数字比较器。

7）2 个控制区域网络（CAN）2.0 A/B 控制器。

8）可选全速 USB 2.0 OTG/主机/设备。

9）6 个 16/32 位通用定时器（General Purpose Timer，GPTM）和 6 个 32/64 位宽 GPTM 块。

10）2 个 PWM 模块，每个模块有 4 个 PWM 发生器模块和 1 个控制模块，总共有 16 个脉宽调制（PWM）输出。

11）2 个看门狗定时器（Watchdog Timer，WDT）。

12）与 8 个 UART（Universal Asynchronous Receiver Transmitter）、6 个 I^2C、4 个串行外围设备接口（Serial Peripheral Interface，SPI）或同步串行接口（Synchronous Serial Interface，SSI）进行串行通信。

13）2 个正交编码器接口（QEI）模块。

14）智能低功耗设计电流低至 1.6μA。

TM4C123GH6PM 微控制器的框图如图 3.2 所示。

本书中，我们需要使用 TM4C123GXL 评估板。该评估板由两个相同类型的微处理器（TM4C123GH6PM）和 GPIO 端口或模块组成，用于连接一些外围设备，如连接 QEI 模块和 PWM 模块，以驱动直流电动机并获得反馈信号。因此，本章中，我们将按以下顺序集中讨论这些组件：

1）TM4C123GH6PM 微控制器芯片内存。

2）TM4C123GH6PM GPIO 端口。

由于本章篇幅有限，我们将在第 4 章讨论 QEI 和 PWM 模块。首先让我们来探讨片上内存映射。

3.2.1.1　TM4C123GH6PM 微控制器芯片内的内存映射

TM4C123GH6PM 微控制器的芯片内包含以下存储设备：

1）256KB 闪存。

2）32KB SRAM。

3）2KB EEPROM。

4）内部 ROM。

TM4C123GH6PM 微控制器的详细内存映射图如图 3.3 所示。

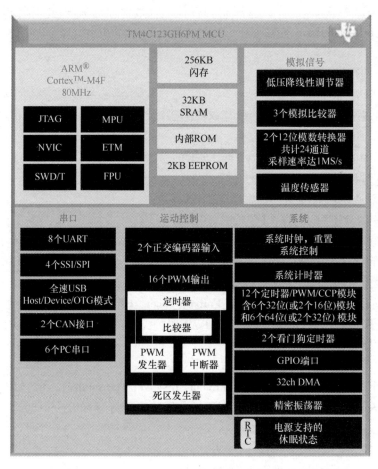

图 3.2　TM4C123GH6PM 微控制器的框图（德州仪器公司提供）

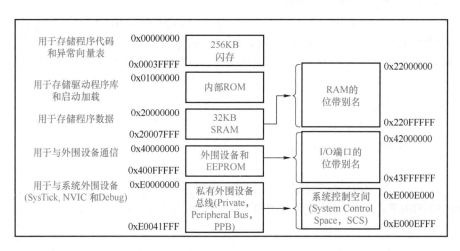

图 3.3　TM4C123GH6PM 微控制器的详细内存映射图

　　所有芯片内的存储设备均由相关控制寄存器控制，如闪存控制寄存器、ROM 控制寄存器、SRAM 控制寄存器和 EEPROM 控制寄存器。这些寄存器位于相关的内存空间中。

256KB 闪存 ROM 内存用于存储用户的程序代码和异常向量表。异常和中断向量表位于从 0x00000000 开始的较低内存空间内。要对此内存执行任何编程操作，可利用 Tiva™ C 系列设备提供的一个带有 3 个寄存器的用户友好界面。所有撤销或编程操作都通过这 3 个寄存器处理：闪存地址（Flash Memory Address，FMA）、闪存数据（Flash Memory Data，FMD）和闪存控制（Flash Memory Control，FMC）。

2KB EEPROM 模块提供了一个定义良好的寄存器接口，以支持对 EEPROM 的随机读写访问、滚动访问或顺序访问。

内部 ROM 是 TM4C123GH6PM 微控制器中的一个新存储设备，该设备可以使用以下软件和程序进行预编程：

1）TivaWare™ 驱动程序库，包括外围设备库、USB 库、图形库和传感器集线器库。

2）TivaWare™ 引导加载程序。

3）高级加密标准（Advanced Encryption Standard，AES）加密表。

4）循环冗余校验（Cyclic Redundancy Check，CRC）错误检测功能。

TivaWare™ 引导加载程序可以不使用调试接口将代码下载到设备的闪存中。当内核重置时，用户可以通过使用引导配置（Boot Configuration，BOOTCFG）寄存器中配置的端口 A～H 中的任何 GPIO 信号，向内核发送指令，在闪存中执行 ROM 引导加载程序或应用程序。

AES 非常适用于可以使用预先安排密钥的应用程序，例如适用于在制造或配置期间的设置。

CRC 技术可用于验证消息的正确接收（在传输过程中没有丢失或修改），验证解压缩后的数据，验证闪存内容没有更改，以及其他需要验证数据的情况。

外围区域用于安放芯片 I/O 设备，并与系统中使用的外部输入/输出设备进行交互。主要的片上外围设备包括：

1）看门狗定时器。

2）6 个 16/32 位计时器和 6 个 32/64 位计时器。

3）2 个模数转换器（ADC）。

4）模拟比较器。

用于外部输入/输出设备的主要外围接口包括：

1）通用输入输出（GPIO）端口 A～F。

2）同步串行接口（SSI），SSI0～SSI3。

3）UART0～URAT7。

4）CAN0～CAN1。

5）USB。

需要注意的一点是，每个 GPIO 端口都可以通过以下两个总线中的一个进行访问：

1）高级外围总线（Advanced Peripheral Bus，APB），与以前的设备向后兼容。

2）高级高性能总线（Advanced High-performance Bus，AHB），提供相同的寄存器映射，但其背靠背访问的性能优于 APB。

请注意，在对寄存器进行编程之前，必须启用每个 GPIO 模块时钟。启用 GPIO 模块时钟后，在访问任何 GPIO 寄存器之前，必须有 3 个系统时钟的延迟。

TM4C123GH6PM 微控制器的更详细内存映射见表 3.1。

表 3.1　TM4C123GH6PM 微控制器的更详细内存映射

起始地址	结束地址	描　述
		256KB 闪存
0x00000000	0x0000003C	异常向量表（Exceptions Vector Table）
0x00000040	0x000000A8	中断向量表（Interrupts Vector Table）
0x000000B0	0x00000268	系统控制（System Controls）
0x00020000	0x0003FFFF	用户自定义代码（User Codes）
		内部 ROM
0x01000000	0x01FFFFFF	Tiva 驱动库（Driver Libraries）、启动加载（Boot Loader）、高级加密标准（AES）和循环冗余校验（CRC）
		32KB SRAM
0x20000000	0x20007FFF	用户数据（User Data）
0x22000000	0x23FFFFFF	芯片内 SRAM 中从 0x20000000 开始的位带别名
		外围设备
0x40000000	0x40000FFF	看门狗定时器 0（Watchdog Timer0）
0x40001000	0x40001FFF	看门狗定时器 1（Watchdog Timer1）
0x40004000	0x40004FFF	GPIO 端口 A（APB 孔径）
0x40005000	0x40005FFF	GPIO 端口 B（APB 孔径）
0x40006000	0x40006FFF	GPIO 端口 C（APB 孔径）
0x40007000	0x40007FFF	GPIO 端口 D（APB 孔径）
0x40008000	0x4000BFFF	SSI 模块 SSI0~SSI3
0x4000C000	0x40013FFF	串口 UART0~UART7
0x40020000	0x40023FFF	I^2C 模块 I^2C0~I^2C3
0x40024000	0x40024FFF	GPIO 端口 E（APB 孔径）
0x40025000	0x40025FFF	GPIO 端口 F（APB 孔径）
0x40028000	0x40029FFF	PWM 模块 PWM0~PWM1
0x4002C000	0x4002DFFF	QEI 模块 QEI0~QEI1
0x40030000	0x40035FFF	16/32 位定时器 Timer0~Timer5
0x40036000	0x40037FFF	32/64 位定时器 Timer0~Timer1
0x40038000	0x40038FFF	模数转换器 ADC0
0x40039000	0x40039FFF	模数转换器 ADC1
0x4003C000	0x4003CFFF	模拟比较器（Analog Comparators）
0x40040000	0x40041FFF	CAN 总线控制器 CAN0~CAN1
0x4004C000	0x4003FFFF	32/64 位定时器 Timer2~Timer5
0x40050000	0x40050FFF	USB
0x40058000	0x4005DFFF	GPIO 端口 A~F（AHB 孔径）
0x400AF000	0x400AFFFF	2KB 的 EEPROM 和热键锁定工具（Key locker）
0x400F9000	0x400F9FFF	系统异常模块（System Exception Module）

（续）

起始地址	结束地址	描　述
		外围设备
0x400FC000	0x400FCFFF	休眠模块（Hibernation Module）
0x400FD000	0x400FDFFF	闪存控制（Flash Memory Control）
0x400FE000	0x400FEFFF	系统控制（System Control）
0x400FF000	0x400FFFFF	微型直接存储器访问（μ Direct Memory Access，μ DMA）
0x42000000	0x43FFFFFF	地址 0x40000000~0x400FFFFF 的位带别名
		私有外围设备总线
0xE0000000	0xE0000FFF	仪器跟踪宏单元（Instrumentation Trace Macrocell，ITM）
0xE0001000	0xE0001FFF	数据监视点和跟踪（Data Watchpoint and Trace，DWT）
0xE0002000	0xE0002FFF	闪存补丁和断点（Flash Patch and Breakpoint，FPB）
0xE000E000	0xE000EFFF	Cortex-M4F 系统外围设备［系统计时器（SysTick）、内嵌向量中断控制器（Nested Vectored Interrupt Controller，NVIC）、内存保护单元（Memory Protect Unit，MPU）、浮点运算单元（FPU）和后备保护器］
0xE0040000	0xE0040FFF	跟踪端口接口单元（Trace Port Interface Unit，TPIU）
0xE0041000	0xE0041FFF	嵌入式跟踪宏单元（Embedded Trace Macrocell，ETM）

基本上，TM4C123GH6PM 中的所有外围设备可分为以下 4 组：

1）系统外围设备。

2）芯片内的外围设备。

3）与外围并行设备的接口。

4）与外围串行设备的接口。

对于与外部串行外围设备的接口，可以进一步分为另外两种：同步和异步通信模式接口。

1. 系统外围设备

系统外围设备具体是指与系统外围设备相关的控件，此微处理器中最常用的系统外围设备包括：

1）系统计时器（SysTick）。

2）2 个看门狗定时器。

3）6 个 16/32 位和 6 个 32/64 位定时器。

4）仪器跟踪宏单元（ITM）。

5）数据监视点和跟踪（DWT）。

6）闪存补丁和断点（FPB）。

7）跟踪端口接口单元（TPIU）。

2. 芯片内的外围设备

芯片内的外围设备是集成在 TM4C123GH6PM 芯片上的控制器或组件，包括：

1）2 个 12 位模数转换器（ADC）。

2）3 个模拟比较器。

3）1 个电压调节器。

4）1 个温度传感器。

5）2 个 PWM 模块（PWM0 和 PWM1），共有 16 个 PWM 输出。

6）2 个 QEI 模块（QEI0 和 QEI1），同时对两台电动机进行控制。

3. 外围并行设备的接口

TM4C123GH6PM 微控制器提供通用输入输出（GPIO）模块。该模块包含 6 个 GPIO 块，每个块与一个单独的 GPIO 端口相关。每个 GPIO 端口可编程或可配置，以提供多种功能，使端口能够处理不同的任务。例如，每个端口可以作为输入或输出端口，也可以作为并行或串行端口。此外，每个端口上的每个位或引脚可以单独编程以执行所需的功能，例如输入位、输出位、并行位或串行位。每个 GPIO 端口上的每个位或引脚都可以配置为中断源，以创建对 ARM® Cortex®-M4 下内核的相关中断请求。这些中断请求可以被配置为由上升沿或下降沿或电压水平触发。

6 个 GPIO 块的范围从端口 A 到端口 F，每个端口 8 针。可以使用两种访问模式来访问 TM4C123GH6PM 微控制器中的每个 GPIO 端口：通过高级外围总线（APB）或通过高级高性能总线（AHB）。后者提供了比前者更好的性能。

4. 外围串行设备的接口

TM4C123GH6PM 微控制器支持通过以下途径实现异步和同步串行通信：

1）2 个 CAN 2.0 A/B 控制器。

2）1 个 USB 2.0 OTG（on the Go）/主机/设备。

3）8 个 UART，支持 IrDA（Infrared Data Association）技术、9 位和 ISO 7816 标准。

4）4 个 I²C 模块，具有 4 种传输速度，包括高速模式。

5）4 个同步串行接口模块（SSI）。

实际上，所有到外围设备的接口，包括到外部并行或串行接口的接口，都是通过 TM4C123GH6PM 微控制器中的 GPIO 端口物理连接的，并没有额外的接口来分别执行并行或串行外围任务。

由于 GPIO 在所有外围设备的接口中起着至关重要的作用，现在让我们仔细探究这些端口和相关接口。

3. 2. 1. 2　TM4C123GH6PM 微控制器的 GPIO 模块

如前所述，GPIO 模块由 6 个物理 GPIO 块组成，每个块对应一个单独的 GPIO 端口（端口 A~端口 F）。每个 GPIO 端口可以配置为执行特殊功能，例如具有中断属性的输入或输出功能。此外，选定 GPIO 端口上的每个引脚都可以配置为输入或输出引脚。然而，并非所有 48 个引脚（6 个 GPIO 端口，每个端口有 8 个引脚）都是可配置或可编程的，因为有些引脚不可用。因此，GPIO 模块总共支持多达 43 个可编程的输入/输出引脚，具体情况取决于所使用的外围设备。

非常重要的一点是，每个 GPIO 模块基于独立的时钟源执行其工作，这是使每个 GPIO 正常工作的计时基础。为了使 GPIO 工作，必须初始化或编程 GPIO 模块中的相关寄存器。对任何 GPIO 模块进行编程的先决条件是，必须先启用每个 GPIO 模块时钟，然后才能对寄存器进行编程。在访问任何 GPIO 寄存器之前，启用 GPIO 模块时钟之后，必须有 3 个系统时钟的延迟。

在继续讨论 GPIO 编程过程之前，让我们先探讨系统时钟和 GPIO 模块时钟。

1. 系统时钟

众所周知，时钟是一个计时基准，它提供了一个操作计时标准，使计算机能够根据每个时钟周期逐步执行其工作。类似地，为了使微控制器能够以确定的序列执行其指令，非常需要一个时钟源。没有时钟源，任何微控制器或计算机都无法正常运行其指令。

在 TM4C123GH6PM 微控制器中，提供了以下 4 个不同的时钟源（见图 3.4）：

1）内部精密振荡器（Precision Internal Oscillator，PIOSC）：16MHz。

2）主振荡器（Main Oscillator，MOSC）：它可以使用外部时钟源或外部晶体。

3）内部低频振荡器（Low Frequency Internal Oscillator，LFIOSC）：用于深度睡眠节能模式的片内 30kHz 振荡器。

4）休眠 RTC 振荡器（Oscillator，RTC）：可以将其配置为来自休眠模块（Hibernation Module，HIB）的 32.768kHz 外部振荡器源或 HIB 低频时钟源（HIB 内部低频振荡器），旨在为系统提供实时时钟源。

ARM® Cortex®-M4 内核或处理器可以由以下方式驱动：

1）上面显示的任何时钟源。CPU 也可以使用 4MHz 时钟，该时钟是内部 16MHz 振荡器除以 4（见图 3.4）。

2）锁相环时钟发生器。

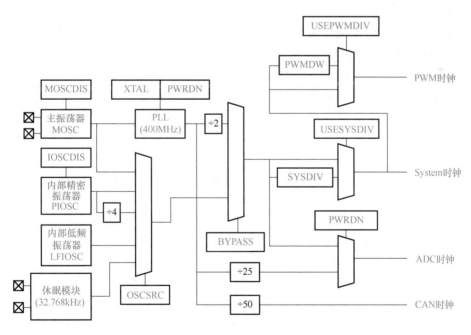

图 3.4　4 个时种源和系统时钟

参考图 3.4，两个多路复用器（Multiplexer，MUX）用于选择不同的时钟源。可以使用两种方法创建 CPU 使用的系统时钟。一种方法是使用 1 个时钟源作为输入源的锁相环（Phase Locked Loop，PLL）时钟发生器来创建该系统时钟。从图 3.4 可以发现，2 个时钟源——主振荡器（MOSC）和内部精密振荡器（PIOSC，16MHz）——可以作为 PLL 的时钟源，并且可以通过多路复用器将该时钟源设置在顶部路径中。

另一种方法是直接使用 4 个时钟源中的任何一个，这可以通过底部路径中的多路复用器进行选择。一种简单的方法是使用内部精密振荡器（PIOSC，16MHz）除以 4 得到 4MHz 系统时钟。

现在让我们仔细研究图 3.4，以获得有关系统时钟生成过程的更多详细信息。

1）在顶部路径中，系统时钟由锁相环生成，锁相环可由运行在 5~25MHz 之间的任何晶体或振荡器驱动。锁相环的输出频率始终为 400MHz，并且与输入时钟源无关。在图 3.4 中，选择主振荡器（MOSC）上的 16MHz 晶体驱动 PLL（暗线）。默认频率值除以 2 后，系统时钟应为 200MHz。

2）在底部路径中，系统时钟可以由我们上面讨论的任何时钟源生成。选定的时钟源可以避免系统分频器（System Divider SYSDIV）和旁路对两个 MUX 系统进行分频除法操作，并可以直接作为系统时钟发送。

当使用 PLL 时，在应用另一个用户的分频器之前，会将 400MHz 的输出频率预除以 2（变为 200MHz）。用户可以通过在其程序中的 SYSCTL_SYSDIV_X（SYSDIV）中添加不同的分割因子，修改并使用比 200MHz 更低频的系统时钟。X 是所需因子的整数。例如，如果使用 SYSCTL_SYSDIV_5，系统时钟将为 $400MHz/(2 \times 5) = 400MHz/10 = 40MHz$。

两个寄存器——运行模式时钟配置寄存器（Run-mode Clock Configuration，RCC）和运行模式时钟配置寄存器 2（RCC2），可以为系统时钟提供控制。RCC2 寄存器用于提供额外的控制参数，这些参数在 RCC 寄存器上提供额外的编码。使用时，RCC2 寄存器字段值由 RCC 寄存器中相应字段上的逻辑使用。特别地，RCC2 提供了更多种类的时钟配置选项。这些寄存器能够控制以下时钟功能：

1）睡眠和深度睡眠模式下的时钟源。

2）来自 PLL 或其他时钟源的系统时钟。

3）启用或禁用振荡器和 PLL。

4）时钟除数。

5）晶体输入选择。

需要注意的一点是，在时钟配置过程中，始终应该在写入 RCC2 寄存器之前写入 RCC 寄存器。

在 RCC 寄存器中，SYSDIV 字段指定了用于从 PLL 输出或振荡器源生成的系统时钟的除数。当使用 PLL 时，在应用除数之前，将 400MHz 的压控振荡器（Voltage Controlled Oscillator，VCO）频率预除以 2。

2. GPIO 外围设备的一般配置程序

由于 GPIO 模块提供了各种接口支持，以满足多种不同外围功能的需要，包括并行和串行、输入和输出、同步和异步，甚至包括位带输入/输出操作，因此与其他简单的外围接口相比，该模块的配置应该非常复杂。设备提供的功能越多，设备配置就越复杂，GPIO 也是如此。

通常，为了使 ARM® Cortex®-M4 系统中的 GPIO 正常工作，需要进行以下初始化过程：

1）使系统时钟连接到选定的 GPIO 外围设备，精确地将时钟信号源连接到相应的外围设备的输入/输出引脚。默认情况下，系统复位后，时钟信号通常会断开与任何外围设备的连接。用户需要先启用此时钟连接，然后才能对所需的外围设备进行编程。用户还需要启用外围总线系统的时钟。

2）配置所选外围输入/输出引脚的操作模式，例如配置输入/输出、并行/串行或特殊功能。正如我们所提到的，ARM® Cortex®-M4 系统中的 GPIO 通过多路输入/输出引脚提供各种模式，向端口引脚提供并行或串行、输入或输出功能，例如，端口 A（PA0）上的一个输入/输出引脚。因此，用户需要利用与程序相关的配置寄存器来设置和配置每个引脚，以满足需求。

3）如果中断功能用于外围设备，则配置在嵌套向量中断控制器（NVIC）上的中断控制寄存器将会启用中断并确定所需中断的优先级。

4）在程序中包括并使用相关的外围驱动程序库，以简化程序开发过程。大多数供应商可提供设备驱动程序库代码，以方便开发人员进行编码工作。

对于 ARM® Cortex®-M4 微控制器中使用的 GPIO 模块，在使用之前，应使用类似的配置程序初始化所有端口和引脚。

现在，让我们清楚地了解 TM4C123GH6PM 微控制器中使用的 GPIO 的架构和组成。

3. Tiva™ TM4C123GH6PM GPIO 架构

图 3.5 所示为 TM4C123GH6PM 微控制器中使用的 GPIO 模块的模拟/数字功能框图。由图可以发现 GPIO 模块是由 7 个控件控制的，每个控件中涉及多个控制寄存器。

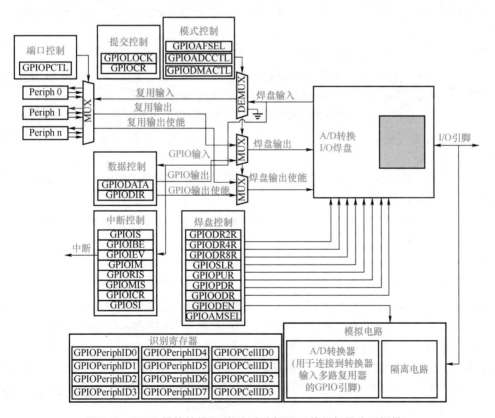

图 3.5　GPIO 模块的模拟/数字功能框图（德州仪器公司提供）

微控制器中有 6 个 GPIO 模块，每个模块都可以映射到一个 GPIO 端口，提供从端口 A 到端口 F 的 6 个 GPIO 端口，每个端口 8 位映射到 8 个输入/输出引脚。8 个引脚模式用于尝试与旧的输入/输出接口配置兼容。

尽管每个控制寄存器是 32 位的，但只有最低的 8 位可用于提供控制字节功能。根据两种不同的输入/输出总线访问模式，即 APB 或 AHB，共有 6 个 GPIO 端口可用，可通过这两种不同访问总线进行访问。由于这两种不同的访问总线，这 6 个 GPIO 端口具有不同的内存映射地址。请读者参阅表 3.1 以获取这 6 个 GPIO 端口的详细地址范围。

所有 GPIO 端口都可以通过编程其相关寄存器来配置，每个端口都有几个寄存器，用于初始化、配置和控制每个端口和每个引脚的功能。

在 GPIO 内存映射中，即使每个引脚或位都有别名地址（如位带），每个寄存器都有一个唯一的地址。

参考图 3.5，所有 GPIO 模块中都有 7 个控件。

1）端口控制：用于通过多路复用器（MUX）选择所选 GPIO 端口的操作模式、GPIO 模式或外围模式。

2）提交控制：用于启用或禁用其他 4 个寄存器的操作位。换句话说，GPIOCR 寄存器用于控制其他 4 个寄存器上每个位的传输能力。GPIOLOCK 寄存器用于锁定（禁用）或解锁（启用）GPIOCR 寄存器。

3）模式控制：GPIO 复用功能选择寄存器（GPIOAFSEL）与 GPIOPCTL 一起工作，以确定所选的 GPIO 端口模式。另外两个寄存器用于为所选 GPIO 端口设置 ADC 模式或 DMA 模式。

4）数据值控制：用于控制数据修改能力和数据传输方向。

5）中断控制：确定所选 GPIO 端口或位的所有中断属性，例如确定中断触发方法、边缘或级别、中断启用或禁用、中断屏蔽、中断状态和中断清除功能。

6）焊盘（Pad）控制：使软件能够根据应用要求配置 GPIO 焊盘。Pad 控制包括 9 个寄存器。这些寄存器可控制每个 GPIO 的驱动强度、开漏配置、上拉和下拉电阻器、转换速率和数字输入启用。

7）识别寄存器：重置时配置的这些寄存器使软件能够检测和识别 GPIO 模块。识别寄存器包括 12 个相关寄存器。

虽然每个端口有 30 多个控制寄存器可用，但基本上，以下控制寄存器是最流行的，并广泛用于 GPIO 端口编程中。

① 端口控制寄存器。

当使用备用功能模式时，端口控制寄存器（GPIOPCTL）与复用功能选择寄存器（GPIOAFSEL）一起用于为每个 GPIO 引脚选择特定的外围信号。GPIOAFSEL 中的大多数位在复位时为 0，因此，大多数 GPIO 引脚默认初始化为 GPIO 模式。与其他控制寄存器不同，GPIOPCTL 使用所有 32 位定义所有 8 个引脚的外围设备。此 32 位分为 8 个段，每段为 4 位，包含 PMC0~PMC7 的端口多路复用控制（Port Mux Control，PMC）代码，每 4 位 PMC 代码为每个引脚选择外围设备。有关 GPIOPCTL 寄存器中 PMC 值和相关外围功能的详细信息，请参阅表 3.2。

如果 GPIOAFSEL 位为 0，则相应的 GPIO 引脚在 GPIO 模式下工作。

如果 GPIOAFSEL 位为 1，则相应的 GPIO 引脚由某些外围设备控制。GPIOPCTL 寄存器可选择一个外围设备用于每个 GPIO 的函数。

表 3.2　GPIO 引脚及备用功能

I/O	引脚号	模拟功能	\multicolumn{10}{数字功能（GPIOPCTL PMCx 位域编码）}									
			1	2	3	4	5	6	7	8	9	14
PA0	17	—	U0RX	—	—	—	—	—	—	CAN1RX	—	—
PA1	18	—	U0TX	—	—	—	—	—	—	CAN1TX	—	—
PA2	19	—	—	SSI0CLK	—	—	—	—	—	—	—	—
PA3	20	—	—	SSI0FSS	—	—	—	—	—	—	—	—
PA4	21	—	—	SSI0RX	—	—	—	—	—	—	—	—
PA5	22	—	—	SSI0TX	—	—	—	—	—	—	—	—
PA6	23	—	—	—	I2C1SCL	—	M1PWM2	—	—	—	—	—
PA7	24	—	—	—	I2C1SDC	—	M1PWM3	—	—	—	—	—
PB0	45	USB0ID	U1RX	—	—	—	—	—	T2CCP0	—	—	—
PB1	46	USB0VBUS	U1TX	—	—	—	—	—	T2CCP1	—	—	—
PB2	47	—	—	—	I2C0SCL	—	—	—	T3CCP0	—	—	—
PB3	48	—	—	—	I2C0SDC	—	—	—	T3CCP1	—	—	—
PB4	58	AIN10	—	SSI2CLK	—	M0PWM2	—	—	T1CCP0	CAN0RX	—	—
PB5	57	AIN11	—	SSI2FSS	—	M0PWM3	—	—	T1CCP1	CAN0TX	—	—
PB6	1	—	—	SSI2RX	—	M0PWM0	—	—	T0CCP0	—	—	—
PB7	4	—	—	SSI2TX	—	M0PWM1	—	—	T0CCP1	—	—	—
PC0	52	—	TCK SWCLK	—	—	—	—	—	T4CCP0	—	—	—
PC1	51	—	TMS SWDIO	—	—	—	—	—	T4CCP1	—	—	—
PC2	50	—	TDI	—	—	—	—	—	T5CCP0	—	—	—
PC3	49	—	TDO SWO	—	—	—	—	—	T5CCP1	—	—	—
PC4	16	C1-	U4RX	U1RX	—	M0PWM6	—	IDX1	WT0CCP0	U1RTS	—	—

（续）

I/O	引脚号	模拟功能	数字功能（GPIOPCTL PMCx 位域编码）									
			1	2	3	4	5	6	7	8	9	14
PC5	15	C1+	U4TX	U1TX	—	M0PWM7	—	PHA1	WT0CCP1	U1CTS	—	—
PC6	14	C0+	U3RX	—	—	—	—	PHB1	WT1CCP0	USB0EPEN	—	—
PC7	13	C0-	U3TX	—	—	—	—	—	WT1CCP1	USB0PFLT	—	—
PD0	61	AIN7	SSI3CLK	SSI1CLK	I2C3SCL	M0PWM6	M1PWM0	—	WT2CCP0	—	—	—
PD1	62	AIN6	SSI3FSS	SSI1FSS	I2C3SDC	M0PWM7	M1PWM1	—	WT2CCP1	—	—	—
PD2	63	AIN5	SSI3RX	SSI1RX	—	M0FAULT0	—	—	WT3CCP0	USB0EPEN	—	—
PD3	64	AIN4	SSI3TX	SSI1TX	—	—	—	IDX0	WT3CCP1	USB0PFLT	—	—
PD4	43	USB0DM	U6RX	—	—	—	—	—	WT4CCP0	—	—	—
PD5	44	USB0DP	U6TX	—	—	—	—	—	WT4CCP1	—	—	—
PD6	53	—	U2RX	—	—	M0FAULT0	—	PHA0	WT5CCP0	—	—	—
PD7	10	—	U2TX	—	—	—	—	PHB0	WT5CCP1	NMI	—	—
PE0	9	AIN3	U7RX	—	—	—	—	—	—	—	—	—
PE1	8	AIN2	U7TX	—	—	—	—	—	—	—	—	—
PE2	7	AIN1	—	—	—	—	—	—	—	—	—	—
PE3	6	AIN0	—	—	—	—	—	—	—	—	—	—
PE4	59	AIN9	U5RX	—	I2C2SCL	M0PWM4	M1PWM2	—	—	CAN0RX	—	—
PE5	60	AIN8	U5TX	—	I2C2SDC	M0PWM5	M1PWM3	—	—	CAN0TX	—	—
PF0	28	—	U1RTS	SSI1RX	CAN0RX	—	M1PWM4	PHA0	T0CCP0	NMI	C0O	TRD1
PF1	29	—	U1CTS	SSI1TX	—	—	M1PWM5	PHB0	T0CCP1	—	C1O	TRD0
PF2	30	—	—	SSI1CLK	—	M0FAULT0	M1PWM6	—	T1CCP0	—	—	TRD0
PF3	31	—	—	SSI1FSS	CAN0TX	—	M1PWM7	—	T1CCP1	—	—	TRCLK
PF4	5	—	—	—	—	—	M1FAULT0	IDX0	T2CCP0	USB0EPEN	—	—

② 数据值控制寄存器。

该类寄存器包括两种寄存器，即数据值控制寄存器（GPIODATA）和数据方向寄存器（GPIODIR）。这些寄存器可用于配置 GPIO 的操作模式。

a. 数据值控制寄存器（GPIODATA）：GPIO 端口允许使用地址总线的位［9:2］作为掩码来修改 GPIODATA 寄存器中的单个位。通过这种方式，软件驱动程序可以在单个指令中修改单个 GPIO 引脚，而不会影响其他引脚的状态。

b. 数据方向寄存器（GPIODIR）：将每个端口或每个单独的引脚配置为输入或输出。如果位为 0，则 GPIODATA 中的关联位为输入位。如果位为 1，则 GPIODATA 中的关联位为输出位。

③ 模式控制寄存器。

该类寄存器包括 3 种寄存器：GPIO 复用功能选择寄存器（GPIOAFSEL）、GPIO ADC 控制寄存器（GPIOADCCTL）和 GPIO DMA 控制寄存器（GPIODMACTL）。这些寄存器提供了一个保护层，可防止关键硬件外围设备的意外编程。

a. GPIO 复用功能选择寄存器（GPIOAFSEL）：该寄存器是模式控制选择寄存器。如果位为 0，则相应的引脚用作 GPIO，并由 GPIO 寄存器（软件）控制。如果位为 1，则相应的引脚由相关的外围设备（硬件）控制。当该寄存器中的位设置为 1 时，该寄存器可以与 GPIOPCTL 寄存器一起工作，使用户能够为每个 GPIO 选择几个外围功能之一。对于端口，该寄存器的重置值为 0x00000000。

b. GPIO ADC 控制寄存器（GPIOADCCTL）：配置 GPIO 引脚作为 ADC 输入源。如果端口 B 中的 GPIOADCCTL 寄存器被清除，则 PB4 仍可用作 ADC 的外部触发器。

位值 0——对应的引脚不用于触发 ADC；位值 1——对应的引脚用于触发 ADC。

c. GPIO DMA 控制寄存器（GPIODMATL）：配置 GPIO 引脚作为 μDMA 触发器的源。

位值 0——对应引脚不用于触发 μDMA；位值 1——对应引脚用于触发 μDMA。

④ 提交控制寄存器。

GPIO 锁定寄存器（GPIOLOCK）和 GPIO 提交寄存器（GPIOCR）这两个寄存器用于为其他 4 个寄存器的每个位提供提交控制。

a. GPIO 锁定寄存器（GPIOLOCK）：控制对 GPIOCR 寄存器的写入访问。如果 GPIOLOCK 已解锁（将 0x4C4F434B 写入 GPIOLOCK），则可以通过写入来修改 GPIOCR 上的内容。否则，如果该寄存器被锁定（将任何其他数字写入 GPIOLOCK），则将忽略对 GPIOCR 的任何写入，并且无法更改其内容。

b. GPIO 提交寄存器（GPIOCR）：控制（启用或禁用）其他 4 个寄存器上的每个位：GPIOAFSEL、GPIOPUR、GPIOPDR 和 GPIODEN。GPIOCR 寄存器的值用于确定在执行对这些寄存器的写入时提交这 4 个寄存器中的哪些位。

如果 GPIOCR 中的一位为 0，则无法提交或禁用写入这些寄存器中相应位的数据，并保留其以前的值。

如果 GPIOCR 中的一位为 1，则写入这些寄存器相应位的数据将被提交或启用到寄存器，并反映新值。

只有当 GPIOLOCK 寄存器中的状态解锁时，才能修改 GPIOCR 寄存器的内容。

⑤ 中断控制寄存器。

该类寄存器包含7种相关寄存器，用于为每个GPIO端口提供中断控制。每个寄存器的控制功能如下：

a. GPIO中断感测寄存器（GPIOIS）：确定中断源的触发模式。所有位均通过复位清除。位值0——选定GPIO端口中的相应引脚将检测边缘；位值1——选定GPIO端口中的对应引脚将检测电平。

b. GPIO中断两边寄存器（GPIOIBE）：允许两边引起中断。当GPIOIS中的一位为0时，如果GPIOIBE中的对应位为1，则所选端口中的对应引脚会检测上升沿和下降沿，而与GPIOIEV寄存器中的相应位无关。如果GPIOIBE中的对应位为0，则所选端口中的对应引脚将由GPIOIEV寄存器控制。所有位均通过复位清除。

c. GPIO中断事件寄存器（GPIOIEV）：如果位为1，则所选端口中的相应引脚检测上升沿（当GPIOIS中的相应位为0时）或高电平（当GPIOIS中的对应位为1时）；如果位为0，则所选端口中的相应引脚检测下降沿（当GPIOIS中的相应位为0时）或低电平（当GPIOIS中的对应位为1时）。所有位均通过复位清除。

d. GPIO中断屏蔽寄存器（GPIOIM）：屏蔽（禁用）或取消屏蔽（启用）由相应引脚生成的中断，以传输至中断控制器NVIC。所有位均通过复位清除。

位值0——禁用由相应引脚生成的中断，以发送至中断控制器NVIC；位值1——启用由相应引脚生成的中断，以发送至中断控制器NVIC。

e. GPIO原始中断状态寄存器（GPIORIS）：指示特定位的原始中断状态。当GPIO引脚上出现中断条件时，该寄存器中的相应位设置为1。如果GPIOIM中的对应位为1，则将中断发送到中断控制器。读取为0的位表示相应的输入引脚未启动中断。对于边缘检测中断，通过将1写入GPIOICR寄存器中的相应位来清除该位。对于GPIO电平检测中断，当电平被解除时，该位被清除。

f. GPIO屏蔽中断状态寄存器（GPIOMIS）：指示屏蔽后的中断状态。如果该寄存器中有一个位为1，则相应的中断触发了中断控制器的中断。如果该寄存器中有一个位为0，则未生成中断或中断被屏蔽。

g. GPIO中断清除寄存器（GPIOICR）：对于边缘检测中断，将1写入GPIOICR寄存器中的IC位将清除GPIORIS和GPIOMIS寄存器中的相应位。如果中断是电平检测，则该寄存器中的IC位无效。此外，将0写入GPIOICR寄存器中的任何位都没有效果。

⑥ Pad控制寄存器。

Pad控制寄存器包括9种控制寄存器。这些寄存器控制每个GPIO的驱动强度、开漏配置、上拉和下拉电阻、转换速率和数字输入启用。下面介绍每个寄存器的功能。

a. GPIO 2mA驱动器选择寄存器（GPIODR2R）、GPIO 4mA驱动器选择寄存器（GPIODR4R）、GPIO 8mA驱动器选择寄存器（GPIODR8R）：这3个寄存器用于选择GPIO端口上选定引脚的驱动强度（从2mA、4mA到8mA）。GPIODR2R用于2mA驱动电流，GPIODR4R用于4mA驱动电流，GPIODR8R用于8mA驱动电流。

端口中的每个GPIO引脚可以单独配置，而不会影响其他焊盘。如前所述，尽管所有控制寄存器都是32位的，但只有最低的8位（1个字节）用于提供控制功能。当设置DRV 2字节（GPIODR2R寄存器中最低的8位）时，硬件会自动清除GPIODR4R寄存器中相应的DRV 4字节和GPIODR8R寄存器中的DRV 8字节。同样的事情也会发生在GPIODR4R和

GPIODR8R 上，这意味着一次只能为所有这 3 个寄存器选择一个驱动强度。如果在一个寄存器中选择了驱动强度，则其他两个寄存器将重置为 0，以禁用其他驱动强度选择。

默认情况下，所有 GPIO 引脚都具有 2mA 驱动器。

b. GPIO 开漏选择寄存器（GPIOODR）：该寄存器用于配置所选 GPIO 端口中每个位的开漏模式。最低的 8 位，每个位到每个引脚，或该寄存器中称为开漏启用（Open Drain Enable，ODE）字节，可用于配置 GPIO 端口的位或引脚是否在开漏模式下工作。开漏模式使所选位能够在高阻抗状态下输出，以驱动更多负载。设置开漏模式时，还应在 GPIO 数字启用寄存器（GPIODEN）中设置相应位。

位值 0——禁用相应引脚以开漏模式工作；位值 1——启用相应引脚以开漏模式工作。

c. GPIO 上拉选择寄存器（GPIOPUR）、GPIO 下拉选择寄存器（GPIOPDR）：这两个寄存器用于选择引脚输出上的上拉或下拉电阻器。图 3.6 显示了上拉和下拉电阻连接模式。这种模式仅适用于输出引脚，如果引脚用作输入引脚，则不起作用。

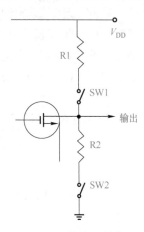

图 3.6　上拉和下拉电阻连接模式

电阻器 R1 称为上拉电阻器，R2 称为下拉电阻器。当 GPIOPUR 中的一位设置为 1（选择上拉）时，SW1 闭合，但 SW2 断开，以将 R1 连接到电压源 V_{DD}，从而在未施加负载时使相应引脚的输出为高。否则，如果 GPIOPDR 中的一位设置为 1（选择下拉），则 SW2 关闭，但 SW1 打开，以将 R2 连接到输出，以启用相应引脚的输出。当未施加负载时，该引脚的输出为低。

对于上拉启用（Pull Up Enable，PUE）字节和下拉启用（Pull Down Enable，PDE）字节这两个寄存器，实际控制位是最低的 8 位。将 GPIOPUR 寄存器中的位设置为 1，将清除 GPIOPDR 寄存器中相应的位，反之亦然。复位后，两个寄存器均复位为 0，这意味着复位操作后两个电阻器均未连接到任何输出引脚，则在系统复位后，大多数 GPIO 引脚处于高阻抗（HZ）或三态门状态。

d. GPIO 转换速率控制选择寄存器（GPIOSLR）：GPIOSLR 寄存器是转换速率控制寄存器。仅当使用 GPIODR8R 寄存器中的 8mA 驱动强度选项设置时，转换速率控制才可用。实际控制位是 32 位 GPIOSLR 寄存器上的最低 8 位，称为 SLR 字节。

位值 0——禁用相应引脚的转换速率控制；位值 1——启用相应引脚的旋转速率控制。

e. GPIO 数字启用寄存器（GPIODEN）：GPIODEN 寄存器是数字启用寄存器。默认情况下，大多数 GPIO 引脚被配置为具有三态门或未驱动状态的 GPIO 模式。在三态门状态下，数字功能被禁用，这意味着它们不会在引脚上输出逻辑值，也不允许引脚接收任何电压信号到 GPIO 接收器中。实际控制位是最低的 8 位或称为 DEN（Data Enable）字节。然而，一些特殊引脚可能被编程为非 GPIO 功能，或者在重置后可能具有特殊提交控制。系统复位后，所有最低 8 位或 DEN 字节都被清除为 0，这意味着所有 GPIO 引脚的数字功能都被禁用。

位值 0——相应引脚的数字功能被禁用；位值 1——使相应的引脚能够用作数字输入或输出。

f. GPIO 模拟模式选择寄存器（GPIOAMSEL）：该寄存器用于启用或禁用所选 GPIO 位/引脚的模拟输入隔离状态。该寄存器仅对可用作 ADC AINx（Analog Inputs）输入的端口和引脚有效。由于 GPIO 可能由 5V 电源驱动并影响模拟操作，因此模拟电路在其模拟功能中未使用引脚时需要与引脚隔离。如果要将任何引脚用作 ADC 输入，则必须将 GPIOAMSEL 中的相关位设置为 1，以禁用模拟隔离电路并启用模拟输入功能。否则，如果 GPIOAMSEL 中的一位为 0，则启用模拟隔离电路，并禁用相应引脚的模拟输入功能。

位值 0——当引脚未用于 ADC 时，启用模拟隔离电路并禁用模拟输入功能；位值 1——当引脚用于 ADC 时，禁用模拟隔离电路并启用模拟输入功能。

由于 GPIO 复用功能选择寄存器（GPIOAFSEL）需要与 GPIO 端口控制寄存器（GPIOPCTL）一起工作，以确定所选 GPIO 引脚的操作模式和相关外围功能，因此我们需要更详细地了解这两个寄存器及其功能。

表 3.2 清楚地说明了这 3 个部件（GPIOSLR、GPIODEN、GPIOAMSEL）的工作原理。图 3.7 表明了 GPIOAFSEL 和 GPIOPCTL 示意图。

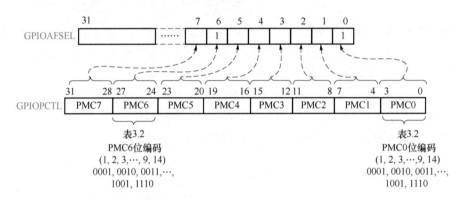

图 3.7　GPIOAFSEL 和 GPIOPCTL 示意图

如果 GPIOAFSEL 中最低 8 位的位为 0，这意味着已为相应引脚选择了 GPIO 模式，并且该引脚将由 GPIO 寄存器控制，以执行默认 GPIO 功能。此模式与 GPIOPCTL 寄存器无关。

然而，如果 GPIOAFSEL 中最低 8 位中的一位设置为 1（如图 3.7 中所示的位 0 和位 6），则这两个引脚的控制将由表 3.2 中的 PMCx 编码位值确定。由于 GPIOPCTL 是一个 32 位寄存器，并且已被划分为 8 个 PMCx 半字节，每个半字节有 4 位，用于控制 GPIOAFSEL 中位选择的一个引脚。这些半字节在 GPIOPCTL 中的 PMCx 和 GPIOAFSEL 中的位之间具有一对一映射关系。例如，PMC0 用于位 0，PMC1 用于位 1，PMC7 用于 GPIOAFSEL 中的位 7。由于 GPIOAFSEL 中的位 0 设置为 1，如果半字节 PMC0 或 GPIOPCTL 中的 3~0 位为 1（0x0001），则 GPIO 端口 A 中的引脚 PA0 用作 UART0 接收器（U0RX）。类似地，如果 GPIOAFSEL 中的位 6 设置为 1，并且 PMC6 半字节为 5（0x0101），则端口 A（PA6）中的引脚 6 用作 PWM 发生器（M1PWM2），以输出 PWM 信号序列。

⑦ 识别寄存器。

GPIO 端口使用 8 个外围识别寄存器和 4 个 PrimeCell 识别寄存器。8 个外围识别寄存器和 4 个 PrimeCell 识别寄存器分别如下：

a. GPIO 外围标识 0（GPIOPeriphID0）~GPIO 外围标识 7（GPIOPeriphID7）。

b. GPIO PrimeCell 标识 0（GPIOPCellID0）~ GPIO Prime Cell 标识 3（GPIOPCellID3）。

使用 8 个外设识别寄存器的主要目的是通过软件识别使用的外设。这 8 个寄存器可分为两组：

GPIOPeriphID0、GPIOPeriphID1、GPIOPeriphID2 和 GPIOPeriphID3 寄存器在概念上可以视为一个 32 位寄存器；每个寄存器包含 32 位寄存器的 8 位。

GPIOPeriphID4、GPIOPeriphID5、GPIOPeriphID6 和 GPIOPeriphID7 寄存器在概念上可以视为一个 32 位寄存器；每个寄存器包含 32 位寄存器的 8 位。

所有寄存器都使用其最低 8 位（PID0 ~ PID7）来保留用于匹配所需外围设备的相关外围识别码。4 个 PrimeCell 识别寄存器用作标准的跨外设识别系统。所有这些寄存器都是 4 个 8 位的寄存器，在概念上可以视为一个 32 位寄存器。

4. TM4C123GH6PM GPIO 端口的初始化和配置

要访问 GPIO 端口或引脚，大多数情况下，GPIO 端口的完整地址则被划分为基址和偏移量的组合。基址是端口的起始地址，偏移量是相关引脚距起始地址的距离或间隔。

6 个 GPIO 端口或块的基址见表 3.3（APB 和 AHB 孔径）：

表 3.3　GPIO 端口或块的基址

GPIO 端口 A（APB）：0x40004000	GPIO 端口 A（AHB）：0x40058000
GPIO 端口 B（APB）：0x40005000	GPIO 端口 B（AHB）：0x40059000
GPIO 端口 C（APB）：0x40006000	GPIO 端口 C（AHB）：0x4005A000
GPIO 端口 D（APB）：0x40007000	GPIO 端口 D（AHB）：0x4005B000
GPIO 端口 E（APB）：0x40024000	GPIO 端口 E（AHB）：0x4005C000
GPIO 端口 F（APB）：0x40025000	GPIO 端口 F（AHB）：0x4005D000

每个 GPIO 端口（端口 A ~ F）均包含上面讨论的一组所有 GPIO 寄存器，每个寄存器可以通过使用偏移地址+基址来访问。

例如，APB 孔径中的端口 A 具有基址 0x40004000。其对应寄存器具有不同的关联偏移地址。表 3.4 给出了一些端口 A 寄存器的基址、偏移地址和完整地址之间的关系。

表 3.4　APB 总线中常用的 GPIO 端口 A 寄存器

GPIO 注册器	基址	偏移地址	完整地址	SW 的符号定义
GPIO 端口 A 数据寄存器	0x40004000	0x000	0x40004000	GPIO_PORTA_DATA_R
GPIO 端口 A 定向寄存器	0x40004000	0x400	0x40004400	GPIO_PORTA_DIR_R
GPIO 端口 A AFSEL 寄存器	0x40004000	0x420	0x40004420	GPIO_PORTA_AFSEL_R
GPIO 端口 A IS 寄存器	0x40004000	0x404	0x40004404	GPIO_PORTA_IS_R
GPIO 端口 A ODR 寄存器	0x40004000	0x50C	0x4000450C	GPIO_PORTA_ODR_R

（续）

GPIO 注册器	基址	偏移地址	完整地址	SW 的符号定义
GPIO 端口 A PUR 寄存器	0x40004000	0x510	0x40004510	GPIO_PORTA_PUR_R
GPIO 端口 A PDR 寄存器	0x40004000	0x514	0x40004514	GPIO_PORTA_PDR_R
GPIO 端口 A DEN 寄存器	0x40004000	0x51C	0x4000451C	GPIO_PORTA_DEN_R
GPIO 端口 A LOCK 寄存器	0x40004000	0x520	0x40004520	GPIO_PORTA_LOCK_R
GPIO 端口 A CR 寄存器	0x40004000	0x524	0x40004524	GPIO_PORTA_CR_R

在表 3.3 中，最后一列中每个相关寄存器的符号定义均用于编程目的。用户可以在其程序中使用这些定义来访问每个寄存器。

要初始化和配置特定 GPIO 端口，应使用以下附加系统控制寄存器：

1）GPIO 高性能总线控制寄存器（GPIOHBCTL）。正如我们提到的，GPIO 可以通过两种总线孔径访问：APB 或 AHB。这两个总线孔径是互斥的，这意味着在任何时候，只能使用一个总线孔径来访问所需的 GPIO 端口。每个 GPIO 端口使用的总线孔径由 GPIO 高性能总线控制寄存器（GPIOHBCTL）中的关联位控制，该寄存器为 32 位寄存器。在该寄存器的最低 6 位（位 5~0）中，每个位用于控制一个 GPIO 端口（端口 A~F），并具有以下访问总线孔径：

位值 0——高级外围总线（APB）用于映射的 GPIO 端口；位值 1——GPIO 端口使用高级高性能总线（AHB）。

系统复位后，所有这 6 个位都复位为 0，这意味着系统复位后所有端口都使用 APB 总线孔径。或者，用户可以配置并设置 GPIOHBCTL 中的关联位，以选择特定 GPIO 端口的访问总线孔径。此步骤是可选的，因为所有端口在系统重置后都使用 APB 总线孔径。

2）通用输入/输出运行模式时钟门控控制寄存器（RCGCGPIO）。此寄存器用于控制系统时钟和所需 GPIO 端口之间的连接。所有 GPIO 端口必须有一个时钟作为正常工作的时基。与 GPIOHBCTL 寄存器类似，该寄存器中最低 6 位的每一位都映射到 6 个 GPIO 端口中的一个端口（A~F）。

位值 0——禁用映射的 GPIO 端口，不提供时钟；位值 1——启用映射的 GPIO 端口，并提供时钟。

在系统重置后，所有这 6 位都重置为 0，这意味着在系统重置之后，所有端口都被禁用，没有连接时钟。

现在，开始介绍特定 GPIO 端口的初始化和配置过程。执行以下操作以初始化和配置特定 GPIO 端口：

1）在系统时钟和特定 GPIO 端口之间建立连接，通过在通用输入/输出运行模式时钟门控控制寄存器（RCGCGPIO）中设置适当的位，使时钟能够驱动端口。

2）通过编程 GPIODIR，设置 GPIO 端口上每个引脚的方向。

位值 0——该引脚用作输入引脚；位值 1——该引脚用作输出引脚。

3）可选地，用户可以配置 GPIOAFSEL，将每个位编程为 GPIO 模式或备用模式。此步骤是可选的，因为大多数端口在系统重置后都以 GPIO 模式工作。如果为位选择了备用引脚，则必须在特定外围功能的 GPIOPCTL 中编程 PMCx 字段。还有两个寄存器 GPIOADCCTL 和 GPIODMACTL，可分别用于将 GPIO 引脚编程为 ADC 或 μDMA 触发器。

4）通过在 GPIODEN 寄存器中设置适当的 DEN 位，启用 GPIO 引脚作为数字 I/O 端口。由于复位后所有 GPIO 引脚都处于三态门状态，因此有必要执行此步骤。要启用 GPIO 引脚的模拟功能，请在 GPIOAMSEL 寄存器中设置 GPIOAMSER 位。

5）或者，可以通过 GPIODR2R、GPIODR4R 或 GPIODR8R 设置每个引脚的驱动强度。此步骤是可选的，因为默认驱动强度为 2mA。

6）或者，可以通过 GPIOPUR、GPIOPDR 或 GPIOODR 将端口中的每个焊盘配置为具有上拉、下拉或开漏功能。如果需要，还可以通过 GPIOSLR 配置转换速率。

7）或者，如果中断用于端口，可以配置 GPIOIS、GPIOIBE、GPIOIEV 和 GPIOIM，以设置每个端口的中断类型、事件和掩码。在中断用于特定 GPIO 端口之前，此步骤是可选的和不必要的。

8）或者，可以通过设置 GPIOLOCK 中的锁定位，锁定 GPIO 端口引脚上 NMI 和 JTAG/SWD 引脚的配置。

从上述特定 GPIO 端口的初始化和配置过程中可以发现，用户配置 GPIO 端口只需要执行 3 个步骤，即步骤 1）、2）和 4），所有其他步骤都是可选的。

系统复位后，所有 GPIO 引脚配置为未驱动或三态门，4 个寄存器中的值为 GPIOAFSEL = 0、GPIODEN = 0、GPIOPDR = 0 和 GPIOPUR = 0。

3.2.2　Tiva™ C 系列 LaunchPad™ TM4C123GXL 评估板

Tiva™ C 系列 LaunchPad™ TM4C123GXL 评估板 EK-TM4C123GXL 是一款基于 ARM® Cortex®-M4F 微控制器的低成本多功能评估平台。该评估板中包括 TM4C123GH6PM 微控制器，使电路板能够提供各种控制功能，如 TM4C123GH6PM USB 2.0 设备接口、板载 ICDI、休眠和运动控制 PWM 模块。TM4C123GXL 评估板是专为运行 Tiva™ C 系列软件而设计的，包括 Tiva™ C 系列 TivaWare™库。

图 3.8 所示为 TM4C123GXL 评估板，其组件及其功能如下：

1）评估板中包括两个 TM4C123GH6PM 微控制器，即 MCU-1 和 MCU-2。前者用作程序加载/调试控制器，后者用作该评估板的真正微控制器。

2）评估板提供了两个 USB 连接器以支持程序开发。ICDI/调试 USB 连接器用于编程/调试目的，USB MicroA/B 连接器可用作接口，使该评估板能够作为 USB 设备工作。

3）电源选择开关用于选择电路板的电源。当电路板用作评估电路板时，开关应处于调试位置，以使程序能够在电路板中下载和调试。否则，当开关作为 USB 设备工作时，应处于设备位置。

4）提供了两个用户按钮 SW1 和 SW2，以支持用户的多应用功能。两个用户按钮都可以在预加载的应用程序中使用，以调整 RGB LED 的光谱，以及进入休眠模式和从休眠模式返回。用户按钮 SW2 可用于将处理器从休眠模式唤醒，这是因为它连接到微处理器中的唤醒引脚。用户按钮还可以用于用户自定义应用程序中的其他用途。

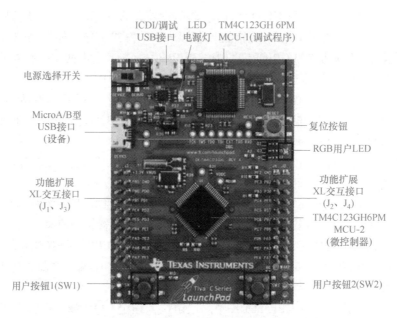

图 3.8　TM4C123GXL 评估板（德州仪器公司提供）

5）评估板中提供了一个 RGB 用户 LED，使用户能够使用该 LED 开发和构建不同的应用程序。

6）复位按钮用于执行处理器和整个系统的复位。

7）有两个双排可堆叠的接头，连接到位于板两侧的 TM4C123GH6PM 微控制器的大多数 GPIO 引脚，分别标记为接头 J1～J4。所有这些接头都连接到微处理器中的相关 GPIO 引脚，并且可以连接到其他外围设备。表 3.5～表 3.8 给出了这些连接。其中，端口 F 中的所有 5 个引脚 PF0～PF4 已连接到 5 个车载设备，具体见表 3.9。

除上述组件外，TM4C123GXL 评估板还包含以下具有相关功能的组件：

1）电源：评估板可以由板载 ICDI USB 线（调试默认）和 USB 设备线（设备）供电。

2）时钟：评估板默认使用由 16MHz 晶体振荡器（Y2）驱动的主内部时钟电路。该时钟可以通过软件进行修改，以编程 PLL 时钟发生器以获得更高的时钟频率。

3）电路内调试接口（ICDI）：评估板提供了一个板载电路内调试接口（ICDI），使用户能够将其程序下载到 TM4C123GH6PM 微控制器的 FLF ROM 空间，并执行该程序的调试功能。此 ICDI 仅支持 JTAG 协议。

4）虚拟 COM 端口：当插入主机时，设备将成为调试器和虚拟 COM 端口。表 3.10 显示了 COM 端口和 MCU 引脚的连接情况。

5）休眠模式：EVB 提供一个外部 32.768kHz 晶体振荡器（Y1）作为 TM4C123GH6PM 休眠模块的时钟源，MCU 能够在休眠模式下工作，以节省功耗。用户按钮 2（SW2）可用作唤醒信号，以唤醒处理器返回正常运行模式。

Tiva™ C 系列 LaunchPad™ 为用户提供了一种简单、廉价的使用 TM4C123GH6PM 微控制器开发应用程序的方法。Tiva™ C 系列 BoosterPack 和 MSP430 BoosterPack 扩展了 Tiva™ C 系列 LaunchPad™ 的可用外围设备和潜在应用。多个 BoosterPack 可与 Tiva™ C 系列 LaunchPad™ 一起使用。或者，用户可以简单地将板载 TM4C123GH6PM 微控制器作为其处理器使用。

表 3.5　J1 接头的引脚分布和功能

J1 引脚	GPIO	模拟功能	板载功能	数字功能（GPIOPCTL PMCx 位域编码）									
				1	2	3	4	5	6	7	8	9	14
1	供电电压 3.3V												
2	PB5	AIN11	—	—	SSI2Fss	—	M0PWM3	—	—	T1CCP1	CAN0Tx	—	—
3	PB0	USB0ID	—	U1Rx	—	—	—	—	—	T2CCP0	—	—	—
4	PB1	USB0VBUS	—	U1Tx	—	—	—	—	—	T2CCP1	—	—	—
5	PE4	AIN9	—	U5Rx	—	I2C2SCL	M0PWM4	M1PWM2	—	—	CAN0Rx	—	—
6	PE5	AIN8	—	U5Tx	—	I2C2SDA	M0PWM5	M1PWM3	—	—	CAN0Tx	—	—
7	PB4	AIN10	—	—	SSI2Clk	—	M0PWM2	—	—	T1CCP0	CAN0Rx	—	—
8	PA5	—	—	—	SSI0Tx	—	—	—	—	—	—	—	—
9	PA6	—	—	—	—	I2C1SCL	—	M1PWM2	—	—	—	—	—
10	PA7	—	—	—	—	I2C1SDA	—	M1PWM3	—	—	—	—	—

表 3.6　J2 接头的引脚分布和功能

J2 引脚	GPIO	模拟功能	板载功能	数字功能（GPIOPCTL PMCx 位域编码）									
				1	2	3	4	5	6	7	8	9	14
1	接地												
2	PB2	—	—	—	—	I2C0SCL	—	—	—	T3CCP0	—	—	—
3	PE0	AIN3	—	U7Rx	—	—	—	—	—	—	—	—	—
4	PF0	—	USR_SW2/WAKE(R1)	U1RTS	SSI1Rx	CAN0Rx	—	M1PWM4	PhA0	T0CCP0	NMI	C0o	—
5	RESET												
6	PB7	—	—	—	SSI2Tx	—	M0PWM1	M1PWM1	—	T0CCP1	—	—	—
	PD1	AIN6	Compatible MSP430	—	SSI1Fss	I2C3SDA	M0PWM7	M1PWM1	—	WT2CCP1	—	—	—

（续）

J2 引脚	GPIO	模拟功能	板载功能	数字功能（GPIOPCTL PMCx 位域编码）									
				1	2	3	4	5	6	7	8	9	14
7	PB6	—		—	SSI2Rx		M0PWM0	—	—	T0CCP0	—	—	—
	PD0	AIN7	Compatible MSP430	SSI3Clk	SSI1Clk	I2C3SCL	M0PWM6	M1PWM0	—	WT2CCP0	—	—	—
8	PA4	—	—	—	SSI0Rx	—	—	—	—	—	—	—	—
9	PA3	—	—	—	SSI0Fss	—	—	—	—	—	—	—	—
10	PA2	—	—	—	SSI0Clk	—	—	—	—	—	—	—	—

表 3.7 J3 接头的引脚分布和功能

J3 引脚	GPIO	模拟功能	板载功能	数字功能（GPIOPCTL PMCx 位域编码）									
				1	2	3	4	5	6	7	8	9	14
1	供电电压 5.0 V												
2	接地												
3	PD0	AIN7		SSI3Clk	SSI1Clk	I2C3SCL	M0PWM6	M1PWM0	—	WT2CCP0	—	—	—
	PB6	—	Compatible MSP430-R9	—	SSI2Rx	—	M0PWM0	—	—	T0CCP0	—	—	—
4	PD1	AIN6		SSI3Fss	SSI1Fss	I2C3SDA	M0PWM7	M1PWM1	—	WT2CCP1	—	—	—
	PB7	—	Compatible MSP430-R10	—	SSI2Tx	—	M0PWM1	—	—	T0CCP1	—	—	—
5	PD2	AIN5	—	SSI3Rx	SSI1Rx	—	M0FAULT0	—	—	WT3CCP0	USB0EPEN	—	—
6	PD3	AIN4	—	SSI3Tx	SSI1Tx	—	—	—	—	WT3CCP1	USB0PFLT	—	—
7	PE1	AIN2	—	U7Tx	—	—	—	—	—	—	—	—	—

（续）

J3 引脚	GPIO	模拟功能	板载功能	数字功能（GPIOPCTL PMCx 位域编码）									
				1	2	3	4	5	6	7	8	9	14
8	PE2	AIN1	—	—	—	—	—	—	—	—	—	—	—
9	PE3	AIN0	—	—	—	—	—	—	—	—	—	—	—
10	PF1	—	—	U1CTS	SSI1Tx	—	—	M1PWM5	—	T0CCP1	—	C1o	TRD1

表 3.8　J4 接头的引脚分布和功能

J4 引脚	GPIO	模拟功能	板载功能	数字功能（GPIOPCTL PMCx 位域编码）									
				1	2	3	4	5	6	7	8	9	14
1	PF2	—	Blue LED（R11）	—	SSI1Clk	—	M0FAULT0	M1PWM6	—	T1CCP0	—	—	TRD0
2	PF3	—	Green LED（R12）	—	SSI1Fss	CAN0Tx	—	M1PWM7	—	T1CCP1	—	—	TRCLK
3	PB3	—	—	—	—	I2C0SDA	—	—	—	T3CCP1	—	—	—
4	PC4	C1-	—	U4Rx	U1Rx	—	M0PWM6	—	IDX1	WT0CCP0	U1RTS	—	—
5	PC5	C1+	—	U4Tx	U1Tx	—	M0PWM7	—	PhA1	WT0CCP1	U1CTS	—	—
6	PC6	C0+	—	U3Rx	—	—	—	—	PhB1	WT1CCP0	USB0EPEN	—	—
7	PC7	C0-	—	U3Tx	—	—	—	—	—	WT1CCP1	USB0PFLT	—	—
8	PD6	—	—	U2Rx	—	—	—	—	PhA0	WT5CCP0	NMI	—	—
9	PD7	—	—	U2Tx	—	—	—	—	PhB0	WT5CCP1	—	—	—
10	PF4	—	USR_SW1（R13）	—	—	—	—	M1FAULT0	IDX0	T2CCP0	USB0EPEN	—	—

表 3.9　GPIO 端口 F 和板载设备

GPIO 引脚	引脚功能	板载设备
PF4	GPIO	用户按钮 1（SW1）
PF0	GPIO	用户按钮 2（SW2）
PF1	GPIO	RGB LED—红色
PF2	GPIO	RGB LED—蓝色
PF3	GPIO	RGB LED—绿色

表 3.10　GPIO 虚拟 COM 端口和 MCU 引脚的连接情况

GPIO 引脚	引脚功能
PA0	U0Rx
PA1	U0Tx

图 3.9 是 TM4C123GXL 评估板的功能框图。

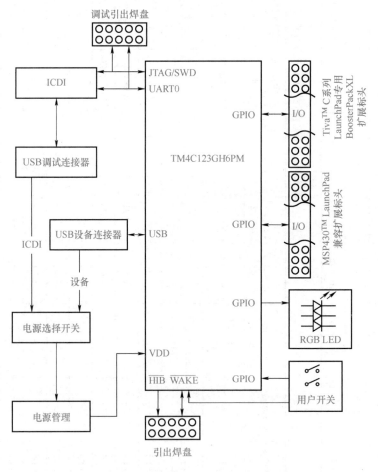

图 3.9　评估板的功能框图（德州仪器公司提供）

两个 USB 连接器（USB 调试连接器和 USB 设备连接器）可使 TM4C123GXL 评估板能够

连接到主机，将用户的程序下载到此评估板中的闪存中，并对此程序或其他一些控制器进行调试，允许该评估板作为 USB 设备工作。

两个用户按钮 SW1 和 SW2 用于控制 RGB LED 强度，并通过 GPIO 端口 F（PF4 和 PF0）将处理器从休眠模式唤醒。

该评估板中最重要的部件之一是 40 针功能扩展 XL 交互接口（J1~J4）。这些接口允许用户将其他所需外围设备与该评估板连接，以完成其实际应用的多种控制功能。这些接口也与 MSP430 微控制器兼容。

3.2.3　EduBASE ARM® Trainer 简介

EduBASE ARM® Trainer 是专为 Tiva™ C 系列 LaunchPad™ 微控制器的评估板 EK-TM4C123GXL 设计的。它提供了多个外围设备和组件。

图 3.10 所示为 EduBASE ARM® Trainer 的结构。安装在板上的主要外围设备和组件包括：

1）带 LED 背光的 16×2 LCD 显示模块。

2）用于学习多路复用技术的 4 个 7 段 LED 显示模块。

3）4×4 小键盘。

4）4 个数据 LED。

5）1 个 4 位 DIP（Daul Inline-pin Package）开关。

6）4 个位置开关。

7）扬声器。

8）用于家庭自动化应用的光传感器。

9）模拟输入电位计。

10）X-Y-Z 加速度计模块接头。

11）2 个模拟传感器输入。

12）4 个伺服或继电器输出。

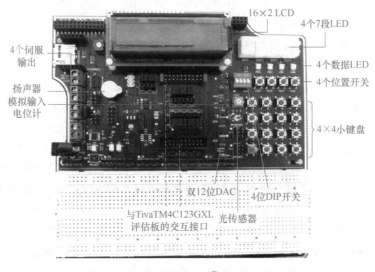

图 3.10　EduBASE ARM® Trainer 的结构

13）基于 SPI 的双 12 位 DAC，用于生成模拟波形。

14）基于 I^2C 的实时时钟，带电容器备份。

15）用于控制 2 个直流电动机或 1 个步进电动机的高效双 H 桥。

TM4C123GXL 评估板通过一个接口插入该 EduBASE ARM® Trainer 板卡。图 3.10 中的两条虚线显示了这两个连接器。TM4C123GXL 评估板和 EduBASE ARM® Trainer 之间的完整连接如图 3.1 所示。

3.2.4 其他相关外围设备和接口简介

其他重要的相关外围设备和接口，如直流电动机、脉宽调制（PWM）模块和正交编码器接口（QEI），将通过本书的介绍用于课堂项目和实验项目中。在本小节中，将重点介绍这些组件。

本书中使用的电动机是直流电动机，Mitsumi 448 PPR 电动机带有光学旋转编码器，包括 448 线/脉冲速度盘。这种电动机可以在一些网站（如易趣）上购买，大约 5 美元。我们选择这种类型的电动机，是因为光学旋转编码器与电动机轴相连，以提供位置/速度反馈，使设计者能够轻松设计闭环控制系统。

有关该电动机的详细信息将在后面的章节中与闭环控制系统一起讨论，为设计者提供完整的控制策略。与直流电动机部分类似，我们将在 PID 控制系统设计部分对 QEI 模块进行更详细的讨论。

由于 TM4C123GH6PM 微处理器系统中的 PWM 模块相对复杂，因此我们将该部分留在第 4 章。

3.3 软件包简介

软件包由以下组件组成：

1）集成开发环境 Keil® MDK-ARM® μVision® 5.24a。

2）TivaWare™ SW-EK-TM4C123GXL 驱动程序软件包。

3）Stellaris 电路内调试接口（ICDI）。

首先，让我们来全面了解一下这些组件及其关系。

3.3.1 ARM 微控制器开发套件概述

基本上，整个开发套件可分为两层：①Keil® MDK-ARM® 套件，提供图形用户界面（Graphics User Interface，GUI）和所有通用开发工具；②用于 C 系列 LaunchPad™ 的TivaWare™，为 Tiva™ C 系列 LaunchPad™ TM4C123GXL 评估板提供特定软件和库的软件。

从图 3.11 可以发现，两条虚线指向调试适配器。这意味着 Keil® MDK 和 TivaWare™ 为连接在软件工具和评估板之间的调试适配器提供相关设备驱动程序。在 ULINK2 和 Tiva™ 电路内调试接口（ICDI）中，前者是由 Keil® MDK 开发的调试适配器（Debug Adaptor）的设备驱动程序，后者是由德州仪器构建的设备驱动。该调试适配器用于在软件开发工具和微控制器硬件（在本例中为 TM4C123GXL 评估板）之间执行一些必要的通信。这些通信包括调试用户程序和将编译后的程序下载到评估板（RAM 或闪存）中。

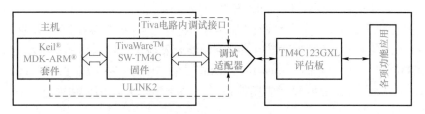

图 3.11　基于 TM4C123GXL 的评估板配置

开发工具包由 Tiva™ C 系列 LaunchPad™ TM4C123GXL 评估板和包含其他有用的外围设备的 EduBASE ARM® Trainer 组成。基于 TM4C123GXL 的整体开发系统的硬件设置和连接如图 3.12 所示。

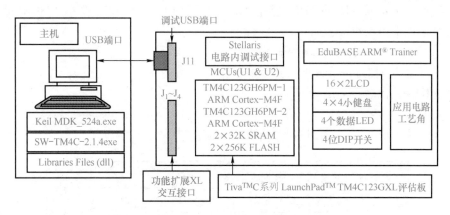

图 3.12　基于 TM4C123GXL 的整体开发系统的硬件设置和连接

从图 3.12 可以发现，整个基于 Tiva™ C 系列 LaunchPad™ TM4C123GXL 评估板的开发系统 EduBASE ARM® Trainer 由两个重要的硬件组件组成：作为控制单元的主机和 EduBASE ARM® Trainer 评估板。这两个硬件的组成部件和功能如下：

1）主机作为一个界面，使用户能够使用安装在主机中的 Keil® IDE 和 TivaWare™ 固件，并在 EduBASE ARM® Trainer 中创建、组装、调试和测试用户的程序。所有这些功能都是通过访问安装在主机中 Keil® IDE 和 TivaWare™ 固件提供的各种库和工具来实现的。

2）EduBASE ARM® Trainer 提供所有硬件和软件接口功能，以便于在主机上执行上述操作。

用 USB 线连接 Tiva™ C 系列 LaunchPad™ TM4C123GXL 评估板上的调试 USB 端口和主机中的 USB 端口，以实现主机和 EduBASE ARM® Trainer 之间的命令和数据通信。

不同的供应商提供了超过 15 个可用于 Tiva™ C 系列 LaunchPad™ TM4C123GXL 评估板的开发平台。比较常用的平台和工具有以下 6 种：

1）Keil® ARM® RealView® 微控制器开发套件（Microcontroller Development Kit，MDK）。

2）德州仪器的 Code Composer Studio™ 集成开发环境（CCS）。

3）ARM® DS-5Code Composer Studio 5。

4）用于 ARM® 的 IAR 嵌入式工作台。

5）Mentor Graphics（明导国际）公司的 Sourcery CodeBench。

6) GNU 编译器集合（GNU Complier Collection，GCC）。

在这些工具和平台中，最受欢迎的是用于 ARM® 的 Keil® 微控制器开发工具包或称为 MDK-ARM®。该 MDK 包含 ARM® 相关微控制器开发应用程序所需的所有组件和工具。

MDK-ARM® 是 Cortex™-M、Cortex-R4、ARM7™ 和 ARM9™ 基于处理器设备的完整软件开发环境。MDK-ARM® 专为微控制器应用而设计，易于学习和使用，功能强大，足以满足最严苛的嵌入式应用。

MDK-ARM® 有 4 个版本：MDK-Lite、MDK-Cortex-M、MDK-Standard（标准版）和 MDK-Professional（专家版）。所有版本都提供一个完整的 C/C++ 开发环境，MDK-Professional 包含大量中间件库。由于我们使用的是 ARM® Cortex®-M4 微控制器，因此我们将集中讨论 MDK-Cortex-M 开发系统。

正如我们在本章开头所讨论的，整个 Tiva™ C 系列 LaunchPad™ TM4C123GXL 的硬件配置开发系统由以下组件组成：

1）Tiva™ TM4C123GH6PM 微控制器。

2）Tiva™ C 系列 LaunchPad™ TM4C123GXL 评估板。

3）EduBASE ARM® Trainer。

4）主机。

EduBASE ARM® Trainer 硬件配置如图 3.13 所示。

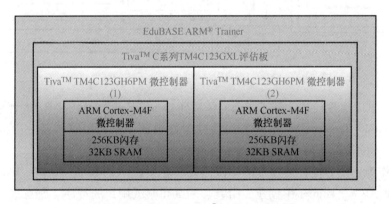

图 3.13　EduBASE ARM® Trainer 硬件配置

基于以上讨论，ARM® 微控制器的整个开发系统可由以下组件或工具组成：

1）开发套件或套件。

2）调试适配器和驱动程序。

3）特定 MCU 相关固件。

4）程序示例。

5）开发板或评估板。

由于开发、评估板在上一章中已经讨论过，我们将在下一小节中逐一讨论前 4 个组件。在继续讨论这些组件之前，需要先完成下载和安装套件和固件。

3.3.2　下载并安装开发套件和指定固件

前 3 个组件，即开发工具包、调试适配器和特定软件驱动程序，是 3 个不同的组件，可以单独下载和安装。程序示例与 MCU 相关，可与特定软件一起安装。

参阅附录 A 下载并安装 Keil® MDK-ARM® μVision5. 24a。此安装过程不仅会安装 MDK 核心，还会安装一些软件包。安装完成后，将在桌面上添加 Keil® MDK 图标 Keil μVision5。主机（PC）上的开发套件的默认安装位置是 C:/Keil_v5。

参阅附录 B 下载并安装 Tiva™ C 系列专用软件 TivaWare SW-EK-TM4C123GXL 软件包。此固件在主机中的默认安装位置是 C:/ti/TivaWare_C_Series-2. 1. 4. 178。

参阅附录 C 下载并安装 Stellaris® ICDI 和虚拟 COM 端口。此 ICDI 设备驱动程序的安装位置位于主计算机控制面板中"设备管理器"下的 Stellaris®电路内调试接口文件夹中。

我们将在下一小节中逐一讨论前 4 个组件。MDK 核心本身包含了调试器组件，因此，接下来我们把这两个组件放在一起讨论。

3. 3. 3　集成开发环境 Keil® MDK 简介

Keil® MDK 是最全面的基于 ARM® 的微控制器软件开发环境。MDKμVision5 分为 MDK 核心及支持新设备独立于工具链完成中间件更新的软件包。

整个 Keil® MDK 开发系统可分为以下关键组件：

1）MDK 核心。

① 带源代码编辑器和 GUI 的 μVision® IDE。

② 软件包安装程序。

③ ARM® C/C++编译器。

④ 带跟踪功能的 μVision® 调试器。

2）软件包。

① 串行外围接口（SPI）、USB 和以太网的设备驱动程序。

② 支持 Cortex 微控制器软件接口标准（Cortex Microcontroller Software Interface Standard，CMSIS），包括 CMSIS-CORE、CMSIS-DSP 和 CMSIS-RTOS。

③ MDK 中间件支持。

④ 示例程序。

1）MDK 核心。

MDK 核心包含所有开发工具，包括 μVision IDE、编译器和调试器。通过使用 MDK 核心，可以为基于 Cortex-M 处理器的微控制器设备创建、构建和调试嵌入式应用程序。新的软件包安装程序为设备、CMSIS 和中间件添加和更新软件包。新添加的软件包安装程序的目的是管理可以随时添加到 MDK 核心的软件包。这使得新的设备支持和中间件更新独立于工具链。增加对完整微控制器系列支持的软件包称为设备系列包。

图 3.14 所示为 MDK 核心及其组件。

2）软件包。

软件包包含设备支持、CMSIS 库、中间件、板支持、代码模板和示例项目。在软件包中包含的所有组件中，需要更详细地解释 CMSIS 和中间件这两个组件。

为了在基于 Cortex-M 的微控制器上运行嵌入式应用程序，CMSIS 提供了一个基础软件框架。CMSIS 实现了程序的一致性，可提供处理器和外围设备的简单软件接口，简化了软件重用，降低了微控制器开发人员的学习难度。

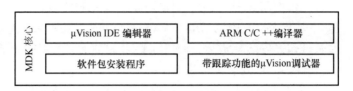

图 3.14　MDK 核心及其组件（经 Arm® 有限公司许可复制。版权所有© Arm 有限公司）

CMSIS 应用软件组件包括：

① CMSIS-CORE：定义 Cortex-M 处理器核心和外围设备的 API，并包含一致的系统启动代码。在使用异常、中断和外围设备的本机处理器上创建和运行应用程序时，所需的软件组件只有 CMSIS:CORE 和 Device:Startup。

② CMSIS-RTOS：可提供标准实时操作系统，因此支持软件模板、中间件、库和其他组件跨系统运行。

③ CMSIS-DSP：数字信号处理（Digital Signal Processing，DSP）的库集合，具有 60 多种不同数据类型的功能：定点（分数 q7、q15、q31）和单精度浮点（32 位）。

MDK 专业中间件提供了广泛的通信外围设备，以满足许多嵌入式设计要求，有效利用这些复杂的片上外围设备是至关重要的。MDK 专业中间件提供了一个软件包，其中包括免版税中间件和 TCP/IP 网络组件、USB 主机和 USB 通信设备、数据存储文件系统以及图形用户界面。

软件包组件的完整框图如图 3.15 所示。

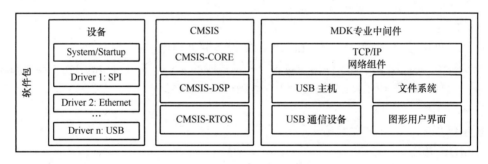

图 3.15　软件包组件的完整框图（经 Arm® 有限公司许可复制。版权所有© Arm 有限公司）

由于 MDK 是一个功能强大的开发套件，包含大量组件，因此在本章中，我们将集中讨论 MDK 核心，尤其是讨论 MDK-Cortex-M 系列组件。两个组件，即 μVision IDE 和调试器是本章要讨论的主要主题。

首先，让我们仔细探究适用于 Tiva™ C 系列 LaunchPad™ TM4C123GXL 评估板的 Keil® MDK-ARM®。

3.3.3.1　适用于 MDK-Cortex-M 系列的 Keil® MDK-ARM®

与 Keil® MDK-ARM® 类似，MDK-Cortex-M 系列包含以下组件：

1）μVision5 集成开发环境（IDE）：提供具有所有通用开发工具的 GUI，如调试器和模拟环境。

2）ARM 编译工具：包括 C/C++编译器、ARM® 汇编程序、连接器和其他实用程序。

3）调试器：为 ARM® 微控制器程序提供调试功能。

4）模拟器：提供模拟环境，使用户无须任何实际硬件即可构建和运行程序。

5）Keil RTX 实时操作系统内核：提供一个真正的操作系统内核。

6）TCP/IP 网络套件：提供多种协议和各种应用程序。

7）USB 设备和 USB 主机堆栈提供标准驱动程序类。

8）ULINKpro 支持对运行中的应用程序进行实时分析，并记录每个执行的 Cortex-M 指令。

9）完整的代码覆盖率和有关程序执行的信息。

10）执行分析器和性能分析器可实现程序优化。

11）CMSIS Cortex Microcontoller 软件接口符合标准。

12）大约 1000 个微控制器的参考启动代码。

13）Flash 编程算法。

14）程序示例。

用于 MDK-Cortex®-M 系列的 Keil® MDK-ARM® 的完整配置如图 3.16 所示。

为了更好地理解 Keil® MDK-ARM® 的程序

图 3.16　完整配置

开发过程，首先让我们详细讨论一下使用 MDK Cortex®-M 开发系统的用户项目的一般开发流程。

3.3.3.2　Keil® MDK-ARM® 的一般开发流程

图 3.17 所示为 Keil® MDK 中用户项目的一般开发过程。

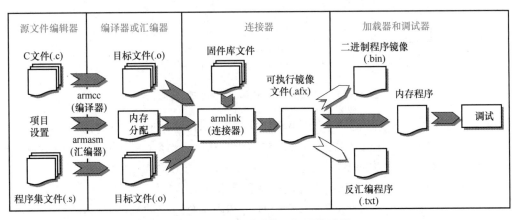

图 3.17　用户项目的一般开发过程

通常，Keil® MDK 中的用户项目可以通过以下步骤开发：

1）使用 Keil® MDK 创建新项目。

2）项目中添加了带有源代码（C 或 ARM 装配代码）的用户源文件。

3）根据源代码，将调用并执行 armcc（ARM® 编译器）或 armasm（ARM® 汇编程序），以将用户的源代码转换为目标代码并存储在主机中。带有项目设置的启动代码将参与此编译或组装过程。

4）目标代码文件将与所有其他系统库文件或相关库文件链接，并转换为 ARM® 术语中的可执行文件或图像文件，并下载到评估板中的闪存或 RAM 中。

5）最后，可执行代码可发送至调试器，以执行调试或执行操作。事实上，编译器、连接器和加载器集成在一个单元中，即 ARM® μVision® IDE 中的构建器。或者，可执行文件也可以转换为二进制文件或文本文件，供用户参考。

要使用 Keil® MDK 成功构建基本用户项目，需要使用以下两个关键组件：

1）Keil® MDK 核心。

2）CMSIS 核心。

Keil® MDK 核心提供所有开发工具，包括 μVision IDE、编译器和调试器。CMSIS-CORE 定义了 Cortex-M 处理器核心和外围设备的 API，并包含一致的系统启动代码。在使用异常、中断和外围设备的本机处理器上创建、构建和运行应用程序时，只需要软件组件 CMSIS：CORE 和 Device：Startup。

所有用户源代码都可以用 C 语言编写，但是，微处理器供应商提供并通常包含在 Keil® MDK 安装过程中的启动代码是 ARM® 汇编代码。用户还需要使用微处理器供应商提供的一些库文件，即德州仪器公司提供的固件 TivaWare™ SW-EK-TM4C123GXL 软件包，如图 3.18 所示。

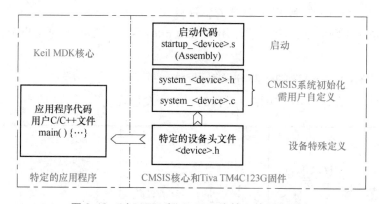

图 3.18　以 MDK 和 CMSIS 为核心的程序开发

如图 3.18 所示，为了构建和开发 ARM® 应用程序项目，应使用带有 CMSIS 核心的原生 Cortex-M 核心。事实上，一个 CMSIS 核心组件 CMSIS：Core 应该与软件组件 Device：Startup 一起使用，用于构建一个成功的项目。这些组件可提供以下核心功能：

1）Startup_<device>. s：带有重置处理程序和异常向量的文件。

2）System_<device>. c：基本设备设置（时钟和内存总线）的配置文件。

3）System_<device>. h：包括访问微控制器设备的用户代码文件。

特定的设备头文件<device>. h 包含在 C 源文件中，并定义为：

1）具有标准化寄存器布局的外围访问。

2）访问中断和异常以及嵌套中断向量控制器（NVIC）。

3）生成特殊指令的固有功能，例如激活休眠模式。

4）系统定时器（Systick）用于配置和启动定期定时器中断。

5) 通过芯片内 CoreSight 对 printf 型 I/O 和 ITM 通信进行调试访问。

需要注意的一点是，在实际应用文件中，<device>是实际用户项目中使用的微控制器设备的名称。例如，在本例中，该设备名称应为<tm4c123gh6 pm>。此外，在开发阶段并不能找到所有这 4 个文件，有些文件（如 system_<device>.h 和设备规格<device>.h）在程序成功构建之前无法找到。让我们从一个示例项目开始熟悉这个 IDE。

3.3.3.3　基于示例项目熟悉 Keil® MDK-Cortex-M 工具包

在打开 Keil® MDK-ARM® μVision 5.24a 套件之前，请确保已在主机上设置了以下两个重要组件：

1) Tiva™ C 系列 LaunchPad™ TM4C123GXL 评估板已通过 USB 线连接到主机。如果尚未安装，请参阅图 3.1 以完成此硬件设置。

2) 所有开发工具均已下载并安装，如 3.3.2 节所述。

执行以下操作以启动 Keil® MDK-ARM® μVision® 5.24a IDE，加载并运行示例项目 Hello World。

1) 双击位于计算机桌面上的图标 Keil μVision5，启动并打开此工具包，如图 3.19 所示。

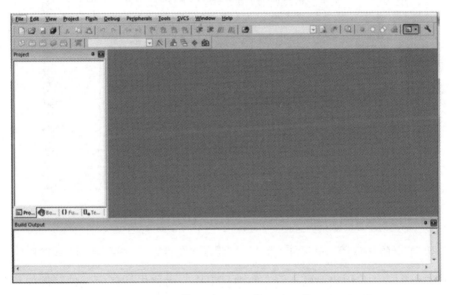

图 3.19　打开 Keil® MDK-ARM® μVision® 5.24a 套件

（经 Arm® 有限公司许可复制，版权所有© Arm 有限公司）

2) 选择菜单命令"Project"（项目）→"Open Project"（打开项目），打开"Select Project File"（选择项目文件）向导。

3) 使用此向导浏览到 Hello World 项目，当安装 TivaWare™ 时，该项目应位于 ti 文件夹中，实际位置为 C:/ti/TivaWare_C_Series-2.1.4.178/examples/boards/ek-tm4c123gxl/hello。浏览到该文件夹并选择项目文件 hello。单击"Open"（打开）按钮加载并打开此项目（见图 3.20）。

4) 打开的 Hello World 项目如图 3.21 所示。

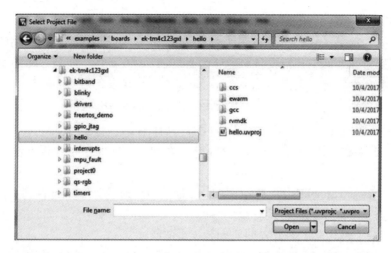

图 3.20　Hello World 项目（经 Arm®有限公司许可复制，版权所有© Arm 有限公司）

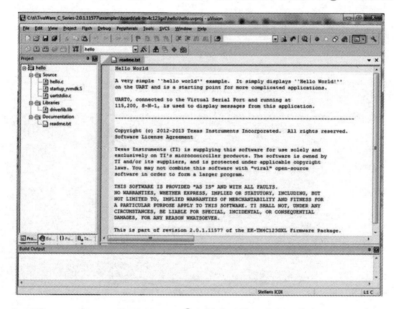

图 3.21　打开的 Hello World 项目（经 Arm®有限公司许可复制，版权所有© Arm 有限公司）

5）双击所需文件，用户可以查看左侧项目工作区窗格中的任何文件。例如，要查看源文件 hello.c，只需双击此文件。打开的 hello.c 文件如图 3.22 所示。

6）可以通过单击"Project"（项目）→"Rebuild all target files"（重建所有目标文件）来构建 Hello World 项目，如图 3.23 所示。所有源文件都已编译并链接。该活动可以在 μVision IDE 底部的构建窗口中看到。该过程通过一个名为 hello.axf 的应用程序完成，并且构建时没有错误和警告，如图 3.24 所示。

7）现在，让我们将 hello 程序加载到 Tiva™C 系列 LaunchPad™TM4C123GXL 评估板中的 flash 内存中。可以使用板载 ICDI 或 Keil® ULINK™进行调试。在安装 Keil® MDK 时，我们确实安装了 Keil® MDK 调试器驱动程序 ULINK2，但是，没有调试适配器或调试硬件。因此，我们必须使用 Tiva C 系列板载 ICDI，德州仪器在 TM4C123GXL 评估板中安装了内置调试适配器。

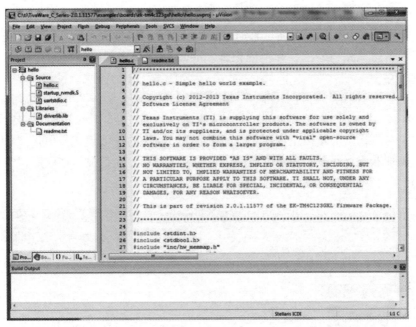

图 3.22　打开的 hello.c 文件（经 Arm® 有限公司许可复制，版权所有© Arm 有限公司）

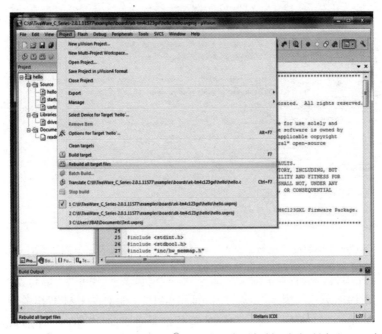

图 3.23　重建 Hello World 项目（经 Arm® 有限公司许可复制，版权所有© Arm 有限公司）

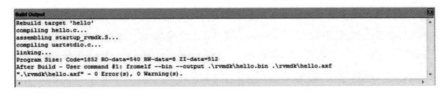

图 3.24　Hello World 项目的编译结果

（经 Arm® 有限公司许可复制，版权所有© Arm 有限公司）

8）要开始此加载过程，可选择菜单命令"Flash"→"Download"（下载），或单击下载按钮。这个过程需要几秒钟。设备编程时，IDE 窗口底部将显示一个进度条。完成后，构建窗口将显示设备已擦除、编程，并验证正常。hello 应用程序现已编译到评估板上 Stellaris® 微控制器的闪存中。

9）现在让我们调试并运行 Hello World 项目。选择菜单命令"Debug"（调试）→"Start/Stop Debug Session"（开始/停止调试会话），或单击调试按钮，IDE 切换到调试模式，将显示一条警告消息，指示电路板正在使用空间限制为 32KB 的评估模式。单击"OK"（确定）按钮继续。处理器寄存器显示在左侧的窗口中，调试器命令窗口显示在底部，主窗口显示正在调试的源代码。调试器自动停止在主程序，如图 3.25 所示。

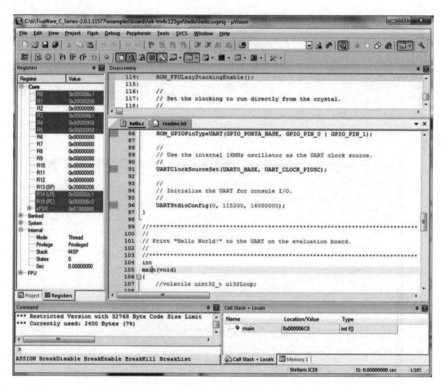

图 3.25　Hello World 项目的调试结果（经 Arm®有限公司许可复制，版权所有© Arm 有限公司）

10）要运行此项目，选择菜单命令"Debug"（调试）→"Run"（运行），或单击运行按钮（图标）。应用程序运行，并且文本"Hello World!"显示在 UART 相关设备上。由于我们没有使用 PC 连接任何 UART，唯一可见的运行结果是 TM4C123GXL 评估板上的 RGB 用户 LED（D1）周期性地闪烁蓝色。此刷新功能与 hello 中编写的代码相关，在 c 文件中，正好是 while() 循环中第 145 行和第 166 行之间的代码。

现在，可以通过选择菜单命令"Debug"（调试）→"Stop"（停止）来停止项目。用户可以进入"Flash"→"Erase"（擦除）菜单项，从评估板中的闪存中擦除下载程序。否则，程序将永远持续运行。选择菜单命令"Project"（项目）→"Close Project"（关闭项目）以关闭此 Hello World 项目。

完成此示例项目后，读者应该对 Keil® MDK μVision IDE 有一些基本的想法和感受。接下来，让我们仔细研究此 IDE 的所有功能。

3.3.3.4　Keil® MDK-ARM® μVision® 5 GUI 的功能

在本小节中，我们将对 Keil® MDK-ARM® μVision® 5 GUI 进行概述。μVision5 是一个更新的基于窗口的软件开发平台，它将强大而现代化的项目管理编辑器和制作工具结合在一起。

μVision5 集成了开发嵌入式应用程序所需的所有工具，包括 C/C++编译器、宏汇编程序、连接器/定位器和十六进制文件生成器。μVision5 提供以下功能，有助于加快嵌入式应用程序的开发过程：

1）功能齐全的源代码编辑器。

2）设备数据库用于配置开发工具。

3）创建和维护项目的项目经理。

4）集成 Make Utility 功能，用于组装、编译和链接嵌入式应用程序。

5）所有开发环境设置的对话框。

6）真正集成的源代码级和汇编程序级调试器，带有高速 CPU 和外围模拟器。

7）高级图形设备接口（Graphics Device Interface，GDI）接口，用于在目标硬件上进行软件调试并连接到 Keil® ULINK™调试适配器。

8）闪存编程实用程序，用于将应用程序下载到闪存 ROM 中。

9）指向手册、在线帮助、设备数据表和用户指南的链接。

μVision5 IDE 和调试器是 Keil®开发工具链的核心部分，具有许多功能，可帮助程序员快速成功地开发嵌入式应用程序。Keil®工具易于使用，可帮助用户及时实现设计目标。

μVision5 提供了用于创建应用程序的构建模式和用于调试应用程序的调试模式，可以使用集成的 μVision5 模拟器或直接在硬件上调试应用程序，例如使用 Keil® ULINK™ USB-JTAG 系列适配器。开发人员还可以使用其他 GDI 适配器或外部第三方工具来分析应用程序。

μVision5 GUI 提供了用于选择命令的菜单和带有命令按钮的工具栏。窗口底部的状态栏显示有关当前 μVision5 命令的信息和消息。窗口可以重新定位，甚至可以移动到另一个物理屏幕。窗口布局将为每个项目自动保存，并在下次使用项目时恢复。用户可以选择菜单命令 "Window"（窗口）→"Reset View to Defaults"（将视图重置为默认值）来恢复默认布局。

3.3.4　C 系列 TivaWare™软件包简介

德州仪器公司的 Tiva™ C 系列软件支持最流行的微处理器，如 ARM® Cortex™-M4 核心，其具有可扩展的内存和封装选项、无与伦比的连接外围设备和高级模拟集成。

对于 C 系列而言，TivaWare™套件包含并集成了所有用户需要的源代码函数和对象库，包括：

1）外围驱动程序库（DriverLib）。

2）图形库。

3）USB 库。

4）传感器集线器库。

5）开源实时操作系统。

6）开源堆栈。

7）实用工具。

8）引导加载程序和系统内编程支持。

9）示例代码。

10）第三方代码示例。

图 3.26 是这些源代码函数的说明以及 TivaWare™ 中包含的用于 C 系列的套件库。TivaWare™ 为 C 系列库的用户提供了使用示例应用程序的灵活性或创建自己项目的自由性。

图 3.26　用于 C 系列的 TivaWare™ 固件中的工具

该套件提供了不同的源代码函数和库，包括：

1）外围驱动程序库提供了一套广泛的功能，用于控制各种 TM4C 设备上的外设。

2）图形库包括一组图形图元和一组小部件，用于在基于 Tiva™ C 系列的微控制器板上创建图形用户界面，从而实现图形的显示。

3）USB 库提供了 TivaWare™ 免版税 USB 堆栈，实现高效的 USB 主机、设备和移动操作。

4）传感器集线器库提供了先进的传感器融合算法和广泛的传感器支持。

5）实用程序提供所有必需的开发工具和用户友好的功能，以使用户程序开发更容易、更简单。

6）引导加载程序和系统内程序支持用户构建启动代码，将其安装在评估板中闪存 ROM 的开头，并在用户程序启动时运行。

7）开源 RTOS 是一种免费的 RTOS，是最流行的嵌入式设备实时操作系统。该实时操作系统无须从头开始创建基本系统软件功能，从而加快了开发进度。它还可以从实时多任务 TI-RTOS 内核扩展到完整的 RTOS 解决方案，包括额外的中间件组件和设备驱动程序。通过提供经过预测试和预集成的基本系统软件组件，RTOS 使开发人员能够专注于区分其应用程序。

8）开源堆栈为最流行的主机和外围设备提供了不同的堆栈。

9）代码示例提供了一些有用的编码指南，帮助用户开始并加快其编码开发。

10）第三方代码示例提供了由不同供应商开发的一些代码。

在这些软件选择中，我们对 TivaWare™ C 系列 LaunchPad™ 评估软件包更感兴趣，这是因为该软件包与外围驱动程序库密切相关。让我们更仔细地探究这个方案。

3.3.4.1　TivaWare™ C 系列 LaunchPad™ 评估软件包

SW-EK-TM4C123GXL 软件包包含用于 Tiva™ C 系列 TM4C123GXL LaunchPad 的 Tiva

Ware™ C 系列版本。此软件包包括最新版本的 TivaWare™ C 系列外围驱动程序库、USB 库、传感器集线器库和图形库。该软件包还包含一些实用程序支持和引导加载程序以及系统内编程功能。它还包括几个完整的 Tiva™ C 系列 LaunchPad 示例的应用程序。如果用户尚未在主机系统上下载并安装此软件包，请参阅附录 B。

共有 4 个单独的 EK-TM4C123GXL 软件包，每个都包含 SW-EK-TM4C123GXL 软件以及各软件的安装文件 IDE（CCS、Keil® MDK-ARM®、IRA 和 GNU）和用于调试界面的 Microsoft® Windows®驱动程序。这些软件包还包含一些文档，帮助用户开始使用 Tiva™ C 系列 LaunchPad。这 4 个文件中的每个都是一个单独的软件包，包含了使用相应的工具集时编程和调试 Tiva™ C 系列 LaunchPad 所需的一切工具。

如果需要在主机上安装不同的 IDE，请使用以下这些软件包之一：

1）EK-TM4C123GXL-CCS：适用于 C 系列的 TivaWare™ 和 Tiva™ C 系列 TM4C123GXL LaunchPad™的 Code Composer Studio™（CCS）。

2）EK-TM4C123GXL-IAR：适用于 C 系列和 IAR 嵌入式的 TivaWare Tiva C 系列 TM4C123G LaunchPad™的工作台。

3）EK-TM4C123GXL-KEIL：适用于 C 系列的 TivaWare™ 和 Tiva C 系列 TM4C123G LaunchPad™的 Keil® MDK-ARM®。

4）EK-TM4C123GXL-CB：适用于 C 系列的 TivaWare™ 和 Tiva C 系列 TM4C123G Launch-Pad™的 Mentor Sourcery CodeBench。

5）SW-EK-TM4C123GXL：适用于 Tiva™ C 系列的 TivaWare™ TM4C123G LaunchPad 评估板。

需要注意的一点是，无论用户选择并在主机中安装了哪个 IDE，都必须下载并安装 SW-EK-TM4C123GXL 软件包，如果使用了 Tiva™ C 系列 LaunchPad™ TM4C123GXL 评估板，则用户需要此软件包来提供所有必需的支持代码函数和对象库，以帮助用户在选定的 IDE 中开发所需的项目。正如我们提到的，该软件包包含 4 个不同版本的 SW-EK-TM4C123GXL 软件，每个版本都适用于一个相关的 IDE。

在本书的讨论和编写中，我们使用 Keil® MDK-ARM® 作为 IDE（Keil® μVision5 IDE），并使用 Tiva™ C 系列 LaunchPad™ TM4C123GXL 评估板，因此需要在主机上下载并安装 EK-TM4C123GXL-KEIL 和 SW-EK-TM4C123GXL 软件包。事实上，软件包 EK-TM4C123GXL-KEIL 仅包含支持 KEIL® ARM-MDK IDE 的所有库和函数。我们可以下载并安装 Keil® MDK-ARM μVision5 IDE（MDK. 524a. exe）和 TivaWare™ 通用软件包 SW-TM4C-2. 1. 4. 178. exe，其中包含支持所有 4 个 IDE 的库和函数。如果尚未下载和安装这些软件，可参阅附录 A 和附录 B。

SW-EK-TM4C123GXL 随附的软件包提供了对设计中所有外围设备的访问。TivaWare™ C 系列外设驱动程序库用于操作片上外设。

该软件包括一组使用 TivaWare™ 外围驱动程序库的示例应用程序。这些应用程序展示了 TM4C123GH6PM 微控制器的功能，并为开发 TM4C123GXL 开发板上使用的应用程序提供了起点。

当 TivaWare™ C 系列 LaunchPad™ 评估软件包 SW-EK-TM4C123GXL 已安装在主机中时，在默认情况下，所有相关代码函数和对象库应位于以下文件夹中：

1）与硬件/设备相关的特定标题文件：C:/ti/TivaWare_C_Series-<version>/inc。

2）外围驱动程序库文件：C:/ti/TivaWare_C_Series-<version>/driverlib/rvmdk。

3）图形库文件：C:/ti/TivaWare_C_Series-<version>/grlib/rvmdk。

4）传感器集线器库文件：C:/ti/TivaWare_C_Series-<version>/sensorlib/rvmdk。

5）USB 库文件：C:/ti/TivaWare_C_Series-<version>/usblib/rvmdk。

6）所有实用程序和功能文件：C:/ti/TivaWare_C_Series-<version>/utils。

7）编译器特定输出目录：C:/ti/TivaWare_c_Series-<version>/driverlib/rvmdk。

8）与加载器相关的代码，包括源代码和标题文件：C:/ti/TivaWare_C_Series-<version>/boot_loader。

9）所有示例程序文件：C:/ti/TivaWare_C_Series-<version>/examples/boards/ek-tm4c123gxl。

10）所有相关文档或用户指南文件：C:/ti/TivaWare_C_Series-<version>/docs。

11）所有相关工具文件：C:/ti/TivaWare_C_Series-<version>/tools。

这些文件夹中使用的<version>选项卡是主机中安装的软件包的实际版本。在我们的例子中，它是 2.1.4.178，这意味着<version>应该被 2.1.4.178 所取代。

TivaWare™还提供了一些额外的用于 C 系列软件的实用程序，包括 LM Flash 编程器、UniFlash、FTDI 驱动程序、IQMath 库和 CMSIS 支持。由于 CMSIS 支持是广泛用于支持 CMSIS 包的主要实用软件，因此我们将更加关注此软件。

3.3.4.2 支持 C 系列 CMSIS 的 TivaWare™

德州仪器拥有 C 系列 ARM® Cortex®-M 微控制器（MCU），支持 ARM® Cortex®微控制器软件接口标准（CMSIS），这是 Cortex-M 处理器系列的标准化硬件抽象层。CMSIS 为硅供应商和中间件供应商，提供了与处理器核心和简单基本微处理器外围设备的一致和简单的软件接口，简化了软件重用，缩短了新的微控制器开发人员的学习曲线，缩短了新设备的上市时间。

CMSIS-DSP 库包含源代码和示例应用程序，并通过常见的 DSP 算法（如复杂算术、矢量运算和滤波器）和控制功能来节省时间。ARM® Cortex®-M4 内核使用 DSP SIMD 指令集和浮点硬件来增强 Tiva™ C 系列用于数字信号控制应用的微控制器算法功能。

标准化的软件界面允许开发人员从竞争对手的微处理器切换到德州仪器公司的 Tiva™ 界面，并且更容易将现有软件迁移到任何 C 系列微控制器。

许多基于微控制器的应用程序可以受益于高效数字信号处理（DSP）库的使用。为此，ARM®开发了一套 CMSIS-DSP 库，该库与所有 Cortex®-M3 和 Cortex®-M4 处理器兼容，其设计可用于实现使用 ARM®汇编指令快速轻松地处理各种复杂数据的 DSP 功能。目前，ARM®提供了在其 Keil® μVision IDE 中使用的示例项目，展示了如何构建 CMSIS-DSP 库，并在 M3 或 M4 上进行运行。

在支持 CMSIS 接口的 C 系列中可以使用 TivaWare™，其基本思路是使用 C 系列评估板的 TivaWare™生成了 Keil® MDK-ARM 的开发环境，并开发出一组接口函数，用于访问在该开发环境中开发的 CMSIS-DSP 库文件。

德州仪器公司尚未开发完整的 CMSIS-DSP 库，在用于 C 系列评估板的 TivaWare™的 CCS IDE 中可以找到一些应用示例。

图 3.27 是项目开发系统完整组件（包括硬件和软件）的说明框图。

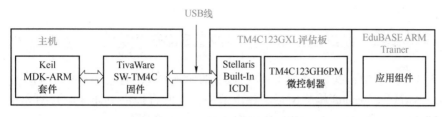

图 3.27　完整的项目开发系统

3.3.5　Tiva™ C 系列 LaunchPad™ 调试适配器及其驱动程序

由于使用的是 Tiva™ C 系列 LaunchPad™ TM4C123GXL 评估板，因此，本书中需要强调该系统中使用的特定调试器。

Tiva™ C 系列 LaunchPad™ TM4C123GXL 评估板带有板载电路内调试接口（ICDI）。该接口主要由一个 TM4C123GH6PM 微控制器（MCU）组成，可以认为是一个调试接口带有调试适配器的控制器。因此，我们不需要使用任何其他调试适配器，因为它已构建在此评估板上。

在 Tiva™ C 系列 LaunchPad™ TM4C123GXL 评估板上有两个 TM4C123G6PM 微控制器。位于该评估板顶部的是一个用作调试的控制器/适配器。此调试器与此评估板中的其他相关调试元素相结合，称为 ICDI。

ICDI 允许使用 LM Flash 编程器和/或任何支持的工具链对 TM4C123GH6PM 进行编程和调试。请注意，ICDI 仅支持 JTAG 调试。可以连接外部调试接口以进行串行线调试（SWD）和跟踪（SWO）。

要访问板载 ICDI，需要调试适配器驱动程序，Stellaris® ICDI 驱动程序是一个不错的选择。根据用户使用的不同操作系统，Stellaris® 提供了不同的调试驱动程序。如果尚未在主机上下载并安装此调试驱动程序，可参阅附录 C。

需要注意的一点是，Stellaris® ICDI 驱动程序只能用于 JTAG 接口。

图 3.28 所示为不同微处理器板使用 Keil® ULINK2、Stellaris® ICDI 调试接口和适配器的说明框图。

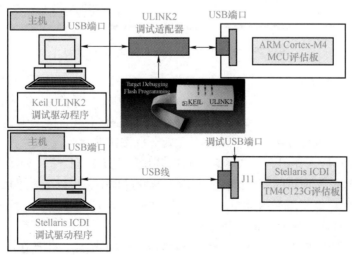

图 3.28　ULINK2 和 Stellaris 的调试系统连接

3.4 使用 Keil® MDK-ARM® μVision5 IDE 构建基本项目的开发步骤

在 3.3.3.3 小节中，我们讨论了一个简单的示例项目 Hello World，以说明如何使用 Keil® MDK-ARM® μVision5 构建项目。在本节中，我们将提供更详细的介绍和说明，向用户展示如何使用 Keil® MDK-ARM® IDE 和 TivaWare™ C 系列 LaunchPad™ 评估软件包构建示例项目 MyProject。

需确保 TM4C123GXL 评估板通过 USB 线连接到主机，如图 3.1 所示。按照以下步骤构建并运行此项目：

1）使用 Windows 资源管理器在 C:/驱动器上创建一个新文件夹 MyProject。

2）双击桌面上的 Keil μVision5 图标，打开 Keil® MDK-ARM® μVision 5 IDE。

3）单击"Project"→"New μVision Project"，选择在步骤 1）创建的文件夹 MyProject，并输入项目名称 MyProject（见图 3.29）。文件扩展名为 .uvproj（适用于 MDK μVision4）或者 .uvprojx（适用于 MDK μVision5）。单击"Save"（保存）按钮保存此新项目。最好为每个项目使用单独的文件夹。

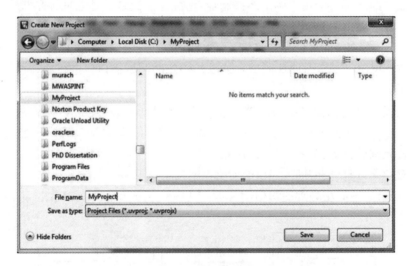

图 3.29 创建新的 μVision5 项目 MyProject

4）保存此新项目后，将显示"Select Device for Target 'Target1'"对话框，如图 3.30 所示。展开文件夹 Texas Instruments/Tiva C Series/TM4C123x Series，并从列表中选择设备 TM4C123GH6PM，如图 3.30 所示，此选择过程可设置必要工具，例如编辑器的控制、连接器的内存布局和闪存编程算法。单击"OK"（确定）按钮继续。

5）创建新项目后，立即显示"管理运行时环境（RTE）向导"，如图 3.31 所示。RTE 向导允许用户管理此新项目的软件组件。在软件开发过程中，可以随时添加、删除、禁用或更新软件组件。用户也可以利用菜单"Project"（项目）→"Manage"（管理）→"Run-Time Environment"（实时运行环境）来打开此向导。

6）因为我们需要使用一些组件，现在让我们展开以下节点，并且在此"管理运行时环境向导"中设置其中的一些组件：

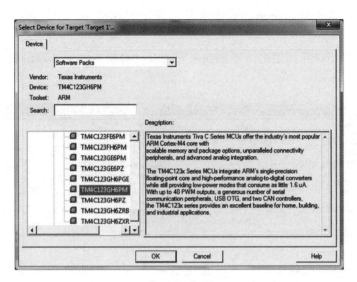

图 3.30　选择目标设备向导（经 Arm® 有限公司许可复制，版权所有© Arm 有限公司）

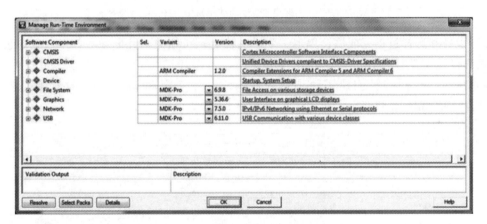

图 3.31　管理运行时环境向导（经 Arm® 有限公司许可复制，版权所有© Arm 有限公司）

① CMSIS。

② 设备（Device）。

对于基本的用户应用程序，我们只需要 MDK 核心和 CMSIS 核心。选中"Sel"列中的相关复选框，选择并设置以下组件：

a. CMSIS：CORE。

b. Device：Startup。

7）用户完成的管理运行时环境向导的设置和选择应同图 3.32 中所示的一致。

需要注意的一点是，在进行此设置和选择时，可能会为不同选定的组件显示不同的颜色。此外，详细信息将显示在此向导底部的"Validation Output"窗口中，以指示完成这些设置和选择所需的某些缺失或必需的组件。

① 绿色：已解析软件组件或已解析允许多个实例的软件组件。验证输出窗口中未显示任何内容。

② 黄色：此软件组件未解析。其他组件是正确操作所必需的，并在验证输出窗口中列出。

③ 红色：软件组件与其他组件冲突或未安装在计算机上。验证输出窗口中列出了详细信息。

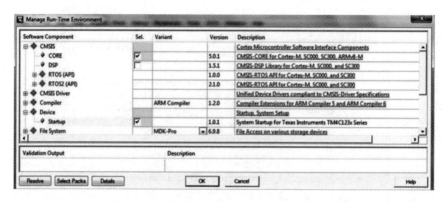

图 3.32 管理运行时环境向导中的选定组件

（经 Arm® 有限公司许可复制，版权所有© Arm 有限公司）

8）设置和选择过程完成后，单击"OK"（确定）按钮关闭此向导。如果遇到黄色或红色，用户可能需要使用软件包安装程序来安装丢失的组件。

9）现在，我们已经创建了新项目 MyProject，并使用 Manage RTE 设置了必要的环境。MDK GUI 如图 3.33 所示。

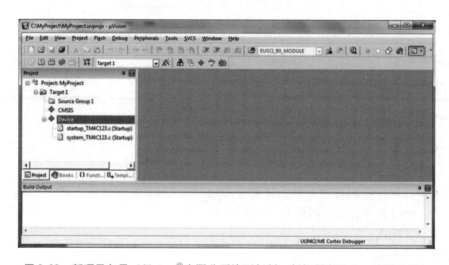

图 3.33 新项目向导（经 Arm® 有限公司许可复制，版权所有© Arm 有限公司）

10）在 MDK μVision5 中，项目以"Target"（目标）→"Source Group"（源组）→"Source Files"（源文件）的格式组织。可以将所有项目收集在一起形成一个组，并将其放入一个组中。默认组为"Source Group 1"（源组 1）。用户可以通过双击选定的源组，然后使用文件浏览器添加源文件，并将其他源文件添加到源组中。也可以将不同的源组收集在一起形成一个目标，默认目标是"Target 1"（目标 1）。用户还可以通过右击目标 1，然后选择"Add Group"（添加组），将任何其他源组添加到目标中。

11）参考图 3.33 可以发现，默认组 "Source Group 1" 已添加到左侧项目窗格下的 "Target 1" 中。如想添加项目源文件 MyProject，可在该默认源组中，执行以下操作步骤。

12）右击 "Source Group 1" 并选择 "Add New Item to Group 'Source Group 1'"（向组添加新项目）以打开 "向组中添加新项目向导"。

13）选择 C 文件（.c）作为模板，并在名称框中输入 MyProject。单击 "Add"（添加）按钮将此源文件添加到新项目中。

14）将图 3.34 所示的代码添加到此源文件中。

```
//***********************************************
// Blink the on-board LED in TM4C123G.
//***********************************************
#include <stdint.h>
#define SYSCTL_RCGC2_R        (*((volatile uint32_t *)0x400FE108))
#define SYSCTL_RCGC2_GPIOF    0x00000020  // Port F Clock Gating Control
//***********************************************
// GPIO registers (PORTF)
//***********************************************
#define GPIO_PORTF_DIR_R      (*((volatile uint32_t *)0x40025400))
#define GPIO_PORTF_DEN_R      (*((volatile uint32_t *)0x4002551C))
#define GPIO_PORTF_DATA_R     (*((volatile uint32_t *)0x400253FC))
Int main(void)
{
  volatile uint32_t ui32Loop;
  // Enable the GPIO port that is used for the on-board LED.
  SYSCTL_RCGC2_R = SYSCTL_RCGC2_GPIOF;
  // Do a dummy read to insert a few cycles after enabling the peripheral.
  ui32Loop = SYSCTL_RCGC2_R;
  // Enable the GPIO pin for the LED (PF3). Set the direction as output, and
  // enable the GPIO pin for digital function.
  GPIO_PORTF_DIR_R = 0x08;
  GPIO_PORTF_DEN_R = 0x08;

  while(1)                              // Loop forever.
  {
    GPIO_PORTF_DATA_R |= 0x08;         // Turn on the LED.

    for(ui32Loop = 0; ui32Loop < 200000; ui32Loop++)  // Delay for a bit.
    {
    }
    GPIO_PORTF_DATA_R &= ~(0x08);      // Turn off the LED.

    for(ui32Loop = 0; ui32Loop < 200000; ui32Loop++)  // Delay for a bit.
    {
    }
  }
}
```

图 3.34　MyProject 中的源代码文件

15）现在让我们通过进入 "Project"（项目）→"Rebuild all target files"（重建所有目标文件菜单）项来构建项目。构建过程开始后，详细的构建步骤显示在底部的构建输出窗口中，如图 3.35 所示。

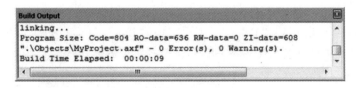

图 3.35　项目建设结果（经 Arm® 有限公司许可复制，版权所有© Arm 有限公司）

16）现在，让我们将项目加载到 Tiva™ C 系列 LaunchPad™ TM4C123GXL 评估板的内存中。此下载过程中需要调试适配器和相关驱动程序。在执行此操作之前，需要仔细检查 MDK 提供的调试器所使用的调试驱动程序。请记住，在 3.3.2 小节中，主机中还安装了一个名为 ICDI 的相关调试驱动程序。因此，可以使用此调试驱动程序来节省成本。执行以下操作以完成此调试驱动程序检查：

① 转到目标"Target 1"项的"Project"（项目）→"Options for Target'Target 1'"以打开此向导。

② 单击"Debug"（调试）选项卡以打开其设置。

③ 在此向导的右上角，单击"Use"（使用）组合框的下拉箭头，然后从列表中选择"Stellaris ICDI"。

完成的向导应与图 3.36 所示的向导匹配。单击"OK"按钮关闭此向导。

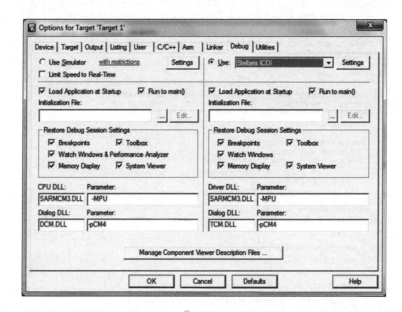

图 3.36　完成的调试器检查向导（经 Arm®有限公司许可复制，版权所有ⓒ Arm 有限公司）

17）选择菜单命令"Flash"→"Download"（下载）项目，或单击下载按钮（图标）。这个过程需要几秒钟。设备编程时，IDE 窗口底部将显示一个进度条。完成后，构建窗口将显示设备已擦除、编程，并验证正常。项目应用程序 MyProject. axf 是一个图像文件，现在已编程并下载到评估板上的闪存。

18）现在，我们可以通过"Debug"（调试）→"Start/Stop Debug Session"（开始/停止调试会话）菜单项开始调试项目。单击"OK"按钮，弹出评估版本的内存限制消息，以开始此调试过程。

19）要运行项目，请转到"Debug"（调试）→"Run"（运行）菜单项以运行该项目。TM4C123GXL 评估板中的绿色 LED 将定期闪烁。选择菜单命令"Debug"（调试）→"Stop"（停止）项以停止项目。

20）选择菜单命令"Flash"→"Erase"（擦除）项，从 TM4C123G 评估板中的闪存中擦除项目。

基于以上这些操作步骤，可以以类似的方式构建微控制器项目。

3.5　本章小结

为了成功构建和开发微控制器控制编程项目，需要一套完整的开发工具包，包括硬件包和软件包。本章详细介绍了 Tiva™ C 系列 LaunchPad™ TM4C123GXL 评估板开发工具包。

整个完整的开发工具和工具包可分为两部分：硬件包和软件包。

硬件包包括：

① TM4C123GH6PM 微控制器（MCU）。

② Tiva™ C 系列 LaunchPad™ TM4C123GXL 评估板。

③ EduBASE ARM® Trainer（包含最流行的外围设备和接口）。

④ 一些其他相关外围设备和接口，如直流电动机、脉宽调制（PWM）模块和正交编码器接口（QEI）。

软件包包括：

① 集成开发环境 Keil® MDK-ARM® μVision® 5.24a。

② TivaWare™ SW-EK-TM4C123GXL 驱动程序软件包。

③ Stellaris 电路内调试接口（ICDI）。

从 3.2.1 小节开始，详细介绍了 TM4C123GH6PM 微控制器，它是 TM4C123GXL EVB 的核心。该核心涉及的主要组件包括 TM4C123GH6PM 片上内存映射和 GPIO 模块。在此之后，将详细讨论两个重要的硬件组件：TM4C123GXL EVB 和 EduBASE ARM® Trainer 软件包。

从 3.3 节开始讨论以下软件包，包括 Keil® MDK- ARM® IDE、用于 C 系列软件套件的 TivaWare™ 和 Stellaris® ICDI 调试器驱动程序。

在本章的末尾，详细描述在 Keil® MDK-ARM® IDE 和 TivaWare™ 软件包下构建微控制器项目的所有步骤，以帮助用户以后构建他们的项目。

课后习题

3.1　简要描述用于开发基本微控制器项目的组件。

3.2　简要介绍使用 Keil® MDK μVision5 IDE 构建微控制器项目的步骤，并在用于 C 系列评估板的 TivaWare™ 中运行组件 EK-TM4C123GXL。

3.3　请介绍 Keil® μVision5 调试器中使用的调试组件，以及 TivaWare™ TM4C123GXL 评估板中的内置 ICDI。

3.4　介绍通用开发工具包（Keil MDK）与特定的用于 C 系列 LaunchPad™ 软件包的 TivaWare™ 之间的关系。

3.5　简要介绍 TM4C123GH6PM 微控制器系统中的 GPIO 模块，并回答以下问题：

（a）TM4C123GH6PM 微控制器系统中存在多少 GPIO 模块？它们是什么？每个模块或端口有多少位？

（b）这些 GPIO 端口的初始化步骤是什么？

第 4 章

系统数学模型和模型识别

控制系统的目标是尝试获取所需输出并使它尽量等于输入的参考设定值。为了实现此目标，设计人员有必要使用数学模型来获取详细而准确的有关控制目标或对象的信息，设计和构建最优控制器以实现所需的控制性能。

在本章中，我们将探讨最常见的、适用于现实世界中最常用系统的数学模型，介绍设置、分析和识别系统模型的不同方法，使用户能够根据这些模型成功设计出所需的控制系统。

4. 1 引言

数学模型是指使用数学方程尽可能完整且准确地定义控制系统的输入-输出关系。然而，在我们的现实世界中，大多数的系统甚至可能所有的系统都属于非线性和时变系统。因此，为了得到所需的模型，必须在理想模型的简单性和真实模型结果的准确性之间做出平衡。当推导任意模型时，必须考虑以下因素：

简单性和准确性：若要推导简化的数学模型，常常有必要忽略系统的某些固有物理属性。具体来说，如果需要一个线性集总参数数学模型，那么，必须始终忽略物理系统中可能存在的非线性和分布参数。如果这些被忽略的属性对响应的影响较小，那么，针对数学模型的分析结果和针对物理系统的实验研究结果是高度吻合的。

线性系统和非线性系统：我们在第 2 章中详细探讨了这两种类型的控制系统。叠加原理指出同时应用两种不同激励函数共同生成的响应，是两个函数单独生成的响应之和。因此，对于线性系统，可以通过以下方式来计算多个输入的响应：一次处理一个输入，然后将结果相加得到终端输出。由此原理，可以实现利用简单的解建立线性微分方程的复杂解。对于动态系统进行实验研究，如果因果间成正比，则表示叠加原理成立，那么可以将此系统视为线性系统。

如果一个系统可以通过线性微分方程来描述，则可以使用拉普拉斯变换来得到传递

© Springer Nature Switzerland AG 2019.

Y. Bai and Z. S. Roth, *Classical and Modern Controls with Microcontrollers*, Advances in Industrial Control, https://doi.org/10. 1007/978-3-030-01382-0_4.

函数。

但是，对于非线性系统，不能使用叠加原理来处理系统中的不同函数，必须采用特殊的分析方法来处理这些系统。

线性时不变系统和线性时变系统：正如我们在第 2 章中所提到的，如果所有系数都是常数或者系数的函数与变量无关，那么，可以使用线性微分方程。对于由线性时不变集总参数组成部分构成的动态系统，可以使用线性时不变微分方程（即常微分方程）来描述。当系数是时间的函数时，该微分方程表示的系统称为线性时变系统。一个典型的时变控制系统是航天器控制系统。

构建一个系统的数学模型基本上包括以下步骤：

1）定义系统及其组件。

2）将任何非线性环节近似为线性环节，并建立数学模型。

3）推导出相关的微分方程来描述此模型。

4）对方程进行求解以得到所需的输出。

5）对解进行检查和检验。

在下面的节中，我们将回顾一些最常见、最基本的建模原则，这些建模原则适用于最常见的系统，包括机械系统、电气系统和机电系统。

4.2　常见系统的数学模型

基本上，可以使用微分方程来描述任何线性时不变（LTI）系统，这些方程可以通过适用于某一特定系统的物理定律得出，例如适用于机械系统的牛顿定律以及适用于电气系统的基尔霍夫电压与电流定律。

我们首先从机械系统开始讲起。

4.2.1　机械传动系统的模型

假设有一个机械传动系统，如图 4.1 所示。

该系统由一个负载惯量 J 和一个黏性摩擦阻尼器 f 组成，其中，J 为负载的转动惯量（kg·m^2）；f 为黏性摩擦系数（N·m·s）；ω 为角速度（rad/s）；T 为作用于系统的转矩（N·m）。

根据牛顿定律，对于机械传动系统，可以得出

$$\sum T = Ja \tag{4.1}$$

式中，a 为角加速度（rad/s^2）。

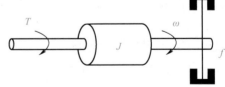

图 4.1　机械传动系统

通过将牛顿定律应用于此系统，可以得到以下微分方程，即

$$J\frac{\mathrm{d}\omega}{\mathrm{d}t} + f\omega = T \tag{4.2}$$

由于这是一个一阶线性微分方程，在应用拉普拉斯变换后，可以得到以下传递函数，即

$$G(s) = \frac{\Omega(s)}{T(s)} = \frac{1}{Js+f} \tag{4.3}$$

式中，$\Omega(s)=L\{\omega(t)\}$ 且 $T(s)=L\{T(t)\}$。唯一的极点是$-f/J$。

4.2.2 电路系统的模型

图 4.2 所示是一个电阻-电感-电容（RLC）电路。

对此 RLC 电路系统应用基尔霍夫电压定律后，可以得到以下微分方程，即

$$L\frac{di}{dt}+Ri+\frac{1}{C}\int i\mathrm{d}t=V_i \tag{4.4}$$

$$V_o=\frac{1}{C}\int i\mathrm{d}t \tag{4.5}$$

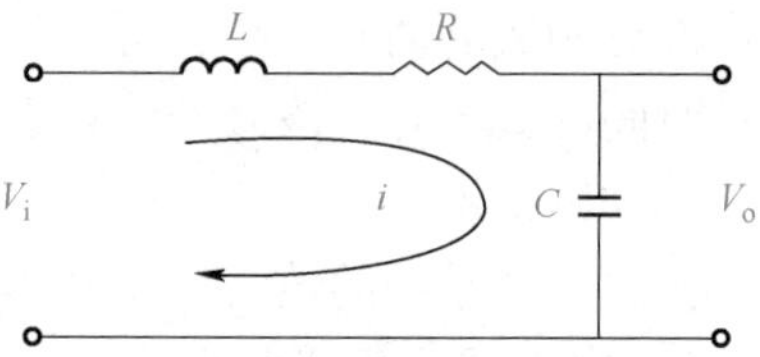

式（4.4）和式（4.5）构成了此 RLC 电路的数学模型。由于这些方程是线性微分方程，因此，在应用拉普拉斯变换，并假定初始条件为零后，可以得到此系统的表达函数为

图 4.2　RLC 电路系统

$$LsI(s)+RI(s)+\frac{1}{C}\frac{1}{s}I(s)=V_i(s) \tag{4.6}$$

$$V_o(s)=\frac{1}{C}\frac{1}{s}I(s) \tag{4.7}$$

整理后得传递函数为

$$G(s)=\frac{V_o(s)}{V_i(s)}=\frac{1}{LCs^2+RCs+1} \tag{4.8}$$

4.2.3 机电系统的模型

直流电动机是用于将直流电能转换或变换为旋转机械能的执行机构。直流电动机能直接提供旋转运动，在接上机轮或鼓轮和线缆后，可以提供平移运动。图 4.3 所示是直流电动机结构及其等效电路。

大多数常用的直流电动机是场电流控制的电动机，并且如果场电流是固定或恒定值，它将提供一个恒定磁场，因此，也称为电枢控制式电动机。在这种情况下，电动机转矩仅与电枢电流 i 成比例，如式（4.9）所示。

$$T=K_m i \tag{4.9}$$

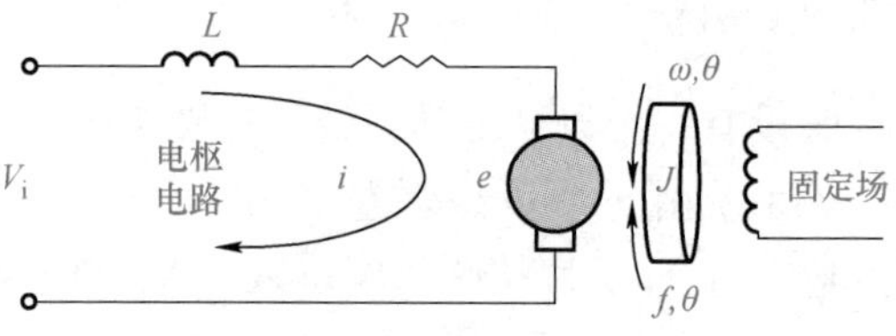

式中，比例因数 K_m 为常量。

图 4.3　直流电动机结构及其等效电路

反电动势 emf 或 e 与电动机旋转速度或轴的角速度成比例，则

$$e=K_e\frac{\mathrm{d}\theta}{\mathrm{d}t} \tag{4.10}$$

式中，比例因数 K_e 为常量。

通常，采用国际单位制时，电动机转矩常数和反电动势 emf 常数应该相等，即 $K_m=K_e$；因此，可以使用 K 来表示电动机转矩常数和反电动势 emf 常数。

根据图 4.3，可以根据牛顿第二运动定律和基尔霍夫电压定律推导出以下控制方程，即

$$J\frac{\mathrm{d}^2\theta}{\mathrm{d}t^2}+f\frac{\mathrm{d}\theta}{\mathrm{d}t}=Ki \tag{4.11}$$

$$L \frac{\mathrm{d}i}{\mathrm{d}t} + Ri = V_\mathrm{i} - K \frac{\mathrm{d}\theta}{\mathrm{d}t} \tag{4.12}$$

通过对以上两个方程应用拉普拉斯变换，可以得到此系统的以下函数，即

$$s(Js+f)\theta(s) = KI(s) \tag{4.13}$$

$$(Ls+R)I(s) = V_\mathrm{i}(s) - Ks\theta(s) \tag{4.14}$$

合并式（4.13）和式（4.14），消除中间变量 $I(s)$，可以得出此直流电动机系统的传递函数如式（4.15）所示。

$$G(s) = \frac{\Omega(s)}{V_\mathrm{i}(s)} = \frac{K}{(Js+f)(Ls+R)+K^2} \tag{4.15}$$

式中，$\Omega(s) = \dot{\theta}(s) = s\theta(s)$，它是以 rad/s 为单位测量的电动机旋转速度（ω）。

这是一个二阶系统，其有两个极点且没有零点，是应用于大多数线性系统的一个典型传递函数。

4.3　极点与阶跃响应的关系

通常，可以使用一个标准格式来重写表示二阶系统的传递函数，如式（4.16）所示。

$$G(s) = K \frac{\omega_\mathrm{n}^2}{s^2 + 2\zeta\omega_\mathrm{n}s + \omega_\mathrm{n}^2} \tag{4.16}$$

通过此传递函数，可以得出不同参数间的关系，如式（4.17）和式（4.18）所示。

$$\sigma = \zeta\omega_\mathrm{n} \tag{4.17}$$

$$\omega_\mathrm{d} = \omega_\mathrm{n}\sqrt{1-\zeta^2} \tag{4.18}$$

式中，参数 ζ 为阻尼比；ω_n 为无阻尼固有频率（简称固有频率）；ω_d 为实际频率。此传递函数的极点位于 s 平面中半径 ω_n 以及角 $\theta = \arcsin\zeta$ 处，如图 4.4 所示。

在直角坐标系中，极点位于 $s = -\sigma - \mathrm{j}\omega_\mathrm{d}$ 处，其中 $\sigma = \zeta\omega_\mathrm{n}$ 且 $\omega_\mathrm{d} = \omega_\mathrm{n}\sqrt{1-\zeta^2}$。当 $\zeta = 0$ 时，没有阻尼且阻尼固有频率等于无阻尼固有频率（$\omega_\mathrm{d} = \omega_\mathrm{n}$）。因此，阻尼比反映了用作以分数表示的临界阻尼值的阻尼水平，其中极点会成为实数极点。

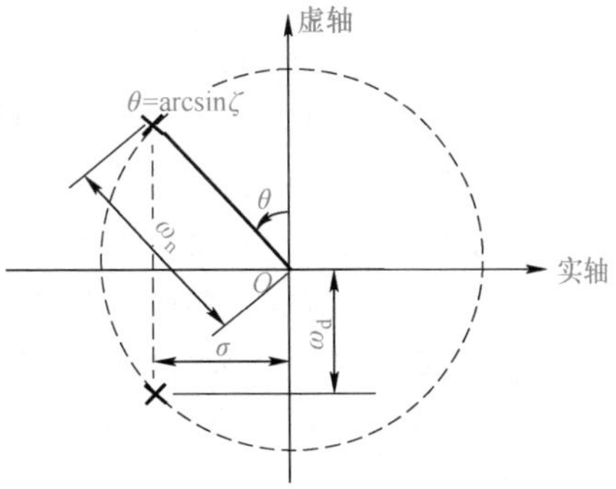

为了得到式（4.16）所示的复杂传递函数与时域中相应的阶跃响应之间的关系，设 $K=1$，可以将式（4.16）重写为

$$G(s) = \frac{\omega_\mathrm{n}^2}{(s+\zeta\omega_\mathrm{n})^2 + \omega_\mathrm{n}^2(1-\zeta^2)} \tag{4.19}$$

图 4.4　一对复数极点在 s 平面内的位置

阶跃输入信号可以表示为一个单位输入 $u = 1(t)$，并且其拉普拉斯变换为 $U(s) = 1/s$。因此，频域中表示的阶跃响应为 $Y(s) = G(s)U(s)$。

$$Y(s) = G(s)U(s) = \frac{1}{s} \frac{\omega_\mathrm{n}^2}{(s+\zeta\omega_\mathrm{n})^2 + \omega_\mathrm{n}^2(1-\zeta^2)} \tag{4.20}$$

通过使用拉普拉斯逆变换，可以得到时域中的阶跃响应为

$$y(t) = 1 - e^{-\sigma t}\left(\cos\omega_d t + \frac{\sigma}{\omega_d}\sin\omega_d t\right) \tag{4.21}$$

图 4.5 所示为从 0~2 的一些不同阻尼比值下的阶跃响应 $y(t)$ 变化图。无阻尼固有频率在时间上可归一化为弧度。从图 4.5 中可以看出，实际频率 ω_d 将随阻尼比的增加而降低。当阻尼比 ζ 小于 1 时，阶跃响应是振荡的；对于较大的阻尼比或当 ζ 接近 1 时，阶跃响应没有展现出一点振荡。由于 $\omega_d = \omega_n\sqrt{1-\zeta^2}$，因此这是合理的。

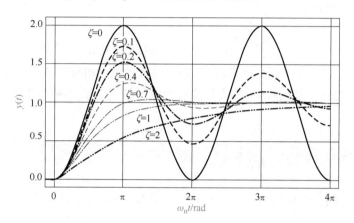

图 4.5 直流电动机系统（二阶系统）的阶跃响应

回想一下，我们在第 2 章的 2.6 节中通过图 2.9 探讨了极点在 s 平面中的位置对阶跃响应的影响。有关此影响的更多详细信息请参考该节。事实上，极点的负实部 σ 决定了指数包络乘以正弦响应后所得的衰减率。这意味着如果 σ 为正，那么一个极点会有一个负实部，这是因为复数极点在实系数多项式中始终是以共轭复数对的形式出现，并且任何复数极点可以按它的实部和虚部描述为

$$s = -\sigma \pm j\omega_d \tag{4.22}$$

接下来，我们将进一步了解阶跃响应以及时域中的相关规范参数。

针对直流电动机等二阶系统，即使我们对 s 平面中的极点位置与阶跃响应之间的关系有了一个清晰的了解，但是，我们仍然需要获取有关时域中阶跃响应的更多详细信息，例如上升时间、安定时间和超调量，因为这些规范参数与闭环系统设计过程直接相关。图 4.6 给出了一个标准阶跃响应的这些规范参数的图解。这些参数的定义如下：

1）上升时间 t_r——阶跃响应从终值的 10% 到 90% 所需的上升时间。

2）安定时间 t_s——阶跃响应从瞬态到衰减所需的时间。

3）峰值时间 t_p——阶跃响应从 0 到它的峰值所需的时间。

4）超调量 M_p——峰值和终值之间的差。

在图 4.6 中，稳态误差定义为 ±1%，并且此误差可以是因实际控制系统而异的值。

若要加速并简化控制系统的设计，可以使用已表示的一些近似方法来设置这些规范参数

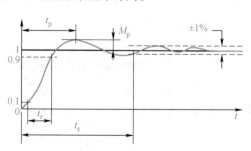

图 4.6 阶跃响应的上升时间、安定时间和超调量的定义

之间的关系。其中一个最常用的方法极其适用于没有零点的二阶系统，即

$$t_r \approx \frac{1.8}{\omega_n} \tag{4.23}$$

$$t_s \approx \frac{4.6}{\zeta \omega_n} = \frac{4.6}{\sigma} \tag{4.24}$$

$$M_p \approx e^{-\pi\zeta/\sqrt{1-\zeta^2}} \quad (0 \leq \zeta \leq 1), \quad M_p \approx \left(1 - \frac{\zeta}{0.6}\right) \quad (0 \leq \zeta \leq 0.6) \tag{4.25}$$

对于超调量 M_p，两个常用的值为 $M_p = 16\%$（$\zeta = 0.5$ 时）和 $M_p = 5\%$（$\zeta = 0.7$ 时）。

需要注意的一点是，式（4.23）~式（4.25）仅适用于具有以下特征的任意二阶线性时不变（LTI）系统：没有有限零点且有两个共轭复数极点，含无阻尼固有频率 ω_n、阻尼比 ζ 以及负实部 σ。此外，这些估算仅用于获取线性时不变（LTI）系统的上升时间 t_r、安定时间 t_s 和超调量 M_p 的一组粗略值或近似值。因此，请务必记住，它们只是定性指导，并非准确的设计公式，仅可以当作设计的一个出发点来考虑，并且应始终在完成控制设计后通过数值模拟对最终时间响应进行反复检查来验证最终控制目标。

图 4.7 所示是用式（4.15）表示的直流电动机开环系统的阶跃响应。从图中可以看出，这是一个欠阻尼系统，上升时间 $t_r = 0.027s$ 且安定时间 $t_s = 0.05s$。电动机参数选取自一台典型的直流电动机，参数见表 4.1。

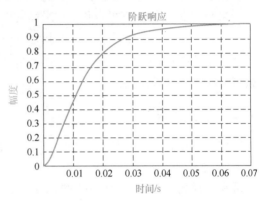

图 4.7　直流电动机（开环）系统的阶跃响应

表 4.1　单位反馈系统的误差和系统类型（一）

参　　数	单　位	值
R（电阻）	Ω	0.19
L（电感）	H	0.0005
K（因数）	V·s	0.0323
J（转动惯量）	kg·m²	7.5×10^{-5}
f（黏性摩擦系数）	N·m·s	2×10^{-5}

4.4　系统模型的主要特性

可以使用其他一些主要特性描述闭环控制系统。这些特性与阶跃响应相关并且在设计和分析中十分有用。

4.4.1　终值定理

终值定理建立了频域和时域之间系统输出的一个关系。例如，已知与时域中实际输出

$y(t)$ 相关的系统输出 $Y(s)$ 的拉普拉斯变换，我们可通过 $Y(s)$ 得出终值 $y(t)$。

我们可以得到 3 种可能的结果——常量、未定义或无界，如下所述：

1) 如果 $Y(s)$ 在 s 平面的右半平面中有任意极点或者在虚轴上有多个极点，那么 $y(t)$ 将增加并且极限是无界的。

2) 如果除了虚轴上存在的一对极点外，所有极点都位于 s 平面的左半平面，那么 $y(t)$ 将包含一个永久存在的正弦曲线，并且终值是未定义的。

3) 如果所有极点都位于 s 平面的左半平面，那么 $y(t)$ 将衰减为零［与原点处的极点（$s=0$）相对应的项除外，该项是一个常量］。因此，终值是由原点处极点的留数得出的。

根据这些结果，可以概括为以下的一个定理。

如果积 $sY(s)$ 的所有极点位于 s 平面的左半平面，那么

$$\lim_{t\to\infty}y(t)=\lim_{s\to0}sY(s) \qquad (4.26)$$

在已知拉普拉斯变换的情况下，终值定理是非常适合用于确定终值的工具，这是因为可以从频域中得到相应结果。

4.4.2 稳态误差

正如我们在第 2 章中所讨论的，可以使用框图来描述标准的闭环控制系统，如图 4.8 所示。

现在，让我们来看一个特殊的例子，其反馈通道 $H(s)=1$，可以将此闭环控制系统表示为

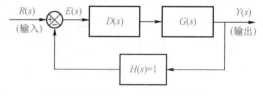

图 4.8 典型闭环控制系统的框图

$$Y(s)=D(s)G(s)E(s) \qquad (4.27)$$
$$E(s)=R(s)-H(s)Y(s)=R(s)-Y(s) \qquad (4.28)$$

将式（4.27）代入式（4.28）中，可以得出

$$E(s)=R(s)-Y(s)=R(s)-D(s)G(s)E(s) \qquad (4.29)$$

如果将 $E(s)$ 看作一个输出，那么输出与输入比为

$$\frac{E(s)}{R(s)}=\frac{1}{1+D(s)G(s)}=S(s) \qquad (4.30)$$

式（4.30）将输出的误差与输入之比定义为灵敏度 $S(s)$。

当输入 $r(t)$ 为阶跃信号［$R(s)=1/s$］且系统稳定时，由终值定理可以得出稳态误差 e_{ss} 为

$$e_{ss}=\frac{1}{1+K_p} \qquad (4.31)$$

式中

$$K_p=\lim_{s\to0}D(s)G(s) \qquad (4.32)$$

K_p 是一个常量，可以称作位置误差常数。如果乘积 $D(s)G(s)$ 中没有 s 作为因数的分母，则 K_p 和 e_{ss} 是有限的。此类系统称为 0 型系统。

如果 $D(s)$ 或 $G(s)$ 中有一个积分器，则稳态增益将为无穷大且误差为零。因此，将速

度常数定义为

$$K_v = \lim_{s \to 0} D(s) G(s) \tag{4.33}$$

将加速度常数定义为

$$K_a = \lim_{s \to 0} s^2 D(s) G(s) \tag{4.34}$$

对于一个系统而言，如果 K_v 是有限的，则将该系统称为 1 型系统；同样，如果 K_a 是有限的，则将该系统称为 2 型系统。对于图 4.8 所示的单位反馈控制系统，它可以将由阶跃、斜坡和抛物线等信号组成的命令输入的误差类型进行归类。表 4.2 总结了这些结果。

表 4.2　单位反馈系统的误差和系统类型（二）

系统类型	阶跃	斜坡	抛物线
0 型	$\dfrac{1}{1+K_p}$	∞	∞
1 型	0	$\dfrac{1}{K_v}$	∞
2 型	0	0	$\dfrac{1}{K_a}$

4.4.3　稳定性

正如我们在第 2 章中所讨论的，闭环控制系统的开环增益定义为 $D(s)G(s)$，实际上，此开环增益是由 $D(s)G(s)$ 的极点确定的。对于单位反馈闭环控制系统 $[H(s)=1]$，可以将传递函数写作

$$\frac{Y(s)}{R(s)} = \frac{D(s)G(s)}{1+D(s)G(s)} = \tau(s) \tag{4.35}$$

$\tau(s)$ 定义为互补灵敏度。对于此单位反馈控制系统，动态属性和稳定性是由闭环传递函数的极点确定的，而极点是由式（4.36）所示方程的根确定的。

$$1+D(s)G(s) = 0 \tag{4.36}$$

式（4.36）非常重要，称为特征方程。此特征方程的根表示反馈系统将产生动作的类型。实际上，式（4.36）的根是系统的极点，这些极点在很大程度上确定了系统的稳定性。根据这些极点的位置，可能出现 3 种不同类型的响应。如果已知一个极点为

$$s = \sigma + j\omega \tag{4.37}$$

1）响应 1：$\sigma < 0$ 且 $|\omega| < |\sigma|$，系统响应是过阻尼且稳定的。

2）响应 2：$\sigma \leq 0$ 且 $|\omega| > |\sigma|$，系统响应是欠阻尼的，存在超调，但系统仍然是稳定的。

3）响应 3：$\sigma > 0$，系统响应是发散的，并且系统是不稳定的。

在分析闭环控制系统的稳定性时，可以使用不同的方法。针对线性时不变（LTI）系统，伯德图和奈奎斯特稳定判据是最有效的工具。但是，伯德图相对较为简单。针对非线性系统，可以使用李雅普诺夫或圆判据方法。

针对线性时不变（LTI）系统，可使开环增益作为一个整体，然后检查相位裕度。如果相位裕度小于-180°，系统是稳定的；否则，系统是不稳定的。我们将在第 5 章中讨论更多有关稳定性的详细信息。

现在，我们来讨论一些用于评估线性时不变（LTI）系统是否稳定的常用方法。

4.4.3.1 有界输入有界输出稳定性

对于线性时不变（LTI）系统，如果所有有界输入会产生有界输出，则称该系统具有有界输入有界输出（Bounded Input Bounded Output，BIBO）稳定性。换言之，如果一个系统针对单位输入 $u(t)$ 有其脉冲响应 $h(t)$，则输出 $y(t)$ 将为

$$y(t) = \int_{-\infty}^{\infty} h(\tau)u(t-\tau)\,\mathrm{d}\tau \tag{4.38}$$

如果 $u(t)$ 是有界的，则输出也是有界的，有常数 M 使得 $|u(t)| < M < \infty$，如式（4.39）所示。

$$|y(t)| = \left| \int h(\tau)u(t-\tau)\,\mathrm{d}\tau \right| \leq M \int_{-\infty}^{\infty} |h(\tau)|\,\mathrm{d}\tau \tag{4.39}$$

因此，如果脉冲响应 $h(t)$ 的积分是有界的，则输出将是有界的，可由式（4.39）得出；否则，输出是无界的。

根据这一原理，我们可以得出当且仅当 $\int_{-\infty}^{\infty} |h(\tau)|\,\mathrm{d}\tau < \infty$ 时，具有脉冲响应 $h(t)$ 的系统具有 BIBO 稳定性。

非 BIBO 稳定系统的典型示例是具有电流源的电容器充电电路。按常识，由于电容器容量有限，通过电容器的最终电压是有界的。但是，脉冲响应的积分是无界的。因此，此电容器充电电路不是 BIBO 稳定系统。

4.4.3.2 劳斯-赫尔维茨稳定判据

劳斯-赫尔维茨稳定判据是一个数学方法，是判断线性时不变（LTI）控制系统稳定性的充分必要条件。此方法可用于根据线性时不变（LTI）系统的特征方程的根的极性来判断此系统是否稳定。

例如，线性时不变（LTI）系统的 n 阶特征方程如式（4.40）所示。

$$P(s) = a_n s^n + a_{n-1}s^{n-1} + a_{n-2}s^{n-2} + \cdots + a_1 s + a_0 \tag{4.40}$$

这正是一个 n 阶多项式方程。应用劳斯-赫尔维茨稳定判据，可以在不精确求解此特征方程的情况下判断系统是否稳定。我们先从二阶系统讲起。

对于二次多项式 $P(s) = s^2 + a_1 s + a_0$，如果所有根位于左半平面（Left Half Plane，LHP），那么当且仅当两个系数都满足 $a_i > 0$ 时，特征方程为 $P(s) = 0$ 的系统是稳定的。

对于三次多项式 $P(s) = s^3 + a_2 s^2 + a_1 s + a_0$，系统稳定的条件是 a_2 和 a_0 必须为正且 $a_2 a_1 > a_0$。

通常，对于高阶系统，根据劳斯-赫尔维茨稳定判据，劳斯矩阵中所有第一列元素的符号应相同。满足上述判据的系统称为开环稳定系统。否则，则为不稳定系统，因为劳斯矩阵中第一列元素的符号有变化。为了处理高阶系统，我们来仔细了解一下劳斯矩阵。

对于如式（4.40）所示的 n 次多项式，可以使用特定格式构建一个劳斯矩阵，见表 4.3a。可以将此表称为劳斯矩阵或劳斯表，此表有 $n+1$ 行和 $n-2$ 列。

表 4.3　劳斯矩阵

a 劳斯矩阵一			
行 n	a_n	a_{n-2}	a_{n-4}	$\cdots$
行 $n-1$	a_{n-1}	a_{n-3}	a_{n-5}	$\cdots$
行 $n-2$	b_1	b_2	b_3	$\cdots$
行 $n-3$	c_1	c_2	c_3	$\cdots$
$\cdots$	$\cdots$	$\cdots$	$\cdots$	$\cdots$
行 1	a_1			
行 0	a_0			

b 劳斯矩阵二			
行 n	1	a_2	a_4	$\cdots$
行 $n-1$	a_1	a_3	a_5	$\cdots$
行 $n-2$	b_1	b_2	b_3	$\cdots$
行 $n-3$	c_1	c_2	c_3	$\cdots$
行 $n-4$	d_1	d_2	d_3	$\cdots$
$\cdots$	$\cdots$	$\cdots$	$\cdots$	$\cdots$
行 1	a_1			
行 0	a_0			

第一行是"行 n"，由从 a_n 开始按递减顺序排列的所有偶数系数构成。第二行是"行 $n-1$"，由从 a_{n-1} 开始按递减顺序排列的奇数系数构成。从第三行"行 $n-2$"和第四行"行 $n-3$"开始，b_i 和 c_i 这两行上的所有系数都是根据之前行中的系数计算得到的。

使用的计算方程如式（4.41）、式（4.42）所示。

$$b_i = \frac{a_{n-1}a_{n-2,i} - a_n a_{n-2,i-1}}{a_{n-1}} \tag{4.41}$$

$$c_i = \frac{b_1 a_{n-2,i-1} - a_{n-1} b_{i+1}}{b_1} \tag{4.42}$$

根据劳斯-赫尔维茨稳定判据，对于评估系统是否稳定，仅需要关注劳斯矩阵或劳斯表第一列中所有系数。判据如下：

如果第一列中的所有系数为正，则系统是稳定的；否则，系统是不稳定的。第一列中符号的变更次数等于右半平面（Right Half Plane，RHP）中根的数量。符号的变更次数包括从正变为负以及从负变回正。例如，第一列中的一个系数从+变为-，另一个系数从-变回+，则认为符号变更了两次。因此，RHP 中有两个根。

为了简化式（4.41）和式（4.42）中 b_i 和 c_i 的计算，提供了一个修改版的劳斯矩阵或劳斯表，见表 4.3b 中劳斯矩阵二，其中，可以将式（4.40）中的特征方程或多项式表示为

$$P(s) = s^n + a_1 s^{n-1} + a_2 s^{n-2} + \cdots + a_{n-1}s + a_n \tag{4.43}$$

可以将每个系数及其相关的 s^n 项整理为以下格式，即

$$
\begin{array}{llllll}
\text{行 } n & s^n & 1 & a_2 & a_4 & \cdots \\
\text{行 } n-1 & s^{n-1} & a_1 & a_3 & a_5 & \cdots \\
\text{行 } n-2 & s^{n-2} & b_1 & b_2 & b_3 & \cdots \\
\text{行 } n-3 & s^{n-3} & c_1 & c_2 & c_3 & \cdots \\
\text{行 } n-4 & s^{n-4} & d_1 & d_2 & d_3 & \cdots \\
& \cdots & & & & \\
1\text{行} & s & * & & & \\
0\text{行} & s^0 & * & & &
\end{array}
$$

其中，前两行"行 n"和"行 $n-1$"系数是用户根据式（4.43）中所示的多项式填写的。第 1 行的系数是按递增顺序排列的偶数，而第 2 行的系数则是按递增顺序排列的奇数。以下系数是使用行列式根据前两行的系数计算得出的，即

$$
b_1 = -\frac{\begin{vmatrix} 1 & a_2 \\ a_1 & a_3 \end{vmatrix}}{a_1} = \frac{a_1 a_2 - a_3}{a_1}; \quad b_2 = -\frac{\begin{vmatrix} 1 & a_4 \\ a_1 & a_5 \end{vmatrix}}{a_1} = \frac{a_1 a_4 - a_5}{a_1}; \quad b_3 = -\frac{\begin{vmatrix} 1 & a_6 \\ a_1 & a_7 \end{vmatrix}}{a_1} = \frac{a_1 a_6 - a_7}{a_1};
$$

$$
c_1 = -\frac{\begin{vmatrix} a_1 & a_3 \\ b_1 & b_2 \end{vmatrix}}{b_1} = \frac{a_3 b_1 - a_1 b_2}{b_1}; \quad c_2 = -\frac{\begin{vmatrix} a_1 & a_5 \\ b_1 & b_3 \end{vmatrix}}{b_1} = \frac{a_5 b_1 - a_1 b_3}{b_1}; \quad c_3 = -\frac{\begin{vmatrix} a_1 & a_7 \\ b_1 & b_4 \end{vmatrix}}{b_1} = \frac{a_7 b_1 - a_1 b_4}{b_1};
$$

$$
d_1 = -\frac{\begin{vmatrix} b_1 & b_2 \\ c_1 & c_2 \end{vmatrix}}{c_1} = \frac{b_2 c_1 - b_1 c_2}{c_1}; \quad d_2 = -\frac{\begin{vmatrix} b_1 & b_3 \\ c_1 & c_3 \end{vmatrix}}{c_1} = \frac{b_3 c_1 - b_1 c_3}{c_1}; \quad d_3 = -\frac{\begin{vmatrix} b_1 & b_4 \\ c_1 & c_4 \end{vmatrix}}{c_1} = \frac{b_4 c_1 - b_1 c_4}{c_1};
$$

同样，如果高阶多项式包含更多系数，可以采用类似的方式计算其余的系数，例如 e_1、e_2 和 e_3 等。

在以下两种情况下，不能直接应用劳斯-赫尔维茨稳定判据：①其中一行的第一个系数为零；②劳斯表上的整行为零。

对于第一种情况，我们可以使用一个较小的正常数 $\varepsilon > 0$ 来取代零，然后按普通情况处理。通过使用极限 $\varepsilon \to 0$ 来应用稳定判据。例如，特征方程或特征多项式为

$$
P(s) = s^5 + 3s^4 + 2s^3 + 6s^2 + 6s + 9
$$

可以按如下方式计算相关的劳斯矩阵或劳斯表。

s^5	1	2	6	
s^4	3	6	9	
s^3	0	3	0	
s^3	ε	3	0	← 新的 s^3，使用 ε 取代了 0
s^2	$\dfrac{2\varepsilon - 3}{\varepsilon}$	3	0	
s	$3 - \dfrac{3\varepsilon^2}{2\varepsilon - 3}$	0	0	
s^0	3	0		

对于较小的值 $\varepsilon<1$，第一列中会出现两次符号变更，分别为从 s^2 行变为 s 行（从−变为+）以及从 s 行变为 s^0（从+变为−）。这意味着 RHP 中有两个根，并且系统是不稳定的。

对于第二种情况，可以通过以下修改的步骤得到劳斯矩阵的剩余部分：

1）将前一行（$i+1$）用作辅助多项式 $P(s)$。

2）对 $P(s)$ 进行求导，并将得到的系数用作第 i 行的元素。

3）按照正常情况继续处理来得到矩阵的剩余元素。

例如，对于以下多项式

$$P(s)=s^5+2s^4+24s^3+48s^2-25s-50$$

s^5	1	$24(a_2)$	$-25(a_4)$	
s^4	$2(a_1)$	$48(a_3)$	$-50(a_5)$	
$s^3(1)$	0	0		
$s^3(2)$	$4(b_1)$	$48(b_2)$		⇐对行 s^4 进行求导，在此处填写系数
s^2	24	−50		⇐使用 a_1、a_3、b_1、b_2 组成的行列式来计算此行
s	14.08	0		
s^0	−50			

由于 $s^3(1)$ 行中的所有元素都为零，因此，使用前一行的元素得出一个辅助多项式 $s^3(2)$，其导数是使用下式得出的，即

$$P(s)=s^4+24s^2-25 \ 和 \ \frac{\mathrm{d}P(s)}{\mathrm{d}s}=4s^3+48s$$

$P'(s)$ 的系数 4 和 48 随后将用作 $s^3(2)$ 行的元素，然后按普通情况处理。下一行中的系数 24 和−50 是按下式计算得出的，即

$$-\frac{\begin{vmatrix} a_1 & a_3 \\ b_1 & b_2 \end{vmatrix}}{b_1}=\frac{a_3b_1-a_1b_2}{b_1}=\frac{48\times4-2\times48}{4}=24$$

$$-\frac{\begin{vmatrix} a_1 & a_5 \\ b_1 & b_3 \end{vmatrix}}{b_1}=\frac{a_5b_1-a_1b_3}{b_1}=\frac{-50\times4-1\times0}{4}=-50$$

由于第一列中仅有一次符号变更（从 14.08 变为−50），因此，系统是不稳定的，并且 RHP 中有一个根。

接下来，我们来详细了解一下线性系统近似及其在常见物理系统中的具体应用。

4.4.4　物理系统的线性近似

正如我们所提到的，现实世界中的所有物理系统都属于非线性系统。因此，为了使用现代计算方法来分析和设计控制系统，必须找到一些方法来实现线性近似以得到线性系统。

通常，系统应满足一些条件才能将非线性系统近似为线性系统。首先，系统应在特定

范围内工作，从而能够尽量地使其接近一个线性系统。其次，应将输入信号限制在一个较小的范围内，从而能够围绕系统选择合适的工作点。图 4.9 所示是一个非线性弹簧上的一个质量块。一般的工作点是当弹簧力与重力 Mg 达到平衡时的平衡位置。因此，在该位置 $f_0 = Mg$。弹簧力 f 和弹簧移动距离 y 之间的关系是非线性的，$f = ky^2$，$k = 1$ 时，平衡点为 $y_0 = \sqrt{Mg}$。

为了将这一非线性系统近似成一个线性系统，需要将此弹簧的工作范围限制在平衡位置附近一个较小范围内，如图 4.9 所示。只有在 Δy 和 Δf 范围内工作点处的倾斜直线才能视为一个线性方程。当力和弹簧移动距离超出此范围后，系统将变成一个非线性系统。

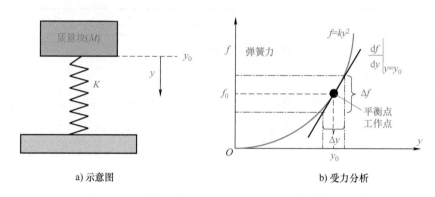

a) 示意图   b) 受力分析

图 4.9　非线性弹簧上的一个质量块示意图及受力分析

另一个例子是图 4.10 所示的 NMOSFET 放大器电路。

输出电流 i_D 和输入电压 V_{GS} 之间的关系为

$$i_D = K_n \left(V_{GS} - V_{TN} \right)^2 \tag{4.44}$$

这是一个非线性系统，需要将它近似为一个线性系统，必须满足以下两个条件：

1) NMOSFET 必须在饱和区内工作且式（4.44）是成立的。

2) 必须将输入电压 V_{GS} 限制在围绕直流偏置点的一个较小范围 ΔV_{GS} 内。

如果两个条件同时满足，则可以将此非线性系统近似为一个线性系统。实际上，如图 4.10b 所示，Δi_D 和 ΔV_{GS} 范围内工作点（Q 点）处的倾斜直线是一个线性方程。

为了采用叠加原理对大部分现实的物理系统进行合适的分析，需要将那些非线性系统近似为线性系统。为此，一个常用且有效的方法是围绕工作点（对于弹簧-质量块阻尼机械系统而言是平衡点），如图 4.9b 所示；对于 NMOSFET 放大器电路而言是 Q 点，如图 4.10b 所示（使用泰勒级数展开）。

例如，由非线性函数表示的非线性系统，如下所示为

$$y(t) = f[x(t)]$$

式中，$f[x(t)]$ 表示 $y(t)$ 是 $x(t)$ 的一个非线性函数。一般的工作点是由 x_0 指定的。通过围绕工作点 x_0 使用泰勒级数展开方法，可以得到

$$y(t) = f[x(t)] = f(x_0) + \frac{\mathrm{d}f}{\mathrm{d}x}\bigg|_{x=x_0} \frac{(x-x_0)}{1!} + \frac{\mathrm{d}^2 f}{\mathrm{d}x^2}\bigg|_{x=x_0} \frac{(x-x_0)^2}{2!} + \cdots$$

工作点 x_0 处的斜率为

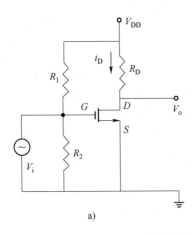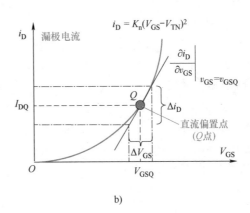

图 4.10　NMOSFET 放大器电路

$$\frac{\mathrm{d}f}{\mathrm{d}x}\Big|_{x=x_0}$$

这是 $(x-x_0)$ 这一较小范围内（工作点的偏差）曲线的一个较好的近似。因此，使用泰勒级数展开方法将围绕工作点的一个非线性函数近似为一个线性函数，这样的近似是合理的近似。可以将近似结果表示为

$$y(t)=f(x_0)+\frac{\mathrm{d}f}{\mathrm{d}x}\Big|_{x=x_0}(x-x_0)=y_0+m(x-x_0)$$

或

$$\Delta y=m\Delta x$$

例如，对于 NMOSFET 放大器电路，输出漏极电流和输入电压之间的非线性关系为

$$i_D=K_n(V_{GS}-V_{TN})^2$$

Q 点横纵坐标可以表示为 V_{GSQ} 和 I_{DQ}。围绕 Q 点偏差较小的线性模型为

$$\Delta i_D=m\Delta v_{GS}$$

$$m=\frac{\mathrm{d}i_D}{\mathrm{d}v_{GS}}\Big|_{v_{GS}=v_{GSQ}}=2K_n(v_{GSQ}-V_{TN})$$

对于多变量系统，$y(t)$ 是多变量的函数，有

$$y(t)=f(x_1,x_2,x_3,\cdots,x_n)$$

可以在泰勒级数展开方法中使用每个变量的部分偏差来近似多个变量的斜率或偏差。

4.4.5　系统模型使用的主要 MATLAB 函数

MATLAB 提供了用于帮助用户分析和设计控制系统的一系列函数，大多数函数位于相关的工具箱中，例如控制工具箱（Control Toolbox）和系统辨识工具箱（System Identification Toolbox）。本小节将仅关注用于系统模型和参数相关分析的一些常用函数。

本节中涉及的函数包括：

1）传递函数相关函数。

① `tf()`。

② `step()`。

③ `tfdata()`。

④ `idtf()`。

⑤ `zpk()`。

⑥ `residue()`。

2）框图相关函数。

① `series()`。

② `parallel()`。

③ `feedback()`。

3）根轨迹相关函数。

① `roots()`。

② `pole()`。

③ `zero()`。

④ `pzplot()`。

⑤ `rlocus()`。

4）频率响应和状态空间相关函数。

① `frd()`。

② `ss()`。

4.4.5.1　传递函数相关函数

1) tf( ) 函数是针对控制系统分析和设计非常有用的一个函数，可以用于构建系统的传递函数或将系统转换为它的传递函数形式。此函数的语法为：

① `sys=tf(num,den)`。

② `sys=tf(num,den,Ts)`。

③ `s=tf('s')`。

第一个函数 sys=tf(num,den) 创建了一个连续时间传递函数 sys，分子为 num，分母为 den。例如，sys=tf([1 2],[1 0 10]) 指定了传递函数 $(s+2)/(s^2+10)$。第二个函数 sys=tf(num,den,Ts) 创建了一个离散时间传递函数，采样时间为 T_s（如果采样时间未确定，则 $T_s=-1$）。例如，sys=tf(1,[1 2 5],0.1) 创建了一个离散传递函数，采样时间为 0.1s。第三个函数 s=tf('s') 指定传递函数 $H(s)=s$（拉普拉斯变量）。随后，可以将传递函数直接指定为 s 域或 Z 域中的表达式，例如：

```
s=tf('s');
H=exp(-s) * (s+1)/(s^2+3 * s+1);
```

函数 sys=tf(sys) 将任意动态系统 sys 转换为传递函数形式。得到的 sys 始终为 tf 类。

2) step( ) 函数可用于绘制控制系统（开环或闭环系统）的阶跃响应。此函数的语法为：

① `[Y,T]=step(sys)`。

② `step(sys)`。

第一个函数 [Y,T]=step(sys) 用于计算动态系统 sys 的阶跃响应 Y。时间向量 T 由 sys 的时间单位表示，时间阶跃和最终时间是自动选择的。对于多输入系统，单独的阶跃命令会应用到每个输入信道。如果 sys 有 NY 个输出和 NU 个输入，那么 Y 是大小为 [LENGTH(T) NY NU] 的一个阵列，其中 $Y(:,:,j)$ 是包含第 j 个输入信道的阶跃响应。

第二个函数 step(sys) 可用于直接绘制控制系统 sys 的阶跃响应。

例如，要绘制传递函数 $H = \exp(-s) * (s+1)/(s^2+3*s+1)$ 的阶跃响应，可以使用以下 MATLAB 脚本：

```
s=tf('s');
H=exp(-s) * (s+1)/(s^2+3 * s+1);
sys=tf(H);
step(sys);
grid;
```

3）tfdata() 函数可用于快速访问传递函数数据。以下是 3 种常用的语法：

① [NUM,DEN]=tfdata(sys)。

② [NUM,DEN]=tfdata(sys,'v')。

③ [NUM,DEN,TS]=tfdata(sys)。

第一个函数 [NUM,DEN]=tfdata(sys) 返回传递函数 sys 的分子和分母的维度。对于具有 NY 个输出和 NU 个输入的传递函数，NUM 和 DEN 是 NY-NU 的单元阵列，其中 (I,J) 条目指定从输入 J 到输出 I 的传递函数。如有必要，需要首先将 sys 转换为传递函数。

第二个函数 [NUM,DEN]=tfdata(sys,'v') 以向量的形式返回分子和分母的实际值。第三个函数还会返回采样时间 T_s。

例如，当使用第二个函数获取上述系统分子和分母的实际值时，可以开发以下脚本来获取分子和分母的实际值（结果显示在右侧）：

```
s=tf('s');
H=exp(-s) * (s+1)/(s^2+3 * s+1);        NUM=0    1    1
sys=tf(H);                              DEN=1    3    1
step(sys);
grid;
[NUM,DEN]=tfdata(sys,'v')
```

4）sys=idtf(NUM,DEN) 函数的功能与 tf() 类似，可用于创建一个连续时间传递函数 sys，分子为 NUM，分母为 DEN。

没有纯时滞的线性时不变（LTI）系统的传递函数是 s 的多项式之比。可以使用 tf() 函数将其写作分子和分母的系数的形式，或者使用 zpk() 函数将其写作分子的因数（零点）和分母的因数（极点）的形式。

tf() 和 zpk() 函数都可用于构造模块，以及从一个表示形式转换成另一个表示形式。这两个函数的唯一区别是 tf() 用于在已知分子和分母的情况下创建一个传递函数，而 zpk() 函数用于在已知极点和零点的情况下创建一个传递函数。

5）zpk() 函数的 3 种常用语法为：

① sys=zpk(Z,P,K)。

② sys=zpk(Z,P,K,Ts)。

③ sys=zpk(M)。

函数 sys=zpk(Z,P,K) 创建了一个零点为 Z、极点为 P 和增益为 K 的连续时间零极点增益模型。输出 sys 是存储模型数据的一个 zpk 模型对象。在 SISO 情况下，Z 和 P 分别是实数或复数零点和极点的向量，K 是实数或复数标量增益，例如

$$G(s) = K \frac{(s-z(1))(s-z(2))\cdots(s-z(m))}{(s-p(1))(s-p(2))\cdots(s-p(n))}$$

如果此函数返回一个 [ ]，它意味着系统没有可用的零点或极点。

函数 sys=zpk(Z,P,K,Ts) 创建一个采样时间为 T_s（以秒为单位）的离散时间零极点增益模型。让 $T_s=-1$ 或 $T_s=[\ ]$，可使采样时间保留为未指定状态。输入参数 Z、P 和 K 的含义与连续时间模型中的相同。

函数 sys=zpk(M) 指定静态增益为 M。

例如，有一个传递函数 $H(s)$ 为

$$H(s) = \frac{2s}{(s-1+j)(s-1-j)(s-2)}$$

可以使用函数 H=zpk(0,[1-i_1+i_2],2)，将它构造为一个 zpk 模型对象。

通过使用以下 MATLAB 脚本，可以将传递函数转换为 zpk 模型。

```
h=tf([-10 20 0],[1 7 20 28 19 5]);
zpk(h)
```

函数返回以下结果：

```
ans =
    -10 s(s-2)
--------------------------
(s+1)^3(S2+4s+5)
```

6) residue( ) 函数可用于帮助用户快速执行部分分式展开运算来获取拉普拉斯变换的各项的系数。此函数的格式为 [R,P,K]=residue(B,A)，可用于找到两个多项式之比 $B(s)/A(s)$ 的部分分式展开的留数、极点和直接项。

多项式 B 和 A 可指定按 s 的降幂排列的分子和分母多项式的系数。留数以列向量 R 的形式返回，极点位置以列向量 P 的形式返回，直接项以行向量 K 的形式返回。极点的数量 $n=\text{length}(A)-1=\text{length}(R)=\text{length}(P)$。如果 $\text{length}(B)<\text{length}(A)$，直接项系数向量 K 则为空；否则 $\text{length}(K)=\text{length}(B)-\text{length}(A)+1$。

例如，对于一个部分分式展开方程，如果没有多个根，则

$$\frac{B(s)}{A(s)} = \frac{R(1)}{s-P(1)} + \frac{R(2)}{s-P(2)} + \cdots + \frac{R(n)}{s-P(n)} + K(s)$$

如果 $P(j) = \cdots = P(j+m-1)$ 是重数 m 的一个极点，那么展开式将包含以下形式的项，即

$$\frac{R(i)}{s-P(i)} + \frac{R(i+1)}{[s-P(i)]^2} + \cdots + \frac{R(i+m-1)}{[s-P(i)]^m}$$

例如，有一个使用以下方程描述的传递函数，即

$$\frac{C(s)}{R(s)} = \frac{10(s+2)}{s^2+8s+15}$$

为了得到时域中的 $c(t)$，需要进行部分分式的展开运算，获取拉普拉斯变换的每项的

系数。然后，使用拉普拉斯逆变换，可以得到输出函数 $c(t)$。使用以下 MATLAB 脚本可以轻松实现此目标：

```
                                    R=15;
                                      -5;
B=[10 20];                          P=-5;
A=[1 8 15];                           -3
[R,P,K]=residue(B,A)                K=[]
```

这一段代码的运行结果显示在右侧，则表示

$$\frac{10(s+2)}{s^2+8s+15}=\frac{R(1)}{s-P(1)}+\frac{R(2)}{s-P(2)}+K=\frac{15}{s+5}-\frac{5}{s+3}+0$$

可以看出，分解此方程或对此方程进行部分分式的展开运算似乎十分简单。

4.4.5.2　框图相关函数

1）series( ) 和 parallel( ) 是用于以串联或并联格式连接多个线性时不变（LTI）系统的常用函数。大多数情况下，使用这些函数可以大幅度简化一些复杂的系统，这样我们就能更轻松地进行系统分析。

例如，有一个具有以下传递函数 $G(s)$ 和 $C(s)$ 的控制系统，即

$$G(s)=\frac{1}{200s^2}$$

$$C(s)=\frac{s+1}{s+2}$$

如果想以串联的方式连接两个传递函数或建立两个传递函数的级联关系，可以使用 series( ) 函数，如下所示：

```
                                    sys=
M1=tf([1],[200 0 0]);                 s+1
M2=tf([1 1],[1 2]);                ---------------
sys=series(M1,M2)                  200s^3+400s^2
```

sys 返回两个传递函数的串联结果，如上所示。可以看出，最终级联系统中的所有零点和极点与两个原始系统完全相同。这意味着，如果多个系统是级联或串联连接的，零点和极点不会发生变化。所得系统中的零点和极点是原始系统的零点和极点的组合或集合。此运算相当于乘法运算，例如 $sys=M_1\times M_2$。

现在，我们来了解一下 parallel( ) 函数。开发以下 MATLAB 脚本，然后运行下面的代码：

```
                                    sys=
M1=tf([1],[200 0 0]);             200s^3+200s^2+s+2
M2=tf([1 1],[1 2]);              ------------------------
sys=series(M1,M2)                  200s^3+400s^2
```

sys 返回这两个传递函数的并联结果，如上所示。可以看出，对于得到的并联系统，极点没有变化，但是零点彻底变了。实际上，parallel( ) 函数执行了一个加法（+）运算，将这两个系统加在一起，例如 $sys=M_1+M_2$。这就是为什么会得到这类零点组合的

原因。

2）feedback( ) 函数用于帮助用户构建一个具有反馈通道的闭环系统，此反馈通道可以是负反馈，也可以是正反馈。

此函数的语法为：sys＝feedback(sys1,sys2)。

默认情况下，此反馈为负反馈。但是，如果需要也可以使用以下形式指定为正反馈：sys＝feedback(sys1,sys2,+1)

例如，有一个闭环系统，如图 4.11 所示。现在，如果想建立一个闭环控制输出传递函数 $Y(s)/R(s)$，可以使用以下 MATLAB 脚本：

```
G=tf([1 0.5],[1 2 3]);
H=zpk(-2,-10,5);
Y=feedback(G,H)
```

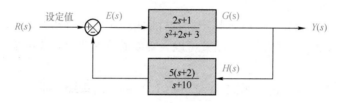

图 4.11　闭环系统

此函数返回以下闭环传递函数：

```
Y=
                (s+10)(s+0.5)
    -------------------------------
    (s+14.75)(s^2+2.245s+2.372)
```

此函数比手动计算开发要简单得多。

4.4.5.3　根轨迹相关函数

1）roots(p) 函数可计算系数为向量 p 元素的多项式的根。如果 p 有 $n+1$ 个分量，多项式则为 $p(1)x^n+\cdots+p(n)x+p(n+1)$。如果 $p(s)$ 是包含按降序排列系数的一个行向量，roots(p) 则返回包含多项式根的一个列向量。

例如，如果有一个向量 $p=\begin{bmatrix}3 & 2 & -2\end{bmatrix}$，表示多项式 $3x^2+2x-2$。通过使用以下 MATLAB 脚本：

```
p=[3 2-2];              ans=-1.2153
roots(p)                     0.5486
```

我们可以得到此向量的两个根，如右侧所示。

2）pole( ) 和 zero( ) 函数用于计算线性时不变（LTI）系统的极点和零点。例如，如果我们有一个 LTI 系统，传递函数的定义如下所示。

$$G(s)=\frac{s+0.5}{s^2+2s+3}$$

通过使用以下 MATLAB 脚本，可以得到此系统的极点和零点：

```
G=tf([1 0.5],[1 2 3]);          p=-1.0000+1.4142i
```

```
p=pole(G)                                    -1.0000 -1.4142i
z=zero(G)                                    z=-0.5000
```

3）pzplot（sys）函数用于计算动态系统模型 sys 的极点和零点，并将结果在复平面中绘制出来。极点绘制为×，零点绘制为○。

例如，当使用此函数绘制上述线性时不变（LTI）系统 $G(s)$ 时，通过以下脚本，可以在 s 平面中绘制此系统的极点和零点，如图 4.12 所示。

```
G=tf([1 0.5],[1 2 3]);
pzplot(G);
stride;
```

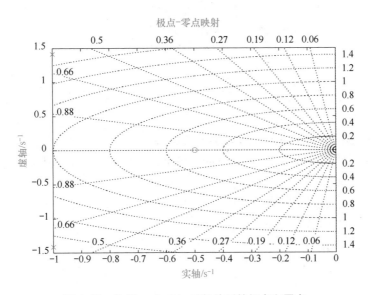

图 4.12　使用 pzplot（）函数绘制的极点和零点

4）rlocus（sys）函数用于计算并绘制单输入单输出 LTI 模型 sys 的根轨迹。根轨迹图用于分析负反馈环，并且会显示当反馈增益 K 从 0 到无穷大时闭环极点的轨迹。此函数可以自动生成一组正增益值，从而得出流畅的绘制图。

此外，可以使用带有用户指定增益值的向量 K 的函数 rlocus（sys,K）来计算和绘制根轨迹。

例如，如果想绘制上面定义的系统 $G(s)$ 的根轨迹图，可以使用以下脚本：

```
G=tf([1 0.5],[1 2 3]);
rlocus(G);
rid;
```

得到的根轨迹图如图 4.13 所示。

4.4.5.4　频率响应和状态空间相关函数

1）sys=frd（response,frequency）函数可通过存储在多维数组中的频率响应数据创建一个频率响应数据（Frequency Response Data，FRD）模型对象。向量频率表示频率响应数据的基本频率。函数 sys=frd（response,frequency,T_s）可创建标量采样时间为 T_s 的一个离散时间 FRD 模型对象 sys。如果设 $T_s = -1$，将在不指定采样时间的情况下创建一个离散时间 FRD 模

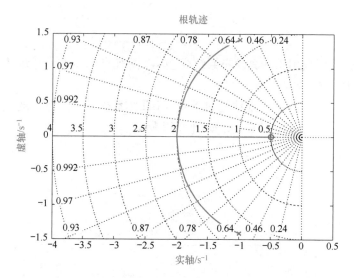

图 4.13　使用 rlocus( ) 函数绘制系统 $G(s)$ 的根轨迹图

型对象。

　　函数 sys = frd( ) 可创建一个空的 FRD 模型对象。

　　例如，如果想使用函数 sys = frd(response, frequency) 创建一个 FRD 模型，可以使用以下脚本：

```
freq=logspace(1,2);
resp=.05*(freq).*exp(i*2*freq);
sys=frd(resp,freq);
bode(sys);
grid;
```

　　得到的 FRD 模型如图 4.14 所示。

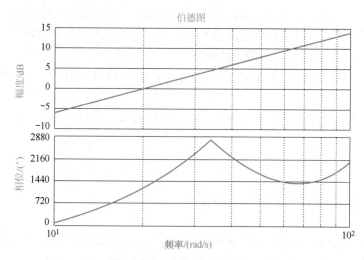

图 4.14　FRD 模型的频率响应

　　2）sys = ss( ) 函数可用于创建或转换状态空间模型。此函数有多个可用的语法，例如：

① sys=ss(A,B,C,D)。

② sys=ss(A,B,C,D,Ts)。

③ sys=ss(D)。

④ sys=ss(A,B,C,D,ltisys)。

⑤ sys=ss(sys)。

利用 sys=ss(A,B,C,D) 函数创建一个表示连续时间状态空间模型的状态空间模型对象如下所示。

$$\begin{cases} \dot{x} = Ax + Bu \\ y = Cx + Du \end{cases}$$

对于有 N_x 个状态、N_y 个输出和 N_u 个输入的模型，则有

a. A 是 $N_x \times N_x$ 的实数或复数矩阵。

b. B 是 $N_x \times N_u$ 的实数或复数矩阵。

c. C 是 $N_y \times N_x$ 的实数或复数矩阵。

d. D 是 $N_y \times N_u$ 的实数或复数矩阵。

如果设 $D = 0$，则无论维度是多少都可使 D 为标量 0。

利用 sys=ss(A,B,C,D,Ts) 函数创建采样时间为 T_s（以秒为单位）的离散时间模型如下：

$$\begin{cases} x[n+1] = Ax[n] + Bu[n] \\ y[n] = Cx[n] + Du[n] \end{cases}$$

如果设 $T_s = -1$ 或 $T_s = [\ ]$，将使采样时间保留为未指定状态。函数 sys=ss(D) 可指定一个静态增益矩阵 D，其相当于

sys=ss([],[],[],D)

利用 sys=ss(A,B,C,D,ltisys) 函数可创建一个属性继承自具有原始采样时间的模型 ltisys 的状态空间模型。

利用 sys=ss(sys) 函数可将动态系统模型 sys 转换为状态空间形式。输出 sys 是一个等效的状态空间模型（ss 模型对象）。此运算称为状态空间实现。

例如，有一个由状态空间模型表示的系统，如下所示。

$$A = \begin{bmatrix} 0 & 1 \\ 5 & -2 \end{bmatrix}, \ B = \begin{bmatrix} 0 \\ 3 \end{bmatrix}, \ C = [0 \quad 1], \ D = [0]$$

通过使用以下脚本，我们可以构造一个状态空间模型：

```
A=[0 1;-5-2];
B=[0;3];
C=[0 1];
D=0;
sys=ss(A,B,C,D);
step(sys);
grid;
```

图 4.15 所示为此系统的阶跃响应。

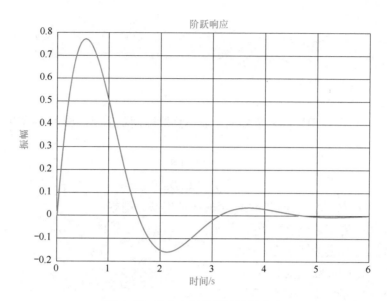

图 4.15　状态空间模型的阶跃响应

4.5　系统模型识别

在之前的章节中，我们详细探讨了系统模型。现在，我们需要关注一个重要的问题，即如何得到目标系统的实际模型。本节主要介绍的是系统识别过程。我们可以使用不同的方法处理系统模型。

首先，对于可以使用数学或动态方程描述的一些常见物理系统，例如直流电动机系统、简易弹簧-质量块阻尼机械系统和电路系统，我们可以直接利用对应的数学或动态方程构建模型。但是，还存在一些复杂的控制对象，例如飞机动力控制和复杂的化学过程等，对于这种情况，我们需要使用一些设备对研究对象产生激励并收集测得的数据来推导系统模型。总之，通过实验数据构造模型的过程称为系统识别。

系统识别过程可以归类为两组：构造参数模型和构造非参数模型。对于给定或已知其传递函数或状态变量描述的系统，可以直接获得系统的极点和零点，因此，仅需要根据这些极点和零点（称为参数）设计控制器。但是，在某些情况下，测得的结果是系统的频率响应，而不是参数，例如传递函数的振幅和相位的伯德图、奈奎斯特图和尼柯尔斯（Nichols）曲线等。我们可以根据频率响应计算传递函数。但是，如果可以根据频率响应直接设计控制器，则无须再通过传递函数来获取那些极点和零点。这样一来，我们可以在不知道极点和零点参数的情况下进行设计。因此，我们将在频域中表示的函数曲线称为非参数模型。

用于系统识别过程的数据由两类组成：输入 $r(t)$ 和假设存在一定误差的输出 $y(t)$。实际上，系统识别过程是一个迭代过程：使用所收集的输入和输出数据，重复检查标称模型和所需实际模型之间的误差，直到误差在可接受的范围内为止。

实验数据可以归纳为 4 种类型：①瞬态响应，例如阶跃响应；②具有多种频率的正弦稳态信号；③伪随机噪声；④随机的稳态信号。

瞬态响应数据易于快速获取。但是，为了得到高信噪比，瞬态响应必须非常明显，而且数据必须作为特殊测试的一部分进行收集。因此，此方法不太适用于大多数的普通运算。总之，对于一些特殊情况，此方法可能比较简单；而对于一般情况，此方法可能比较复杂。

尽管频率响应数据易于获取，但与瞬态响应方法相比，可能会更加耗时一些。其优势在于，频率响应数据可以直接用于控制器设计，无须对象的其他参数。

伪随机噪声可以由任何计算机轻松生成。需要根据伪随机噪声信号，分析频谱并构造系统模型。

如果无法轻松获得一个较高的信噪比，可以改为使用平均或统计估计法。使用此方法的缺点在于需要根据随机的过程推导大量方程。

总之，识别是通过使用先前的知识以及实验数据构建模型的一个过程，包括 4 个基本组成部分：获取数据、建立模型集、比较模型所需的判据，以及验证模型对过程的仿真度。由于为得到所需的模型要收集大量数据，很多要使用的算法也比较复杂，因此，本章中，首选使用计算机辅助方法帮助我们来完成这个识别过程。MATLAB® System Identification Toolbox™是完成识别过程的理想工具之一。

4.6 MATLAB® System Identification ToolBox™简介

此工具箱主要提供针对线性时不变（LTI）系统的识别技术，例如最大似然、预测误差最小化（Prediction Error Minimization，PEM）和子空间系统识别。若要表示非线性系统的动态情况，可以使用小波网络、树状分割和 sigmoid 网络非线性方法来估计 Hammerstein-Wiener 模型和非线性 ARX 模型。System Identification Toolbox 执行灰盒系统识别，从而估计用户定义模型的参数。可以在 MATLAB® Simulink® 中使用识别的模型进行系统响应预测和对象建模。此工具箱还支持时序数据建模和时序预测。

实际上，MATLAB® System Identification Toolbox™提供了一系列或者说一组方法来帮助用户执行系统识别过程，包括线性和非线性系统识别方法。

针对线性系统识别，提供有以下方法：

1）过程模型。

2）输入输出多项式模型。

3）状态空间模型。

4）传递函数模型。

5）线性灰盒模型。

6）频率响应模型。

针对非线性系统识别，提供有以下方法：

1）非线性 ARX 模型。

2）Hammerstein-Wiener 模型。

3）非线性灰盒模型。

除了这些识别模型外，此工具箱还提供了以下功能：

1）模型验证。

2）模型分析。

3）时序分析。

4）在线估计。

5）诊断和预测。

MATLAB 还提供了一个名为 System Identification Tool 的图形用户界面（GUI）识别工具，它是在 System Identification Toolbox™ 中用于估计、分析线性和非线性模型的 GUI。通过使用 System Identification Tool，可以执行识别过程的主要任务。通过 GUI 工具，可以在弹出菜单和复选框中选择执行的命令。

由于篇幅限制，我们在本节中仅讨论一些常用的方法。

对于线性系统识别，我们主要关注以下方法：

1）过程模型。

2）System Identification Tool 系统识别工具。

对于非线性系统识别，我们将关注非线性 ARX 模型方法。

4.6.1 过程模型

过程模型是一种简单的连续传递函数，可按以下一个或多个元素来描述线性系统动态：

1）静态增益 K_p。

2）一个或多个时间常数 T_{pn}。对于复数极点，时间常数称为 T_ω。时间常数等于固有频率的倒数，而阻尼比为 ζ。

3）过程零点 T_z。

4）系统输出对输入进行响应之前可能的时滞 T_d（死区时间）。

5）可能的强制积分。

过程模型广泛用于描述许多行业中的系统动态，并且应用于多种生产环境。这些模型的优势在于它们不仅简单，而且还支持传输延迟的估计，并且可以将模型系数简单理解为极点和零点。

通过变更极点数量、添加积分器，并添加或移除时滞或零点，可以创建不同的模型结构，还可以指定一阶、二阶或三阶模型，极点可以为实数或复数。

例如，以下模型结构是一个一阶连续过程模型，即

$$G(s) = \frac{K}{1+sT_{p1}} e^{-sT_d} \tag{4.45}$$

式中，K 是静态增益，T_{p1} 是时间常数，T_d 是输入到输出的延迟时间。

$Y(s) = G(s)R(s) + E(s)$，其中 $Y(s)$、$R(s)$ 和 $E(s)$ 分别代表输出、输入和输出误差的拉普拉斯变换。输出误差 $e(t)$ 为高斯白噪声，方差为 λ。可以通过添加一个干扰模型 $H(s)$ 在输出处得到有色噪声，使得 $Y(s) = G(s)R(s) + H(s)E(s)$。

有以下 3 个基本函数适用于此类识别模型，分别如下：

1）`procest()`。

2）`idproc()`。

3）`pem()`。

其中，第一个函数 procest() 更为常用。让我们来仔细了解此函数。

此函数的基本语法为：

```
sys=procest(data,type)。
```

此函数使用户能够使用时间或频率数据 data 估计过程模型 sys。type 定义了模型 sys 的结构。输入参数数据必须是一个对象（iddata、idfrd 或 frd）并满足以下要求：

1）对于时域估计，必须将数据指定为一个 iddata 对象，包含输入和输出信号值。

2）对于频域估计，数据可以为以下任一类型：

① 记录的频率响应数据（frd 或 idfrd）。

② iddata 对象，其属性指定如下：

a. InputData——输入信号的傅里叶变换。

b. OutputData——输出信号的傅里叶变换。

c. Domain——"频率"。

3）data 必须至少有一个输入和一个输出。

输入参数 type 必须是一个字符串并包含以下字符：

① P——所有类型的首字母缩略词以此字母开头。

② 0、1、2 或 3——要建模的时间常数（极点）的数量，可能的积分（原点处的极点）不包含在此数量中。

③ I——强制应用积分（自调过程）。

④ D——时滞（死区时间）。

⑤ Z——额外的分子项、零点。

⑥ U——允许欠阻尼模式（复数极点）。如果 type 中不包含 U，所有极点必须为实数。极点数量必须为 2 或 3 个。

此类型字符串的示例如 "P1D" 和 "P2DZ" 等。

此函数的输出 sys 是识别的模型，作为按 type 定义结构的 idproc 模型返回。

下面是使用此函数执行识别过程的示例：

```
data=idfrd(idtf([10 2],[1 1.3 1.2],'iod',0.45),logspace(-2,2,256));
type='P1D';
sys=procest(data,type);
sys
```

识别的模型 sys 将以 idproc 的形式显示。

4.6.2 系统识别工具（GUI）

除了系统识别工具箱（System Identification Toolbox）中的各种函数外，MATLAB 还提供了一个名为 System Identification Tool（MATLAB R2017b 中的系统识别应用）的图形用户界面（GUI），辅助用户估计线性或非线性系统模型。从基本上讲，此 GUI 提供了一个用户界面，通过一组可视化组件（例如图标、组合框和模块）使用户能够访问所有识别功能。下面我们来仔细了解一下此工具。

通过以下方法打开 System Identification Tool：在 MATLAB® 命令窗口中的 "*fx* >>" 光标后键入 "ident"，然后按 <Enter> 键。图 4.16 所示为打开的识别工具向导。此向导中显示了两个主要的部分：左侧的 Data Views（数据视图）和右侧的 Model Views（模型视图）。连接这两个部分的是 Operations（操作）。

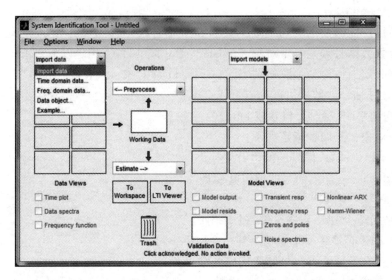

图 4.16　打开的识别工具向导（已取得 MathWorks 公司的翻印许可）

1. Data Views（数据视图）

这部分使用户能够选择用于估计所需模型的输入数据，包括：

1）Import Data（导入数据）组合框：选择输入数据类型（时域或频域、数据对象或示例）。

2）Data Plot View（数据绘制视图）：以绘制图的形式预览输入数据。

3）Data View Style（数据视图样式）：通过勾选相关复选框以时域、频域或频谱的形式绘制数据。

2. Model Views（模型视图）

此部分用于导入或输入现有或预定义的模型，此模型可以与识别的模型进行比较，从而确认或检查识别结果。

Import Models（导入模型）组合框使用户能够选择预构建的模型并导入 Model Views（模型视图）模块中。

3. Operations（操作）

此部分使用户能够执行以下功能或选择，帮助进行所需的识别过程：

1）Preprocess（预处理）组合框：使用户能够执行选择和筛选功能来选择、筛选或移除原始数据的一部分，如图 4.17 所示。

2）Estimate（估计）组合框：使用户能够选择所需的识别模型方法，如图 4.18 所示。

3）To Workspace（到工作区）单元格：使用户能够将识别结果传输到工作区，供以后使用。若要实现此传输，用户必须从 Model Views（模型视图）模块中将识别结果拖放到此单元格中。

4）To LTI Viewer（到线性时不变系统查看器）单元格：使用户能够查看识别的模型的模拟结果，例如瞬态响应、模型输出、模型残差、频率响应、零点和极点，以及噪声频谱。若要显示这些视图，用户必须从 Model Views（模型视图）模块中将识别结果拖放到此单元格中。此外，应勾选右下角的相关复选框，例如 Model output（模型输出）、Model resids（模型残差）、Transient resp（瞬态响应）、Frequency resp（频率响应）、Zeros and poles（零点和

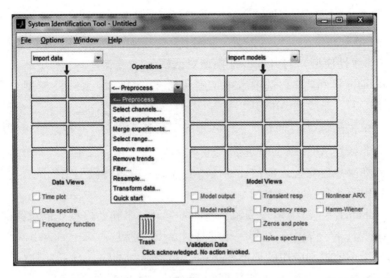

图 4.17　**Preprocess**（预处理）组合框中的功能（已取得 MathWorks 公司的翻印许可）

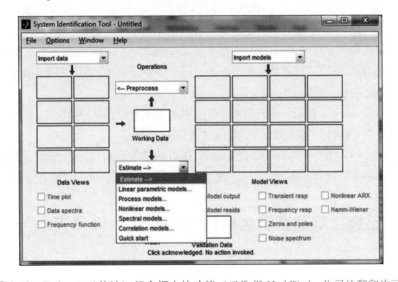

图 4.18　**Estimate**（估计）组合框中的功能（已取得 MathWorks 公司的翻印许可）

极点）和 Noise spectrum（噪声频谱），从而显示这些响应。Nonlinear ARX（非线性 ARX）和 Hamm-Wiener 复选框可用于非线性系统识别。

4.6.3　非线性 ARX 模型

对于使用小波网络、树状分割和 sigmoid 网络等动态非线性估计器的系统，可使用非线性 ARX 模型表示其非线性。在工具箱中，这些模型表示为 idnlarx 对象。可以利用 System Identification Tool 估计出非线性 ARX 模型，也可以在命令行处使用"nlarx"命令来实现。

为了简化，我们将讨论 System Identification Tool 使用方法。

使用此应用执行以下步骤，可以估计出非线性 ARX 模型：

1）将数据导入系统识别应用。

2）若要使用导入的估计数据和所选的非线性估计器来估计非线性 ARX 模型，请执行以

101

下步骤：

① 在 System Identification（系统识别）应用中，选择菜单命令"Estimate"（估计）→"Nonlinear models"（非线性模型）打开非线性模型对话框。

② 在"Configure"（配置）选项卡中，确认已在"Model type"（模型类型）列表中选中"Nonlinear ARX"（非线性 ARX）。

③（可选）单击图标 ✎，编辑"Model name"（模型名称）。在系统识别应用中，模型的名称对于所有非线性 ARX 模型应是唯一的。

④（可选）如果想要完善之前估计的模型的参数，或者将模型结构配置为与现有模型相匹配，必须执行以下步骤：

a. 单击"lnitialize"（初始化）按钮，随即将打开一个初始模型规范对话框。

b. 在初始模型下拉列表中，选择一个非线性 ARX 模型。

模型必须位于系统识别应用的模型面板中，初始模型的输入/输出维度必须与估计数据［在应用中选择为 Working Data（工作数据）］的输入/输出维度相匹配。

c. 单击"OK"（确定）按钮，模型结构和参数值将更新，从而与所选的模型相匹配。单击"Estimate"（估计）按钮将使用初始模型的参数作为起点来进行估计。

⑤ 为了得到模型参数的正规化估计，请在"Estimate"（估计）选项卡中单击"Estimation Options"（估计选项）按钮。在"Regularization_Tradeoff_Constant"和"Regularization Weighting"字段中指定正规化常数。

⑥ 单击"Estimate"（估计）按钮将此模型添加到系统识别应用中。

⑦"Estimate"（估计）选项卡将显示估计进度和结果。

现在我们对 MATLAB® System Identification Toolbox™工具有了一个清晰的认识。接下来，我们来了解一下直流电动机的识别过程，该直流电动机将在本书的实际项目中用到。

4.7 案例研究：识别直流电动机 Mitsumi 448 PPR

本书中用到的直流电动机的建模原型为 Mitsumi 448 PPR 电动机，其带有一个光学旋转编码器，包括 448 线/脉冲速度圆盘，如图 4.19 所示。可以通过 eBay 等网站购买此电动机，价格大约为 5.00 美元。

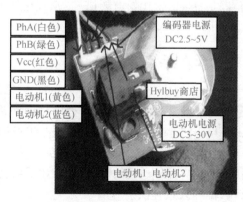

图 4.19　附带光学旋转编码器的直流电动机 Mitsumi 448 PPR

4.7.1　Mitsumi 448 PPR 电动机和旋转编码器

直流电动机 Mitsumi 448 PPR 是一般的电压驱动电动机，旋转速度作为输出。此电动机还提供两个相 PhA 和 PhB，以及最优旋转编码器（作为闭环控制系统的反馈）。通过 TM4C123GH6P MCU 提供的正交编码器接口（QEI），将两相反馈信号馈送到 QEI 中，微控制器能够检测到对应的信号。为了有效识别此直流电动机动态模型，我们来详细了解一下旋转编码器及其工作原理。

4.7.1.1　正交编码器简介

通常情况下，大多数应用中会用到以下两种类型的编码器：线性编码器和旋转编码器。线性编码器用于仅在单一维度或单一方向上移动的对象，它会将线性位置转换为电信号。这类编码器通常与执行器一起使用。旋转编码器用于绕轴转动的对象（例如电动机），它会将旋转位置或旋转角度转换为电信号。由于旋转编码器在与电动机相关的制造业（例如汽车行业和机器人行业）中更为常见，并广泛应用，因此，我们在这一小节中主要讨论此类型的编码器。

下面列出了 3 种常见类型的旋转编码器：绝对位置编码器、增量位置编码器和增量正弦编码器。

其中一种最常见的旋转编码器为光学编码器。光学编码器有一个带特定图案的码盘，此码盘装载到电动机轴上。码盘上的图案将阻挡光或允许光穿过。因此，光发射器与光电接收器是一起使用的。接收器信号输出与电动机的旋转位置相关。

对于绝对值旋转编码器，码盘上的图案会根据所在位置划分为一种专用的格式。例如，如果绝对值编码器的输出是 3 位二进制数，那么，编码器上将有 8 个不同的图案，均匀地围绕码盘的中心间隔分布，如图 4.20a 所示。由于图案位于码盘表面且均匀间隔分布，因此，每一图案之间的间隔为 $360°/8 = 45°$。现在我们知道了，对于一个输出结果为 3 位二进制数的绝对位置值旋转编码器，旋转电动机的位置位于 45° 范围内。

对于增量旋转编码器，码盘上的图案会输出一个高电位或低电位，即一个 TTL 信号。如图 4.20b 所示，与绝对位置值旋转编码器相比，TTL 输出的码盘图案相对较为简单，因为它仅需要表示一个高电位或低电位。除了 TTL 信号外，还有一个确定电动机的基本或当前旋转位置必不可少的参考标记或指标。可以将此参考标记或指标视为位置 0 或角度 0°。因此，仅对数字脉冲进行简单的计算即可以确定电动机的精确旋转位置。

由图 4.20b 可以看出电动机轴旋转一圈的多个点/线。不同的编码器供应商可提供每转 50~5000 个点/线的各种增量旋转编码器。增量编码器与绝对位置值旋转编码器一样，输出均为数字格式，因此，无须 A/D 转换器。

对于增量正弦旋转编码器，输出结果和码盘图案同增量旋转编码器的十分相似。但增量正弦旋转编码器输出的是正弦波形，而不是数字信号。事实上，它有带有参考标记信号的正弦和余弦输出。这些输出都是模拟输出，因此，需要 A/D 转换器。

4.7.1.2　增量旋转编码器的工作原理

正如我们在上小节中所提到的，增量旋转编码器能够提供线性运动在特定等间距下的每转脉冲数（Pulses Per Revolution，PPR）或每毫米脉冲数。

增量旋转或正交编码器内的编码盘包含两个成 90° 安装的通道，通常记为通道 A（相位 A）

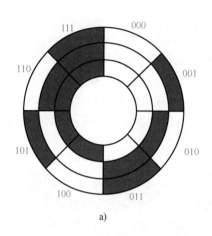
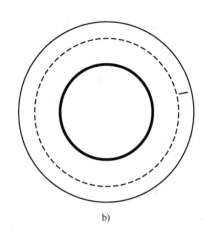

图 4.20　绝对值编码器和增量编码器中使用的码盘图案

和通道 B（相位 B）。这些轨道或通道编码的信号之间有 90°的相位差，如图 4.21 所示。这些通道是提供正交编码器功能的关键设计元素。

在需要检测方向的应用中，控制器可以根据相位 A 和相位 B 之间的相位关系确定电动机运动的方向。如图 4.21 所示，当检测到的相位 A 领先于相位 B 时，正交编码器以顺时针方向旋转；反之，则正交编码器以逆时针方向旋转。

需要较高的分辨率时，计数器可能会对来自一个通道的正交编码器脉冲串的上升和下降沿进行计算，这将使每转脉冲数翻一番（×2）（见图 4.22）。对一个正交编码器的两个通道的上升沿和下降沿进行计算，将使每转脉冲数翻两番（×4），如图 4.22 所示。因此，使用此方法，一个 2500P/r 的正交编码器每旋转一圈可以生成 10000 个脉冲。通常，与±1 倍计数相比，此 4 倍信号将更为准确。

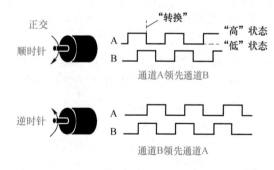

图 4.21　正交编码器旋转方向以及相位 A 和 B

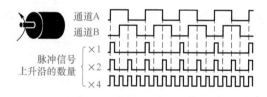

图 4.22　×2 和×4 的每转脉冲数

4.7.1.3　闭环控制系统中应用的增量旋转编码器

通常，控制系统可以分为开环和闭环控制系统。图 4.23 所示为开环和闭环控制系统。

图 4.23a 所示为开环控制系统，对于该系统，将所需的设定点 S（所需的位置或所需的速度）直接应用到控制器，控制器输出会在电动机驱动器和电动机自身上实现。对于此类控制策略，无法保证实际的电动机位置和速度为设定点所设定的所需值。这意味着目标电动机位置或速度可能等于，也可能不等于所需的设定输入值，并且系统的输出是不可控的。

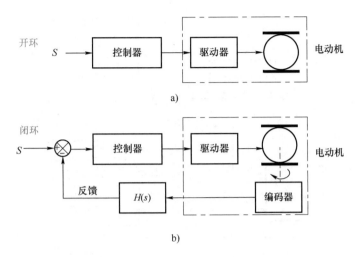

图 4.23 开环和闭环控制系统

图 4.23b 所示为闭环控制系统，对于该系统，电动机的输出结果（位置或速度）通过编码器反馈到输入，并与输入设定值进行比较。输入设定值和输出反馈值之间的误差充当发送到控制器的净输入信号。

使用闭环控制系统的优势如下：

1）从理论上讲，电动机的输出（位置或速度）可以正好等于输入设定值，因为输出会反馈给输入。

2）与开环控制系统相比，闭环控制系统具有自动调整能力，可以使输出等于输入，并使误差为 0。

3）当输出偏离输入时，会出现较大的误差，并且此误差会应用到控制器的输入，从而使针对电动机的控制输出更大。当输出接近输入时，会出现较小的误差，并且此误差会应用到控制器，从而使控制输出更小。

4）如果输出正好等于输入，误差则为 0，并且控制输出也为 0，直到又出现一些误差后再进行控制。

通常，在给定加载到电动机上的电压时，编码器提供电动机的位置反馈，而转速计提供电动机的速度反馈。可以使用内部定时器计算相位 A 或相位 B 的脉冲数，或对两个相位均进行计算，脉冲数与预定义的时间间隔相除后可以得到估计的速度。

图 4.23 中的 $H(s)$ 是传递函数或系数（标量因数），用于将脉冲数转换为电动机的位置信号。

4.7.2 TM4C123GH6PM 中的 QEI 模块和寄存器

TM4C123GH6PM MCU 系统提供了 QEI0 和 QEI1 这两个 QEI 模块，其可作为增量旋转编码器的接口。图 4.24 所示为 QEI 模块的原理框图。由于这两个模块的结构相同，因此，本小节中仅提供了一个框图。

QEI 模块支持两种操作模式：相位模式和时钟/方向模式。

在相位模式下，编码器生成呈 90°反相位的两个时钟。上升沿/下降沿的关系可用于确

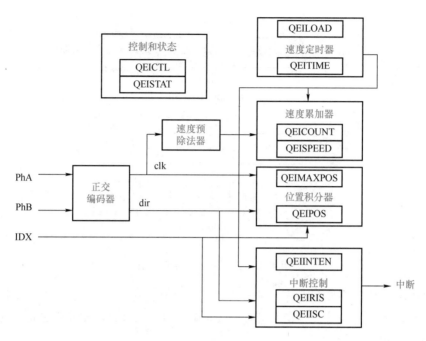

图 4.24   QEI 模块的原理框图（由德州仪器提供）

定旋转的方向。在时钟/方向模式下，编码器将生成一个表示阶跃的时钟信号和一个表示电动机旋转方向的方向信号。

在相位模式下，可以对第一个通道的上升沿/下降沿或同时对两个通道的上升沿/下降沿进行计数；如果需要，同时对这两个通道的上升沿/下降沿进行计数可以提供更高的编码器分辨率。在任一模式下，可以在处理之前交换输入信号，从而实现在不修改硬件电路板的情况下更正写入错误。

索引脉冲可用于重置位置计数器，使位置计数器能够维持绝对编码器位置。否则，位置计数器会维持相对位置并且绝不会重置。

速度捕获时有一个用于测量相等时间的计时器。每个时间段的编码器脉冲数会累积为对编码器速度的测量。可以读取当前时间段的累积总计数以及上一时间段的最终计数。上一时间段的最终计数通常用作所测速度的计数。

当检测到索引脉冲、速度定时器过期、编码器方向改变，以及检测到相位信号错误时，QEI 模块会生成中断。这些中断源可以单独屏蔽，这样一来，只有感兴趣的事件才能造成处理器中断。

需要注意的一点是，图 4.24 所示的 PhA 和 PhB 信号不是来自电动机编码器的外部相位 A 和相位 B 信号，相反，它们是通过 QEI 控制（QEICTL）寄存器启用的、反转和交换逻辑传递的内部 PhA 和 PhB 信号。图 4.25 所示为外部相位 A（PhAn）和相位 B（PhBn）信号的反相和交换逻辑电路。

根据图 4.24 可知，每个 QEI 模块由相关的寄存器构成，这些寄存器可以按照功能划分为不同的组，如下所示：

1）QEI 控制和状态寄存器——控制并监视 QEI 运行状态。

2）QEI 位置控制寄存器——根据相位 A 和 B 计算电动机的位置。

3）QEI 速度控制寄存器——根据相位 A 和 B 计算电动机的速度。

4）QEI 中断处理寄存器——配置并处理 QEI 中断。

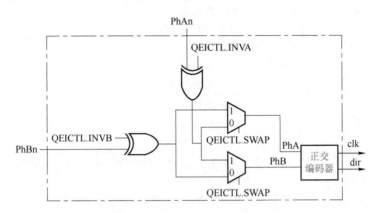

图 4.25　反相和交换逻辑电路（由德州仪器提供）

我们来仔细了解一下这些寄存器。

4.7.2.1　QEI 控制和状态寄存器

此组中包含 3 种寄存器：QEI 控制寄存器（QEICTL）、QEI 状态寄存器（QEISTAT）和正交编码器接口运行模式时钟门控寄存器（RCGCQEI）。

1）图 4.26 所示为 QEICTL 寄存器的位域配置。表 4.4 列出了此寄存器的位功能。

QEI 控制寄存器(QEICTL)

图 4.26　QEICTL 寄存器的位域配置

表 4.4　QEICTL 寄存器的位值及其功能

位	名称	复位	功　能
31~20	Reserved	0x0	保留
19~16	FILTCNT	0x0	输入筛选器预定标计数：此域可控制输入更新的频率 当此域为 0x0 时，会在 2 个系统时钟后对输入进行采样 当此域为 0x1 时，会在 3 个系统时钟后对输入进行采样 同样，当此域为 0xF 时，会在 17 个时钟后对输入进行采样
15~14	Reserved	0x0	保留
13	FILTEN	0	启用输入筛选器： 0：未筛选 QEI 输入 1：对 QEI 输入信号启用数字噪声筛选
12	STALLEN	0	停滞 QEI： 0：当微控制器被调试程序停止时，QEI 模块不会停滞 1：当微控制器被调试程序停止时，QEI 模块会停滞

（续）

位	名称	复位	功　　能
11	INVI	0	反转索引脉冲： 0：无影响 1：反转 IDX 输入
10	INVB	0	反转 PhB： 0：无影响 1：反转 PhBn 输入
9	INVA	0	反转 PhA： 0：无影响 1：反转 PhAn 输入
8~6	VELDIV	0x0	预除速度：此域定义应用到 QEICOUNT 累加器之前输入正交脉冲的预除功能 0x0÷1；0x1÷2；0x2÷4；0x3÷8；0x4÷16；0x5÷32；0x6÷64；0x7÷128
5	VELEN	0	捕获速度： 0：无影响 1：启用正交编码器速度的捕获
4	RESMODE	0	复位模式： 0：当位置计数器达到 QEIMAXPOS 寄存器中 MAXPOS 域定义的最大值时，位置计数器会复位 1：当捕获到索引脉冲时，位置计数器会复位
3	CAPMODE	0	捕获模式： 0：仅对 PhA 沿进行计数 1：对 PhA 沿和 PhB 沿进行计数，从而提供两倍的位置分辨率但范围会缩减一半 当 SIGMODE＝1 时，CAPMODE 设置不适用并将保留着
2	SIGMODE	0	信号模式： 0：内部 PhA 和 PhB 信号充当正交相位信号 1：内部 PhA 输入充当时钟（CLK）信号，内部 PhB 输入充当方向（DIR）信号
1	SWAP	0	交换信号： 0：无影响 1：交换 PhAn 和 PhBn 信号 如果设置了 INVA 或 INVB 位，会在交换之前反转信号
0	ENABLE	0	启用 QEI： 0：无影响 1：启用正交编码器模块 通过设置 ENABLE 位启用 QEI 模块后，则无法禁用它。清除 ENABLE 位设置的唯一方法是使用正交编码器接口软件复位（SRQEI）寄存器对此模块进行复位

根据图 4.25、图 4.26 和表 4.4，可以看出，图 4.25 所示的反转和交换逻辑电路受 QEICTL 寄存器中 INVB、INVA 和 SWAP（或第 10、9 和 1 位）位的控制。当这些位值设为 1 时，对

应的外部相位 A（PhAn）和相位 B（PhBn）会分别反转和交换。

要注意的一点的是此寄存器中的 VELDIV 位域。此位域中的值首先用于执行输入正交脉冲的预除功能，之后才能加载到 QEICOUNT 寄存器中。此预除功能主要是为了延长和扩大输入正交脉冲的计数范围。

此寄存器中另一个重要的位是 CAPMODE 位。正如我们在 4.7.1.2 小节中所讨论的，当此 CAPMODE 位设置清除为 0 时，可以通过仅捕获相位 A 信号的上升沿和下降沿来获取 2 倍（×2）的分辨率。但是，当此 CAPMODE 位设为 1 时，如果对相位 A 和相位 B 的上升沿和下降沿进行捕获或计数，可以得到 4 倍（×4）的分辨率。关于此位需要注意的一点是，当 SIGMODE 位设为 1 时，会忽略 CAPMODE 位的设置及功能，则相位 A 和相位 B 的作用不同。这意味着当 SIGMODE 位清除为 0 时，内部 PhA 和 PhB 信号将一起提供正交相位信号，如普通的旋转增量编码器一样。

但是，当此 SIGMODE 位设为 1 时，内部 PhA 输入会起作用并提供检测到的电动机的时钟（CLK）阶跃信号，而内部 PhB 输入会起作用并提供方向（DIR）信号。这样，无须设置任何额外的硬件组件和电路，就可以解读正交信号并将其转换为检测到的电动机的位置时钟阶跃和方向信号。

2）QEI 状态寄存器（QEISTAT）用于检查和监视 QEI 模块的运行状态。这是一个 32 位寄存器，但只有最低的 1 位和 0 位用于提供编码器运行信息和状态。

此寄存器中的 1 位（或 DIRECTION 位）可提供编码器的旋转方向；值 0 表示编码器以正向（顺时针）方向旋转，值 1 表示编码器以反向（逆时针）方向旋转。

此寄存器中的 0 位（或 ERROR 位）提供 QEI 模块的运行状态。值 0 表示没有检测到误差，1 值表示检测到 QEI 模块存在误差。

3）RCGCQEI 是一个 32 位寄存器，但只有最低的 1 位（R1）和 0 位（R0）用于启用 QEI 模块并进行时钟计数。如果设置了 R1 位，会启用 QEI 模块 1 并进行时钟计数。同样，如果设置了 R0 位，会启用 QEI 模块 0 并进行时钟计数。

4.7.2.2　QEI 位置控制寄存器

此组中包含两种寄存器：QEI 位置寄存器（QEIPOS）和 QEI 最大位置寄存器（QEIMAXPOS）。

1）QEIPOS 是一个 32 位寄存器，它包含位置积分器或位置累加器的当前值。值可以按 QEI 相位输入的状态更新，并且可以通过写入来设置为特定值。

2）QEIMAXPOS 是一个 32 位寄存器，它包含位置积分器的最大值。当正向移动时，位置寄存器 QEIPOS 会在增加到超过最大值时复位为零。当反向移动时，位置寄存器 QEIPOS 会在减少到零时复位为最大值。

4.7.2.3　QEI 速度控制寄存器

此组中包含 4 种寄存器，它们分别是：QEI 定时器加载寄存器（QEILOAD）；QEI 定时器寄存器（QEITIME）；QEI 速度计数器寄存器（QEICOUNT）；QEI 速度寄存器（QEISPEED）。

所有这些寄存器都是 32 位寄存器，用于存储相关的编码器速度信息。

1）QEILOAD 寄存器包含速度定时器的加载值，因为此值会在定时器达到零之后按时钟周期加载到定时器中，此值应小于所需周期内的时钟数。例如，若要使每个定时器周期的时钟数为十进制值 2000，此寄存器则应包含十进制值 1999。

2）QEITIME 寄存器包含此速度定时器中时钟周期的当前数量或计数。QEICOUNT 寄存器中的总计数将与此时钟周期数相除来得到估计的编码器速度值。

3）QEICOUNT 寄存器包含存储在 QEITIME 寄存器中，当前时间段速度脉冲的当前累积计数。由于此计数是累积总数，因此无法准确地知道它的应用时间段，这意味着此寄存器的读数不一定要对应 QEITIME 寄存器返回的时间，因为两次读取之间有一个较小的时间间隔，在此期间值可能会发生变化。QEISPEED 寄存器应用于确定实际的编码器速度。因此，此寄存器仅提供速度相关的信息。

4）QEISPEED 寄存器包含最近测量的正交编码器的速度。此值对应上一速度定时器周期（QEITIME）中计算的速度脉冲数（QEICOUNT）。

4.7.2.4　QEI 中断处理寄存器

此组中包含 3 种寄存器，它们分别是：QEI 中断允许寄存器（QEIINTEN）；QEI 原始中断状态寄存器（QEIRIS）；QEI 中断状态和清除寄存器（QEIISC）。

所有这些寄存器都是 32 位寄存器，但只有最低的 3~0 位用于配置、设定和清除 4 种相关 QEI 模块运行中断，如下所示：

1）相位误差中断。

2）方向更改中断。

3）定时器过期中断。

4）检测到索引脉冲中断。

图 4.27 所示为各寄存器的位域。

31	QEI 中断允许寄存器(QEIINTEN)		3	2	1	0
	保留位31~4		INTERROR	INTDIR	INTTIMER	INTINDEX

31	QEI 原始中断状态寄存器(QEIRIS)		3	2	1	0
	保留位31~4		INTERROR	INTDIR	INTTIMER	INTINDEX

31	QEI 中断状态和清除寄存器(QEIISC)		3	2	1	0
	保留位31~4		INTERROR	INTDIR	INTTIMER	INTINDEX

图 4.27　QEI 中断处理寄存器的位域

如果这些寄存器上的这 4 个最低位有任何一位设为 1，则意味着为 QEIINTEN 寄存器启用所选中断，为 QEIRIS 寄存器生成相应的中断，并且为 QEIISC 寄存器清除相关中断。

否则，如果这 4 个最低位有任何一位为 0，则意味着为 QEIINTEN 寄存器禁用所选中断、不为 QEIRIS 寄存器生成相应的中断，以及在发生中断的情况下不会为 QEIISC 寄存器清除相关中断。

4.7.2.5　QEI 接口信号和相关 GPIO 引脚

表 4.5 列出了 QEI 模块外部控制信号和相关的 GPIO 引脚分配。

表 4.5　QEI 模块外部控制信号和相关的 GPIO 引脚分配

QEI 引脚	GPIO 引脚	引脚类型	缓冲类型	引脚功能
IDX0	PF4(6) PD3(6)	I	TTL	QEI 模块 0 索引

（续）

QEI 引脚	GPIO 引脚	引脚类型	缓冲类型	引脚功能
IDX1	PC4(6)	I	TTL	QEI 模块 1 索引
PhA0	PF0(6) PD6(6)	I	TTL	QEI 模块 0 相位 A
PhA1	PC5(6)	I	TTL	QEI 模块 1 相位 A
PhB0	PD7(6) PF1(6)	I	TTL	QEI 模块 0 相位 B
PhB1	PC6(6)	I	TTL	QEI 模块 1 相位 B

与其他外围设备一样，QEI 信号是相关 GPIO 引脚上一些相关 GPIO 信号的备用信号。表 4.5 中的"GPIO 引脚"列列出了这些 QEI 信号的可能 GPIO 引脚放置。GPIOAFSEL 寄存器中的 AFSEL 位应设为选择 QEI 功能。括号中的数字是必须编程到 GPIOPCTL 寄存器中的 PMCx 域的编码，从而将 QEI 信号分配给特定的 GPIO 端口引脚。

4.7.2.6　QEI 初始化和配置过程

在任何应用中使用旋转编码器之前，应对 QEI 模块进行选择和初始化，使它能够用于测量所需的电动机旋转位置和速度。通常，初始化和配置过程应包括以下步骤：

1）通过配置 RCGCQEI 寄存器为 QEI 模块启用时钟。

2）通过 RCGCGPIO 寄存器为合适的 GPIO 模块启用时钟（参见表 4.5）。

3）通过在 GPIOAFSEL 寄存器上设置相关的位来配置合适的 GPIO 引脚，从而使相关引脚能够充当备用功能引脚（参见表 4.5）。

4）在 GPIOPCTL 寄存器中配置合适的位域，使所选的 GPIO 引脚充当 QEI 功能（参见表 4.5 中括号内的数字）。

5）将 QEI 模块配置为捕获 PhAn 和 PhBn 信号的上升沿和下降沿，并通过针对索引脉冲进行复位来维持绝对位置。对于每根线有 4 个沿的 1000 线编码器，它可以生成 4000 脉冲数（每转）。因此，将最大位置设置为 3999（即 4000-1），这是因为计数是从零开始的。执行以下两个写入操作来完成此配置：

① 使用值 0x28 编写 QEICTL 寄存器来启用捕获模式以捕获电动机的速度。

② 使用值 3999 编写 QEIMAXPOS 寄存器作为最大位置值。

6）通过设置 QEICTL 寄存器的 0（ENABLE）位启用 QEI 模块。需要注意的一点是，通过在 QEICTL 寄存器中设置 ENABLE 位启用 QEI 模块后，则无法禁用它。清除 ENABLE 位设置的唯一方式是使用正交编码器接口软件复位（SRQEI）寄存器来对模块进行复位。通常需要两步操作来完成此复位操作。

7）延迟一段时间，直到需要编码器位置为止。

8）通过读取 QEI 位置（QEIPOS）寄存器值来读取编码器位置。需要注意的一点是，如果使用中需要 QEI 模块有一个特定的初始位置，必须在 QEICTL 寄存器中设置 ENABLE 位，启用 QEI 模块后将初始位置值应用到 QEIPOS 寄存器的程序中。

9）通过读取 QEI 速度（QEISPEED）寄存器值读取电动机旋转的速度。

在开始为直流电动机执行识别过程之前，我们需要了解在 TM4C123GH6PM MCU 系统中使用的脉宽调制技术的一些基础知识和控制功能，出于识别目的，我们需要使用此模块访问和控制直流电动机来执行一些数据收集过程。

4.7.3 TM4C123GH6PM 中的 PWM 模块

脉宽调制（PWM）是一项非常有用的技术，能够将数字信号编码为模拟信号，从而提供驱动控制的电压或直流伺服电动机、步进电动机的控制电压。此技术在大多数电源供应，以及电动机、机器人控制应用中应用广泛。为了对此技术有一个全面的理解和清晰的认识，我们来详细了解一下 PWM 技术的原理。

4.7.3.1 PWM 原理和实现

现代电源供应产品大多数利用 PWM 原理提供控制电压信号。所谓的 PWM 会对周期矩形数字波形进行修改或调制，使它具有不同的脉冲宽度或占空比，从而针对输出模拟信号生成不同的幅值。

配置两个 PWM 信号 S_1 和 S_2，如图 4.28a、b 所示。这两个信号的周期和频率相同，但平均输出幅值 S_1 的 M_1 与 S_2 的 M_2 是不同的，因为它们的占空比不同，分别为 25% 和 50%。

在实际的电路中，此电压平均功能是由充当积分器的电容器或一个低通滤波器执行的。

可以轻松对 PWM 电路进行编程来修改输出的输出幅值。占空比越高（脉冲宽度越宽），输出电压越高。占空比越低（脉冲宽度越窄），输出电压越低。

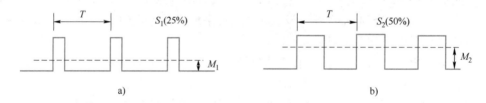

图 4.28 PWM 信号的示例

现在，我们来了解一下 TM4C123GH6PM MCU 系统中的 PWM 电路。

4.7.3.2 在 TM4C123GH6PM MCU 系统中应用的 PWM 模块

TM4C123GH6PM MCU 包含两个 PWM 模块：PWM0 和 PWM1。每个模块有 4 个 PWM 发生器模块和 1 个控制块，每个发生器模块可以生成两个 PWM 输出信号，因此，两个模块可以生成总计 16 个 PWM 输出信号。控制块用于确定 PWM 信号的极性，这些信号会传递到输出引脚。

每个 PWM 发生器模块会生成两个 PWM 信号，这两个信号共享相同的定时器（计数器）和频率，并且可以使用独立的操作对信号进行编程，或者使用插入的死区延迟作为单对互补信号。PWM 生成块的输出信号 pwmA′ 和 pwmB′ 首先由输出控制块控制，之后再将信号传递到设备引脚作为 MnPWM0 和 MnPWM1 或 MnPWM2 和 MnPWM3，依此类推。

每个 TM4C123GH6PM MCU 模块可提供大量灵活性并且可以生成简单的 PWM 信号，例如简易电荷泵所需的信号、带死区延迟的成对 PWM 信号，以及半 H 桥驱动器所需的信号。

在 TM4C123GH6PM MCU 系统中，每个 PWM 发生器模块由两部分组成：1 个 16 位计数器或定时器，以及 2 个 PWM 比较器 cmpA 和 cmpB。

此计数器为两个比较器提供定时基准，并且主要用于执行向下计数或上下计数功能，为两个比较器提供比较源。

1. PWM 计数器（定时器）

每个 PWM 发生器中的 16 位计数器或定时器可以在以下任一模式下运行，即向下计数模式或上下计数模式：

1）在向下计数模式下，定时器会从 LOAD 值到 0 进行计数，然后回到 LOAD 值并继续进行向下计数。

2）在上下计数模式下，定时器会从 0 到 LOAD 值进行计数，然后再从 0 倒计数回 LOAD 值，依此类推。

通常，向下计数模式用于生成左对齐或右对齐的 PWM 信号，上下计数模式用于生成中央对齐的 PWM 信号。

定时器可输出 3 种用于 PWM 生成过程的信号，如下所示：

1）方向信号。此信号在向下计数模式下始终较低，但在上下计数模式下会在"低电平"和"高电平"之间交替。

2）当计数器达到零时的单时钟周期宽度的"高电平"脉冲。

3）当计数器等于 load 值时的单时钟周期宽度的"高电平"脉冲。

注意，在向下计数模式下，zero 脉冲之后会紧跟 load 脉冲。在以下内容的所有图片中，这些信号分别标记为 dir、zero 和 load。

2. PWM 比较器

正如我们所提到的，每个 PWM 发生器有两个比较器，可监视计数器的值，并当其中一个比较器的值等于计数器中的计数值时，则输出一个单时钟周期宽度的高电平。本章的所有图片中，输出标记均为 cmpA 和 cmpB。在上下计数模式下，这些比较器在向上计数和向下计数时都匹配，因此，比较器的输出由计数器方向信号限定。如果其中一个比较器匹配值大于计数器加载值（load），则该比较器绝不会输出一个"高电平"脉冲。

图 4.29a 所示为计数器处于向下计数模式时计数器的行为和脉冲的关系。图 4.29b 所示为计数器处于上下计数模式时计数器的行为和脉冲的关系。

以下定义适用于图 4.29 中的操作模式：

1）LOAD 是存储在 PWMnLOAD 寄存器中的值。

2）COMPA 是存储在 PWMnCMPA 寄存器中的值。

3）COMPB 是存储在 PWMnCMPB 寄存器中的值。

4）0 是零值。

5）load 是加载值，当计数器达到加载值时，提供单时钟周期宽度为"高电平"脉冲的内部信号。

6）zero 是内部信号，当计数器为零时，提供单时钟周期宽度的"高电平"脉冲。

7）cmpA 是内部信号，当计数器等于 COMPA 时，提供单时钟周期宽度的"高电平"脉冲。

8）cmpB 是内部信号，当计数器等于 COMPB 时，提供单时钟周期宽度的"高电平"脉冲。

9）dir 是指示计数方向的内部信号。

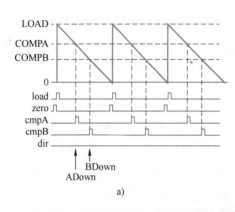
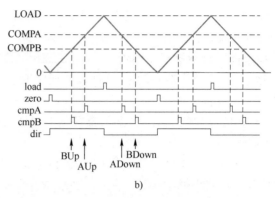

图 4.29 PWM 向下计数和上下计数模式（由德州仪器提供）

根据这些，我们来仔细了解一下如何使用元素和内部信号生成与图 4.28 类似的 PWM 输出信号。

3. PWM 输出信号发生器

每个 PWM 发生器使用 load、zero、cmpA 和 cmpB 脉冲以及 dir 信号生成两个内部 PWM 信号 pwmA 和 pwmB，如图 4.29 所示。

在向下计数模式中，有 4 个事件会影响这些信号：zero、load、ADown 和 BDown。在上下计数模式中，有 6 个事件会影响这些信号：zero、load、ADown、AUp、BDown 和 BUp。COMPA 或 COMPB 事件在与 zero 或 load 事件一致时会被忽略。如果 COMPA 和 COMPB 事件一致，那么第一个信号 pwmA 是仅基于 COMPA 事件生成的，第二个信号 pwmB 是仅基于 COMPB 事件生成的。

可以通过编程使每个事件影响每个输出 PWM 信号，从而使输出有如下状态：

1）不被影响（忽略事件）。

2）在两种状态之间进行切换。

3）驱动电压为"低电平"或"高电平"。

这些操作可用于生成各种位置和占空比的一对 PWM 信号，这对信号可能会叠加也可能不叠加。图 4.30 给出了使用上下计数模式来生成一对占空比不同的中央对齐的叠加 PWM 信号。此图中显示的 pwmA 和 pwmB 信号是通过死区发生器之前的信号。

在图 4.30 中，第 1 个 PWM 发生器设置为匹配值 A（COMPA）上升时输出"高电平"、匹配值 A（COMPA）下降时输出"低电平"，并且忽略其他 4 个事件。第 2 个 PWM 发生器设置为匹配值 B（COMPB）上升时输出"高电平"、匹配值 B（COMPB）下降时输出"低

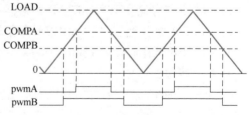

图 4.30 使用上下计数模式生成 PWM 输出信号的示例（由德州仪器提供）

电平"，并且忽略其他 4 个事件。更改比较器 A 的值（COMPA）会更改 pwmA 信号的占空比，更改比较器 B 的值（COMPB）会更改 pwmB 信号的占空比。

除了正常的 PWM 输出外，这两个 PWM 输出信号可以合并起来构成所谓的死区输出来驱动某些电动机的半 H 桥电路。

4.7.3.3 PWM 发生器原理框图

首先，我们来关注一下 PWM 发生器模块，根据我们上面进行的讨论，了解一下此模块是如何生成两个 PWM 输出信号的。

图 4.31 所示为 PWM 发生器模块的详细结构。如上所述，此模块包含一个 16 位计数器或定时器以及两个比较器。

实际上，计数器（定时器）和两个比较器由寄存器 PWMnCTL 控制，每个发生器模块包含其中一个类型的控制器，用于配置每个发生器的设置并控制操作。

从图 4.31 中可以看出，5 个事件或内部信号 zero、load、dir、cmpA 和 cmpB 合并起来一同生成两个 PWM 输出信号 pwmA 和 pwmB。从死区发生器的可用性（启用或禁用）来看，如果禁用死区发生器，这两个 PWM 信号可以直接传递到输出 pwmA′和 pwmB′；或者如果启用死区发生器，则会生成死区信号。

这 5 个事件或内部信号也可用于生成 PWM 相关中断来告知处理器发生了与 PWM 相关的一些事件。

中断和触发发生器模块用于配置（控制）生成和处理 PWM 相关中断以及触发源选择过程。故障状态模块用于配置和控制所选 PWM 发生器的任何故障状态和生成过程。

现在，我们来关注某些模块中一些有用的寄存器，了解一下它们的功能。

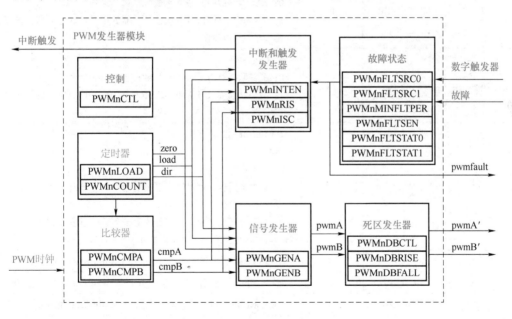

图 4.31 PWM 发生器模块的详细结构（由德州仪器提供）

1. PWM 发生器模块控制寄存器（PWMnCTL）

正如我们所提及的，两个 PWM 模块 PWM0 和 PWM1 是为 TM4C123GH6PM MCU 系统安装并应用的模块，每个 PWM 模块包含 4 个 PWM 发生器模块。每个 PWM 发生器模块有一个独立的控制寄存器。例如，对于模块 PWM0，这 4 个子模块控制寄存器为 PWM0CTL ~ PWM3CTL，每个寄存器使用相同的位域分配来控制一个发生器模块。

图 4.32 所示为这些寄存器的位域值。表 4.6 列出了这些寄存器的位域值及其功能。

31	30	29	28	27	26	25	24	23	22	21	20	19	18	17	16
							Reserved						LATCH	MINFLTPER	FLTSRC
RO	RO	RO	RO	RO	RO	RO	RO	RO	RO	RO	RO	RO	RW	RW	RW	类型
0	0	0	0	0	0	0	0	0	0	0	0	0	0	0	0	复位

15	14	13	12	11	10	9	8	7	6	5	4	3	2	1	0
DBFALLUPD		DBRISEUPD		DBCTLUPD		GENBUPD		GENAUPD		CMPBUPD	CMPAUPD	LOADUPD	DEBUG	MODE	ENABLE
RW	RW	RW	RW	RW	RW	RW	RW	RW	RW	RW	RW	RW	RW	RW	RW	类型
0	0	0	0	0	0	0	0	0	0	0	0	0	0	0	0	复位

图 4.32　PWM 发生器模块控制寄存器中的位域（由德州仪器提供）

表 4.6　PWMnCTL 寄存器的位域值及其功能

位	名称	复位	功　　能
31~19	Reserved	0x0	保留
18	LATCH	0	锁住故障输入： 0：未锁住故障状态 1：锁住故障状态
17	MINFLTPER	0	最小故障期： 0：FAULT（故障）输入无效 1：PWMnMINFLTPER 一次性计数器处于活动状态并将故障状态期延长至最小故障期
16	FLTSRC	0	故障状态源： 0：故障状态是由 Fault0 输入确定的 1：故障状态是由 PWMnFLTSRC0 和 PWMnFLTSRC1 寄存器的配置确定的
15~14	DBFALLUPD	0x0	PWMnDBFALL 更新模式： 0x0：即时 0x1：保留 0x2：本地同步（针对寄存器的更新会在下次计数器为 0 时反映到发生器） 0x3：全局同步（针对寄存器的更新会延迟至通过 PWMCTL 寄存器请求同步更新后，下次计数器为 0 时进行）
13~12	DBRISEUPD	0x0	PWMnDBRISE 更新模式。与上面的 PWMnDBFALL 更新模式相同
11~10	DBCTLUPD	0x0	PWMnDBCTL 更新模式。与上面的 PWMnDBFALL 更新模式相同
9~8	GENBUPD	0x0	PWMnGENB 更新模式。与上面的 PWMnDBFALL 更新模式相同
7~6	GENAUPD	0x0	PWMnGENA 更新模式。与上面的 PWMnDBFALL 更新模式相同
5	CMPBUPD	0x0	比较器 B 更新模式： 0：本地同步（针对 PWMnCMPB 寄存器的更新会在下次计数器为 0 时反映到发生器） 1：全局同步（针对寄存器的更新会延迟至通过 PWMCTL 寄存器请求同步更新后，下次计数器为 0 时进行）
4	CMPAUPD	0	比较器 A 更新模式。与上面的比较器 B 更新模式相同
3	LOADUPD	0	加载寄存器更新模式。与上面的比较器 B 更新模式相同

（续）

位	名称	复位	功　能
2	DEBUG	0	调试模式： 0：计数器在下次达到 0 时会停止运行，并且会在退出调试模式后继续运行 1：计数器在调试模式下会始终运行
1	MODE	0	计数器模式： 0：向下计数模式 1：上下计数模式
0	ENABLE	0	启用 PWM 模块： 0：禁用整个 PWM 模块（无时钟） 1：启用整个 PWM 模块并进行时钟计数

这些寄存器用于配置 PWM 信号发生模块。PWM0CTL 控制 PWM 发生器模块 0，PWM1CTL 控制 PWM 发生器模块 1，依此类推。这些模块生成 PWM 信号，这些信号可以是来自同一计数器的两个独立的 PWM 信号或添加有死区延迟的一组成对 PWM 信号。

每个发生器模块可以生成两个 PWM 输出信号，因此，模块 PWM0 生成 MnPWM0 和 MnPWM1 输出，模块 PWM1 生成 MnPWM2 和 MnPWM3 输出，模块 PWM2 生成 MnPWM4 和 MnPWM5 输出，模块 PWM3 生成 MnPWM6 和 MnPWM7 输出。

尽管此寄存器中有许多要配置的参数，但实际上，只有其中一些参数对我们来说是重要的，它们是 ENABLE、MODE、CMPAUPD、CMPBUPD 和 LOADUPD 位。可以将其他更新位配置为即时模式，无须同步就能立即生效。

2. PWM 发生器模块加载寄存器（PWMnLOAD）

这些寄存器是 32 位寄存器，但只有较低的 16 个位用于满足 16 位计数器的需求。这些寄存器（PWM0LOAD ~ PWM3LOAD）包含 PWM 计数器的加载值并控制相关的 PWM 发生器模块。根据 PWMnCTL 寄存器中 MODE 位配置的计数器模式可知，当加载值在达到零后开始向计数器加载（MODE = 0 表示向下计数），或者当加载值向上计数值后计数器递减回到零（MODE = 1 表示上下计数）。

当加载值与计数器结果匹配时，输出为一个"高电平"脉冲，可以配置为通过 PWMnGENA 或 PWMnGENB 寄存器驱动 pwmA 和/或 pwmB 信号的生成，或配置为通过 PWMnlNTEN 寄存器驱动中断或 ADC 触发器。

如果加载值更新模式已与本地同步（PWMnCTL 寄存器中 LOADUPD = 0），在下次计数器达到零时会使用 16 位 LOAD 值。如果更新模式已全局同步，会在通过 PWM 主控制（PWMCTL）寄存器请求同步更新后下次计数器达到零时使用它。如果在实际更新发生之前重写了此寄存器，那么之前的值绝不会使用并会丢失。

3. PWM 发生器模块计数寄存器（PWMnCOUNT）

这些寄存器是 32 位寄存器，但只有较低的 16 个位用于执行计数功能。这些寄存器（PWM0COUNT ~ PWM3COUNT）包含相关 PWM 发生器模块中 PWM 计数器的当前值。当此值匹配零时或匹配 PWMnLOAD、PWMnCMPA 或 PWMnCMPB 寄存器中的值时，输出为脉冲，可以配置为驱动 PWM 信号的生成，或配置为驱动中断或 ADC 触发器。

需要注意的一点是，通过清除 PWMnCTL 寄存器中的 ENABLE 位来禁用 PWM 不会清除 PWMnCOUNT 寄存器中的 COUNT 域（较低的位 16）。在重新启用 PWM（ENABLE = 1）之前，应通过系统控制模块中的脉宽调制器软件复位（SRPWM）对 PWM 寄存器进行复位来清除 COUNT 域。

4. PWM 发生器模块比较器 A 寄存器（PWMnCMPA）

这些寄存器是 32 位寄存器，但只有较低的 16 个位用于存储要与计数器中的值进行比较的预定义的值。这些寄存器（PWM0CMPA ~ PWM3CMPA）包含要与相关 PWM 发生器模块的计数器进行比较的值。当此值匹配计数器时，输出为脉冲，可以配置为通过 PWMnGENA 和 PWMnGENB 寄存器驱动 pwmA 和 pwmB 信号的生成，或配置为通过 PWMnlNTEN 寄存器驱动中断或 ADC 触发器。如果此寄存器的值大于 PWMnLOAD 寄存器的值，则脉冲不是输出。如果比较器 A 更新模式已本地同步（PWMnCTL 寄存器中 CMPAUPD = 0），会在下次计数器达到零时使用 16 位 COMPA 值。如果更新模式已全局同步（CMPAUPD = 1），会在通过 PWM 主控制（PWMCTL）寄存器请求同步更新后下次计数器达到零时使用它。如果此寄存器在实际更新发生之前被重写，那么之前的值绝不会使用并会丢失。

5. PWM 发生器模块比较器 B 寄存器（PWMnCMPB）

与 PWMnCMPA 类似，这些寄存器包含要与相关 PWM 发生器模块的计数器进行比较的值。当此值匹配计数器时，输出为脉冲，可以配置为通过 PWMnGENA 和 PWMnGENB 寄存器驱动 pwmA 和 pwmB 信号的生成，或配置为通过 PWMnlNTEN 寄存器驱动中断或 ADC 触发器。如果此寄存器的值大于 PWMnLOAD 寄存器，则脉冲不是输出。

如果比较器 B 更新模式已本地同步（PWMnCTL 寄存器中 CMPBUPD = 0），会在下次计数器达到零时使用 16 位 COMPB 值。如果更新模式已全局同步，会在通过 PWM 主控制（PWMCTL）寄存器请求同步更新后下次计数器达到零时使用它。

如果此寄存器在实际更新发生之前被重写，那么之前的值绝不会使用并会丢失。

6. PWM 发生器 A 寄存器（PWMnGENA）

这些寄存器是 32 位寄存器，但仅较低的 12 个位用于根据计数器中的 load 和 zero 输出脉冲，或比较器中的比较 A 和比较 B 脉冲控制 pwmA 信号的生成。这些寄存器（PWM0GENA ~ PWM3GENA）控制相关的 PWM 发生器模块。当计数器以向下计数模式运行时，只有 4 个事件发生；当以上下计数模式运行时，所有 6 个事件都会发生。此寄存器上较低的 12 个位会被划分为 6 个 2 位的段，可以将每段配置为在匹配条件出现时采取相关的操作。

图 4.33 显示了这些寄存器的位域值。表 4.7 列出了这些寄存器的位域值及其功能。

31	30	29	28	27	26	25	24	23	22	21	20	19	18	17	16
							Reserved								
RO	RO	RO	RO	RO	RO	RO	RO	RO	RO	RO	RO	RO	RO	RO	RO
0	0	0	0	0	0	0	0	0	0	0	0	0	0	0	0

15	14	13	12	11	10	9	8	7	6	5	4	3	2	1	0
	Reserved			ACTCMPBD		ACTCMPBU		ACTCMPAD		ACTCMPAU		ACTLOAD		ACTZERO	
RO	RO	RO	RO	RW	RW	RW	RW	RW	RW	RW	RW	RW	RW	RW	RW
0	0	0	0	0	0	0	0	0	0	0	0	0	0	0	0

图 4.33 PWM 发生器 A 寄存器中的位域（由德州仪器提供）

表 4.7　PWM 发生器 A 寄存器的位域值及其功能

位	名称	复位	功　　能
31~12	Reserved	0x0	保留
11~10	ACTCMPBD	0x0	针对比较器 B 下降的操作： 0x0：不采取任何操作 0x1：反转 pwmA 0x2：驱动 pmwA 为"低电平" 0x3：驱动 pwmA 为"高电平"
9~8	ACTCMPBU	0x0	针对比较器 B 上升的操作： 0x0：不采取任何操作 0x1：反转 pwmA 0x2：驱动 pmwA 为"低电平" 0x3：驱动 pwmA 为"高电平"
7~6	ACTCMPAD	0x0	针对比较器 A 下降的操作： 0x0：不采取任何操作 0x1：反转 pwmA 0x2：驱动 pmwA 为"低电平" 0x3：驱动 pwmA 为"高电平"
5~4	ACTCMPAU	0x0	针对比较器 A 上升的操作： 0x0：不采取任何操作 0x1：反转 pwmA 0x2：驱动 pmwA 为"低电平" 0x3：驱动 pwmA 为"高电平"
3~2	ACTLOAD	0x0	针对计数器 =LOAD 的操作： 0x0：不采取任何操作 0x1：反转 pwmA 0x2：驱动 pmwA 为"低电平" 0x3：驱动 pwmA 为"高电平"
1~0	ACTZERO	0x0	针对计数器 =0 的操作： 0x0：不采取任何操作 0x1：反转 pwmA 0x2：驱动 pmwA 为"低电平" 0x3：驱动 pwmA 为"高电平"

PWM0GENA 寄存器控制 pwm0A 信号的发生，PWM1GENA 寄存器用于控制 pwm1A 信号的发生，PWM2GENA 寄存器用于控制 pwm2A 信号的发生，PWM3GENA 寄存器用于控制 pwm3A 信号的发生。

如果 zero 或 load 事件与比较 A 或比较 B 事件一致，则会采用 zero 或 load 操作，而比较 A 或比较 B 操作会被忽略。如果比较 A 事件与比较 B 事件一致，则会采用比较 A 操作，而比较 B 操作会被忽略。

如果发生器 A 更新模式是即时的（PWMnCTL 寄存器中 GENAUPD 域 =00），ACTCMPBD、ACTCMPBU、ACTCMPAD、ACTCMPAU、ACTLOAD 和 ACTZERO 值会立即使用。如果更新模式已本地同步，会在下次计数器达到零时使用这些值。如果更新模式已全局同步，会在通过

PWM 主控制（PWMCTL）寄存器请求同步更新后下次计数器达到零时使用这些值。如果此寄存器在实际更新发生之前被重写，那么之前的值绝不会使用并会丢失。

7. PWM 发生器 B 寄存器（PWMnGENB）

与 PWM 发生器 A 寄存器类似，PWM 发生器 B 寄存器起到类似的作用。它们之间的唯一区别是 PWM 发生器 B 寄存器用于根据计数器中的 load 和 zero 输出脉冲，或比较器中的比较 A 和比较 B 脉冲控制 pwmB 信号的发生。这些寄存器（PWM0GENB~PWM3GENB）控制相关的 PWM 发生器模块。

PWM0GENB 寄存器控制 pwm0B 信号的发生，PWM1GENB 寄存器用于控制 pwm1B 信号的发生，PWM2GENB 寄存器用于控制 pwm2B 信号的发生，PWM3GENB 寄存器用于控制 pwm3B 信号的发生。

这些寄存器的位域值与图 4.33 中显示的那些位域值完全相同。表 4.8 列出了这些寄存器的位域值及其功能。从表 4.8 中可以看出，此寄存器中的位域值与 PWM 发生器 A 寄存器中的位域值完全相同，唯一的区别是控制目标信号为 pwmB。

表 4.8　PWM 发生器 B 寄存器的位域值及其功能

位	名称	复位	功　　能
31~12	Reserved	0x0	保留
11~10	ACTCMPBD	0x0	针对比较器 B 下降的操作： 0x0：不采取任何操作 0x1：反转 pwmB 0x2：驱动 pmwB 为"低电平" 0x3：驱动 pmwB 为"高电平"
9~8	ACTCMPBU	0x0	针对比较器 B 上升的操作： 0x0：不采取任何操作 0x1：反转 pwmB 0x2：驱动 pmwB 为"低电平" 0x3：驱动 pwmB 为"高电平"
7~6	ACTCMPAD	0x0	针对比较器 A 下降的操作： 0x0：不采取任何操作 0x1：反转 pwmB 0x2：驱动 pmwB 为"低电平" 0x3：驱动 pwmB 为"高电平"
5~4	ACTCMPAU	0x0	针对比较器 A 上升的操作： 0x0：不采取任何操作 0x1：反转 pwmB 0x2：驱动 pmwB 为"低电平" 0x3：驱动 pwmB 为"高电平"
3~2	ACTLOAD	0x0	针对计数器=LOAD 的操作： 0x0：不采取任何操作 0x1：反转 pwmB 0x2：驱动 pmwB 为"低电平" 0x3：驱动 pwmB 为"高电平"

（续）

位	名称	复位	功能
1~0	ACTZERO	0x0	针对计数器 = 0 的操作： 0x0：不采取任何操作 0x1：反转 pwmB 0x2：驱动 pmwB 为 "低电平" 0x3：驱动 pwmB 为 "高电平"

4. 7. 3. 4　PWM 模块架构和原理框图

图 4.34 所示为 TM4C123GH6PM MCU 系统中使用的 PWM 模块的架构和原理框图。

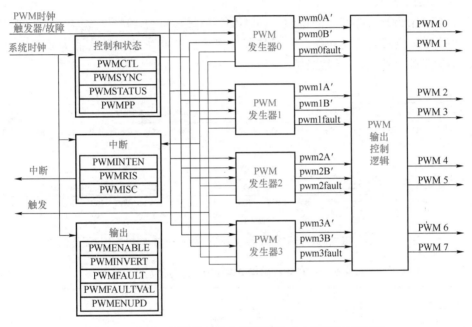

图 4.34　PWM 模块的架构和原理框图（由德州仪器提供）

整个 PWM 模块由以下部分组成：

1）控制和状态模块。

2）PWM 发生器模块。

3）输出控制模块。

4）中断控制模块。

我们详细地讨论了 PWM 发生器模块，现在，我们来关注一下其余类型的模块。

1. 控制和状态模块

此模块提供对所有 4 个 PWM 发生器的全局或主控制，并监视它们的运行状态。此模块由作为时钟源的系统时钟驱动。通常，PWM 模块有两类要使用的时钟源，如下所示：

1）系统时钟。

2）预除的系统时钟。

可以在运行模式时钟配置（RCC）寄存器中对 USEPWMDIV 位进行编程来选择时钟源。PWMDIV 位域指定用于创建 PWM 时钟的系统时钟的除法器。

121

此模块中的控制功能由以下 4 种寄存器提供：

1）PWM 主控制寄存器（PWMCTL）。

2）PWM 定时器基本同步寄存器（PWMSYNC）。

3）PWM 状态寄存器（PWMSTATUS）。

4）PWM 外围设备属性寄存器（PWMPP）。

我们来依次了解一下某些寄存器。首先，我们来关注一下运行模式时钟配置（RCC）寄存器。

（1）运行模式时钟配置寄存器（RCC）。

在第 3 章 3.2.1.2 小节中，我们详细地介绍了该寄存器。在本小节中，我们将只关注该寄存器中的位域 PWMDIV。

图 4.35 所示为此寄存器上的位域。PWMDIV 位域包括位 19~7。表 4.9 所示为 RCC 寄存器中 PWMDIV 位域值及其功能。在系统复位操作后，此位域的默认值为 0x7，这意味着 PWM 时钟源是除以 64 后的系统时钟。

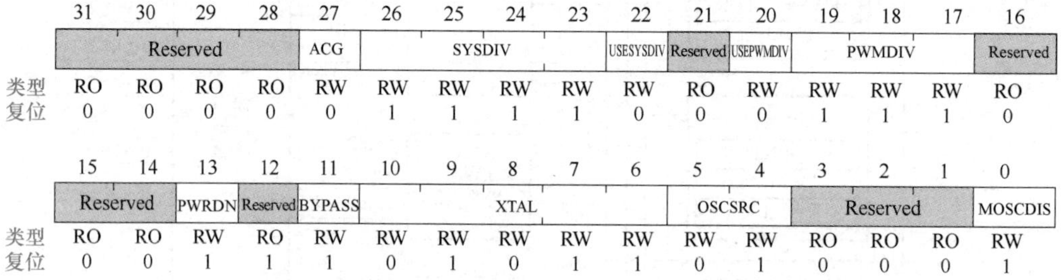

31	30	29	28	27	26	25	24	23	22	21	20	19	18	17	16
Reserved				ACG	SYSDIV				USESYSDIV	Reserved	USEPWMDIV	PWMDIV			Reserved
RO	RO	RO	RO	RW	RW	RW	RW	RW	RW	RO	RW	RW	RW	RW	RO
0	0	0	0	1	1	1	1	0	0	0	1	1	1	1	0

类型 / 复位

15	14	13	12	11	10	9	8	7	6	5	4	3	2	1	0
Reserved		PWRDN	Reserved	BYPASS	XTAL					OSCSRC		Reserved			MOSCDIS
RO	RO	RW	RO	RW	RW	RW	RW	RW	RW	RW	RW	RO	RO	RO	RW
0	0	1	1	1	0	1	1	1	0	1	0	0	0	0	1

类型 / 复位

图 4.35　运行模式时钟配置寄存器（RCC）中的位域（由德州仪器提供）

表 4.9　RCC 寄存器中 PWMDIV 位域值及其功能

位	名称	复位	功　能
31~28	Reserved	0x0	保留
19~17	PWMDIV	0x0	PWM 单位时钟分频器 0x0：÷2；0x1：÷4；0x2：÷8；0x3：÷16；0x4：÷32；0x5：÷64；0x6：÷64；0x7：÷64（默认）

（2）PWM 主控制寄存器（PWMCTL）。

此寄存器是用于控制 4 个 PWM 发生器模块的主控制寄存器。

2 个 PWM 模块各有一个独立的 PWMCTL 寄存器，主要用于控制 4 个 PWM 发生器模块的更新和同步。

尽管这是一个 32 位寄存器，但仅会使用较低的 4 个位，并且每个位用于控制一个 PWM 发生器模块。

图 4.36 所示为此寄存器的位域值。每个相关 PWM 发生器的位域功能都是相似的。如果位为 0，这意味着不需要为所选的 PWM 发生器采取更新或同步操作。如果位为 1，这意味着针对相关 PWM 寄存器中的加载或比较器寄存器的更新会在下次相应的计数器变为零时应用。

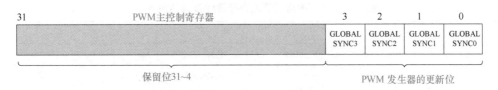

图 4.36 PWM 主控制寄存器中的位域

位 GLOBALSYNC0 用于 PWM 发生器模块 0，位 GLOBALSYNC1 用于 PWM 发生器模块 1，依此类推。

（3）PWM 定时器基本同步寄存器（PWMSYNC）。

与 PWM 主控制寄存器类似，每个 PWM 模块有一个独立的 PWM 定时器基本同步寄存器（PWMSYNC）。此寄存器上较低的 4 个位用于控制 4 个 PWM 发生器模块。

此寄存器提供用于执行 PWM 发生模块中的计数器同步的方法。在此寄存器中设置一位会使指定的计数器复位回 0，而设置多个位会同时复位多个计数器。位在复位后会自动清除。变为零意味着同步已完成。

此寄存器上的位域与图 4.36 中显示的 PWMCTL 寄存器中的位域完全相同。区别在于 4 个较低的位为 SYNC3 ~ SYNC0，每个位控制一个相关 PWM 发生器模块的同步。

2. 输出控制模块

输出控制模块包含 5 种控制寄存器，如下所示：

1）PWM 输出使能寄存器（PWMENABLE）。

2）PWM 输出反转寄存器（PWMINVERT）。

3）PWM 输出故障寄存器（PWMFAULT）。

4）PWM 故障状态值寄存器（PWMFAULTVAL）。

5）PWM 使能更新寄存器（PWMENUPD）。

下面我们来讨论 PWM 输出使能寄存器（PWMENABLE）。

与 PWM 主控制寄存器类似，每个 PWM 模块有一个独立的 PWM 输出使能寄存器（PWMENABLE）。此寄存器上较低的 8 个位用于控制 pwmA′ 和 pwmB′ 信号是否可以传输到 8 个 PWM 输出引脚 MnPWMn。

图 4.37 所示为此寄存器的位域值。

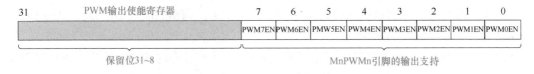

图 4.37 PWM 输出使能寄存器（PWMENABLE）中的位域

此寄存器提供将生成的 pwmA′ 和 pwmB′ 信号输出到 MnPWMn 引脚的主控制。通过禁用 PWM 输出，生成过程可以在不将 PWM 信号驱动到引脚的情况下继续进行。当此寄存器中的相关位设置为 1 时，相应的 pwmA′ 或 pwmB′ 信号会传递到输出阶段。

当位清除后，pwmA′ 或 pwmB′ 信号会用零值替换掉，也会传递到输出阶段。

表 4.10 列出了此寄存器的位域值及其功能。

表 4.10　PWM 输出使能寄存器的位域值及其功能

位	名称	复位	功　能
31~8	Reserved	0x0	保留
7	PWM7EN	0	MnPWM7 输出支持： 0：MnPWM7 引脚有一个零值 1：生成的 pwm3B′信号会传输给 MnPWM7 引脚
6	PWM6EN	0	MnPWM6 输出支持： 0：MnPWM6 引脚有一个零值 1：生成的 pwm3A′信号会传输给 MnPWM6 引脚
5	PWM5EN	0	MnPWM5 输出支持： 0：MnPWM5 引脚有一个零值 1：生成的 pwm2B′信号会传输给 MnPWM5 引脚
4	PWM4EN	0	MnPWM4 输出支持： 0：MnPWM4 引脚有一个零值 1：生成的 pwm2A′信号会传输给 MnPWM4 引脚
3	PWM3EN	0	MnPWM3 输出支持： 0：MnPWM3 引脚有一个零值 1：生成的 pwm1B′信号会传输给 MnPWM3 引脚
2	PWM2EN	0	MnPWM2 输出支持： 0：MnPWM2 引脚有一个零值 1：生成的 pwm1A′信号会传输给 MnPWM2 引脚
1	PWM1EN	0	MnPWM1 输出支持： 0：MnPWM1 引脚有一个零值 1：生成的 pwm0B′信号会传输给 MnPWM1 引脚
0	PWM0EN	0	MnPWM0 输出支持： 0：MnPWM0 引脚有一个零值 1：生成的 pwm0A′信号会传输给 MnPWM0 引脚

4.7.3.5　PWM 模块组件和信号描述

如我们在上一小节中所讨论的，每个 PWM 模块由 4 个模块构成。控制和状态模块提供 4 个 PWM 发生器模块的全局控制，并监视它们的运行状态。输出控制模块控制相关的 pwmA 和 pwmB 信号，并通过死区模块将它们引导到相关的输出 MnPWMn 引脚。中断模块提供 PWM 发生器的中断生成和状态。

所有 PWM 输出引脚 MnPWMn 可用于通过相关的 GPIO 引脚驱动 PWM 相关的外围设备。换言之，任何 MnPWMn 引脚不能直接暴露给外围设备，并且必须将相关的 GPIO 引脚用作要连接到任何外围设备的接口。

表 4.11 列出了 TM4C123GH6PM MCU 系统中连接到不同 MnPWMn 引脚的相关 GPIO 端口和引脚。

PWM 相关控制信号是一些 GPIO 端口的备用功能信号，在复位时默认为 GPIO 信号。在表 4.11 中，第一列列出了这些 PWM 信号的相应 GPIO 引脚。应将 GPIO 备用功能选择寄存器（GPIOAFSEL）中的 AFSEL 位设置为 1 来选择 PWM 功能。括号中的数字是必须编程到

GPIO 端口控制寄存器（GPIOPCTL）中的 PMCn 域的编码，从而将 PWM 信号分配给特定的 GPIO 端口引脚。请参见第 3 章第 3.2.1.2 小节中的表 3.2 和图 3.7，详细了解与 PWM 控制信号相关的 GPIOAFSEL、GPIOPCTL 寄存器和 PMCx 编码。

表 4.11　PWM MnPWMn 输出引脚的 GPIO 引脚分配

GPIO 引脚（PMCx）	PWM 引脚	引脚类型	说明
PF2(4) PD6(4) PD4(4)	M0FAULT0	输入	模块 0PWM 故障 0
PB6(4)	M0PWM0	输出	模块 0PWM0。此信号由模块 0PWM 发生器 0 控制
PB7(4)	M0PWM1	输出	模块 0PWM1。此信号由模块 0PWM 发生器 0 控制
PB4(4)	M0PWM2	输出	模块 0PWM2。此信号由模块 0PWM 发生器 1 控制
PB5(4)	M0PWM3	输出	模块 0PWM3。此信号由模块 0PWM 发生器 1 控制
PE4(4)	M0PWM4	输出	模块 0PWM4。此信号由模块 0PWM 发生器 2 控制
PE5(4)	M0PWM5	输出	模块 0PWM5。此信号由模块 0PWM 发生器 2 控制
PC4(4) PD0(4)	M0PWM6	输出	模块 0PWM6。此信号由模块 0PWM 发生器 3 控制
PC5(4) PD1(4)	M0PWM7	输出	模块 0PWM7。此信号由模块 0PWM 发生器 3 控制
PF4(5)	M1FAULT0	输入	模块 1PWM 故障 0
PD0(5)	M1PWM0	输出	模块 1PWM0。此信号由模块 1PWM 发生器 0 控制
PD1(5)	M1PWM1	输出	模块 1PWM1。此信号由模块 1PWM 发生器 0 控制
PA6(5) PE4(5)	M1PWM2	输出	模块 1PWM2。此信号由模块 1PWM 发生器 1 控制
PA7(5) PE5(5)	M1PWM3	输出	模块 1PWM3。此信号由模块 1PWM 发生器 1 控制
PF0(5)	M1PWM4	输出	模块 1PWM4。此信号由模块 1PWM 发生器 2 控制
PF1(5)	M1PWM5	输出	模块 1PWM5。此信号由模块 1PWM 发生器 2 控制
PF2(5)	M1PWM6	输出	模块 1PWM6。此信号由模块 1PWM 发生器 3 控制
PF3(5)	M1PWM7	输出	模块 1PWM7。此信号由模块 1PWM 发生器 3 控制

4.7.3.6　PWM 模块初始化和配置

必须先对任何 PWM 模块进行初始化和配置，然后才能在实际应用中实现。此初始化和配置过程可以划分为 3 个部分，如下所示：

1）初始化并配置 PWM 模块和 GPIO 端口的时钟源。

2）初始化并配置与 PWM 模块相关的 GPIO 端口和引脚。

3）初始化并配置 PWM 模块和发生器。

现在，我们通过一个示例来开始了解此初始化和配置过程。在此示例中，PWM 模块 1 和发生器 2 配置如下：

1）针对 M1PWM4 引脚生成 25% 占空比。

2）针对 M1PWM5 引脚生成 75% 占空比。

3）将分频所得的系统频率（即 5kHz）用作计数器的输入。

4）将 40MHz 系统时钟用作时钟源。

1. 初始化并配置 PWM 模块和 GPIO 端口的时钟源

执行以下操作来完成此初始化和配置：

1）在系统控制模块中配置运行模式时钟配置寄存器（RCC）：

a. 将 PLL 和除数因子 5 同 16MHz XTAL 配合使用来得到 40MHz 系统时钟。

b. 通过设置此位（位 20）使用 PWM 分割（USEPWMDIV），并将除数因子位 PWMDIV（位 19~17）除以 2（000）来得到 20MHz PWM 时钟。

2）在系统控制模块中通过将值 0x0010.0000 写入 RCGC0 寄存器来启用 PWM 时钟。或者，使用脉宽调制器运行模式时钟门控寄存器（RCGCPWM）来启用带时钟的 PWM 模块 1。

3）在系统控制模块中通过 RCGC2 寄存器对合适的 GPIO 模块启用时钟。或者，使用常规用途输入/输出运行模式时钟门控寄存器（RCGCGPIO）来启用带时钟的 GPIO 端口。

2. 初始化并配置与 PWM 模块相关的 GPIO 端口和引脚

执行以下操作来完成此初始化和配置：

1）在 GPIO 模块中，使用 GPIOAFSEL 寄存器启用合适的引脚以实现其备用功能。请参见第 3 章 3.2.1.2 小节中的表 3.2 和图 3.7，详细了解与 PWM 控制信号相关的 GPIOAFSEL、GPIOPCTL 寄存器和 PMCx 编码。

2）将 GPIOPCTL 寄存器中的 PMCx 域配置为合适的引脚用以分配 PWM 信号。

3）可能需要使用 GPIOLOCK 和 GPIOCR 寄存器，用于立即提交针对 GPIOAFSEL 和 GPIOPCTL 寄存器的修改。

3. 初始化并配置 PWM 模块和发生器

执行以下操作来完成此初始化和配置：

1）将 PWM 发生器配置为即时对参数进行更新的向下计数模式。

a. 使用值 0x0000.0000 写入 PWM1CTL 寄存器（参见 4.7.3.3 小节）。

b. 使用值 0x0000.008C 写入 PWM1GENA 寄存器（参见 4.7.3.3 小节）。

c. 使用值 0x0000.080C 写入 PWM1GENB 寄存器（参见 4.7.3.3 小节）。

2）设置计数器的周期。对于 5kHz 输入频率，周期则为 1/5000s 或 200μs。PWM 时钟源为 20MHz 接 20MHz。因此，每周期有 20MHz/5kHz=4000 个时钟计时单元。

使用此值来设置 PWM1LOAD 寄存器。在向下计数模式中，将 PWM1LOAD 寄存器中的 LOAD 域设置为所需的周期减一（4000-1=3999）。

3）将 M1PWM4 引脚的脉冲宽度设置为 25% 占空比。使用值 3000 写入 PWM1CMPA 寄存器。

4）将 M1PWM5 引脚的脉冲宽度设置为 75% 占空比。使用值 1000 写入 PWM1CMPB 寄存器。

5）在 PWM1 发生器 2 中启动计数器。使用值 0x0000.0001 写入 PWM1CTL 寄存器。

6）启用 PWM 输出。使用值 0x0000.0003 写入 PWMENABLE 寄存器。

在上述配置操作中，步骤 1）、3）和 4）容易混淆。我们来仔细看一下这些步骤。

请参阅 4.7.3.3 小节了解 PWM1GENA 和 PWM1GENB 寄存器。若要为比较器 A 下降模式生成 pwmA 信号，需要对位域 ACTCMPAD（位 7 ~ 6）、ACTLOAD（位 3 ~ 2）和 ACTZERO（位 1 ~ 0）进行配置。如图 4.38 所示，若要当计数器在向下计数模式下匹配 PWM1CMPA 寄存器中的值时使 pwmA 为 "低电平"，应将位域 ACTCMPAD（位 7~6）设置为 0x2（10）。若要当计数器匹配 PWM1LOAD 寄存器中的 LOAD 值时使 pwmA 为 "高电平"，应将位域 ACTLOAD（位 3~2）设置为 0x3（11）。对于计数器等于 0，不采取任何操作，因此，位域 ACTZERO（位 1~0）应为 0x0（00）。因此，PWM1GENA 寄存器应初始化为 0x008C。

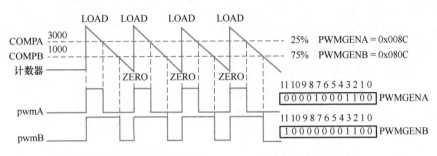

图 4.38　模块 PWM 0 的初始化和配置过程

同样，对于 PWM1GENB 寄存器，若要当计数器在向下计数模式下匹配 PWM1CMPB 寄存器中的值时使 pwmB 输出为 "低电平"，应将位域 ACTCMPBD（位 11 ~ 10）设置为 0x2（10）。

若要当计数器匹配 PWM1LOAD 寄存器中的 LOAD 值时使 pwmB 为 "高电平"，应将位域 ACTLOAD（位 3~2）设置为 0x3（11）。对于计数器等于 0，不应采取任何操作，因此，位域 ACTZERO（位 1~0）应为 0x0（00）。因此，PWM1GENB 寄存器应初始化为 0x080C。

对于 PWM1CTL 寄存器，由于我们不使用任何故障源和条件，不会通过禁用此 PWM 发生器模块来对本地同步模式和即时更新模式进行调试，因此，所有位域都为 0。需要注意的一点是，为了初始化和配置任何 PWM 发生器，必须首先禁用发生器。在启用状态下，无法对任何 PWM 发生器进行配置。

对于步骤 3）和 4），25% 占空比计算为 4000×0.75 = 3000，75% 占空比为 4000×0.25 = 1000。参见图 4.38，占空比值越高，PWM1CMPA 或 PWM1CMPB 寄存器中的设置值越低。这与常识刚好相反。

在步骤 5）中，在配置 PWM 发生器后，PWM1CTL 设置为 0x01 来启用此发生器。在步骤 6）中，使用 0x03 配置 PWM 主控制寄存器 PWMENABLE 来分别使 pwm0A′ 信号输出到 M1PWM4 引脚，以及使 pwm0B′ 信号输出到 M1PWM5 引脚。

现在，我们可以开始为目标直流电动机执行初始化过程。

4.7.4　校准旋转编码器识别反馈通道

在 TM4C123GH6PM MCU 系统中，所有电动机是通过来自此微控制器系统中 PWM 模块的 PWM 输出由集成放大器芯片 TB6612FNG 来驱动的。我们在上一小节中详细讨论了 TM4C123GH6PM MCU 系统中的 PMW 模块，现在，我们将介绍识别过程。

设置校准旋转编码器的目的是得出控制器 PWM 输出和编码器输出之间的正确关系或映

射，充当控制器输入的反馈。尽管应在下一章中才介绍设计 PID 控制器，但为了将与编码器相关的所有内容放在一起，我们将在本小节中进行介绍。

在实际中，可以通过构建一个实现程序来按一系列 PWM 输出值收集一系列编码器速度来执行此校准过程。理想情况下，编码器反馈速度和 PWM 输出之间的关系应是一个线性关系，并且在二维平面中应为一条直线，但在实践中，它是一个非线性函数，在二维坐标系中呈一个非线性轨迹，如图 4.39 所示。当对电动机应用的电压高于特定值时，电动机速度会达到饱和。

目标直流电动机 Mitsumi 448 PPR 有一个光学旋转编码器，包括 448 线/脉冲速度圆盘。如果此每转 448 线/脉冲旋转编码器用于一个闭环控制系统中，当相位 A 和相位 B 输入的上升和下降沿同时使用时，可以得到共计 1792（448×4）每转脉冲数（PPR）。若要对编码器进行校准，可以构建一个用户程序来持续将 PWM 输出发送到电动机，从 5% 开始一直到 100%。接着，用户程序可以根据这些 PWM 输出值收集所有相关的编码器速度，并将它们存储在一个数据阵列中。

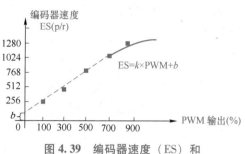

图 4.39 编码器速度（ES）和 PWM 之间的关系

随后，可以使用数据拟合方法（例如最小平方方法）来获取此关系的实际方程（$ES = k \times PWM + b$），其中 b 为垂直轴上的交点，k 为此线性方程的斜率。估计的线性函数应类似图 4.39 中所示的线性范围的直线。

在此校准项目中，我们使用以下组件来执行此校准：

1）QEI0，其 PhA0（PD6）和 PhB0（PD7）作为两个外部的相位输入信号。

2）PWM1_2B 或 M1PWM5 引脚作为 PWM 输出信号，用于控制直流电动机。

3）直流电动机是 Mitsumi 448 PPR 电动机，带有一个光学旋转编码器，包括 448 线/脉冲速度圆盘。

在可以执行编码器校准过程之前，必须通过 GPIO 端口 B、D 和 F 将此直流电动机及其编码器连接到 TM4C123GXL EVB，这样才能启动此校准过程。图 4.40 所示为此直流电动机的硬件配置和连接。

如图 4.40 所示，虚线框内的所有组成部分和连接是由 TM4C123GXL 评估板和 EduBASE ARM® Trainer 提供的，用户无须碰触这些连接。但是，用户需要完成此虚线框外部的连接。主要包括以下连接：

1）通过 Mitsumi 448 PPR 直流电动机上的电动机 M1（黄线）和电动机 M2（蓝线）将直流电动机连接到 EduBASE ARM® Trainer 中的 T1 连接器。

2）通过 EduBASE ARM® Trainer 中 T3 连接器上的引脚 1 和 2 连接到电动机外部 12V 直流电源，为电动机提供外部电源供应。

3）通过连接 EduBASE ARM® Trainer 中 J4 连接器上的引脚 1 和 2 来完成跨接，使电动机能够使用外部电源供应。

4）通过 Mitsumi 448 PPR 直流电动机中的 phA（白线）和 phB（绿线）相位输出，将两个编码器相位连接到 TM4C123GXL EVB 中 J4 连接器上的 PD6 和 PD7 引脚，我们针对此

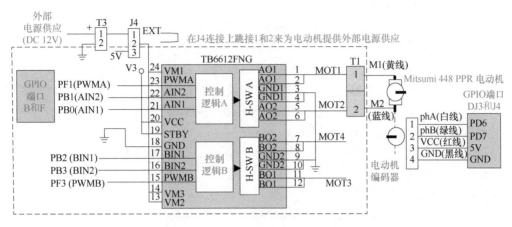

图 4.40　编码器校准过程的硬件配置

项目使用 PhA0 和 PhB0 作为两相输入。请参见表 4.5 来获取与这些相位相对应的相关 GPIO 引脚。

5）通过 Mitsumi 448 PPR 直流电动机上的 Vcc（红线）和 GND（黑线），将编码器电源连接到 TM4C123GXL EVB 中 J3 连接器上的 5V 和 GND 引脚。

完成的硬件连接应与图 4.40 中所示的连接匹配。图 4.41 所示为此用户程序的原理框图。

在开始构建此用户程序来校准编码器之前，应该对电动机旋转速度、编码器输出相位以及 QEI 速度定时器的最大脉冲加载值之间的关系有一个清晰的认识。

Mitsumi 448 PPR 直流电动机有一个光学旋转编码器，包括 448 线/脉冲速度圆盘，这意味着 phA 和 phB 的 448 脉冲数是电动机每转的输出。电动机旋转速度（每分钟转数 rpm）、系统时钟频率（clock）、输出每转脉冲数（ppr）以及 QEI 速度定时器的最大加载脉冲值（LOAD）之间的关系为

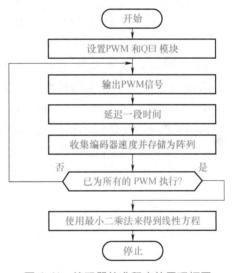

图 4.41　编码器校准程序的原理框图

$$rpm = (clock \times (2^{VELDIV}) \times SPEED \times 60) \div (LOAD \times ppr \times edges)$$

式中，参数 edges 为 2 或 4，这是根据 QEI 控制（QEICTL）寄存器中的捕获模式位确定的（2 对应清除 CAPMODE，4 对应设置 CAPMODE）；VELDIV 是 QEICTL 寄存器中的位域，用于确定速度预除法器的值。

在此项目中，我们选择并设置以下参数对此编码器进行校准：

1）Mitsumi 448 PPR 直流电动机的旋转速度为 8700r/min。此结果为 rpm = 8700。

2）当使用 400MHz PLL 时钟源并除以 30 的系统除数因子时，系统时钟为 6.67MHz（clock = 6.67MHz）。

3）QEI 模块速度预除法器设置为÷1（清除 VELDIV 位）。

4）通过在 QEICTL 寄存器中将 CAPMODE 位设置为 1，对 PhA 和 PhB 沿进行时钟计数和计算来得到 edges=4。

5）由于电动机以 8700r/min 的速率运转，每转将在 phA 和 phB 中生成 448 脉冲数。因此，每转可以生成共计 1792 脉冲数，因为在上面的步骤 4）中沿已设置为 4（4×448=1792）。

6）这会产生每秒 259840 脉冲数（1792×8700/60=259840）（或每微秒产生 0.26 脉冲数），因为电动机每分钟会转 8700 转（即每秒转 145 转）。

7）由于时钟频率是 6.67MHz（周期为 $1.5×10^{-7}$s），如果我们将 LOAD 值选择为 2500，每次更新则算作 98 脉冲数（$1.5×10^{-7}$s×2500=375μs，375×0.26=98）。

通过上述方程，可以得出

$$rpm=(6.67×10^6×1×98×60)÷(2500×448×4)≈8754$$

随着此项目的开发以及对旋转编码器进行校准后，可以根据线性方程来估计针对任何所需编码器速度匹配的实际 PWM 值。在实际控制程序中，可以将此估计的 PWM 值视为用于控制电动机的标称 PWM 输出值，可以通过将 PWM 值与控制程序中环路中的编码器反馈速度值进行比较，来根据实际的反馈编码器速度对此值进行调整（提高或降低）。

现在，让我们来构建校准程序 CalibEncoder。

在文件夹 C：\C-M Control Class Projects\Chapter 4 中创建一个新项目 CalibEncoder。图 4.42 和图 4.43 所示为此用户程序的详细代码。

图 4.42 所示为此校准编码器代码的第一部分，图 4.43 所示为这些代码的第二部分。让我们来仔细了解一下这些代码，看看它们是如何工作的。

1）第 4~9 行中的代码包括要在此项目中实现的一些系统头文件。

2）第 10~14 行中的代码用于定义要在此项目中使用的一些系统常量和宏定义常量。

3）第 15、16 行中声明了两个用户定义的函数 InitPWM() 和 InitQEI()，用于初始化 PWM 和 QEI 模块。

4）主程序从第 17 行开始。主程序中首先声明了一些 unit32_t 变量和数据阵列，它们用作 PWM 输出变量 pw、环路计数器 index 和数据阵列 **esData**[ ]，用于将所收集的编码器速度值保存在第 19 行。

5）在第 21 行中，用于将此 QEI 模块和此项目的系统时钟配置为 6.67MHz 时钟（PLL=200MHz（400MHz/2）/SYSDIV_30=6.67MHz）。

6）第 22~28 行中的代码用于启用 PWM 模块 1 及 GPIO 端口 B、D 和 F 并进行时钟计数。

7）第 29 行和第 30 行中调用了两个初始化函数 InitPWM() 和 InitQEI() 来配置 PWM1 和 QEI0 模块。

8）在第 31、32 行中，启用 PWM1_2B 输出和 PWM 模块 1，准备驱动直流电动机。

9）第 33~39 行中的代码提供固定次数的循环操作，用于持续将 PWM 输出发送到目标直流电动机，从 5% 一直到 100%，从而使电动机以不同的速度旋转。在发出每个 PWM 信号后，会调用 SysCtlDelay() 函数来将程序延迟一段时间，使电动机旋转速度保持稳定。随后，通过读取 QEISPEED 寄存器收集编码器速度，并将它们分配到数据阵列 **esData**[ ]，并存储在此阵列中。

```
1   //****************************************************************************
2   // CalibEncoder.c-用于校准旋转光学编码器的用户程序
3   //****************************************************************************
4   #include <stdint.h>
5   #include <stdbool.h>
6   #include "driverlib/sysctl.h"
7   #include "driverlib/gpio.h"
8   #include "driverlib/qei.h"
9   #include "TM4C123GH6PM.h"
10  #define  GPIO_PD6_PHA0            0x00031806
11  #define  GPIO_PD7_PHB0            0x00031C06
12  #define  GPIO_PORTD_BASE          0x40007000
13  #define  GPIO_PORTF_CR_R          (*((volatile uint32_t *)0x40025524))
14  #define  GPIO_PORTD_CR_R          (*((volatile uint32_t *)0x40007524))
15  void InitPWM(void);
16  void InitQEI(void);
17  int main(void)
18  {
19     uint32_t pw, index = 0, esData[20];
20  // 将时钟设置为从晶体直接运行，运行的时钟频率为6.67MHz
21     SysCtlClockSet(SYSCTL_SYSDIV_30|SYSCTL_USE_PLL|SYSCTL_XTAL_4MHZ|SYSCTL_OSC_MAIN);
22     SYSCTL->RCGC2 = 0x2A;            // 使能GPIO端口B、D、F并计时
23     GPIOB->DEN = 0xF;                // 使能PB3～PB0，作为数字功能引脚
24     GPIOB->DIR = 0xF;                // 配置PB3～PB0，作为输出引脚
25     GPIOD->DEN = 0xC0;               // 使能PD7～PD6，作为数字功能引脚
26     GPIOD->DIR = ~0xC;               // 配置PD7～PD6，作为输入引脚
27     GPIOF->DEN = 0xF;                // 使能PF3～PF0，作为数字功能引脚
28     GPIOF->DIR = 0xF;                // 配置PF3～PF0，作为输出引脚
29     InitPWM();                       // 配置PWM模块1
30     InitQEI();                       // 配置QEI模块0
31     PWM1->_2_CTL = 0x1;              // 使能PWM1_2B或M1PWM5
32     PWM1->ENABLE = 0x20;
33     for (pw = 100; pw < 3999; pw += 200)  // 将5%～100%的PWM信号发送给电动机
34     {
35        PWM1->_2_CMPB = pw;           // 将PWM的值输出给电动机
36        SysCtlDelay(1000);
37        esData[index] = QEI0->SPEED;  // 收集编码器转速信息
38        index++;
39     }
40     PWM1->_2_CTL = 0x0;              // 禁用PWM1_2B或M1PWM5
41     PWM1->ENABLE = ~0x20;
42     while(1);                        // 检查并得到编码器速度值数组
43  }
```

图 4.42　项目 CalibEncoder. c 的第一部分代码

10）收集所有编码器速度值后，第 40 行和第 41 行中禁用了 PWM1_2B 和 PWM 模块 1。

11）第 42 行中的死循环 while（1）提供一个临时的停止状态，使用户能够检查存储在 **esData**[ ] 阵列中的编码器速度值。

现在，我们来仔细了解一下此编码器校准项目代码的第二部分，如图 4.43 所示。

12）函数 InitPWM（）的详细代码从第 44 行起。

13）第 46 行中启用了 PWM 模块 1 并进行时钟计数。

14）第 47 行中的 while（）循环用于等待此时钟，并支持需要完成的过程以及需要稳定的 PWM 模块 1。

15）在第 48 行中，寄存器 RCC 配置为支持使用 PWMDIV 参数，来使 PWM 模块驱动时钟为 20MHz。

16）在第 49、50 行中，通过将 GPIOCR 寄存器中的位 1 设置为 1 来解锁端口 F 的锁定寄存器，使 PF1 引脚能够提交。随后，在第 51 行中，再次锁定了此寄存器，防止它将来再次发生修改。

```
44   void InitPWM(void)
45   {
46       SYSCTL->RCGCPWM |= 0x2;                          // 使能带有时钟模式的PWM1
47       while((SYSCTL->PRPWM & 0x2) == 0) {};            // 等待PWM1就绪
48       SYSCTL->RCC |= 0x00100000|0x00000000;            // 时钟频率为20MHz

49       GPIOF->LOCK = 0x4C4F434B;                        // 解锁GPIOF提交寄存器
50       GPIO_PORTF_CR_R |= 0x2;                          // 提交PF1的数据
51       GPIOF->LOCK = 0x0;                               // 锁定GPIOF提交寄存器

52       // PWM1_2B- PF1- M1PWM5 引脚 – 模块1 生成器2 - pwm2B
53       PWM1 -> _2_CTL = 0x0;                            // 禁用 PWM1_2B或M1PWM5
54       PWM1->_2_GENB = 0x0000080C;                      // LOAD为高电平, CMPB为低电平
55       PWM1->_2_LOAD = 3999;                            // 加载LOAD= 4000-1

56       GPIOF->AFSEL |= 0x2;                             // PF1–复用功能: PWM1-2B
57       GPIOF->PCTL = 0x00000050;                        // PF1 = 0x00000050地址上的M1PWM5
58       GPIOF->AMSEL &= ~0x02;                           // 禁用PF1的模拟功能
59       GPIOB->DATA |= 0x1;                              // 使能PB0, 使电动机顺时针旋转
60   }
61   void InitQEI(void)
62   {
63       SYSCTL->RCGCQEI = 0x1;                           // 使能QEI0模块, 并计时

64       GPIOD->LOCK = 0x4C4F434B;                        // 解锁GPIOD提交寄存器
65       GPIO_PORTD_CR_R |= 0x80;                         // 提交PD7
66       GPIOD->LOCK = 0x0;                               // 锁定GPIOD提交寄存器

67       GPIOPinConfigure(GPIO_PD6_PHA0);                 // 将PD6设置为PhA0引脚
68       GPIOPinConfigure(GPIO_PD7_PHB0);                 // 将PD7设置为PhB0引脚
69       GPIOPinTypeQEI(GPIO_PORTD_BASE, GPIO_PIN_6);
70       GPIOPinTypeQEI(GPIO_PORTD_BASE, GPIO_PIN_7);

71       QEI0->CTL = 0x0;                                 // 禁用QEI0, 从而可进行配置
72       QEI0->CTL = 0x08;                                // 启用QEI0的正交A和B模式
73       QEI0->LOAD = 2499;                               // 将时钟循环设置为最大值
74       QEIVelocityEnable(QEI0_BASE);                    // 启用QEI0速度模式
75       QEIEnable(QEI0_BASE);                            // 使能正交编码器
76   }
```

图 4.43　项目 CalibEncoder. c 的第二部分代码

17）第 52~55 行中的代码配置 PWM1 模块中相关的寄存器。首先，在第 53 行中，禁用 PWMCTL 寄存器来启动此配置过程。

18）随后，在第 54 行中，将 PWMGENB 寄存器配置为加载时输出"高电平"以及执行向下计数操作时输出"低电平"。

19）在第 55 行中，加载了 PWMLOAD 寄存器，边界上限值为 3999。

20）第 56~60 行中的代码用于将 PF1 配置为备用功能引脚，正如 PWM1_2B 发生器的 PWM 输出信号引脚一样。

21）第 59 行中的代码启用 PB0 引脚作为输出和数字功能引脚，来控制电动机旋转方向。

22）InitQEI( ) 函数从第 61 行起。

23）第 63 行中通过配置 RCGCQEI 寄存器来启用 QEI 模块 0 并进行时钟计数。

24）在第 64、65 行中，通过将 GPIOCR 寄存器中的位 1 设置为 1 来解锁端口 D 的锁定寄存器，使 PD7 引脚能够提交。随后，在第 66 行中，再次锁定了此寄存器，防止它将来再次发生修改。

25）在第 67~70 行中，GPIO 端口 D 配置为使 PD7 和 PD6 作为备用功能引脚，正如两个编码器相位输入引脚 PhB0 和 PhA0 一样。

26）在第 71 行中，禁用了 QEICTL 寄存器来启动配置过程。

27）在第 72 行中，QEI 模块 0 配置为启用 QEI0 正交 A 和 B 模式。

28）在第 73 行中，通过将最大时钟周期数（2500−1）加载到速度定时器寄存器中，作为定时器的边界上限来配置 LOAD 寄存器。

29）在完成这些配置后，第 74 行中通过调用 API 函数 QEIVelocityEnable（）来启用 QEI0 速度捕获模式。

30）第 75 行中通过调用 API 函数 QEIEnable（）来启用 QEI 模块 0。

需要首先设置以下环境，才能运行此项目来对电动机编码器进行校准：

1）在"Project"（项目）→"Options for Target'Target1'"（目标"Target1"的选项）菜单项下的"C/C++"选项卡中的"Include Paths"（包含路径）框中，添加在此项目中使用的所有系统头文件的路径。正确的路径应该是 C：\ti\TivaWare_C_Series-2. 1. 4. 178。

2）在"Project"（项目）→"Options for Target'Target1'"（目标"Target 1"的选项）菜单项下的"debug"（调试）选项卡中，选择正确的调试驱动程序 Stellaris ICDI。

3）将 TivaWare™外围设备驱动程序库 driverlib. lib 文件添加到项目中。此库文件位于：C：\ti\TivaWare_C_Series-2. 1. 4. 178\driverlib\rvmdk。通过在"Project"（项目）窗格中右击"Source Group 1"（源组 1），然后选择"Add Existing File"（添加现有文件）项，可在项目中添加此库文件。

现在，可以运行项目并根据给定的 PWM 值收集电动机编码器速度值。所收集的编码器速度值应存储在 **esData**[ ] 阵列中。在项目运行后，可转到"Debug"（调试）→"Stop"（停止）菜单项来停止项目。然后，打开"Call Stack+Locals"（调用堆栈+本地）窗口，可以展开 **esData**[ ] 阵列并记录这些速度值，供以后使用。

在对编码器进行校准后，我们可以使用 MATLAB 系统识别工具来识别目标直流电动机 Mitsumi 448 PPR 的动态模型。

4.7.5　识别目标直流电动机的动态模型

在上一小节中根据给定的 PWM 输出收集了编码器速度值，我们现在可以开始识别直流电动机的动态模型，包括电动机驱动器和电动机本身。

为了简单成功地实现识别过程，我们不能使用所有收集的编码器速度输出值。相反，我们可以改为选择图 4.39 中所示的输出输入关系的线性范围内所收集的编码器速度值。换言之，我们不应使用靠近起点以及靠近电动机速度进入饱和区的点的编码器速度值。例如，如果我们根据 10 或 20 个 PWM 输出收集了 10 或 20 个编码器速度值，我们可以将从 3~10 个或 5~15 个收集的编码器速度值中收集的数据用于此识别过程。

正如我们所提及的，MATLAB®系统识别工具是识别此直流电动机动态模型的有效工具。为了完成此识别工作，需要按以下操作顺序进行：

1）收集并格式化电动机输入和输出数据：收集并格式化可以视为电动机输入的 PWM 输出值，以及收集并格式化可以视为电动机输出的编码器速度值，将它们作为两个数据阵列包含在一个数据文件中。

为了完成此步骤，需要构建 MATLAB®脚本文件来完成此格式化。

2）在 MATLAB®工作区中，将此数据文件加载到 MATLAB®工作区中。

3）打开 MATLAB®系统识别工具来开始进行识别过程。

现在，我们来开始进行此识别过程，用户需要使用 MATLAB®和 Identification Toolbox™

来完成此过程。

4.7.5.1 格式化直流电动机的输入和输出数据

在上一小节中，我们构建了一个编码器校准项目 CalibEncoder 来根据直流电动机的一系列 PWM 输出值收集一组编码器速度值，并将编码器速度值保存到一个数据阵列 **esData**[ ]中。表 4.12 中列出了收集的 QEI 编码器速度值和相应的 PWM 值。

表 4.12　收集的 QEI 编码器速度值和相应的 PWM 值

编号	PWM 值（u）	编码器速度值（es）/（P/r）	
		十六进制	十进制
1	100	49	73
2	300	F4	244
3	500	15C	348
4	700	19F	415
5	900	1E0	480
6	1100	1EF	495
7	1300	1FA	506
8	1500	201	513
9	1700	206	518
10	1900	20C	524
11	2100	20D	525
12	2300	20C	524
13	2500	20E	526
14	2700	20E	526

为了得到最优以及满意的识别结果，正如我们所提及的，我们不能使用所有这些收集的数据。相反，我们需要改为选择其中的一些数据，如表 4.12 所示的框中数据。这样做是因为开始时的数据项和靠近末尾部分的数据项属于非线性数据，它们不适合用于估计最优的真实电动机对象模型。为了避免根据这些非线性数据得出错误的识别结果，我们需要对数据进行分类选择。我们选择的数据是从编号 3~10 这 8 个部分的数据。

在本小节中，需要将这些 PWM 和编码器速度值格式化为另一个数据阵列，使 MATLAB® Identification Toolbox™ 能够使用该阵列来执行识别过程。

需要构建一个 MATLAB® 脚本文件 getMData.m 来执行此数据阵列格式化。

打开 MATLAB®，通过转到"File"（文件）→"New"（新建）→"Script"（脚本）菜单项打开一个新的脚本文件，来创建一个新的 MATLAB® 脚本文件。在此脚本文件中输入图 4.44 中所示的代码。

让我们来仔细看看这段代码，了解它的工作原理。

1）在第 2 行中，初始 PWM 值 500 被赋予一个累积变量 S。

2）在第 3 行中，声明了一个 8×1 阵列，并使用全零进行了初始化。此阵列是到电动机的一组 PWM 输出，可以将它视为直流电动机的输入。

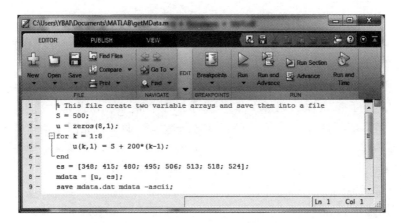

图 4.44 MATLAB® 脚本文件 getMData. m

3）在第 4~6 行中，for 循环用于使用从 500 到 1900 的一系列 PWM 值填充阵列 **u**。

4）在第 7 行中，在 CalibEncoder 项目中收集的编码器速度值被分配到数据阵列 **es** 中。需要将阵列 **esData**[ ] 中收集的编码器速度值从十六进制转换至十进制，然后将它们放入新的数据阵列 **es** 中。可以将此阵列视为直流电动机的输出。

5）在第 8 行中，创建了用于识别的一个新的数据阵列 **mdata**。此阵列包括两个 8×1 矩阵或一个 8×2 矩阵。

6）在第 9 行中，这一新的格式化数据阵列 **mdata** 保存到名为 mdata. dat 的 MATLAB® ASCII 文件中。

7）将此脚本保存为 getMData，然后单击工具栏上面的"Run"（运行）箭头按钮运行此脚本文件，来创建这一新的数据阵列和数据文件 mdata. dat。

创建了一个新的数据阵列文件 mdata. dat，它位于 MATLAB® 默认用户文件夹 C：\User\ User_Name\My Documents\MATLAB 中。

接下来，我们将此数据文件加载到 MATLAB® 工作区中，使 Identification Toolbox™ 能够识别并使用它。在打开的 MATLAB® 命令窗口的 "*fx* >>" 光标后，键入 "load mdata. dat"，然后按键盘上的<Enter>键。接着，键入 "mdata"，然后再按键盘上的<Enter>键。此窗口中将显示此阵列中的所有数据项，如图 4.45 所示。如果打开了工作区窗口，可以看到 *u* 和 **es** 这两个阵列以及数据阵列 **mdata** 已添加到右上角的工作区中。转到 "Desktop"（桌面）菜单，选中 "Workspace"（工作区）项，打开此工作区窗口。

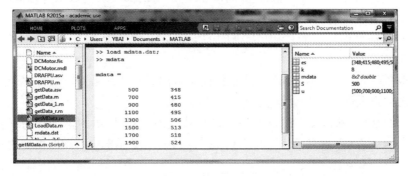

图 4.45 将数据阵列文件 **mdata. dat** 加载到 MATLAB 工作区中

4.7.5.2 使用 Identification Toolbox™ 识别直流电动机动态模型

通过以下方法打开 MATLAB® 系统识别工具：在 MATLAB® 命令窗口中的 "$fx\gg$" 光标后键入 "ident"，然后按 <Enter> 键。

图 4.46a 所示为打开的 Identification Toolbox。

单击 "Import data"（导入数据）组合框中的下拉箭头，从此框中选择 "Time-domain data"（时域数据）项以打开 "Import Data"（导入数据）向导，如图 4.46b 所示。

在 "Input"（输入）、"Output"（输出）、"Data name"（数据名称）、"Starting time"（开始时间）和 "Sampling interval"（采样间隔）文本框中键入以下项：

1）Input（输入）：u；

2）Output（输出）：es；

3）Data name（数据名称）：mdata；

4）Starting time（开始时间）：0；

5）Sampling interval（采样间隔）：0.005。

然后，单击 "import"（导入）按钮将这些项导入 Identification Toolbox。

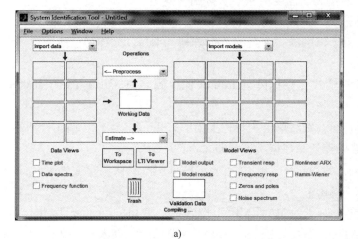

a)   b)

图 4.46 打开的 Identification Toolbox 和 Import Data 向导（已取得 MathWorks 公司的翻印许可）

现在，在打开的 Identification Toolbox 中，执行以下操作来开始此识别过程：

1）单击 "Preprocess"（预处理）组合框中的下拉箭头，选择 "Remove trends"（移除趋势）项移除此数据阵列任何可能的趋势。移除了趋势的修改后的数据阵列 **mdatad** 显示在第二个图形单元格中，如图 4.47 所示。

2）单击 "Estimate"（估计）组合框中的下拉箭头，选择 "Process Models"（过程模型）项，识别所需的模型。

3）随即将显示 "Process Models"（过程模型）向导，如图 4.48 所示。保留所有默认设置，然后单击 "Estimate"（估计）按钮。

4）针对此直流电动机识别的动态模型已完成，图 4.48 所示为识别的结果。系数 K 和极点的值分别列在 "K" 和 "Tp1" 的 "Value"（值）的显示框中。动态模型为

$$G(s) = \frac{3.776}{(1+0.56s)} e^{-0.09s} \approx \frac{6.74}{(s+1.79)}$$

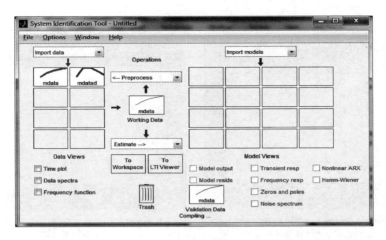

图 4.47　**Identification Toolbox 中修改后的数据阵列 mdatad**
（已取得 MathWorks 公司的翻印许可）

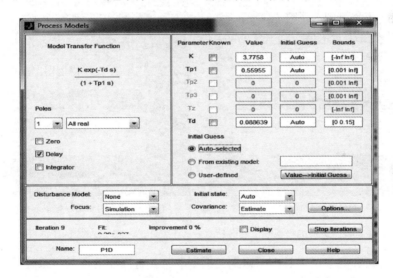

图 4.48　**打开的 Process Models 向导**（已取得 MathWorks 公司的翻印许可）

5）回到 System Identification Toolbox 中，将识别的模型 PID 拖放到 "LTI Viewer"（线性时不变系统查看器）中。随即弹出此模型的模拟阶跃响应，如图 4.49a 所示。"LTI viewer"（线性时不变系统查看器）使用户能够查看识别的模型的模拟结果，例如瞬态响应、模型输出、模型残差、频率响应、零点和极点，以及噪声频谱。

在 System Identification Toolbox™窗口中选中以下复选框可打开相关的绘制向导来查看识别结果：

1）Model output（模型输出）。

2）Model resids（模型残差）。

3）Transient resp（瞬态响应）。

4）Frequency resp（频率响应）。

图 4.49a~d 所示为相关的识别结果。

137

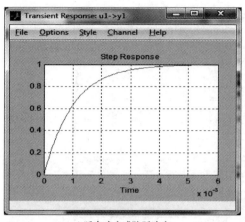

a) 瞬态响应或阶跃响应

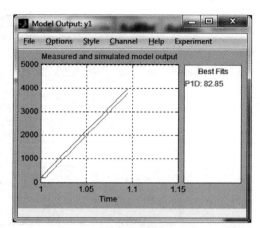

b) 识别模型输出

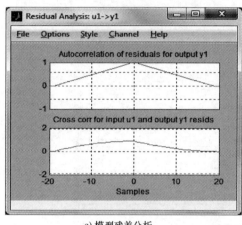

c) 模型残差分析

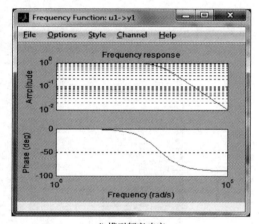

d) 模型频率响应

图 4.49　识别的模型响应和分析（已取得 MathWorks 公司的翻印许可）

根据这些分析和响应可以看出，识别的模型非常接近真实的电动机系统，这有利于我们继续构建 PID 控制系统来控制此直流电动机以获取最优的控制性能。我们将在下一章中讨论此 PID 控制器的设计。

4.8　本章小结

若要构建一个成功的闭环控制系统来实现所需的目标，必须有一个适用于控制对象的精确且正确的数学模型，这一点至关重要。本章中介绍并讨论了适用于现实世界中最常用系统的最常见数学模型；介绍了设置、分析和识别系统模型的不同方法，使用户能够根据这些模型成功设计出所需的控制系统。

从第 4.2 节开始，对各种适用于最常见物理系统的数学模型进行了介绍和分析，包括机械转动系统、电路系统和机电系统。之后，对系统的阶跃响应和极点之间的关系进行了分析，然后讨论了阶跃响应的时域规范。第 4.4 节中讨论了与系统模型相关的一些重要属性，例如终值定理、稳态误差，以及物理系统的稳定性和线性近似；详细介绍并讨论了 System

Control Toolbox 提供的一些常用的有效 MATLAB 函数，因为这些函数对于系统建模和转换操作十分有用。第 4.5 节中讨论了系统识别。第 4.6 节中讨论了 MATLAB® System Identification Toolbox™ 提供的一些常用的重要识别方法。

第 4.7 节中提供了一个案例研究，向用户展示了如何实际使用 MATLAB® System Identification Toolbox™ 来针对典型的直流电动机执行识别过程。本节中还对 TM4C123GH6PM MCU 系统中的 QEI 和 PWM 模块进行了介绍，我们需要使用这些模块来连接电动机放大器和电动机光学编码器，从而构建和收集识别过程所需的真实数据。

课后习题和实验

4.1　建立图 4.50 中所示电路的微分方程：

（a）超前 RC 电路。

（b）延迟 RC 电路。

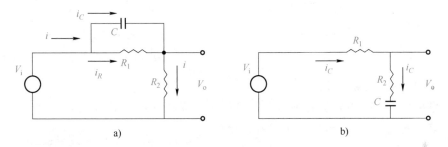

图 4.50　超前和延迟 RC 电路

4.2　图 4.51 所示为一个典型的机电位置控制系统，即驱动负载的一个电动机。电动机的介电常数为 K_e、转矩常数为 K_t、电枢电感为 L_a、电阻为 R_a。转子的惯性为 J_1，黏性摩擦力为 B。负载的惯性为 J_2。两个惯性力由一个轴连接，此轴的弹簧常数为 k，等效黏性阻尼为 b。请写出此电动机系统运动的微分方程。

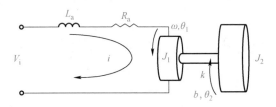

图 4.51　典型的机电位置控制系统

4.3　已知一个二阶系统，如下所示为

$$G(s) = \frac{3}{s^2 - 2s - 3}$$

（a）请找出此系统的直流增益。

（b）此系统的阶跃响应的终值是多少？

4.4　将在第 4.1 题中所建立的微分方程转换为传递函数。

4.5　一个给定控制系统的一个传递函数如下所示为

$$G(s)=\frac{Y(s)}{R(s)}=\frac{500(s+100)}{s^2+60s+500}$$

（a）如果 $r(t)$ 是一个单位阶跃输入，求出输出 $y(t)$。

（b）$y(t)$ 的终值是多少？

4.6　图 4.52 所示为用于过滤掉高频信号的一个滤波电路。请推导输出的传递函数 $V_2(s)/V_1(s)$。

4.7　对于图 4.53 中所示的一个给定运算放大器电路，请求出传递函数 $V_o(s)/V_i(s)$。假设这是一个理想的运算放大器。

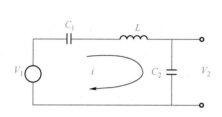

图 4.52　滤波电路

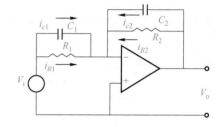

图 4.53　理想的运算放大器电路

4.8　图 4.54 所示为一个系统。

（a）求出当 $G(s)=24/(s^2+30s+176)$ 时的闭环传递函数 $C(s)/R(s)$。

（b）确定当输入 $r(t)$ 为一个单位阶跃时的输出 $C(s)$。

（c）找出 $c(t)$ 并使用 MATLAB 脚本将它绘制出来。

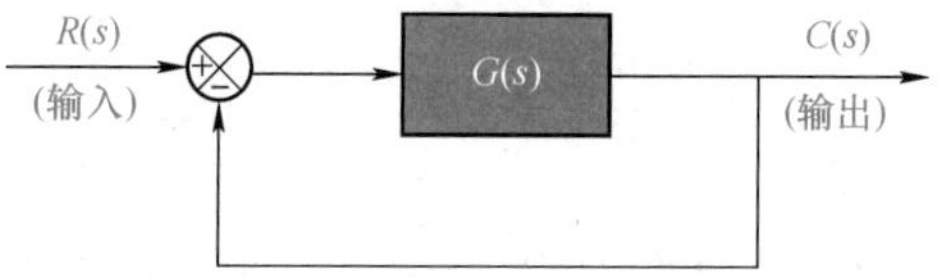

4.9　图 4.55 所示为一个闭环反馈控制系统。

（a）根据图 4.55a 确定传递函数 $C(s)/R(s)$。

（b）根据图 4.55b 所示的原理框图确定等效的 $G(s)$ 和 $H(s)$，它们等同于图 4.55a 中原理框图所示的内容。

图 4.54　单位负反馈控制系统

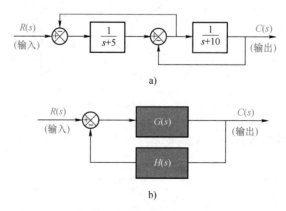

a)

b)

图 4.55　闭环反馈控制系统

4.10　一个给定控制系统的传递函数为

$$\frac{C(s)}{R(s)}=\frac{10(s+2)}{s^2+8s+15}$$

找出当输入 $r(t)$ 为一个单位阶跃输入时的 $c(t)$，并使用 MATLAB 绘制输出 $c(t)$。

4.11　汽车减振器中使用的一个弹簧生成一个力 f，关系式为 $f=kx^3$，其中 x 是弹簧的位移量。请将此非线性系统近似为围绕 $x_0=1$ 处工作点的一个线性系统。

4.12　一个非线性系统的输入和输出之间的关系为

$$y=x+0.4x^3$$

（a）找出在 $x_0=1$ 和 $x_0=2$ 这两点处稳态运行的输出值。

（b）获取这两点的线性化模型并对它们进行比较。

4.13　使用 MATLAB 函数 residue( ) 分解第 4.10 题中的传递函数，找出当输入 $r(t)$ 为一个单位阶跃输入时的输出 $c(t)$，并使用 MATLAB 绘制输出 $c(t)$。

4.14　使用 MATLAB 函数重做第 4.8 题。

4.15　使用 MATLAB 函数 residue( ) 确定以下 $G(s)$ 的部分分式展开式的留数，并绘制此系统的阶跃响应。

$$G(s)=\frac{540}{s^2+8s+540}$$

4.16　一个系统由传递函数 $G(s)$ 表示。

$$G(s)=\frac{8}{s^3+8s^2+17s+10}$$

（a）找出部分分式展开式。

（b）绘制此系统的阶跃响应（可以使用任何方法）。

4.17　图 4.56 所示为一个闭环控制系统。

（a）找出闭环传递函数 $T(s)=C(s)/R(s)$。

（b）确定 $T(s)$ 的极点和零点。

（c）使用一个单位阶跃输入，$r(t)=1$ 或 $R(s)=1/s$，并获取 $C(s)$ 的部分分式展开式。

（d）找出 $T(s)$ 的阶跃响应并将它绘制出来。

4.18　输入 $r(t)=u(t)$，当 $t\geq0$ 时为一个阶跃输入，此输入会应用到传递函数为 $G(s)$ 的一个黑箱。当 $t\geq0$ 时输出为 $c(t)=2-3e^{-t}+e^{-2t}\cos(2t)$。请找出此系统的 $G(s)$。

4.19　图 4.57 所示为一个闭环控制系统。

（a）使用 feedback( ) 和 series( ) 函数获取闭环传递函数。

（b）获取此闭环系统的阶跃响应，并验证输出的终值为 -0.25。

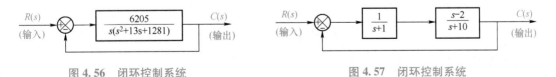

图 4.56　闭环控制系统　　　　　图 4.57　闭环控制系统

4.20　表 4.13 列出了阶跃响应中的采样数据。

（a）使用 MATLAB plot( ) 函数绘制此数据集。

（b）使用 MATLAB System Identification Toolbox 函数 procest( ) 来识别系统模型。

表 4.13　阶跃响应中的采样数据

t	y	t	y
0	0	0.28	0.668
0.02	0.001	0.30	0.771
0.04	0.005	0.32	1.979
0.06	0.014	0.34	2.624
0.08	0.031	0.36	3.253
0.10	0.057	0.38	3.851
0.12	0.091	0.40	4.409
0.14	0.135	0.42	4.924
0.16	0.187	0.44	6.904
0.18	0.248	0.46	8.121
0.20	0.138	0.48	8.860
0.22	0.395	0.50	9.309
0.24	0.481	0.52	9.581
0.26	0.571	0.54	9.746

　　4.21　图 4.58 所示为一个线性系统 $G(s)$ 到一个阶跃输入的阶跃响应 $y(t)$。注意，峰值输出为 7 并且稳态值为 $y_\infty = 6$。已知 2% 的安定时间为 $t_{s,2\%} = 14s$。请找出 $G(s)$ 的阻尼系数 ζ 和固有频率 ω_n，并对每一步进行说明。然后找出 $G(s)$，及其极点位置和峰值时间 t_p。

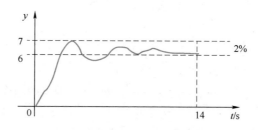

图 4.58　阶跃响应

　　4.22　过程 $G(s)$ 的极点和零点的描述如下：极点位于 $s=-4$，$s=-1\pm j10$，$s=-40$ 处；零点位于 $s=-80$ 处。$G(s)$ 的直流增益为 1。请找出 $G(s)$。它是几阶系统？可以忽略一些极点和零点吗？如果可以，那么可以忽略哪些极点和零点？为什么？请写出降阶模型的传递函数，并通过绘制阶跃响应来比较这两个传递函数。

实验项目——系统识别

实验项目 4.1
使用 MATLAB System Identification Toolbox 重做第 4.20 题来识别系统模型。

实验项目 4.2
表 4.14 所示为由一个系统的阶跃响应所收集的数据集。请使用 MATLAB System Identification Toolbox 识别此系统的系统模型。

表 4.14　由一个系统的阶跃响应所收集的数据集

t	y
0.0	0.000
0.1	0.005
0.2	0.034
0.3	0.085
0.4	0.140
0.5	0.215
1.0	0.510
1.5	0.700
2.0	0.817
2.5	0.890
3.0	0.932
4.0	1.000
5.0	1.050
6.0	1.010

第5章

经典线性控制系统——PID 控制系统

正如我们在之前的章节中所讨论的，为了获取一个控制系统的最优控制性能，有必要向此控制系统中添加一个控制器，用于控制并协调整个系统来得到所需的输出。换言之，针对所选控制系统设计控制器的主要目标是使控制系统能够提供完美的性能，从而满足控制目标的需求。

近年来，人们开发出了不同的控制策略和技术，包括线性和非线性控制器。在本章中，我们将重点关注线性控制器，特别是比例积分微分（PID）控制器的设计，因为这是一种传统的经典控制器，被广泛应用在我们现实世界中的各个角落。

从传统上讲，针对用于线性控制系统的 PID 控制器，人们开发出了不同的控制策略和方法，例如频率设计方法、根轨迹设计方法和状态空间设计方法。在本章中，我们将介绍所有这些方法，使读者对此类控制器和控制系统有一个全面且详细的认识。

5.1 PID 控制系统简介

若要成功设计 PID 控制器并针对任何线性控制系统实现它，必须了解以下两个组成部分：

1）控制目标或对象的数学或动态模型。

2）控制目标的控制规范。

第一部分提供有关控制目标或对象的详细信息和结构。对控制对象的认识越详细、越精确，就可以设计并应用更好的控制器，同时可以获得更好的控制性能。

第二部分提供由一组具体或实际参数表示的控制目标，例如安定时间、上升时间、超调量和稳态误差，我们在第 4 章 4.3 小节中对此进行过讨论。

一个闭环控制系统由以下部分构成：

1）输入 $r(t)$ 或 $R(s)$。

2）用于获取输入和反馈输出之间的误差 $e(t)$ 或 $E(s)$ 的一个比较器。

© Springer Nature Switzerland AG 2019.

Y. Bai and Z. S. Roth, *Classical and Modern Controls with Microcontrollers*, Advances in Industrial Control, https://doi.org/10.1007/978-3-030-01382-0_5.

3) 一个控制器，例如 PID 控制器 $D(s)$。

4) 一个可能的外部干扰 ω。

5) 控制过程或对象 $G(s)$。

6) 控制系统的输出 $y(t)$ 或 $Y(s)$。

图 5.1 所示为具有所有这些元素和信号的一个完整的闭环控制系统。控制器（如 PID 控制器）的输出为 u，它是对象的输入。此闭环控制系统的传递函数为

$$\frac{Y(s)}{R(s)} = \frac{D(s)G(s)}{1+D(s)H(s)G(s)} \tag{5.1}$$

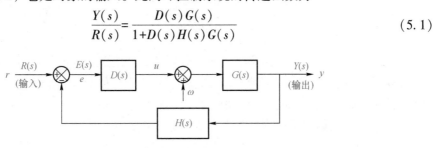

图 5.1　具有所有元素的一个完整的闭环控制系统

一个典型的 PID 控制器实际由 3 部分组成：

1) 比例补偿：比例补偿器的主要功能是引入一个与误差读数成比例的增益 K_P，此误差读数是通过对系统的输出和输入进行比较得到的。

2) 积分补偿：在单位反馈系统中，积分补偿器将引入乘以一个增益 K_I 的误差信号的积分。这意味着误差信号曲线下的区域将影响输出信号。重要的是，此积分部分将改进总体闭环系统的稳态误差。

3) 微分补偿：在单位反馈系统中，微分补偿器将引入乘以一个增益 K_D 的误差信号的微分。换言之，误差信号波形的斜率将引入输出中。它的主要目的在于改进总体闭环系统的瞬态响应。

表 5.1 所示为 3 个控制增益 P、I 和 D 的定义，以及它们在时域和 s 域这两个域中的表达式。

表 5.1　PID 控制器和 3 个参数的定义

补偿	时域	s 域
比例	$K_P e(t)$	K_P
积分	$K_I \int_0^t e(x)\,dx$	$\dfrac{K_I}{s}$
微分	$K_D \dfrac{de(t)}{dt}$	$K_D s$
PID 补偿	$K_P e(t) + K_D \dfrac{de(t)}{dt} + K_I \int_0^t e(x)\,dx$	$K_P + K_D s + \dfrac{K_I}{s} = \dfrac{K_P s + K_D s^2 + K_I}{s}$

从表中可以看到，每个控制增益具有不同的函数，每个函数也称为一个补偿，用于补偿控制系统以得到所需的控制输出。

比例增益 K_P 的函数可用于放大输出，使它同输入和反馈输出之间的误差成线性比例，即 $u = K_P e(t)$。提高 K_P 的好处在于可以减少稳态误差 [第 4 章 4.4.2 小节中，$e_{ss} = 1/(1+K_P)$]，

但非常大的比例增益可能会使系统变得不稳定或进入不稳定状态。由此可见，仅使用比例增益 K_P 不能有效地改进一个控制系统的整体性能。因此，在选择比例增益时需要做出权衡，使系统处于稳定状态并且稳态误差较小。

具有控制增益 K_I 的积分控制起到了累积作用，可以累积所有之前和当前的误差，例如

$$\begin{cases} u(t) = K_I \int_0^t e(x)\,dx \\ D(s) = \dfrac{K_I}{s} \end{cases} \tag{5.2}$$

因此，之前的误差将不断累积，使积分器达到特定值，此值将保留，即使当前输入误差变为零也是如此。此功能意味着可以通过零误差适应任何干扰 w，这是因为不再需要有限的误差来形成可以抵消干扰的控制。积分控制的主要目的在于减少或消除稳态误差或减少干扰的影响。但是，这始终是以降低整个系统的稳定性为代价实现的。

使用控制增益 K_D 的微分控制的目的在于改进系统的稳定性。但是，通常情况下，它始终会与比例和/或积分部分一起使用来改进系统的稳定性。微分控制的形式为

$$\begin{cases} u(t) = K_D\,\dfrac{de(t)}{dt} \\ D(s) = K_D s \end{cases} \tag{5.3}$$

如果将所有控制函数合并起来，可以得到一个 PID 控制器，其控制函数为

$$K_P e(t) + K_D\,\frac{de(t)}{dt} + K_I \int_0^t e(x)\,dx \tag{5.4}$$

通过所有 3 个控制增益，PID 控制系统能够将误差减少到一个可接受范围内，同时提供所需的稳定性和阻尼比，从而得到闭环控制系统的最优控制性能。传递函数为

$$D(s) = \left(K_P + K_D s + \frac{K_I}{s}\right) E(s) = \frac{K_P s + K_D s^2 + K_I}{s} E(s) \tag{5.5}$$

PID 控制器被认为是传统的控制器，因为实践证明它们能够在大部分现代控制应用中有效地提供可接受的控制功能，这些现代控制应用包括化学加工、石油提炼、造纸、金属成型、汽车制造以及自动提款机（ATM）控制等。

成功设计 PID 控制器并应用到控制系统，通常需要以下步骤：

1）获取控制目标或对象的动态或数学模型。

2）获取控制目标或规范，例如一个阶跃响应的上升时间、安定时间、超调量和稳态误差。

3）根据上面 1）和 2）中的两组参数使用不同的方法为所选的对象设计最优 PID 控制器。

4）通过模拟来调整 3 个增益，尝试获取控制系统的最优控制性能。

5）对 3 个控制增益进行实际调整，使控制系统尽量接近理想的完美控制系统，从而获得令人满意的输出性能。

在下面的各节中，我们将讨论如何使用 3 种方法来执行这些步骤以完成设计和调整过程。

5.2　根轨迹法设计 PID 控制器

可以按时域或频域中的规范来描述一个闭环控制系统的性能。此外，稳定性和稳态误差也是评估稳定控制系统的重要依据。这些性能规范可以按闭环传递函数的极点和零点在 s 平面中的所需位置来定义。此外，还可以通过一个系统参数的变化来得到闭环控制系统的根轨迹。但是，如果通过根轨迹没有得出合适的根分布位形，应添加一些额外的补偿元素或网络，使根轨迹随着参数的变化而变化。因此，我们可以使用根轨迹方法来确定合适的补偿器网络，使得到的根轨迹为所需的闭环根分布位形。

从传统上讲，一个 PID 控制器可以通过串接的 PI 和 PD 控制器或所谓的补偿器来得到，因为它们起到了补偿作用，可使系统拥有更好的性能。首先，我们来仔细了解一下 PD 控制器的设计，PD 控制器也称为适用于控制系统的相位超前补偿器，因为它可以提供相位超前功能。

我们先来仔细了解一下根轨迹方法。

5.2.1　根轨迹法简介

使用根轨迹来设计控制系统时，可以使用它来设计反馈系统的阻尼比 ζ 和固有频率 ω_n。可以从原点呈放射状绘制恒定阻尼比的线条，并且可以将恒定固有频率的线条绘制为中心点与原点重合的圆弧。通过沿根轨迹选择与所需的阻尼比和固有频率相重合的点，可以计算一个增益 K 并在控制器中实现。

5.2.1.1　极点和零点对时域规范的影响

正如我们在第 4 章 4.3 节中所讨论的，对于一个标准的二阶系统，极点位置和时域中相关阶跃响应的参数之间存在一定的关系，如图 5.2 所示。

对于有无限个零点的一个标准二阶控制系统，这些关系为

$$t_r \approx \frac{1.8}{\omega_n} \qquad (5.6)$$

$$t_s \approx \frac{4.6}{\zeta\omega_n} = \frac{4.6}{\sigma} \qquad (5.7)$$

$$M_p \approx e^{-\pi\zeta/\sqrt{1-\zeta^2}} \approx \left(1 - \frac{\zeta}{0.6}\right) \quad (0 \leqslant \zeta \leqslant 0.6) \qquad (5.8)$$

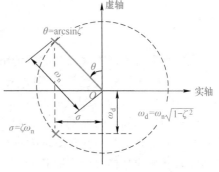

图 5.2　极点位置和时域中相关阶跃响应的参数之间的关系

图 5.3 所示为不同的阻尼比 ξ 对阶跃响应的影响。

从图 5.3 可以看出，当阻尼比为 0 时，系统不稳定；当阻尼比增加时，系统响应将变得更加稳定。然而，随着阻尼比的增加，安定时间会变得越来越长。理想或最优的阻尼比为 0.707，此时超调量有最小值。

图 5.4 所示为 s 平面中不同极点位置对阻尼比的影响。最优的阻尼比为 0.707，或者主导极点的向量和虚轴之间的角度为 45°。

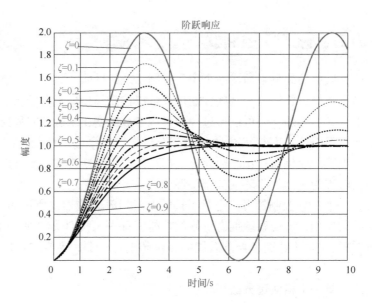

图 5.3　不同的阻尼比 ζ 对阶跃响应的影响

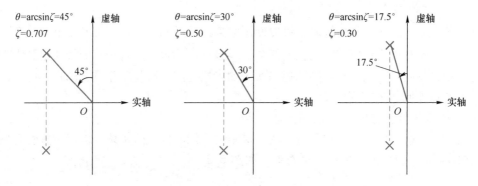

图 5.4　极点位置变化对阻尼比的影响

在原始系统上增加极点和零点的影响总结如下：

1）如果一个相位超前（PD）补偿器设计为一个控制器，则它相当于向原始系统添加一个导函数，因为 $\mathrm{d}f/\mathrm{d}t$ 的拉普拉斯变换为 $sF(s)$，这也相当于向传递函数添加一个零点。此相位超前补偿器对时域的影响是使超调量增加，但可以缩短原始系统的阶跃响应的上升时间。在 s 平面中添加零点会使轨迹向左移。在右半平面中添加一个零点可以抑制超调，但可能会使阶跃响应从错误的方向开始。

2）通过向系统添加一个极点，可以设计一个相位滞后（PI）控制器。针对原始系统向左半平面添加一个极点可以减少稳态误差，因为积分项的拉普拉斯变换为 $F(s)/s$，这相当于将一个极点添加到传递函数。向 s 平面添加极点会使轨迹向右移。此类控制器的不足之处在于，对于原始系统的阶跃响应，上升时间可能会变得更长。

在以下各节中使用根轨迹方法设计控制系统的 PID 控制器来改进控制性能时，这些影响和关系非常有用。

5.2.1.2　根轨迹方法的主要属性

使用根轨迹方法设计控制系统时，必须满足两个条件：

1）相位条件。

2）幅值条件。

正如我们所知，根轨迹是闭环增益 K 变化时的极点轨迹的绘图或图形表示形式。图 5.5 所示为没有补偿器的一个典型的闭环控制系统，可以使用以下闭环传递函数来表示，即

$$T(s) = \frac{Y(s)}{R(s)} = \frac{KG(s)}{1+KG(s)H(s)} = \frac{N(s)}{D(s)} \tag{5.9}$$

式中，$N(s)$ 是传递函数的分子多项式；$D(s)$ 是传递函数的分母多项式。此传递函数的闭环极点是特征方程 $D(s) = 1+KG(s)H(s) = 0$ 或 $KG(s)H(s) = -1$ 的根。

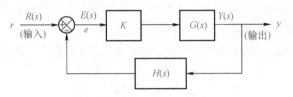

图 5.5　闭环控制系统

如果系统没有纯时滞环节，$KG(s)H(s)$ 的积是有理的多项式函数，可以表示为 [K 是 $G(s)$ 中包含的原始增益]

$$KG(s)H(s) = K\frac{A(s)}{B(s)} = K\frac{(s+z_1)(s+z_2)\cdots(s+z_m)}{(s+p_1)(s+p_2)\cdots(s+p_n)} = -1 \tag{5.10}$$

式中，z_i 是 m 个零点；p_i 是 n 个极点；K 是标量增益。从传统上讲，根轨迹图指示出针对参数 K 的所有变化值传递函数的极点位置。根轨迹绘制图是针对 K 的任何值在 s 平面中绘制出 $KG(s)H(s) = -1$ 的所有点。

如果将式（5.10）中的每个因数 $(s+z_i)$ 和 $(s+p_i)$ 分别转换为其向量等效项 $A_i\mathrm{e}^{\mathrm{j}\theta_i}$ 和 $B_i\mathrm{e}^{\mathrm{j}\varphi_i}$，可以将式（5.10）重写为

$$KG(s)H(s) = K\frac{A(s)}{B(s)} = K\frac{A_1 A_2\cdots A_m \mathrm{e}^{\mathrm{j}(\theta_1+\theta_2+\cdots+\theta_m)}}{B_1 B_2\cdots B_n \mathrm{e}^{\mathrm{j}(\varphi_1+\varphi_2+\cdots+\varphi_n)}}$$

$$= K\frac{A_1 A_2\cdots A_m}{B_1 B_2\cdots B_n} \mathrm{e}^{\mathrm{j}[\theta_1+\theta_2+\cdots+\theta_m-(\varphi_1+\varphi_2+\cdots+\varphi_n)]} = -1 \tag{5.11}$$

通过将式（5.10）和式（5.11）合并起来，可以得出相位条件式（5.12）和幅值条件式（5.13），如下所示为

$$\mathrm{e}^{\mathrm{j}[\theta_1+\theta_2+\cdots+\theta_m-(\varphi_1+\varphi_2+\cdots+\varphi_n)]} = -1 = \mathrm{e}^{\mathrm{j}(\pi+2k\pi)}$$

即

$$(\theta_1+\theta_2+\cdots+\theta_m) - (\varphi_1+\varphi_2+\cdots+\varphi_n) = \pi+2k\pi$$

或

$$\sum_{i=1}^{m} \angle(s+z_i) - \sum_{i=1}^{n} \angle(s+p_i) = \pi+2k\pi \quad (k=0,1,2,\cdots) \tag{5.12}$$

$$K\left|\frac{A(s)}{B(s)}\right| = K\frac{|s+z_1||s+z_2|\cdots|s+z_m|}{|s+p_1||s+p_2|\cdots|s+p_n|} = \left|K\frac{A_1 A_2\cdots A_m}{B_1 B_2\cdots B_n}\right| = K\frac{A_1 A_2\cdots A_m}{B_1 B_2\cdots B_n} = 1 \tag{5.13}$$

当 $k=0$，式（5.12）会变为

$$\sum_{i=1}^{m} \angle(s+z_i) - \sum_{i=1}^{n} \angle(s+p_i) = \pi \tag{5.14}$$

相位条件和幅值条件作为限制条件或依据，可以帮助检查出某一点是否是控制系统的极点方程的根。使用根轨迹绘制图中的任何极点必须满足这两个条件；否则，此点不在根轨迹上。

5.2.2　绘制根轨迹

根轨迹是设计和分析闭环控制系统的强有力工具，特别是在相位域或 s 平面中更加适用。针对任何控制系统绘制完整且准确的根轨迹，并非是一件容易的事情，尤其是针对一些复杂的系统。幸运的是，在 MATLAB Control System Toolbox 等现代计算机辅助工具的帮助下，可以轻松快速地完成此绘制工作。通过一些简单的技术，仍然可以利用一些步骤来帮助用户快速绘制常见系统的根轨迹。

现在，需要将幅值方程转换为一个更简洁的形式。可以将式（5.10）重写为

$$K\frac{A(s)}{B(s)} = -1 \text{ 或 } \frac{A(s)}{B(s)} = -\frac{1}{K} \tag{5.15}$$

在绘制根轨迹图时应记住以下几点：

1）根轨迹的分支数等于闭环极点数。

2）在实轴上，当增益 $K>0$ 时，根轨迹位于实轴上奇数个有限的开环极点和/或有限的开环零点的左侧。

3）根轨迹起始于 $KG(s)H(s)$ 的有限极点和无限极点，终止于 $KG(s)H(s)$ 的有限零点和无限零点。

4）当增益 K 较小时，极点始于开环传递函数的极点。

5）当增益 K 为无穷大时，极点会移动到与系统的零点重叠。这意味着在根轨迹图上，所有极点会朝零点移动。若只有一个极点可能会朝一个零点移动，这意味着极点和零点的数量必须相同。

6）如果传递函数中零点的数量少于极点，那么无穷远处有若干隐零点，极点将接近这些零点。

7）因为根轨迹起始于每个极点，看上去一条根轨迹线连接了两个极点，因此，其中的任意实轴段上，这两个极点实际上会朝着彼此移动，随后它们会分离并脱离轴。极点离开轴的那一点称为分离点。从此处起，根轨迹线会朝最近的零点移动。

8）值得注意的是，s 平面关于实轴对称，因此，必须将在 s 上半平面中绘制的内容以镜像方式绘制在 s 下半平面。

9）当一个极点脱离实轴后，它可以朝无穷远处移动，最终与一个隐零点相会。可以移动点以实现与显零点相会，也可以重回到实轴来与位于实轴上的零点相会。如果一个极点朝无穷远处移动，它始终会沿一条渐近线移动。渐近线的数量等于无穷远处的隐零点数量。

10）随着轨迹接近无穷远处，根轨迹会逐渐呈直线。此外，渐近线的方程由实轴截距 α 和角 θ 表示，如下所示为

$$\alpha = \frac{\sum \text{有限极点} - \sum \text{有限零点}}{(\text{有限极点数}) - (\text{有限零点数})} \tag{5.16}$$

$$= \frac{\sum \text{有限极点} - \sum \text{有限零点}}{P - Z}$$

$$\theta_k = \frac{\pm(2k+1)\pi}{(\text{有限极点数 } P)-(\text{有限零点数 } Z)} = \frac{\pm(2k+1)\pi}{P-Z} \tag{5.17}$$

式中，$k=0$，±1，±2，±3，…；角用与实轴正向延伸对应的弧度表示。

在记住上述几点后，现在通过执行以下步骤来绘制根轨迹图：

1）使用×标记所有开环极点，使用○标记零点。

2）在实轴上奇数个实数极点和零点的左侧绘制轨迹。

3）找出渐近线。令 P 为极点数，Z 为零点数。渐近线数 $=P-Z$。

渐近线在 α 点处（称为形心）与实轴相交，在角 ϕ_1 处分离，表达式如下为

$$\alpha = \frac{\sum\text{有限极点}-\sum\text{有限零点}}{(\text{有限极点数 } P)-(\text{有限零点数 } Z)} = \frac{\sum p-\sum z}{P-Z} \tag{5.18}$$

$$\phi_1 = \frac{180°+(l-1)360°}{P-Z} \quad (l=1,2,3,\cdots,P-Z) \tag{5.19}$$

可以看出，式（5.19）与式（5.17）相同，没错，它们的确是相同的方程，只是采用了不同的表示形式。

4）使用相位条件可以计算轨迹离开极点的分离角以及抵达零点处的会合角。

5）计算分离点/会合点。分离点位于以下方程的根处，即

$$\frac{\mathrm{d}G(s)H(s)}{\mathrm{d}s} = 0 \tag{5.20}$$

6）计算与虚轴的交叉点。使用 $j\omega$ 取代特征方程中的 s，使方程中的实部和虚部都等于零。通过对这两个方程进行求解（如果有解），我们可以得到与虚轴的交点。如果没有解，则没有与虚轴的交叉点。另一个确认方法是，如果与虚轴没有交点，劳斯矩阵的第一列应没有符号变更，或者第一列中所有系数都为正。

在针对低阶控制系统绘制一些简单的根轨迹图时，并不需要执行上述所有的步骤，可以忽略或跳过一些步骤来绘制简单的图。

例如，如果我们有一个系统，传递函数如下，即

$$T(s) = K\frac{(s+1)}{(s+2)(s+3)}$$

可按照以下步骤尝试绘制它的根轨迹图：

1）使用×标记所有开环极点，使用○标记零点。

2）在实轴上奇数个实数极点和零点的左侧绘制轨迹。

3）找出渐近线（并非所有的点都位于根轨迹上）。

$$\alpha = \frac{\sum\text{有限极点}-\sum\text{有限零点}}{P-Z} = \frac{-2+(-3)-(-1)}{2-1} = -4$$

$$\theta_k = \frac{\pm(2k+1)\pi}{P-Z} = \frac{\pm(2k+1)\pi}{2-1} = \pm(2k+1)\pi$$

式中，当 $k=0$ 时，$\theta_k=\pm\pi$。

由于这是一个非常简单的传递函数，因此，无须使用上述列出的所有步骤。图 5.6 所示为完整的根轨迹图。

现在，我们通过以下特征方程或多项式来关注另一个示例，即

$$T(s) = \frac{1}{s(s+2)(s+3)}$$

或

$$KG(s)H(s) = K\frac{A(s)}{B(s)} = K\frac{1}{s(s+2)(s+3)}$$

1）使用×标记所有开环极点，使用○标记零点，如图 5.7 所示。由于有 3 个极点 $s_1 = 0$、$s_2 = -2$ 和 $s_3 = -3$，没有有限零点，因此，$Z = 0$ 且 $P = 3$。此根轨迹图中存在根轨迹的 3 个分支。

图 5.6　完整的根轨迹图　　　　　　　图 5.7　标记所有开环极点和零点

2）找出渐近线。

$$\alpha = \frac{\sum 有限极点 - \sum 有限零点}{P-Z} = \frac{0+(-2)+(-3)-0}{3} = -\frac{5}{3} = -1.67$$

$$\theta_k = \frac{\pm(2k+1)\pi}{P-Z} = \frac{\pm(2k+1)\pi}{3-0} = \frac{\pm(2k+1)\pi}{3}$$

式中，当 $k=0$ 时，$\theta_0 = \pm\frac{\pi}{3}$；当 $k=1$ 时，$\theta_1 = \pm\pi$。

因此，渐近线交于 $\alpha = -1.67$ 处。由于有 3 个极点，没有有限零点，因此，这 3 个极点应沿渐近线移动来尝试与 3 个无限零点会合，θ 分别为 $\pm 60°$ 和 $\pm 180°$。在根轨迹图上绘制这些渐近线和交点，如图 5.8 所示。

3）计算分离点/会合点。由于 $A(s) = 1$，因此 $B(s) = s^3 + 5s^2 + 6s$。

特征方程为 $1 + KG(s)H(s) = 0$，或者 $KA(s) + B(s) = 0$，可以得到

$$s^3 + 5s^2 + 6s + K = 0$$

且

$$\frac{d(s^3+5s^2+6s)}{ds} = 3s^2 + 10s + 6 = 0$$

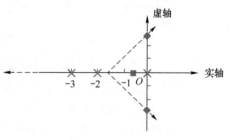

图 5.8　在实轴上绘制渐近线和相交点

由于并非所有根都在轨迹上，求解此方程，可以得到两个根 $s = -0.78$ 和 $s = -2.55$。对于两个实根，有一个根位于轨迹上的 $s = -0.78$ 处（当 $K>0$ 时）。因此，分离（会合）点为 $s = -0.78$，在图 5.8 中显示为一个正方形。

4）找出根轨迹与虚轴交叉的点。通过使用 $s = j\omega$ 并将它代入特征方程 $1 + KG(s)H(s) = 0$ 中，可以得出

$$(j\omega)^3 + 5(j\omega)^2 + 6j\omega + K = 0$$

使实部和虚部等于零，我们可以得出

$$-5\omega^2+K=0 \qquad\qquad (\text{a})$$

$$\omega(6-\omega^2)=0 \qquad\qquad (\text{b})$$

通过（b），我们可以得出 $\omega=\sqrt{6}=2.54$；将它代入（a）中，我们可以得出 $K=30$。因为根轨迹图上的对称性，$\omega=-2.54$ 也是与虚轴的一个交叉点。在图 5.8 中，虚轴上的两个交点显示为菱形。

5）使用相位条件计算轨迹离开极点的分离角以及抵达零点处的会合角。由于环路增益中没有复数极点，因此没有分离角。此外，由于环路增益中没有复数零点，因此没有会合角。

图 5.9 所示为使用 MATLAB 绘制的根轨迹。可以单击轨迹上的任何点来得到一个黑色的正方形点，将此点沿轨迹拖动来得到此根的实值。图 5.9 中显示了与虚轴相交的点的所有值。

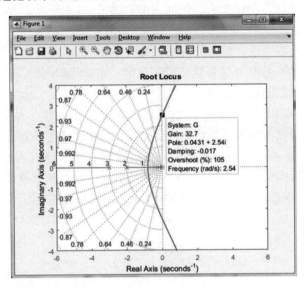

图 5.9　传递函数（示例）的完整根轨迹图

尽管通过手动绘制的方法可以快速绘制大致的根轨迹图，但是，对于一些相对较为复杂或高阶的系统，难以通过此方法获取准确且正确的结果。因此，获取准确且正确根轨迹图的一个简单快速的方法是使用 MATLAB Control System Toolbox 函数，特别是我们在第 4 章 4.4.5.3 小节中所讨论的 rlocus( ) 函数。

接下来，讨论如何使用根轨迹方法，设计相位超前（PD）、相位滞后（PI）和 PID 控制器，并最终得到所需的闭环控制系统。首先，我们来关注相位超前控制器或补偿器。

5.2.3　根轨迹法设计补偿器的一般注意事项

通常情况下，根轨迹是一种图形表示形式或检验方法，用于检查闭环控制系统的根是如何随某些系统参数（例如增益 K）的变化而变化的。确切地说，根轨迹方法将复 s 平面上的闭环传递函数的极点作为增益参数 K 的函数绘制出来。这是在经典理论领域中作为稳定性依据的技术，是由沃尔特·R. 埃文思（Walter R. Evans）开发出来的，该方法可以确定系统的稳定性。

通常，若要使用根轨迹方法手动设计控制系统的补偿器，应执行以下步骤：

1）获取系统规格，并将它们转换为主导根的所需根位置。确切地说，此步骤用于评估所有设计瞬态响应规范来确定主导极点的可能位置。

2）绘制未补偿的根轨迹来确定是否可以通过未补偿的系统得到所需的根位置。

3）如果需要补偿器，应评估所有稳态误差规范来确定系统的类型，从而决定补偿器 $C(s)$ 应有的零点（微分）或极点（积分）数量。

4）如果过程 $G(s)$ 不稳定，应使用根轨迹绘制图来确定实现环路稳定所需的 $C(s)$ 复杂性，并且确保满足步骤 1）和 2）的要求。

5）在通过步骤 1）得到的主导极点位置处设置一个根轨迹角度条件方程，在逐渐增加 $C(s)$ 复杂性的同时对它进行求解。

6）使用根轨迹幅值条件找出所需的增益 K。

7）检查主导极点是否的确处于主导地位。

使用计算机辅助根轨迹设计方法（例如 MATLAB Control System Toolbox）来设计控制器时，仅需要执行步骤 3）和 4）。

在大部分实际设计中，没有纯微分（D）或积分（I）元素充当一个完整的补偿器。相反，大部分时候是使 PD 或 PI 补偿器执行控制功能。正如我们所提及的，在 s 平面或根轨迹中向系统添加零点或极点的影响如下：

1）向系统添加零点相当于在 s 平面中将根轨迹向左移。零点离原点越近，影响越大。当零点远离原点时，影响将减弱，并且影响会随着零点距原点越来越远而变得越来越弱。

2）向系统添加极点相当于在 s 平面中将根轨迹向右移。极点离原点越近，影响越大。当极点远离原点时，影响将减弱，并且影响会随着极点距原点越来越远而变得越来越弱。

请记住这些特性。现在，我们来仔细了解一下关于不同补偿器的设计和应用的一些重要特性。

通常，最常用的补偿器是有单个零点和极点的一阶补偿器，传递函数如下，即

$$D(s) = \frac{s+z}{s+p} \tag{5.21}$$

根据零点和极点所在的不同位置，如图 5.10 所示，我们可以得到不同的补偿器。

在图 5.10a 中，对于应位于根轨迹中的一个给定所需极点 $s = \sigma + j\omega_d$，总传递函数相位 $\theta_D = \theta_z - \theta_p$。如果 $|z| < |p|$，如图 5.10a 所示，这意味着零点的影响大于极点的影响，那么总相位 $\theta_D = \theta_z - \theta_p > 0$（为正），此类补偿器称为相位超前控制器。另一方面，如果 $|z| > |p|$，如图 5.10b 所示，那么总相位 $\theta_D = \theta_z - \theta_p < 0$（为负），此类补偿器称为相位滞后控制器。

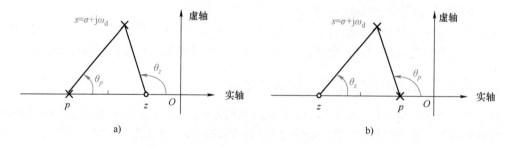

图 5.10 相位超前和相位滞后补偿器

5.2.4 根轨迹法设计的相位超前补偿器

正如我们在 5.2.1.1 小节中所讨论的，如果相位超前或 PD 补偿器设计为控制器并添加

到系统中，这相当于向原始系统添加一个微分函数，因为 df/dt 的拉普拉斯变换为 $sF(s)$，即相当于向传递函数添加一个零点。此相位超前补偿器对时域的影响是使超调量增加，但可以缩短原始系统的阶跃响应的上升时间。相反，在右半平面中添加一个零点可以抑制超调，但可能会使阶跃响应从错误的方向开始。

实际上，使用根轨迹方法设计现有控制系统的控制器时，可对开环极点和零点进行以下操作：添加、删除、变换和取消其中一些极点和零点，同时通过根轨迹绘制图和闭环零点来跟踪闭环极点。

确保设计结果正确的两个依据为两个条件：相位条件和幅值条件。通过在 s 平面上添加零点或极点来改进原始控制系统的控制性能，然后使用这两个条件确保添加的零点或极点位于根轨迹上。

通常，增益 K 对设计的系统具有以下影响：

1）K 较小时：可以得到一个过阻尼响应。

2）K 较大时：可以得到一个欠阻尼响应。

3）K 越大，超调量越大；振荡频率越大，阻尼越小。

通常，若要使用根轨迹方法设计控制系统的相位超前补偿器，应执行以下步骤：

1）获取系统规格，并将它们转换为主导根的所需根位置。确切地说，此步骤用于评估所有设计瞬态响应规范来确定主导极点的可能位置。

2）绘制未补偿的根轨迹来确定是否可以通过未补偿的系统得到所需的根位置。

3）如果需要补偿器，应将相位超前网络的零点直接放在所需的根位置下，或放在前两个实数极点的左侧。

4）确定极点位置，使所需根位置处的总角度为 180°，让它位于补偿的根轨迹上。

5）检查所需根位置处的总系统增益，然后计算误差常数。

6）如果误差常数不令人满意，可重复执行上述步骤。

现在，我们通过示例来说明如何使用根轨迹方法设计相位超前补偿器。原始开环对象的传递函数如下，即

$$G(s) = \frac{1}{s(s+1)} \tag{5.22}$$

此闭环控制系统的规范为（参见图 5.2）：

1）$\zeta = 0.707$ 且主导闭环极点为 $s_{1,2} = -2 \pm \mathrm{j}2$。

2）稳态误差为零。

阻尼比 $\zeta = 0.707$ 相当于 $\theta = 45°$（参见图 5.2），并且主导闭环极点 $s_{1,2} = \sigma \pm \mathrm{j}\omega_{\mathrm{d}} = -2 \pm \mathrm{j}2$ 意味着 $\omega_{\mathrm{n}} = \sqrt{8} = 2.8$，且 $\omega_{\mathrm{d}} = 2$。

此控制器或补偿器是相位超前（$p \gg z$），传递函数如下，即

$$D(s) = K\frac{s+z}{s+p} \tag{5.23}$$

当极点 p 远离原点时，它对于整个系统的影响要小于零点 z 对整个系统的影响，因此它是一个相位超前补偿器（z 的相位 > p 的相位）。

现在，需要确定对于此补偿器这些零点和极点的位置。根据上面列出的步骤 3），我们应将零点直接放在实轴上的所需极点下，应为 -2（因为 $s_{1,2} = \sigma \pm \mathrm{j}\omega_{\mathrm{d}} = -2 \pm \mathrm{j}2$）。接下来，需要

为此补偿器选择极点的位置。为此，可以尝试使用不同的极点。图 5.11b 和图 5.12 所示为极点位于实轴上不同点时的影响。与图 5.11a 中的原始未补偿系统相比，在零点 $z=-2$（极点 $p=-5$）添加到补偿器中后，轨迹会向左移。

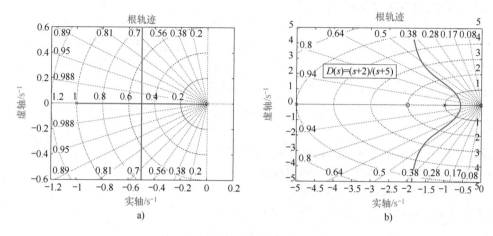

图 5.11　未补偿的系统和补偿的系统

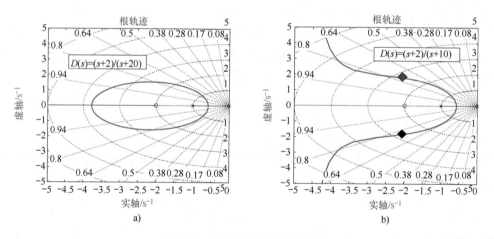

图 5.12　不同补偿系统的影响

如图 5.12a 所示，如果我们继续将极点的值增加到 -20，这等效于使极点远离原点，那么极点的影响将减小，并且这会使轨迹稍稍向左移。

通过尝试使用不同位置的不同极点，我们可以得出，为了使我们所需的极点 $s_{1,2}=\sigma\pm j\omega_d=-2\pm j2$ 位于根轨迹上，如图 5.12b 所示的两个菱形，最佳的极点位置应为 $p=-10$ 且补偿器应为

$$D(s)=K\frac{s+z}{s+p}=K\frac{s+2}{s+10} \tag{5.24}$$

图 5.12b 所示为 $p=-10$ 时补偿的根轨迹。

现在，我们根据相位条件来检查将零点和极点添加到系统后的总角度，以此来确认我们的选择。

根据图 5.13，可以计算出所有角度，如下所示为

$$\theta_{p0}=180^{\circ}-\arctan\left(\frac{2}{2}\right),\quad \theta_{p1}=180^{\circ}-\arctan\left(\frac{2}{1}\right),\quad \theta_{z}=90^{\circ},\quad \theta_{p2}=\arctan\left(\frac{2}{8}\right),\quad 根据相位条件，$$

即式（5.12）和式（5.14）可知

$$\sum_{i=1}^{m}\angle(s+z_{i})-\sum_{i=1}^{n}\angle(s+p_{i})=\pi+2k\pi$$

且

$$当 k=0 时，\quad \sum_{i=1}^{m}\angle(s+z_{i})-\sum_{i=1}^{n}\angle(s+p_{i})=\pi$$

可以得到 $\theta_{z}-(\theta_{p0}+\theta_{p1}+\theta_{p2})=90^{\circ}-(135^{\circ}+117^{\circ}+14^{\circ})=-176^{\circ}\neq -180^{\circ}=-\pi$。

这意味着估计结果不正确，需要重新计算出准确的结果。假设零点位于实轴处并且它的绝对值 $|z|>2$，如图 5.14 所示（仅显示了正共轭极点），可以按以下方程计算 θ_{z}，则

$$\theta_{z}=\arctan\left(\frac{2}{-2-z}\right)$$

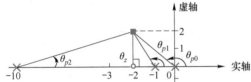

图 5.13　补偿系统上的总角度

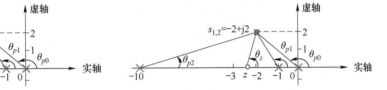

图 5.14　补偿系统的零点和极点的实际位置

然后，应用上述的相位条件，可以得出

$$\theta_{z}-(\theta_{p0}+\theta_{p1}+\theta_{p2})=\arctan\left(\frac{2}{-2-z}\right)-(135^{\circ}+117^{\circ}+14^{\circ})=180^{\circ}$$

求解此方程，可以得出 $z=-2.14$ 且 $\theta_{z}=86^{\circ}$。将该值代入相位条件中，可以得出

$$\theta_{z}-(\theta_{p0}+\theta_{p1}+\theta_{p2})=86^{\circ}-(135^{\circ}+117^{\circ}+14^{\circ})$$
$$=86^{\circ}-266^{\circ}=-180^{\circ}=-\pi$$

实际补偿器为

$$D(s)=K\frac{s+z}{s+p}=K\frac{s+2.14}{s+10} \tag{5.25}$$

最后，确定增益 K 的值。推导此参数的值需要使用幅值条件。所需的根为 $s_{1,2}=\sigma\pm j\omega_{d}=-2\pm 2$。参见图 5.14 和式（5.13），特征方程的幅值变为

$$1+D(s)G(s)=1+K\frac{s+2.14}{s(s+1)(s+10)}=0 \quad 或 \quad K\frac{|s+2.14|}{|s||s+1||s+10|}=1 \tag{5.26}$$

用所需的正极点 $s_1=-2+j2$ 取代式（5.26）中的 s，可以得出以下幅值条件，即

$$K=\frac{|s||s+1||s+10|}{|s+2.14|}=\frac{|-2+j2||-2+j2+1||-2+j2+10|}{|-2+j2+2.14|}$$

$$=\frac{\sqrt{2^2+2^2}\times\sqrt{2^2+1^2}\times\sqrt{2^2+8^2}}{\sqrt{2^2+0.14^2}}=\sqrt{\frac{2720}{4.0196}}\approx 26$$

图 5.15a、b 所示分别为补偿闭环系统的根轨迹和阶跃响应。超调量较小（大约为 15%），安定时间大约为 2.5s。

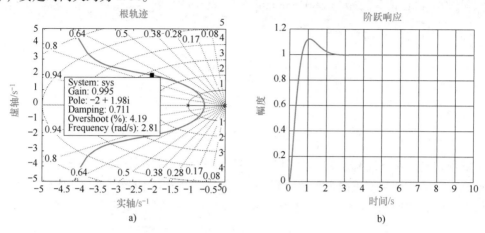

a)

b)

图 5.15　相位超前补偿系统的阶跃响应

5.2.5　根轨迹法设计的相位滞后补偿器

从图 5.10 可以看到，相位超前和相位滞后补偿器之间的唯一区别是实轴上零点和极点的位置。如果零点比极点更靠近原点，得到的是相位超前补偿器。如果极点比零点更靠近原点，得到的则是相位滞后补偿器。

相位滞后补偿器的设计方法和过程类似于相位超前补偿器的设计步骤。现在，我们通过另一个示例来说明如何使用根轨迹方法设计相位滞后补偿器。

假设有一个对象，其传递函数为

$$G(s) = \frac{1000}{(s+5)(s+100)(s+200)} \tag{5.27}$$

设计的条件包括：①所需的主导闭环极点位于 $s_{1,2} = -10\pm j10$ 处；②阶跃输入的稳态误差为零。

首先，可以绘制原始未补偿系统的根轨迹，如图 5.16 所示。

从图 5.16 可以看出，为了使所需的主导闭环极点 $s_{1,2} = -10\pm j10$ 位于轨迹上，应将原始轨迹变换到右侧。这意味着应添加一个极点，并且该极点应更靠近原点。至于零点，其作用是减少安定时间和上升时间，它的位置可以稍微远离原点。

相位条件表明阻尼比 $\zeta = 0.707$ 或 $\zeta = \sin 45°$，$\sigma = 10$ 且 $\omega_d = 10$。在这个假设下，尝试使用一个相位滞后补偿器，传递函数为

$$D(s) = K\frac{s+z}{s+p}$$

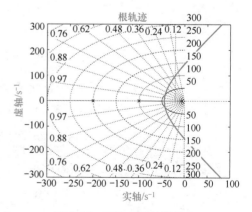

图 5.16　原始系统的根轨迹

根据上面的分析，可以选择在 $s=-0.1$ 处添加一个极点，并且根据相位条件确定零点的位置。然后，可以根据幅值条件确定增益 K。图 5.17 所示为所有零点和极点的完整分布。

新添加极点（$s=-0.1$）处的角度（θ_p），及新添加零点处的角度（θ_z）为

$$\begin{cases} \theta_p = 180°-\arctan\left(\dfrac{10}{9.9}\right) = 180°-45° = 135° \\ \theta_z = \arctan\left(\dfrac{10}{-10-z}\right) \end{cases} \quad (5.28)$$

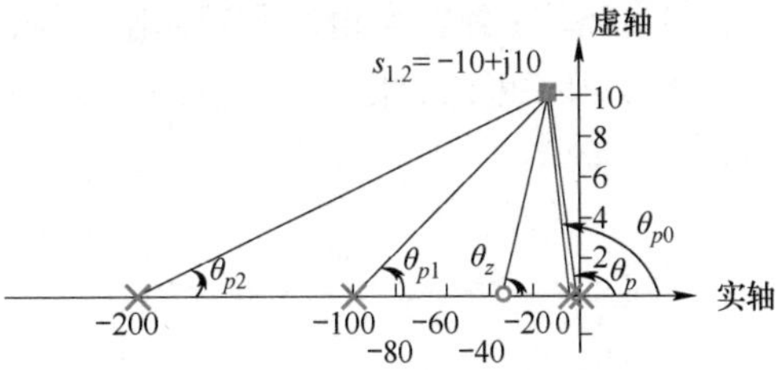

图 5.17　补偿系统的零点和极点的所需位置

所有其他角度为

$$\theta_{p0} = 180°-\arctan\left(\frac{10}{5}\right) = 180°-63.43° = 116.57°$$

$$\theta_{p1} = \arctan\left(\frac{10}{90}\right) = 6.34°$$

$$\theta_{p2} = \arctan\left(\frac{10}{190}\right) = 3°$$

根据相位条件，可以得到

$$\sum_{i=1}^{m} \angle (s+z_i) - \sum_{i=1}^{n} \angle (s+p_i) = \pi$$

或

$$(\theta_{p0}+\theta_{p1}+\theta_{p2}+\theta_p)-\theta_z = (116.57°+6.34°+3°+135°)-\arctan\left(\frac{10}{-10-z}\right)$$

$$= 260.91°-\arctan\left(\frac{10}{-10-z}\right) = 180°$$

求解此方程，可以得出 $z=-11.6$。相位滞后补偿器的传递函数为

$$D(s) = K\frac{s+z}{s+p} = K\frac{s+11.6}{s+0.1}$$

现在，根据特征方程的幅值条件，可以得到

$$1+D(s)G(s) = 1+K\frac{1000(s+11.6)}{(s+0.1)(s+5)(s+100)(s+200)} = 0$$

或

$$K\frac{1000\,|s+11.6|}{|s+0.1|\,|s+5|\,|s+100|\,|s+200|} = 1 \quad (5.29)$$

用所需的正极点 $s_1=-10+j10$ 取代式（5.29）中的 s，可以得出如下幅值条件，即

$$K = \frac{|-10+j10+0.1|\,|-10+j10+5|\,|-10+j10+100|\,|-10+j10+200|}{1000\,|-10+j10+11.6|}$$

$$= \frac{\sqrt{10^2+9.9^2}\times\sqrt{10^2+5^2}\times\sqrt{10^2+90^2}\times\sqrt{10^2+190^2}}{1000\sqrt{10^2+1.6^2}}$$

$$K = \frac{\sqrt{198\times125\times8200\times36200}}{1000\sqrt{102.56}} = \frac{267645}{1000} \approx 267.6 \approx 268$$

最后，可以得到如下的相位滞后补偿器，即

$$D(s) = K\frac{s+z}{s+p} = K\frac{s+11.6}{s+0.1} = 268\frac{s+11.6}{s+0.1}$$

图 5.18a、b 分别为相位滞后补偿系统的根轨迹和此补偿闭环控制系统的阶跃响应。

从图 5.18a 可以看出，所需的主导极点 $s_{1,2} = -10\pm j10$ 的确位于根轨迹处，如图中两个菱形所示。

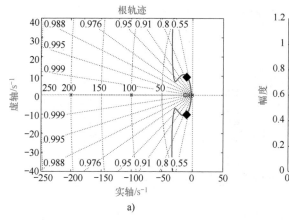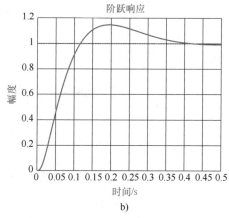

图 5.18　相位滞后控制器的补偿根轨迹和阶跃响应

5.2.6　根轨迹法设计补偿器的计算机辅助方法

MATLAB 提供了一组丰富的计算机辅助设计和分析函数、方法和工具，帮助用户更简单、快速地设计、构建、分析和模拟闭环控制系统。概括起来，这些函数、方法和工具包含在 Control System Toolbox™ 中，可以划分为以下几组：

1）用户可以直接调用和执行的一组 MATLAB 函数，用于简单、快速地设计和分析闭环系统。可以根据所使用的设计方法将这些函数进一步分为不同的组，如：根轨迹相关函数、伯德频率相关函数和状态空间相关函数。

2）可以通过 MATLAB 命令窗口调用一组函数和工具，用于帮助用户设计、调整和模拟闭环控制系统。这些工具包括 SISOTool( )、PIDTool( ) 和 Simulink。

由于其中一些函数、方法和工具具有相似的功能，因此，在本小节中，我们仅关注根轨迹相关函数和 sisotool( )。至于其他函数，pidtool( ) 和 Simulink，我们将在本章稍后的小节中进行讨论。

5.2.6.1　MATLAB 中使用的根轨迹设计函数

在第 4 章 4.4.5 小节中，我们讨论了系统模型开发中常用的一些重要的 MATLAB 函数。实际上，除了在该小节中讨论的那些根轨迹相关函数外，还有其他一些特殊的根轨迹相关函数，用于帮助用户简单快速地设计和构建闭环控制系统。这些函数包括 sgrid( )、rlocfind( ) 和 minreal( )。

1）函数 sgrid( ) 用于标记与两个输入参数 ζ（阻尼比）和 ω_n（固有频率）相对应的复平面区域。

2）函数 rlocfind( ) 可用于在给定一组根的情况下找出根轨迹增益。此函数有两种最常用的语法；［K，POLES］=rlocfind（sys）可用于通过由 rlocus（）函数生成的单输入单输出（SISO）系统 sys 的根轨迹图来实现交互增益选择。运行时，rlocfind（）将在图形窗口中显示一个十字光标，用于在现有根轨迹上选择一个极点位置。与此点相关的根轨迹增益以 K 返回，此增益的所有系统极点以 POLES 返回。

［K，POLES］=rlocfind（sys，P）可用于得出所需根位置的向量 P，并计算每一位置的根轨迹增益。

3）函数 minreal（）的语法是 MSYS=minreal（sys），这意味着此函数可以通过消除所有的极点/零点来创建一个修改的模型 MSYS，它相当于具有一个简化传递函数的原始系统 sys。

考虑一个系统，其传递函数为

$$G(s)=\frac{1}{s(s+5)} \tag{5.30}$$

尝试使用上面所讨论的一些函数来设计补偿器，从而获得所需的响应。

1）$\zeta=0.707$ 且主导闭环极点为 $s_{1,2}=-2\pm j2$。

2）稳态误差为零。

阻尼比 $\zeta=0.707$ 相当于 $\theta=45°$（参见图 5.2），并且主导闭环极点 $s_{1,2}=\sigma\pm j\omega_d=-2\pm j2$ 意味着 $\omega_n=\sqrt{8}=2.8$ 且 $\omega_d=2$。

尝试设计一个 PI 补偿器，其传递函数为

$$D(s)=K\frac{1}{s+p} \tag{5.31}$$

现在，使用以下 MATLAB 脚本来绘制原始系统的根轨迹：

```
s=tf('s');
sys=1/(s*(s+5));
rlocus(sys)
grid;
xis([-15  3  -10  10]);
```

图 5.19a 所示为原始系统的根轨迹。

调用函数 sgrid（）来获取给定阻尼比 $\zeta=0.707$ 和固有频率 $\omega_n=2.8$ 的标记区域，如图 5.19b 所示。

```
zeta=0.707;
wn=2.8;
sgrid(zeta,wn)
```

在图 5.19b 中，大约各成 45°角的两条虚线表示了 $\zeta=0.7$ 时的所有极点（如果它们位于这两条线上）。如果极点位于这些线之间，那么 $\zeta>0.7$；如果在这些线之外，那么 $\zeta<0.7$。半圆指示固有频率为 $\omega_n=2.8$ 的极点位置。在圆圈内，$\omega_n<2.8$；在圆圈外，$\omega_n>2.8$。

从图 5.19b 还可以看出，为了使所需的极点 $s_{1,2}=\sigma\pm j\omega_d=-2\pm j2$ 作为闭环主导极点，根轨迹应稍稍向右移。因此，尝试选择所设计的相位滞后补偿器，使 $s=-10$ 处有一个极点，该补偿器为

$$D(s)=K\frac{1}{s+p}=K\frac{1}{s+10} \tag{5.32}$$

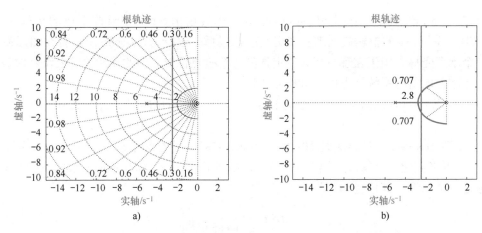

图 5.19 原始系统的根轨迹及 ζ 和 ω_n 的标记区域

然后，使用以下脚本检查所得到的根轨迹，如图 5.20a 所示。

```
D=1/(s+10);
rlocus(D*sys);
axis([-10 5 -10 10]);
```

现在，使用以下脚本在所需的根位置 $s_{1,2} = -2 \pm j2$ 上找出增益 K：

```
[k,POLES]=rlocfind(sys)
```

运行此函数时，需要将光标移到所需极点的位置 $s_{1,2} = -2 \pm j2$，然后单击此处，使函数能够找到增益 K 和相关的极点。两个 + 符号显示在轨迹上，如图 5.20b 所示。命令窗口中还显示了所得到的增益和极点，如下：

```
selected_point=-1.9668+1.9814i
k=10.1149
poles=-2.5000+1.9659i
       -2.5000-1.9659i
```

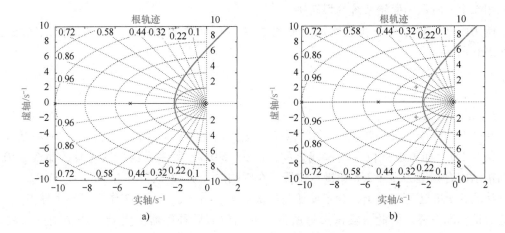

图 5.20 得到的根轨迹和函数 rlocfind( ) 的运行状态

使用以下脚本绘制此补偿闭环系统的阶跃响应，此响应如图 5.21 所示。

```
sysc=feedback(k * D * sys,1)
step(sysc);
grid;
```

接下来，使用 SISOTool 由根轨迹设计补偿器。

5.2.6.2　使用 SISOTool 通过根轨迹方法设计补偿器

MATLAB Control System Toolbox 提供了一个名为
SISOTool 的额外工具，帮助用户轻松、快速地根据
给定对象的动态模型设计、调整和构建所有类型的
补偿器。此工具提供了一个图形用户界面（GUI），
使用户能够输入并选择所需的参数来设计和构建所
需的控制系统。

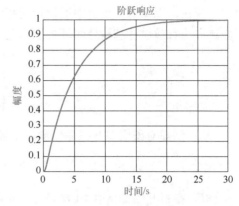

图 5.21　补偿闭环系统的阶跃响应

使用此工具时，可以用不同的语法，最常用的语法包括：

sisotool。

sisotool(plant)。

sisotool(plant,comp)。

sisotool(views)或 sisotool(views,plant,comp)。

sisotool(views,plant,comp,sensor,prefilt)。

第一个语法 sisotool 将打开用于交互式补偿器设计的 SISO 图形用户界面。此图形用户界
面可使用户能够使用根轨迹和伯德图技术来设计 SISO 补偿器。

默认情况下，使用此语法调用 SISO Design Tool 时，GUI 窗口中会显示以下部分：

1）显示一个开环根轨迹和一个开环伯德图。

2）显示前向通道中与对象 G 串接的一个补偿器 C。

3）假设前置滤波器 F 和反馈传感器 H 为整体增益。在指定 G 和 H 后，它们在反馈结
构中是固定的。

第二个语法 sisotool（plant）可打开 SISO Design Tool；用户随后可以从工作区导入他们
的对象并将对象模型 G 初始化为 plant。工作区变量 plant 可以是通过函数 ss（）、tf（）或
zpk（）创建的任何 SISO LTI 模型，我们在第 4 章 4.4.5 小节中讨论过这些函数。

语法 sisotool（plant,comp）将工作区导入的对象模型 G 初始化为 plant，将补偿器 C 初
始化为 comp（前提是该补偿器已在命令窗口中构建或已加载到工作区中）。

语法 sisotool（views,plant,comp,sensor,prefilt）将对象 G 初始化为 plant、将补偿器 C 初
始化为 comp、将传感器 H 初始化为 sensor，并且将前置滤波器 F 初始化为 prefilt。所有参数
必须为 SISO LTI 对象。参数 views 可以为以下字符串或其组合：

1）'rlocus'——根轨迹图。

2）'bode'——开环响应的伯德图。

3）'nichols'——尼柯尔斯图。

4）'filter'——前置滤波器 F，以及通过命令将闭环响应传递到 F 中作为补偿器 G 的输
出的伯德图。

语法 sisotool（views）或 sisotool（views,plant,comp）可指定 SISO Design Tool 打开时的初
始化配置。

现在，以 5.2.4 小节中所设计的相位超前补偿器为例，说明如何使用此工具，并采用根轨迹方法有效设计和构建闭环控制系统。对象模型和补偿器分别为

$$\begin{cases} G(s) = \dfrac{1}{s(s+1)} \\[2ex] D(s) = K \dfrac{s+z}{s+p} \end{cases} \tag{5.33}$$

1）创建对象模型并在命令窗口中输入以下脚本：

```
G=tf(1,[1 1 0]);
sisotool
```

2）在打开的 SISO GUI 窗口上，单击"File"（文件）→"Import"（导入）菜单命令打开"System Data"（系统数据）对话框，如图 5.22a 所示。

3）单击"Browse"（浏览）按钮打开"Model Import"（模型导入）对话框，如图 5.22b 所示。确保选中"Workspace"（工作区）单选按钮后，单击对象 G，然后单击"Import"（导入）按钮。

4）在"Model Import"（模型导入）对话框上单击"Close"（关闭）按钮，然后在"System Data"（系统数据）对话框上单击"OK"（确定）按钮来关闭它。

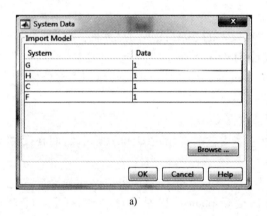
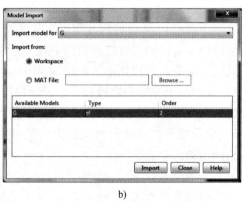

图 5.22 打开的"**System Data**"和"**Model Import**"对话框

(已取得 MathWorks 公司的翻印许可)

5）现在，此原始系统的根轨迹和伯德图将显示在此 GUI 工具上，如图 5.23 所示。

6）若要放置一对共轭复数极点 $s_{1,2} = \sigma \pm j\omega_d = -2 \pm j2$ 来使阻尼比 $\zeta = 0.707$，可右击根轨迹图并选择"Design Requirements"（设计要求）→"New"（新建）命令打开"New Design Requirement"（新建设计要求）对话框。在"Design requirement type"（设计要求类型）组合框上单击下拉箭头，然后选择"Damping ratio"（阻尼比）。默认值为 0.7071，这是我们所需的值。保留它，然后单击"OK"（确定）按钮。

7）同样，将固有频率 ω_n 设为 2.8。这两个新的设置参数将反映在根轨迹图上，如图 5.24 所示。

8）现在，单击"Design"（设计）→"Edit Compensator"（编辑补偿器）菜单命令打开"Control and Estimation Tools Manager"（控制和估计工具管理器）来设计补偿器。

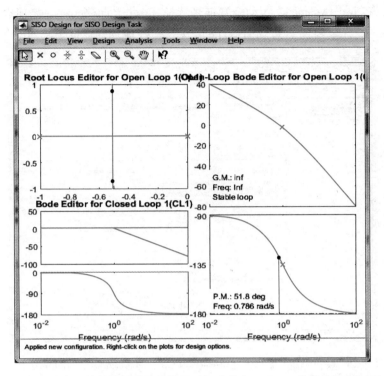

图 5.23　原始系统的根轨迹和伯德图（已取得 MathWorks 公司的翻印许可）

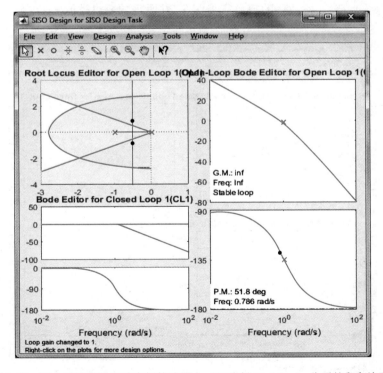

图 5.24　两个设置参数反映在根轨迹图上（已取得 MathWorks 公司的翻印许可）

9）然后，右击"Dynamics"（动态）框来选择"Add Pole/Zero"（添加极点/零点）项，选择"Real Zero"（实零点），将我们估计的零点-2.14添加到该框中，如图 5.25 所示。

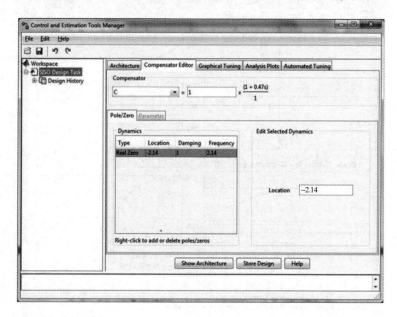

图 5.25　将一个零点添加到补偿器中（已取得 MathWorks 公司的翻印许可）

10）回到 SISO Design GUI 窗口，然后单击工具栏上的极点符号×，将它拖放到根轨迹图中实轴上最左侧的位置。完成后的窗口应与图 5.26 所示的窗口类似。

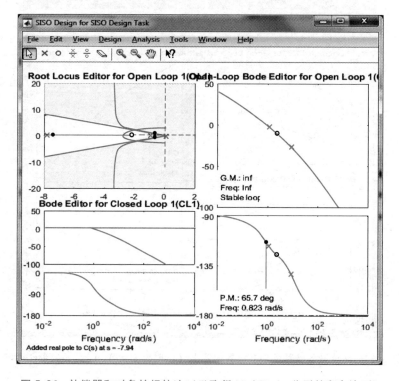

图 5.26　补偿器和对象的根轨迹（已取得 MathWorks 公司的翻印许可）

11）可以单击工具栏上的 "Mouse Zoom In"（鼠标缩放）图标，然后围绕闭环和零点拖动并绘制一个正方形区域来扩大此区域。单击工具栏上的手形图标，沿轨迹移动闭环极点来尝试将它放置在所需的位置 $s_{1,2} = -2 \pm j2$ 上。还需要移动零点来使轨迹更改形状，然后移动极点来使它们达到所需的位置。完成后的根轨迹应与图 5.27 所示的轨迹匹配。

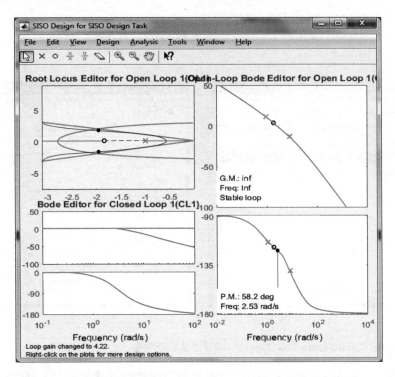

图 5.27　完成后的根轨迹（已取得 MathWorks 公司的翻印许可）

12）若要确保我们的闭环极点位于根轨迹上的所需位置，选择 "View"（视图）→"Closed-Loop Poles"（闭环极点）菜单命令打开 "Closed-Loop Pole Viewer"（闭环极点查看器），如图 5.28a 所示。可以看出，所有参数的实际值有所需的闭环极点位置、补偿的极点位置、阻尼比 ζ 和固有频率 ω_n。所有这些控制参数的值等于或非常接近我们所需的值，其中 $s_{1,2} = -1.99 \pm j2.02$、阻尼比 $\zeta = 0.7$、固有频率 $\omega_n = 2.84$，并且补偿的极点位于 $s = -4.96$ 处。

13）现在，需要绘制闭环控制系统的阶跃响应，用于检查和确认设计是否匹配设计规范。选择 "Analysis"（分析）→"Other Loop Responses"（其他环路响应）菜单命令打开 "Control and Estimation Tools Manager"（控制和估计工具管理器），如图 5.29 所示。我们仅需要该响应，因此，仅选中 "Closed Loop r to y"（闭环 r 到 y）复选框。随后将显示此补偿闭环系统的阶跃响应，如图 5.28b 所示。

最终补偿器或相位超前可以表示为

$$D(s) = K \frac{s+z}{s+p} = 5.03 \frac{s+2}{s+4.96}$$

可以从 SISO Tool GUI 窗口的底部找到最终增益 K。还可以通过单击 "View"（视图）→"Design History"（设计历史记录）项打开 "Design History"（设计历史记录）对话框，使用参数值检查整个设计过程。最终得到设计参数如下：

Loop gain changed to 4.64

Moved the selected real zero to s=-2.03

Loop gain changed to 5.16

Moved the selected real zero to s=-1.97

Loop gain changed to 4.87

Moved the selected real zero to s=-2.01

Loop gain changed to 5.03

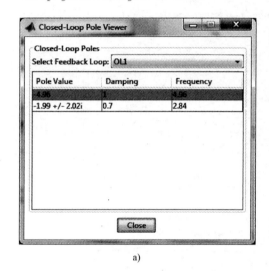

a)

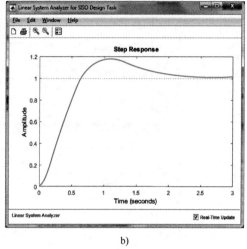

b)

图 5.28 打开的 "Closed-Loop Pole Viewer" 和系统的阶跃响应（已取得 MathWorks 公司的翻印许可）

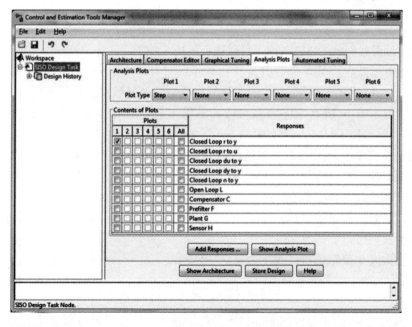

图 5.29 打开的 "Control and Estimation Tools Manager"（已取得 MathWorks 公司的翻印许可）

可以通过单击 "Save to Text File"（保存到文本文件）按钮将此过程保存为一个文本

文件。

最后，可以将设计保存到工作区中，供以后使用。单击"File"（文件）→"Export"（导出）菜单项并选择"Compensator C"（补偿器 C），然后单击"Export to Workspace"（导出到工作区）按钮。

5.3　频率响应法设计 PID 控制器

与根轨迹方法相比，频率响应法可能更加常见，设计工程师经常使用此方法在大多数实际应用中达成他们的设计目的。这主要是因为使用频率响应法时，不需要有关控制过程或对象太过精确或太过详细的信息；因此，该法可以"容忍"控制系统中存在的一些非确定性，例如不精确的动态模型或环境干扰。

使用频率响应法的另一个可能优势是此方法不需要涉及参数的任何中间处理过程。相反，它仅需要使用正弦信号作为输入来对输出振幅和相位进行一些测量，这足以实现为闭环反馈控制系统设计控制器或补偿器。这意味着设计人员可以将控制对象或过程视为一个黑箱。用于控制器设计所需的唯一信息是当正弦输入应用到该黑箱时输出的频率响应。

5.3.1　频率响应法的主要特点

为了获取控制系统或对象 $G(s)$ 的频率响应，需要将正弦信号 $u(t)=\sin\omega t$ 应用到系统的输入。可以将对象的输出 $y(t)$（包括振幅和相位）写为

$$y(t)=A\sin(\omega t+\varphi)$$

这意味着输出也一个正弦信号，振幅为 A，相位按输入的初相 φ 移动。

实际上，可以使用输入 $u(t)$ 和 $g(t)$ 之间的一个卷积来表示输出 $y(t)$，即对象 $G(s)$ 的拉普拉斯逆变换为

$$y(t)=\int_0^t g(\tau)u(t-\tau)\,\mathrm{d}\tau \tag{5.34}$$

此积分可以进一步划分为以下两个部分

$$y(t)=\int_0^\infty g(\tau)u(t-\tau)\,\mathrm{d}\tau-\int_t^\infty g(\tau)u(t-\tau)\,\mathrm{d}\tau \tag{5.35}$$

当使用正弦信号来取代输入 $u(t)$ 时，输出 $y(t)$ 的稳态响应可以写为

$$\lim_{t\to\infty}y(t)=\int_0^\infty g(\tau)\sin[\omega(t-\tau)]\,\mathrm{d}\tau=\mathrm{Im}\left\{\left[\int_0^\infty g(\tau)\,\mathrm{e}^{-\mathrm{j}\omega\tau}\,\mathrm{d}\tau\right]\mathrm{e}^{\mathrm{j}\omega t}\right\}$$
$$=\mathrm{Im}\{G(\mathrm{j}\omega)\,\mathrm{e}^{\mathrm{j}\omega t}\} \tag{5.36}$$

式中，如果 $g(t)$ 有某些属性，在极限 $t\to\infty$ 处第二个积分项会消失。

实际上，方括号中的项是 $s=\mathrm{j}\omega$ 处 $g(t)$ 的拉普拉斯变换定义。将定义插入 $G(\mathrm{j}\omega)=|G(\mathrm{j}\omega)|\,\mathrm{e}^{\mathrm{jarg}(G(\mathrm{j}\omega))}$ 中，可以得到如下的输出信号，即

$$\lim_{t\to\infty}y(t)=|G(\mathrm{j}\omega)|\sin[\omega t+\arg(G(\mathrm{j}\omega))]=A\sin(\omega t+\varphi) \tag{5.37}$$

式中，$A=|G(\mathrm{j}\omega)|$，是对象传递函数 $G(s)$ 的幅值；$\varphi=\arg(G(\mathrm{j}\omega))=\arctan\dfrac{\mathrm{Im}(G(\mathrm{j}\omega))}{\mathrm{Re}(G(\mathrm{j}\omega))}=\angle G(\mathrm{j}\omega)$，是传递函数的相位。

由此可以得出，对于一个二阶线性时不变（LTI）系统，稳态输出 $y(t)$ 也是一个正弦信号，其频率与输入频率相同；输入和输出之间的唯一区别是输出的幅值和一个额外的相位，可以通过原始输入幅值与对象的传递函数幅值的积，以及对象传递函数的虚部除以实部的结果来轻松得到这两项。

5.3.1.1 伯德图技术

为了将正弦信号用作输入来说明和测量系统以获得输出的频率响应，1932—1942 年间，H. W. 伯德在贝尔实验室中研究出了一种方法。此方法使用户能够仅根据输入和输出来绘制系统的频率响应，包括幅值和相位响应。

此方法的主要原理是使用对数尺度来绘制幅值和相位曲线。凭借此方法，可以通过对单独的项使用简单的图解加法来绘制高阶对象 $G(s)$。图 5.30 所示为传递函数如式（5.38）的一个典型二阶系统的伯德图频率绘制示例。

$$G(s) = \frac{\omega_n^2}{s^2 + 2\zeta\omega_n s + \omega_n^2} = \frac{1}{(s/\omega_n)^2 + 2\zeta(s/\omega_n) + 1} \tag{5.38}$$

图 5.30a 所示为使用不同阻尼比 ζ 值时的幅值频率响应，图 5.30b 所示为通过各种阻尼比得到的相关相位频率响应。

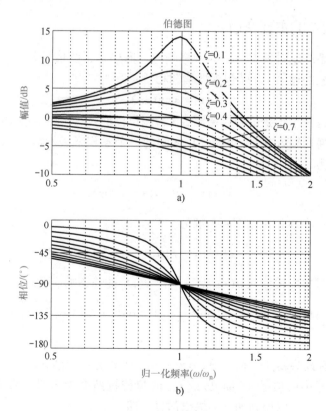

图 5.30　幅值和相位响应的伯德图（见彩插）

这些频率响应中的一些重要定义包括：

1）带宽 ω_{BW}，定义为输出 y 衰减到输入的 70.7% 或水平下降 3dB 的频率。

2）谐振峰值 M_r，这是对幅值频率响应的最大幅值的测量。

这些定义与时域中阶跃响应的定义密切相关。带宽 ω_{BW} 正是对响应速度的测量，与对时域的上升时间 t_r 测量或对 s 平面的固有频率 ω_n 测量类似。从图 5.30a 中可以看出，带宽等于 $\zeta = 0.707$ 处的固有频率。对于其他阻尼比，带宽约等于固有频率，误差通常小于 0.5。

谐振峰值 M_r 是对阻尼的及其在固有频率处出现的峰值的测量，即当 $\zeta < 0.5$ 时，峰值为 $1/(2\zeta)$。

5.3.1.2　稳定性和裕度

回顾一下，根据 5.2.1.2 小节中讨论的单位负反馈闭环系统的相位条件和幅值条件，闭环传递函数可以写作

$$T(s) = \frac{Y(s)}{R(s)} = \frac{KG(s)}{1+KG(s)}$$

特征方程为 $1+KG(s) = 0$ 或 $|KG(s)| = 1$（幅值条件），相位条件为 $\angle(KG(s)) = \pi = 180°$。现在，如果使用 $j\omega$ 取代上述条件中的 s，可以得出

$$\begin{cases} |KG(j\omega)| = 1 \\ \angle(KG(j\omega)) = \pi = 180° \end{cases} \tag{5.39}$$

实际上，当我们进行此替代时，系统会变为中性稳定系统，因为所有极点现在都位于虚轴处。因此，此系统的伯德图也是中性稳定的，增益值为 K，这使闭环根落在虚轴上，并且使根轨迹上的所有根都满足条件式（5.39）。这意味着在相位等于 180° 的相同频率处幅值必须等于 1。

对于根轨迹图，当根位于虚轴上时，如果增益 $K<1$，系统是稳定的；如果增益 $K>1$，系统会变得不稳定。因此，可以得出以下稳定性条件，即

$$\angle(KG(j\omega)) = -180°, \quad |KG(j\omega)| <1 \tag{5.40}$$

使用伯德频率方法表示系统的频率响应时，式（5.40）是判断系统是否稳定的主要依据。

增益裕度（Gain Margin，GM）和相位裕度（Phase Margin，PM）这两个数值可用于说明使用频率响应描述的控制系统的稳定性。实际上，GM 和 PM 可用于根据式（5.40）中的依据测量系统的稳定裕度。

GM 是当相位等于 -180° 时增益小于中性稳定值的因数。PM 是当幅值 $|KG(j\omega)| = 1$ 时 $G(j\omega)$ 的相位超出 -180° 的量。这两个裕度可交替用于根据式（5.40）测量系统的稳定程度。

为了说明这两个裕度的意义，使用同一个系统，向用户显示如何使用这些依据来判断系统的稳定程度。其传递函数为

$$G(s) = \frac{K}{s(s+1)^2} \tag{5.41}$$

将 3 个不同的增益 $K=0.2$、$K=0.5$ 和 $K=5$ 应用到系统的此传递函数 $G(s)$ 中。从图 5.31a 所示的幅值频率响应可以看出：

1）当 $K=0.2$ 时，幅值为 0dB 或 1，幅值响应的转折频率大约为 0.2rad/s。在该值处，$|0.2G(j0.2)| = 1$ 或 $20\log_{10}|0.2G(j0.2)| = 0$。为了使此系统稳定，在 $\omega = 0.2$rad/s 处，相位应等于 -180°。但是，从图 5.31b 所示的相位频率响应可以看出，该频率处相应的相位大约为 -110°。因此，差为 $-110° - (-180°) = 70°$，这意味着相位裕度为 70°，因为我们仍有 70°

的裕度来得到基准相位-180°，所以系统是非常稳定的。

2）当 $K=0.5$ 时，幅值为 0dB 或 1，幅值响应的转折频率大约为 0.4rad/s。在该值处，$|0.5G(j0.4)|=1$ 或 $20\log_{10}|0.5G(j0.4)|=0$。为了使此系统稳定，在 $\omega=0.4$rad/s 处，相位应等于-180°。但是，从图 5.31b 所示的相位频率响应可以看出，该频率处相应的相位大约为-135°。因此，差为-135°-(-180°)=45°，这意味着相位裕度为 45°，因为我们仍有 45°的裕度来得到基准相位-180°，系统仍然是稳定的。

3）如果我们继续提高增益使 $K=5$，当幅值为 0dB 或 1 时，幅值响应的转折频率大约为 1.5rad/s。在该值处，$|5G(j1.5)|=1$ 或 $20\log_{10}|5G(j1.5)|=0$。为了使此系统稳定，在 $\omega=1.5$rad/s 处，相位应等于-180°。但是，从图 5.31b 所示的相位频率响应可以看出，该频率处相应的相位大约为-202°。因此，差为-202°-(-180)°=-22°，这意味着相位裕度为-22°，就-180°而言超出了 22°。所以说，系统现在是不稳定的。

通常，相位裕度与系统的阻尼比密切相关。对于一个标准二阶系统，此关系可以描述为

$$\zeta \cong \frac{相位裕度}{100} = \frac{PM}{100} \tag{5.42}$$

从式（5.42）中可以看出，最优 PM 大约为 70°，这相当于设置一个阻尼比 $\zeta=0.7$。现在，我们来了解一下如何绘制伯德图。

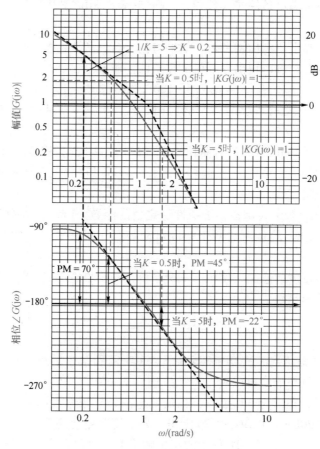

图 5.31　增益裕度和相位裕度的示例

5.3.1.3　绘制伯德图

在大部分应用和设计中，尽管计算机辅助方法可以极大提高设计效率并提供更精确的结果，但为了在不使用计算机辅助的情况下快速设计一些简单的系统，亲手绘制系统的频率响应仍然是一种有效的方法。

在上一小节中，当使用根轨迹方法来设计补偿器时，我们始终将系统表示为零点、极点增益的形式，即

$$KG(s) = K\frac{(s+z_1)(s+z_2)\cdots(s+z_m)}{(s+p_1)(s+p_2)\cdots(s+p_n)} \tag{5.43}$$

这是因为便于确定根轨迹上极点和零点的位置，使我们能够有效设计控制器。但是，当使用伯德图技术绘制频率响应时，最好使用 $j\omega$ 替代变量 s 并以伯德图的形式重写传递函数，则

$$KG(j\omega) = K_0(j\omega)^n\frac{(j\omega\tau_1+1)(j\omega\tau_2+1)\cdots(j\omega\tau_m+1)}{(j\omega\tau_a+1)(j\omega\tau_b+1)\cdots(j\omega\tau_n+1)} \tag{5.44}$$

通常，传递函数中会有 4 种不同的情况或因素用于确定频率响应图：

1）常数增益 K。

2）原点（$j\omega$）处的极点或零点。

3）实轴（$j\omega\tau+1$）上的极点或零点。

4）一对共轭复数极点或零点。

我们来了解一下如何依次处理这些因素来绘制幅值和相位频率的渐近线。

1）对于常数增益 K，对数增益为 $20\log K=$ 常数（单位为 dB），相关的相位为零。增益曲线就是伯德图上的水平线。但是，如果增益为负值 $-K$，对数增益仍为 $20\log K$，但负号被分配给了相位，使它为 $-180°$。

2）对于原点（$j\omega$）处的极点，原点处的一个极点有一个对数幅值。

$$20\log\left|\frac{1}{j\omega}\right| = -20\log\omega \tag{5.45}$$

式中，$(j\omega)^n = (j\omega)^{-1}$，或 $n=-1$。

相位 $\phi(\omega) = n\times90° = -1\times90° = -90°$。

对于一个极点，幅值曲线的斜率为 $-20\text{dB}/\text{dec}$。同样，如果多个极点位于原点处，幅值增益将为

$$20\log\left|\frac{1}{(j\omega)^n}\right| = -20n\log\omega \tag{5.46}$$

式中，$n<0$。

相位为 $\phi(\omega) = n\times90°$。幅值曲线的斜率为 $-20n\text{dB}/\text{dec}$。

3）对于原点（$j\omega$）处的零点，原点处的一个零点有一个对数幅值。

$$20\log|j\omega| = +20\log\omega\,\text{dB} \tag{5.47}$$

式中 $(j\omega)^n = (j\omega)^1$，或 $n=1$。

对于一个极点，幅值曲线的斜率为 $20\text{dB}/\text{dec}$。相位 $\phi(\omega) = n\times90° = 1\times90° = 90°$。

4）对于实轴（$j\omega\tau+1$）上的极点，实轴上的一个极点有一个对数幅值。

$$20\log\left|\frac{1}{1+\mathrm{j}\omega\tau}\right|=20\log\frac{1}{\sqrt{1+(\omega\tau)^2}}=-10\log\left[1+(\omega\tau)^2\right] \tag{5.48}$$

$\omega\ll1/\tau$ 时的渐近线为 $20\log(1)=0\mathrm{dB}$，$\omega\gg1/\tau$ 时的渐近线为 $-20\log(\omega\tau)$，斜率为 $-20\mathrm{dB/dec}$。当 $\omega=1/\tau$ 时，这两条渐近线会相交，相交处在伯德图中称为转折频率或转折点。此转折频率处的实际对数增益为 $-3\mathrm{dB}$。此转折点处的相位为 $\phi(\omega)=-\arctan(\omega\tau)$。

5）对于实轴（$\mathrm{j}\omega\tau+1$）上的零点，实轴上的一个零点有一个对数幅值。

$$20\log\left|1+\mathrm{j}\omega\tau\right|=20\log\sqrt{1+(\omega\tau)^2}=10\log\left[1+(\omega\tau)^2\right] \tag{5.49}$$

$\omega\ll1/\tau$ 时的渐近线为 $20\log(1)=0\mathrm{dB}$，$\omega\gg1/\tau$ 时的渐近线为 $20\log(\omega\tau)$，斜率为 $20\mathrm{dB/dec}$。当 $\omega=1/\tau$ 时，两条渐近线会相交。此转折频率处的实际对数增益为 $3\mathrm{db}$。此转折点处的相位为 $\phi(\omega)=\arctan(\omega\tau)$。

6）对于一对共轭复数极点或零点，$[1+(2\zeta/\omega_n)\mathrm{j}\omega+(\mathrm{j}\omega/\omega_n)^2]$。当 $u=\omega/\omega_n$ 时，此形式可以重写为 $(1+\mathrm{j}2\zeta u-u^2)^{-1}$。因此，对数幅值为

$$20\log\left|G(u)\right|=-10\log\left[(1-u^2)^2+4\zeta^2u^2\right] \tag{5.50}$$

并且相位为

$$\phi(u)=-\arctan\left(\frac{2\zeta u}{1-u^2}\right) \tag{5.51}$$

当 $u\ll1$ 或 $\omega/\omega_n\ll1(\omega\ll\omega_n)$ 时，幅值增益为 $20\log\left|G\right|=-10\log(1)=0$ 并且相位大约为 $0°$。当 $u\gg1$ 或 $\omega\gg\omega_n$ 时，对数幅值为

$$20\log\left|G(u)\right|=-10\log(u^4)=-40\log u \tag{5.52}$$

这会得到斜率为每十倍频程（dec）$-40\mathrm{dB}$ 的幅值曲线。当 $u\gg1(\omega\gg\omega_n)$ 时，相位大约为 $-180°$。当 $u=1$ 或 $\omega=\omega_n$ 时，幅值渐近线会在 $0\mathrm{dB}$ 线处相交。

以下绘制步骤是伯德在 20 世纪 30 年代开发的，但由于它的普及程度较高，直到今天还被大多数设计工程师所使用。首先，让我们来了解一下如何绘制幅值频率响应。

1）将系统传递函数转换为伯德形式，如式（5.44）所示。

2）找出 $K_0(\mathrm{j}\omega)^n$ 项 n 阶的值。根据 n 的值，开始通过 $\omega=1\mathrm{rad/s}$ 处的点 K_0 来绘制斜率为 n 或 $n\times20\mathrm{dB/dec}$ 的低频幅值渐近线。

3）确定转折点（转折频率），其中 $\omega=1/\tau_i$。通过以下方法继续绘制幅值渐近线：延长低频渐近线，直到到达第一个频率转折点为止，接着根据转折点是来自分子还是分母中的一阶或二阶项来使斜率提升 $\pm20\mathrm{dB/dec}$ 或 $40\mathrm{dB/dec}$，随后，继续按升序穿过所有转折点进行绘制。这意味着如果转折点属于分子，对于一阶零点，斜率将为 $20\mathrm{dB/dec}$；对于二阶零点，斜率将为 $40\mathrm{dB/dec}$。但是，如果转折点属于分母，对于一阶极点，斜率将为 $-20\mathrm{dB/dec}$；对于二阶极点，斜率将为 $-40\mathrm{dB/dec}$。

4）按近似的幅值曲线绘制并连接多条渐近线：在一阶分子转折点处使渐近线增加 $3\mathrm{dB}$ 以及在一阶分母转折点处使渐近线降低 $-3\mathrm{dB}$。在二阶转折点处，根据图 5.30a 在转折点处使用方程 $\left|G(\mathrm{j}\omega)\right|=1/(2\zeta)$ 绘制谐振峰或谷。

接着，让我们来了解一下如何绘制相位频率响应。

1）如果式（5.44）中的 K_0 为正，在 $0°$ 处开始绘制线条（斜率为零）。如果式（5.44）中的 K_0 为负，在 $-180°$ 处开始绘制线条（斜率为零）。

2）绘制相位曲线 $\phi=n\times90°$ 的低频渐近线。如果 $n=-1$，那么 $\phi=-90°$；如果 $n=-2$，那么 $\phi=-180°$，依此类推。

3）通过以下方法绘制近似的相位曲线：在 20 个变化区间内，在每个转折点处，以升序的方式逐渐产生 $\pm90°$ 或 $\pm180°$ 的相位变化。对于分子中的一阶项，相位变化为 $+90°$；对于分母中的一阶项，相位变化为 $-90°$。对于二阶项，分子和分母的变化为 $\pm180°$。

4）从上一步绘制出的近似曲线确定每条相位曲线的渐近线，使它们的相位变化与相位中的阶跃相对应。

5）将每条相位曲线加在一起可以得到最终完整的相位响应。

现在，我们使用示例传递函数来说明如何使用上面所讨论的技术来绘制伯德图。

一个系统的传递函数为

$$G(s)=\frac{143232s}{(s+2)(s+20)(s+40)^2} \tag{5.53}$$

1）将此系统函数转换为伯德形式，则

$$\begin{aligned}
G(j\omega)&=\frac{143232}{2\times20\times40^2}\frac{j\omega}{\left(1+\dfrac{j\omega}{2}\right)\left(1+\dfrac{j\omega}{20}\right)\left(1+\dfrac{j\omega}{40}\right)^2}\\
&=2.238\frac{j\omega}{\left(1+\dfrac{j\omega}{2}\right)\left(1+\dfrac{j\omega}{20}\right)\left(1+\dfrac{j\omega}{40}\right)^2}
\end{aligned}$$

2）根据此方程，我们可以得出，原点上仅有一个零点，实轴上有 4 个极点，它们是 $\omega=2$ 处的极点 1、$\omega=20$ 处的极点 2，以及 $\omega=40$ 处的极点 3 和极点 4。

3）由于分子 $j\omega=(j\omega)^1$，使得 $n=1$，这意味着应使用 20dB/dec 的斜率从 $\omega=0$ 处开始绘制一条线，直到到达 $\omega=2$ 为止，在此处将与第一个极点相会并且它是一阶项。因此，可以将 $\omega=2$ 视为第一个转折点。$\omega=1$ 处的增益为 $20\log(2.238)\text{dB}=7\text{dB}$。

4）在第一个转折点 $\omega=2$ 处，将与一个一阶极点相会。因此，应使用 -20dB/dec 的斜率绘制一条水平线（斜率 $+20\text{dB/dec}$ 和 -20dB/dec 的总和为零），直到到达第二个转折点 $\omega=20$ 处。

5）在第二个转折点 $\omega=20$ 处，将与另一个一阶极点相交。因此，使用 -20dB/dec 的斜率绘制一条斜率为 -20dB/dec 的线，因为斜率 0dB/dec 和 -20dB/dec 的总和等于 -20dB/dec。在抵达第 3 个转折点 $\omega=40$ 处的第 3 个和第 4 个极点时停止绘制。

6）在第三个转折点 $\omega=40$ 处，将与一个二阶极点项相交。因此，应使用 -60dB/dec 的斜率绘制一条斜率为 -60dB/dec 的线，直到抵达位于无穷远处的另一个转折点为止。

接下来，绘制相位图。

1）由于增益 $K=2.238$ 为正，因此，我们可以从 $0°$ 开始绘制相位图。但是因为 $n=1$，因此，应绘制 $+90°$，直到抵达第一个转折点 $\omega=2$。

2）在第一个转折点 $\omega=2$ 处，将与一个一阶极点项相交。应按之前的相位 $+90°$ 添加一个 $-90°$，得到一个 $0°$ 相位。这是从 $+90°$ 到 $0°$ 的一个渐进过程，直到抵达第二个转折点 $\omega=20$ 处为止。

3）在第二个转折点 $\omega=20$ 处，相位应为 $-90°$，这是因为该位置处有一个一阶极点项。

从第一个转折点 $\omega=2$ 到第二个转折点 $\omega=20$，相位应平稳地从 $0°$ 渐变到 $-90°$。继续进行此过程，直到抵达第三个转折点 $\omega=40$ 处。

4）在第三个转折点 $\omega=40$ 处，相位应为 $-270°$，因为该频率处有一个二阶极点项，这相当于向相位图添加一个 $-180°$ 相位。当然，此相位变化过程也是平稳渐进的。

图 5.32 所示为此系统的完整伯德图。图 5.33 所示为使用 MATLAB 函数 bode( ) 绘制的真正频率图。

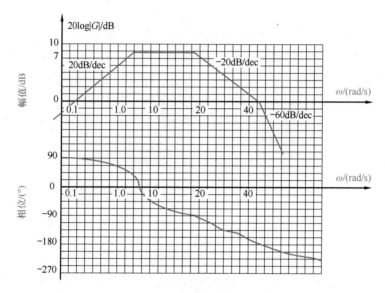

图 5.32　幅值和相位响应的完整伯德图

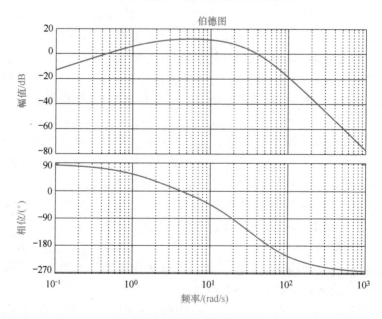

图 5.33　实际的系统频率响应

5.3.1.4　增益和相位频率关系

从伯德图可以看出，可以使用直线将幅值频率响应表示为分段的线性曲线。通过这些分段的线性曲线,我们可以在不需要精确绘制的情况下进行一些简单的计算。

使用此技术的关键在于,幅值图的斜率必须是 20dB/dec 的整倍数。这样一来,我们可以从一条线上的一个点找到另一个点,无须绘制相位曲线即可在特定频率下计算相位。

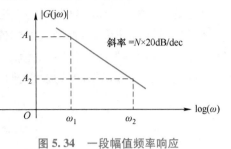

图 5.34 一段幅值频率响应

例如,有一段幅值频率响应图如图 5.34 所示,此伯德图的幅值斜率必须是 20dB/dec 的整倍数,即斜率为 $N \times 20$dB/dec(N 为一个整数)。

根据图 5.34 中的一段可知,存在以下关系,即

$$20\log(A_2) = 20\log(A_1) - N \times 20 \times (\log\omega_2 - \log\omega_1)$$

$$\log\left(\frac{A_2}{A_1}\right) = -N \log\left(\frac{\omega_2}{\omega_1}\right) = \log\left(\frac{\omega_1}{\omega_2}\right)^N$$

$$\left(\frac{A_2}{A_1}\right) = \left(\frac{\omega_1}{\omega_2}\right)^N \tag{5.54}$$

根据式(5.54),我们可以在一个伯德图中使用已知的其他一些点来找到某一点的值。例如,如果已知点 A_1、A_2 和 ω_1 的值,我们可以推导出点 ω_2 的值。同样,如果已知点 A_1、ω_1 和 ω_2 的值,我们可以计算点 A_2 的值。

使用此技术计算点的值时,必须记住以下条件:

1)伯德图中使用的尺度为对数尺度,但公式中使用的增益的单位不是 dB(只是无单位的增益)。

2)此公式只是一个近似公式,只有当此直线伯德图真正与实际频率响应曲线近似时它才有效。

现在,我们通过一个示例来说明如何使用此技术来根据已知点计算另一些点的值。

图 5.35 所示为一个幅值频率响应(伯德图)。根据此伯德图可推导此系统的传递函数。

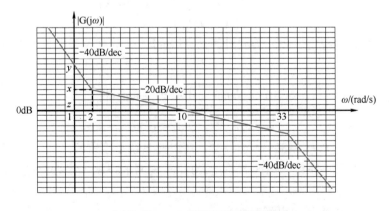

图 5.35 一个幅值频率响应示例

通过此图可以确定以下参数:

1)$\omega = 0$ 处有两个极点,因为初始斜率为 -40dB/dec。

2）第一个转折点 $\omega=2$ 处有一个零点，因为从此点开始，斜率变为了−20dB/dec。

3）第二个转折点 $\omega=33$ 处有一个极点，因为从此点开始，斜率变回了−40dB/dec。

但是，没有给出 $\omega=1$ 处增益 K 的值，将用字母 y 标记，表示未知。因此，需要根据已知的其他一些点的值来计算此点的值。

根据这些给出或已知的参数，我们可以推导系统的传递函数（采用伯德图的形式）为

$$G(\mathrm{j}\omega) = \frac{K\left(1+\dfrac{\mathrm{j}\omega}{2}\right)}{(\mathrm{j}\omega)^2\left(1+\dfrac{\mathrm{j}\omega}{33}\right)}$$

若要计算增益值，需要使用上面的式（5.54）。

首先，需要使用式（5.54）来得到点 x 处的值。在这里，$A_1=x$、$A_2=z=1$、$\omega_1=2$ 且 $\omega_2=10$。需要注意的一点是，尽管 z 处 $20\log(A_2)$ 值为 0dB，但它的实际值为 1（如上述条件，只是无单位的增益）。根据式（5.54），可以得出

$$\left(\frac{1}{x}\right) = \left(\frac{2}{10}\right)^1$$

因此 $x=5$。

这里的 N 值等于 1，因为此图中绘制的斜率为−20dB/dec。

现在，计算此系统的增益 y 点的值。接下来仍然利用式（5.54）。在这里，$A_1=y$、$A_2=x$、$\omega_1=1$ 且 $\omega_2=2$，将这些值代入式（5.54），可以得出

$$\left(\frac{x}{y}\right) = \left(\frac{1}{2}\right)^2 \quad \text{或}\left(\frac{5}{y}\right) = \left(\frac{1}{2}\right)^2$$

因此 $y=20$。

最终传递函数（式中 $s=\mathrm{j}\omega$）为

$$G(s) = \frac{20\left(1+\dfrac{s}{2}\right)}{(s)^2\left(1+\dfrac{s}{33}\right)} = 330\,\frac{(s+2)}{s^2(s+33)}$$

若要检查系统是否稳定，我们需要计算 $\omega=10\mathrm{rad/s}$ 处的相位裕度，其中增益为 0。$\omega=10\mathrm{rad/s}$ 处的相位为

$$\angle G(\mathrm{j}10) = \arctan\left(\frac{10}{2}\right) - 180° - \arctan\left(\frac{10}{33}\right)$$

$$= 78.69° - 180° - 16.86° = -118.17°$$

相位裕度为 $-118.17° - (-180°) = 61.83°$，所以此系统是稳定的。

我们来看另一个示例系统，图 5.36 所示为此系统的伯德图，根据此图确定非最小相位传递函数。

根据图 5.36，可以推导出以下参数：

1）$\omega=5$ 处有两个极点，因为显示的斜率为−40dB/dec。

2）$\omega=20$ 处有一个零点，因为显示的斜率为−20dB/dec。

3）增益为 12dB，K 相当于 3.98。

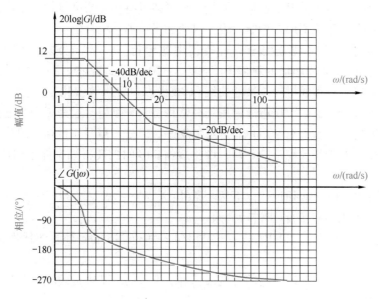

图 5.36　示例系统的伯德图

问题在于：零点在哪里？在 s 左半平面还是 s 右半平面中？从相位频率响应可以看出，此零点必定在 s 右半平面中。否则，$\omega = 20\text{rad/s}$ 处的相位应上升，但是，图 5.36 中并不是这样，因此，它应位于 s 右半平面。

根据这些参数和分析，我们可以得出如下传递函数，即

$$G(s) = \frac{3.98\left(1-\dfrac{s}{20}\right)}{\left(1+\dfrac{s}{5}\right)^2} = 4.975\frac{(20-s)}{(s+5)^2}$$

伯德（Bode）最重要的贡献是他的定理："对于任何稳定的最小相位系统，$G(\text{j}\omega)$ 的相位仅与 $G(\text{j}\omega)$ 的幅值相关"，所谓稳定的最小相位系统，意味着是一个没有 s 右半平面零点或极点的系统。换言之，所有零点和极点位于 s 左半平面的稳定系统称为最小相位系统。

使用对数刻度表示 $|G(\text{j}\omega)|$ 的斜率与 ω 时，存在以下关系，即

$$\angle G(\text{j}\omega) \cong n \times 90°$$

式中，n 是 $|G(\text{j}\omega)|$ 的斜率，单位为 dec，表示频率的每十倍频程幅值。

伯德增益相位定理可以表示为

$$\angle G(\text{j}\omega_0) = \frac{1}{\pi}\int_{-\infty}^{\infty}\left(\frac{\text{d}M}{\text{d}u}\right)W(u)\text{d}u \quad (\text{单位为 rad})$$

式中，M 为 $|G(\text{j}\omega)|$ 的对数振幅；u 为对数，即 $\log(\omega/\omega_0)$；$\text{d}M/\text{d}u$ 为斜率 n；$W(u)$ 为加权函数，$W(u) = \log(\coth|u|/2)$。

接着，让我们来了解一下如何使用伯德图频率响应方法来设计补偿器。

5.3.2　伯德图法设计补偿器的一般注意事项

正如 5.3.1.2 小节中所讨论的，一个系统的稳定性和稳定裕度之间的关系是设计适用于

该系统任何类型补偿器的关键。通常，原始系统可能没有相位裕度或相位裕度较小，无法使系统处于稳定状态或系统不那么稳定。设计目的在于添加一些补偿器，从而使闭环系统不仅更加稳定，同时还能满足规范要求。若要实现此目标，一般的方法是修改或更改围绕 $20\log G(j\omega)=0$ 处转折频率幅值的斜率，使它等于-20dB/dec 从而得到更多相位裕度。

实际上，补偿过程可通过控制增益曲线和/或极点位置来改善相位裕度，从而使系统更加稳定并满足规范。幅值频率响应通常用于补偿相位频率响应，这是因为通过幅值频率响应图计算相位裕度更加容易，对于用户而言更加友好。但是，需要通过相位图找出增益裕度则有些麻烦。此外，对于任何稳定的环路，增益达到 0dB 时的转折频率低于相位达到$-180°$时的频率。

使用伯德图方法时，必须记住以下两个条件：

1）始终以-20dB/dec 的斜率进行分频。

2）不能通过 0dB/dec、20dB/dec、-40dB/dec 和-60dB/dec 等其他任何斜率得到任何合适的相位裕度。

在设计实际的补偿器之前，我们首先来了解一下不同的基础构建块，熟悉一下它们的用途和功能。4 种典型的构建块包括：

1）单极点（相位滞后补偿器）。

2）单零点（相位超前补偿器）。

3）积分器。

4）微分器。

单极点和单零点的传递函数为

$$\begin{cases} G_1(s) = \dfrac{1}{1+\dfrac{s}{p}} \\ G_2(s) = 1+\dfrac{s}{z} \end{cases}$$

图 5.37a、b 所示为相关的伯德图。

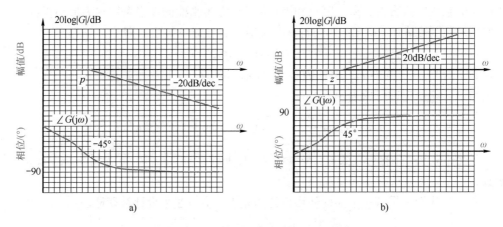

图 5.37　单极点和单零点块的伯德图

从图 5.37 可以看出，单极点的转折频率为 $\omega=p$；对于单零点块，此值为 $\omega=z$。从此频率开始，对于单极点块，幅值频率响应将按-20dB/dec 下降；对于单零点块，幅值频率响应将按 20dB/dec 上升。此外，在此频率处，相位为-45°（单极点块）和 45°（单零点块）。

至于积分器和微分器块，图 5.38 所示为它们的伯德图。

从图 5.38a 可以看出，积分器有一条斜率为-20dB/dec 的线，并且对于所有频率，相位为-90°。但微分器有一条斜率为 20dB/dec 的线，并且对于所有频率，相位为 90°，如图 5.38b 所示。

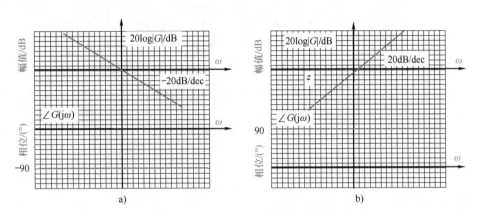

图 5.38　积分器和微分器块的伯德图

可以通过将这些基础块相加来构建其他任何复杂系统的完整伯德图。

在掌握了这些基础技术后，我们现在开始设计并构建一些补偿器来提高所需控制系统的性能。首先，我们来设计相位超前补偿器。

5.3.3　伯德图法设计相位超前补偿器

正如我们在 5.2.4 小节中所讨论的，一个典型的相位超前补偿器可以表示为

$$D(s) = K\frac{s+z}{s+p} \tag{5.55}$$

对于相位超前补偿器，$|z| < |p|$；对于相位滞后补偿器，$|z| > |p|$。通常，相位超前补偿会添加一个微分项，并且会提高带宽和响应的速度，但会减少超调量。

设计相位超前补偿器通常会在低于幅值为 1 时的转折频率的一个频率处放置一个零点 z，并在高于此转折频率的一个频率处放置一个极点 p。添加一个零点的目的是增加转折频率附近的幅值斜率，使它以更慢的速率下降，从而提高相位裕度。确切地说，相位超前补偿器可以提高零点 z 和极点 p 这两个转折点之间区间中的相位。可以通过以下方程确定最大相位增量和最大转折频率 ω_{cmax}，即

$$\varphi_{max} = \arcsin\left(\frac{1-\alpha}{1+\alpha}\right) \tag{5.56}$$

式中，$\alpha = \dfrac{z}{p}$ 且 $\omega_{cmax} = \sqrt{|z| \cdot |p|}$。

图 5.39 所示为可以使用相位超前补偿器增加的最大相位与参数 $1/\alpha$ 之间的关系。现在，我们将通过一个示例来说明如何使用伯德图方法为控制系统设计一个相位超前补偿器。

系统对象的一个传递函数如下，即

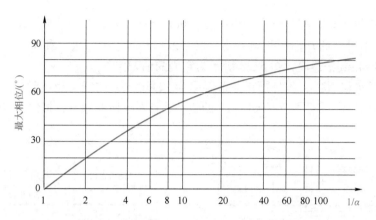

图 5.39 最大相位与参数 $1/\alpha$ 之间的关系

$$G(s)=\frac{43}{s\left(1+\dfrac{s}{2}\right)}\Bigg|_{s=j\omega}=G(j\omega)=\frac{43}{j\omega\left(1+\dfrac{j\omega}{2}\right)} \qquad (5.57)$$

规范包括：①需要跟踪输入 $r(t)$，确保与 1rad/s 输入频率的误差小于 1%；②相位裕度应介于 55° 和 65° 之间；③$\omega_c=20$rad/s。

首先，我们来绘制原始系统的伯德图，如图 5.40 所示。转折频率 $\omega=6.5$rad/s 处的相位约为 $-165°$，相位裕度约为 $-165°-(-180°)=15°$。

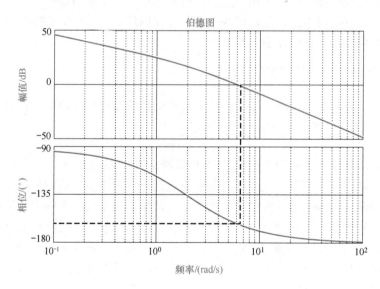

图 5.40 原始系统的伯德图

若要满足这些规范，当输入为一个单位斜坡或 $R(s)=1/s^2$ 时，稳态误差应小于 1%。可以按下式对此进行计算，即

$$e_{ss}=\lim_{s\to0}s\left(\frac{1}{1+D(s)G(s)}\right)R(s)=\lim_{s\to0}s\left(\frac{1}{1+D(s)G(s)}\right)\frac{1}{s^2}$$

$$=\lim_{s\to0}\frac{s+2}{s(s+2)+86D(s)}=\frac{2}{86D(0)}$$

这意味着

$$\frac{2}{86D(0)} \leq 0.01 \ 或 \ D(0) \geq 2.325$$

因此，可以在式（5.55）中选择 $K = 2.33$ 作为相位超前补偿器的增益。根据规范，相位裕度应介于 55° 和 65° 之间，因此，可以将所需的相位裕度选为 55°。原始系统已提供了一个 15° 相位裕度，因此，只需要在转折频率 $\omega = 6.5\text{rad/s}$ 处有一个额外的 40° 相位裕度。但是，如果在维持相同的低频增益时，同时添加了一个补偿器零点，那么转折频率将会增加，这可能会得到一个超过 40° 的相位裕度。因此，应设计一个相位超前补偿器，使用一个新的转折频率 $\omega_c = 20\text{rad/s}$ 将最大相位超前限制为 60°。从图 5.39 可以看出，$1/\alpha = 12$ 将满足此要求，这意味着 $z = 0.08p$。

此外，通过式（5.56），所需的新转折频率 $\omega_c = 20\text{rad/s}$；根据该式，可以得出 $\omega_c^2 = zp = 400$，并对 $z = 0.08p$ 进行求解，可得 $z = 5.6$ 和 $p = 70$。将这些值代入补偿器中，我们可以得到

$$D(s) = 2.33 \frac{1 + (s/5.6)}{1 + (s/70)}$$

相位超前补偿系统的伯德图如图 5.41a 所示。图 5.41b 所示为此闭环系统的阶跃响应。从图 5.41a 可以看出，新转折频率 $\omega = 25\text{rad/s}$ 处的相位约为 $-120°$；因此，相位裕度约为 60°。从阶跃响应中可以看出，超调量约为 18%，稳态误差小于 1%。总之，可以通过以下两个步骤执行相位超前补偿器的设计过程：

1）确定低频增益 K 来满足稳态误差的要求。

2）根据式（5.56）选择参数 $1/\alpha$ 和零点位置的组合，从而在所需的新转折频率处得到可接受的 PM。

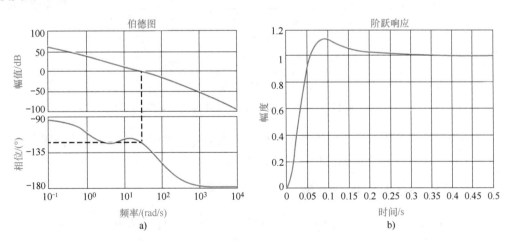

图 5.41　补偿的伯德图和阶跃响应

接着，我们来了解一下相位滞后补偿器的设计。

5.3.4　伯德图法设计相位滞后补偿器

通常，通过使用相位滞后补偿器，伯德图中幅值响应的带宽将减少，这是因为在非常低

的频率处应用了一个极点。由于转折频率降低了，因此，相位裕度相对增加了。使用相位滞后补偿器的优势在于可以减少稳态误差，但代价是相位会降到低于转折点。

使用上小节中所用的相同示例，使用伯德图方法设计相同规范的相位滞后补偿器。

正如我们在上一小节中所做的，低频增益仍为 $K=2.33$。为了防止补偿相位滞后的不利影响，补偿器的极点和零点需要大大低于新转折频率。为了得到 $65°$ 相位裕度，根据图 5.39（对于相位滞后，$\alpha = p/z$），$1/\alpha$ 等于 20。但是，因为这是一个可能使相位降低的相位滞后补偿器，因此，对于 $1/\alpha$，我们应首选一些较大的相位裕度，例如 60。如果选择 $\omega = 0.001\text{rad/s}$ 等极低频率处的极点，那么零点应位于 $\omega = 0.06\text{rad/s}$ 处。这样会得到传递函数如下的相位滞后补偿器，即

$$D(s) = 2.33 \frac{1+(s/0.06)}{1+(s/0.001)}$$

图 5.42 所示为补偿的伯德图频率响应。从此图可以看出，新转折频率处的相位裕度约为 $65°$。

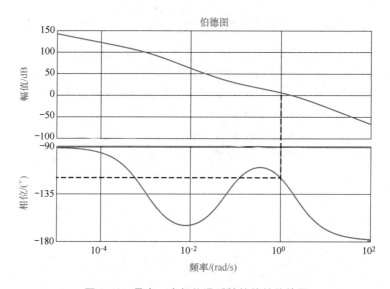

图 5.42　具有一个相位滞后的补偿的伯德图

设计相位滞后补偿器的一个特性在于补偿的极点和零点必须位于原始系统的零点和极点的左侧。否则，设计的补偿器无法有效地起到作用。

5.3.5　伯德图法设计 PID 控制器

通过将一个相位超前和一个相位滞后补偿器组合起来，可以构建一个 PID 控制器。但是，通常我们选择直接设计 PID 控制器。一个标准的 PID 控制器的传递函数为

$$D(s) = K_P + K_D s + K_I \frac{1}{s} = \frac{K}{s}\left[(1+T_D s)\left(S+\frac{1}{T_I}\right)\right] = \frac{K}{s}\left[\left(1+\frac{s}{\omega_D}\right)(s+\omega_I)\right] \quad (5.58)$$

式中，$\omega_D = 1/T_D$ 且 $\omega_I = 1/T_I$，它们是伯德图上补偿的零点和极点的位置。图 5.43 所示为 PID 控制器或补偿器的频率响应。此外，此图还显示了转折频率（或转折点）ω_D 和 ω_I。T_D 称为微分时间常数，T_I 称为积分时间常数。

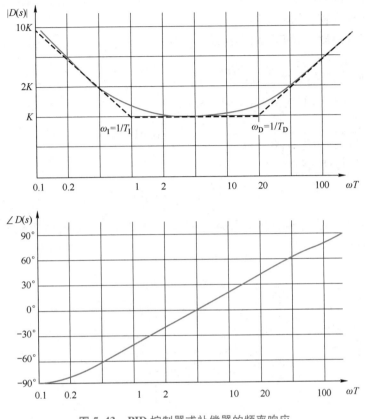

图 5.43　PID 控制器或补偿器的频率响应

与其他补偿器相比，使用 PID 补偿器的优势在于：

1）可以同时在一个补偿器中满足多个设计要求，例如超调量、稳态误差、上升时间和安定时间。

2）与其他任何补偿器相比，它的功能更加强大，因为它可提供 3 种控制增益，使用户能够有更多的选择，并且对控制目标具有更好的控制性。

3）它可以提供更稳定以及噪声抑制的功能，因为它的相位裕度和积分因子的范围较广。

根据控制目标的不同，有时，图 5.43 所示的极点和零点可能会交换位置，从而提供更多相位超前功能来改进相位裕度要求。

我们通过一个示例来说明如何使用伯德图或频率响应方法为目标对象设计 PID 控制器。对象的传递函数为

$$G(s) = \frac{s+10}{s^2}$$

设计规范包括稳态误差小于 1%，新的近似转折频率约为 0.35rad/s，阻尼比良好。

若要找出合适的 PID 控制器，通常我们需要选择合适的增益 K 来满足稳态误差要求。由于对象传递函数中存在极点 $s=0$，而显示了一个 -40dB/dec 的斜率，我们需要在接近新的转折频率 $\omega=0.35$rad/s 处放置一个零点，使此斜率为 -20dB/dec 来增加相位裕度。通常，我

们可以选择低于新转折频率 1/4 的 ω_D 来实现此目的。此外，我们可以选择高于新转折频率 4 倍的 ω_I，从而得到较小的稳态误差。

根据这些设计思路，我们可以得到以下计算：

1）选择 $\omega_D = \dfrac{\omega_c}{4} = \dfrac{0.35}{4} \text{rad/s} = 0.0875 \text{rad/s}$。

2）选择 $\omega_I = 4 \times \omega_c = 4 \times 0.35 \text{rad/s} = 1.4 \text{rad/s}$。

3）选择增益 $K = \dfrac{1}{|D(j\omega)G(j\omega)|}\Big|_{\omega=0.2} = \dfrac{1}{100} = 0.01$。

PID 控制器的传递函数应为

$$D(s) = \frac{0.01}{s}\left[\left(1+\frac{s}{0.0875}\right)(s+1.4)\right] \tag{5.59}$$

图 5.44 所示为 PID 控制器的补偿频率响应。可以看出，新的转折频率约为 1.6rad/s，相位裕度约为 54°。

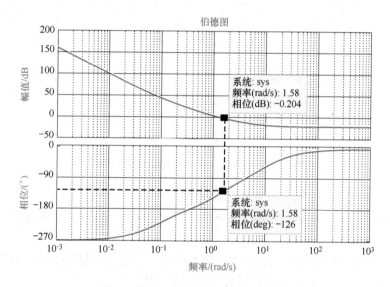

图 5.44　PID 控制器的补偿频率响应

5.3.6　伯德图法设计补偿器的计算机辅助方法

尽管通过亲手设计不同的补偿器可以极大地提高控制系统的性能，但使用计算机辅助方法设计不同的补偿器来进行类似的设计工作更加高效和便捷。

正如我们在 5.2.6 小节中所讨论的，MATLAB 提供了一系列工具来支持用户设计和构建各种补偿器，用于改进针对不同控制系统的控制性能。在本小节中，我们将主要介绍以下工具：

1）SISOTool。

2）PIDTool。

3）Simulink。

首先，我们来介绍一下 SISOTool，了解如何使用伯德图帮助设计和构建补偿器来改进控制性能。

5.3.6.1　使用 SISOTool 通过伯德图来设计补偿器

正如我们在 5.2.6 小节中所讨论的，SISOTool 可提供根轨迹图和伯德图这两个主要的工具，帮助用户针对所选的对象或目标设计各种不同类型的补偿器。5.2.6.2 小节中对此工具进行了详细的介绍和讨论。有关此工具的更多详细信息，请参见该节。

现在，使用在 5.2.4 小节中所设计的相位超前补偿器为例来说明如何使用此工具（SISOTool）来通过伯德图方法有效设计和构建闭环控制系统。我们的对象模型和补偿器为

$$\begin{cases} G(s) = \dfrac{1}{s(s+1)} \\ D(s) = K\dfrac{s+z}{s+p} \end{cases} \tag{5.60}$$

1）需要创建对象模型并在命令窗口中输入以下脚本：

```
G=tf(1,[1 1 0]);
sisotool
```

2）在打开的 SISOGUI 窗口上，单击"File"（文件）→"Import"（导入）菜单项打开"System Data"（系统数据）对话框。

3）单击"Browse"（浏览）按钮打开"Model Import"（模型导入）对话框。确保选中"Workspace"（工作区）复选按钮后，单击对象"G"，然后单击"Import"（导入）按钮。

4）在"Model Import"（模型导入）对话框上单击"Close"（关闭）按钮，然后在"System Data"（系统数据）对话框上单击"OK"（确定）按钮来关闭它。

5）现在，此原始系统的根轨迹和伯德图将显示在此 GUI 工具上，如图 5.45 所示。转折频率为 0.785rad/s，PM 为 51.8°。

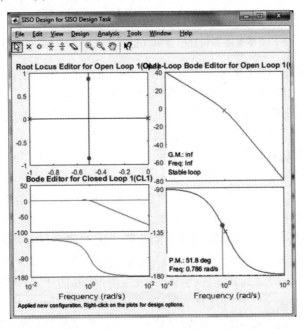

图 5.45　原始对象的伯德图（已取得 MathWorks 公司的翻印许可）

6）若要放置一对共轭复数极点 $s_{1,2} = \sigma \pm j\omega_d = -2 \pm j2$ 来使阻尼比 $\zeta = 0.707$，可右击伯德图并选择"Design Requirements"（设计要求）→"New"（新建）项，打开"New Design Requirement"（新建设计要求）对话框。在"Design requirement type"（设计要求类型）组合框上单击下拉箭头，然后选择"Gain and Phase margins"（增益和相位裕度）。取消选中"Gain margin"（增益裕度）复选框，因为不需要考虑这个参数。接着，在相位裕度框中输入 70，然后单击"OK"（确定）按钮。

7）单击"Design"（设计）→"Edit Compensator"（编辑补偿器）菜单项，打开"Control and Estimation Tools Manager"（控制和估计工具管理器），开始设计补偿器。

8）右击"Dynamics"（动态）框，选择"Add Pole/Zero"（添加极点/零点）项，单击"Real Zero"（实零点），将我们估计的零点-2.14 添加到该框中，如图 5.46 所示。

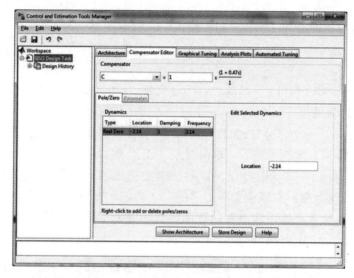

图 5.46　将一个零点添加到补偿器中（已取得 MathWorks 公司的翻印许可）

9）回到 SISO Design GUI 窗口，然后单击工具栏上的极点符号×，将它拖放到伯德图中幅值响应轨迹上最右侧的位置。完成后的窗口应与图 5.47 所示的窗口类似。

10）从图 5.47 中可以看出，PM 现在增加到了 70.7°，转折频率也从 0.785rad/s 增加到了 0.826rad/s，这个增量幅度非常小，可以接受。

11）若要检查闭环极点是否位于伯德图上的所需位置中，选择"View"（视图）→"Closed-Loop Poles"（闭环极点）菜单项，打开"Closed-Loop Pole Viewer"（闭环极点查看器），如图 5.48 所示。可以看出，所有参数的实际值包括所需的闭环极点位置、补偿的极点位置、阻尼比 ζ 和频率。这些控制参数的值非常接近我们所需的值，例如阻尼比 $\zeta = 0.728$。

12）现在，我们需要绘制闭环控制系统的阶跃响应和闭环伯德图响应来检查和确认设计是否匹配设计规范。选择菜单项"Analysis"（分析）→"Other Loop Responses"（其他环路响应）打开"Control and Estimation Tools Manager"（控制和估计工具管理器），如图 5.49 所示。仅选择"Closed Loop r to y"（闭环 r 到 y）行并勾选"1"和"2"复选框，这是因为我们需要阶跃响应和闭环伯德图响应。随即将显示此补偿系统的阶跃响应和闭环伯德图响应，如图 5.50 所示。

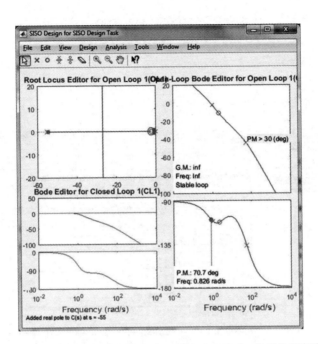

图 5.47　补偿器和对象的伯德图（已取得 MathWorks 公司的翻印许可）

图 5.48　打开的 **Closed-Loop Pole Viewer**（已取得 MathWorks 公司的翻印许可）

最终补偿器或相位超前可以表示为

$$D(s) = K\frac{s+z}{s+p} = \frac{s+2.14}{s+55}$$

在"Control and Estimation Tools Manager"（控制和估计工具管理器）对话框的"Compensator Editor"（补偿器编辑器）选项卡中，可以找到最终增益 $K(=1)$。还可以通过单击"View"（视图）→"Design History"（设计历史记录）项，打开"Design History"（设计历史记录）对话框，使用参数值检查整个设计过程。我们的最终设计参数为：

```
22-Nov-2017:Starting SISO Tool for system:SISO Design Task
Changed control system configuration.
Added Poles/Zeros.
Edited zero.
Added real pole to C(s)at s=-55
```

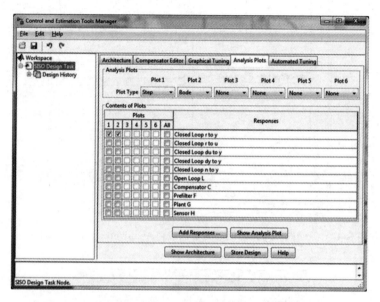

图 5.49　打开的 **Control and Estimation Tools Manager**（已取得 MathWorks 公司的翻印许可）

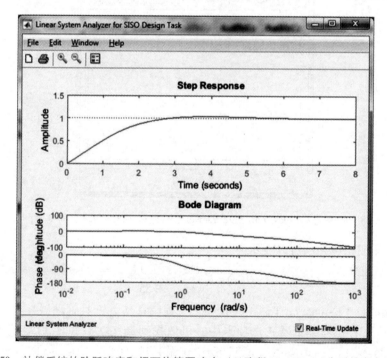

图 5.50　补偿系统的阶跃响应和闭环伯德图响应（已取得 MathWorks 公司的翻印许可）

可以通过单击"Save to Text File"（保存到文本文件）按钮将此过程保存为一个文本文件。

最后，可以将设计保存到工作区中，供以后使用。转到"File"（文件）→"Export"（导出）菜单项并选择"Compensator C"（补偿器 C），然后单击"Export to Workspace"（导出到工作区）按钮。

5.3.6.2　使用 PID Tool 或 PID Tuner 设计和调整补偿器

PID Tool 是 MATLAB Control System Toolbox 提供的一个有效工具，帮助用户为所选的对象系统设计、构建和调整所需的 PID 控制器。在 MATLAB 新版本中，PID Tool 也称为 PID Tuner，它们具有类似的控制功能。

此工具中涉及 3 个函数，它们分别是 pidtune()、pidtuneOptions() 和 pidTuner()。

前两个函数可以从命令行调用并执行相关的功能；但第 3 个函数是一个 GUI 工具，可提供一个图形界面，使用户能够轻松地设计和调整他们的 PID 控制器。

1）对于第一个函数 pidtune()，它可以调整 PID 控制器 C 的参数来平衡性能（响应时间）和鲁棒性（稳定裕度）。可以使用不同的语法：

```
C=pidtune(sys,type)。
C=pidtune(sys,C0)。
C=pidtune(sys,type,wc)。
C=pidtune(sys,C0,wc)。
C=pidtune(sys,...,opts)。
[C,info]=pidtune(...)。
```

第 1 个语法 C=pidtune(sys,type) 为对象 sys 设计一个类型为 type 的 PID 控制器。如果 type 指定了一个自由度（1-DOF）的 PID 控制器，那么此控制器设计可用于单位负反馈回路。

利用函数 C=pidtune(sys,C0) 可设计出与控制器 C0 类型和形式相同的控制器。如果 sys 和 C0 是离散时间模型，那么 C 具有与 C0 相同的离散积分器公式。函数 C=pidtune(sys,type,wc) 和 C=pidtune(sys,C0,wc) 为开环响应的第一个 0dB 增益转折频率指定一个目标值 wc。

函数 C=pidtune(sys,...,opts) 使用额外的调整选型，例如目标相位裕度和噪声抑制程度。在调用此函数之前，应使用函数 pidtuneOptions() 指定那些选项。

最后的语法 [C,info]=pidtune(...) 返回数据结构信息，信息包含有关闭环稳定性、所选开环增益转折频率和实际相位裕度的信息。

2）函数 pidtuneOptions() 可用于定义 pidtune() 函数的选项，其提供了两个语法：

```
opt=pidtuneOptions()。
opt=pidtuneOptions(Name,Value)。
```

第 1 个语法返回 pidtune() 命令的默认选项设置，第 2 个语法使用由一个或多个 Name-Value 参数对指定的选项创建一个选项设置。可以使用以下 3 个典型的 Name-Value 对：

Name：'PhaseMargin'；Value：相位裕度的数值（默认 60°）。

Name：'DesignFocus'；Value：

① 'balanced'（默认值）：针对给定的鲁棒性，调整控制器来平衡参考跟踪和干扰消除。

② 'reference-rtracking'：如有可能，调整控制器来促进参考跟踪。

③ 'disturbance-rejection'：调整控制器来促进干扰消除。

Name：'NumUnstablePoles'；Value：不稳定极点的数量（默认0）。

使用这两个函数的例子有：

```
sys=tf(1,[1 3 3 1]);
opts=pidtuneOptions
('PhaseMargin',60,'DesignFocus','disturbance-rejection');
[C,info]=pidtune(sys,'pid',opts);
```

现在，我们通过之前的示例来说明如何使用与 pidtune 相关的这些函数来设计一个所需的 PID 控制器。系统对象与式（5.60）所示的对象一样，即

$$G(s)=\frac{1}{s(s+1)}$$

若要为此系统设计一个 PID 控制器，使用以下 MATLAB 脚本生成一个脚本文件：

```
s=tf('s');
G=1/(s*(s+1));
opts=pidtuneOptions('PhaseMargin',70,'DesignFocus','disturbance-rejection');
[C,info]=pidtune(G,'pid',opts)
```

设计结果将显示在命令窗口中，如下所示：

```
C =

   Kp+Ki * 1/s +Kd * s

 with Kp=2.76,Ki=1.13,Kd=1.69
Continuous-time PID controller in parallel form.
info =
        Stable:1
        CrossoverFrequency:1.7810
        PhaseMargin:70
```

通过使用以下 MATLAB 脚本，可以为此补偿闭环系统绘制阶跃响应，如图 5.51 所示。

```
% use pidtune()and pidtuneOptions()functions to design PID controller
s=tf('s');
G=1/(s*(s+1));
opts=pidtuneOptions('PhaseMargin',70,'DesignFocus','disturbance-rejection');
[C,info]=pidtune(G,'pid',opts);
P=C.Kp;
I=C.Ki;
D=C.Kd;
CC=(P+(I/s)+D*s);
```

```
H=CC*G;
sys=feedback(H,1);
step(sys);  grid;
```

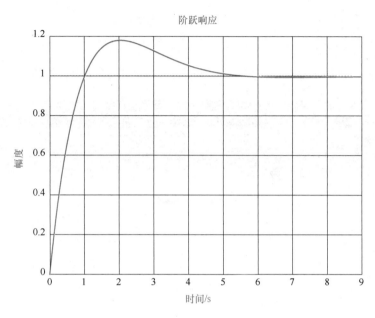

图 5.51　补偿闭环系统的阶跃响应

3）现在，我们来了解一下第 3 个函数 pidTuner（），这是一个 GUI 工具，可以帮助用户更轻松方便地设计并调整 PID 控制器。

此工具提供一个图形用户界面（GUI）来促进 PID 控制器的设计和调整过程。PID Tuner 函数将打开 PID Tuner 工具，用于设计 1-DOF 或 2-DOF PID 控制器。对于 1-DOF PID 控制器，此工具可提供一个单位负反馈通道来构成一个闭环控制系统块。

此工具有 4 个可用的语法：pidTuner（ ）、pidTuner（ sys）、pidTuner（ sys，type） 和 pidTuner（ sys，C）。

第 1 个语法提供并打开一个空白的 PID Tuner GUI 窗口。

第 2 个语法提供并打开一个 PID Tuner GUI 窗口，显示了一个闭环阶跃响应图，其中默认对象或过程为 sys。然后，用户可以通过调整一些相关参数对此控制器进行实时调整，从而得到最优或理想的系统输出。通过仅在 GUI 窗口上移动进度条即可从阶跃响应中得到即时的响应，从而实现这些调整。用户可以在屏幕和阶跃响应上即时看到这些调整参数和结果，例如 P、I 和 D 增益，超调量，上升时间，安定时间和稳态误差。

第 3 个语法使用户能够为所选的对象 sys 选择一个控制器，例如 P、PI、PD 或 PID。

第 4 个语法使用户能够选择一个基本控制器用作起点，来开始为所选对象 sys 进行此调整过程。

现在，我们通过一个示例对象来说明如何使用此 GUI 工具设计和调整我们所需的 PID 控制器，从而得到系统对象的最优输出。此对象模型是我们在第 4 章 4.7 节中所识别的一个模型，即直流电动机 Mitsumi 448 PPR。此电动机的识别传递函数为

$$G(s) = \frac{6.74}{s+1.79}$$

在 MATLAB 命令窗口中输入以下命令来调用此工具：

```
>> s=tf('s');
>> sys=6.74/(s+1.79);
>> pidTuner(sys)
```

随即将打开一个 PID Tuner GUI 窗口，并显示了一个阶跃响应，如图 5.52 所示。

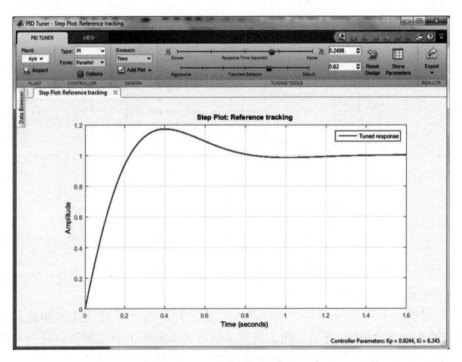

图 5.52　打开的 PID Tuner GUI 窗口

在窗口左上角，"Plant"（对象）框中显示了"sys"。如果打开了一个空白的 GUI，可以单击此框中的下拉箭头来导入所需的对象。还可以从"Type"（类型）框中选择不同的控制器，默认类型为 PI。

在调整过程中，可以在此 GUI 窗口中单击右上角的"Show Parameters"（显示参数）图标按钮来查看当前的控制参数。

现在，开始调整过程。此 GUI 窗口顶部有两个调整工具，即两个进度条。

"Response Time(seconds)"［响应时间（秒）］；

"Transient Behavior"（瞬态行为）。

在这两个进度条上移动光标，可以更改并调整控制增益或参数，直到查看阶跃响应得到所需或最优的输出为止。

若要获得更快和更稳健的响应，请将进度条上的点向右移；否则，将它向左移。我们可能需要在更快的稳健响应和较小超调量之间做出权衡。

图 5.53 所示为最终的调整结果。可以在 GUI 窗口的右下角找到所有控制增益。此外，

还可以通过单击"Show Parameters"（显示参数）图标按钮来找到这些参数，从中可以得到与阶跃响应相关的所有参数。

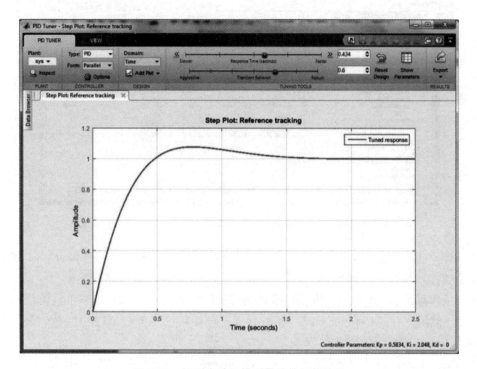

图 5.53　识别电动机模型最终的调整结果

接下来，我们将讨论 MATLAB 所提供的另一个帮助用户设计和测试控制系统的强力工具，即 MATLAB® Simulink®。

5.3.6.3　使用 Simulink®帮助设计和分析控制系统

MATLAB® Simulink®是一个模块图环境，用于多域仿真和基于模型的设计。它支持系统级别的设计、仿真、自动代码生成，以及嵌入式系统的连续测试和验证。Simulink®可提供一个图形编辑器、可自定义的模块库和求解器，用于对动态系统进行建模和仿真。它与 MATLAB®相集成，支持将 MATLAB 算法纳入模型中，并将模拟结果导出到 MATLAB 中以供进一步分析。

现在，我们仍以电动机模型为例，说明如何使用 MATLAB® Simulink®来帮助构建闭环模块并执行所需的仿真过程，从而得到系统的最优输出。

在 MATLAB®命令窗口中，在"*fx*≫"光标后键入"Simulink"，打开 MATLAB® Simulink®，打开的 Simulink®窗口如图 5.54 所示。

单击"New Model"（新建模型）图标按钮新建一个 Simulink®模型以打开 Simulink®工作区。执行以下操作来构建此 Simulink 函数块：

1）在左侧 Simulink 窗口面板上，单击"Sources"（源）项以打开"Sources"（源）库。将"Step"（阶跃）模块拖放到 Simulink 工作区中。

2）单击"Sinks"项打开"Sinks"库。将"Scope"（示波器）模块拖放到 Simulink®工作区中。

图 5.54　打开的 **Simulink** 窗口（已取得 MathWorks 公司的翻印许可）

3）单击"Commonly Used Blocks"（常用模块）项打开此库。将"Sum"（求和）和"Gain"（增益）模块拖放到 Simulink® 工作区中。转到"Format"（格式）→"Flip Block"（翻转模块）菜单项，将"Gain"（增益）模块旋转180°。双击"Sum"（求和）模块打开它的属性向导。然后，在"List of signs"（符号列表）框中将第二个+号替换为一个"-"号。单击"OK"（确定）按钮关闭此向导。

4）单击"Continuous"（连续）项打开"Continuous"（连续）库。将"PID Controller"（PID 控制器）和"Transfer Fcn"（传递函数）模块拖放到 Simulink® 工作区中。

5）现在，通过将每个模块的输出端拖到以下模块的输入端来依次连接每个模块。需要注意的一点是，在"Transfer Fcn"（传递函数）的输出端与"Scope"（示波器）和"Gain"（增益）模块的输入端之间进行连接时，确保首先连接"Transfer Fcn"（传递函数）和"Gain"（增益）模块。然后，将"Scope"（示波器）模块的输入端拖回到"Transfer Fcn"（传递函数）模块来进行此连接。

完成后的 Simulink® 框图连接应与图 5.55 所示的连接相匹配。通过转到"File"（文件）→"Save"（保存）菜单项将此 Simulink® 模型作为 DC Motor. mdl 保存到主计算机上的所需位置。

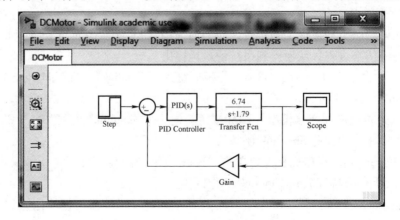

图 5.55　完成后的 **Simulink** 模块连接

现在，我们来修改每个模块的参数来满足我们的实际系统要求。

1）双击"Step"（阶跃）模块，然后分别将 0 输入"Step time"（阶跃时间）并将"0.005"输入"Sample time"（采样时间）文本框中。

2）双击"PID Controller"（PID 控制器）模块，将前面调整的 PID 参数输入 Kp、Ki 和 Kd 的相应框中，即 Kp=0.5834、Ki=2.0484 和 Kd=0。

3）双击"Transfer Fcn"（传递函数）模块，输入直流电动机的识别动态模型参数，即针对分子输入［6.74］，针对分母输入［11.79］。

现在，双击"Scope"（示波器）模块打开此示波器，可以查看仿真结果。

可以调整 PID 参数来尝试得到此电动机控制模型的最优阶跃响应。在调整 PID 参数后，最优 PID 参数为：

Kp=0.7500；

Ki=2.0484；

Kd=0.0000。

通过转到"Simulation"（仿真）→"Run"（运行）菜单项开始进行仿真。图 5.56 所示为最终的最优仿真结果。

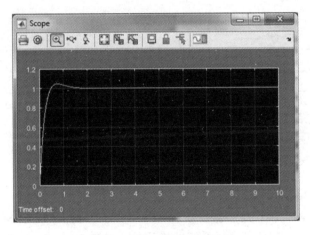

图 5.56　最终的最优仿真结果

在实际的微控制器控制程序中，需要使用这些仿真控制参数，以实现电动机系统的闭环控制，我们将在下一章中完成此工作。

5.3.7　奈奎斯特稳定判据

正如针对伯德图与系统稳定性和稳定阈值的讨论，通常，一个提高的增益将使系统变得不稳定。但是，在某些情况下，此结论不一定成立。对于某些不稳定的开环系统，在将这些系统构建为闭环系统后，它们可能会变得稳定。为了扩展稳定性研究，一名叫作奈奎斯特（Nyquist）的电气工程师在贝尔实验室开发了一种新方法，此法用于判断闭环系统是否稳定。此方法称为奈奎斯特稳定判据。

通常，使用奈奎斯特稳定判据的主要优势在于使用一个开环系统来研究并检查由该开环系统构成的闭环系统的稳定性。实际上，奈奎斯特稳定判据将一个闭环系统的稳定性同开环频率响应和开环极点位置相关联起来。在继续讨论此判据之前，首先来了解一下此判据所用的一些术语。

映射：如果想将 s 平面中的一个复数映射为一个函数 $F(s)$，需要使用一个映射技术。例如，将变量 $s=\sigma+j\omega$ 映射到一个函数 $F(s)=2s+1$，$F(s)=u+jv$ 也是一个复平面。因此，可以得出以下映射，即

$$F(s)=u+jv=2s+1=2(\sigma+j\omega)+1=(2\sigma+1)+j2\omega$$
$$u=2\sigma+1,\quad v=2\omega$$

轨迹线：首先考虑一个点的集合，称为轨迹线 A，由一个正方形组成，如图 5.57a 所示。可以通过映射函数 $F(s)$ 将轨迹线 A 映射到 F 平面中的轨迹 B，如图 5.57b 所示。s 平面中轨迹线 A 的遍历方向与 F 平面中轨迹线 B 的遍历方向完全一致。按照惯例，向右遍历的轨迹线内的区域被认为是由此轨迹线环绕起来的区域。因此，将轨迹线的顺时针遍历视为正。

在应用奈奎斯特稳定判据检查闭环系统的稳定性时，通常，需要绘制一个轨迹线，如图 5.57 中所示的轨迹线 A，并令 s 平面中的轨迹线 A 环绕整个右半平面。如果系统 $G(s)$ 有一个右半平面极点或零点，那么，针对 $G(s)$ 评估得到的轨迹线将仅环绕原点。

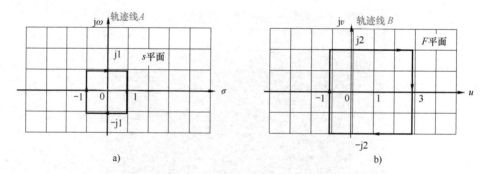

图 5.57　s 平面和 F 平面之间的映射

正如我们所提及的，使用此判据检查系统 $G(s)$ 的稳定性，其优势在于可以通过评估开环系统 $KG(s)$ 的轨迹线来确定闭环系统的稳定性。例如，对于一个单位负反馈闭环系统，可以将其传递函数表示为

$$T(s)=\frac{Y(s)}{R(s)}=\frac{KG(s)}{1+KG(s)}$$

此传递函数的特征方程为 $1+KG(s)=0$，相当于 $KG(s)=-1$。如果我们将此 $KG(s)$ 映射到 $F(s)$，可以得到 $F(s)=KG(s)$，如图 5.57 所示。如果环绕 s 右半平面的评估轨迹线包含 $1+KG(s)$ 的一个零点或极点，那么所得 $1+KG(s)$ 的评估轨迹线将环绕原点。同样，映射的 $F(s)=KG(s)$ 将环绕-1，这样我们就知道 $1+KG(s)$ 在右半平面中包含一个极点或零点。以这种方式对 $KG(s)$ 或 $F(s)$ 进行此评估的图形称为奈奎斯特图。

如果顺时针轨迹线 A 环绕 $1+KG(s)$ 的一个零点，即该闭环系统的一个根，这相当于轨迹线 $B[F(s)=KG(s)]$ 顺时针环绕-1。因此，如果 A 环绕 $1+KG(s)$ 的一个极点，也就是说，如果存在一个不稳定的开环极点，那么将有一个环绕-1 的逆时针轨迹线 $[F(s)=KG(s)]$。顺时针环绕的净圈数 N 等于右半平面中零点的数量 Z 减去右半平面中极点的数量

P，即

$$N=Z-P$$

在大多数实际应用中，$KG(s)$ 是在无穷大频率处有零响应的系统，这意味着无穷远处轨迹线 A 的大圆弧会使 $KG(s)$ 成为 A 部分在原点处的一个无穷小的点。因此，可以令 s 从 $-j\infty$ 到 $+j\infty$ 遍历虚轴来对物理系统 $KG(s)$ 进行完整的评估。同样，从 $s=0$ 到 $+j\infty$ 对 $KG(s)$ 进行评估。因为 $KG(s)$ 是一个实函数，因此，可以通过将 $s=0$ 反映到实轴的 $+j\infty$ 部分来得到 $s=-j\infty$ 到 0 的 $KG(s)$ 的评估。例如，一个系统的对象可以表示为传递函数，即

$$G(j\omega)=\frac{1}{1+j\omega T}=\frac{1-j\omega T}{1+(\omega T)^2}=\frac{1}{1+(\omega T)^2}-j\frac{\omega T}{1+(\omega T)^2}=A+jB \quad (5.61)$$

$$A^2+B^2=\frac{1+(\omega T)^2}{[1+(\omega T)^2]^2}=\frac{1}{1+(\omega T)^2}=A，这意味着\left(A-\frac{1}{2}\right)^2+B^2=\left(\frac{1}{2}\right)^2。 \quad (5.62)$$

图 5.58 所示为此传递函数的奈奎斯特图。

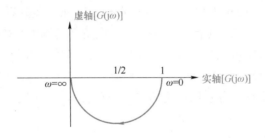

图 5.58　奈奎斯特图

通常，可以通过以下操作过程使用奈奎斯特稳定判据检查系统的稳定性。

1) 从 $s=-j\infty$ 到 $+j\infty$ 绘制 $F(s)=KG(s)$ 的映射图，可以首先绘制从 $s=0$ 到 $+j\infty$ 的正半部分，然后再添加关于实轴对称的另一半图像。

2) 检查环绕 -1 的顺时针圈数，数量记为 N。可以在 -1 到 ∞ 范围之间从任何方向绘制一条直线，并且对 $G(s)$ 沿顺时针方向与该线相交的净数量进行计算。如果闭环为逆时针方向，数量 N 将为负。

3) 找出 $G(s)$ 的不稳定（RHP）极点数，数量记为 P。

4) 不稳定的闭环系统根的数量为 Z，可以按以下公式获得

$$Z=N+P \quad (5.63)$$

尽管亲手绘制奈奎斯特频率响应很方便，但 MATLAB 提供了更强力的工具帮助用户针对大部分系统，甚至针对一些复杂的系统构建和绘制所有类型的奈奎斯特图。现在，我们来了解一下这些工具和函数。

5.3.7.1　MATLAB 提供用于奈奎斯特分析的工具和函数

MATLAB Control Toolbox 中包含了与奈奎斯特分析相关的 3 个函数，它们是 nyquist( )、nyquistplot( ) 和 nyquistoptions( )。

通常，第 1 个和第 2 个函数类似，它们都可提供在 s 平面中绘制奈奎斯特频率响应图的功能。

第 1 个和第 2 个函数包含以下一些常用语法：

1) nyquist(sys) 绘制动态系统 sys 的奈奎斯特图。频率范围和零、极点点数是自动选

择的。

2）nyquist（sys,｛wmin,wmax｝）绘制 wmin 和 wmax 之间频率的奈奎斯特图，采用单位为弧度/时间。

3）nyquist（sys,w）使用频率的向量 w（弧度/时间）评估频率响应。

4）nyquist（sysl,sys2,…,w）在一张图上绘制 sysl、sys2 等若干系统的奈奎斯特响应。频率向量 w 是可选的。可以指定每个模型的颜色、线条样式和标记，例如 nyquist（sysl,'r',sys2,'y-',sys3,'gx'）。

5）［RE,IM］=nyquist（sys,w）和［RE,IM,W］=nyquist（sys）返回频率响应的实部 RE 和虚部 IM，以及频率向量 w（如果未指定），并且不会在屏幕上绘制图。

第 3 个函数包含两个语法，它们分别如下：

1）P=nyquistoptions（）返回奈奎斯特图的默认选项。可以通过命令行使用这些选项对奈奎斯特图外观进行自定义。

2）P=nyquistoptions（'cstprefs'）使用在 Control System（控制系统）和 System Identification Toolbox 的 Preferences Editor（首选项编辑器）中所选的选项初始化绘制选项。

现在，我们通过一些示例系统来说明如何使用这些函数帮助设计和分析一些系统。

5.3.7.2　奈奎斯特函数分析系统示例

现在，我们有 3 个系统，分别用相关的传递函数表示，并用奈奎斯特判据确定这些单位反馈系统的稳定性。

1）$G(s)=\dfrac{s+3}{(s+2)(s^2+2s+25)}$。

2）$G(s)=\dfrac{s+10}{(s+2)(s+7)(s+50)}$。

3）$G(s)=\dfrac{500(s-2)}{(s+2)(s+8)(s+50)}$。

对于第 1 个系统，所有闭环极点 $s=-2$、$s=-3$ 和 $s=-1\pm j4.9$ 以及零点 $z=-3$ 均位于左半平面，因此，$Z=P=N=0$，即奈奎斯特图不会环绕（-1,j0）点。

对于第 2 个系统，所有闭环极点 $s=-2$、$s=-7$、$s=-50$ 和 $s=-10$ 以及极点 $z=-10$ 均位于左半平面，因此，可以得到类似的结论，$Z=P=N=0$，奈奎斯特图也不环绕（-1,j0）点。

第 3 个系统似乎有一些复杂，需要借助 MATLAB 函数确定它是否为稳定的系统。使用以下 MATLAB 脚本来绘制此系统的奈奎斯特图。

```
k=500;
s=tf('s');
G=(s-2)/((s+2)*(s+8)*(s+50));
sys=k*G;
nyquist(sys);
grid;
```

图 5.59 所示为运行结果。由图 5.59 可知，奈奎斯特图环绕（-1,j0）点 1 次，因此 $N=Z-P=1-0=1$。此闭环系统不稳定，右半平面中有一个闭环极点。

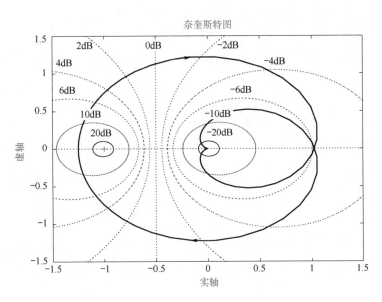

图 5.59　第 3 个系统的奈奎斯特图

5.4　状态空间法设计 PID 控制器

状态空间表示法（状态空间法）是指物理系统的数学模型，由一组一阶微分方程相关的输入、输出和状态变量表示的方法。所谓的状态空间是指欧几里得空间，其中轴线上的变量为状态变量。系统的状态可以表示为该空间内的一个向量。在此模型中，动态系统可以使用一组一阶微分方程来描述，在此空间中，变量称为状态，解可以看作轨迹。

状态空间表示法也称为时域方法，它提供了一种方便紧凑的方式，用于对多输入多输出（MIMO）系统进行建模和分析。利用输入和输出进行建模与分析，需要使用拉普拉斯变换对系统的所有相关信息进行编码。与频域分析和根轨迹法不同，状态空间表示法不局限于只用于具有线性组成部分和零初始条件的系统。由于它具有这些特性，因此，可以在许多不同的领域使用状态空间表示法。

在之前的章节中讨论过频域分析和根轨迹法，它们称为经典控制设计方法，与这些方法相比，状态空间表示法通常称为现代控制设计方法，即使此方法是在 20 世纪 50 年代引入的。一个可能的原因是此方法可以处理 MIMO 系统。尽管与其他设计方法相比，状态空间设计方法在此方面具有优势，但在本节中，我们仍然将主要讨论单输入单输出（SISO）系统。

5.4.1　状态空间变量

状态变量（状态空间变量）是可用于描述一个动态系统的数学状态的变量。直观地说，通过使用系统的状态即可足以描述此系统，从而确定在没有任何外力影响此系统的情况下此系统将来的行为。可以将由耦合一阶微分方程组成的模型认为是状态变量的形式。

内部状态变量可能是最小的系统变量子集，可以表示任何给定时间下系统的整个状态。需要表示一个给定系统的状态变量的最小数量 n 通常等于系统微分方程的阶数。务必要理解的一点是，将状态空间转换为传递函数形式可能会造成一些系统内部信息的丢失，当状态空间的实现在某些点处不稳定时，此转换可以提供稳定系统的描述。

例如，可以使用一个微分方程描述输入为 u 和输出为 y 的一个标准二阶线性时不变（LTI）系统，则

$$\frac{\mathrm{d}^2 y}{\mathrm{d} t^2} + 2\zeta\omega_\mathrm{n}\frac{\mathrm{d} y}{\mathrm{d} t} + \omega_\mathrm{n}^2 y = Ku \tag{5.64}$$

如果将两个状态变量定义为 $x_1 = y$ 和 $x_2 = \mathrm{d} y / \mathrm{d} t$，则可以将这两个状态变量写成式（5.65）所示的矩阵，即

$$\boldsymbol{x} = \begin{bmatrix} x_1 \\ x_2 \end{bmatrix} = \begin{bmatrix} y \\ \dfrac{\mathrm{d} y}{\mathrm{d} t} \end{bmatrix} = \begin{bmatrix} y \\ \dot{y} \end{bmatrix} \tag{5.65}$$

在式（5.65）中，两个状态变量 x_1 和 x_2 构造了一个列向量 $\boldsymbol{x}$。进一步讲，如果我们将式（5.64）所示的状态方程的系数代入方阵 $\boldsymbol{A}$，并且将输入的系数代入列矩阵 $\boldsymbol{B}$，式（5.64）可以表示为

$$\begin{bmatrix} \dot{x}_1 \\ \dot{x}_2 \end{bmatrix} = \begin{bmatrix} 0 & 1 \\ -\omega_\mathrm{n}^2 & -2\zeta\omega_\mathrm{n} \end{bmatrix}\begin{bmatrix} x_1 \\ x_2 \end{bmatrix} + \begin{bmatrix} 0 \\ K \end{bmatrix}u \text{ 或 } \dot{\boldsymbol{x}} = \boldsymbol{A}\boldsymbol{x} + \boldsymbol{B}\boldsymbol{u} \tag{5.66}$$

式中，$\boldsymbol{A}$ 是系统矩阵；$\boldsymbol{B}$ 是输入矩阵。可以将两者表示为

$$\boldsymbol{A} = \begin{bmatrix} 0 & 1 \\ -\omega_\mathrm{n}^2 & -2\zeta\omega_\mathrm{n} \end{bmatrix}, \boldsymbol{B} = \begin{bmatrix} 0 \\ K \end{bmatrix} \tag{5.67}$$

如果我们采用输出 $y = x_1$，那么输出等于

$$y = \begin{bmatrix} 1 & 0 \end{bmatrix}\begin{bmatrix} x_1 \\ x_2 \end{bmatrix} \text{ 或 } y = \boldsymbol{C}\boldsymbol{x} + \boldsymbol{D}\boldsymbol{u} \tag{5.68}$$

式中，$\boldsymbol{C}$ 是输出矩阵的一个行向量；$\boldsymbol{D}$ 是一个行向量，表示从输入 u 到输出 y 一个可能的直接通道，它称为直接传输。

现在，式（5.64）中描述输入输出关系的微分方程已进行了转换或者已由式（5.66）和式（5.68）得到的状态变量来表示。

状态变量可用于描述一个控制对象或过程的内部行为。通常，它们表示根据物理定律通过对象的数学建模得到的物理量。实际上，状态变量会合并到所谓的状态向量 $\boldsymbol{x}$ 中。由于此向量是时间的一个函数 $\boldsymbol{x}(t)$，在 n 维向量空间中移动，因此，基于相关系统描述的方法称为状态空间法。特定时间 t 下的向量 $\boldsymbol{x}(t)$ 称为在时间 t 时系统的状态。

5.4.2 状态空间中的系统传递函数和特征值

为了清楚地了解一个给定系统的变量方程和频率响应，以及极点和零点之间的关系，我们来仔细了解一下状态空间方程。实际上，可以按以下方式推导一个连续时不变线性状态空间模型的传递函数。

首先，进行 $\dot{\boldsymbol{x}} = \boldsymbol{A}\boldsymbol{x} + \boldsymbol{B}\boldsymbol{u}$ 的拉普拉斯变换，可以得出

$$s\boldsymbol{X}(s) - \boldsymbol{x}(0) = \boldsymbol{A}\boldsymbol{X}(s) + \boldsymbol{B}\boldsymbol{U}(s) \tag{5.69}$$

接着，我们可以对 $\boldsymbol{X}(s)$ 进行简化，使

$$(s\boldsymbol{I}-\boldsymbol{A})\boldsymbol{X}(s)=x(0)+\boldsymbol{B}\boldsymbol{U}(s) \tag{5.70}$$

因此

$$\boldsymbol{X}(s)=(s\boldsymbol{I}-\boldsymbol{A})^{-1}x(0)+(s\boldsymbol{I}-\boldsymbol{A})^{-1}\boldsymbol{B}\boldsymbol{U}(s) \tag{5.71}$$

代入输出方程

$$\boldsymbol{Y}(s)=\boldsymbol{C}\boldsymbol{X}(s)+\boldsymbol{D}\boldsymbol{U}(s)$$

可以得出

$$\boldsymbol{Y}(s)=\boldsymbol{C}\left[(s\boldsymbol{I}-\boldsymbol{A})^{-1}x(0)+(s\boldsymbol{I}-\boldsymbol{A})^{-1}\boldsymbol{B}\boldsymbol{U}(s)\right]+\boldsymbol{D}\boldsymbol{U}(s) \tag{5.72}$$

初始条件假定为零 $[x(0)=0]$ 的情况下，传递函数 $G(s)$ 定义为系统的输出与输入之比。但是，不存在向量与向量之比，因此，可以考虑通过传递函数满足以下条件

$$\boldsymbol{G}(s)\times\boldsymbol{U}(s)=\boldsymbol{Y}(s) \tag{5.73}$$

与上述的 $\boldsymbol{Y}(s)$ 的方程比较可以得出

$$\boldsymbol{G}(s)=\boldsymbol{C}(s\boldsymbol{I}-\boldsymbol{A})^{-1}\boldsymbol{B}+\boldsymbol{D} \tag{5.74}$$

显然，$\boldsymbol{G}(s)$ 必须有 $m\times n$ 维度，总计有 $m\times n$ 个元素。因此，对于每个输入，有 m 个传递函数，每个输出对应一个传递函数。这就是将状态空间表示法首选用于多输入多输出（MIMO）系统的原因。

例如，有一个系统，状态变量描述为

$$\boldsymbol{A}=\begin{bmatrix}-5 & -4\\ 1 & 0\end{bmatrix},\boldsymbol{B}=\begin{bmatrix}1\\ 0\end{bmatrix},\boldsymbol{C}=\begin{bmatrix}0 & 1\end{bmatrix},\boldsymbol{D}=0$$

将这些变量变换为传递函数形式，可以得出

$$s\boldsymbol{I}-\boldsymbol{A}=\begin{bmatrix}s+5 & 4\\ -1 & s\end{bmatrix}$$

$$(s\boldsymbol{I}-\boldsymbol{A})^{-1}=\frac{\begin{bmatrix}s & -4\\ 1 & s+5\end{bmatrix}}{s(s+5)+4}$$

$$G(s)=\frac{\begin{bmatrix}0 & 1\end{bmatrix}\begin{bmatrix}s & -4\\ 1 & s+5\end{bmatrix}\begin{bmatrix}1\\ 0\end{bmatrix}}{s(s+5)+4}=\frac{\begin{bmatrix}1 & s+5\end{bmatrix}\begin{bmatrix}1\\ 0\end{bmatrix}}{s(s+5)+4}=\frac{1}{s(s+5)+4}=\frac{1}{(s+1)(s+4)}$$

正如我们所知，传递函数 $G(s)$ 的一个极点正是一个频率值 $s=\mathrm{j}\omega$，如果此值为 $s=\lambda_i$，那么时域中的系统响应为 $K_i\mathrm{e}^{\lambda_i t}$，没有外部输入 $u(u=0)$ 或没有激励函数，λ_i 可以视为系统的一个固有频率。如果将此情况映射到状态空间中，可以得到状态变量表示的式（5.75）为

$$\dot{\boldsymbol{x}}=\boldsymbol{A}\boldsymbol{x} \tag{5.75}$$

如果有初始值 $\boldsymbol{x}(0)=\boldsymbol{x}_0$，这是一个常量初始向量，则解应为 $\boldsymbol{x}(t)=\mathrm{e}^{\lambda_i t}\boldsymbol{x}_0$。式（5.75）会变为

$$\dot{\boldsymbol{x}}(t)=\lambda_i\mathrm{e}^{\lambda_i t}\boldsymbol{x}_0=\boldsymbol{A}\boldsymbol{x}=\boldsymbol{A}\mathrm{e}^{\lambda_i t}\boldsymbol{x}_0 \text{ 或 } \boldsymbol{A}\boldsymbol{x}_0=\lambda_i\boldsymbol{x}_0 \tag{5.76}$$

式（5.76）可以写作

$$(\lambda_i\boldsymbol{I}-\boldsymbol{A})\boldsymbol{x}_0=0 \tag{5.77}$$

式（5.76）和式（5.77）称为矩阵 $\boldsymbol{A}$ 的特征值 λ_i 和特征向量 $\boldsymbol{x}_0$ 的方程。对于一个非零向量 $\boldsymbol{x}_0$，当且仅当以下式成立时才满足上述方程，即

$$\det[\lambda_i\boldsymbol{I}-\boldsymbol{A}]=0 \tag{5.78}$$

上述方程表明传递函数的极点为系统矩阵 A 的特征值。系统传递函数的零点为频率值 $s=j\omega$，这使得如果输入在零频率处为一个指数或 $u(t)=u_0 e^{st}$，那么输出为零，即 $y(t)=0$。

这意味着系统有一个非零输入，但没有输出。

本小节讨论了如何将状态变量表示形式变换或转换为传递函数形式。现在，需要按相反的步骤来进行转换，或者说是将传递函数转换为状态变量表示形式。可以通过框图表示形式来实现此目的。此表示法的关键在于将积分器用作核心元素，适用于一阶状态空间变量和方程。

通常，传递函数可以表示为

$$G(s)=\frac{Y(s)}{U(s)}=\frac{s^m+b_{m-1}s^{m-1}+\cdots+b_1s+b_0}{s^n+a_{n-1}s^{n-1}+\cdots+a_1s+a_0} \quad (n\geq m)$$

并且所有系数都为正实数。

现在，通过将上述分子和分母分别除以 s^n，可以得出

$$G(s)=\frac{Y(s)}{U(s)}=\frac{s^{-(n-m)}+b_{m-1}s^{-(n-m+1)}+\cdots+b_1s^{-(n-1)}+b_0s^{-n}}{1+a_{n-1}s^{-1}+\cdots+a_1s^{-(n-1)}+a_0s^{-n}} \tag{5.79}$$

式（5.79）可以表示为框图，其中带有一系列积分器（$1/s$），如图 5.60 所示。

根据系数 a_i 和 b_i，可以推导出 A、B 和 C 相关矩阵，则

$$\dot{x}=Ax+Bu=\begin{bmatrix} 0 & 1 & 0 & \cdots & 0 & 0 \\ 0 & 0 & 1 & \cdots & 0 & 0 \\ 0 & 0 & 0 & \cdots & 0 & 0 \\ \vdots & \vdots & \vdots & & \vdots & \vdots \\ 0 & 0 & 0 & \cdots & 0 & 1 \\ -a_0 & -a_1 & -a_2 & \cdots & -a_{n-1} & -a_n \end{bmatrix}\begin{bmatrix} x_1 \\ x_2 \\ x_3 \\ \vdots \\ x_{n-1} \\ x_n \end{bmatrix}+\begin{bmatrix} 0 \\ 0 \\ 0 \\ \vdots \\ 0 \\ m \end{bmatrix}u \tag{5.80}$$

$$y=Cx=\begin{bmatrix} b_0 & b_1 & b_2 & \cdots & b_{n-1} \end{bmatrix}\begin{bmatrix} x_1 \\ x_2 \\ x_3 \\ \vdots \\ x_n \end{bmatrix}$$

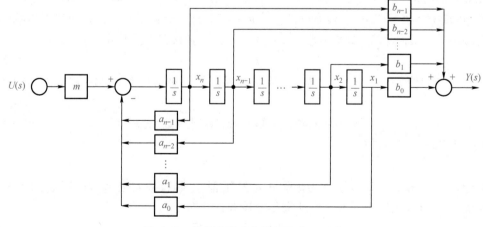

图 5.60　状态变量方程的框图表示形式

现在，通过示例说明，如何使用此方法将传递函数转换为相关的状态空间变量矩阵和相关的方程。

例如，有一个系统对象，传递函数为 $G(s)=\dfrac{2s^3+5s^2+6s+8}{s^4+4s^3+8s^2+16s+6}$。首先，通过将分子和分母分别除以 s^4，因此，可以得到

$$G(s)=\frac{2s^{-1}+5s^{-2}+6s^{-3}+8s^{-4}}{1+4s^{-1}+8s^{-2}+16s^{-3}+6s^{-4}}$$

图 5.61 所示为相关的框图。与式（5.79）和式（5.80）相比，可以得出

$$A=\begin{bmatrix}0&1&0&0\\0&0&1&0\\0&0&0&1\\-6&-16&-8&-4\end{bmatrix},B=\begin{bmatrix}0\\0\\0\\1\end{bmatrix},C=\begin{bmatrix}8&6&5&2\end{bmatrix}$$

若要扩展此表示法，我们可以得到标准状态变量矩阵和状态空间方程，如下所示为

$$\dot{x}_1=x_2,\dot{x}_2=x_3,\dot{x}_3=x_4,\dot{x}_4=-6x_1-16x_2-8x_3-4x_4+u$$
$$y=8x_1+6x_2+5x_3+2x_4$$

将这些结果与图 5.61 中所示的框图进行比较，可以看出，每个状态变量 x_i 后跟一个积分器 $1/s$。相反，每个状态 x_i 的微分是之前的状态 x_{i-1}，这使得后一个状态为之前状态的积分。

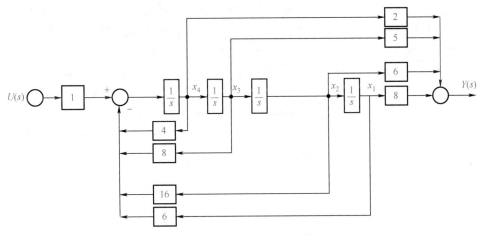

图 5.61 示例传递函数的框图

需要注意的一个关键点是，所有系数 a_i 的联合运算或汇总运算是一个减运算。

另一个示例为 $T(s)=\dfrac{2s^2+8s+6}{s^3+8s^2+16s+6}$。通过将分子和分母分别除以 s^3，我们可以得到 $T(s)=$

$\dfrac{2s^{-1}+8s^{-2}+6s^{-3}}{1+8s^{-1}+16s^{-2}+6s^{-3}}$。此传递函数的状态空间矩阵表达式为 $\dot{x}=Ax+Bu=\begin{bmatrix}0&1&0\\0&0&1\\-6&-16&-8\end{bmatrix}x+\begin{bmatrix}0\\0\\1\end{bmatrix}u$。

输出可以表示为 $y=\begin{bmatrix}6&8&2\end{bmatrix}\begin{bmatrix}x_1\\x_2\\x_3\end{bmatrix}$。

5.4.3　框图和状态空间设计

由式（5.64）可知，系统的输入输出关系可以由一组微分方程表示。但是，可以通过式（5.66）和式（5.68）中的状态变量来替代此微分方程。状态空间设计法能够描述对象以直接得到反馈控制器或补偿器，而无须进行变换。通常，可以将状态空间设计方法视为一系列单独的步骤。对闭环控制系统进行状态空间设计时，可采用以下 4 个步骤。

第一步是找出控制或控制律作为所有状态变量的线性组合的反馈。此步骤的目的在于设计模块控制器，通过参考信号 $r(t)$ 和状态变量 $(x_1, \cdots, x_n)$，生成控制输入信号 $u(t)$，特性如下：

1）状态变量的初始值的影响随 $t \to \infty$ 而衰减。

2）控制输出 $y(t)$ 应能够尽可能跟踪参考信号 $r(t)$。

3）这些过程将按照所需的动态运行，并且运行过程将通过在空间域中指定极点来实现。

换言之，控制律设计的目的在于使我们能够根据已知的规范，确定或设计闭环系统的一组极点位置来得到所需的动态输出，这些规范包括上升时间、超调量、安定时间以及稳态误差等。

第二步是设计一个估计器或观测器，用于在提供有系统测量时计算整个状态向量的估计，提供的测量如式（5.68）所示。实际上，纯状态反馈的技术实现要求所有状态变量都可访问，或者可以持续对它们进行测量。但是，存在以下现象时，则并非总是如此。例如，测量成本高昂、难以实现或不可能实现。因此，有必要减少变量反馈的数量。我们来看一个极端的例子，例如，仅测量并反馈一个变量，通常该变量即为控制输出变量 y，而其他设计目标保持不变。

所得到的控制器称为输出反馈控制器。若要保留状态反馈的优势，最好是通过可以获取的状态变量来估计不可获取的状态变量，并使用估计的变量来运行状态反馈控制器。这样的状态估计器称为状态观测器。通过将估计的状态变量 $\hat{x}_1, \cdots, \hat{x}_n$ 引入状态反馈受控系统中，则可以得到图 5.62 所示的结构。

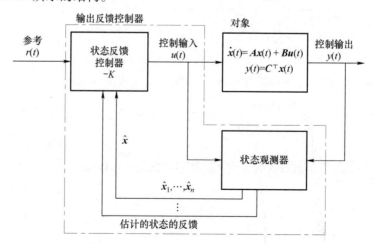

图 5.62　将状态观测器和状态反馈控制器结合所得的输出反馈

第三步是将第一步中得到的控制律和第二步中得到的估计器相结合以得到控制输入 $u(t)$，如图 5.62 所示。

第四步是使用特定规范将输入参考添加到系统中，使对象输出遵循或跟踪外部命令。

在设计状态空间控制器时，需要注意两个重要的术语：可观测性和可控性。

并非在所有情况下都能对所有系统实现状态观测，例如，不能对控制输出变量的任何对象和任何选择实现观测。如果某些状态变量既不是直接也不是间接影响控制输出，则无法通过测量输出来估计此状态变量，系统不是完全可观测的。

进一步讲，如果某一部分系统既不受控制输入的直接影响也不受到间接影响，则无法特意影响它的动态，此系统不是完全可控的。因此，可观测性和可控性是分析和设计状态空间系统的重要因素。

5.4.4　极点配置控制律设计

使用状态空间方法设计闭环控制系统的第一步，是确定所有状态变量的一个线性组合的反馈控制律，这意味着

$$u = -Kx = -\begin{bmatrix} K_1 & K_2 & \cdots & K_n \end{bmatrix} \begin{bmatrix} x_1 \\ x_2 \\ \vdots \\ x_n \end{bmatrix} \tag{5.81}$$

通常，对于一个 n 阶系统，有 n 个反馈增益，例如 K_1，K_2，$\cdots$，K_n，系统有 n 个根或极点，如图 5.63 所示。这足以使我们通过选择不同的 K_i 值来选择任何所需的根位置。

将式（5.81）代入式（5.66），可以得出

$$\dot{x} = Ax - BKx \tag{5.82}$$

此闭环系统的相关特征方程为

$$\det[sI - (A - BK)] = 0 \tag{5.83}$$

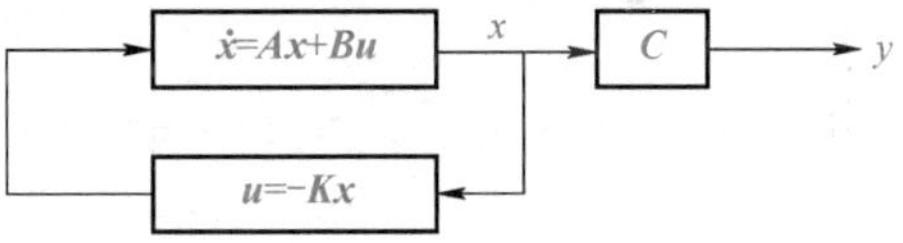

图 5.63　用于控制律设计的假定系统

求解式（5.83）所示的特征方程，可以在 s 中得到一个 n 阶多项式，包含所有增益，例如 K_1，K_2，$\cdots$，K_n。确切地说，设计控制律是为增益向量 K 选择适当的增益来满足式（5.83）。换言之，式（5.83）中的根位于所需的位置中。此外，计算 K 的前提条件是系统必须可控，这意味着任何输入或输入更改将确定或影响输出。

从理论上讲，选择 K 的过程是可执行的，但在实践中，情况可能比较复杂，需要通过设计器进行一些迭代。因此，亲自手动选择或计算增益 K 几乎是不可能的。幸运的是，MATLAB 提供了一组函数来帮助用户完成这些复杂的计算。我们将分 4 步讨论状态空间设计和分析，因此，将在 5.4.5 小节~5.4.10 小节中具体介绍这些函数。

对于控制律设计，有 6 个被广泛应用的函数：acker( )、place( )、lqr( )、lqry( )、lqi( ) 和 lqgtrack( )。

第 1 个函数是以阿克曼公式为基础构建的，用于执行计算。但是，此函数仅适用于设计状态变量数较小（≤10）的 SISO 系统。对于更加复杂的系统，应使用更加可靠的函数，即 place( )。但使用此函数有一个额外的限制因素，即所需的闭环极点不能重复，这意味着所有极点必须是不同的极点。不过，此限制并不适用于函数 acker( )。

第 1 个和第 2 个函数的输入都需要由系统描述的矩阵 A、B 和向量 p 组成。向量 p 是所

需的 n 个极点的位置。这两个函数的输出是反馈增益 $\boldsymbol{K}$。

这些函数的语法为

K=acker(A,B,p);　　或　　K=place(A,B,P);

控制律设计的基本要求和注意事项是要尝试减少控制量。控制量与在开环极点和闭环极点之间移动的距离成比例，这是因为这些移动操作是由反馈增益执行的。此外，如果一个零点接近一个极点，系统可能几乎是不可控的，并且移动这一极点可能需要较大的控制量。

第 3 个函数 lqr() 称为线性二次型调节器（LQR）函数，用于通过最小化成本函数来计算最优的增益矩阵 $\boldsymbol{K}$，即

$$J(u)=\int_0^\infty \left[\boldsymbol{x}^{\mathrm{T}}\boldsymbol{Q}\boldsymbol{x}+\boldsymbol{u}^{\mathrm{T}}\boldsymbol{R}\boldsymbol{u} \right]\mathrm{d}t$$

式中，$\boldsymbol{Q}$ 是一个 $n \times n$ 维状态加权矩阵；$\boldsymbol{R}$ 是一个 $m \times m$ 维控制加权矩阵，m 是一个多输入系统中的控制输入数量。对于一个 SISO 系统，$m=1$ 且 $\boldsymbol{R}$ 是一个标量值 R。设计器可以通过反复试验来选择权 $\boldsymbol{Q}$ 和 $\boldsymbol{R}$，从而在状态误差 $\boldsymbol{x}^{\mathrm{T}}\boldsymbol{x}$ 和控制使用 u^2 之间得到所需的平衡。通常，当 $R=1$ 时，$\boldsymbol{Q}$ 是一个对角矩阵，是带有一个或多个状态向量元素的一个加权因子。

此函数的语法为

[K,S,e]=lqr(SYS,Q,R,N)

[K,S,e]=LQR(A,B,Q,R,N)

忽略矩阵 $\boldsymbol{N}$ 时，将其设为零。此外，返回的值是相关代数黎卡提方程的解 S 和闭环特征值 $e=\mathrm{eig}(\boldsymbol{A}-\boldsymbol{B}\boldsymbol{K})$。

同样，函数 lqry() 也用于通过最小化成本函数来计算最优的增益矩阵 $\boldsymbol{K}$，即

$$J(u)=\int_0^\infty \left[\boldsymbol{y}^{\mathrm{T}}\boldsymbol{Q}\boldsymbol{y}+\boldsymbol{u}^{\mathrm{T}}\boldsymbol{R}\boldsymbol{u} \right]\mathrm{d}t$$

此函数的语法为 [K,S,e]=lqry(SYS,Q,R,N)。此函数返回最优的增益矩阵 $\boldsymbol{K}$、黎卡提方程的解 S 以及闭环特征值 $e=\mathrm{eig}(\boldsymbol{A}-\boldsymbol{B}\boldsymbol{K})$。状态空间模型 SYS 指定连续或离散时间对象数据 (A,B,C,D)。忽略 N 时，会假定默认值 N 为 0。

函数 lqi() 用于计算跟踪环路的最优状态反馈控制律，框图如图 5.64 所示。

对于对象 sys，只要其具有 $\mathrm{d}\boldsymbol{x}/\mathrm{d}t=\boldsymbol{A}\boldsymbol{x}+\boldsymbol{B}\boldsymbol{u}$，$\boldsymbol{y}=\boldsymbol{C}\boldsymbol{x}+\boldsymbol{D}\boldsymbol{u}$ 这样的状态空间方程或这些状态空间方程的离散时间对应项，则其状态反馈控制的形式为 $\boldsymbol{u}=-\boldsymbol{K}[\boldsymbol{x};\boldsymbol{x}_i]$，其中 $\boldsymbol{x}_i$ 是积分器（Integrator）输出。此控制律确保输出 y 跟

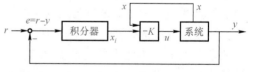

图 5.64　积分器闭环控制系统的控制律设计

踪参考命令 r。对于 MIMO 系统，积分器的数量等于输出 y 的维度。

此函数的语法为 [K,S,E]=lqi(SYS,Q,R,N)。忽略矩阵 N，则将其设为零。此函数返回相关代数黎卡提方程的解 S 和闭环特征值 E。

最后一个函数 lqgtrack() 可构建一个线性二次高斯（LQG）伺服控制器，带有环路的积分操作，框图如图 5.65 所示。此补偿器确保输出 y 跟踪参考命令 r，并抵抗过程干扰 ω 和测量噪声 v。函数假设 r 和 y 的长度相同。

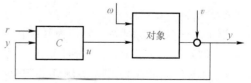

图 5.65　线性二次高斯（LQG）伺服控制器

现在，例用示例说明根据以下特定条件，如何使用这些函数推导出最优增益。

函数对象（Plant）为

$$G(s) = \frac{1}{(s+1)^2} = \frac{1}{s^2+2s+1} \tag{5.84}$$

已知 $\omega_n = 3\text{rad/s}$ 且 $\zeta = 0.8$ 的闭环根。

参考式（5.67）和式（5.68），可以得出

$$A = \begin{bmatrix} 0 & 1 \\ -1 & -2 \end{bmatrix}, B = \begin{bmatrix} 0 \\ 1 \end{bmatrix}, C = \begin{bmatrix} 1 & 0 \end{bmatrix}, D = 0$$

式中，$2\zeta\omega_0 = 2$ 且 $\omega_0 = 1$。

所需的特征方程为

$$s^2 + 2\zeta\omega_n s + \omega_n^2 = 0$$

使用以下 MATLAB 脚本获得反馈增益矩阵 K：

```
% test acker()function to get gain matrix K
A=[0 1;-1-2];
B=[0;1];
Wn=3;
Ze=0.8;
p=roots([1  2*Wn*Ze  Wn^2]);
K=acker(A,B,p)
```

运行的结果为 $K = \begin{bmatrix} 8.0000 & 2.8000 \end{bmatrix}$。

现在，利用 3 个加权矩阵 Q，研究如何使用 lqr() 函数得出所需的根。

$$Q_1 = \begin{bmatrix} 1 & 0 \\ 0 & 0 \end{bmatrix}, Q_2 = \begin{bmatrix} 100 & 0 \\ 0 & 0 \end{bmatrix}, Q_3 = \begin{bmatrix} 100 & 0 \\ 0 & 5 \end{bmatrix}$$

使用以下 MATLAB 脚本测试并获取不同的设计参数：

```
% test lqr()function to get different design parameters
A=[0 1;-1-2];
B=[0;1];
Q1=[1  0;0  0];
Q2=[100  0;0  0];
Q3=[100  0;0  5];
R=1;
K=lqr(A,B,Q3,R)
p=eig(A-B*K);
[Wn,Ze]=damp(p)
```

修改代码行 $K = \text{lqr}(A,B,Q3,R)$，使用不同的 Q 运行这段脚本代码 3 次，例如，第一次使用 Q_1、第二次使用 Q_2，第三次使用 Q_3。运行结果为

$$K = \begin{bmatrix} 0.4142 & 0.1974 \end{bmatrix}, \quad K = \begin{bmatrix} 9.0499 & 2.7010 \end{bmatrix}, \quad K = \begin{bmatrix} 9.0499 & 3.2057 \end{bmatrix}$$

$$\omega_n = 1.1892, \qquad\qquad \omega_n = 3.1702, \qquad\qquad \omega_n = 3.1702$$

$$\zeta = 0.9239, \qquad\qquad\quad \zeta = 0.7415, \qquad\qquad\quad \zeta = 0.8211$$

可以看出，对于此简单的系统，使用函数 acker( ) 足以找出增益矩阵 K。但是，对于具有高阶根的复杂系统，更适合使用函数 lqr( ) 来获得所有根的最优值。

5.4.5 估计器设计

上一小节中设计的控制律假设可以测量所有状态变量并且可用于反馈设计。但是，大多数情况下，假设不成立，没有测量到或无法测量其中一些变量。为了解决此问题，有必要设计一个估计器（Estimator）。该估计器可以根据一个系统的某些状态变量的测量值重新构造所有缺失的状态变量，从而估计这些"隐藏的"或不可用的变量。这些估计的变量应使用 $\hat{x}$ 标记。这样一来，我们可以使用这些估计的变量替代所有不可用的变量来执行并实现我们的控制设计。

为了得到正确的估计，需要反馈所测得的输出和估计的输出之间的差，并连续更正估计的模型，直到得到最优结果为止。此过程可以使用框图来说明，如图 5.66 所示。

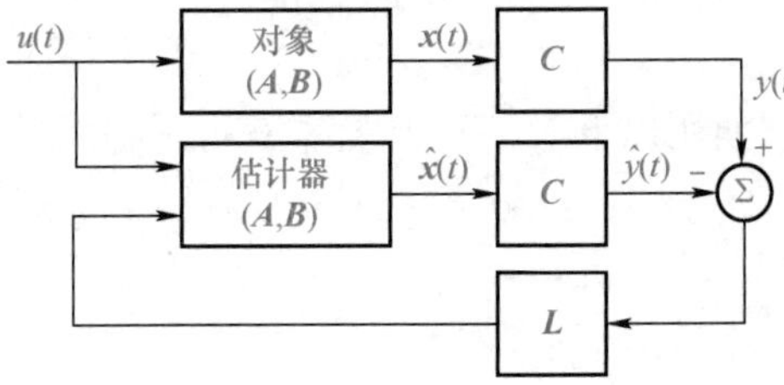

估计的状态变量可以表示为

$$\dot{\hat{x}} = A\hat{x} + Bu + L(y - C\hat{x}) \qquad (5.85)$$

图 5.66　闭环估计器

式中，L 是按如下定义的比例增益

$$L = [l_1, l_2, \cdots, l_n]^T$$

选择此增益向量可以得到令人满意的误差限制。估计的误差可以定义为

$$\tilde{x} = x - \hat{x} \qquad (5.86)$$

误差动态是通过从状态式（5.66）中减去式（5.85）中的 $\dot{x}$ 得到的，并且我们可以得到

$$\dot{\tilde{x}} = \dot{x} - \dot{\hat{x}}$$

$$= Ax + Bu - A\hat{x} - Bu - L(y - C\hat{x}) = A(x - \hat{x}) - Ly + LC\hat{x} = A(x - \hat{x}) - LC(x - \hat{x})$$

通过使用式（5.86）并将它代入上面的方程，我们可以得出

$$\dot{\tilde{x}} = (A - LC)\tilde{x} \qquad (5.87)$$

误差的特征方程为

$$\det[sI - (A - LC)] = 0 \qquad (5.88)$$

可以选择向量 L 使 $A - LC$ 稳定，并选择合适的特征值使 $\tilde{x}$ 快速衰减到零，而无须控制输入 u 和初始条件。这意味着 $\hat{x}(t)$ 将肯定收敛到 $x(t)$。

上述对象模型中的误差（A、B、C）可能会将额外的误差引入式（5.87）中的状态估计。若要解决此问题，可以选择向量 L 来使这些误差小到可接受的范围。实际上，大部分估计器通常是根据式（5.87）计算估计的状态的电气或电子单元。

同样，选择 L 的过程与在控制律设计中选择增益 K 时所用的步骤完全相同。假设将估计器误差极点的所需位置选择为 $s_i = \beta_1, \beta_2, \cdots, \beta_n$，那么所需的估计器特征方程为

$$\alpha_e(s) = (s - \beta_1)(s - \beta_2) \cdots (s - \beta_n) \qquad (5.89)$$

这样一来，我们可以通过比较式（5.88）和式（5.89）中的系数来解出 L。

要注意的一点是，此选择过程几乎无法手动完成，因此需要使用在上一小节中所讨论的一些 MATLAB 函数，例如 acker( ) 和 place( )，并进行一些修改。式（5.88）转换为

$$\det\left[\,s\boldsymbol{I}-(\boldsymbol{A}^{\mathrm{T}}-\boldsymbol{C}^{\mathrm{T}}\boldsymbol{L}^{\mathrm{T}})\,\right]=0 \tag{5.90}$$

现在，可以用 MATLAB 函数中的 acker( ) 或 place( ) 计算 $\boldsymbol{L}$，在所需位置 $\boldsymbol{p}$ 处得到估计器极点，例如：L=acker(A',C',p)' 或 L=place(A',C',p)'。

对于一个 SISO 系统，如果系统是可观测的，那么 $\boldsymbol{L}$ 的解是唯一的，这意味着我们可以通过监视传感器输出来获取或推断系统的所有模式。对于不可观测的系统，一些模式或子系统对输出没有影响。

估计器极点的选择能够决定 $\boldsymbol{L}$ 的结果。通常，将估计器极点选择得比控制器极点速度快 2 倍或者 6 倍，从而确保与所需的响应相比估计器误差的衰减速度更快。这将使控制器极点在控制系统响应中成为主导因素。但是，如果传感器噪声过大，应选择速度较慢的估计器极点来减少噪声对系统的干扰。这样做的代价是系统带宽也会降低。

若要得到最优的估计器根，需要使用最优估计理论在速度较快的根和速度较慢的根之间做出权衡。实际上，过程噪声强度 R_{W} 和传感器噪声强度 R_{V} 都是 SISO 系统的标量，我们可以在两者之间做出平衡，并且可以用两个噪声之比来评估噪声的影响。如果将 R_{V} 固定为 1，那么，可以仅改变 R_{W} 来更改此比值。可以使用 MATLAB 函数 kalman( ) 执行并完成此类最优估计过程。

此函数的语法如下：

```
L=kalman(sys,Rw,Rv)
```

例如，仍可以使用式（5.84）中的对象与相关的状态变量和矩阵，通过此函数计算或估计最优的估计器。使用以下脚本进行此估计：

```
A=[0 1;-1-2];
B=[0;1];
C=[1 0];
sys=ss(A,B,C,0);
Q=10;R=1;
[kest,L,P]=kalman(sys,Q,R)
%est=estim(sys,L)
```

假设 R_{W} 是 R_{V} 的 10 倍，运行结果如下：

```
L=0.9382    0.4401
P=0.9382    0.4401
   0.4401   2.2315
```

5.4.6　结合补偿进行控制和估计

现在，我们需要将控制律（Control Law）式（5.81）与估计器（Estimator）式（5.85）相结合来完成我们的设计。在这里，我们将忽略输入命令 r（将在下一小节中对此进行讨论）。通过使用估计的状态元素实现控制律，可以得到如下的设计方程，即

$$\dot{\hat{x}}=(\boldsymbol{A}-\boldsymbol{BK}-\boldsymbol{LC})\hat{x}+\boldsymbol{L}y \tag{5.91}$$

$$u=-\boldsymbol{K}\hat{x}$$

这些公式定义了之前在第一步和第二步进行的操作，从而根据给定输出 y 得到控制输出 u。图 5.67 所示为此组合的实际连接和配置。此所得的闭环系统的根是控制器的根和估计器

的根的组合。尽管控制器和估计器都是单独设计的，但仍可以通过式（5.91）获取补偿器（Compensator）的极点和零点。

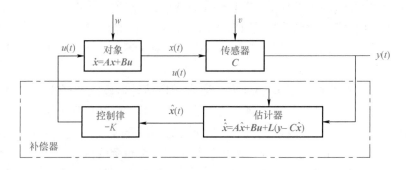

图 5.67　估计器和控制器的组合

但是，当两者结合在一起时，所得到的根保持不变。

如果想查看使用估计的状态变量对系统动态的影响，我们需要使用估计的 $\hat{x}$ 取代系统状态方程中的 x，即

$$\dot{x} = Ax - BK\hat{x} \text{ 或 } \dot{x} = Ax - BK(x - \tilde{x}) \tag{5.92}$$

可以通过合并式（5.92）和式（5.87）来得到整个系统动态，则

$$\begin{bmatrix} \dot{x} \\ \dot{\tilde{x}} \end{bmatrix} = \begin{bmatrix} A-BK & BK \\ 0 & A-LC \end{bmatrix} \begin{bmatrix} x \\ \tilde{x} \end{bmatrix}$$

此闭环系统的特征方程为

$$\det \begin{bmatrix} sI-A+BK & -BK \\ 0 & sI-A+LC \end{bmatrix} = 0 \tag{5.93}$$

这可以得到

$$\det[sI-A+BK]\det[sI-A+LC] = \alpha_c(s)\alpha_e(s) = 0 \tag{5.94}$$

通过检查式（5.74）并取代式（5.94）中的类似矩阵，可以得到补偿器的传递函数。这会得到

$$D(s) = \frac{U(s)}{Y(s)} = -K[sI-A+BK+LC]^{-1}L \tag{5.95}$$

例如，对于式（5.64）所示的系统对象，状态变量方程为

$$A = \begin{bmatrix} 0 & 1 \\ -1 & -2 \end{bmatrix}, B = \begin{bmatrix} 0 \\ 1 \end{bmatrix}, C = \begin{bmatrix} 1 & 0 \end{bmatrix}, D = 0$$

控制律设计的规范仍然与 $\omega_n = 3\text{rad/s}$ 且 $\zeta = 0.8$ 时的闭环根一样。控制增益为 $K = [8.0000 \quad 2.8000]$，这与我们之前所得到的结果相同。

现在，如果我们选择 $\omega_n = 5\text{rad/s}$ 且 $\zeta = 0.5$ 处的估计器根，所需的特征方程为

$$s^2 + 2\zeta\omega_n s + \omega_n^2 = s^2 + 5s + 25$$

使用以下 MATLAB 脚本获得估计器反馈增益矩阵 L：

```
A=[0 1; -1 -2];
B=[0;1];
C=[1 0];
```

```
Wn=5;
Ze=0.5;
p=roots([1  2*Wn*Ze  Wn^2]);
L=acker(A',C',p)'
```

结果为 **L** = 3.0 和 18.0。

然后，使用以下 MATLAB 脚本得到 $[sI-A+BK+LC]=H$ 的逆矩阵。

```
A=[0 1; -1 -2];
B=[0; 1];
C=[1  0];
K=[8  2.8];
L=[3; 18];
I=eye(2);
s=tf('s');
H=inv(s*I-A+B*K+L*C)
```

H 为一个 2×2 矩阵。通过使用 **K** 和 **L** 矩阵值并将它们代入式（5.95）中，可以得到控制器的传递函数为

$$D(s)=-74.4\frac{(s+2.5)}{s^2+7.8s+41.4}=-74.4\frac{(s+2.5)}{(s+3.9-j5.1)(s+3.9+j5.1)}$$

这看起来像是一个相位超前补偿器。

5.4.7　引入参考输入

在上小节中，我们按照第三步的设计步骤将从第一步中得到的控制律和从第二步中得到的估计器合并起来，从而得到所需的控制器或补偿器。此类补偿器正是一个调节器，这意味着可以设计控制器和估计器的特征方程来得到令人满意的瞬态响应，从而有效地抑制一些干扰，例如抑制来自过程或来自传感器的白噪声。此设计的不足之处在于我们无法确定此调节器是否可以完美或顺畅地遵循输入命令来达到我们的设计目标。幸运的是，我们可以通过正确地向系统方程引入参考输入来对此进行验证。

可以分别使用两种方法将命令输入 r 引入闭环系统中，如图 5.68a、b 所示。这两种配置之间的唯一差别是环路中补偿器的位置，即补偿器是位于反馈通道还是前馈通道中。

命令输入引入的一个简单方法是从输入命令 r 中减去输出 y，这与我们之前为特定对象进行闭环设计十分相似。图 5.68b 所示为这一类系统输入的引入。使用此方法的优势在于，阶跃命令可以直接输入估计器中，使估计误差随估计器动态特征以及与控制极点相应的响应而衰减。

另一个可能的方法是以相同的方式直接将命令 r 输入系统对象和估计器中，如图 5.68a 所示。因为阶跃命令会以相同的方式分别影响对象和估计器，这两者都会同等地响应，并且不会引起任何估计器误差。最终结果为响应中没有估计器误差特征，而且总响应仅由控制器特征组成。

现在，可以根据如下所示的状态变量和状态空间方程，清晰地了解系统对象和控制器，即

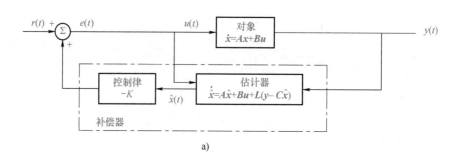

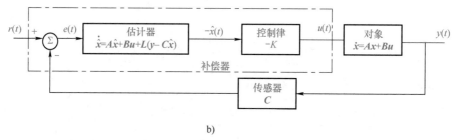

图 5.68　命令输入引入的两种可能位置

$$\left.\begin{matrix}\dot{x}=Ax+Bu\\ y=Cx\end{matrix}\right\}对象（Plant）$$

$$\left.\begin{matrix}\dot{x}=(A-BK-LC)\dot{x}+Ly\\ u=-K\dot{x}\end{matrix}\right\}控制器（Controller）$$

这些是状态空间域中系统对象（过程）和控制器（补偿器）的表示形式。

5.4.8　积分控制

正如我们在第 5.4.6 小节中讨论的示例补偿器设计，补偿器的结果为相位超前的形式。通常，状态空间设计始终会生成由比例和微分反馈构成的补偿，但难以生成积分控制，除非设计过程中采用了一些特殊操作。

使用所需的积分 x_I 扩充状态向量，可以生成积分控制，并满足微分方程

$$\dot{x}_I=Cx(=y)-r(=e)$$

从而可以得出

$$x_I=\int e\mathrm{d}t$$

此方程会扩充到状态方程式（5.66），它会变为

$$\begin{bmatrix}\dot{x}_I\\ \dot{x}\end{bmatrix}=\begin{bmatrix}0&C\\ 0&A\end{bmatrix}\begin{bmatrix}x_I\\ x\end{bmatrix}+\begin{bmatrix}0\\ B\end{bmatrix}u-\begin{bmatrix}1\\ 0\end{bmatrix}r$$

反馈律变为

$$u=-\begin{bmatrix}K_I&K\end{bmatrix}\begin{bmatrix}x_I\\ x\end{bmatrix}\ 或\ u=-K\begin{bmatrix}x_I\\ x\end{bmatrix}$$

例如，假设有一个系统为

$$\frac{Y(s)}{U(s)} = \frac{1}{s+2}$$

使用以下 MATLAB 脚本，可以得到相关的状态变量矩阵：

```
s=tf('s');
G=1/(s+2);
sys=ss(G)
```

运行的结果为 $A=-2$、$B=1$、$C=1$ 以及 $D=0$。

要求为 $\omega_n=5$ 和 $\zeta=0.5$ 处的闭环根，这相当于所需的特征方程为

$$s^2+5s+25=0$$

扩充的系统描述与下面类似

$$\begin{bmatrix} \dot{x}_1 \\ \dot{x} \end{bmatrix} = \begin{bmatrix} 0 & 1 \\ 0 & -2 \end{bmatrix} \begin{bmatrix} x_1 \\ x \end{bmatrix} + \begin{bmatrix} 0 \\ 1 \end{bmatrix} u$$

可以使用以下 MATLAB 脚本获得增益矩阵 K：

```
A=[0 1; 0 -2];
B=[0; 1];
Wn=5;
Ze=0.5;
p=roots([1  2*Wn*Ze  Wn^2]);
K=acker(A,B,p)
```

所得到的增益矩阵为 $K=\begin{bmatrix} 25 & 3 \end{bmatrix}$。

图 5.69 所示为闭环控制系统。需要注意的一点是，如果引入了一个参考命令 $r(t)$，系统误差 $e=r-y$ 应进行积分，并不是单独的输出。

最后，在此章结尾，我们想尝试设计一个 PID 控制器，为示例的直流电动机构建一个闭环控制系统。

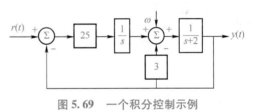

图 5.69　一个积分控制示例

5.4.9　可控性和可观测性

在 5.4.3 小节中，我们介绍了可观测性和可控性。将在此小节提供有关这两个术语的更多详细信息。

可控性的定义如下：如果存在一个可以将任何初始状态 $x(0)$ 传递到其他任何所需的位置 $x(t)$ 的无约束控制 u，可以将使用状态变量矩阵 (A,B) 描述的一个系统视为可控。换言之，若要确定一个系统 $\dot{x}=Ax+Bu$ 是否可控，我们可以检查代数条件或秩，即

$$\mathrm{rank}\begin{bmatrix} B & AB & A^2B & \cdots & A^{n-1}B \end{bmatrix} = n \tag{5.96}$$

对于一个 SISO 系统，可以按 A 和 B 定义一个可控性矩阵 P_c，如式（5.97）所示。

$$P_c = \begin{bmatrix} B & AB & A^2B & \cdots & A^{n-1}B \end{bmatrix} \tag{5.97}$$

式中，P_c 是一个 $n \times n$ 维矩阵，如果 P_c 的行列式为非零，那么可以认为系统是可控的。

另一个确定系统是否可控的方法是以积分器形式绘制状态变量框图，并且可以检查控制信号或输入 u 是否有与每个状态变量连接的通道。如果存在与每个状态连接的通道，那么系

统是可控的。

例如，一个系统有状态变量矩阵 A、B 和 C，且

$$A = \begin{bmatrix} -2 & 0 \\ d & -4 \end{bmatrix}, B = \begin{bmatrix} 1 \\ 0 \end{bmatrix}, C = \begin{bmatrix} 1 & 0 \end{bmatrix}$$

可控性矩阵 P_c 定义为

$$P_c = \begin{bmatrix} B & AB \end{bmatrix} = \left\{ \begin{bmatrix} 1 \\ 0 \end{bmatrix} \quad \begin{bmatrix} -2 & 0 \\ d & -4 \end{bmatrix} \begin{bmatrix} 1 \\ 0 \end{bmatrix} \right\} = \begin{bmatrix} 1 & -2 \\ 0 & d \end{bmatrix}$$

P_c 的行列式值等于 d。如果 $d \neq 0$，系统则是可控的。可观测性定义为由于每个状态变量的存在，使一个系统的输出都有一个组成部分。换言之，每个状态变量可以反映到输出上或者可以提供生成输出的一部分。

当且仅当存在一个有限时间 T，在给定控制输入 $u(t)$ 的情况下，观测到历史 $y(t)$ 决定了初始状态 $x(0)$，则该系统是可观测的。

例如，有一个由状态变量矩阵 $\dot{x} = Ax + Bu$ 和 $y = Cx$ 表示的系统。只要可观测的矩阵 Q_o 的行列式为非零（其中 Q_o 是一个 $n \times n$ 维矩阵），那么系统是可观测的，则

$$Q_o = \begin{bmatrix} C & CA & CA^2 & \cdots & CA^{n-1} \end{bmatrix}^T \tag{5.98}$$

另一个方法是使用积分器水平绘制框图来检查每个状态变量是否有到输出 $y(t)$ 的通道。

例如，我们仍然使用有状态变量矩阵 A、B 和 C 的系统，如下所示

$$A = \begin{bmatrix} -2 & 0 \\ d & -4 \end{bmatrix}, B = \begin{bmatrix} 1 \\ 0 \end{bmatrix}, C = \begin{bmatrix} 1 & 0 \end{bmatrix}$$

可观测性矩阵 Q_o 定义为

$$Q_o = \begin{bmatrix} C & CA \end{bmatrix}^T = \left(\begin{bmatrix} 1 & 0 \end{bmatrix} \quad \begin{bmatrix} 1 & 0 \end{bmatrix} \begin{bmatrix} -2 & 0 \\ d & -4 \end{bmatrix} \right)^T = \begin{bmatrix} 1 & 0 \\ -2 & 0 \end{bmatrix}$$

可观测性矩阵 Q_o 的行列式等于 0，因此，系统是不可观测的。

5.4.10　使用状态反馈控制进行极点配置

在本小节中，我们将尝试使用状态变量反馈来确定闭环传递函数 $T(s)$ 所需的极点位置。此设计根据状态变量的反馈进行，如下所示为

$$u = -Hx \tag{5.99}$$

式中，H 是反馈矩阵；x 是状态变量。使用此方法时，特征方程的根放置在瞬态响应满足所需条件的位置处。

对于一个 SISO 系统，阿克曼公式是确定状态变量反馈矩阵 $H = \begin{bmatrix} h_1 & h_2 & \cdots & h_n \end{bmatrix}$ 的一个实用工具。

对于一个给定的所需特征方程，$q(s) = s^n + \alpha_1 s^{n-1} + \cdots + \alpha_n$。相关的状态反馈增益矩阵为

$$H = \begin{bmatrix} 0 & 0 & \cdots & 1 \end{bmatrix} P_c^{-1} q(A) \tag{5.100}$$

式中，$q(A) = A^n + \alpha_1 A^{n-1} + \cdots + \alpha_{n-1} A + \alpha_n I$；$P_c$ 是可控性矩阵。例如，对于一个给定系统 $G(s) = \dfrac{1}{s(s+1)}$，确定反馈增益以将闭环极点置于 $s = -2 \pm j2$ 处。因此，特征方程为 $q(s) = s^2 + 4s + 8$；$\alpha_1 = 4$，$\alpha_2 = 8$。状态变量矩阵为

$$A = \begin{bmatrix} 0 & 1 \\ 0 & -1 \end{bmatrix}, B = \begin{bmatrix} 0 \\ 1 \end{bmatrix}, C = \begin{bmatrix} 1 & 0 \end{bmatrix}$$

$$P_c = \begin{bmatrix} B & AB \end{bmatrix} = \begin{bmatrix} 0 & 1 \\ 1 & -1 \end{bmatrix}, P_c^{-1} = \frac{1}{-1}\begin{bmatrix} -1 & -1 \\ -1 & 0 \end{bmatrix} = \begin{bmatrix} 1 & 1 \\ 1 & 0 \end{bmatrix}$$

因此

$$q(A) = A^2 + \alpha_1 A + \alpha_2 I = \begin{bmatrix} 0 & 1 \\ 0 & -1 \end{bmatrix}^2 + 4\begin{bmatrix} 0 & 1 \\ 0 & -1 \end{bmatrix} + 8\begin{bmatrix} 1 & 0 \\ 0 & 1 \end{bmatrix} = \begin{bmatrix} 8 & 3 \\ 0 & 5 \end{bmatrix}$$

$$H = \begin{bmatrix} 0 & 1 \end{bmatrix}\begin{bmatrix} 1 & 1 \\ 1 & 0 \end{bmatrix}\begin{bmatrix} 8 & 3 \\ 0 & 5 \end{bmatrix} = \begin{bmatrix} 8 & 3 \end{bmatrix}$$

5.5　案例研究：设计和构建直流电动机系统 PID 控制器

在 4.7.4 小节中，我们详细讨论了校准示例直流电动机 Mitsumi 448 PPR。此校准的目的在于得到 TM4C123GH6PM PWM 模块的输出值和示例直流电动机的转速之间一个清晰的线性关系。根据校准结果，在 4.7.5 小节中针对该直流电动机执行了识别过程来得到它的动态模型。识别的动态模型为

$$G(s) = \frac{3.776}{(1+0.56s)}e^{-009s} \approx \frac{6.74}{(s+1.79)}$$

此外，在本章 5.3.6.2 小节和 5.3.6.3 小节中，我们还利用了 MATLAB® PID Tuner Tools 和 Simulink 调整并完成此直流电动机闭环系统的仿真，从而得到最优的控制和输出性能。现在，我们需要使用 TM4C123GH6PM 微控制器设计一个真正的 PID 控制器来控制此直流电动机，从而得到最优的实用闭环控制系统。当前 PWM 输出控制信号是根据在 4.7.4 小节中使用 CalibEncoder 项目计算的线性方程估计的，此信号可输出到电动机控制系统。

方程 ES=k×PWM+b 可用于估计斜率 k 和 b。根据我们在 4.7.4 小节中开发的项目 CalibEncoder 的运行结果，斜率 k 的估计平均值为 0.45，并且 b 约为 0。根据此方程，对于一个给定的 PWM 值，反馈编码器速度值 ES 应为 ES = 0.45×PWM。

5.5.1　连续和离散的 PID 闭环控制系统

专业且传统的闭环控制系统是所谓的比例积分微分（PID）控制系统。图 5.70 所示为此类 PID 控制系统的框图。

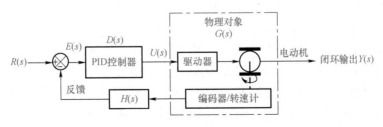

图 5.70　PID 闭环控制系统的框图

以下符号用于此连续闭环控制系统:

1) $E(s)$——误差信号 $e(t) = e(t_n) - e(t_{n-1})$ 的拉普拉斯变换。

2) $D(s)$——PID 控制器 $D(t) = K_p + K_i \int \mathrm{d}t + K_d \mathrm{d}/\mathrm{d}t$ 的拉普拉斯变换。

3) $U(s)$——控制器输出 $U(t) = K_p e(t) + K_i \int e(t) \mathrm{d}t + K_d \mathrm{d}e(t)/\mathrm{d}t$ 的拉普拉斯变换。

4) $G(s)$——物理对象 $G(t)$ 的拉普拉斯变换(包括驱动器和电动机)。

5) $H(s)$——反馈系统 $H(t)$ 的拉普拉斯变换。

通常,系统设计需要 3 个重要的变换:$D(s)$、$G(s)$ 和 $H(s)$。

$D(s)$ 是 PID 控制器 $D(t) = K_p + K_i \int \mathrm{d}t + K_d \mathrm{d}/\mathrm{d}t$ 的拉普拉斯变换。在频域中,此控制器成了 $D(s) = K_p + K_i/s + s K_d$。

$G(s)$ 是物理对象 $G(t)$ 的拉普拉斯变换。通常,可以将大多数电动机系统视为或近似为线性系统,并且可以使用 $K/(1+\tau s)$ 形式的一阶或二阶微分方程表示它们的变换函数,τ 是时间常数。

在大多数电动机控制系统中,可以将反馈变换函数 $H(s)$ 视为一个线性系数 K_H,用于将编码器/转速计的位置/速度反馈输出转换为相应的输入变量。

根据图 5.70,可以推导出完整闭环控制系统的总体传递函数,如下所示:

1) 误差 $E(s) = S(s) - H(s) Y(s)$。

2) 闭环输出 $Y(s) = D(s) G(s) E(s) = D(s) G(s) [S(s) - H(s) Y(s)]$,则 $Y(s) = D(s) G(s) S(s) - D(s) G(s) H(s) Y(s)$。

最终,总体闭环传递函数为

$$\frac{Y(s)}{S(s)} = \frac{D(s) G(s)}{1 + D(s) G(s) H(s)} = \frac{s K_0 + K}{s(1 + \tau s)}$$

这是具有一个零点和两个极点的系统,零点 $= -K/K_0$ 并且两个极点为 $s_1 = 0$ 和 $s_2 = -1/\tau$。在大多数实际应用中,可以将对象传递函数 $G(s)$ 简化为

$$G(s) = \frac{K}{1 + \tau s}$$

开环传递函数 $D(s) G(s) H(s)$ 是用于设计完整闭环控制系统的一个重要函数。

常规的 PID 控制系统设计方法和过程如下所示:

1) 当电动机在开环状态下运作时,根据应用到电机系统(包括驱动器和电动机)的一系列 PWM 输出收集编码器或转速计反馈值(如我们在 4.7.4 小节中所执行的操作)。

2) 通过使用 MATLAB® Identification Toolbox™ 根据第 1)步中应用到电动机系统上所收集的编码器或转速计值,以及相应的 PWM 输出值识别对象 $G(s)$ 的动态模型。

3) 根据第 2)步中识别的动态模型,使用根轨迹、伯德图、状态空间或 MATLAB® Control System Toolbox™ 等任意设计方法来设计所需的 PID 控制器。

4) 在设计 PID 控制器后,使用 MATLAB® PID Tuner Tool 或 Simulink® 方法,调整这些控制增益参数来完成调整和仿真,从而得到最优的 PID 参数。

5) 在控制软件中,使用以下方式将仿真的最优 PID 参数应用于实际电动机控制系统中:

　　① 首先，通过编码器或转速计得到设定值和编码器或转速计反馈值之间的位置或速度误差 $e(t)$。

　　② 使用带有 3 个控制增益参数的 PID 方程按上一步中获得的输入误差 $e(t)$ 来获取控制输出 $u(t)$。

　　③ 使用 PWM 模块将此控制输出 $u(t)$ 输入电动机系统。

　　④ 返回到第①步。

　　由于计算机是一个数字电子设备，并且数字或离散变量和函数仅可以在计算机中应用并实现，因此，对任何计算机应用的软件控制程序也必须是通过数字代码构建的数字程序。使用上述步骤构建实际 PID 控制软件时，必须将以下连续变量转换为离散变量来匹配数字控制器：

　　1）离散位置误差 $e(n) = r(n) - h(n)y(n) = r_n - Ky(n) = r - Ky_n$（如果 r 是一个常量，n 是一个增量离散数）。

　　2）离散速度误差 $\Delta e(n)/\Delta n = (e(n) - e(n-1))/[n-(n-1)] \approx e(n) - e(n-1) = e_n - e_{n-1}$。

　　3）离散积分 $\sum e(t_i) = e(n_1) + e(n_2) + \cdots + e(n_n) = e_1 + e_2 + \cdots + e_n = \sum e_i$。

　　4）离散微分与速度误差相似，即为 $e_n - e_{n-1}$。

　　5）控制器离散输出 $U_n = K_p e_n + K_i \sum e_i + K_d(e_n - e_{n-1})$。

　　在下面的小节中，我们将使用这些步骤和过程针对此电动机控制模型构建 PID 控制器。

5.5.2　构建 PID 控制器控制软件

　　打开 Keil® MDK-ARM® μVision5® IDE，在文件夹 C-M Control Class Projects/Chapter 5 下新建一个名为 PID-Control 项目，并向该项目中添加一个新的源文件 PID-Control. c。

　　向此源文件输入图 5.71 中所示的第一部分代码。我们来仔细研究这段代码，了解它的工作原理。

　　1）第 4~9 行的代码用于声明要在此项目中使用的一些系统头文件。

　　2）第 10~17 行的代码声明了一些系统和用户定义的宏定义变量。这些宏包括 PWM 值的边界上限 PWMMAX 和下限 PWMMIN、PWM 和反馈编码器速度值 HS 之间的传递函数或斜率，以及其他系统宏，例如 PHA0 和 PHB0 相位输入，GPIO 端口 D 和端口 F 基址，以及提交寄存器。

　　3）第 18、19 行的代码声明了两个用户定义的函数 lnitPWM( ) 和 lnitQEI( )。

　　4）main( ) 程序从第 20 行开始。一些局部变量，例如表示输出 PWM 值和编码器速度值 ES 的 pw、es、upper 以及 motor[ ] 阵列，用于定义环路的边界上限和所收集的编码器速度值，第 22 行中在此程序的开始处声明了这些变量。

　　5）第 23 行的代码声明并定义了输入速度误差 e[ ]、误差率 de 和积分误差 ie，以及 PID 参数 Kp、Ki 和 Kd。

　　6）第 24 行的代码定义了系统时钟。在第 25 行中，启用了 GPIO 端口 B、D 和 F，并进行了时钟计数。

　　7）第 26~31 行的代码用于将相关 GPIO 引脚配置为数字输出或输入引脚，作为 PhA 和 PhB 或 LED 驱动的引脚。

　　8）第 32、33 行的代码调用了用户定义的函数 lnitPWM( ) 和 lnitQEI( )，并初始化配置了 PWM1 和 QEI0 模块，使它们能够输出所需的 PWM 值并接收旋转编码器反馈速度值来执行闭环控制功能。

```
1  //******************************************************************************
2  // PID-Control.c-电动机PID闭环控制系统-QEI0
3  //******************************************************************************
4  #include <stdint.h>
5  #include <stdbool.h>
6  #include "driverlib/sysctl.h"
7  #include "driverlib/gpio.h"
8  #include "driverlib/qei.h"
9  #include "TM4C123GH6PM.h"
10 #define PWMMAX               3999
11 #define PWMMIN               5
12 #define  HS                  2.22                          // HS=1/K =1/0.45=2.22
13 #define GPIO_PD6_PHA0        0x00031806
14 #define GPIO_PD7_PHB0        0x00031C06
15 #define GPIO_PORTD_BASE      0x40007000                    // GPIO端口 D
16 #define GPIO_PORTF_CR_R      (*((volatile uint32_t *)0x40025524))
17 #define GPIO_PORTD_CR_R      (*((volatile uint32_t *)0x40007524))
18 void InitPWM(void);
19 void InitQEI(void);
20 int main(void)
21 {
22    uint32_t pw, es, index, upper = 1000, s, n = 0, motor[100];
23    double ie = 0, de, e[2], Kp = 0.75, Ki = 2.118, Kd = 0;
24    SysCtlClockSet(SYSCTL_SYSDIV_25|SYSCTL_USE_PLL|SYSCTL_XTAL_4MHZ|SYSCTL_OSC_MAIN);
25    SYSCTL->RCGC2 = 0x2A;                   // 使能 GPIO端口B、D、F并计时
26    GPIOB->DEN = 0xF;                       // 使能 PB3 ~ PB0，作为数字功能引脚
27    GPIOB->DIR = 0xF;                       // 配置 PB3 ~ PB0，作为输出引脚
28    GPIOD->DEN = 0xC0;                      // 使能 PD7 ~ PD6，作为数字功能引脚
29    GPIOD->DIR = ~0xC;                      // 配置 PD7 ~ PD6，作为输入引脚
30    GPIOF->DEN = 0xF;                       // 使能 PF3 ~ PF0，作为数字功能引脚
31    GPIOF->DIR = 0xF;                       // 配置 PF3 ~ PF0，作为输出引脚
32    InitPWM( );                             // 配置 PWM 模块1
33    InitQEI( );                             // 配置 QEI 模块0
34    while(1)
35    {
36       PWM1->_2_CTL = 0x1;                  // 使能 PWM1_2B 或 M1PWM5
37       PWM1->ENABLE = 0x20;
38       s = 1000;                            // 设s = 1000 使得 es = 0.45*PWM = 0.45*1000 = 450
                                              // 将输入速度设为450P/r
39       PWM1->_2_CMPB = s;                   // 将目标 PWM值或450p/r发送给电动机
40       e[1] = s;
41       for (index= 0; index < upper; index++)   // 向电动机输出方波
42       {
43          es = QEI0->SPEED;                 // 得到当前编码器的速度值
44          e[0] = s- es*HS;                  // 将速度值转换成相应的PWM值
45          de = e[1]- e[0];                  // 得到微分误差
46          ie = ie + e[0];                   // 得到积分误差
47          pw = (uint32_t)(Kp*e[0] + Ki * ie + Kd * de);  // 计算PID控制值
48          e[1] = e[0];                      // 保存下一个误差
49          PWM1->_2_CMPB = pw;               // 将PID控制值输出给电动机
50          SysCtlDelay(5);
51          if (n < 100){ motor[n] = es; }    // 收集前100个编码器转速信息
52          n++;
53       }
54       PWM1->_2_CMPB = 0;                   // 向电动机发送指令0，使电动机停转
55       PWM1->_2_CTL = 0x0;                  // 禁用 PWM1_2B 或 M1PWM5
56       PWM1->ENABLE &= ~0x20;
57       for (index = 0; index < upper; index++)  // 电动机停转一段时间
58          SysCtlDelay(10);
59    }
60 }
```

图 5.71　项目 PID 控制的第一部分代码

9）从第 34 行起是一个无限 while() 循环，使程序能够重复地输出所需的 PWM 值来驱动电动机以一个恒定速度旋转。

第 36、37 行的代码用于启用 PWM 输出引脚 PWM1_2B 和 PWM1 模块。

10）在第 38 行中，选择所需的 PWM 值（即 25%）分配给 s 变量，此变量将发送给直流电动机驱动电动机旋转。可以认为 PWM 值 1000 对应于输入的目标转速的设定值 450P/r，因为 ES = K×PWM = 0.45×PWM = 0.45×1000 = 450。

11）在第 39 行中，所需的 PWM 值 1000 或变量 s 中存储的目标电动机转速 450P/r 会发送给电动机驱使电动机旋转，此设定电动机速度会发送到要在第 40 行保留的第一个速度误差 e[1]。

12）从第 41 行开始，一个 for 循环用于反复发出此所需的电动机设定转速值 225P/r，此值相当于 PWM = 500，并且可得到第 43 行中的反馈编码器速度值，然后比较这两个值可计算出第 44 行中的速度误差 e[0]、第 45 行中的误差率 de，以及第 46 行中的积分误差 ie。

13）在第 44 行中，由于 es = 0.45×PWM 且 PWM = es/0.45 = es×2.22，为了得到速度误差，可通过乘以 HS = 1/0.45 = 2.22 将反馈编码器速度转换为相应的 PWM 值。在第 47 行中，仿真的 PID 控制增益 Kp、Ki 和 Kd 用于估计最优的 PWM 输出值。

14）在第 48 行中，当前速度误差 e[0] 会发送到要保留的下一个误差 e[1]。

15）在第 49 行中，计算的最优 PID 控制输出值会发送给电动机，尝试以一个恒定的设定值驱动电动机旋转。随后，在第 50 行中，系统延迟了一些时间，使电动机转速处于一个稳定状态。

16）第 51、52 行的代码用于收集前 100 个电动机编码器反馈速度值，并将它们保存到数据阵列 motor[100] 中。稍后，可以通过 MATLAB® plot() 函数使用这些速度值来分析实际电动机阶跃响应。

17）第 54、56 行的代码用于启用施加到电动机驱动器上的低电平，从而停止直流电动机并禁用 PWM1 模块。

18）在第 57、58 行中，另一个 for 循环用于在某段时间内实现此"低电平"输出。

此项目的第二部分代码包含 InitPWM() 和 lnitQEI() 函数的代码。对于这两个函数的详细代码，请参见在第 4 章 4.7.4 小节中构建的项目 CalibEncoder，因为它们与此项目中定义的那些函数完全相同。此外，如果一切没什么问题，请参见第 4 章 4.7.4 小节后设置此项目的环境，构建并运行项目。在项目运行时，可以看到，电动机从低速到高速以及从高速到低速周期性地旋转。

若要确认应用到此闭环电动机控制系统的 PID 控制器的性能，可以使用存储在 motor[] 数据阵列中所收集的 100 个编码器速度值。

需要记录这些值并将它们从十六进制转换为十进制值，然后创建 MATLAB® 脚本并将这些数据放入数据列阵或向量中，从而在时域中将它们绘制出来以检查控制器的性能。

图 5.72 所示为一段示例代码，此代码保存为名为 PlotMotorPIDStep.m 的 MATLAB® 脚本文件。运行此 MATLAB® 脚本文件后，会在时域中绘制此 PID 闭环电动机控制系统的阶跃响应，如图 5.73 所示。

```
% plot the PID closed -loop motor step response - 100 samples - PlotMotorPIDStep.m

t = 1:100;
y = [0; 0; 0; 0; 0; 49; 49; 49; 179; 179; 179; 179; 267; 267; 267; 267; 326; 326; 326; 364;364; 364; 364;
    388; 388; 388; 388; 405; 405; 405; 418; 418; 418; 418; 426; 426; 426; 426; 432; 432; 432; 435; 435; 435;
    435; 440; 440; 440; 440; 441; 441; 441; 443; 443; 443; 443; 443; 443; 443; 443; 444; 444; 444; 444; 444;
    444; 444;445; 445; 445; 445; 446; 446; 446; 450; 450; 450; 450; 449; 449; 449; 449; 449; 449; 449; 449;
    447; 447; 447; 448; 448; 448; 448; 447; 447; 447; 447; 447; 447; 447];

plot(t, y);
grid;

xlabel('Numer of Samples');
ylabel('Motor Output Speed (PPR)');
title('PID Closed-Loop Motor Step Response');
```

图 5.72　绘制电动机阶跃响应的代码

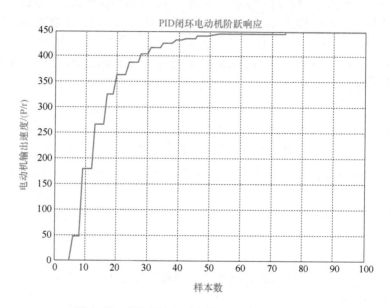

图 5.73　实际闭环电动机控制系统的阶跃响应

5.6　本章小结

本章重点关注 PID 控制系统的设计和分析，通过一些示例介绍并讨论了 3 种常用的设计方法，即根轨迹法、伯德图法和状态空间法。

从 5.2 节开始，讨论了根轨迹策略以及此方法中使用的一些特殊属性，详细讨论了极点和零点对时域规范的影响；然后，介绍了如何手动绘制根轨迹，通过一些示例介绍并分析了两种典型的补偿器，即相位超前补偿器和相位滞后补偿器；详细讨论了一些常用的有效计算机辅助设计和分析工具以及根轨迹方法，例如 MATLAB 根轨迹设计函数和 SISOTool。

在 5.3 节中，介绍并分析了使用伯德图频率响应方法设计 PID 控制器，重点介绍了此方法提供的一些重要的实用功能，包括伯德图技术、稳定性和裕度、绘制伯德图，以及增益和相位频率关系。

通过一些真实的示例系统探讨了 3 个热门的计算机辅助设计工具：SISOTool、PID Tuner 和 MATLAB Simulink。此外，还通过一些有用的 MATLAB 函数介绍并讨论了奈奎斯特稳定判据。

5.4 节中介绍了使用状态空间方法设计 PID 控制器，详细讨论了一些重要的相关属性和功能，包括状态空间变量、状态空间中的系统传递函数和特征值、框图和状态空间设计、用于极点放置的控制律设计、估计器设计、结合补偿的控制和估计、引入参考输入、积分控制。

在 5.5 节中通过一个案例研究说明并讨论了一个真正的直流电动机系统的实际 PID 闭环控制器；将一个真正的直流电动机 Mitsumi 448 PPR 用作此闭环控制系统的目标对象，帮助用户通过 TM4C123GH6PM 微控制器系统构建一个真正的控制系统；仔细讨论了详细的控制编程代码。

课后习题和实验

5.1　对于一个给定系统 $G(s)=\dfrac{1}{s(s+1)(s+5)}$，考虑 $1+KG(s)=0$ 时的根轨迹。请解答以下问题：

（a）标示此根轨迹的极点和零点的位置。

（b）画出 $K\to\infty$ 时的渐近线。

（c）K 为何值时根是虚轴上的根？

5.2　针对图 5.74 中所示的系统绘制与 α 相关的根轨迹。绘制 $\alpha=0$、$\alpha=0.5$ 和 $\alpha=2$ 时的阶跃响应。

5.3　对于对象为 $G(s)=\dfrac{3}{s+2}$ 的一个给定系统，针对单位负反馈系统设计一个比例控制器 $C(s)=K$，然后根据增益 K 绘制根轨迹。那么对于 $K>0$ 的所有值，系统是否稳定？如果 $K=8$，闭环极点的位置在哪里？

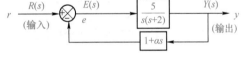

图 5.74　闭环控制系统

5.4　绘制系统 $G(s)=\dfrac{K(s+1)}{s(s+1)(s+2)}$ 的根轨迹，并确定使共轭复数极点阻尼比为 0.5 的根轨迹增益 K 的值。

5.5　对于一个给定系统 $G(s)=K\dfrac{s+1}{s+13}\dfrac{s^2+81}{s^2(s^2-100)}$：

（a）找出闭环根与 K 的轨迹。

（b）是否有 K 值会使所有根的阻尼比大于 0.5？

（c）假设轨迹穿过阻尼比为 0.707 的一个点，请尝试找到得到这些根的 K 的值。

5.6　对于图 5.75 中所示的一个三阶系统：

（a）绘制闭环系统的根轨迹。

（b）找到轨迹与虚轴相交的点，确定该点处 K 的值。

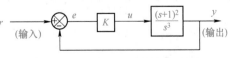

图 5.75　三阶闭环系统的模型图

（c）假设放大器输出 u 是输入误差 e 的函数，那么：

① 当 $|e| \le 1$ 时 $u=e$。② 当 $e>1$ 时 $u=1$。③ 当 $e<-1$ 时 $u=-1$。

5.7 使用根轨迹方法确定 $\alpha<0$ 的值，使多项式 $s^3+2s^2+\alpha=0$ 有重复的根。

5.8 动手绘制出 $p=5$ 时系统 $G(s)=K\dfrac{s+1}{s^2(s+p)}$ 的根轨迹。请确定以下参数的值：

（a）渐近线参数。

（b）转折频率。

（c）使此系统稳定的 p 值的范围。

5.9 某系统的传递函数为 $G(s)=1/(s+2)(s+3)$，使用根轨迹方法，设计一个相位滞后补偿器，确定将在 $s=-1\pm j1$ 处生成闭环极点的补偿器的零点和极点位置。

5.10 某卫星姿态控制的基本传递函数为 $G(s)=\dfrac{1}{s^2}$。设计一个相位超前补偿器使阻尼比 $\zeta=0.5$ 且固有频率 $\omega_n=1$。相位超前补偿器的极点和零点的比小于10。请绘制出根轨迹和阶跃响应。

5.11 使用 MATLAB SISOTool 重做第5.9题。

5.12 考虑图5.76中给出的一个系统，因为它在 s 右半平面上有极点和零点，因此它可能不稳定。是否存在 K 的某一正值来使此系统处于稳定状态？

5.13 考虑某带参数的伺服机构，如图5.77所示。请使用 SISOTool 设计相位超前补偿器，使闭环系统阻尼比 $\zeta=0.707$ 且主导极点为 $s_{1,2}=-10\pm j10$。

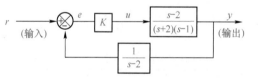

图5.76 具有不稳定对象的闭环系统

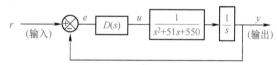

图5.77 伺服机构的闭环系统

5.14 某系统的传递函数为 $G(s)=\dfrac{12}{s-2}$，可能不稳定。

（a）请尝试使用根轨迹方法设计一个相位滞后补偿器 $D(s)=K\dfrac{s+z}{s}$，使闭环控制系统的阻尼比 $\zeta=0.7$，并且闭环根轨迹应穿过 $s_{1,2}=5\pm j5$。

（b）使用 SISOTool 通过根轨迹方法设计相同的补偿器来验证你的设计。

5.15 考虑图5.78所示的一个机械系统，其包含了 gs 的反馈通道来控制速率反馈量。请确定当增益 $K=1$ 时不同 g 对根轨迹的影响。

5.16 一座办公大楼中电梯的传递函数为

$G(s)=K\dfrac{(s+10)}{s(s+1)(s+20)(s+50)}$。请使用 MATLAB 函数确定当复根的阻尼比为 $\zeta=0.8$ 时的增益值 K。

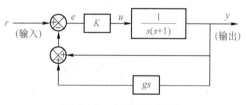

图5.78 反馈控制系统

5.17 某控制系统有一个负单位反馈和过程 $G(s)=K\dfrac{s^2+4s+8}{s^2(s+4)}$。主导根的阻尼比要求为

$\zeta = 0.5$。请使用 MATLAB 根轨迹函数来验证 $K = 7.35$ 并且主导根要求为 $s = -1.3 \pm j2.2$。

5.18 图 5.79 所示为一个系统以及传递函数 $G(s) = K \dfrac{(1+0.5s)(1+as)}{s(1+s/8)(1+bs)(1+s/36)}$ 的幅值频率响应图。请通过此图确定 K、a 和 b 值。

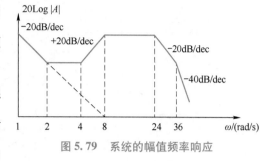

图 5.79 系统的幅值频率响应

5.19 某机器人的手臂有单位负反馈控制系统，其传递函数为 $G(s) = \dfrac{K}{s(1+s/10)(1+s/100)}$。请绘制出 $K = 100$ 时的伯德图并找出 $20\log|G|$ 为 0dB 时的频率。

5.20 图 5.80 所示为一个系统的伯德图。请根据此图确定传递函数 $G(s)$。

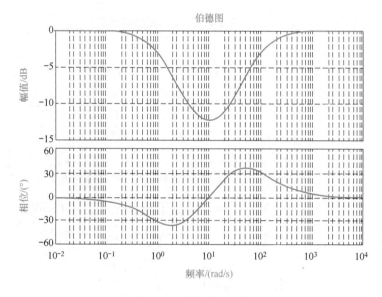

图 5.80 控制系统的伯德图

5.21 某反馈系统的环路传递函数为 $G(s)H(s) = \dfrac{50}{s^2 + 11s + 10}$。请绘制出伯德图幅值频率响应并确定转折频率（转折点）。

5.22 某闭环控制系统的框图，如图 5.81a 所示。用频率响应曲线表示图中 3 个模块的相关传递函数，如图 5.81b 所示。请分别计算当 G_3 与此系统断开时和连接时的阻尼比 ζ。假设系统是一个最小相位系统。

5.23 某机器人手臂控制系统的传递函数为 $G(s) = \dfrac{5}{s(1+s/1.4)(1+s/3)}$。请设计一个相位超前补偿器 $D(s)$ 实现以下设计指标：

（a）相位裕度 PM $\geqslant 40°$。

（b）一个斜坡输入 $r(t)$ 的跟踪误差小于或等于 10%。

（c）转折频率 $\omega_c \geqslant 1$rad/s。

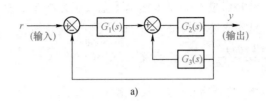

a)

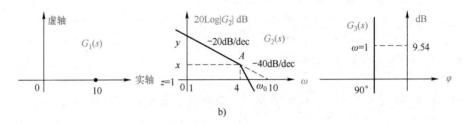

b)

图 5.81   闭环系统的传递函数模块和响应

5.24   某飞机高度控制系统是一个闭环控制系统，如图 5.82 所示。

（a）利用 MATLAB 函数绘制当 $D(s)=K=1$ 时开环系统的幅值和相位频率响应。

（b）K 为何值时将得到 0.16rad/s 的转折频率？

（c）对于（b）中所得的增益 K 值，如果为闭环，系统是否稳定？

（d）增益等于 0dB 时的相位裕度 PM 为多少？

（e）使用 MATLAB 函数绘制根轨迹，并找到针对（b）中所得的 K 值的根。

（f）如果输入命令为斜坡 $R(s)=1/s^2$，那么使用（b）中所得的 K 值时稳态误差是多少？

（g）设计一个相位超前补偿器 $D(s)=K\dfrac{s+z}{s+p}$，使转折频率为 0.16rad/s 且 PM 大于 50°。

可以使用 SISOTool 辅助完成此补偿器设计。请用伯德图表示设计结果。

图 5.82   单位反馈控制系统

［提示：需要使用 MATLAB 函数 bode( )；若要绘制完整的伯德图，请单击
幅值轨迹上的任一点并沿轨迹移动来得到所需的增益和频率。］

5.25   某过程的幅值响应，如图 5.83 所示。假设
此过程是稳定的，并且是最小相位系统。

（a）速度常数 K_v 是多少？

（b）确定此过程的传递函数。

（c）此过程的相位裕度是多少？

5.26   某机器腿系统有一个传递函数 $G(s)=$
$\dfrac{1}{s(s^2+3s+20)}$。请尝试使用 pidtuneOptions( ) 和 pidtune( )

等 MATLAB 函数设计一个 PID 控制器，使闭环控制系

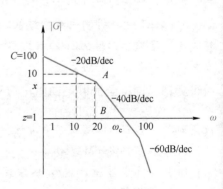

图 5.83   伯德图

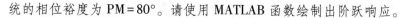

统的相位裕度为 PM=80°。请使用 MATLAB 函数绘制出阶跃响应。

5.27　尝试使用 MATLAB 工具 pidTuner( ) 调整在第 5.26 题中构建的 PID 控制器,从而得到最优的阶跃响应。

5.28　使用 MATLAB Simulink 重做第 5.26 题,找到具有最优阶跃响应的最优 PID 控制器。将第 5.26 题中所得的 PID 增益用作 PID 模块的初始值。

5.29　给定了一个标准二阶闭环系统,请尝试:

(a)　证明 $\omega=\omega_n$ 处的幅值为 $T(\mathrm{j}\omega)=\left|\dfrac{1}{(\mathrm{j}\omega/\omega_n)^2+2\zeta(\mathrm{j}\omega/\omega_n)+1}\right|=\dfrac{1}{2\zeta}$。

(b)　证明 $|F(\mathrm{j}\omega_c)|=\dfrac{1}{2\sin(\mathrm{PM}/2)}$。

5.30　对于一个给定系统的 $G(s)=\dfrac{100(1+s/a)}{s(s+1)(1+s/b)}$,其中 $b=10a$。通过仅绘制幅值频率响应找到 a 的一个值,从而得到良好的稳定性。

5.31　某水下机器人的单位反馈控制系统的传递函数为 $G(s)=\dfrac{K}{s(s+10)(s+50)}$。请通过设计一个相位超前补偿器,使闭环系统的阶跃输入的超调量为 7.5% 且有 0.4s 的安定时间。令补偿器的零点为 $s=-15$。请确定补偿器的极点以及速度常数 K_v。

5.32　某机械手旋转系统有传递函数 $G(s)=\dfrac{360}{s(s^2/6400+s/50+1)}$。需要设计一个补偿器使速度常数 $K_v=10$,且阶跃输入的超调量小于 15%。

5.33　某机器人扩展器有传递函数 $G(s)=\dfrac{8}{s(1+2s)(1+0.05s)}$。请设计一个补偿器,使速度常数等于 5,且阻尼比约为 0.5。

5.34　使用奈奎斯特判据检查以下系统是否稳定。对于每种情况,请提供 N、P 和 Z 的值。

(a)　$GH(s)=\dfrac{1}{(1+0.5s)(1+2s)}$;

(b)　$GH(s)=\dfrac{1+0.5s}{s^2}$;

(c)　$GH(s)=\dfrac{s+4}{(s^2+5s+25)}$;

(d)　$G(s)H(s)=\dfrac{30(s+8)}{s(s+2)(s+4)}$。

5.35　请绘制以下环路传递系统 $G(s)H(s)$ 的极坐标图,确定极坐标图穿过 u 轴的点,并找到使系统稳定的 K 值。

(a)　$G(s)H(s)=\dfrac{K}{s(s^2+s+4)}$;

(b)　$G(s)H(s)=\dfrac{K(s+2)}{s^2(s+4)}$。

5.36 图 5.84 为某汽油机的速度控制系统。

（a）请找到增益值 K，使稳态误差小于 10%。

（b）通过由（a）确定的增益 K，使用奈奎斯特判据检查系统的稳定性。

（c）找到系统的相位裕度和增益裕度。

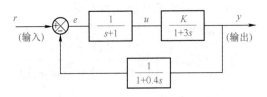

图 5.84　某汽油机的速度控制系统

5.37 某控制系统的传递函数为 $G(s) = \dfrac{5}{5s+1}$，并且补偿器的传递函数为 $D(s) = K_1 + \dfrac{K_2}{s} = \dfrac{K_1 s + K_2}{s}$。此控制系统的延迟时间为 $T = 1.5\text{s}$。

（a）绘制 $K_1 = K_2 = 1$ 时的伯德图并检查系统的稳定性。

（b）针对 $K_1 = 0.1$ 且 $K_2 = 0.04$ 重复进行步骤（a）。

（c）当 $K_1 = 0$，使用奈奎斯特判据找到最大增益 K_2，使系统处于稳定状态。

5.38 图 5.85 所示为偏航控制的单位负反馈控制系统。

（a）使用 MATLAB 函数 margin( ) 找到当 $K = 0.5$ 时的相位裕度 PM、增益裕度 GM 和转折频率 ω_c。

（b）通过使用（a）中得到的增益裕度，确定一个稳定系统的增益 K 的最大值。

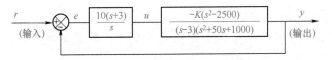

图 5.85　偏航加速度控制的反馈控制系统

5.39 某单位负反馈控制系统的传递函数为 $G(s) = \dfrac{10}{s(s+1)} \mathrm{e}^{-Ts}$。请使用奈奎斯特图确认当传输延迟时间 $T = 0.05\text{s}$、0.1s 和 0.2s 时系统分别是稳定、临界稳定以及不稳定的。

5.40 一个给定的控制系统，传递函数为 $G(s) = \dfrac{s}{s^2+4}$。

（a）将此传递函数转换为状态空间变量，并以 $\dot{\boldsymbol{x}} = \boldsymbol{Ax} + \boldsymbol{Bu}$ 和 $\boldsymbol{y} = \boldsymbol{Cx}$ 的形式表示此系统。

（b）设计形式为 $\boldsymbol{u} = -\begin{bmatrix} K_1 & K_2 \end{bmatrix} \begin{bmatrix} x_1 \\ x_2 \end{bmatrix}$ 的一个控制律，使闭环极点位于 $s = -2 \pm \mathrm{j}2$ 处。

5.41 某控制系统有一个给定的对象，描述如下为

$$\dot{\boldsymbol{x}} = \begin{bmatrix} 0 & 1 \\ 7 & -4 \end{bmatrix} \boldsymbol{x} + \begin{bmatrix} 1 \\ 2 \end{bmatrix} \boldsymbol{u}, \boldsymbol{y} = \begin{bmatrix} 1 & 3 \end{bmatrix} \boldsymbol{x}$$

（a）绘制对象在积分器电平状态下的框图。

（b）使用矩阵代数找到传递函数。

（c）反馈为 $u=-\begin{bmatrix} K_1 & K_2 \end{bmatrix} x$，请找到闭环特征方程。

5.42　一个简单钟摆的运动方程为 $\ddot{\theta}+\omega^2\theta=u$。

（a）以状态空间的形式写出运动的方程。

（b）在给定 $\dot{\theta}$ 测量值的情况下，设计一个重新构造钟摆状态变量的估计器。假设 $\omega=$ 5rad/s 且估计器的根为 $s=-10\pm j10$。

（c）设计一个控制器来确定增益值 K，使根位于 $s=-4\pm j4$ 处。

（d）写出 $\dot{\theta}$ 的测量值和 $\hat{\theta}$ 的估计值之间的估计器的传递函数。

5.43　对于以下每个传递函数，将它转换为状态方程形式。此外，绘制积分器电平状态下的相关框图，并得出相关的 A、B 和 C 矩阵。

（a）$G(s)=\dfrac{s^2-2}{s^2(s^2-1)}$；

（b）$G(s)=\dfrac{3s+4}{s^2+2s+2}$。

5.44　一个给定的电动机控制系统，其动态模型为 $G(s)=\dfrac{1}{s(s+1)}$。

（a）令 $y=x_1$ 且 $\dot{x}_1=x_2$。以状态矩阵的形式写出，从而确定此状态方程。

（b）找到向量 K，使 $u=-K_1x_1-K_2x_2$，从而让闭环极点位于 $\omega_n=3$ 和 $\zeta=0.5$ 处。

（c）找到状态估计器的向量 L，从而使状态误差方程有特征方程，$\omega_1=15$ 且 $\zeta_1=0.5$。

（d）通过合并（b）和（c）的结果来建立所得的控制器的传递函数。

5.45　某系统的状态矩阵为 $A=\begin{bmatrix} 0 & 1 \\ -1 & -1 \end{bmatrix}$。请找到此系统的特征根。

5.46　对于微分方程如下的一个系统，使用框图找到状态变量矩阵。

$$2\dfrac{d^3y}{dt^3}+4\dfrac{d^2y}{dt^2}+6\dfrac{dy}{dt}+8y=10u(t)$$

5.47　一个控制系统由如下两个微分方程描述，即

$$\dfrac{dy}{dt}+y-2u+aw=0, \quad \dfrac{dw}{dt}-by+4u=0$$

式中，y 和 w 是时间的函数；u 是输入。

（a）选择一组状态变量。

（b）写出矩阵微分方程并指出矩阵的元素。

（c）按参数 a 和 b 找到系统的特征根。

5.48　图 5.86 所示为某机器人的深度控制系统。默认控制增益 $K=1$。

（a）找到此系统的状态变量矩阵表达式。

（b）通过找到系统的特征根检查系统是否稳定。

5.49　一个给定的控制系统的状态变量微分方程为

$$\dot{x}=\begin{bmatrix} 0 & 1 & 0 \\ 0 & 0 & 1 \\ -2 & -2 & -4 \end{bmatrix}x+\begin{bmatrix} 0 \\ 0 \\ 1 \end{bmatrix}u, C=\begin{bmatrix} 1 & 0 & 0 \end{bmatrix}x。$$

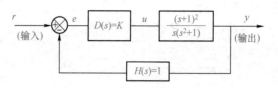

图 5.86　某机器人的深度控制系统

（a）使用逆矩阵确定相关的传递函数 $G(s)$。

（b）使用 MATLAB 函数 ss2tf( ) 确认并检查（a）中所得的结果。此外，还可以尝试使用 ss( ) 和 tf( ) 函数进行此转换。

（c）使用 MATLAB 函数 lsim( ) 针对初始条件 $0 \leqslant t \leqslant 10$ 时 $\boldsymbol{x}(0) = \begin{bmatrix} 0 & 0 & 1 \end{bmatrix}^{\mathrm{T}}$ 绘制系统的响应。

5.50　图 5.87 所示为单位负反馈控制系统。

（a）找到控制器 $D(s)$ 的状态变量表示形式。

（b）针对对象重复步骤（a）。

（c）通过采用状态变量形式表示的控制器和对象，使用 MATLAB 函数 series( ) 和 feedback( ) 得到采用状态变量形式表示的闭环系统，并使用 MATLAB 函数 impulse( ) 绘制闭环系统脉冲响应。

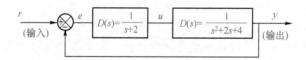

图 5.87　一个单位负反馈闭环控制系统

5.51　某系统是使用矩阵方程 $\dot{\boldsymbol{x}} = \begin{bmatrix} -4 & 1 \\ 0 & -1 \end{bmatrix} \boldsymbol{x} + \begin{bmatrix} 0 \\ 1 \end{bmatrix} \boldsymbol{u}$，$\boldsymbol{y} = \begin{bmatrix} 1 & 0 \end{bmatrix} \boldsymbol{x}$ 描述的。请确定此系统是否可控以及是否可观测。

5.52　某直流电动机的传递函数为 $G(s) = \dfrac{4}{s(s^2+5s+4)}$。请确定系统是否可控以及是否可观测。

5.53　要控制的对象的传递函数为 $G(s) = \dfrac{4}{(s^2+5s+4)}$。使用状态变量反馈控制来设计一个控制器，使一个阶跃输入的稳态误差为零。此外，选择增益来使系统的超调量较小（OV = 1%）并且安定时间小于 1s。

5.54　某反馈控制系统的对象传递函数为 $G(s) = \dfrac{K}{s(s+70)}$。请设计一个状态变量反馈系统，使速度常数 $K_v = 35$，并且使一个阶跃响应的超调量大约为 4%，从而令阻尼比 $\zeta = 0.707$，安定时间 $T_s = 0.11$s。

5.55　某系统的矩阵微分方程为 $\dot{\boldsymbol{x}} = \begin{bmatrix} 1 & 0 \\ 0 & 2 \end{bmatrix} \boldsymbol{x} + \begin{bmatrix} b_1 \\ b_2 \end{bmatrix} \boldsymbol{u}$。请确定 b_1 和 b_2 的值，使系统可控。

5.56　一个系统有如下的状态矩阵微分方程，即

$$\dot{x} = \begin{bmatrix} -1 & 1 & 0 \\ 4 & 0 & -3 \\ -6 & 8 & 10 \end{bmatrix} x + \begin{bmatrix} 1 \\ 0 \\ -1 \end{bmatrix} u, y = \begin{bmatrix} 1 & 2 & 1 \end{bmatrix} x。$$

使用 MATLAB 函数 ctrb( ) 和 obsv( ) 检查系统是否可控以及是否可观测。

5.57　考虑一个系统，传递函数为 $G(s)=\dfrac{1}{s^2}$。设计一个状态变量反馈增益，使特征方程的所需根为 $s=-3\pm j1$。

5.58　某系统的对象 $G(s)=\dfrac{3s^2+4s-2}{s^3+3s^2+7s+5}$。添加状态变量反馈，从而使闭环极点为 $s=-4$、$s=-4$ 和 $s=-5$。

5.59　某控制系统表示为一个微分方程 $\dfrac{d^2y}{dt^2}+2\dfrac{dy}{dt}+y=u$。

（a）将它转换为状态变量矩阵形式，并确认它是否可控。

（b）确定系统是否可控以及是否可观测。

5.60　某控制系统表示为一个微分方程 $\ddot{x}=1000x+20u$。使用极点放置方法设计系统来满足安定时间 $T_s\leq0.25\mathrm{s}$ 且超调量 $OV\leq20\%$ 时的规范。

5.61　某机械手控制系统有一个传递函数 $G(s)=\dfrac{1}{s(s+0.4)}$。

（a）找到状态变量矩阵和相关的微分方程，并绘制闭环阶跃响应。

（b）使用状态变量反馈，使超调量约为 5% 且安定时间为 1.35s。

（c）针对一个阶跃输入绘制状态变量反馈系统的响应。

实验项目——PID 控制器设计

实验项目 5.1

一个给定的直流电动机过程有一个传递函数 $G(s)=\dfrac{6520}{s(s+430.6)}e^{-0.005s}$。由于传播时间延迟只有 5ms，因此可以忽略它。使用 MATLAB SISOTool 通过以下方法设计并调整此对象的 PID 控制器：使用伯德图方法和根轨迹方法。具体要求如下：

1）超调量≤15%。

2）安定时间≤1.0s。

实验项目 5.2

针对实验 5.1 中所示的对象，使用 MATLAB Simulink 构建一个控制模型来执行模拟，从而得到最优的 PID 控制器。

实验项目 5.3

针对实验 5.1 中所示的对象，使用 MATLAB PIDTuner 调整并构建一个最优的 PID 控制器。

实验项目 5.4

1. 目标

这个实验项目使学生能够使用 PWM 模块建立一个有界控制项目，从而可以在不断变化的占空比模式下驱动 12V 直流电动机。EduBASE ARM® Trainer 中安装有两个开关按钮 SW2 和 SW3，可用作两个触发源来通过 M1PWM5 引脚或 PWM 模块 1 的发生器 2 更改 PWM 输出的占空比。

2. 数据分配和硬件配置

在此实验项目中，以一个直流电动机风扇（型号为 EE80251S2-000U-999）为驱动的目标电动机。图 5.88 所示为硬件配置。

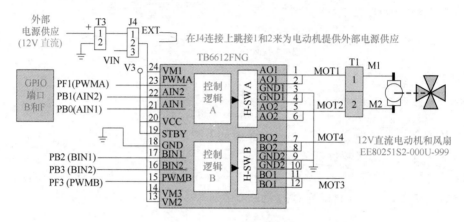

图 5.88　实验项目 5.4 的硬件配置

此示例项目的硬件和软件配置如下：

1）电动机驱动器 TB6612FNG 中的第一个控制和驱动模块 A，用于控制并驱动目标 12V 直流电动机风扇。

2）风扇的电动机是一个按单一方向旋转的 12V 直流电动机。

3）要使用的 GPIO 端口和引脚如下：

① PF1 用于将 PWM 驱动信号提供到电动机（PWMA）。

② PB0（AIN1）和 PB1（AIN2）用于提供电动机的旋转方向信号（PB1:PB0=01→CW 且 PB1:PB0=10→CCW）。在此项目中，我们使用第一个旋转方向 PB1:PB0=01，这是因为电动机可以按单一方向旋转。

③ 在 EduBASE ARM® Trainer 中，PD3 连接到按钮 SW2，PD2 连接到按钮 SW3。如果这两个按钮都没按下去，那么 PD2 和 PD3 引脚为"低电平"。但是，如果按下了任一按钮，那么将对相应的引脚设置为"高电平"。

4）在 EduBASE ARM® Trainer 中将直流电动机连接到两个蓝色的接口块 M1 和 M2：通过正极线（红色）连接到 M1，通过参考线（黑色）连接到 M2。

5）将外部 12V 直流电源供应连接到蓝色块 T3，通过正极线连接到 T3 上的+端。

6）将 J4 上的跳线更改为将 J4 上的 1 引脚和 2 引脚连接起来，从而将外部电源供应连接到 TB6612FNG 电动机驱动器上。

在此实验项目中，使用模块 1 的 PWM 发生器 2（M1PWM5）生成修改后的 PWM 信号，PF1 引脚连接到 EduBASE Trainer 中此发生器的 pwm2B′（PWM5）输出引脚，用于通过控制此直流电动机。我们使用的系统时钟为 40MHz，在除以 2 后，将为 PWM 模块 1 提供一个 20MHz 时钟。计数器的输入频率为 5kHz。

现在，我们开始创建此项目 DRAPWM。

3. 项目开发

使用以下步骤开发此项目。由于此项目有一些复杂，所以此项目中使用了一个头文件和一个 C 源文件。通过以下步骤新建一个项目：

1）在"Windows 资源管理器"中的文件夹 C：\C-M Control Lab Projects\Chapter5 下创建一个新文件夹 Lab5_4。

2）打开 Keil® ARM-MDK μVision5，创建名为 Lab5_4 的一个新项目，并且将此项目保存到第一步中创建的文件夹 Lab5_4 中。

3）在下一个向导中，需要为此项目选择设备（MCU）。展开 3 个图标 Texas Instruments、Tiva C Series（Tiva C 系列）和 TM4C123x Series（TM4C123x 系列），单击目标设备 TM4C123GH6PM 从库中选择它。单击"OK"（确定）关闭此向导。

4）随即将打开 Software Components（软件组件）向导，需要使用此向导为项目设置软件开发环境。展开两个图标 CMSIS 和 Device（设备），在"Sel."（选择）列中勾选"CORE"（核心）和"Startup"（启动）复选框，这是因为我们需要这两个组件来构建我们的项目，然后单击"OK"（确定）按钮。

4. 开发头文件

1）在"Project"（项目）窗格中，展开"Target"（目标）文件夹，右击"Source Group 1"（源组 1）文件夹并选择"Add New Item to Group 'Source Group 1'"（向"源组 1"添加新项目）。

2）选择"Header File（.h）"[头文件（.h）]，在"Name："（名称：）框中输入 Lab5_4，然后单击"Add"（添加）按钮将此头文件添加到项目中。

3）将以下系统头文件和宏包含在内：

① #include<stdint. h>。

② #include<stdbool. h>。

③ #include "TM4C123GH6PM. h"。

④ #defineGPIO_ports_PORTF_CR_R（ * （（ volatileuint32_t * ）0x40025524））。

⑤ #defineSYSCTL_SYSDIV_50x02400000。

⑥ #defineSYSCTL_USE_PLL0x00000000。

⑦ #defineSYSCTL_OSC_MAIN0x00000000。

⑧ defineSYSCTL_XTAL_16MHz0x00000540。

将系统头文件"TM4C123GH6PM. h"包含在内是因为我们需要为 GPIO 端口和 PWM 模块上的所有相关寄存器使用结构指针。定义这些宏的目的是用于访问相关系统常数和寄存器。将此头文件保存为 Lab5_4. h。

5. 开发 C 源文件

1）在"Project"（项目）窗格中，展开"Target"（目标）文件夹，右击"Source Group 1"（源组 1）文件夹并选择"Add New Item to Group 'Source Group 1'"（向组"源组 1"添加新项目）。

2）选择"C File（.c）"[C 文件（.c）]，在"Name："（名称：）框中输入"Lab5_4"，然后单击"Add"（添加）按钮将此源文件添加到项目中。

3）将头文件"Lab5_4. h"包含在此源文件中。

4）声明用户定义的函数 void Delay（uint32_ttime）。

5）在 main（void）程序内，声明两个无符号的 32 位整型本地变量：pw = 20 和 RCC。第一个变量用于设定并维持占空比值。第二个变量充当保存不同值的一个临时值保持器。

6）使用以下宏设定系统时钟，进行或运算并将它分配给变量 RCC。

① SYSCTL_SYSDIV_5。

② SYSCTL_USE_PLL。

③ SYSCTL_OSC_MAIN。

④ SYSCTL_XTAL_16MHz。

7）利用结构指针 SYSCTL→RCC 将得到的 RCC 分配到运行模式时钟配置（RCC）寄存器。

8）使用结构指针形式（SYSCTL→RCGCPWM）进行或运算（|=），并将 0x2 分配给脉宽调制器的运行模式时钟门控（RCGCPWM）寄存器，启用带有时钟的 PWM1 模块。

9）使用一个 while（）循环，等待此启用和时钟配置完成。此 while（）循环的循环条件为（SYSCTL->PRPWM & 0x2）= = 0。脉宽调制器外围设备就绪（PRPWM）寄存器用于监视并指示所需的外围设备（PWM1）是否就绪。当 PWM1 就绪时，此寄存器上的位 1（R1）设置为 1。

10）通过将合适的值分配给常规用途输入/输出运行模式时钟门控（RCGCGPIO）寄存器，启用带时钟的 GPIO 端口 F、D 和 B。

11）与步骤 9）类似，使用另一个 while（）循环来等待 GPIO 端口配置和启用完成。循环条件可以为（SYSCTL->PRGPIO & 0x2A）= = 0。通用输入/输出外围设备就绪（PRGPIO）寄存器用于监视并指示所选的 GPIO 端口是否就绪。从位 0（R0）到位 5（R5），每个位与一个 GPIO 端口相关，R0——端口 A，R1——端口 B，……，R5——端口 F。如果所选的端口就绪，相应的位设置为 1。

12）通过配置 RCC 寄存器上的位 USEPWMDIV 和 PWMDIV，实现了 RCC 寄存器的重新配置，从而为 PWM 模块 1 获得了的 20MHz 时钟源。

13）将合适的值分配给 RCGC0 寄存器，再次启用 PWM1 模块。

14）将解锁键 0x4C4F434B 分配给 GPIO 端口 F 锁定寄存器（GPIOF→LOCK），解锁 GPTO 端口 F 提交寄存器 GPIOCR。

15）对 0x2 进行或运算（|=），并分配给 GPIO 端口 F 提交寄存器宏（GPIO_PORTF_CR_R），支持提交 PF1。完成此步骤后，可以实现在对 GPIO 端口 FAFSEL 和 PCTL 寄存器进行设置或配置后，使这些配置能即时提交。

16）将 0x0 分配给 GPIO 端口 F 锁定寄存器宏（GPIOF→LOCK），维持此配置以锁定 GPIOF 提交寄存器（请参见第 3 章第 3.2.1.2 小节）。

步骤 17）~21）用于配置并设置 PWM 模块 1 的发生器 2 或 M1PWM5 引脚，用于输出 PWM 信号。

17）将 0x0 分配给 PWM 模块 1 的发生器 2 的控制寄存器宏（PWM1→_2_CTL），从而禁用 PWM1_2B 或 M1PWM5 引脚。

18）将值 0x0000080C 分配给 PWM1GENB 寄存器宏（PWM1→_2_GENB），配置 PWM 模块 1 的发生器 2 中的寄存器 PWM1GENB。此配置使 M1PWM5 引脚能够在向下计数模式的计数器等于 LOAD 值时输出"高电平"，并且在计数器与 CMPB 值匹配时输出"低电平"。

19）将周期值 3999(4000-1) 加载到 PWM1LOAD 寄存器（PWM1→_2_LOAD）。

20）将 0x1 分配给 PWM 模块 1 的发生器 2，控制寄存器宏（PWM1→_2_CTL），从而启用 PWM1_2B 或 M1PWM5 引脚。

步骤 22）~29）用于初始化并配置 GPIO 端口 B、D 和 F。

21）将 0x20 分配给 PWM 主控制寄存器宏（PWM1→ENABLE），从而启用 PWM1 模块。

22）将合适的值分配给端口 F 方向和数字支持寄存器（GPIOF→DIR 和 GPIOF→DEN），将 PF1 引脚配置为充当输出和数字功能引脚。

23）将合适的值分配给 GPIO 端口 FAFSEL 寄存器（GPIOF→AFSEL），将 PF1 引脚配置为一个备用功能 M1PWM5 输出引脚（请参见第 3 章中的图 3.7 以及表 3.2 来获得关于此寄存器的更多详细信息）。

24）将 0x00000050 分配给端口 F 的端口控制寄存器宏（GPIOF→PCTL），将 PF1 引脚配置为一个 PWM 输出引脚。

25）对 0x02 的逆值进行与运算（&=），并分配给端口 F 模拟模式选择寄存器宏（GPIOF→AMSEL），针对 PF1 引脚禁用仿真功能。

26）将合适的值分配给端口 D 方向和数字支持寄存器（GPIOD→DIR 和 GPIOD→DEN），将 PD3~PD0 引脚配置为输入和数字功能引脚。

27）将合适的值分配给端口 B 方向和数字支持寄存器（GPIOB→DIR 和 GPIOB→DEN），将 PB1、PB0 引脚配置为充当输出和数字功能引脚。

28）将 PB0 设定为 1 使 AIN1 为"高电平"，使直流电动机能够以顺时针方向旋转。可以将 0x1 分配给端口 B 数据寄存器，用于完成此设置。

29）将 0x0 分配给端口 D 数据寄存器，用于清除端口 D。

步骤 30）~36）用于监视两个按钮 SW2 和 SW3，从而根据这两个按钮执行相关的占空比增量或减量操作。

30）使用无限 while() 循环启动此过程。

31）读取 GPIO 端口 D 数据寄存器，将读数值分配给 RCC 变量。

32）使用 if() 选择结构来检查，并判断按下的是 SW2(PD3=1) 还是 SW3(PD2=1)。第一个检查条件为 RCC & 0x8，第二个检查条件为 RCC & 0x4。

33）如果第一个检查条件成立，则将按下 SW2。变量 pw 按 1 递增。如果此值大于 3999，将它调整为 3990。然后，将此 pw 值分配给 PWM 模块 1 的发生器 2 比较 B 寄存器宏（PWM1→_2_CMPB）。

34）如果第二个检查条件成立，则将按下 SW3。变量 pw 按 1 递减。如果此值小于 100，将它调整为 100。然后，将此 pw 值分配给 PWM 模块 1 的发生器 2 比较 B 寄存器宏（PWM1→_2_CMPB）。

35）调用 Delay(1000) 函数将程序延迟一段时间。

36）对于 Delay() 函数，只需使空白的 for() 循环在一定时期内反复循环。

6. 设置环境用于构建和运行项目

唯一要设置的环境是确保调试程序为 Stellaris ICDI。具体操作方式是选择 "Project"（项目）→"Options for Target 'Target1'"（目标"Target1"的选项）菜单项下的

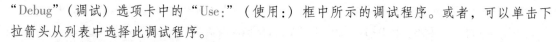

"Debug"（调试）选项卡中的"Use："（使用：）框中所示的调试程序。或者，可以单击下拉箭头从列表中选择此调试程序。

7. 演示程序

执行以下操作来运行程序并检查运行的结果：

1）转到"Flash"（闪存）→"Download"（下载）菜单项，将程序下载到闪存 ROM 中。

2）转到"Debug"（调试）→"Start/StopDebugSession"（启动/停止调试会话），开始调试程序。在 32KB 内存大小限制消息框中单击"OK"（确定）按钮。

3）转到"Debug"（调试）→"Run"（运行）菜单项运行程序。

在项目运行时，当按下 SW2 按钮后，占空比将增加，并且直流电动机的旋转速度会加快；当按下 SW3 按钮后，占空比将降低，并且直流电动机的旋转速度会降低。

根据这些结果，尝试解答以下问题：

1）在项目运行时按下 SW2 或 SW3 按钮后，直流电动机的旋转速度会加快或降低，为什么会发生这种情况？

2）你从此项目中学到了什么？

第6章

实用非线性控制系统

所有实际使用中的控制系统，包括通用控制系统都是非线性的。然而，前几章我们讨论过线性控制理论具有很强的设计方法，凭借这一优势，在使用中往往效果很好。这是由于这些系统中非线性可能没有产生影响或可被忽略。例如，直流电动机既有速度限制，也有加速度限制。然而，电动机运行的指令经过仔细规划后可避免达到这些饱和水平，从而使得电动机线性控制模型的假设成立。再例如，对于长文本选择问题，数字控制算法中的量化误差（由阶梯形非线性建模）可以忽略不计。

本章重点介绍受控过程模型中固有的或不可忽略的非线性问题，例如在机械运动学中，由机械的几何运动导致受控模型中出现三角函数。本章中讨论的其他非线性问题，特别是在控制回路中增加了非线性特性，例如继电器输入某些特定命令时，使用非线性控制要比线性控制方式获得的控制效果要更好。

即使只有一个非线性问题（主动设置的或模型中固有的）存在于控制回路中，也会立即使线性控制理论无法实施，而且控制回路中不再具有传递函数，叠加原理也不再有效。只要存在非线性，闭环稳定性就很难评估。因此，根轨迹和伯德图等设计方法也无法使用。

大多数生物和生理控制过程本质上是非线性的。例如，物质的浓度不能为负。化学反应的速率通常取决于反应物浓度的乘积（质量作用定律）。在酶辅助反应中，产物形成速率双曲线取决于底物浓度（"Michaelis-Menten 酶动力学"）。

在电网的控制中，需要考虑许多非线性问题，其中之一就是功率从一个站向另一个站传输会在两站之间产生有相位差的正弦函数。这种非线性可能导致不稳定的形式出现，如其中一个站可能与电网不同步。

在通信系统中发挥重要作用的锁相环（PLL）本身也是非线性的，因为相位检波器（环路中的关键部件之一）具有周期性非线性，例如，0°相位与360°相位差是无法区分的。锁相环，就像发电站一样，可能会因为传入频率信号的变大和突然变化而出现不同步。

此外还有许多高度非线性的控制系统，所有这些系统都是非常实用的。通常仿真器是分

© Springer Nature Switzerland AG 2019.

Y. Bai and Z. S. Roth, *Classical and Modern Controls with Microcontrollers*, Advances in Industrial Control, https://doi.org/
10.1007/978-3-030-01382-0_6.

析非线性系统的唯一工具。本章重点介绍使用 MATLAB Simulink 进行动态仿真。动态仿真通常在线性模型中也很有用，但当模型是非线性时，它的实际效果才会显现出来。本章提供了很多 Simulink 的案例，可以作为这类软件工具的实用教程，也可参考其他指导手册，如参考文献 [1]。

6.1 非线性系统分析的 MATLAB Simulink 仿真基础

由 MathWorks® 开发的 Simulink® 是一个用于动态系统建模和仿真的图形化编程环境。MATLAB Simulink 仿真模型最基本的形式是由一个独立的 Simulink 模型组成。其输入信号由预先存在的组件库块及运行命令在内部生成，图形输出来自 Scopes 等组件，而 Scopes 组件可以完全在 Simulink 中进行编辑和操作。在基本形式中，不需要使用 MATLAB 脚本对 Simulink 模型进行控制或对仿真结果进行后处理。本节通过实际系统的案例演示了如何设置和运行 Simulink 模型。

6.1.1 单摆的 Simulink 模型

如图 6.1 所示的仿真模型是一个理想化无摩擦的单摆模型[2]。长度为 L 的杆被认为是"无质量的"。假设单摆的整个质量 m 集中在摆球中。摆球在平行于纸面的平面上摆动。摆球的静止位置在 $\theta = 0°$ 处。

假设将摆球设置在角度 θ_0 处，让其获得势能，那么它就会来回摆动。在没有摩擦的情况下，摆球在 $\theta = 0°$ 附近无限振荡。振荡的幅度取决于初始势能。当摆球处于某个初始角度 θ_0 与某个初始角速度 $\dot{\theta}_0$ 组合时，可能导致摆球倾倒并沿顺时针或逆时针方向无休止地旋转时，就出现另一种工作模式。

设唯一作用在圆摆上的力是重力 mg（朝向下方）。mg 的力有两个组成部分。切向分量是 $-mg\sin\theta$。符号（-）指的是对任意的 θ 方向，切向力都试图将摆球拉回到静止位置。重力加速度为 $g = 9.807\text{ms}^2 = 32.17\text{ft/s}^2$（1ft = 0.3048m）。现在我们对摆动的单摆应用牛顿第二定律，

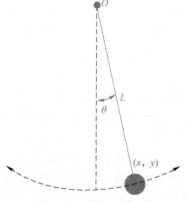

图 6.1 在垂直平面内转动的单摆

让其沿着路径 s 运动。导数 $\dfrac{\mathrm{d}s}{\mathrm{d}t}$ 表示单摆沿路径距离的变化率（即单摆的线速度）。因此，二阶导数 $\dfrac{\mathrm{d}^2 s}{\mathrm{d}t^2}$ 是单摆线速度的变化率（即单摆的线加速度），根据牛顿第二定律，单摆的运动方程为

$$m\frac{\mathrm{d}^2 s}{\mathrm{d}t^2} = mg\sin\theta \tag{6.1}$$

摆动距离 s 同旋转角 θ 与单摆半径 L 的关系是

$$s = L\theta \Rightarrow \frac{\mathrm{d}^2 s}{\mathrm{d}t^2} = L\frac{\mathrm{d}^2 \theta}{\mathrm{d}t^2} \tag{6.2}$$

单摆运动学的数学模型为

$$\frac{d^2\theta}{dt^2} = -\frac{g}{L}\sin\theta \tag{6.3}$$

为了对式（6.3）所以描述的系统进行动态仿真，必须将二阶微分方程转换为由一阶微分方程组（称为状态变量模型）表示的等效模型，如下所示为

$$x_1 = \theta, x_2 = \frac{d\theta}{dt} \tag{6.4}$$

$$\frac{dx_1}{dt} = x_2, \frac{dx_2}{dt} = -\frac{g}{L}\sin x_1 \tag{6.5}$$

仿真的目标是更好地了解单摆的特性。可以通过仿真得到以下问题的答案：

1）在哪些初始条件 $\{x_1(0), x_2(0)\}$ 下，单摆会来回摆动？在什么样的初始条件下单摆向一个方向摆动？

2）在单摆来回摆动时，摆动频率和振幅与 L 以及初始条件之间有什么关系？

式（6.5）的 Simulink 模型如图 6.2 所示使用两个积分器（取自 Continuous 库），两个积分器的输出分别为 x_1 和 x_2。图 6.2 中最左边积分器的输入（其输出为 x_2）是基于式（6.5）构建的图形。应注意，Simulink 模型中注释可以放置在工作区中的任何位置。三角函数、乘积、除法和增益均取自 Math 库。常数块取自 Source 库。双击积分器块会弹出一个对话框，可对"内部初始条件输入"和"外部初始条件输入"进行选择。

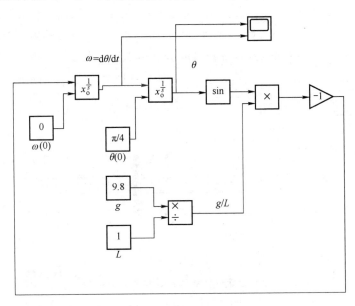

图 6.2　单摆方程的 Simulink 框图

对于图 6.2 所示的初始位置和速度，示波器显示输出如图 6.3 所示。图中线 1 是单摆摆动角度与时间的函数关系。在图 6.2 中，两个积分器都采用"外部初始条件输入"的设置，并将常数块对其输入作为初始条件。"外部初始条件输入"的设置通常是首选设置，这是因为我们希望直观地看见参数，此外常数块还具有强大的功能。例如，MATLAB 脚本中对应的全局变量的数值可以传递给 Simulink 模型的常数块，从而可以通过 MATLAB 脚本为常数块

设置初始值。Scope 模块可以通过视图编辑为具有多个端口，并具有浅色背景和其他样式，通过"view"（视图）→"style"（样式）选项设置。

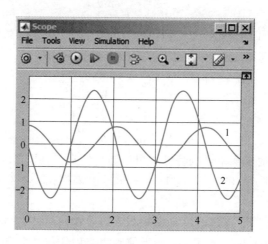

图 6.3　往复运动的单摆曲线

在图 6.2 所示的模型中，式（6.5）所示的角加速度表达式完全以图形方式创建，并通过每次仿真计算获得。在许多实际应用中，这种设置太麻烦了，通过创建变化率的代数表达式可得到同样的效果，其等效模型如图 6.4 所示。

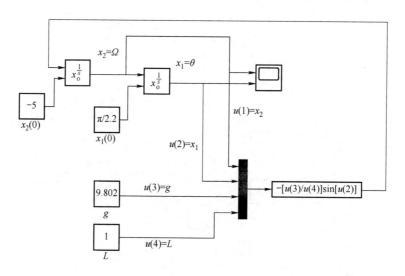

图 6.4　使用用户自定义代数表达式的 Simulink 单摆等效模型

该模型采用多路复用器模块（MUX，来自于信号路由库）将信号和常数组合成信号向量。矢量元素从 MUX 的上端口向下依次定义为 $u(1)$，$u(2)$，$\cdots$。从而可以编写 MUX 输出信号的代数表达式，以创建出变化率的代数表达式。

对于图 6.4 所示的初始条件，得到如图 6.5 所示的示波器输出，它显示了单摆的另一种工作模式。线 1 是单摆角度随时间的函数关系，而线 2 是单摆角速度随时间的函数关系。

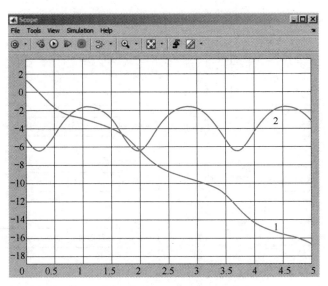

图 6.5　逆时针方向旋转的单摆

6.1.2　主从式视距跟踪的 Simulink 模型

本小节的案例基于以色列理工学院埃利泽·舍恩（Eliezer Schoen）教授的讲义[3]。

在"狗追主人"的主从式控制场景中（这一场景很容易在军事上应用，比如基于视线视觉信息的导弹追逐较慢的车辆），假设主人以恒定速度 V_M 沿 X 轴移动，狗总是沿径向方向以速度 V_D 朝主人跑去，狗的速度比主人的速度快。在任意时间且 $t>0$ 时，径向方向与 X 轴的负方向形成一个角度 φ。设主人和狗之间的初始距离为 $R(0)$，狗相对于 X 轴的初始角度为 $\varphi(0)$，如图 6.6 所示。

处于主从关系的两者相对距离 R 的变化率为

$$\frac{\mathrm{d}R}{\mathrm{d}t} = -V_D + V_M\cos\varphi \qquad (6.6)$$

为进一步理解式（6.6），先假设 $V_M = 0$，这意味着在这种情况下，R 的变化率等于狗的速度。现在，再假设 $V_D = 0$ 意味着 R 的变化率等于 $V_M\cos\varphi$，$V_M\cos\varphi$ 是 V_M 的径向分量。因此，第二个系统方程是

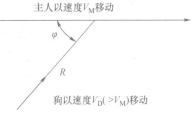

图 6.6　"狗追主人"的示意图

$$R\frac{\mathrm{d}\varphi}{\mathrm{d}t} = -V_M\sin\varphi \qquad (6.7)$$

因此，系统具有两个状态变量，分别是 R 和 φ。

Simulink 模型如图 6.7 所示。Simulink 模型构建方法遵循 6.1.1 小节中图 6.4 的模型所采用的方法，即使用积分器、常数块、多路复用器和用户自定义函数块等。在模型中，积分器被分别分配了状态变量。初始条件定义为 $R(0) = 1000\mathrm{m}$ 和 $\varphi(0) = \dfrac{\pi}{4}\mathrm{rad}$。在图 6.7 上方的两个用户自定义函数块分别用于创建 $\dfrac{\mathrm{d}R}{\mathrm{d}t}$ 和 $\dfrac{\mathrm{d}\varphi}{\mathrm{d}t}$。假设狗的初始位置是（0，0），下方的两个用户自定义函数块用于创建狗实时的 x 和 y 坐标。每个积分器的输出都被设置了范围。当然，

由于尺度不同，将两个状态变量都发送到同一个作用域时会出现错误。

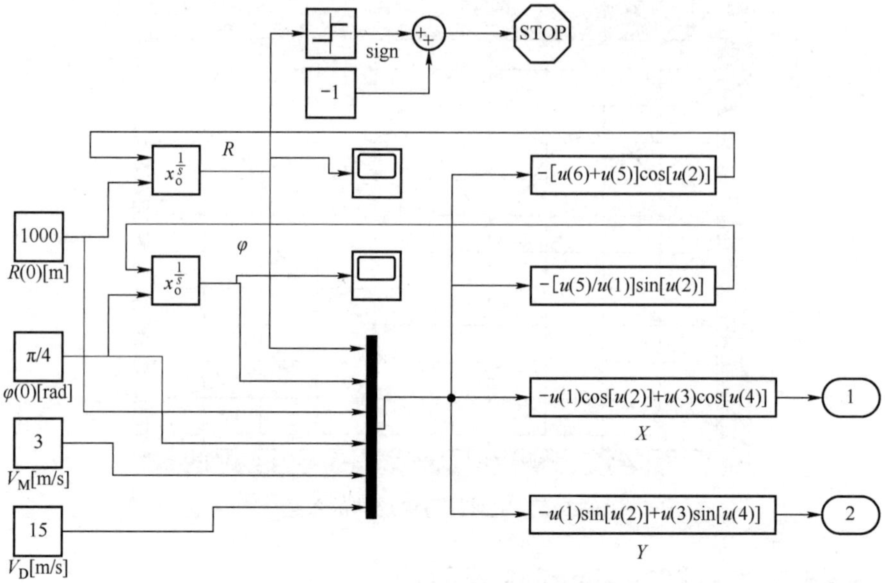

图 6.7　主从式系统的 Simulink 模型

当模型不再有效时，即 $R(t)$ 变为负数时，该模型有个机制可使仿真停止（STOP 模块取自 Sinks 库）。STOP 模块在其输入信号为非零时终止仿真。只要 $R(t)>0$，"sign"模块的输出（取自数学运算库）就等于 1，通过使用"求和"模块（取自数学运算库）与常数块 -1 相加，使得 STOP 模块的输入为 0。当"sign"模块输入为 0 时，其输出就为 0。当"sign"模块的输入为负时，其输出为 -1。可以看出，只要 R 变为非正数，STOP 模块的输入就会变为非 0（立即停止仿真）。

Simulink 模型的一项更有趣的功能是使用 Out 端口（取自 Sinks 库）。使用至少一个"Out"端口可将"状态"（即积分器输出）作为时间函数用于驱动 Simulink 模型的 MATLAB 脚本并进行绘图和分析。其他可用的信号是"Out"端口信号（"输出"信号）。

在这个例子中，两个"Out"端口用于在 MATLAB 中绘制直角坐标系中的图形，以提供狗的轨迹。

$R(t)$ 和 $\varphi(t)$ 的显示器输出如图 6.8 所示。

使用一个简单的 MATLAB 脚本，再通过"sim"命令即可调用 Simulink 模型，如图 6.9 所示。命名图 6.7 中 Simulink 模型的名称为"book_master_dog_020918"，并将其作为"sim"命令的第一个参数。

第二个参数是仿真的终止时间。更多的 Simulink 配置参数（如相对容差参数"RelTol"）可以使用"simset"命令增加到"sim"命令中，这个命令在图 6.9 所示的文件中没有使用。在 Simulink 模型中设置的两个非默认 Simulink 配置参数是求解器相对容差 $= 1e^{-6}$（即 10^{-6}，其默认值为 $1e^{-3}$，即 10^{-3}）和数据插值优化输出 $=5$（其默认值为 1）。"sim"命令的输出包括时间向量 t、所有积分器输出的子矩阵 x（每个都是与 t 相同维度的向量）和所有输出端口输出信号的子矩阵 y。图 6.9 的脚本用于绘制狗在笛卡儿坐标下的轨迹图，即狗的运动轨迹图，如图 6.10 所示。

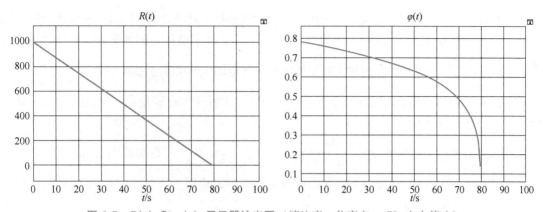

图 6.8　$R(t)$ 和 $\varphi(t)$ 显示器输出图（请注意，仿真在 $t=79\mathrm{s}$ 左右停止）

```
book_master_dog_plot_020918.m    ×  +
1    [t,x,y]=sim('book_master_dog_020918',100);
2    plot(y(:,1),y(:,2))
3    axis([0,1000,0,1000]);
4    title('trajectory of dog chasing its master')
5    grid on
6    xlabel('x')
7    ylabel('y')
```

图 6.9　用于运行 Simulink 模型和绘制 XY 图形的 MATLAB 脚本

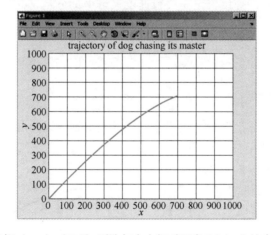

图 6.10　从初始坐标 $(x,y)=(0,0)$ 到狗与主人相对距离 $R(t)=0$ 结束时狗的运动轨迹图

这个模型可以用于其他主人-狗速度仿真分析。现实生活中人的快走速度约为 3.5mile/h，（约为 1.5m/s）。而一些狗的最快速度可以达到 40mile/h（约为 17~18m/s），但大多数狗的速度要慢得多。在军事应用方面，F-16 战斗机的速度约为 1400mile/h（约为 600m/s），而最快的导弹速度约为 5mach（约为 1700m/s）。

6.1.3　案例研究：飞机着陆建模与控制

本小节研究案例也是基于以色列理工学院埃利泽·舍恩教授的讲义[3]。

当需要自动降落飞机时，要使用反馈系统。本案例研究中讨论的飞机自动驾驶仪可用于引导飞机进入着陆跑道，此时飞机距地面有一定的高度且平行于地面。实际的下降和着陆程序是后续控制问题，需要其他控制手段和其他控制模型。飞机自动驾驶仪需要接收发射器发出的信号，发射器位于跑道远端的地面上。飞机自动驾驶仪接收发射器的信号包括飞机与跑道轴线的夹角 ε 和飞机距离发射器的距离 R（图 6.11）。进一步假设着陆跑道的地理方向是已知的，因此，可通过使用飞机自带的陀螺仪实时测得机身与跑道轴线的角度 ψ 及其变化率 $\dfrac{\mathrm{d}\psi}{\mathrm{d}t}$。

飞机需要自动引导至角度接近于 0（$\varepsilon=\psi=0$），从而进入着陆跑道，并且使飞机距离跑道轴线的距离尽可能小。

当飞机沿平行于地面的直线 $\left(\dfrac{\mathrm{d}\psi}{\mathrm{d}t(0)}=0\right)$ 飞行时，自动驾驶仪在初始距离 R_0 和初始角 ε_0 和 ψ_0 处开始接管。为了简化任务，我们假设飞机以恒定速度 V 飞行。图 6.12 所示的示意图描述了飞机着陆的平面几何图。

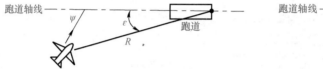

图 6.11　下降前飞机朝向着陆跑道的平面运动的俯视图　　图 6.12　平面几何学中的飞机平面运动

飞行速度矢量 V 的径向分量（指向 R 方向的那个分量）是 $V\cos(\psi-\varepsilon)$，该速度分量的作用是减小 R。垂直于 R 的速度矢量是飞行速度矢量 V 的分量 $V\sin(\psi-\varepsilon)$，该速度分量用于减少 ε。因此，运动方程为

$$\frac{\mathrm{d}R}{\mathrm{d}t}=-V\cos(\psi-\varepsilon) \tag{6.8}$$

$$R\frac{\mathrm{d}\varepsilon}{\mathrm{d}t}=-V\sin(\psi-\varepsilon) \tag{6.9}$$

为了使飞机能在水平面上转弯，飞机需要绕其机身轴线以角度 ϕ 横滚，如图 6.13 所示。

飞机机身横滚的原因是在机翼垂直方向上产生一个与重力不相等的升力。升力 L 的一个矢量分量平衡了飞机的重力；升力 L 的另一个矢量分量提供了向心力，使飞机能够在水平面内转向。

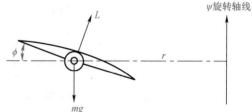

图 6.13　飞机横滚运动的前视图，使飞机水平转弯

$$L\cos\phi=mg \tag{6.10}$$

$$L\sin\phi=\frac{mV^2}{r}=-mV\frac{\mathrm{d}\psi}{\mathrm{d}t} \tag{6.11}$$

式（6.11）中的负号指的是与自定义横滚方向相反的方向；r 是飞机转弯半径。

将式（6.10）与式（6.11）彼此相除可得出以下关系，即

$$\frac{\mathrm{d}\psi}{\mathrm{d}t}=-\frac{g}{V}\tan\phi \tag{6.12}$$

从式（6.12）中可发现，$\mathrm{d}\psi$ 与升力 L 无关。

设飞机的转向角为 δ，且横滚角 ϕ 与转向角 δ 满足如下二阶微分方程，即

$$J\frac{\mathrm{d}^2\phi}{\mathrm{d}t^2}+C\frac{\mathrm{d}\phi}{\mathrm{d}t}=K\delta \tag{6.13}$$

式中，J 是飞机绕横滚轴的转动惯量；C 是气动摩擦系数；K 是常数增益。在式（6.13）中，可以定义 $T = \dfrac{J}{C}$，是飞机的横滚运动时间常数。我们也可以定义 $K_1 = \dfrac{K}{C}$，并将式（6.13）改写为

$$T \frac{\mathrm{d}^2\phi}{\mathrm{d}t^2} + \frac{\mathrm{d}\phi}{\mathrm{d}t} = K_1\delta \qquad (6.14)$$

假设给定 $T = 0.5s$。

可得自动驾驶仪的反馈控制律为

$$K_1\delta = \alpha\varepsilon + \beta\psi + \gamma\frac{\mathrm{d}\psi}{\mathrm{d}t} \qquad (6.15)$$

式中，α、β 和 γ 是需要由控制器设计者确定的参数。

在本例中，我们假设 $R_0 = 10\text{km}$、$\psi_0 = 0.4\text{rad}$ 和 $\varepsilon_0 = 0.3\text{rad}$。我们进一步假设 $V = 200\text{m/s}$（即使这不是真正的飞机着陆速度）。

从式（6.8）~式（6.15）所示方程中可以看出，系统是高度非线性的，到目前为止，学习本书的同学可能没有关于优化（或至少合理）选择控制器参数的理论基础。在这种情况下，让我们对案例做一个简化的假设，以避免对控制器参数选择时出现盲目的试错。

假设是有经验的工程师，其估计得到的控制器设计参数应该在以下范围内，即

$$-10 \leqslant \alpha \leqslant -8$$
$$3 \leqslant \beta \leqslant 4$$
$$10.5 \leqslant \gamma \leqslant 11.5$$

设计人员的工作是寻找一组合适的 α、β 和 γ 值，以实现最佳着陆性能。具有丰富经验的工程师的建议往往没有约束力，但忽视他们的建议则是不可取的。飞机具有"良好"着陆性能是指飞机着陆于距跑道中心轴±10m 内的任何位置。因此，仿真必不可少的评价指标是飞机距跑道中心轴的垂直距离 R_Y，它是时间 t 的函数。

假设跑道长度约为 2km。

作为设计的第一步，整个系统需用框图来描述。为此，设计者需按如下方法了解变量之间的关系。

在开环系统中，转向角 δ 是系统的外部输入，转向角 δ 通过二阶方程式（6.13）影响横滚角 ϕ；变量 ϕ 通过式（6.12）影响变量 ψ（飞机平面转角）；变量 ψ 通过式（6.8）和式（6.9）影响 R 和 ε；此外，式（6.8）中可见角度 ε 对 R 有影响。

在闭环系统中，转向角 δ 是该实时系统对反馈传感器信号的函数。这就是反馈定律。该闭环系统自动运行，它的启动是由系统的初始条件驱动。

下面总结了此类问题的方程和相关建模理论。每个环节都会设置略有不同的初始条件或参数，如飞行速度。

给出一个解决方案（本杰明·科尔曼，2016 年秋季，佛罗里达大西洋大学）。

问题的几何图形在图 6.14 中重新进行了绘制，对应的框图如图 6.15 所示。初始条件 R_0、ε_0 和 ψ_0 为蓝色底色；显示模块（用于控制和绘制仿真输出）为紫色底色，显示模块不改变系统的数学特性，因此可以在不需要的情况下删除；设计参数用黄色底色表示。

为了估计飞机从 $R = R_0$ 到 $R = R_F = 2\text{km}$ 需要多长时间，我们使用直线来近似飞机的轨迹，即最快到达目的地的路线是直线。这样的话，飞行时间就可计算为

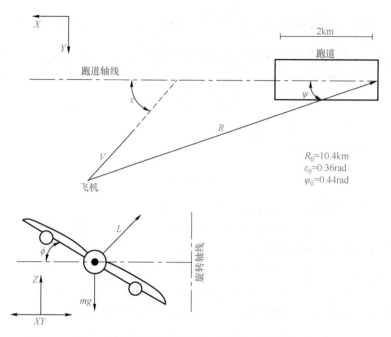

图 6.14　飞机着陆问题的几何示意和初始条件

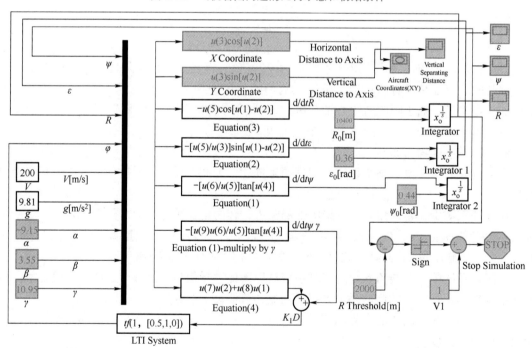

图 6.15　飞机着陆模型的 Simulink 框图（见彩插）

$$t_{\min} = \frac{R_0 - R_F}{V} = \frac{8.4\text{km}}{200\text{m/s}} \approx 42\text{s}$$

　　然而，飞机很可能需要更长的时间。从飞机着陆问题几何图形中可见，最长的飞行路径是先沿着 Y 方向飞行，然后沿着跑道轴线飞行。虽然，这是一个不切实际的飞行轨迹，但它可以给出仿真时间的上限，该时间可计算为

$$t_{\max} = \frac{R_0 \sin\varepsilon_0 + R_F \cos\varepsilon_0 - R_F}{V} \approx 57\text{s}$$

因此，仿真时间使用 50s 来计算应该就足够了。为了确定最优系统设计参数集，我们从经验丰富的工程师给出的参数范围的中间值开始计算，即 $\alpha = -9$，$\beta = 3.5$，$\gamma = 11.0$。计算所得 ε、ψ 和 R 的曲线如图 6.16 所示。

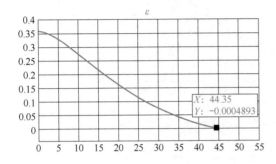
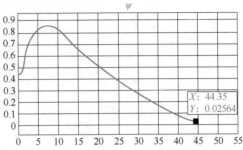

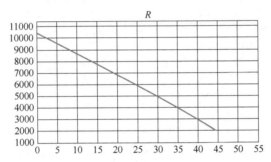

图 6.16　控制器设计参数取中间值的仿真结果

图 6.16 所示仿真结果表明，控制系统十分成功地将 ε 和 ψ 降低到非常小的数值，同时使 R 稳定地降低到 2km 处（跑道的入口点）。对系统的设计有两个特别重要的评价指标，即飞机与跑道轴线的角度 ε 和飞机进入跑道时飞机距跑道中心轴的垂直距离 R_Y。

飞机的平面飞行轨迹可利用在直角坐标系中计算出垂直和水平分量的方式得到。如图 6.17 显示了飞机的平面飞行轨迹，这些坐标值都是关于时间 t 的函数。由图 6.17 可见，飞机初始位置大约在（9500，3500）处，仿真停止时飞机最终位于着陆点 2km 处。

为了获得飞机距跑道中心轴的垂直距离 R_Y，可以根据时间绘制图 6.18 中 Y 轴的值。该图显示，当飞机位于着陆点 2km 时，飞机位于跑道中心轴线 1m 范围内。显然此时具有非常好的着陆条件，这是因为一般认为在跑道中心轴线 ± 10m 范围内且进场角接近 0° 时具有良好的着陆条件。此时，进场角是 1.5°，飞机在跑道中心轴线 1m 以内。

初始设计可认为是安全的，但飞机距跑道中心轴的垂直距离 R_Y 和接近角 ψ 这两个重要指标仍可进一步提高。由于该模型是非线性的，了解每个参数（α、β 和 γ）对输出响应的影响有利于设计。为此，我们制作了一张表格，这张表格中依次改变每个变量并同时保持其他变量不变。请注意，由于 R_Y 是 ε 和 t 的函数，因此 ε 和 R_Y 本质上代表着相同的信息。

见表 6.1 所列，增大 α 会导致进场角 ψ 趋向于零，同时增加飞机距跑道中心轴的垂直距离 R_Y；增大 β 会导致严重的下冲 R_Y 并增大进场角 ψ；增大 γ 会使进场角 ψ 保持不变，同时略微增加垂直距离 R_Y。

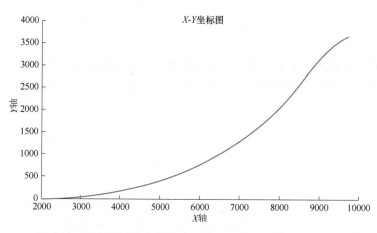

图 6.17　控制器设计参数取中间值时的飞机的平面飞行轨迹

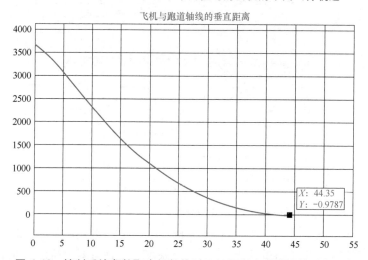

图 6.18　控制系统参数取中间数值时飞机距离跑道轴线的垂直距离

　　假设在所考虑的设计变量变化范围内评价指标的变化趋势是线性的，可得到一种设计方法，即设置 α 为较大数值以减小 ψ，减小 γ 以减少飞机距跑道中心轴的垂直距离 R_Y，并少量增加 β 数值。

表 6.1　设计变量与评价指标

α	β	γ	$R_{Y\mathrm{Final}}/\mathrm{m}$	$\psi_{\mathrm{Final}}/\mathrm{rad}$
-9	3.5	11	-0.9787	0.02564
-10	3.5	11	-5.557	0.004899
-9	4.0	11	30.83	0.07109
-9	3.5	11.5	-4.013	0.02317

　　遵循此设计方法并进行多次迭代后可得到具有最优评价指标的控制系统变量参数集。为简洁起见，没有给出 10 个中间设计过程及其评价指标值，但值得注意的是，按设计方法得到的数据与高级工程师建议的参数范围是吻合的，这对于找到最佳解决方案很有用。最终的控制系统变量参数集为

$$\alpha = -9.6,\ \beta = 3.53,\ \gamma = 10.2$$

在所有尝试过的组合中，这些控制系统变量参数集带来了最优的整体性能，如图 6.19 所示。最优的性能指标是进场角为 1°，飞机距跑道中心轴的垂直距离小于 0.2m。

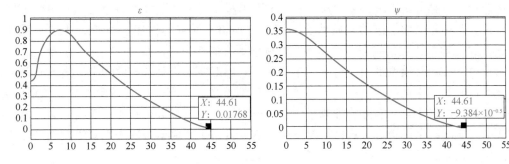

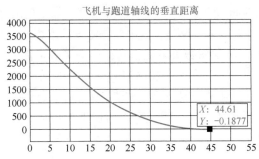

图 6.19　优化后的飞机着陆性能指标

虽然 ε 和 R_γ 是耦合的，但在图 6.19 中都完整地显示了出来，它们都非常小。最后，图 6.20 所示的飞行轨迹看起来很合适，因此最终控制系统参数为 $\alpha = -9.6$，$\beta = 3.53$，$\gamma = 10.2$。起初，人们可能担心 ψ 的急剧变化可能会引起一些问题，但图 6.20 显示飞机实际上走了一条非常平滑的路径最终到达着陆点。

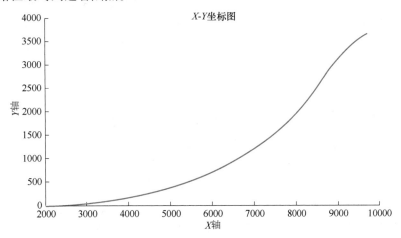

图 6.20　控制系统变量优化后的飞行轨迹

6.2　非线性系统分析的 MATLAB Simulink 高级应用

如上一节所示，所谓的"基本 Simulink 分析"涉及单个 Simulink 运行，每次运行可以用 Simulink 模型本身启动，也可以用 MATLAB 脚本控制 Simulink 模型启动。一种"更先进的分析（以及设计）"Simulink 方法是使用一个 MATLAB 脚本批量控制 Simulink 模型运行。

可能存在一种分析需求是要多次运行 Simulink 模型进行仿真并在直角坐标系中得到多个解的轨迹，其中每个解轨迹的初始状态不同。这种相平面解的描述（对于一些二阶系统来说是这样的）通常比观察状态变量的多个时域解更有洞察力。

通常对 Simulink 模型批量运行的需求往往远超出对单个模型求解的需求。当 Simulink 模型批量运行时，每次运行使用一组不同的系统模型参数，这有助于完成系统参数识别任务。可将每次运行的输出与从实际物理测量中获得的实际输出信号进行对比，以确定哪个模型产生的输出与实际结果最接近。这种情况下可能需要批量运行模型来探索不同的控制律参数或不同的控制策略。

使用 MATLAB 脚本控制批量 Simulink 模型运行，可以保留所有运行的结果，以便进行后处理。例如，考虑一种不可逆的化学反应，其中产物浓度的累积速率与某些反应物浓度的乘积成正比（按质量作用定律）。比例常数 k 可能未知，比例常数 k 称为正向反应速率常数。如果知道一个或多个数据点（例如，反应物 A 在给定时间内降低到一定浓度），则运行具有不同 k 值的多个 Simulink 模型，可以帮助确定使反应物浓度-时间曲线最接近给定数据点的 k 值。

批量仿真可以比实时系统快得多，因此可以通过批量仿真对控制策略进行离线评估，从而得到最优控制策略。

6.2.1 两种群生长模型的 Simulink 模型批量仿真

著名的捕食者-猎物模型〔由洛特卡（Lotka）和沃尔泰拉（Volterra）在 1925—1926 年提出〕是两个相互作用物种的简单种群增长模型[4]。假定两种群间的相互作用速率与两种群规模的乘积成正比。速率项对于捕食者方程是正的，对于猎物者方程是负的。我们用 x 表示猎物的种群，用 y 表示捕食者的种群。在没有交互作用的情况下（即当 $a=b=0$ 时），当平均增长率 r 为正时，猎物的数量呈指数增长，而当 $m>0$ 时，捕食者的数量呈指数衰减。

$$\begin{cases} \dfrac{dx}{dt} = rx - axy \\ \dfrac{dy}{dt} = -my + bxy \end{cases} \tag{6.16}$$

Simulink 模型如图 6.21 所示。图 6.22 所示的 MATLAB 脚本可控制 Simulink 模型运行以获得两个种群的相平面图，模型以任意初始种群参数开始。该 MATLAB 脚本允许相对容差仿真参数的调整。

调试模型从相对容差默认值 1×10^{-3} 开始。仿真结果如图 6.23a 所示，结果显示经过几个周期的短暂过渡，模型收敛到一个闭合的轨道，当相对容差减小到 1×10^{-4} 时显示了不同的曲线。只要曲线在不断变化，相对容差参数就被认为不够小。当曲线对仿真参数的设置不再敏感时，才认为该参数值是可接受的。图 6.23b 显示了 reltol = 1×10^{-7} 时的仿真曲线。

如图 6.23b 所示的图形没有瞬态过程，系统直接进入周期性振荡。该模型的时域解如图 6.24 所示。

还有两类基本的两种群生长模型。一个是**竞争模型**，该模型将在下面给出，模型中物种相互作用项对每个种群增长的变化率有负面影响；另一个是**共生模型**，此模型在本章的思考

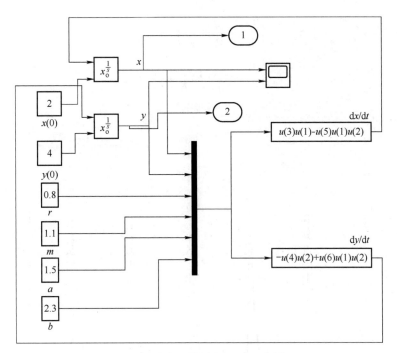

图 6.21　捕食者-猎物模型的仿真模型

```
bme_5742_sp18_predator_prey_012518.m   ×   +
1 -   options=simset('RelTol',1e-7);
2 -   [t,x,y]=sim('bme_5742_sp18_predator_prey_M_012518',80,options);
3 -   plot(y(:,1),y(:,2));
4 -   xlabel('x');
5 -   ylabel('y')
```

图 6.22　运行捕食者-猎物模型获得相平面解的 MATLAB 脚本

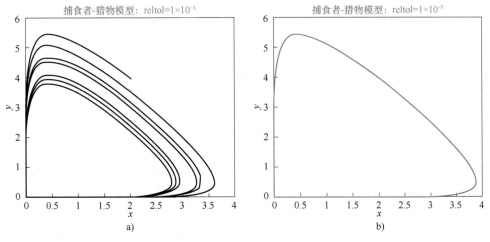

图 6.23　初始参数 $(x_0, y_0) = (2, 4)$ 分别在相对容差为

$reltol = 1 \times 10^{-3}$ 和 $reltol = 1 \times 10^{-7}$ 时的捕食者-猎物模型的相平面轨迹

题中给出。

　　两种群竞争模型最基本的形式是，在种群间没有相互作用的情况下，每个种群均按照逻辑斯谛规律增长，当种群间相互作用时出现负增长率，这些项与两个种群的乘积成正比：

251

$$\begin{cases} \dfrac{\mathrm{d}x}{\mathrm{d}t} = r_x x\left(1 - \dfrac{x}{K_x}\right) - b_{xy}xy \\ \dfrac{\mathrm{d}y}{\mathrm{d}t} = -r_y y\left(1 - \dfrac{y}{K_y}\right) - b_{yx}xy \end{cases} \tag{6.17}$$

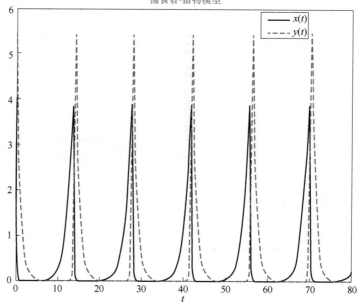

图 6.24　具有特定初始条件的捕食者-猎物模型的时域解

物种间没有相互作用（$b_{xy} = b_{yx} = 0$），每个物种都按照自己独立的逻辑斯谛规律增长。系数 r 是"种群小数值下的平均增长率"，系数 K 是"种群承载能力"。逻辑斯谛模型有两个平衡点$\left(\text{如}\dfrac{\mathrm{d}x}{\mathrm{d}t} = 0\right)$。其中一个平衡点 $x = x_{e1} = 0$ 是不稳定的，另一个平衡点 $x = x_{e2} = K_x$ 是稳定的。换句话说，种群服从逻辑斯谛规律可以从任意的初始条件收敛到其承载能力。如果 $x(0) \ll K_x$，种群增长函数 $x(t)$ 在起点处类似指数增长曲线，随着 $x(t)$ 接近承载能力，指数增长率将逐渐减小[4]。

当相互作用系数非零时，物种之间会相互竞争。当这种情况发生时，大多数系数和初始条件遵循"竞争排斥原理"，即当其中一物种获胜后将继续增长到其承载能力，而失败的物种则将灭绝。

图 6.25 中给出了式（6.17）对任意系数和初始条件的 Simulink 模型。

下面介绍规范化模型中系数 a_{12} 和 a_{21} 的计算过程（同样参考文献［4］）。

一般来说，任何模型都可以通过幅值调整和时间缩放来进行规范化。公式的规范化可以将系数的数量减少到最少，这对于参数的综合研究非常有帮助。如何实现规范化非常具有技巧性，这超出了本书介绍的范围。我们参考了文献［4］中关于竞争模型规范化的细节。式（6.17）的规范化可以根据每个种群自身的承载能力来衡量，并根据每个种群的"出生率"来计算时间，即

$$u_x = \frac{x}{K_x}, u_y = \frac{y}{K_y}, \tau = r_x t \tag{6.18}$$

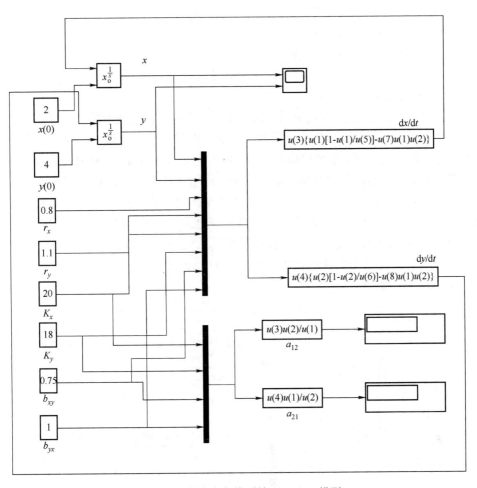

图 6.25　基本竞争模型的 Simulink 模型

结果表明，系统参数的个数从 6 个减少到了 3 个。规范化模型及其参数为

$$\begin{cases} \dfrac{\mathrm{d}u_x}{\mathrm{d}\tau} = u_x(1-u_x-a_{12}u_y) \\[2mm] \dfrac{\mathrm{d}u_y}{\mathrm{d}\tau} = \rho u_y(1-u_y-a_{21}u_x) \end{cases} \tag{6.19}$$

式中，

$$\rho = \frac{r_y}{r_x}, a_{12} = b_{xy}\frac{K_y}{K_x}, a_{21} = b_{yx}\frac{K_x}{K_y} \tag{6.20}$$

可以证明式（6.19）有 4 个平衡状态，因而与非规范化的式（6.17）是等价的。其中 3 个状态如下：（0,0）总是不稳定的；（1,0）在 $a_{21}>1$ 时是稳定的，在 $a_{21}<1$ 时是不稳定的；（0,1）在 $a_{12}>1$ 时是稳定的，在 $a_{12}<1$ 时是不稳定的。第 4 个平衡状态是 $\left(\dfrac{1-a_{12}}{1-a_{21}a_{12}}, \dfrac{1-a_{21}}{1-a_{12}a_{21}}\right)$。显然，状态（0,1）和（1,0）符合竞争排斥原理，而第 4 个平衡状态显示，在某些情况下（$a_{12}<1$ 和 $a_{21}<1$，以及某些 ρ 值），这两个物种可以在"非侵略性的竞争"中共存。

因此，如图 6.25 所示的仿真模型给出了 4 种不同的行为模式：

（a）对任何初始条件种群 x 胜出。

（b）对任何初始条件种群 y 胜出。

（c）如果初始条件正确，任何一个种群都可能胜出。

（d）两个种群共存。

这就是包含规范化交互系数的原因，这有助于每个行为模式的参数选择。

图 6.26 稍微修改了 Simulink 模型，为一些系数指定了传递变量。这些变量在 MATLAB 脚本中成为全局变量，运用 MATLAB 脚本为这些变量赋值，并调用该 Simulink 模型。图 6.26 用积分器的初始条件以及非规范化的相互作用系数来编写代数方程。这样做是为了方便在 MATLAB 脚本（见图 6.27）中改变此类初始条件以批量运行模型。因此，种群之间的相平面轨迹以直角坐标图的形式给出，如图 6.28 所示。图 6.29 所示 MATLAB 脚本中初始状态是固定的，但交互参数是变化的，在批量运算后的结果如图 6.30 所示。要正确解释这些图轨迹，需要找到所使用的颜色代码，以及 MATLAB 命令行（见图 6.31）中包含的每次运行的各自规范化系数列表。

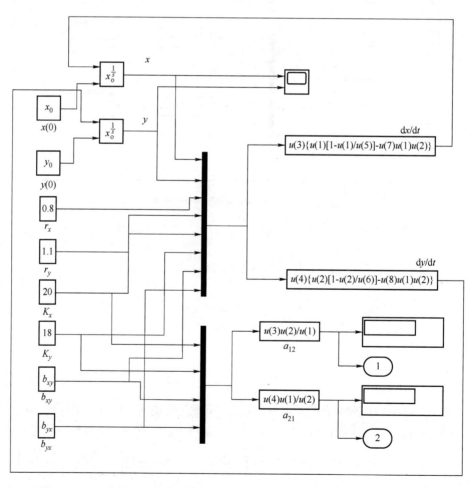

图 6.26　初始条件用代数方法分配的仿真模型

```
bme_5742_sp18_predator_prey_012518.m  ×   bme_5742_sp18_competition_b_param_020518.m
1   ┌ for x0=4:1:6
2   │      for y0=2:1:4
3   │  [t,x,y]=sim('bme_5742_sp18_competition_XY_IC_020218',20);
4   │  plot(x(:,1),x(:,2))
5   │  hold on;
6   │      end
7   └ end
8     title('competition model')
9     xlabel('x')
10    ylabel('y')
11    a12=max(y(:,1))
12    a21=max(y(:,2))
13
```

图 6.27　绘制多个竞争模型的相平面轨迹的 MATLAB 脚本

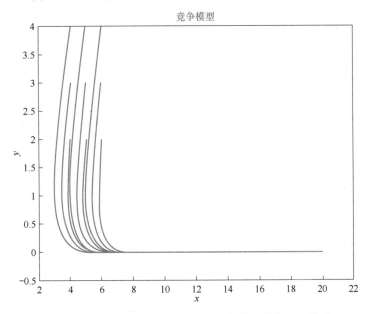

图 6.28　具有不同初始状态的多个竞争模型的相平面轨迹

```
Editor - Z:\profile_documents\My Documents\MATLAB\bme_5742_sp18_competition_b_param_020518.m
  bme_5742_sp18_predator_prey_012518.m  ×   bme_5742_sp18_competition_b_param_020518.m
1      x0=10;
2      y0=3;
3      byx=0.2;
4      n=0;
5   ┌ for bxy=0.5:1:3.5
6   │      opt=simset('RelTol',1e-6);
7   │  [t,x,y]=sim('bme_5742_sp18_competition_b_020518',20,opt);
8   │  plot(x(:,1),x(:,2))
9   │  %axis([0,22,0,22])
10  │  hold on;
11  │  n=n+1
12  │  a12=max(y(:,1))
13  └ end
14    title('competition model with variable bxy')
15    xlabel('x')
16    ylabel('y')
17    a21=max(y(:,2))
18    hold off
```

图 6.29　竞争模型系数进行参数研究的 MATLAB 脚本

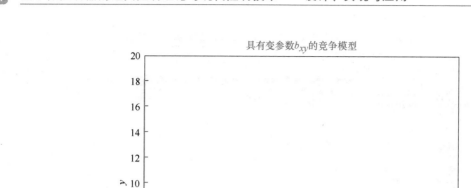

图 6.30 当其中一个相互作用系数变化后的竞争模型的相平面轨迹图

（这幅图展示了竞争模型的不同行为模式）

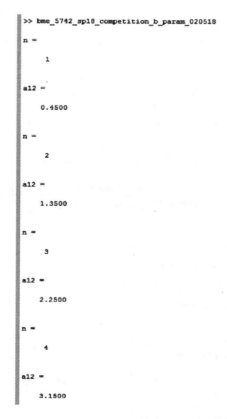

图 6.31 MATLAB 命令行上显示了批量运行 Simulink 模型的计算结果

6.2.2 案例研究：传染病传播的参数辨识和免疫控制策略的制定

目前已经建立了许多模型来模拟传染病的传播，其中一些模型非常简单并具有非常少的种群类型，另一些模型则非常复杂。我们以参考文献［5］为例进行介绍。最简单的 SI 模型由易感人群 $S(t)$ 和受感染人群 $I(t)$ 组成。对于短期疾病，假设人口总数 N 是恒定的。因此有

$$S(t)+I(t)=N \tag{6.21}$$

假设疾病成对传染接触率与易感人群 $S(t)$ 和受感染人群 $I(t)$ 的乘积成正比。因此，模型方程是

$$\begin{cases} \dfrac{\mathrm{d}S}{\mathrm{d}t}=-\beta IS \\[2mm] \dfrac{\mathrm{d}I}{\mathrm{d}t}=\beta IS=\beta I(N-I)=(\beta N)I\left(1-\dfrac{I}{N}\right) \end{cases} \tag{6.22}$$

式中，系数 β 为"成对传染接触率"，这个系数通常是未知的，因为它不仅因疾病而异，甚至因同一疾病而异，这取决于地理位置和影响人们相互接触的许多因素。

由约束条件式（6.21）可知变量 S 和 I 是相互制约的，因此模型式（6.22）是一维的。我们观察到 $I(t)$ 服从逻辑斯谛增长规律，其中感染率为 $r=\beta N$，承载能力 $K=N$。换言之，SI 模型模拟的疾病中，随着时间的推移，全部人群都会被感染，SI 模型不包含从疾病中恢复的可能性。

具有疾病康复人群的简单模型是 SIS 模型和 SIR 模型。在 SIS 模型中，受感染的个体可能在没有免疫的情况下康复，康复率与受感染人群数量成正比，但他们康复后又立刻变得易受感染。在 SIR 模型中，个体可以通过免疫力得到康复。

SIS 模型为

$$\begin{cases} \dfrac{\mathrm{d}S}{\mathrm{d}t}=-\beta IS+\gamma I \\[2mm] \dfrac{\mathrm{d}I}{\mathrm{d}t}=\beta IS-\gamma I \end{cases} \tag{6.23}$$

式中，系数 γ 为"康复率"。由于式（6.21）的约束，SIS 模型也是一维的。

$$\dfrac{\mathrm{d}I}{\mathrm{d}t}=\beta I(N-I)-\gamma I=\gamma(R_0-1)I\left[1-\dfrac{I}{\dfrac{(R_0-1)N}{R_0}}\right] \tag{6.24}$$

式中

$$R_0=\dfrac{\beta N}{\gamma} \tag{6.25}$$

R_0 被称为"繁殖率"，它决定了 SIS 模型的两种不同的行为模式：

1）当 $R_0<1$ 时，模型式（6.24）有一个稳定的平衡状态，即 $I_{e1}=0$。随着感染者数量减少到零，这种传染疾病就会消失。

2）当 $R_0>1$ 时，模型按照逻辑斯谛增长达到 $\dfrac{(R_0-1)N}{R_0}$，这种疾病持续下去会成为所谓

的"地方病"。

SIR 模型可以代表许多疾病，在这些疾病中，受感染的个体会"康复"。该模型中有 3 个变量：$S(t)$、$I(t)$ 和 $R(t)$，其中 $R(t)$ 是康复人群。对于短期疾病，我们假设满足约束条件 $S(t)+I(t)+R(t)=N$，类似于式（6.21）。因此 SIR 模型是二维的，SIR 模型为

$$\begin{cases} \dfrac{\mathrm{d}S}{\mathrm{d}t}=-\beta IS \\[2mm] \dfrac{\mathrm{d}I}{\mathrm{d}t}=\beta IS-\gamma I \\[2mm] \dfrac{\mathrm{d}R}{\mathrm{d}t}=\gamma I \end{cases} \tag{6.26}$$

$$\begin{cases} \dfrac{\mathrm{d}S}{\mathrm{d}t}=-\beta IS \\[2mm] \dfrac{\mathrm{d}I}{\mathrm{d}t}=\beta IS-\gamma I \\[2mm] R=N-S-I \end{cases} \tag{6.26'}$$

在 SIR 模型里，当 $S(t)$ 取某些任意值或 $S(t)\to0$ 时，$I\to0$（疾病消灭），此时模型不再有效。式（6.25）中定义的繁殖率 R_0 在确定 $I(t)$ 是单调趋于零（$R_0<1$）还是在收敛为零（$R_0>1$）之前达到峰值方面起着重要作用。式（6.26'）的 Simulink 模型如图 6.32 所示。

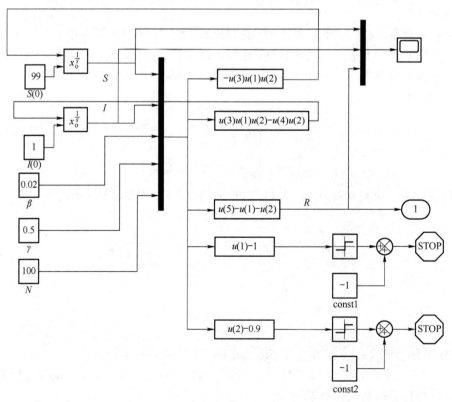

图 6.32　SIR 模型的 Simulink 框图

当受感染者数量 $I(t)$ 低于 1 时，仿真程序便会停止运行。如前面所述，在停止条件

$I(t)$ 下采取了一些预防措施，许多疾病通常在 $I(0)=1$ 时开始，如图 6.33 所示。所有传染病传播模型的主要难点是需要根据现有数据辨识出模型中的参数（β 和 γ）。这些参数没有被明确给出。感染人数 $I(t)$ 随时间变化或者死亡人数 $D(t)$ 随时间变化通常是用图表给出的。所谓的参数辨识，就是通过对疾病传播和持续时间的规律与已知数据进行拟合，从而得到参数 β。在上述仿真中（以仿真 1s 代表 1 天），则疾病持续总时间为 12 天。

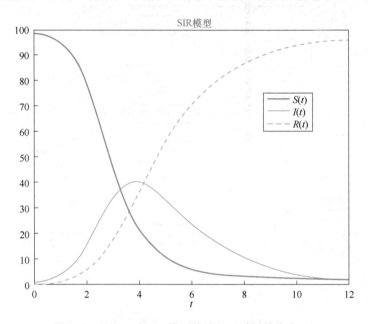

图 6.33　$R_0>1$ 时 SIR 模型的结果（时间单位为天）

　　如图 6.34 所示，在制定群体免疫接种策略时可以使用经过验证的疾病传播模型。接种疫苗的人数（设置一个或多个脉冲发生器）直接由易感率方程式（6.26）得到。

　　例如，如果我们在第 3 天开始接种疫苗，接种人数为 10 人，然后停止接种，脉冲发生器的属性编辑器可以设置为：Amplitude（幅度）= 10，period（周期）= 30，Pulse Width（% of period）［脉冲宽度（周期除以 100）］= 3.33，Phase delay（相位延迟）= 2。脉冲发生器创建一个脉冲宽度为 1 天的单一脉冲，这是因为周期设置为较大数值（30 天）并大于仿真终止时间（5 天）。在第 3 天开始接种疫苗后的疾病传播的结果如图 6.35 所示。

　　另一种疫苗接种策略如图 6.36 和图 6.37 所示，从第 2 天开始接种，每半天接种 2 人疫苗，仿真时间为 6 天，仿真结果如图 6.38 所示。

　　SIR 基础模型不包含由疾病引起的死亡率以及疾病潜伏造成的延迟效应，通常需要加以扩展，以便建立真实数据的模型。我们用埃博拉流行病毒数据对 SIRD 模型进行参数辨识以研究和总结这个案例。

　　任务：查阅美国疾控中心网页中关于 2014—2016 年西非埃博拉大流行的数据（https://www.cdc.gov/vhf/ebola/outbreaks/2014-westafrica/index.html）[6]。该网页还有受感染个体数量随时间的曲线（利比里亚、几内亚和塞拉利昂 3 个西非国家），还可以下载每日累计感染人数和累计死亡人数的电子表格。本书中的任务是挑选 3 个国家中的任意一个国家并辨识出具有时间延迟效应的 SIRD 模型的参数。

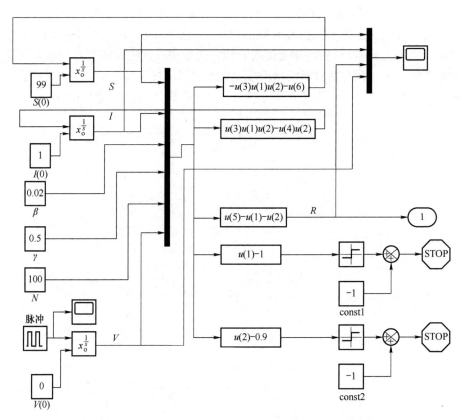

图 6.34 具有免疫作用的 SIR 模型的 Simulink 框图

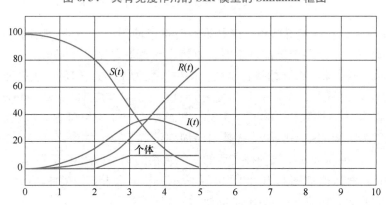

图 6.35 接种疫苗的个体导致 $S(t)$ 迅速减少
（仿真停在了第 5 天）

原始数据曲线如图 6.39 所示，这是 2014 年 3 月至 2016 年 2 月期间几内亚国内埃博拉病例数的图表以及同期死亡人数的图表。首先建立受感染病例总数随时间变化的 SI 模型，然后再建立 SIRD 模型。SI 模型在式（6.21）、式（6.22）中给出。模型表现为一个具有承载能力为 N 的逻辑斯谛增长规律，初始感染率为 βN。参数 β 和 N 均可根据表 6.2 所列数据获得，从表 6.2 中可以看到 $N = 3804$。为估计感染率，应该使用 $t = 0$ 附近的数据点。因此，计算初始感染率所选择的日期是从 3/27/2014 到 3/31/2014。

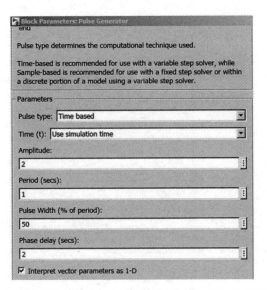

图 6.36　用于产生延迟为 2s 的周期性脉冲的脉冲发生器设置

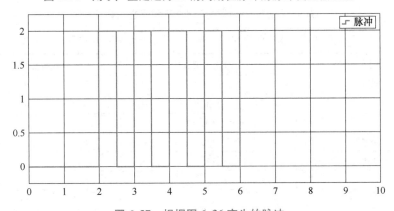

图 6.37　根据图 6.36 产生的脉冲

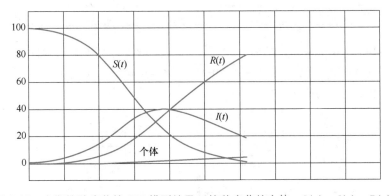

图 6.38　定期接种疫苗的 SIR 模型结果（接种疫苗的个体，$S(t)$，$I(t)$，$R(t)$）

$$\frac{\mathrm{d}I}{\mathrm{d}t} = \frac{112-103}{4} = 2.25 = (\beta N)\,103\left(1 - \frac{103}{3804}\right) = (\beta N)\,100.211$$

$$\beta N = \frac{2.25}{100.211} = 0.02245$$

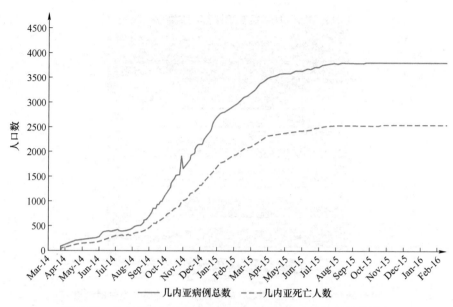

图 6.39　几内亚报告的埃博拉病例总数和死亡人数与时间的关系

表 6.2　几内亚报告的埃博拉病例总数和死亡人数表

世界卫生组织报告日期	几内亚病例总数	几内亚死亡人数
3/25/2014	86	59
3/26/2014	86	60
3/27/2014	103	66
3/31/2014	112	70
4/1/2014	122	80
…	…	…
2/3/2016	3804	2536
2/10/2016	3804	2536
2/17/2016	3804	2536

通过建立 MATLAB Simulink 模型，验证了 SI 模型确实与病例总数-时间曲线相似。模型仿真的天数与数据可用的天数（694 天）相同。图 6.40 和图 6.41 显示了所有病例随时间变化的仿真模型和相关结果图形。

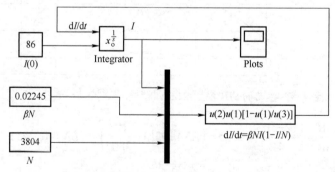

图 6.40　埃博拉病毒 SI 模型的 Simulink 框图

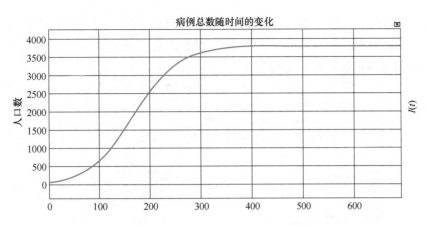

图 6.41　$\beta N = 0.02245$ 时埃博拉病毒 SI 模型得出的受感染病例总数

可以看出，该模型达到其承载能力的速度比实际数据的要更快。这可以通过试错法来调整变量 βN，以得到最优拟合效果，最终确定 $\beta N = 0.018$。受感染病例总数随时间变化的结果如图 6.42 所示。

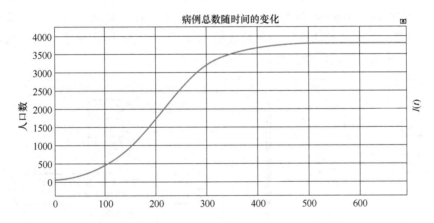

图 6.42　$\beta N = 0.018$ 时埃博拉病毒 SI 模型得出的受感染病例总数

当系数 β 被辨识出来后，将 SI 模型扩展到包含康复个体数量 $R(t)$ 和死亡个体数量 $D(t)$ 的模型，并受到 $S+I+R+D=N$ 约束，有

$$\frac{\mathrm{d}R}{\mathrm{d}t} = \gamma I, \quad \frac{\mathrm{d}D}{\mathrm{d}t} = \delta I$$

死亡率 δ 是通过如图 6.39 所示的 $D(t)$ 曲线相对应的两个早期点得到的，所选择的日期同样是从 3/27/2014 到 3/31/2014。

$$\frac{\mathrm{d}D}{\mathrm{d}t} \approx \frac{70-66}{4} = 1 = 103\delta$$

死亡率 δ 的辨识值是 $\delta = \dfrac{1}{103} = 0.0097$。康复率 γ 的估算是根据康复个体数量 $R(t)$ 与死亡个体数量 $D(t)$ 的比值计算得到的，则

$$\frac{\gamma}{\delta} \approx \frac{3804-2536}{2536} \Rightarrow \gamma \approx 0.00485$$

对于 SIRD 模型，还需要考虑疾病潜伏期的时间延迟效应和康复/死亡延迟。据了解，埃博拉病毒出现症状的疾病潜伏期为 2~21 天。从出现症状到康复或死亡的时间为 6~16 天，这种延迟效应的合理估计依赖于中期估计。

$$T_{\text{d,incub}} \approx 11 \text{ 天}, \quad T_{\text{d,recov-death}} \approx 11 \text{ 天}+11 \text{ 天}=22 \text{ 天}$$

包含时间延迟效应的完整 SIRD 模型是

$$
\begin{cases}
\dfrac{\mathrm{d}S(t)}{\mathrm{d}t}=-\beta I\left(t-T_{\text{d,incub}}\right)S\left(t-T_{\text{d,incub}}\right) \\[2mm]
\dfrac{\mathrm{d}I(t)}{\mathrm{d}t}=\beta I\left(t-T_{\text{d,incub}}\right)S\left(t-T_{\text{d,incub}}\right)-\gamma I\left(t-T_{\text{d,recov}}\right)-\delta I\left(t-T_{\text{d,recov}}\right) \\[2mm]
\dfrac{\mathrm{d}R(t)}{\mathrm{d}t}=\gamma I\left(t-T_{\text{d,recov}}\right) \\[2mm]
\dfrac{\mathrm{d}D(t)}{\mathrm{d}t}=\delta I\left(t-T_{\text{d,recov}}\right)
\end{cases}
\tag{6.27}
$$

在式（6.27）的 Simulink 仿真模型中，我们只包括上述 4 个方程中的 3 个积分器，也就是 $S(t)$、$I(t)$ 和 $D(t)$，而 $R(t)$ 由约束方程 $R(t)=N-S(t)-I(t)-D(t)$ 计算所得。

在图 6.43 所示的 Simulink 模型中，$S(t)$ 是由约束方程计算出来的，而不是创建两个 $I(t)$ 的延迟效应：一个是潜伏期，一个是康复/死亡延迟，图 6.43 所示模型给出延迟常数 β、γ 和 δ，也就是说，延迟时间之前的常数块值为零。

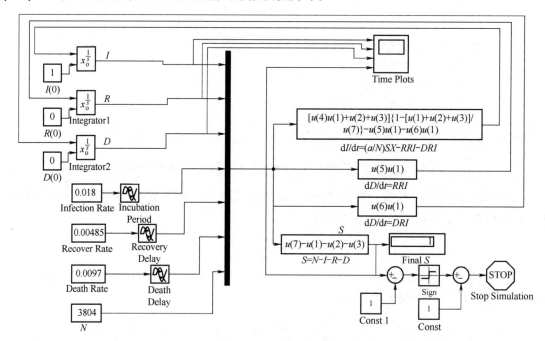

图 6.43　具有延时效应的 SIRD 模型的 Simulink 图

图 6.43 所示模型的仿真结果如图 6.44 所示。在开展任何开环控制策略之前，首先要修改图 6.43 中的 Simulink 模型。也就是说，任何疫苗接种策略都应考虑新的人数，即接种人数 $V(t)$。变量 $V(t)$ 应减去易感染个体的数量 $S(t)$，正如，$\dfrac{\mathrm{d}V(t)}{\mathrm{d}t}$ 减去 $\dfrac{\mathrm{d}S(t)}{\mathrm{d}t}$ 公式的右侧部

分。因此，为了研究疫苗接种效果和比较各种疫苗接种策略的有效性，变量 $S(t)$ 需由一个积分器产生，而不仅仅是一个结果输出。

最后，让我们讨论 N（总人数）在上述仿真研究和后续研究中潜在的作用。为了正确制定疫苗接种策略，我们必须考虑国家总人口数。在上述模拟研究中，N（由于辅助 SI 模型）被视为埃博拉病例的总数。

显然，这种识别不是唯一的。有无穷多对 $\{N, \beta\}$ 可以产生与图 6.44 相同的曲线集。将 N_{old}=埃博拉病例总数替换为 N_{new}=国家人口数量时，只需要重新对 β 进行缩放以保持 βN 不变。同样，参数 γ 和 δ 也需要重新缩放以保持人口增长率 R_0 不变。

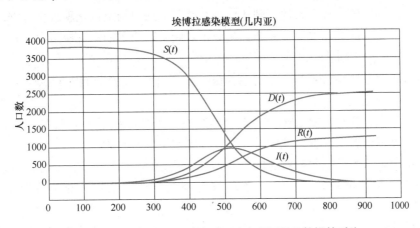

图 6.44　$S(t)$、$I(t)$、$R(t)$ 和 $D(t)$ 同 CDC 数据的对比

还有一个数值的上升与埃博拉病毒的长期普遍流行有关。2014—2016 年期间，几内亚的人口总数不是恒定的，从 2014 年的约 1180 万人口增长到 2016 年的 1240 万。在仿真中可以用基于上述人口总数创建的输入信号块来替代常数块 N。同时，$N=N(t)$ 的创建也意味着 β、γ 和 δ 都要成为时间函数以保持一致性。

这些后续研究都超出了本书的范围。

6.3　控制系统在环仿真案例：葡萄糖-胰岛素动力学

使用 MATLAB 脚本控制 Simulink 模型进行批量仿真的总执行时间从几十毫秒到几秒不等，具体取决于运行次数。与许多实际控制过程的时间相比，批量仿真时间仍然要短得多。多个仿真器的运行可能会受到系统辨识和系统控制需求的驱动。

我们研究了传染病模型的早期传播规律和疫苗接种策略。疾病传播的时间数常采用天数来计量，并且模型中有许多（不全是）参数是未知的。通过采集到的受感染人数和死亡人数的数据，再由仿真器进行批量仿真可以辨识出模型参数。当缺失参数被辨识和优化后，再将辨识参数代入模型中来探索各种控制策略。这就是我们所说的"仿真器在环"。

在本节中，我们将演示仿真器在环控制策略对糖尿病患者血糖调节的生物医学过程。

生物医学的**区域模型**本质上是一种状态变量模型，用于表示身体中一个或多个部位的生理物质（包括药物和代谢物）浓度。区域模型可以描述一种物质 A 从一个区域（比如胃肠道）到另一个区域（比如血液系统），然后再到另一个区域（比如某种组织）时发生了什么。另一种区域模型也可以描述为两种物质 A 和 B 共处同一血管时发生的情况。

葡萄糖和胰岛素动力学的 "最小模型" 包含两个部分：血液中的葡萄糖和胰岛素。下面让我们讨论葡萄糖-胰岛素最小模型和相关的仿真模型，具体如参考文献 [7] 所述。

血糖水平调节系统是一个负反馈控制系统：如果血糖水平升高，则刺激胰腺分泌胰岛素；随着血液胰岛素水平的提高，某些胰岛素敏感组织对葡萄糖的吸收增加，这会导致血糖浓度降低，从而减少胰岛素的产生。

定义血糖浓度为 x，其单位为 mg/mL（如 Khoo 模型中所采用）或 mg/dL（血糖患者自测常用）；血液胰岛素浓度为 y，其可用的单位如 mU/mL。

葡萄糖从多种来源在各种条件下到达血液系统，如从胃肠道消化碳水化合物，到肝脏和其他身体部位形成、储存和加工更复杂的糖分子及脂肪。简单的动态模型中，我们将血糖摄入量合计为 Q_L（单位为 mg/h）。在许多仿真环境中，这个摄入量被认为是不变的，成人标准 $Q_L = 8400$ mg/h。模型中还包括另一个葡萄糖摄入量 $U(t)$，以说明血糖测试时的摄入量或其他葡萄糖控制时的摄入量。

在血液系统中，葡萄糖要么被胰岛素敏感组织（例如某些肌肉）吸收，要么被胰岛素不敏感组织吸收，或者由肾脏系统排泄（当葡萄糖水平非常高时）。

胰岛素不敏感组织吸收葡萄糖的速率为 λx（单位为 mg/h），其中 λ 是胰岛素不敏感组织吸收葡萄糖系数。也就是说，它与血糖浓度 x 成正比。系数 λ 的正常成人标准值为 2470mL/h。

胰岛素敏感组织吸收葡萄糖的速率为 vxy，其中 v 是胰岛素敏感组织吸收葡萄糖系数。也就是说，它与血糖浓度 x 和胰岛素浓度 y 的乘积成正比。系数 v 的正常成人标准值为 139000（mL/h）(mL/mU)。

当 $x \leq \theta$ 时，肾脏排泄葡萄糖的速率为 0，其中 θ 是肾脏的活化水平阈值。当 $x > \theta$ 时，葡萄糖的排泄量与超量血糖浓度 x 呈线性关系 [即超过阈值 $\mu(x-\theta)$]。阈值 θ 的标准值为 2.5mg/mL，葡萄糖排泄系数 μ 为 7200mL/h。

最后，用 "葡萄糖电容" C_G 来正确衡量由于突然进食引起的血糖浓度 x 变化的时间常数。例如，对正常成年人进行进食后的血糖测试，在大约 30min 后 $x(t)$ 会达到峰值，然后血糖水平需要 4~5h 才能回落到正常水平。葡萄糖电容 C_G 的标准值是 $C_G = 1/15000$mL。

因此，血糖变化率方程为

$$C_G \frac{dx}{dt} = \begin{cases} U(t) + Q_L - \lambda x - vxy & x \leq \theta \\ U(t) + Q_L - \lambda x - vxy - \mu(x-\theta) & x > \theta \end{cases} \quad (6.27')$$

血液胰岛素变化率方程包括：胰岛素摄入量 $I(t)$（例如作为控制信号）、受血糖水平影响的胰岛素生成项，以及与血液胰岛素水平成比例比率的持续胰岛素破坏项。

此外，胰岛素的产生与活化水平阈值 φ 有关：

若 $x \leq \varphi$ 时，则不产生胰岛素；当 $x > \varphi$ 时，则胰岛素的产生与超过阈值 $\beta(x-\varphi)$ 后的 x 余量成线性比例关系，其中 β 是胰岛素产生系数。胰岛素产生的活化水平阈值 φ 的标准值为 0.51mg/mL，胰岛素产生系数 β 的标准值为 1430（mU/h)(mL/mg)，假设胰岛素受损的情况为 αy，其中，系数 $\alpha = 7600$mL/h。胰岛素电容 C_I 的标准值为 $C_I = 1/15000$mL。

血胰岛素变化率方程为

$$C_{\mathrm{I}} \frac{\mathrm{d}y}{\mathrm{d}t} = \begin{cases} I(t) - \alpha y & x \leqslant \varphi \\ I(t) - \beta(x - \varphi) - \alpha y & x > \varphi \end{cases} \tag{6.28}$$

由于有两个活化水平条件（与胰岛素敏感组织吸收葡萄糖相关变量 x 和 y 的乘积）以及变量 $x(t)$ 和 $y(t)$ 的非负性（物质浓度不能为负），该二阶系统是高度非线性的。

上面给出的是典型的健康成年人的一些模型系数。当 $U(t) = 0$ 和 $I(t) = 0$ 时，模型有一个平衡状态，$x_e = 0.81\mathrm{mg/mL}$（$x_e = 81\mathrm{mg/dL}$），$y_e = 0.055\mathrm{mU/mL}$。在这种平衡状态下，进入血液系统的葡萄糖和胰岛素同离开血液系统的葡萄糖和胰岛素保持平衡。

基于同样的模型，只要稍微改变上述模型中的系数，即可被用来描述糖尿病患者。1 型糖尿病是由于胰腺分泌胰岛素的能力低于正常水平造成的。也就是说，胰岛素产生系数 β 可以低到 0，其低于正常水平 $\beta = 1430$（mU/h）(mL/mg)。2 型糖尿病与胰岛素敏感组织吸收葡萄糖能力低于正常数值有关，2 型糖尿病严重程度可以通过胰岛素敏感组织吸收葡萄糖系数 v 取 0~139000（mL/h）(mL/mU) 之间的任何值来建模。

1 型糖尿病常见于青少年，而 2 型糖尿病多发于老年人。随着时间的推移，一些 2 型糖尿病患者也可能发展成一定程度的 1 型糖尿病患者。

式（6.27'）、式（6.28）的仿真模型如图 6.45 所示，并将在下文中进一步解释。从该仿真模型中可以提出许多问题，并很容易得到答案：

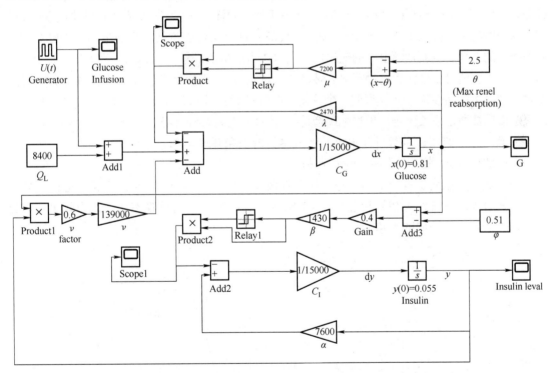

图 6.45　葡萄糖-胰岛素系统的两区域 Simulink 模型

1）对于给定系数 β 和 v 的病人的平衡状态 (x_e, y_e) 是什么样？我们可以直观地看出，1 型糖尿病患者的稳态血糖水平比正常人高，稳态血胰岛素水平比正常人低。在 2 型糖尿病患者中，稳态血糖水平和稳态血胰岛素水平都升高了。

2）血糖试验包括一个短暂的葡萄糖吸收［由一个狭窄的葡萄糖脉冲输入 $U(t)$］，然后

观察一个多小时 $x(t)$。糖尿病患者的血糖测试曲线（有些疾病的严重程度系数）与健康人或其他糖尿病患者的血糖测试曲线有何不同？

3）通常实测血糖 $x(t)$ 是很容易获得的，而血液胰岛素 $y(t)$ 的测试需要很长的时间，当必需快速做出医疗决定时，通常会忽略读取血胰岛素的数据。那么使用 $x(t)$ 样本来唯一确定糖尿病患者的正确系数需要多长时间？

4）一旦病人的糖尿病类型被确诊，应该如何进行治疗？让我们把这个问题分解成几个更容易处理的子问题：

① 对于 1 型糖尿病患者，一旦找到了正确的系数 β 后，该如何设计开环控制？该控制器由一列脉冲组成的信号 $I(t)$ 构成。也就是说，必须决定胰岛素注射的频率和剂量，以便将患者的血糖水平稳定在正常水平附近。各种脉冲 $I(t)$ 的实验可能需要多次模拟运行，从而通过仿真决定适合患者的药物治疗方案。

② 1 型糖尿病患者的开环控制可能被反馈控制所取代，其中来自胰岛素泵的信号 $I(t)$ 由反馈信号 $x(t)$ 来替代。

③ 一旦通过仿真得到某些药物的效果，类似的开环控制策略也可以用于 2 型糖尿病患者。例如，二甲双胍等这类常见的药物会影响模型中的 Q_L 值。

下面的案例研究回答了一些更容易处理的问题。在开始案例研究之前（基于 Claude Lieber MD 和 Ivan Bertaska，2014 年春季，佛罗里达大西洋大学），先解释图 6.45 中的 Simulink 模型的一些特性。模型中式（6.27′）和式（6.28）都是条件表达式，可通过两位继电器实现此类条件的选择，也就是继电器的输出电平为 0［当继电器的输入为负时，即 $x(t)$ 低于相应的活化水平阈值时就会发生这种情况］或者 1［当 $x(t)$ 大于活化水平阈值时］。继电器的二进制输出乘以条件加性信号（模型的一个分支上的肾排泄和另一个分支上的胰岛素产生项），可以决定该项被通过或被阻止。预先乘以增益 β 和 v 的增益块从而模拟了疾病的严重程度。

案例研究：糖尿病患者血糖水平的系统参数辨识和开环控制

下面的研究案例均采用系数 $v = 0.6$ 和 $\beta = 0.4$。

为了找到糖尿病患者的平衡状态，模型在没有 $U(t)$ 和 $I(t)$ 输入的情况下运行，并使用正常健康人的状态作为初始状态（$x_e = 0.81, y_e = 0.055$），并将该稳态条件作为此次研究特定病人的初始条件，如图 6.46 所示。

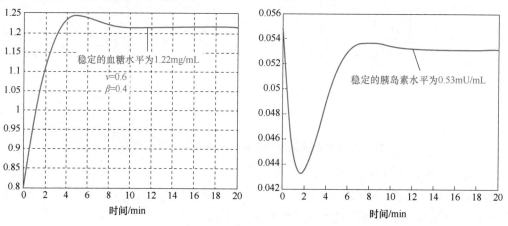

图 6.46　使用任意初始状态进行仿真以确定正确的初始状态

下一组数据比较了健康人和糖尿病患者的血糖测试结果。

如图 6.47 和图 6.48 所示，糖耐力测试由 100mg 葡萄糖组成，服用时间超过 15min。实验在仿真开始 30min 后开始。

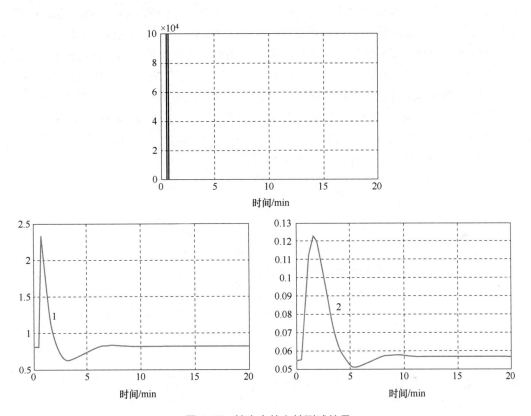

图 6.47　健康人的血糖测试结果

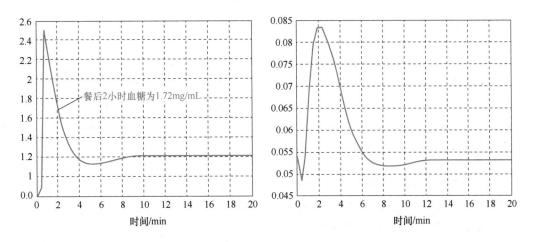

图 6.48　在 $\nu=0.6$ 和 $\beta=0.4$ 时糖尿病患者血糖测试结果

图 6.47 为健康人的血糖测试结果，曲线 1 为血糖浓度 $x(t)$，曲线 2 为血胰岛素浓度 $y(t)$，横坐标中的 1 个时间单位代表 1h。

图 6.48 显示了在病例研究中使用相同葡萄糖输入 $U(t)$ 下，患者异常血糖的测试结果。有趣的是，$U(t)$ 连接到模型代表着静脉注射葡萄糖，因此血糖水平几乎立即就上升了，而在口服葡萄糖测试中，肠道吸收葡萄糖则需要更长的时间。图 6.48 的结果显示，输入相同葡萄糖对于病人来说，血糖水平达到了危险峰值，血液胰岛素水平也是；同时与图 6.47 对比可看出峰值血糖和血液胰岛素都需要更长的时间才能清除，并且会达到一个较高的稳定状态。如果患者有未知的糖尿病情况，最初几个小时的检查可清楚地表明患者得的是 2 型糖尿病，但是，仅凭这些检查不足以定量诊断患者病情的严重程度，还需将血糖测试结果与健康的个体和各类糖尿病患者的仿真结果进行比较，才可以完成对所需控制系统参数的辨识。

接下来，我们假设一名疑似糖尿病患者被实时诊断（或用控制系统来进行参数辨识），一旦确诊，患者病情可被药物稳定下来。为了进行参数辨识，我们设置了两个并行的 Simulink 模型（子系统），如图 6.49 和图 6.50 所示。

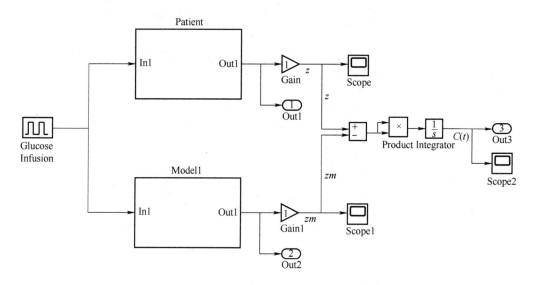

图 6.49　可变模型输出与患者数据的比较

图 6.49 和图 6.50 所示的模型中，有称为"Patient（患者）"的子系统。系统参数锁定为 $\nu = 0.6$ 和 $\beta = 0.4$。将该模型与复制的系统进行比较，复制的系统中两个参数都可以在 $0.1 \sim 1$ 的范围内变化。也就是说，对于 β，可以由乘法器和常数模块组合得到一个 $0 \sim 1$ 的增益值，β（其增益模块显示为正常的 β 值）预先乘以该增益。常数模块可以是 MATLAB 程序调用 Simulink 模型后得到的代数值。对于 ν 也是如此。

这个想法是，进行一个糖耐力测试，测量血糖水平不同时的血液胰岛素水平，设计并计算一个成本函数，以最低的成本函数反映病人的参数 β 和 ν，并判断病人是患有 1 型糖尿病还是 2 型糖尿病（假设这是未知的）。成本函数取病人血糖 $x(t)$ 与同时模型中血糖 $x_m(t)$ 的平方之差，并在试验过程中集成该函数。

$$C(t) = \int_0^t \left[x^2(\tau) - x_m^2(\tau) \right] \mathrm{d}\tau \approx \sum_{i=1}^N \left[x^2(iT) - x_m^2(iT) \right]$$

在 $t(h)$ 期间，每隔 $0.25h$ 采样变量 $x(t)$，将成本函数与变量参数的值制成表格。根据 8 次血糖读数得出的 $t = 2h$ 的结果清楚地反映了病人的真实情况，见表 6.3。

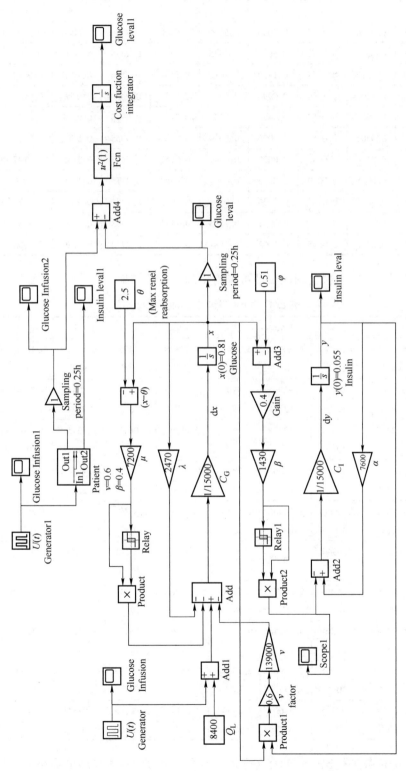

图 6.50　与患者子系统模型比较的可修改模型

表 6.3　8 次血糖测量后唯一辨识的参数

ν	β									
	0.1000	0.2000	0.3000	0.4000	0.5000	0.6000	0.7000	0.8000	0.9000	1.0000
0.100	0.3529	0.3347	0.3173	0.3006	0.2845	0.2691	0.2544	0.2401	0.2262	0.2128
0.200	0.2681	0.2390	0.2117	0.1859	0.1618	0.1397	0.1196	0.1015	0.0852	0.0708
0.300	0.1978	0.1605	0.1274	0.0990	0.0749	0.0550	0.0389	0.0262	0.0168	0.0102
0.400	0.1362	0.0966	0.0652	0.0411	0.0235	0.0115	0.0046	0.0021	0.0035	0.0082
0.500	0.0857	0.0500	0.0251	0.0096	0.0019	0.0009	0.0055	0.0150	0.0286	0.0456
0.600	0.0480	0.0198	0.0046	**0.0000**	0.0041	0.0152	0.0323	0.0540	0.0797	0.1085
0.700	0.0226	0.0045	0.0007	0.0083	0.0247	0.0483	0.0775	0.1110	0.1480	0.1875
0.800	0.0086	0.0021	0.0106	0.0306	0.0595	0.0950	0.1356	0.1800	0.2272	0.2763
0.900	0.0048	0.0106	0.0317	0.0641	0.1048	0.1516	0.2028	0.2570	0.3132	0.3706
1.000	0.0098	0.0282	0.0618	0.1062	0.1581	0.2154	0.2760	0.3389	0.4030	0.4675

如表 6.4 所示，只需 3 次血糖测试即可获得正确的诊断结果。

表 6.4　$N=3$ 测量确定的参数

0.00	0.10	0.20	0.30	0.40	0.50	0.60	0.70	0.80	0.90	1.00
0.10	6.2599×10^{-4}	6.2410×10^{-4}	6.2222×10^{-4}	6.2033×10^{-4}	6.1845×10^{-4}	6.1658×10^{-4}	6.1471×10^{-4}	6.1284×10^{-4}	6.1097×10^{-4}	6.0911×10^{-4}
0.20	4.0083×10^{-4}	3.9788×10^{-4}	3.9494×10^{-4}	3.9201×10^{-4}	3.8909×10^{-4}	3.8619×10^{-4}	3.8329×10^{-4}	3.8041×10^{-4}	3.7754×10^{-4}	3.7468×10^{-4}
0.30	2.2743×10^{-4}	2.2417×10^{-4}	2.2094×10^{-4}	2.1773×10^{-4}	2.1455×10^{-4}	2.1139×10^{-4}	2.0826×10^{-4}	2.0515×10^{-4}	2.0207×10^{-4}	1.9901×10^{-4}
0.40	1.0402×10^{-4}	1.0116×10^{-4}	9.8335×10^{-5}	9.5556×10^{-5}	9.2819×10^{-5}	9.0122×10^{-5}	8.7468×10^{-5}	8.4854×10^{-5}	8.2282×10^{-5}	7.9751×10^{-5}
0.50	2.8889×10^{-5}	2.7062×10^{-5}	2.5296×10^{-5}	2.3590×10^{-5}	2.1946×10^{-5}	2.0362×10^{-5}	1.8839×10^{-5}	1.7376×10^{-5}	1.5973×10^{-5}	1.4630×10^{-5}
0.60	3.6919×10^{-7}	1.6393×10^{-7}	4.0944×10^{-8}	**0**	4.0868×10^{-8}	1.6332×10^{-7}	3.6712×10^{-7}	6.5206×10^{-7}	1.0179×10^{-6}	1.4644×10^{-6}
0.70	1.6838×10^{-5}	1.8790×10^{-5}	2.0846×10^{-5}	2.3007×10^{-5}	2.5271×10^{-5}	2.7640×10^{-5}	3.0111×10^{-5}	3.2686×10^{-5}	3.5363×10^{-5}	3.8143×10^{-5}
0.80	7.6719×10^{-5}	8.1314×10^{-5}	8.6036×10^{-5}	9.0885×10^{-5}	9.5862×10^{-5}	1.0096×10^{-4}	1.0619×10^{-4}	1.1155×10^{-4}	1.1702×10^{-4}	1.2263×10^{-4}
0.90	1.7848×10^{-4}	1.8616×10^{-4}	1.9399×10^{-4}	2.0196×10^{-4}	2.1009×10^{-4}	2.1837×10^{-4}	2.2679×10^{-4}	2.3537×10^{-4}	2.4409×10^{-4}	2.5295×10^{-4}
1.00	3.2063×10^{-4}	3.3179×10^{-4}	3.4312×10^{-4}	3.5462×10^{-4}	3.6630×10^{-4}	3.7814×10^{-4}	3.9016×10^{-4}	4.0234×10^{-4}	4.1470×10^{-4}	4.2722×10^{-4}

只对两个血糖读数进行比较，就会在数据表格中生成多个成本函数的最小值，其中一个是病人严重程度系数的正确设置。

现在来演示几个开环控制策略，已知系数 β 和 ν，并对确诊患者使用药物进行治疗。

图 6.51 所示的 Simulink 模型包括两种控制方式：①口服一种假想药物，该药物通过逐渐增强系数 ν 来辅助增强胰岛素吸收葡萄糖。药物作用类似于一阶线性模型，时间常数大约为 30min；②注射胰岛素。这类药能立即提高病人的胰岛素水平。

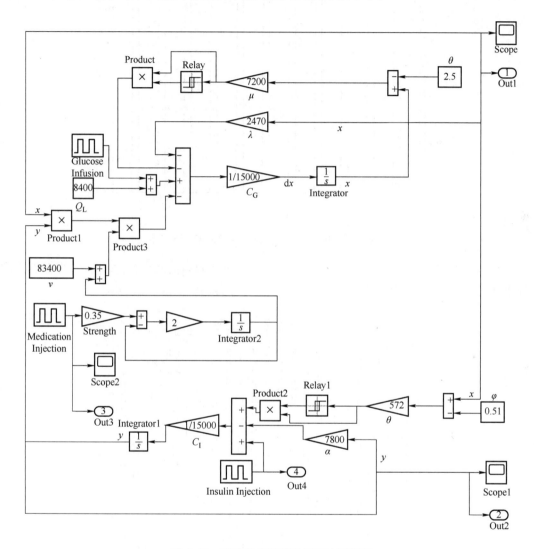

图 6.51　确诊患者用药的开环控制模型

对于每种药物，控制输入信号由一列脉冲组成。脉冲宽度是药物摄入时间。一次脉冲所摄入的药物总量是脉冲下的面积总和（即振幅乘以脉冲宽度）。

首先研究单一口服增强药物（不加胰岛素）的效果。设计参数是药物的剂量和给药频率。设计参数的振幅为 10^6，脉冲宽度为 15min（由于药物的吸收需要时间，药物的效果被延迟了），服药频率为每小时一次的测试结果如图 6.52 所示。

图 6.52 所示的血糖响应在期望的 0.81mg/mL 稳态值附近振荡，在糖耐力测试启动后接近 5h 才达到稳定。

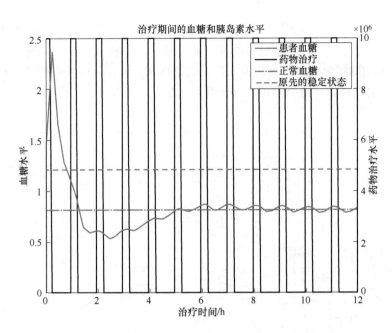

图 6.52　每小时服用一次药物稳定血糖测试结果

当给药频率增加一倍（即每 30min 服药一次），而脉冲幅值减少到之前实验的 60%，仿真效果如图 6.53 所示，血糖稳定时间减少到 4.5h，稳态值为 0.81mg/mL。

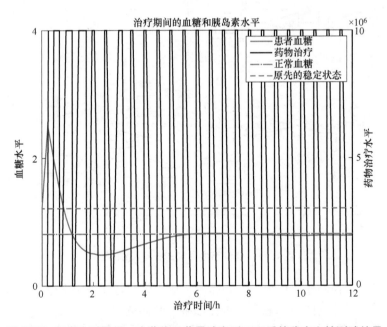

图 6.53　每半小时服用一次药物且药量减少到 60% 后的稳定血糖测试结果

另一种药物治疗策略是注射胰岛素以补偿 β 水平的降低。首先探索控制策略而不增加 v 增强药物。每小时注射一次胰岛素，剂量为 3×10^4，脉宽为 1min（代表快速注射）。测试结果如图 6.54 所示，与口服药物相比，稳定时间约为 3.5h。当胰岛素给药频率增加一倍后，稳定时间并没有进一步改善，但更糟的是血糖水平的峰值更高了，如图 6.55 所示。

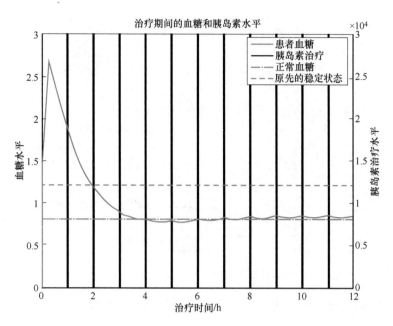

图 6.54 每小时注射一次胰岛素后病人的稳定血糖测试结果

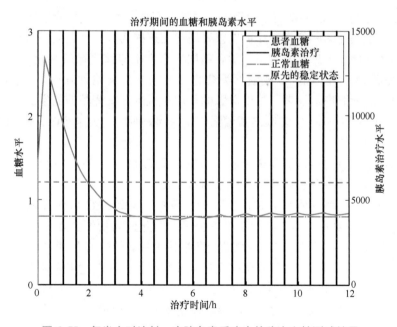

图 6.55 每半小时注射一次胰岛素后病人的稳定血糖测试结果

将口服药物和注射胰岛素两种药物进行混合治疗是下一个探索阶段。图 6.56 所示为每小时服用两种药物的测试结果。增强药物 v 以原先 35% 的强度服用，注射胰岛素的振幅是 7600。显然，这试验结果是非常令人不满意的，因为这种危险的过量药物摄入使得血糖水平降低到低血糖水平［即 $x(t)$ 的水平低于 70mg/dL］。后续没有再进一步的研究，因为毕竟没有药物能直接促进胰岛素敏感组织吸收葡萄糖，这种增强药物完全是假设的。

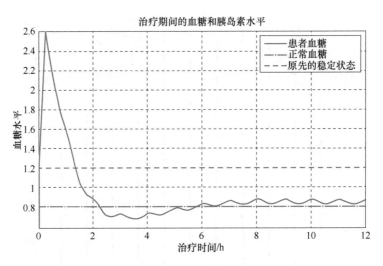

图 6.56　两种药物混用的测试结果（可能会导致低血糖）

这就引出了本案例研究的最后一个问题：我们如何对 2 型糖尿病患者的真实药物的效果进行建模？

如本案例研究（$\nu=0.6$ 和 $\beta=0.4$）所述，最常采用的是口服药物来稳定患者的血糖水平（用于 2 型糖尿病），也可以使用胰岛素。虽然胰岛素抗性是 2 型糖尿病的标志，但抗性不是绝对的，给予额外的胰岛素治疗可以很好地稳定这些病人。但他们必须自己注射而不是吃药，这确实额外增加了患者的负担。所有糖尿病患者都应该遵循碳水化合物平衡的饮食。最常用的两种药物是二甲双胍和/或磺脲类药物（格列本脲或格列吡嗪）。许多 2 型糖尿病患者单用二甲双胍就能稳定下来。二甲双胍的作用是减少肝脏葡萄糖的生成，即降低模型中的有效 Q_L。磺脲类药物基本上起胰岛素增强作用，起效时间约为半小时，峰值在 2~3h，有效作用时间为 6~8h。

二甲双胍在半小时内迅速被肠道吸收。肾脏排泄它的半衰期为 4~5h（指数衰减）。文献报告显示该药物可减少肝脏葡萄糖生成量 40%~50%。

我们可以说，在血糖峰值水平时，二甲双胍降低了 50% 的 Q_L，而在较低水平时，相应地降低了 Q_L。由于二甲双胍不会增加胰岛素分泌，因此该药物不会发生低血糖（这是磺脲类药物的主要优势）。让我们将二甲双胍的给药描述为具有快速吸收性（峰值在时间零点）。这不是正确的药代动力学，但二甲双胍确实被吸收得很快。在上述半衰期内，二甲双胍经肾脏排泄需 10~14h。这可以通过从 Q_L 的输入中减去 $0.5e^{-0.15t}Q_L$ 来近似计算，如图 6.57 中的子系统所示（该子系统被插入如图 6.58 所示模型中）。单剂量二甲双胍会产生新的葡萄糖流入，从 4200 开始，在 20h 内呈指数增长到 8400。二甲双胍每天服用两次（每 12h 一次），一般不会使患者的血糖 $x(t)$ 降低到 0.8mg/mL，而是达到如图 6.59 所示的 1.1~1.2mg/mL。

正如上面所说的，这有降低 Q_L 的效果，Q_L 在大约 12h（下一次给药的时间）内慢慢恢复到基础水平。

根据图 6.59，有人可能会争辩说，该病例研究的病人实际上只是轻度糖尿病，除了警惕地观察糖尿病是否会随着时间的推移而恶化，可能什么都不需要做。

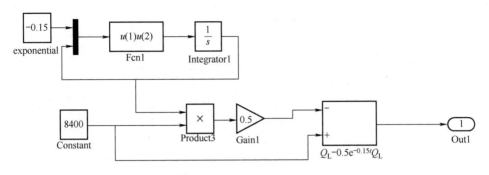

图 6.57 服用二甲双胍影响系统输入 Q_L 的模型

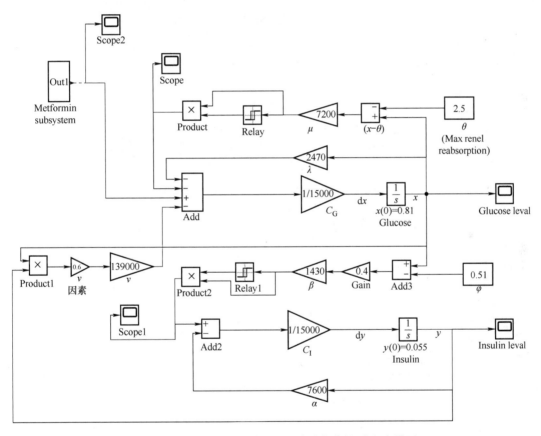

图 6.58 增加二甲双胍输入子系统的葡萄糖-胰岛素模型

接下来，对磺脲类药物的给药过程进行建模（见图 6.60）。严重高血糖患者对格列本脲的反应是胰岛素水平增加 70%~80%。对于血糖水平较正常的病人（如本案例中的病人），这种影响就不那么明显了。这里，我们可以假设胰岛素水平增加了 40%~50%。

最后一组结果比较了服用二甲双胍、磺脲类药物和同时服用这两种药物治疗的效果，患者的血糖测试结果如图 6.61 所示。得出的结论是，对于轻度患者，任何胰岛素（或磺脲类药物）的治疗都是没有必要的，并会造成不必要的低血糖风险。轻度的 2 型糖尿病患者最好只用二甲双胍治疗。

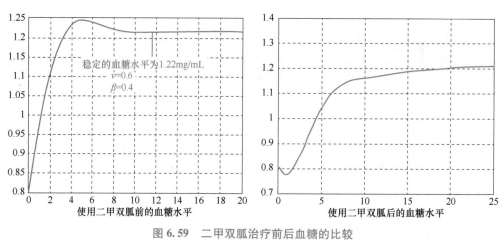

图 6.59　二甲双胍治疗前后血糖的比较

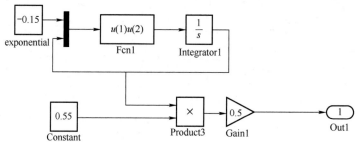

图 6.60　磺脲类药物作为胰岛素输入的模型

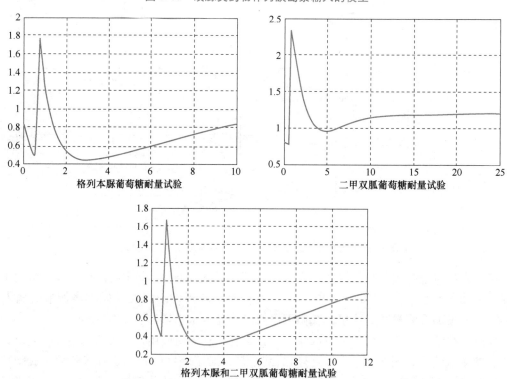

图 6.61　服用二甲双胍、磺脲类药物和同时服用这两种药物治疗的患者的血糖测试结果

［磺脲类药物（胰岛素增强）治疗可能会导致轻度糖尿病患者血糖水平急剧下降］

更多的探索问题超出了本书的范围。这些措施包括：

1）以仿真为基础发展稳定血糖水平的闭环控制策略。

2）将上述两区域模型与三区域模型（可能涉及血糖素，一种升高血糖水平的激素）进行比较。

6.4　基于继电器的简单控制系统

继电器是两位或三位的控制装置。由于继电器是一种高效功率放大器，能够根据低功率指令信号传输大驱动信号，因此这类装置通常构成反馈控制系统的驱动部分。

对称两位继电器输入输出特性如图 6.62 所示，当输入信号为正，则输出信号为正常数；当输入信号 $e(t)$ 为负，则输出信号为对称的负常数，其中 $e(t)$ 是某种控制误差信号。

对于三位继电器，当输入信号正好为零时，三位继电器的输出信号为零电平（见图 6.63）。

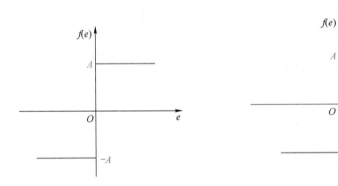

图 6.62　对称两位继电器输入输出特性　　图 6.63　三位继电器的输入输出特性

在反馈控制的早期，许多实际的继电器都存在非理想性，如死区（有限激活电平）和滞后，如图 6.64 所示。

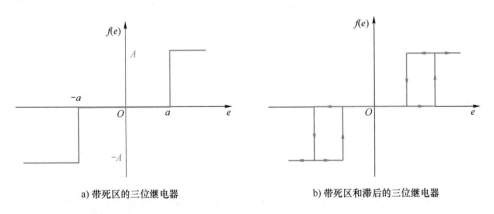

a) 带死区的三位继电器　　　　　　　　b) 带死区和滞后的三位继电器

图 6.64　三位继电器

反馈回路中有导致有限稳态误差产生的死区。反馈回路中的滞后（在不相等的输入值下向上和向下切换）具有失稳效应。这两种影响有时可能是特意为增强系统的抗噪性而产生的。例如，大多数空调机组的激活电平都具有滞后性，以避免由于温度传感器的噪声数值而导致不必要的高频开关。

在现代继电器控制系统中，继电器可通过作为系统数字控制系统的一部分在软件中实现控制。通常，使用三位继电器是为了更好地定义控制策略，而在实施阶段，继电器被高增益饱和放大器所取代。

本节通过几种简单的二阶反馈系统介绍一些控制概念，如滑模控制和砰砰控制。

6.4.1 不采用继电器控制的方式

让我们考虑一个具有单位负反馈的反馈控制回路的例子，其由 A 的阶跃命令 $r(t)$ 来驱动。受控过程是一个没有零点的线性二阶 1 型系统 $G(s) = \dfrac{Y(s)}{U(s)}$，其中 $y(t)$ 是过程输出，

$u(t)$ 是控制信号。假设一个三位置继电器作为控制器和执行器，接收误差信号 $e(t) = r(t) - y(t)$ 作为其输入并生成控制信号 $u(t)$，该控制信号可处于 3 种可能的电平：A、$-A$ 和 0（见图 6.65）。

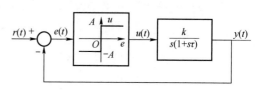

图 6.65 继电器控制的二阶系统

图中，继电器由误差信号直接驱动，则

$$\frac{Y(s)}{U(s)} = \frac{k}{s(1+s\tau)}, u(t) = \begin{cases} A & e>0 \\ 0 & e=0, e(t) = r(t) - y(t) \\ -A & e<0 \end{cases} \tag{6.29}$$

系统可以在相平面中进行分析，绘制 $\dfrac{\mathrm{d}y}{\mathrm{d}t}$ 与 y 曲线（如在仿真中所做的），或绘制 $\dfrac{\mathrm{d}e}{\mathrm{d}t}$ 与 e 的曲线（如在数学分析中通常所做的）。在后者中，阶跃信号输入 $r(t)$ 的大小成为 $e(t)$ 的初始条件的一部分。对于 1 型系统［如本例中的 $G(s)$］，甚至可以分析斜坡信号输入的响应。

式（6.29）的 3 个部分可以组合成单个时域分段线性模型，即

$$-\tau\ddot{e} - \dot{e} = \begin{cases} kA & e>0 \\ 0 & e=0 \\ -kA & e<0 \end{cases} \tag{6.30}$$

式（6.30）的模型将相平面 $(x_1, x_2) = \left(e, \dfrac{\mathrm{d}e}{\mathrm{d}t}\right)$ 分为 3 部分。例如，在半平面 $x_1 > 0$ 中有效的模型为

$$\dot{x}_1 = x_2, \dot{x}_2 = -\frac{1}{\tau}x_2 - \frac{kA}{\tau} \quad (x_1 > 0 \text{ 时}) \tag{6.31}$$

相平面中的轨迹表示式（6.31）在各种不同初始状态 $\left(e(0), \dfrac{\mathrm{d}e}{\mathrm{d}t(0)}\right)$ 下的解。在半平面 $x_1 > 0$ 的任意点 (x_1, x_2) 上，通过该点的轨迹的斜率 m 为

$$\frac{\mathrm{d}x_2}{\mathrm{d}x_1} = -\frac{1}{\tau} - \frac{kA}{\tau x_2} = m \tag{6.32}$$

可见，当 $x_2 = 0$ 时，$m = \infty$，因此轨迹与 x_1 轴垂直相交。当 $|x_2|$ 较大时，m 值接近 $-\dfrac{1}{\tau}$，x_2 越小，斜率越大。当 $x_2 = -kA$ 时，斜率 $m = 0$。所有这些易于获取的信息使我们能够在 $x_1 > 0$ 的半平面内手动绘制解轨迹，如图 6.66 所示。以类似的方式获得 $x_1 < 0$ 的半平面中的解轨迹。

对于任意阶跃信号输入和任何一组初始条件，当输出 $y(t)$ 缓慢收敛到参考输入值时，控制系统在继电器保护电平与其相反电平之间无限多次开关。图 6.67 中的 Simulink 模型及图 6.68 和图 6.69 所示的输出证实了这一点。

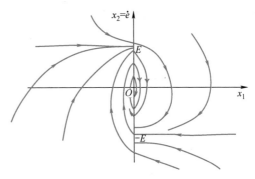

图 6.66　基于误差信号的继电器控制线性二阶过程相平面内的解轨迹示意图

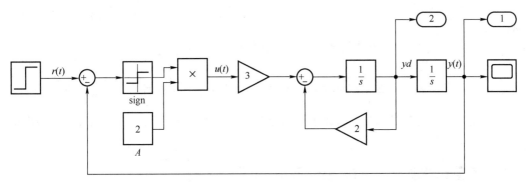

图 6.67　在跟踪控制系统中，当 $k = 1.5$，$A = 2$，$s = 0.5$ 时，由误差信号驱动的继电器控制的 1 型线性过程的 Simulink 模型

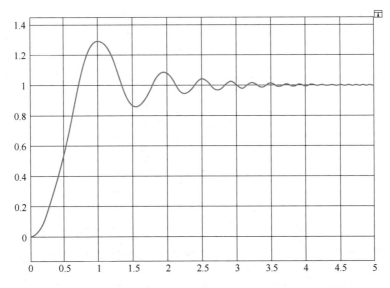

图 6.68　直接作用于误差信号的继电器控制导致较明显振荡的响应

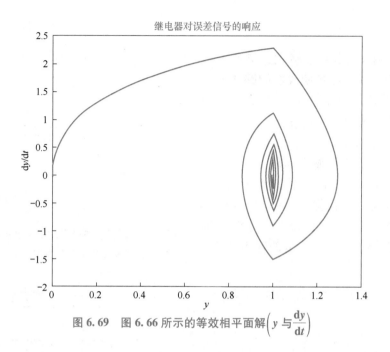

图 6.69 图 6.66 所示的等效相平面解$\left(y \text{ 与 } \dfrac{\mathrm{d}y}{\mathrm{d}t}\right)$

上面的例子代表了所有采用继电器来简化的控制系统。继电器的开关曲线在 $\dfrac{\mathrm{d}e}{\mathrm{d}t}$ 与 e 的相面上为直线 $e=0$。这样可以更有效地利用继电器，但正如我们将看到的，需要对继电器的输入信号进行更细致的编程。

6.4.2 位置和速度反馈的继电器控制——滑动现象

1. 案例 6.4.1 具有继电器开关线的位置和速度反馈控制的二阶 1 型线性过程的继电器控制

扩展基于误差信号继电器驱动方法的第一次逻辑尝试是倾斜开关线方法。换句话说，继电器的开关是基于 $e(t)$ 和 $\dfrac{\mathrm{d}e(t)}{\mathrm{d}t}$ 的组合来完成的，如图 6.70 所示，对误差信号 $e(t)$ 使用 PD 控制器，或者等效地将误差信号与误差速度的缩放进行组合，并使用该信号来驱动继电器。

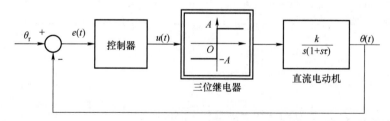

图 6.70 三位继电器驱动的二阶 1 型线性过程

$$\left[\text{如位置控制的直流电动机，其中，三位继电器由 PD 控制器 } u(t)=e(t)+\frac{T_{\mathrm{L}}\,\mathrm{d}e(t)}{\mathrm{d}t}\text{ 驱动}\right]$$

为了了解这种改进的控制策略的潜在优势，对式（6.30）改进，得到

$$-\tau_{\mathrm{m}}\ddot{e}-\dot{e}=\begin{cases} K_{\mathrm{m}}A & e+T_{\mathrm{L}}\dot{e}>0 \\ 0 & e+T_{\mathrm{L}}\dot{e}=0 \\ -K_{\mathrm{m}}A & e+T_{\mathrm{L}}\dot{e}<0 \end{cases} \qquad (6.33)$$

同样，相平面 $\left(e,\dfrac{\mathrm{d}e}{\mathrm{d}t}\right)$ 被分成 3 个部分：位于开关线 $e+T_{\mathrm{L}}\dot{e}=0$ 右侧的半平面、位于开关线左侧的半平面和开关线本身。模型方程不改变继电器的开关规则。式（6.31）的新形式（先前表示在 $x_1>0$ 处有效的状态方程）是

$$\dot{x}_1=x_2, \dot{x}_2=-\frac{1}{\tau_{\mathrm{m}}}x_2-\frac{K_{\mathrm{m}}A}{\tau_{\mathrm{m}}}（当 x_1+T_{\mathrm{L}}x_2>0 时） \qquad (6.34)$$

图 6.66 中绘制的系统轨迹与图 6.71 中绘制的轨迹完全相同，只是它们的轨迹被早于 $x_1=0$ 的开关线所截获。

我们观察到对于正速度反馈 $T_{\mathrm{L}}<0$，开关线向右倾斜，这导致轨迹被截获的距离大于 $x_1=0$ 开关线的距离。结果，轨迹偏离原点越来越远，闭环系统变得不稳定。

图 6.71 给人留下欺骗性的印象，即对于接触到开关线的每个轨迹，在开关线的另一侧存在另一条轨迹，该轨迹在开关线之外继续求解，直到该新轨迹再次接触到开关线，这一次是在更接近原点的点上，最终只需要很少的开关次数就可以使系统任意接近稳态位置，其中跟踪任何阶跃输入信号的误差为零。

实际发生的情况是，两条轨迹（由于各自的继电器输出电平，每条轨迹属于不同的模型）可能会在开关线上的某个点相遇，运动方向相反。

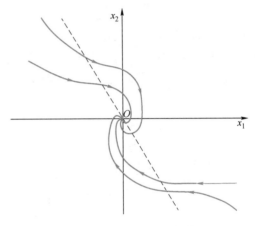

图 6.71　向左倾斜的开关线 $x_2=-\left(\dfrac{1}{T_{\mathrm{L}}}\right)x_1(T_{\mathrm{L}}>0)$

似乎使解轨迹更快地收敛到（0,0）

下面先研究一个更容易分析的对照案例 6.4.2，之后我们再继续分析案例 6.4.1。

2. 案例 6.4.2　使用位置和速度反馈控制继电器开关线的双积分器过程的继电器控制

PD 控制继电器输入的双积分器案例（见图 6.72）比具有一个积分器和一个极点过程的案例（见图 6.70）更简单，这是因为前者的相平面轨迹具有更简单的方程。这两个案例的求解方法是相同的。同样，我们将误差信号 $e=c-r$ 及其导数定义为系统的状态变量。

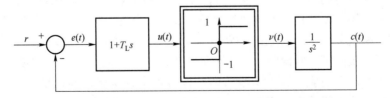

图 6.72　PD 控制器驱动的单位电平继电器驱动双积分器过程

由于采用的是双积分器，分析案例 6.4.2 可采用抛物线 $r(t)=\alpha+t+\gamma t^2$ 输入。时间变量 t

在状态方程中不是显式的，因此，只需要采用阶跃输入。系统方程为

$$-\ddot{e} = \begin{cases} 1 & e+T_L\dot{e}>0 \\ 0 & e+T_L\dot{e}=0 \\ -1 & e+T_L\dot{e}<0 \end{cases} \qquad (6.35)$$

相应的状态变量模型为

$$\frac{\mathrm{d}x_1}{\mathrm{d}t}=x_2$$

$$\frac{\mathrm{d}x_2}{\mathrm{d}t} = \begin{cases} -1 & x_1+T_Lx_2>0 \\ 0 & x_1+T_Lx_2=0 \\ 1 & x_1+T_Lx_2<0 \end{cases} \qquad (6.36)$$

对于位于开关线 $x_2=-\dfrac{1}{T_L}x_1$ 右侧的半平面，解轨迹为

$$\frac{\mathrm{d}x_2}{\mathrm{d}x_1}=-\frac{1}{x_2} \Rightarrow \frac{1}{2}x_2^2-\frac{1}{2}x_2(0)^2=-x_1+x_1(0)\ (\text{当}\ x_1+T_Lx_2>0\ \text{时}) \qquad (6.37)$$

这些抛物线的草图如图 6.73a 所示。每个这样的轨迹在 $x_2=0$ 上方和该开关线下方相交两次。在开关线路的另一侧（见图 6.73b）也发生同样的情况。显然，在开关线上存在着解轨迹迎头相遇的点，例如，抛物线的峰值位于抛物线有效范围之外的情况。

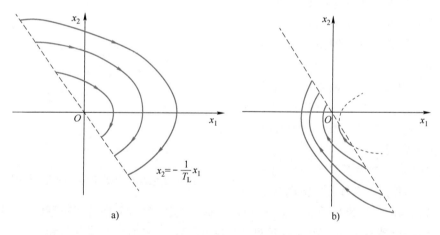

图 6.73 继电器输出为正时的系统轨迹

让我们"缝合"两侧的轨迹，如图 6.74 所示。我们看到，在远离原点（0,0）的地方，轨迹从一侧连续地穿越到（开关线）另一侧，而在靠近原点（0,0）的地方，解轨迹似乎无法继续穿越到另一侧。那么这样的解轨迹会发生什么现象呢？轨迹从碰撞点到哪里了呢？

对于理想的继电器（对输入变化立即做出反应），解轨迹确实会卡在开关线上的某个点上。

作为工程师，我们可以假设继电器从来都不是理想的。它肯定有一些或大或小的缺陷，例如，一个较小的延迟响应，这类微小的瑕疵使得每个解轨迹都能以极小的距离进入另一侧。这会导致解轨迹沿开关线向原点（0,0）进行奇怪的滑动运动，滑动解轨迹的放大图如图 6.75 所示。当相平面解沿开关线收敛到原点（0,0）时，这种滑动运动是由继电器的高频开关形成的。

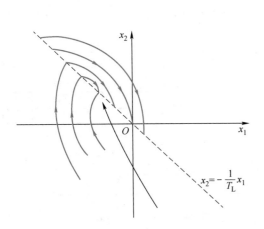

图 6.74　开关双积分器相平面的解轨迹
（直到这些轨迹卡在（0,0）的有限距离处）

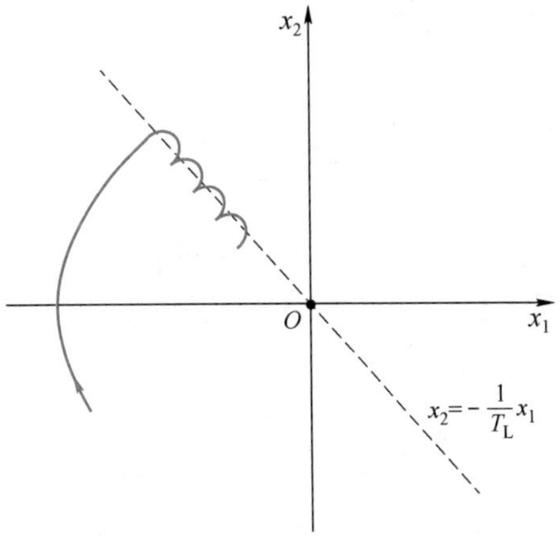

图 6.75　沿开关线滑动的示意图

一般而言，沿直线移动到原点的相平面解在时域上等价于一阶线性指数衰减，其时间常数等于由该直线斜率确定的系数 T_L。

观察稳态解滑动收敛的另一种方法是观察输出 $c(t)$，它以时间常数 T_L 向阶跃输入值收敛。继电器高频开关在 $c(t)$ 指数收敛的基础上表现为高频噪声。继电器越接近完美，噪声幅值就越小。然而，观察高频继电器开关的更令人担忧的节点（在框图中）是过程控制信号 $\nu(t)$，该信号表现出高频大幅值噪声现象。事实上，在早期的伺服机构中，滑动现象导致许多昂贵的继电器出现疲劳损坏，控制工程团队认为这是一个严重的错误。

系统解沿着开关线段滑动的区域表示为"滑动区域"。当抛物线与开关线相切时，就会发生滑动运动。这就可以确定滑动区域的大小。

抛物线轨迹与开关线（见图 6.76a）的切线表示为

$$\frac{\mathrm{d}x_2}{\mathrm{d}t} = -\frac{1}{x_2} = -\frac{1}{T_L} \tag{6.38}$$

且有

$$-T_L < x_2 < T_L \tag{6.39}$$

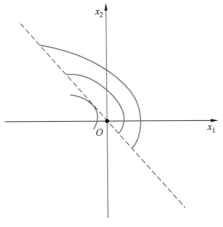

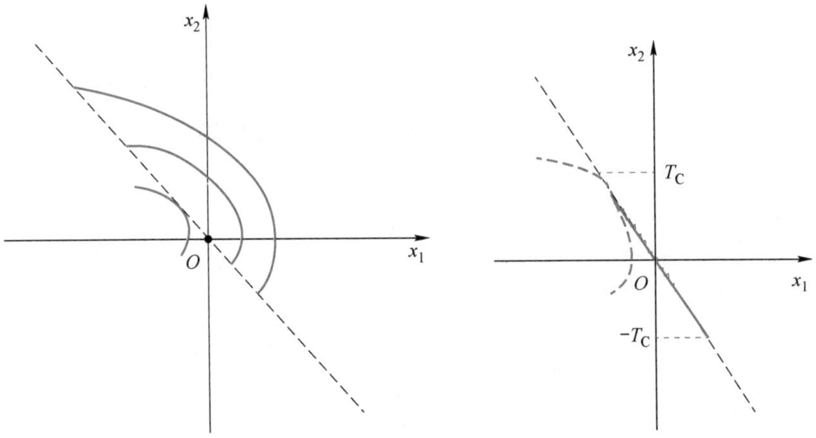

a) 滑动现象的起始点是解轨迹与开关线相切的点　　　　b) 产生"滑动区域"示意图

图 6.76　抛物线轨迹与开关线

案例 6.4.2 的 Simulink 模型如图 6.77 所示，$T_L = 0.5$，阶跃信号为 2.5，初始条件为 0。

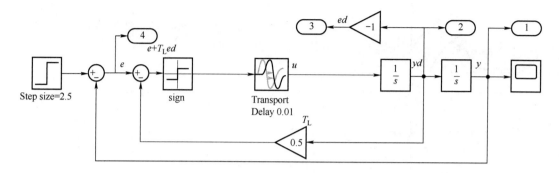

图 6.77　具有有限滑动区域现象的双积分器伺服机构的 Simulink 模型

在图 6.78a 中，当解轨迹与 $-0.5 \leqslant x_2 \leqslant 0.5$ 外的开关线相交时，解轨迹会连续穿越到开关线的另一侧；图 6.78b 是解轨迹的局部放大图，可见解轨迹收敛到原点（0，0）。当解轨迹与 $-0.5 \leqslant x_2 \leqslant 0.5$ 范围内的开关线相交时，之后的解轨迹收敛是通过沿开关线的滑动运动实现的。

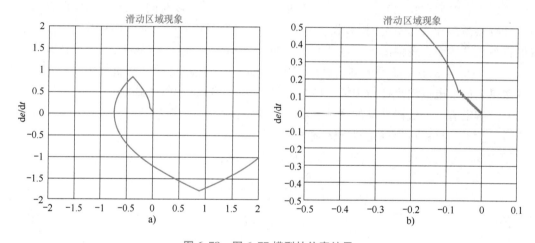

图 6.78　图 6.77 模型的仿真结果

在其他条件下从其他模型中获得滑动运动的局部放大图，如图 6.79 所示。该动作由高频开关动作组成，具体取决于继电器缺陷的程度。继电器越接近理想状态，开关频率越高，沿指数收敛时间轨迹的输出振荡幅值越低。

继续讨论案例 6.4.1 的解。

首先式（6.34）在 $x_1 + T_L x_2 > 0$ 的半平面上是有效的。利用问题的对称性，对 $x_1 + T_L x_2 < 0$ 的半平面进行的分析也是类似的。

根据式（6.34），半平面内任意点 (x_1, x_2) 的轨迹斜率为

$$\frac{\mathrm{d}x_2}{\mathrm{d}x_1} = \frac{-\dfrac{1}{\tau_m}x_2 - \dfrac{K_m A}{\tau_m}}{x_2} \quad x_1 + T_L x_2 > 0 \tag{6.40}$$

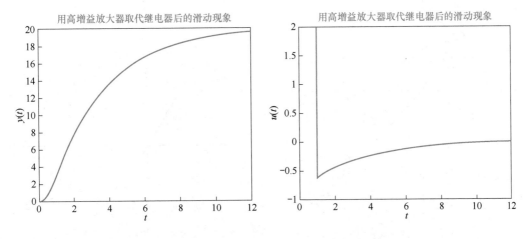

图 6.79　更多滑动运动的局部放大图

让我们（暂时）忽略开关线 $x_2 = -\dfrac{1}{T_L}x_1$，并观察对应于正控制信号 $u>0$ 的整个轨迹线族，如图 6.80 所示。

特别地，我们注意到当 $|x_2|$ 变大时，$\dfrac{\mathrm{d}x_2}{\mathrm{d}x_1} \to \dfrac{1}{\tau_m}$。

首先假设 $T_L>0$ 与伺服机构时间常数 τ_m 相比很小。图 6.81 中所示的草图轨迹清楚地表明了沿着开关线存在一些滑动运动。为了找到滑动区域的大小（对于 $\tau_m>T_L>0$ 的情况），我们需要寻找与开关线开关的轨迹。从式（6.40）中，我们观察到

$$\frac{\mathrm{d}x_2}{\mathrm{d}x_1} = \frac{-\dfrac{1}{\tau_m}x_2 - \dfrac{K_m A}{\tau_m}}{x_2} = -\frac{1}{T_L} \quad x_2>0 \qquad (6.41)$$

式（6.41）的解是

$$x_2 = \frac{\dfrac{K_m A}{\tau_m}}{\dfrac{1}{T_L} - \dfrac{1}{\tau_m}} = \frac{K_m A T_L}{\tau_m - T_L} \qquad (6.42)$$

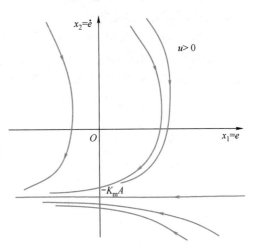

图 6.80　继电器的伺服机构轨迹
（如果继电器卡在其正电平上）

可见，当开关线控制参数 $T_L \ll \tau_m$ 时，滑动区域非常小，但系统响应欠阻尼。随着 T_L 的增加，滑动区域变大；当从 $T_L = \tau_m$ 时开始，滑动区域逐渐变得无限大，如图 6.82 所示。

对于 $T_L>\tau_m$ 的情况，式（6.42）中的计算当然不再有效。回想对于 x_2 的绝对值较大时，接近 $-\dfrac{1}{\tau_m}$ 的轨迹斜率的建立会导致每个轨迹最终以滑动结束。

这个解轨迹的意义是什么？为什么案例 6.4.1 启发了滑模控制（将在本章后面进行研究，是最强大的非线性控制技术之一）的开发？

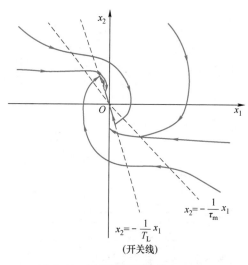

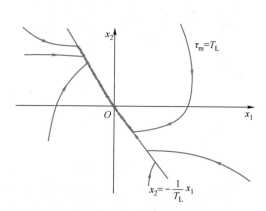

图 6.81   开关线时间常数小于过程
时间常数时的解轨迹

图 6.82   控制时间常数超过过程时间
常数时的无限滑移区

我们注意到，尽管在 K_m 和 S_m 中可能存在较大的建模误差，但伺服机构总沿着已知的时间常数 T_L 收敛到零稳态误差。因此创建滑动线是一种稳健的控制形式，其关键问题在于如何处理高频继电器振荡。

图 6.83 显示了参数 $A=2$、$K_m=3$ 和 $S_m=0.5$ 的伺服机构的 Simulink 图，控制参数 $T_L=1$。继电器的非理想性是通过一个较小的时间延迟（0.01）来实现的。由此产生的滑动运动确实出现了令人不快的大幅值高频振荡/噪声，如图 6.84 所示。

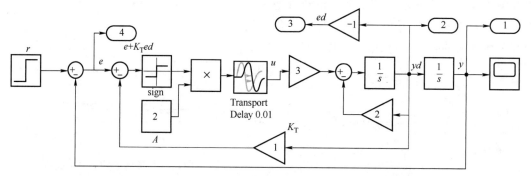

图 6.83   PD 控制继电器伺服机构的 Simulink 模型中，系统在任意阶跃输入和
任意初始条件下进入滑动运动

最终使滑模控制方案变得具有吸引力和可接受是出现了一个重要的工程应用，即高增益饱和放大器可以取代非理想的继电器。通过这样替换之后，控制信号的噪声和振荡变小了，整体鲁棒控制解决方案的设想得到了实现。

图 6.85 展示了如何创建高增益饱和放大器的 Simulink 模型。起点是一个单位饱和块（输出电平为+1 和−1，以及在输入值之间延伸的线性区域）。将单位饱和块乘以增益 K 后，将饱和输出电平设置为+K 和−K。将饱和块预乘以增益 B 后，将线性区域限制设置为 $-\dfrac{1}{B}$ 和 $+\dfrac{1}{B}$，当 $K=5$ 和 $B=4$ 时如图 6.86 所示。

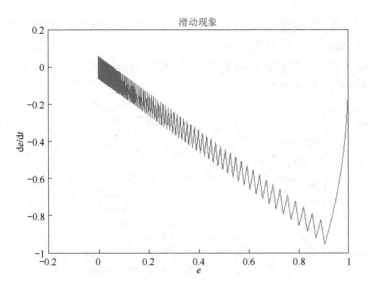

图 6.84　案例 6.4.1 中伺服机构系统的滑动运动

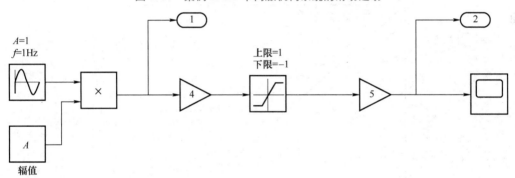

图 6.85　高增益饱和放大器的 Simulink 模型

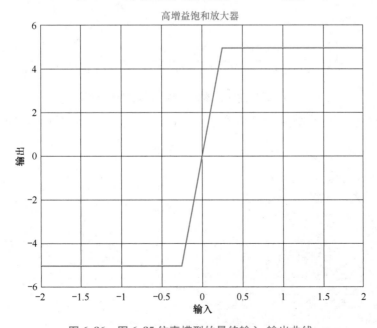

图 6.86　图 6.85 仿真模型的最终输入-输出曲线

　　图6.87是图6.83所示的伺服机构的仿真模型，当理想继电器和延时模块被增益为100的高增益放大器所取代时，得到的相平面轨迹（见图6.88）保留了滑动线，而没有高频振荡。图6.89显示出控制环路输出信号沿增益 T_L 和控制信号产生的线性一阶时间常数接近稳定状态，该控制信号没有任何振荡。

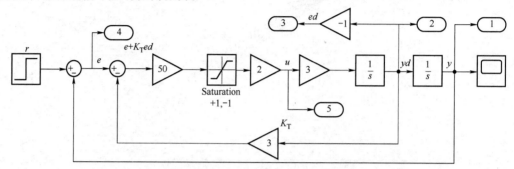

图6.87　用高增益放大器代替继电器

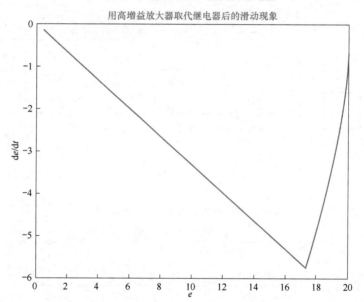

图6.88　高增益放大器代替继电器后的相平面轨迹

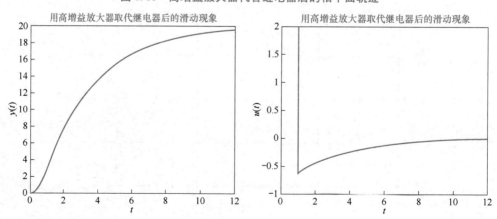

图6.89　用饱和放大器代替继电器后伺服机构的输出 $y(t)$ 和控制信号的输入 $u(t)$

6.4.3　最小时间继电器控制——砰砰控制

到目前为止，我们已经使用了两种相当简单的方法来创建输入信号到伺服机构的控制回路以控制继电器工作。第一种方法是比例控制，误差信号通过它驱动继电器，我们说继电器有一条 $x_1=0$ 的开关线，其中 x_1 是误差信号。第二种方法是 PD 控制，通过误差信号及其导数的组合来驱动继电器，继电器仍是一条开关线，但开关线是倾斜的。我们能用开关曲线代替继电器的开关线吗？如果可以的话，是为了什么目的呢？

一种众所周知的继电器控制方法被称为砰砰控制（Bang-Bang control）。在这种控制中，目标是在最短的时间内使系统的状态从任意初始条件变为零状态。

下面采用基本形式来说明这个想法，让我们假设汽车必须在最短时间内沿着直线从 A 点到 B 点。一旦汽车到达目标点 B，它就必须停在那里。我们进一步假设汽车的最大加速度是已知的，最大减速度也是已知的。如果最大加速度和最大减速度相等，那么汽车的最优控制策略将是在前半程中以最大加速度行驶，当到达中间点时，以最大减速度进行减速，达到目标点 B 时不再进行控制，此时刚好停在目标点 B 处。

如果汽车的最大减速度是最大加速度的两倍，那么最优和最短的时间控制策略是在前 2/3 路程中进行最大加速，之后切换到最大减速度，最后在目标位置 B 处停车。

我们看到，每辆车的最短时间控制策略中只涉及 3 个类型的车辆控制信号，这一点可以由三位继电器来实现。控制中最难的部分是设计一种可编程的感知驱动开关策略。

案例 6.4.3　双积分器过程的砰砰控制

让我们再回到案例 6.4.2 中讨论双积分器伺服机构[8]的砰砰控制。图 6.90 所示的控制系统具有最短时间闭环阶跃响应的目标。

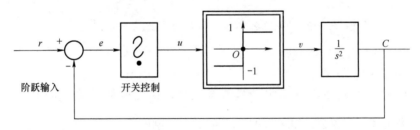

图 6.90　双积分器过程的最短阶跃响应时间闭环控制
［误差信号 $e(t)$ 的切换算法应该是什么？］

先回忆下案例 6.4.2，在 $v=1$ 的情况下，相平面解轨迹是一组抛物线；在 $v=-1$ 的情况下，相平面解轨迹是一组类似抛物线。

当 $u>0$ 或 $u<0$ 时，控制系统不平衡（见图 6.91）。然而，我们的目标是使系统达到原点 (0, 0) 并保持在那里。$u>0$ 的情况下有没有经过原点的轨迹呢？有的，就一条。同样，$u<0$ 的情况下有没有通过原点 (0, 0) 的轨迹呢？同样是有的，也只有一条。

通过目标状态的解轨迹可以得到最短时间控制所需的可编程开关曲线（见图 6.92）。

最优（最短时间）开关曲线的数学表达式为

$$2x_1 = -x_1|x_2| \quad \text{或者} \quad 2e = -\dot{e}|\dot{e}| \tag{6.43}$$

系统任意初始状态下的开关曲线的工作原理如下：根据初始状态所在的特定半平面，施加正确的继电器输出电平信号，一旦检测到解轨迹与开关曲线相交，就开始切换继电器并输出相反的电平，如图 6.93 所示。此后，系统沿着该状态的解轨迹（最优开关曲线）收敛到原点（0,0）状态。到达目标状态后，最终切换继电器并输出 0 电平信号。

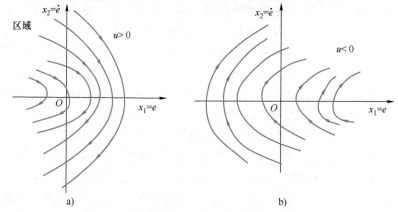

图 6.91 继电器输出的每个恒定电平的轨迹族

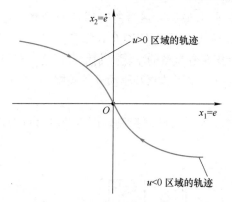

图 6.92 通过最终状态的解轨迹
组成的最优开关曲线

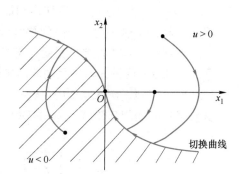

图 6.93 最优开关曲线的最优解轨迹

控制 $f(e)$ 可以作为逐步感知驱动算法来实现，也可以通过单一的非线性控制公式 $\left(e+\dfrac{1}{2}\dot{e}\,|\dot{e}|\right)$ 来实现自动控制，如图 6.94 的 Simulink 模型所示，当达到目标位置时仿真结束。

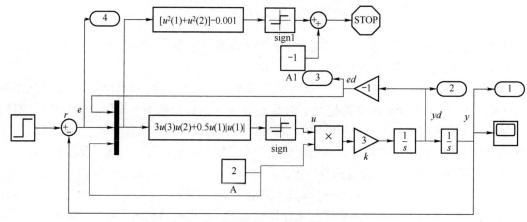

图 6.94 双积分器砰砰控制系统的 Simulink 框图

　　显然，这种控制策略对时间精度的要求极高。图 6.95 显示了良好而精确的控制性能，而图 6.96 显示了当继电器有很小的时间延迟时发生的情况。

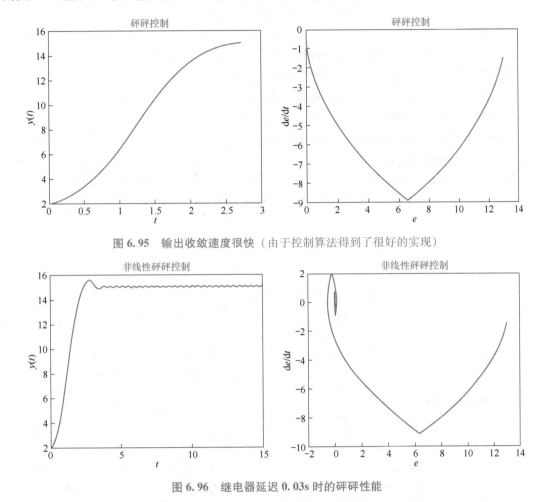

图 6.95　输出收敛速度很快（由于控制算法得到了很好的实现）

图 6.96　继电器延迟 0.03s 时的砰砰性能

　　该控制方法已推广到 n 阶控制系统。值得注意的是，最短时间控制策略是为特定的输入信号量身定制的，当输入不匹配的信号时，可能会产生极其严重的后果。

6.5　滑模控制

　　在某些继电器伺服机构中发现的滑动现象启发了一种更强大的实用非线性控制技术，称为滑模控制（Sliding Mode Control，SMC）[9,10]。滑模控制是一种反馈控制策略，适用于任意阶次的系统，这些系统可能是非线性的、时变的，并且可能具有未包含在模型内的动态特性。滑模控制的目标是根据特定输入信号输出精确的跟踪控制，尽管存在边界已知的未知扰动和边界已知的模型动态参数。

　　我们在控制概念设计中常使用继电器（在实际工程中使用高增益饱和放大器替换每个继电器），以迫使系统沿状态空间的指定表面滑动。

　　假设状态向量 X 位于 n 维向量空间。滑动面 $\{X : S(X;t) = 0\}$ 是维度为 $n-1$ 的流形，

用作控制所需继电器的开关边界。图 6.97 示例
了三维状态空间中的滑动曲面（滑动流形）。
滑动曲面是时变的，并且可根据输入的命令信
号不断改变位置。

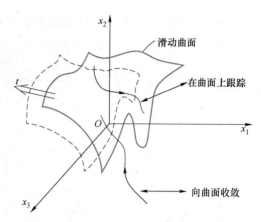

首先，控制策略使系统的解轨迹向滑动曲
面收敛。接下来，控制器动作以使系统解的轨
迹始终保持在滑动曲面上。"在滑动面上"相
当于对指令信号的完美跟踪。

让我们通过图 6.98 所示的直流电动机的速
度控制系统来表示滑动曲面的概念。

图 6.97　滑动面的示意图

假设我们希望电动机的转速 $\Omega(t)$ 可以跟
踪由输入信号 $\Omega_R(t)$ 确定的梯形轮廓的速度，如图 6.99 所示。

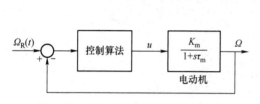

图 6.98　直流电动机的速度控制系统

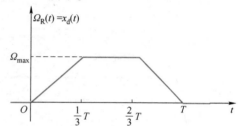

图 6.99　用于电动机速度控制的
梯形轮廓的速度输入信号

滑动曲面 $S(x;t)$ 定义为

$$\begin{cases} S(x;t)=x(t)-x_d(t)=0 \\ x(t)=\Omega(t), x_d(t)=\Omega_R(t) \end{cases} \tag{6.44}$$

在这个控制问题中，系统是一维的。在 $S(x;t)$ 上意味着对参考信号 $x_d(t)$ 的完美跟踪。

在讨论了与更简单的一阶系统相关的几个初步理论概念之后，我们回到电动机速度控制
的案例。在加法控制信号 $u(t)$ 不乘以任何系统参数的情况下，系统会更简单。

6.5.1　具有建模不确定性的一阶系统跟踪控制

让我们综合考虑一阶系统式（6.45）和滑动曲面式（6.44）。考虑参数 α 的 3 种情况：
已知参数 α 为常数；参数 α 未知但知道参数的边界；已知状态 x 的非线性函数。

$$\frac{\mathrm{d}x}{\mathrm{d}t}+\alpha x=u \tag{6.45}$$

首先，让我们了解一下"停留在滑动面"是什么意思。控制 $u(t)$ 需要在状态 $x(t)$ 试
图偏离 $x_d(t)$ 时，强制采取适当的校正措施。如果系统解 $S(x;t)$ 是正的，则应该有一个校
正力将解带回到滑动曲面 $S(x;t)=0$。以下条件必须在滑动面附近局部成立，即

$$\begin{cases} \dfrac{\mathrm{d}S(x,t)}{\mathrm{d}t}<0 & 若\ S(x;t)>0 \\[2mm] \dfrac{\mathrm{d}S(x,t)}{\mathrm{d}t}>0 & 若\ S(x;t)<0 \end{cases} \tag{6.46}$$

式 (6.46′) 的等效条件是将这两个不等式合并为一个不等式，即

$$\frac{dS^2(x;t)}{dt} = 2S(x;t)\frac{dS(x;t)}{dt} < 0 \qquad (6.46')$$

可得

$$\frac{dS(x;t)}{dt} = \frac{dx}{dt} - \frac{dx_d}{dt} = -\alpha x(t) + u(t) - \frac{dx_d}{dt} \qquad (6.47)$$

也就是说，控制信号 $u(t)$ 直接影响 $\frac{dS(x;t)}{dt}$，因此它能够（如果选择正确）确保满足条件式 (6.46′)。

条件式 (6.46′) 仅是局部条件。也就是说，这是系统停留在滑动曲面上的必要条件，但并不能保证系统能够从"远处"［即从偏离参考 $x_d(0)$ 很远的初始状态 $x(0)$］收敛到滑动曲面。一阶系统式 (6.45) 从任意初始状态收敛到滑动曲面的一个更强的条件称为"全局收敛条件"，即

$$\frac{1}{2}\frac{dS^2(x;t)}{dt} = S(x;t)\frac{dS(x;t)}{dt} < -A \mid S(x;t) \mid \qquad (6.48)$$

正常数 $A>0$ 与收敛到滑动曲面的速度有关。A 越大，收敛越快。

现在让我们探索控制信号 $u(t)$ 的选择，以便满足式 (6.48) 的要求。我们已经从前面对继电器控制伺服机构的讨论中知道，继电器是监测是否满足特定开关条件的有用设备。我们还希望控制 $u(t)$ 是反馈控制律。也就是说，u 应该依赖于状态 x（可能是非线性的）。将式 (6.49) 代入式 (6.47) 和式 (6.48)[9]，得到具有待定非线性状态反馈增益 $\beta(x)$ 和待定继电器对称输出电平 k 的下列控制律，即

$$u(t) = \beta(x(t))x(t) - k\,\mathrm{sign}(S(x;t)) \qquad (6.49)$$

控制信号 $u(t)$ 的 $\beta(x)$ 和 k 的选择过程如下所示

$$\frac{1}{2}\frac{dS^2(x;t)}{dt} = S(x;t)\frac{dS(x;t)}{dt} = S(x;t)\left(\frac{dx}{dt} - \frac{dx_d}{dt}\right)$$

$$= S(x;t)\left[-\alpha x(t) + u(t) - \frac{dx_d}{dt}\right]$$

$$= S(x;t)\left[-\alpha x(t) + \beta(x)x(t) - k\,\mathrm{sign}(S(x;t)) - \frac{dx_d}{dt}\right]$$

$$= [-\alpha + \beta(x)]S(x;t)x(t) - k\mid S(x;t)\mid - S(x;t)\frac{dx_d}{dt} < -A\mid S(x;t)\mid \qquad (6.50)$$

如果由 $S(x;t)x(t)$ 的符号按照下面的方式激活继电器动作，则第一项［涉及 $\beta(x)$］可以变为负数，即

$$\begin{cases} -\alpha + \beta(x) < 0 & \text{若} \quad S(x;t)x(t) > 0 \\ -\alpha + \beta(x) > 0 & \text{若} \quad S(x;t)x(t) < 0 \end{cases} \qquad (6.51)$$

换言之，状态反馈增益确定了由信号 Sx 激活的继电器的输出电平。

不等式 (6.50) 左侧的第二项涉及另一个继电器的输出电平 k，该继电器仅由信号 S 激活。如果电平 k 大于输入导数的最大绝对电平，则该第二项与第三项（取决于参考输入信号的导数）可以共同变为负。

$$k > \left| \frac{\mathrm{d}x_\mathrm{d}}{\mathrm{d}t}(t) \right|_{\max} \tag{6.52}$$

例如，图 6.99 中所示的梯形信号的绝对最大导数为 $\dfrac{3\varOmega_{\mathrm{MAX}}}{T}$。

条件式（6.51）~式（6.52）确保满足全局收敛条件。

现在让我们研究系统参数 α 在以下 4 种（第 4 种为扩展）情况下滑模控制的实现。

情况 1：参数 α 是常数，且完全已知。

将状态反馈增益 $\beta(x)$ 设置为等于 α 的常数。这消除了式（6.51）中不必要的第二个继电器。因此，理论滑模控制信号为式（6.53）所示。

$$u(t) = \alpha x(t) - k\mathrm{sign}(S(x;t)) \qquad \left(\text{当 } k > \left| \frac{\mathrm{d}x_\mathrm{d}}{\mathrm{d}t} \right|_{\max} \text{ 时}\right) \tag{6.53}$$

情况 1 的 Simulink 图如图 6.100 所示。

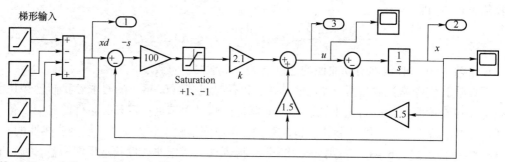

2[ramp(t)−ramp(t−1)−ramp(t−3)+ramp(t−4)]

图 6.100　具有已知时间常数的一阶线性过程的滑模控制

在本例中，$\alpha = 1.5$，梯形轮廓信号是通过组合 4 个斜率为 2 的斜坡信号（其中 3 个是延迟的）获得的。输入信号的最大导数为 2，因此取继电器电平 $k = 2.1$。继电器被一个增益为 210（线性区宽度为 0.01）、饱和电平为 2.1 的放大器替换。图 6.101 显示了 $x(t)$ 如何跟踪 $x_\mathrm{d}(t)$，注意 $x(0)$ 与 $x_\mathrm{d}(0)$ 是不同的。

用高增益饱和放大器代替继电器，消除了控制信号 $u(t)$ 中所有的高频振荡，如图 6.102a 所示。

高增益放大器的增益应该有多大？这需要在跟踪性能的精度和控制工作量之间进行折中。图 6.102b 显示了饱和放大器的前置增益为 10 时的跟踪性能。

情况 2：参数 α 是常数且未知，但知道其上限和下限。

假设一阶系统的参数 α 是常数且未知，但知道其上限和下限，即

$$\alpha_{\min} \leq \alpha \leq \alpha_{\max} \tag{6.54}$$

现在我们回到对滑动曲面条件收敛的推导上，来观察它对控制律设计的影响。重写式（6.50）如下

$$\frac{1}{2}\frac{\mathrm{d}S^2(x;t)}{\mathrm{d}t} = [-\alpha + \beta(x)]S(x;t)x(t) - k|S(x;t)| - S(x;t)\frac{\mathrm{d}x_\mathrm{d}}{\mathrm{d}t} < -A|S(x;t)|$$

先前，当 α 为常数时，我们简单地选择 $\beta(x) = \alpha$ 将第一项设为零。现在，为了使第一项为负，需要继电器动作，即

$$\begin{cases} \beta(x) = \alpha_{\min} & 若\ S(x;t)x(t)>0 \\ \beta(x) = \alpha_{\max} & 若\ S(x;t)x(t)<0 \end{cases} \tag{6.55}$$

还记得，式（6.50）的第二项和第三项可由输入信号 $S(x;t)$ 负责激活继电器。式（6.55）的第二继电器由另一信号 $S(x;t)x(t)$ 激活。如果任何"继电器动作"的数量可以通过继电器的上限和下限之间的差值来量化，我们可以看到，式（6.55）的"继电器动作"随着参数不确定性的增加而增加。图 6.103 显示了当参数 α 在 3~5 变化时的滑模控制器的 Simulink 图，跟踪性能如图 6.104 所示。

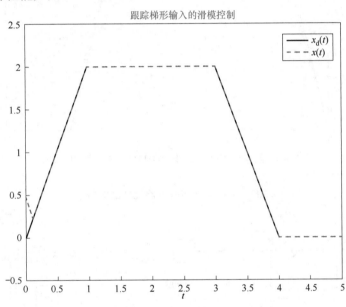

图 6.101　图 6.100 所示系统的跟踪性能

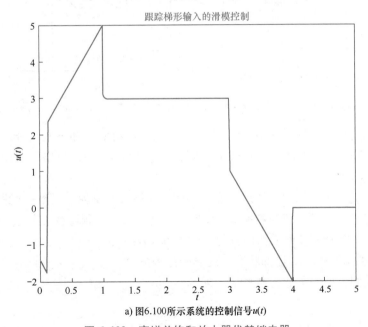

a) 图6.100所示系统的控制信号$u(t)$

图 6.102　高增益饱和放大器代替继电器

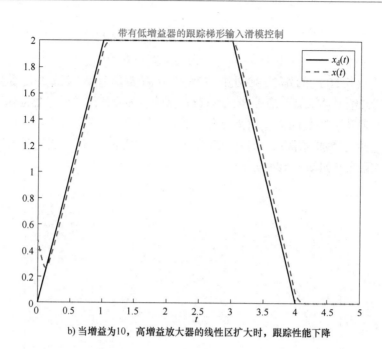

b) 当增益为10，高增益放大器的线性区扩大时，跟踪性能下降

图 6.102　高增益饱和放大器代替继电器（续）

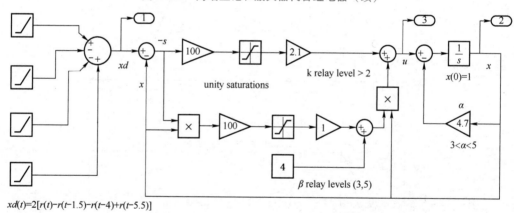

$xd(t)=2[r(t)-r(t-1.5)-r(t-4)+r(t-5.5)]$

图 6.103　未知参数 $\alpha=4.7$ 时的一阶系统滑模控制的 Simulink 图

我们需要如何精确地知道未知参数的上、下限值？当上限和下限可能有误，性能会下降，如图 6.105 和图 6.106 所示。参数的实际值设置为 $\alpha=2.5$，超出了下限值 3 设置的范围，如图 6.105 所示。

我们回想一下，在本例中，梯形轮廓输入信号的最大斜率为 2，第一个继电器（由 S 激活的继电器）电平 k 必须大于该斜率 2。如果违反这一条件，跟踪性能就会下降，当继电器电平为 1.5 小于所需阈值 2 时的跟踪性能，如图 6.107 所示。

情况 3：参数 $\alpha=\alpha(x)$，已知状态 x 的非线性函数。

例如，让我们考虑一下非线性系统，即

$$\frac{\mathrm{d}x}{\mathrm{d}t}=(\cos x)x+u \tag{6.56}$$

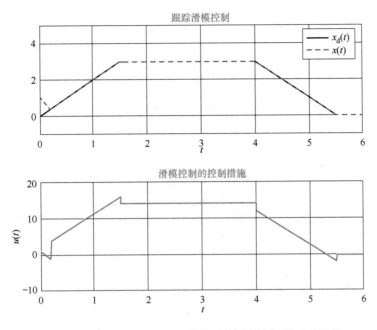

图 6.104　未知参数 $\alpha = 4.7$ 时系统在滑模控制下的跟踪性能

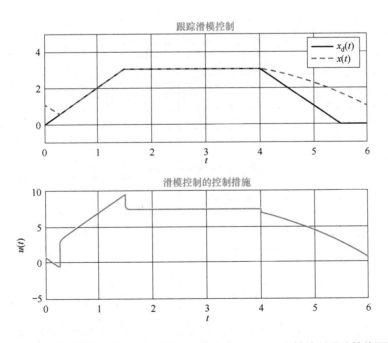

图 6.105　当系统未知参数下限估计错误时（$\alpha = 2.5 < 3$）滑模控制跟踪性能下降

可以遵循情况 2，观察到非线性状态相关系数可以被限制在 $-1 \sim +1$，且参数具有未知分布。为避免使用第二个继电器，而采取的简单解决方案是根据已知的非线性特性选择反馈增益 $\beta(x)$，如式（6.57）所列。

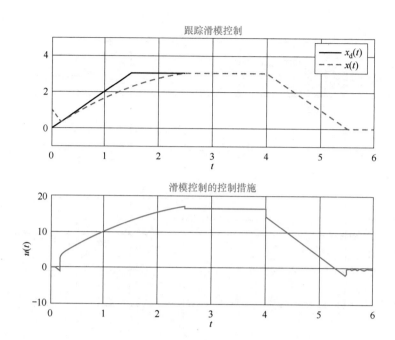

图 6.106 当系统未知参数上限估计错误时（$\alpha=5.5>5$）滑模控制跟踪性能下降

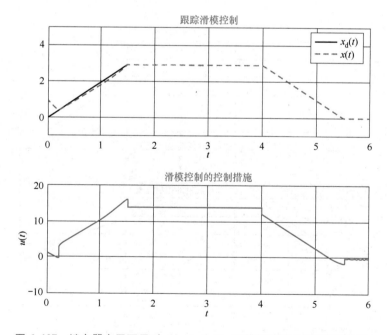

图 6.107 继电器电平不足时（$k=1.5<2$）滑模控制下的跟踪性能下降

$$\begin{cases} u(t)=\left[\cos(x(t))\right]x(t)-k\mathrm{sign}(S(x;t)) \\ k>\left|\dfrac{\mathrm{d}x_{\mathrm{d}}(t)}{\mathrm{d}t}\right|_{\max} \end{cases} \tag{6.57}$$

情况 3 的滑模控制的 Simulink 图，如图 6.108 所示。

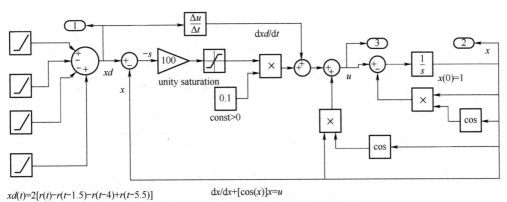

$xd(t)=2[r(t)-r(t-1.5)-r(t-4)+r(t-5.5)]$　　　　$dx/dx+[cos(x)]x=u$

图 6.108　式（6.56）所列非线性模型的滑模控制的 Simulink 图
[继电器电平必须由 0.1 更改为大于 2 的值（因需参考信号的斜率）]

当继电器电平 $k=2.1$ 时，跟踪性能良好，如图 6.109 所示；当 $k=0.5$ 时，跟踪性能降低，如图 6.110 所示。

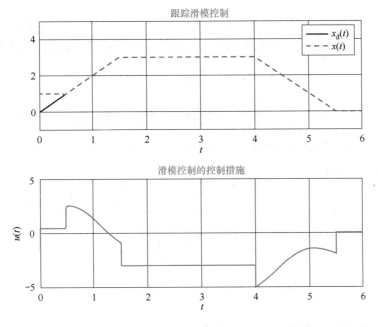

图 6.109　继电器电平 $k=2.1$ 时图 6.105 所示系统的滑模控制跟踪性能

情况 4：回到情况 2（参数 α 未知），但只使用单个继电器。

从情况 2 的简单案例问题可以推广到更一般的滑模控制问题，系统模型中的每个未知参数都需要特殊继电器，以确保其对收敛条件的影响是负的。例如，一个具有 3 个未知参数且具有已知边界的系统可能需要 4 个继电器才能实现滑模控制。当然，每一个继电器后来都是通过设置合适的高增益饱和放大器来实现的。

可以将继电器的数量限制为一个，然而，这样的继电器可能需要具有状态相关的电平[10]。实际上，现代滑模控制的数字控制中使用的所有继电器（和高增益放大器）都只是数字控制软件代码。状态相关的继电器电平比常数的继电器电平更容易控制。

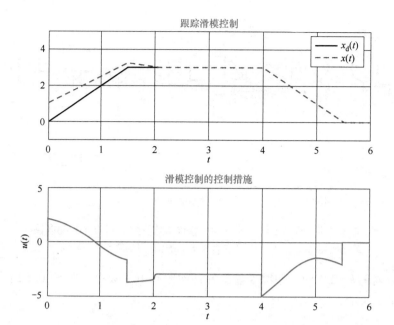

图 6.110　继电器电平不足时（$k=0.5$）导致滑模控制跟踪性能降低

式（6.45）和式（6.54）相结合的模型说明了单状态相关控制继电器的思想。定义

$$\Delta\alpha = \alpha_{\max} - \alpha_{\min}, \alpha_{\text{average}} = \alpha_{\min} + \frac{\Delta\alpha}{2} \tag{6.58}$$

定义总控制信号为 $u(x;t)$，其第一项控制信号为 $u_0(x;t)$，它是控制信号 $\frac{\mathrm{d}S(x;t)}{\mathrm{d}t}=0$ 的"最优近似"。$u(x;t)$ 的第二项是由 $S(x;t)$ 激活的继电器，其状态相关电平 $k=k(x;t)$，从而实现向滑动曲面收敛。

$$u(x;t) = u_0(x;t) - k(x;t)\,\text{sign}(S(x;t)) \tag{6.59}$$

再次使用式（6.50），让我们先选择 $u_0(x;t)$，然后看看如何选择继电器电平 $k(x;t)$，则

$$\frac{1}{2}\frac{\mathrm{d}S^2(x;t)}{\mathrm{d}t} = S(x;t)\frac{\mathrm{d}S(x;t)}{\mathrm{d}t} = S(x;t)\left(\frac{\mathrm{d}x}{\mathrm{d}t} - \frac{\mathrm{d}x_\mathrm{d}}{\mathrm{d}t}\right)$$

$$= S(x;t)\left[-\alpha x(t) + u(t) - \frac{\mathrm{d}x_\mathrm{d}}{\mathrm{d}t}\right]$$

$$= S(x;t)\left[-\alpha x(t) + u_0(x;t) - k(x;t)\,\text{sign}(S(x;t)) - \frac{\mathrm{d}x_\mathrm{d}}{\mathrm{d}t}\right]$$

$$\Rightarrow u_0(x;t) = \alpha_{\text{average}}x(t) + \frac{\mathrm{d}x_\mathrm{d}}{\mathrm{d}t} \tag{6.60}$$

将上述选择的 $u_0(x;t)$ 代入收敛条件，找出继电器所需的电平，则

$$\frac{1}{2}\frac{\mathrm{d}S^2(x;t)}{\mathrm{d}t} = S(x;t)\left[-\alpha x(t) + u_0(x;t) - k(x;t)\,\text{sign}(S(x;t)) - \frac{\mathrm{d}x_\mathrm{d}}{\mathrm{d}t}\right]$$

$$= S(x;t)\left[-\alpha x(t) + \alpha_{\text{average}}x(t) + \frac{\mathrm{d}x_\mathrm{d}}{\mathrm{d}t} - k(x;t)\,\text{sign}(S(x;t)) - \frac{\mathrm{d}x_\mathrm{d}}{\mathrm{d}t}\right]$$

$$= S(x;t)(-\alpha + \alpha_{\text{average}})x(t) - k(x;t)|S(x;t)| \tag{6.61}$$

根据式 (6.58) 和式 (6.61), 可观察到

$$(-\alpha+\alpha_{\text{average}})x(t) \leqslant \frac{\Delta\alpha}{2} \mid x(t) \mid \qquad (6.62)$$

因此, 对于由 $S(x;t)$ 激活的继电器, 对称状态相关继电器电平 $k(x;t)$ 的选择如下, 即

$$k(x;t) = \frac{\Delta\alpha}{2} \mid x(t) \mid +\eta, \eta > 0$$

$$\frac{1}{2}\frac{\mathrm{d}S^2(x;t)}{\mathrm{d}t} = S(x;t)(-\alpha+\alpha_{\text{average}})x(t) - k(x;t) \mid S(x;t) \mid < -\eta \mid S(x;t) \mid \qquad (6.63)$$

参数 α 未知的一阶系统单继电器滑模控制的 Simulink 图, 如图 6.111 所示, 其中 α 为 3~5 (实际取 $\alpha=4.7$)。η 值的选择影响从初始状态到滑动曲面的收敛速度。当 $\eta=0.1$ 时的跟踪结果如图 6.112 所示, 当 $\eta=0.5$ 时的跟踪结果如图 6.113 所示。

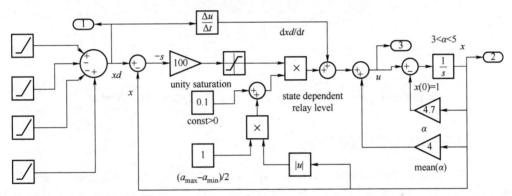

$xd(t)=2[r(t)-r(t-1.5)-r(t-4)+r(t-5.5)]$

图 6.111 具有状态相关电平滑模控制的单继电器的 Simulink 图

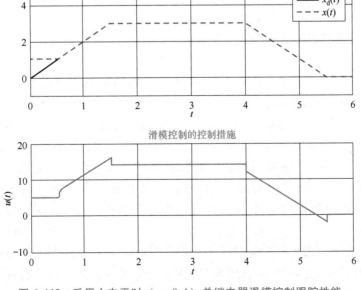

图 6.112 采用小电平时 ($\eta=0.1$) 单继电器滑模控制跟踪性能

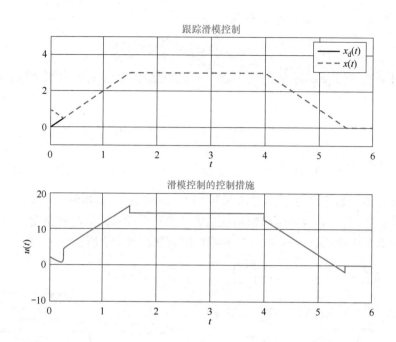

图 6.113　采用更大电平时（$\eta = 0.5$）单继电器滑模控制跟踪性能

6.5.2　超越一阶系统的滑模控制

上一小节涵盖了滑模控制的许多基本原理，作为一阶控制系统的跟踪控制，该一阶控制系统可能是非线性、时变的，并且可能具有未包含在模型内的动态特性。后续还有许多问题，其中一些问题将在本书后续部分简要讨论：

1）如何将滑模控制方法扩展到任意阶次的单输入单输出（SISO）系统？

2）n 阶系统的滑动曲面应如何定义？我们如何确保这样的滑动曲面是有吸引力的，而不会导致系统不稳定呢？

3）如何将滑模控制扩展到多输入多输出（MIMO）系统？有多个滑动曲面时可以同步运行吗？

先从最后一个问题开始，正如参考文献［9］所研究的，可以有多个滑动曲面一起运行，例如，在许多机器人的广泛应用中，具有 N 个自由度的机器人操作臂可以被编程为在 N 维空间中以规定的轨迹移动其末端执行器。该任务使用机器人逆运动学模型，任务被分解为 N 个机器人关节中的每一个指定轨迹。在每个关节中，可以设计控制器使每个关节沿着特定的滑动曲面滑动。如斯洛坦-李（Slotine-Li）论文［10］中所述的，可以使用单个参数定义稳定的滑动面。将滑模控制方法推广到 n 阶单输入单输出（SISO）控制系统可以遵循单继电器滑模控制实现的思想，也可以遵循多继电器滑模控制实现的思想。

让我们将讨论限制在 n 阶滑模控制内，用标量输出 $x(t)$ 及其 $n-1$ 个导数来构造状态向量 $\boldsymbol{X}$。我们假设系统输出 $x(t)$ 应该跟踪的信号 $x_{\mathrm{d}}(t)$ 是 n 阶可微的。然后，我们将跟踪误差向量定义为 $\Delta \boldsymbol{X}$，其元素是输出跟踪误差和跟踪误差的前 $n-1$ 个导数。

$$\Delta \boldsymbol{X} = \begin{pmatrix} x \\ \dfrac{\mathrm{d}x}{\mathrm{d}t} \\ \vdots \\ \dfrac{\mathrm{d}^{n-1}x}{\mathrm{d}t^{n-1}} \end{pmatrix} - \begin{pmatrix} x_\mathrm{d} \\ \dfrac{\mathrm{d}x_\mathrm{d}}{\mathrm{d}t} \\ \vdots \\ \dfrac{\mathrm{d}^{n-1}x_\mathrm{d}}{\mathrm{d}t^{n-1}} \end{pmatrix} = \begin{pmatrix} \Delta x \\ \dfrac{\mathrm{d}\Delta x}{\mathrm{d}t} \\ \vdots \\ \dfrac{\mathrm{d}^{n-1}\Delta x}{\mathrm{d}t^{n-1}} \end{pmatrix} \tag{6.64}$$

如果 $x(t)$ 完美地跟踪参考信号 $x_\mathrm{d}(t)$，那么显然 $x(t)$ 的导数完美地跟踪其对应的 $x_\mathrm{d}(t)$ 导数。在次优跟踪性能的情况下，可以对各种跟踪误差导数设置不同的加权系数。N 阶系统的滑动面可以定义为

$$S(\boldsymbol{X};t) = c_0 \Delta x(t) + c_1 \frac{\mathrm{d}\Delta x(t)}{\mathrm{d}t} + \cdots + c_{n-1} \frac{\mathrm{d}^{n-1}\Delta x(t)}{\mathrm{d}t^{n-1}} = 0 \tag{6.65}$$

显然，曲面 $S(\boldsymbol{X};t)$ 不是天生就稳定的。加权系数 $\{c_0, \cdots, c_{n-1}\}$ 的选择应保持系统式（6.65）的稳定。一组可接受的加权系数必须满足劳斯-赫尔维茨稳定性准则。加权系数的其中一种选择[10]是将式（6.65）的拉普拉斯变换的所有根取为相同的，并且等于位于 s 左半平面中任意位置的极点。然后，定义滑动曲面 $S(\boldsymbol{X};t)$ 如下，并使所有极点都为 $s = -k$，其中 $\lambda > 0$，则

$$S(\boldsymbol{X};t) = \left(\frac{\mathrm{d}}{\mathrm{d}t} + \lambda \right)^{n-1} \Delta x = 0 \tag{6.66}$$

让我们通过将其展开为几个较小的 n 值来说明式（6.66），则

$$
\begin{aligned}
n = 1: &\quad S(\boldsymbol{X};t) = \Delta x = 0 \\
n = 2: &\quad S(\boldsymbol{X};t) = \frac{\mathrm{d}\Delta x}{\mathrm{d}t} + \lambda \Delta x = 0 \\
n = 3: &\quad S(\boldsymbol{X};t) = \frac{\mathrm{d}^2 \Delta x}{\mathrm{d}t^2} + 2\lambda \frac{\mathrm{d}\Delta x}{\mathrm{d}t} + \lambda^2 \Delta x = 0
\end{aligned}
\tag{6.67}
$$

我们看到，当 $n = 1$ 时，式（6.66）得到上一小节中使用的熟悉的跟踪误差信号。对于高阶系统，根据单个参数定义 $S(\boldsymbol{X};t)$ 不会失去一般性。

6.5.2.1　Slotine-Li 的第一个通用案例[10]

我们所说的"通用"一词的意思是，在本书的案例中给出的方法可以很容易地推广到更高阶的系统。让我们考虑下面的二阶非线性控制系统，即

$$\frac{\mathrm{d}^2 x}{\mathrm{d}t^2} = f\left(x, \frac{\mathrm{d}x}{\mathrm{d}t} \right) + u \tag{6.68}$$

控制问题是设计滑模控制，当 $n = 2$ 时，$x(t)$ 跟踪式（6.67）中定义的滑动曲面上的信号 $x_\mathrm{d}(t)$。模型 $f\left(x, \dfrac{\mathrm{d}x}{\mathrm{d}t} \right)$ 的非线性部分是不完全已知的。也就是说，只知道一些近似于实际非线性模型 f 的标称模型 $f_0\left(x, \dfrac{\mathrm{d}x}{\mathrm{d}t} \right)$，还知道模型不确定性的界限，则

$$\left| f_0\left(x, \frac{\mathrm{d}x}{\mathrm{d}t} \right) - f\left(x, \frac{\mathrm{d}x}{\mathrm{d}t} \right) \right| \leqslant F\left(x, \frac{\mathrm{d}x}{\mathrm{d}t} \right) \tag{6.69}$$

假设 $f_0\left(x,\dfrac{\mathrm{d}x}{\mathrm{d}t}\right)$ 和 $F\left(x,\dfrac{\mathrm{d}x}{\mathrm{d}t}\right)$ 都已知，滑模控制设计可遵循前面介绍的单继电器设计策略。也就是说，控制信号 $u(\boldsymbol{X};t)$ 分为两项，第一项为 $u_0(\boldsymbol{X};t)$，应将其尽可能设计得接近 $\dfrac{\mathrm{d}S(\boldsymbol{X};t)}{\mathrm{d}t}\approx 0$；第二项是由 $S(\boldsymbol{X};t)$ 激活的继电器动作部分，则

$$u(\boldsymbol{X};t)=u_0(\boldsymbol{X};t)-k(\boldsymbol{X};t)\,\mathrm{sign}(S(\boldsymbol{X};t)) \tag{6.70}$$

$\dfrac{\mathrm{d}S(\boldsymbol{X};t)}{\mathrm{d}t}$ 的推导为

$$\begin{aligned}
\frac{\mathrm{d}S(\boldsymbol{X};t)}{\mathrm{d}t}&=\frac{\mathrm{d}^2\Delta x}{\mathrm{d}t^2}+\lambda\frac{\mathrm{d}\Delta x}{\mathrm{d}t}=\frac{\mathrm{d}^2 x}{\mathrm{d}t^2}-\frac{\mathrm{d}^2 x_\mathrm{d}}{\mathrm{d}t^2}+\lambda\frac{\mathrm{d}\Delta x}{\mathrm{d}t}\\
&=f\left(x,\frac{\mathrm{d}x}{\mathrm{d}t}\right)+u-\frac{\mathrm{d}^2 x_\mathrm{d}}{\mathrm{d}t^2}+\lambda\frac{\mathrm{d}\Delta x}{\mathrm{d}t}\approx 0
\end{aligned} \tag{6.71}$$

因此，$u_0(\boldsymbol{X};t)$ 的选择是

$$\frac{\mathrm{d}S(\boldsymbol{X};t)}{\mathrm{d}t}=f\left(x,\frac{\mathrm{d}x}{\mathrm{d}t}\right)+u_0(\boldsymbol{X};t)-\frac{\mathrm{d}^2 x_\mathrm{d}}{\mathrm{d}t^2}+\lambda\frac{\mathrm{d}\Delta x}{\mathrm{d}t}\approx 0$$

$$\Rightarrow u_0(\boldsymbol{X};t)=-f_0\left(x,\frac{\mathrm{d}x}{\mathrm{d}t}\right)+\frac{\mathrm{d}^2 x_\mathrm{d}}{\mathrm{d}t^2}-\lambda\frac{\mathrm{d}\Delta x}{\mathrm{d}t} \tag{6.72}$$

最后，通过将式（6.72）代入 $S^2(\boldsymbol{X};t)$ 的导数，找到状态相关的继电器电平 $k(\boldsymbol{X};t)$，则

$$\begin{aligned}
\frac{1}{2}\frac{\mathrm{d}S^2(\boldsymbol{X};t)}{\mathrm{d}t}&=S(\boldsymbol{X};t)\frac{\mathrm{d}S(\boldsymbol{X};t)}{\mathrm{d}t}\\
&=S(\boldsymbol{X};t)\left[f\left(x,\frac{\mathrm{d}x}{\mathrm{d}t}\right)-f_0\left(x,\frac{\mathrm{d}x}{\mathrm{d}t}\right)-k(\boldsymbol{X};t)\,\mathrm{sign}(S(\boldsymbol{X};t))\right]\\
&=\left[f\left(x,\frac{\mathrm{d}x}{\mathrm{d}t}\right)-f_0\left(x,\frac{\mathrm{d}x}{\mathrm{d}t}\right)\right]S(\boldsymbol{X};t)-k(\boldsymbol{X};t)\,|S(\boldsymbol{X};t)|
\end{aligned} \tag{6.73}$$

因此，状态相关的继电器电平 $k(\boldsymbol{X};t)$ 为

$$k(\boldsymbol{X};t)=F\left(x,\frac{\mathrm{d}x}{\mathrm{d}t}\right)+\eta,\ \eta>0 \tag{6.74}$$

模型不确定性包络 $F\left(x,\dfrac{\mathrm{d}x}{\mathrm{d}t}\right)$ 也可能包括时变参数和时变干扰信号。我们再次看到，不确定性越大，继电器控制动作的幅值越大。

下面给出 Slotine-Li 的第一个通用案例的仿真模型分析。设滑模控制的控制系统为

$$\begin{cases}
\dfrac{\mathrm{d}^2 x}{\mathrm{d}t^2}+a(t)\left(\dfrac{\mathrm{d}x}{\mathrm{d}t}\right)^2\cos(3x)=u\\
1\leqslant a(t)\leqslant 2\\
x_\mathrm{d}(t)=\sin\left(\dfrac{\pi t}{2}\right)
\end{cases} \tag{6.75}$$

时变参数 $a(t)$ 可以是任意的。在下面的仿真中，$a(t)$ 被设为 $a(t)=1.5+0.5\cos(2\pi t)$。因此 $f\left(x,\dfrac{\mathrm{d}x}{\mathrm{d}t},t\right)=-a(t)\left(\dfrac{\mathrm{d}x}{\mathrm{d}t}\right)^2\cos(3x)$ 的最优估计为 $f\left(x,\dfrac{\mathrm{d}x}{\mathrm{d}t},t\right)=-1.5\left(\dfrac{\mathrm{d}x}{\mathrm{d}t}\right)^2\cos(3x)$。

计算不确定度 $F\left(x,\dfrac{\mathrm{d}x}{\mathrm{d}t},t\right)$ 的包络为

$$\left|f_0\left(x,\frac{\mathrm{d}x}{\mathrm{d}t},t\right)-f\left(x,\frac{\mathrm{d}x}{\mathrm{d}t},t\right)\right|\leqslant 0.5\left(\frac{\mathrm{d}x}{\mathrm{d}t}\right)^2\mid\cos(3x)\mid=F\left(x,\frac{\mathrm{d}x}{\mathrm{d}t},t\right)\tag{6.76}$$

选择 $k=20$ 和 $\eta=1$。因此，滑动曲面为 $S(\boldsymbol{X};t)=\dfrac{\mathrm{d}\Delta x}{\mathrm{d}t}+20\Delta x=0$。控制信号 $u(\boldsymbol{X};t)$ 取为

$$u(\boldsymbol{X};t)=1.5\left(\frac{\mathrm{d}x}{\mathrm{d}t}\right)^2\cos(3x)+\frac{\mathrm{d}^2x_{\mathrm{d}}}{\mathrm{d}t^2}-20\Delta x-$$

$$\left[0.5\left(\frac{\mathrm{d}x}{\mathrm{d}t}\right)^2\mid\cos(3x)\mid+1\right]\mathrm{sign}\left(\frac{\mathrm{d}\Delta x}{\mathrm{d}t}+20\Delta x\right)\tag{6.77}$$

系统及其滑模控制的控制器的 Simulink 图如图 6.114 所示。

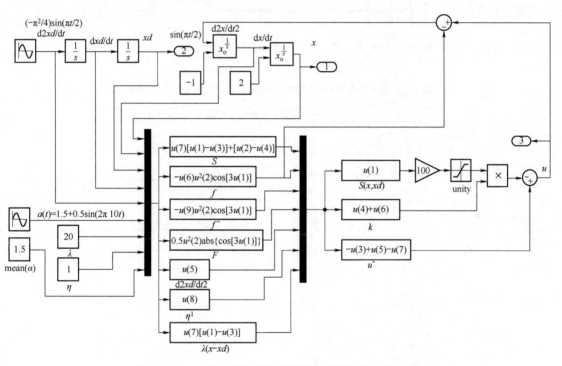

图 6.114　二阶非线性时变系统滑模控制的 Simulink 图

图 6.115 所示的跟踪性能显示了在达到跟踪之前经历了较长的瞬态过程。将 η 扩大为 20 倍时，则以更大的控制信号振幅为代价，瞬态时间略有改善，如图 6.116 所示。

一般来说，稳态跟踪前的瞬态时间由两部分组成。第一项表示为 t_{reach}，是指从 $S(\boldsymbol{X};t)$ 收敛到 $S(\boldsymbol{X};t_{\mathrm{reach}})=0$ 所需的时间。当我们将 $\dfrac{1}{2}\dfrac{\mathrm{d}(S^2(\boldsymbol{X};t))}{\mathrm{d}t}\leqslant-\eta\mid S(\boldsymbol{X};t)\mid$ 整合到 $t=0$ 和 $t=t_{\mathrm{reach}}$ 之间时，我们得到以下 t_{reach} 估计值，即

$$t_{\mathrm{reach}}\leqslant\mid S(\boldsymbol{X};0)\mid/\eta\tag{6.78}$$

瞬态时间的第二项是当系统已经在滑动面上时，跟踪误差指数趋于零所需的时间。可以证明时间常数等于 $\dfrac{n-1}{\lambda}$，并且可知达到足够接近稳定状态可能需要经历 4~5 个时间常数。

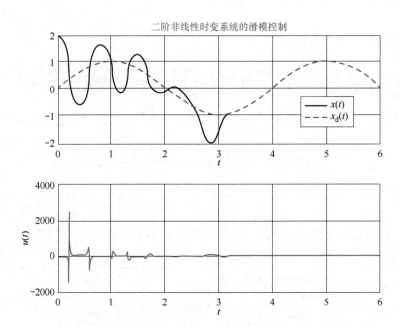

图 6.115　图 6.114 所示仿真案例的跟踪性能具有较长的瞬态时间

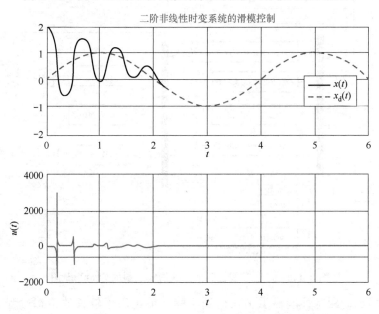

图 6.116　η 值较大时（η 扩大为 20 倍）的瞬态时间略有改善

　　将滑动表面 $S(\boldsymbol{X};t)$ 定义为是依赖于单个参数 k 的，其产生的副作用是将高增益放大器的线性范围（替代理想的三位继电器）的宽度 U 与跟踪质量的上限通过参数 k 联系了起来。这一结果非常有意思，并在 Slotine-Li 的研究文献中得到了证明。

　　提问：当代替理想继电器的高增益饱和放大器的线性范围有限，其跟踪性能有多差？

　　如果对所有 $t \geqslant 0$，$|S(\boldsymbol{X};t)| \leqslant 0$，其中，高增益放大器（代替继电器）的线性范围介于 $-\varPhi \sim +\varPhi$，可得 $\left| \dfrac{\mathrm{d}^i \Delta x}{\mathrm{d} t^i}(t) \right| \leqslant (2\lambda)^i \varepsilon$，$t \geqslant 0$，$i=0,\cdots,n-1$，其中 $\varepsilon = \dfrac{\varPhi}{\lambda^{n-1}}$。

上述结果有助于控制设计者根据所需的跟踪性能选择高增益放大器的特性。折中后的结果是 Φ 越大，跟踪误差越大，但控制信号 $u(t)$ 的振幅和振荡越小。这是由高增益饱和放大器代替继电器引起的"平滑"动作。

到目前为止，考虑用于滑模控制的每个控制系统都有一个纯加性控制信号 $u=u(X;t)$。也就是说，在受控模型中，输入 u 有一个单位系数。Slotine-Li 的第二个通用案例讨论了当控制信号 u 可能具有状态相关且具有时变系数时的滑模控制。我们将跳过证明过程直接给出最终的结果。

6.5.2.2　Slotine-Li 的第二个通用案例[10]

考虑过程

$$\frac{d^2x}{dt^2}=f\left(x,\frac{dx}{dt},t\right)+b\left(x,\frac{dx}{dt},t\right)u \tag{6.79}$$

模型的非线性和时变部分，f 和 b，都可能有随机或不完全已知的部分，当然，边界是已知的。此外，参数 b 必须满足另一个条件，即它必须具有已知符号。可得

$$0<b_{min}\leq b\leq b_{max} \tag{6.80}$$

边界 b_{min} 和 b_{max} 中的每一个都可能是状态相关的。取 b 的上、下界的几何平均值，得到 b 的最佳估计值，估计参数 b_0 表示为

$$b_0=\sqrt{b_{min}b_{max}} \tag{6.81}$$

估计参数 b_0 通常与状态有关。与前所述一样，我们假设 f_0 是 f 的估计，并且 F 表示 f 和 f_0 之间偏差的包络模型。与前所述一样，构造 f_0 使 $dS(X;t)dt$ 尽可能接近于零。

如 Slotine-Li 论文所述，滑模控制的控制律现在已达到了以下更复杂的形式，即

$$\begin{cases}u=b_0^{-1}\left[u_0-k\operatorname{sign}(S)\right]\\u_0=-f_0+\frac{d^2x_d}{dt^2}-\lambda\frac{d\Delta x}{dt}\\k\geq B(F+\eta)+(B-1)\left|u_0\right|\\B=\sqrt{\frac{b_{max}}{b_{min}}},F\geq\left|f-f_0\right|\end{cases} \tag{6.82}$$

使用上述工具，现在可以解决我们在开始讨论滑模控制方法时提到的简单电动机转速控制问题。在该问题中，电动机的模型可近似为 $\frac{\Omega(s)}{\Omega_R(s)}=\frac{K_m}{1+s\tau_m}$，其中电动机的增益和时间常数可能会受到一些已知边界的不确定性的影响。电动机模型可以写成 $\frac{d\Omega}{dt}=f+bu$，其中 $f=-\Omega/\tau_m$，$b=K_m\tau_m$。在式（6.82）之后，开发用于电动机转速的滑模控制是一个简单的练习。

在某些情况下，我们所探讨的一阶系统多继电器 SMC 策略可能是一种更直接的设计工具。这个想法是用一个简单的继电器"覆盖"每个未知系数。萨斯特里 Sastry 和斯洛坦（Slotine）研究了这一策略[9]。以下是一些关键想法的总结。

再次参考跟踪误差函数式（6.64）和滑动曲面函数式（6.65），我们认为讨论仅限于输出信号及其 $n-1$ 个导数有资格被选为系统状态向量 X。n 阶非线性过程模型可以写成

$$\frac{\mathrm{d}^n x}{\mathrm{d}t^n} = f(\boldsymbol{X};t) + b(\boldsymbol{X};t)u \tag{6.83}$$

同样，$f(\boldsymbol{X};t)$ 中的不确定性程度必须根据 $\boldsymbol{X}$ 的连续函数来建模。对于 $b(\boldsymbol{X};t)$，它应该具有附加条件，即 $b(\boldsymbol{X};t)$ 始终具有相同的已知符号。

Sastry-Slotine 研究的最普遍的过程模型涉及"方形系统"。这些系统由 m 个耦合微分方程（每个方程的阶数为 n_j，$j=1$，$\cdots$，m）和式（6.83）中所示的模型组成，每个方程都有自己的附加控制信号 u_j。

这种模型在机器人技术中很常见。在 N 自由度机器人机械手的运动控制中，机器人动力学模型可以用 N 个耦合的二阶动力学方程来描述。此类方程通常是高度非线性的，包括惯性项（对应于关节角度的二阶导数）、离心项（涉及关节角度导数的平方）、科里奥利项（涉及关节速度的乘积）和重力项（仅取决于关节角度）。

在 N 个自由度机器人中，通常会发现 N 个并联控制系统，每个机器人关节有一个系统。这 N 个局部控制器可分别对某些滑动曲面实施滑模控制。控制器与协调整个滑模控制工作的中央控制系统进行通信。下面的案例太简单，甚至不可能来自双连杆的机械手。这是一个假设性的例子，仅说明了实现多个滑动曲面和每个滑动曲面的多个继电器的概念。

6.5.2.3　多滑动曲面的滑模控制案例[9]

我们考虑下面的"双连杆机械手"模型，其中关节角分别被表示为 θ_1 和 θ_2，控制每个关节以跟踪抛物线信号。有些参数是精确已知的，有些参数有已知的边界。

$$\begin{cases} \dfrac{\mathrm{d}^2\theta_1}{\mathrm{d}t^2} = a_{11}\theta_1 + a_{12}\theta_2^2 + a_{13}\theta_1\dfrac{\mathrm{d}\theta_2}{\mathrm{d}t}\cos\theta_2 + u_1 \\[2mm] \dfrac{\mathrm{d}^2\theta_2}{\mathrm{d}t^2} = a_{21}\theta_1^3 - a_{22}\theta_2\cos\theta_1 + u_2 \\[2mm] x_{d1}(t) = \theta_1(t) = 2t^2 \\[2mm] x_{d2}(t) = \theta_2(t) = t^2, t \geqslant 0 \\[2mm] 2 \leqslant a_{11} \leqslant 4, a_{12}=1, a_{13}=2, a_{21}=1, -1.1 \leqslant a_{22} \leqslant -0.9 \end{cases} \tag{6.84}$$

对于每个关节，我们定义一个滑动曲面，如下所为

$$\begin{cases} \boldsymbol{\Theta}_1 = \begin{pmatrix} \theta_1 \\ \mathrm{d}\theta_1/\mathrm{d}t \end{pmatrix} \quad \boldsymbol{\Theta}_2 = \begin{pmatrix} \theta_2 \\ \mathrm{d}\theta_2/\mathrm{d}t \end{pmatrix} \\[3mm] S_1(\boldsymbol{\Theta}_1;t) = [\theta_1(t) - 2t^2] + \left(\dfrac{\mathrm{d}\theta_1}{\mathrm{d}t} - 4t\right) = 0 \\[3mm] S_2(\boldsymbol{\Theta}_2;t) = [\theta_2(t) - t^2] + \left(\dfrac{\mathrm{d}\theta_2}{\mathrm{d}t} - 2t\right) = 0 \end{cases} \tag{6.85}$$

每个关节的滑模控制开发最初会涉及在动态模式下将状态相关增益分配给每个项。这些增益中的一些最终是恒定的，或者会仿真各自的非线性过程。其他此类增益可能成为继电器动作。在每个关节中，必须有一个由关节滑动曲面激活的继电器控制装置。

$$\begin{cases} u_1 = \beta_{11}\theta_1 + \beta_{12}\theta_2^2 + \beta_{13}\theta_1(\mathrm{d}\theta_2/\mathrm{d}t)\cos\theta_2 + k_{11}[(\mathrm{d}\theta_1/\mathrm{d}t) - 4t] - k_{12}\mathrm{sign}(S_1) \\[2mm] u_2 = \beta_{21}\theta_1^3 + \beta_{22}\theta_2 + k_{21}\left[\left(\dfrac{\mathrm{d}\theta_2}{\mathrm{d}t}\right) - 2t\right] - k_{22}\mathrm{sign}(S_2) \end{cases} \tag{6.86}$$

现在让我们将式（6.86）的 u_1 替换为 S_1^2 的导数。

$$\frac{1}{2}\frac{\mathrm{d}S_1^2(\boldsymbol{\Theta}_1;t)}{\mathrm{d}t}=S_1\theta_1(\beta_{11}+a_{11})+S_1\theta_2^2(\beta_{12}+a_{12})+$$

$$S_1\theta_1\left(\frac{\mathrm{d}\theta_2}{\mathrm{d}t}\right)\cos\theta_2(\beta_{13}+a_{13})+$$

$$S_1\left[\left(\frac{\mathrm{d}\theta_1}{\mathrm{d}t}\right)-4t\right](k_{11}+1)-k_{12}\mid S_1\mid-4S_1 \qquad (6.87)$$

因为 a_{12} 和 a_{13} 是固定的，所以我们只选择 $\beta_{12}=-a_{12}=-1$ 和 $\beta_{13}=-a_{13}=-2$ 使 S_1^2 导数的第二项和第三项无效。因为 a_{11} 是 2~4 的随机常数，所以我们选择 β_{11} 作为由信号 $S_1(\boldsymbol{\Theta}_1;t)\theta_1$ 激活的继电器动作，即

$$\begin{cases}\beta_{11}=-4 & \text{若 } S_1(\boldsymbol{\Theta}_1;t)\theta_1>0 \\ \beta_{11}=-2 & \text{若 } S_1(\boldsymbol{\Theta}_1;t)\theta_1<0\end{cases} \qquad (6.88)$$

增益 k_{11} 是由信号 $S_1\left[\left(\dfrac{\mathrm{d}\theta_1}{\mathrm{d}t}\right)-4t\right]$ 激活的小振幅继电器动作，即

$$\begin{cases}k_{11}=-1.1 & \text{若 } S_1\left[\left(\dfrac{\mathrm{d}\theta_1}{\mathrm{d}t}\right)-4t\right]>0 \\ k_{11}=-0.9 & \text{若 } S_1\left[\left(\dfrac{\mathrm{d}\theta_1}{\mathrm{d}t}\right)-4t\right]<0\end{cases} \qquad (6.89)$$

另一种可能更好的方法是简单地选择 $k_{11}=-1$ 以完全取消此继电器。

k_{12} 是由信号 S_1 激活的继电器增益，S_1 产生由 $\theta_1(t)$ 最大斜率确定的对称电平，该斜率为 4。控制信号 u_2 以类似的方法设计，两种设计（每个局部滑模控制）是都解耦的。

$$\frac{1}{2}\frac{\mathrm{d}S_2^2(\boldsymbol{\Theta}_2;t)}{\mathrm{d}t}=S_2\theta_1^3(\beta_{21}+a_{21})+S_2\theta_2\cos\theta_1(\beta_{22}+a_{22})+$$

$$S_2\left[\left(\frac{\mathrm{d}\theta_2}{\mathrm{d}t}\right)-2t\right](k_{21}+1)-k_{22}\mid S_2\mid-2S_2 \qquad (6.90)$$

因为 $a_{21}=1$，所以我们选择 $b_{21}=-1$ 以使第一项无效。由于 a_{22} 的随机性，增益 b_{22} 表示由 $S_2\theta_2\cos\theta_1$ 的符号激活的继电器动作。继电器电平的选择类似于式（6.88）、式（6.89），当激活信号的符号为正时，选择继电器电平为 -1.1，如果激活信号的符号为负，则选择为 -0.9。增益 k_{21} 可设置为 -1 以使第三项无效。最后，选择继电器电平 k_{22} 为 -2 和 +2。

此案例的仿真验证留作练习。

6.6　基于李雅普诺夫函数综合的控制设计

李雅普诺夫稳定性是以亚历山大·米哈伊洛维奇·李雅普诺夫（Aleksandr Mikhailovich Lyapunov）的名字命名的，他是一位俄罗斯数学家，于 1892 年在莫斯科大学发表了《运动稳定性的一般问题》的论文。李雅普诺夫是一位先驱，他创建了分析非线性动力系统稳定性的全局方法，并与广泛传播的关于平衡点的局部线性化方法进行了比较。李雅普诺夫创立的运动稳定性数学理论，大大超前了它在科学技术中应用的时间。

6.6.1 李雅普诺夫稳定性理论综述

李雅普诺夫稳定性理论的基本思想是，如果能够证明系统状态的一些广义标量能量函数在沿系统的任意解轨迹移动中变得越来越小，那么从某种意义上即表明了系统是稳定的。此外，这种能量函数变化的计算不需要系统解的知识，只需要系统模型的知识。

1. 案例 6.6.1（李雅普诺夫稳定性理论核心思想的说明）

让我们考虑下面的二阶自治非线性系统，即

$$\begin{cases} \dfrac{dx_1}{dt} = x_1 + x_2 \\[2mm] \dfrac{dx_2}{dt} = -x_1 - x_2 - x_2^3 \end{cases} \tag{6.91}$$

该系统是"自治"的，是指该系统没有外部输入 u。它只由初始条件 $x_1(0)$ 和 $x_2(0)$ 驱动，可见系统只有一个平衡点 $x_{1e} = 0$ 和 $x_{2e} = 0$。

现在让我们考虑下面的函数 $V(x_1, x_2)$，即

$$V(x_1, x_2) = x_1^2 + x_2^2 \tag{6.92}$$

可见，对于状态向量的所有非零值，任意 V 都是正的。我们可以把它看作某种状态的标量能量函数。状态函数值越大，系统的"能量"就越大，而在（0,0）处，能量为零。除了该函数外，我们还可以选择其他许多的 V 函数。

现在，让我们使用微分链规则计算 V 沿系统解轨迹移动时的变化率。按如下方式进行计算，即

$$\begin{aligned} \frac{dV(x_1, x_2)}{dt} &= \frac{\partial V}{\partial x_1}\frac{dx_1}{dt} + \frac{\partial V}{\partial x_2}\frac{dx_2}{dt} \\ &= 2x_1(-x_1 + x_2) = 2x_2(-x_1 - x_2 - x_2^3) \\ &= -2x_1^2 - x_2^2 - 2x_2^4 < 0 \end{aligned} \tag{6.93}$$

式（6.93）的计算只需要系统模型式（6.91）和能量函数式（6.92）。"沿着解轨迹移动"是指我们选择符合系统模型的状态值。可见，对于任意非零状态向量，函数 V 都有负的变化率。这表明系统从任何初始状态开始都可以收敛到（0,0）。

事实上，李雅普诺夫理论的基本框架是研究 n 阶自治系统零状态（$0, \cdots, 0$）的稳定性。

$$\boldsymbol{X} = \begin{pmatrix} x_1 \\ \vdots \\ x_n \end{pmatrix} \quad \frac{d\boldsymbol{X}}{dt} = \begin{pmatrix} \dfrac{dx_1}{dt} \\ \vdots \\ \dfrac{dx_n}{dt} \end{pmatrix} = \begin{pmatrix} f_1(x_1, \cdots, x_n) \\ \vdots \\ f_n(x_1, \cdots, x_n) \end{pmatrix} \tag{6.94}$$

可以简单地通过改变系统式（6.94）的变量来研究任何其他（不一定为零）平衡状态的稳定性。因此，在讨论零状态时，不会失去一般性。

李雅普诺夫理论涉及稳定性的多种定义，并且多种类型的函数 $V(X)$ 都可以成为"李雅普诺夫函数"的候选函数。参考文献［11］中将这些函数全部列出了，但本书中我们只重点关注那些与实际控制最相关的一些函数。

1）定义 6.6.1（稳定性）。

如果零状态的任意邻域（无论多么小）存在初始条件，将系统轨迹带到该邻域，则零状态是稳定的。

在一个稳定的平衡中，无法保证轨迹会实际收敛到零状态。

2）定义 6.6.2（渐近稳定性）。

如果零状态是稳定的，并且如果零状态存在某个邻域，则从该邻域内的每个初始状态开始，系统轨迹会收敛到零状态，则零状态是渐近稳定的，

系统解实际收敛到零状态平衡的所有初始状态的集合称为零状态吸引区。

3）定义 6.6.3（全局渐近稳定性）。

如果零状态是渐近稳定的，并且吸引区域包括所有可能的初始状态，则零状态是全局渐近稳定的。

与李雅普诺夫稳定性理论相关的"能量函数" $V(X)$ 都是状态元素 $\{x_1, \cdots, x_n\}$ 连续可微函数，对于零向量具有零值，并且对于任意非零状态向量都是非负的。让我们列出几个这样的函数。

4）定义 6.6.4（局部半正定函数，l. p. s. d. f）。

从 n 维向量空间到实数的连续可微函数 $V(X)$，使得 $V(0)=0$，当且仅当存在零状态的邻域，且该邻域中包含的任意非零 X 的 $V(X)$ 为 0 时，称为局部半正定函数。

半正定性意味着函数可能在不同于零状态的状态下变为零。

5）定义 6.6.5（局部正定函数，l. p. d. f）。

从 n 维向量空间到实数的连续可微函数 $V(X)$，使得 $V(0)=0$，当且仅当存在零状态的邻域，且该邻域中包含的任意非零 X 的 $V(X)>0$ 时，称为局部正定函数。

6）定义 6.6.6（正定函数，p. d. f）。

从 n 维向量空间到实数的连续可微函数 $V(X)$，使得 $V(0)=0$，当且仅当任意非零 X 的 $V(X)>0$ 时，并且如果它是径向无界的，则称为正定函数。也就是说，随着状态元素变大，函数 $V(X)$ 变大。

2. 案例 6.6.2（各种正定函数和类似函数的说明）

$V(x_1, x_2) = x_1^2 + x_2^2$ 是一个正定函数，该函数用于案例 6.6.1 中。

$V(x_1, x_2) = x_1^2$ 是一个半正定函数。当 $x_1 = 0$ 时，即使 x_2 非零，函数为零。

$V(x_1, x_2) = (x_1 - x_2)^2$ 是一个半正定函数。对于任意 $x_1 = x_2$，函数为零。

$V(x_1, x_2, x_3) = x_1^2 + x_2^2 + x_3^2(3 - x_3^2)$ 是局部正定函数。仅在 $\{$任意 x_1，任意 x_2，$|x_3| < \sqrt{3}\}$ 附近是正定函数。

$V(x_1, x_2, x_3) = x_1^2 + x_2^2 - x_3^2$ 是一个非定函数。

$V(x_1, x_2) = x_1^2 + [1 - \exp(-x_2^2)]$ 是局部正定函数，这是因为它不满足径向无界性。例如，如果 x_1 是有限的，x_2 则是无穷大的，则 V 值不会变为无穷大。

扩展案例 6.6.1 中式（6.93）中的计算，可得函数 $V(X)$ 的变化率计算如下，即

$$\frac{\mathrm{d}V(X)}{\mathrm{d}t} = \frac{\partial V}{\partial x_1}\frac{\mathrm{d}x_1}{\mathrm{d}t} + \cdots + \frac{\partial V}{\partial x_n}\frac{\mathrm{d}x_n}{\mathrm{d}t} \tag{6.95}$$

现在列出李雅普诺夫稳定性定理（无须证明）。

定理 6.6.1（李雅普诺夫稳定性定理）。

如果存在一个局部正定函数 $V(\boldsymbol{X})$，使得 $\dfrac{-\mathrm{d}V(\boldsymbol{X})}{\mathrm{d}t}$ 是局部半正定的，则系统式（6.94）的零状态是稳定的。

建立稳定性（或其他类型的稳定性）的函数 $V(\boldsymbol{X})$ 则称为李雅普诺夫函数。证明稳定性是通过猜测或更加系统地构造李雅普诺夫函数来完成的，这通常是一项不容易的工作。

让我们回顾第 6 章的第一个案例单摆（案例 6.1.1）来说明定理 6.6.1。

3. 案例 6.6.3（单摆零状态的稳定性）

先回顾下无摩擦单摆的模型，重列式（6.4）和式（6.5）如下。

$$x_1 = \theta, \, x_2 = \frac{\mathrm{d}\theta}{\mathrm{d}t}$$

$$\frac{\mathrm{d}x_1}{\mathrm{d}t} = x_2, \, \frac{\mathrm{d}x_2}{\mathrm{d}t} = -\frac{g}{L}\sin x_1$$

设 $V(x_1, x_2) = \dfrac{g}{L}(1 - \cos x_1) + \dfrac{x_2^2}{2}$。$V(\boldsymbol{X})$ 并不完全是系统的能量。第一项与摆球的势能有关，第二项与摆球的动能有关。$V(\boldsymbol{X})$ 实际上是由 $|x_1| < 2\pi$ 定义的邻域内的局部正定函数。我们看到 $\dfrac{\mathrm{d}V(x_1, x_2)}{\mathrm{d}t} = \dfrac{g}{L}(\sin x_1)x_2 - x_2\dfrac{g}{L}(\sin x_1) = 0$，表明 $\dfrac{-\mathrm{d}V(\boldsymbol{X})}{\mathrm{d}t}$ 是半正定的。因此，零态（0,0）是稳定的。回想一下仿真结果，仿真结果显示出摆锤围绕低点旋转，振幅可以通过选择初始条件而变得非常小。

1）定理 6.6.2（李雅普诺夫渐近稳定性定理）。

如果存在局部正定函数 $V(\boldsymbol{X})$，当 $\dfrac{-\mathrm{d}V(\boldsymbol{X})}{\mathrm{d}t}$ 是局部正定时，则系统式（6.94）的零状态渐近稳定。

2）定理 6.6.3（李雅普诺夫全局渐近稳定性定理）。

如果存在正定函数 $V(\boldsymbol{X})$，当 $\dfrac{-\mathrm{d}V(\boldsymbol{X})}{\mathrm{d}t}$ 是正定时，则系统式（6.94）的零状态是全局渐近稳定的。

我们通过简单的二阶系统案例来说明定理 6.6.2 和定理 6.6.3。

假设

$$\begin{cases} \dfrac{\mathrm{d}x_1}{\mathrm{d}t} = x_1(x_1^2 + x_2^2 - 1) - x_2 \\ \dfrac{\mathrm{d}x_2}{\mathrm{d}t} = x_1 + x_2(x_1^2 + x_2^2 - 1) \end{cases} \tag{6.96}$$

假设 $V(x_1, x_2) = x_1^2 + x_2^2$，可得

$$\frac{\mathrm{d}V(\boldsymbol{X})}{\mathrm{d}t} = 2(x_1^2 + x_2^2)(x_1^2 + x_2^2 - 1) \tag{6.97}$$

可见 $\dfrac{-\mathrm{d}V(\boldsymbol{X})}{\mathrm{d}t}$ 在单位圆定义的平面 (x_1, x_2) 内邻域是局部正定的。因此，使用上述李雅

普诺夫函数证明零状态（0,0）仅局部渐近稳定。我们仍然不确定零状态（0,0）是否可能是全局渐近稳定的，需要重新选择一个李雅普诺夫函数即可。仿真研究表明，零状态实际上确实只是局部渐近稳定的。

再看案例 6.6.1，我们发现它符合全局渐近稳定性的要求。

让我们在本小节的最后提及一些超出本书范围的话题。为给定系统找到李雅普诺夫函数是建立稳定性的充分条件，而不是充分必要条件。例如，拉萨尔（Lasalle）的一个重要结果表明，在许多渐近稳定的情况下，这样做往往过于苛求 $\dfrac{-\mathrm{d}V(X)}{\mathrm{d}t}$ 是正定函数，而在许多情况下，半正定函数是负导数即可。

目前广泛使用李雅普诺夫理论的一个工程应用是发电厂并网的稳定性研究。电网的稳定运行需要各电站保持同步运行，频率相等，相位差足够小。某些电站的负荷突然变化可能导致电站失去同步，这被视为不稳定。李雅普诺夫函数建立了安全吸引区。通常，每个吸引区都是真实吸引区的一个非常保守的估计，这是因为任何李雅普诺夫函数都只是稳定性的一个充分条件。工程师们需要不断地寻找更好的李雅普诺夫函数。

对于大多数工程领域，"系统设计"（选择符合特定设计规范的系统参数）比"系统分析"（可通过仿真理解给定系统的运行）更难完成。

在设计阶段之前，必须进行大量分析。从这个意义上说，李雅普诺夫理论是一种反常现象，其设计比分析更容易。我们前面提到过，对于给定的系统模型，大多数情况下很难找到李雅普诺夫函数。研究人员提供了诸多构建系统的技术，每种技术都对一些特定类型的案例是有帮助的。

另外，在基于李雅普诺夫理论的控制设计中，我们可能会寻找一个反馈控制律，以迫使某些 $V(X)$ 函数成为李雅普诺夫函数。我们经常用蛮力来做这件事，而且很简单。在下一小节中，我们使用该方法以建立全局渐近稳定性。

6.6.2　基于李雅普诺夫综合理论的控制设计函数

在我们演示如何进行李雅普诺夫设计之前，有一个非常重要的分析内容。假设一个给定系统的李雅普诺夫函数 $V(X)$ 是全局渐近稳定的，也就是说 $\dfrac{-\mathrm{d}V(X)}{\mathrm{d}t}<0$。这意味着，沿着任意解轨迹，函数 $V(X;t)$ 随着 t 的变化而减小，但变化速率是多少呢？$V(X)$ 是否携带一些信息，可以告诉控制工程师收敛到零是快还是慢？线性微分方程理论的一个简单结果确定了该分析方向。

结论：如果对所有 $t \geqslant 0$ 有 $\dfrac{\mathrm{d}W(t)}{\mathrm{d}t}+\alpha W(t) \leqslant 0$，那么对所有 $t \geqslant 0$ 存在 $W(t) \leqslant W(0)\mathrm{e}^{-\alpha t}$。换句话说，线性一阶微分方程的解是由一个指数函数从上面限定的。

让我们计算 $\dfrac{\mathrm{d}V(X)}{\mathrm{d}t}$ 和 $V(X)$ 之间的比值，即

$$\frac{\mathrm{d}V(X;t)}{\mathrm{d}t}=\frac{\dfrac{\mathrm{d}V(X;t)}{\mathrm{d}t}}{V(X;t)}V(X;t)$$

$$\Rightarrow \frac{dV(\boldsymbol{X};t)}{dt} \leq \left\{ \max\left[\frac{\frac{dV(\boldsymbol{X};t)}{dt}}{V(\boldsymbol{X};t)}\right]\right\} V(\boldsymbol{X};t) \leq \rho V(\boldsymbol{X};t) \tag{6.98}$$

也就是说，如果我们将 $\left\{\frac{\frac{dV(\boldsymbol{X})}{dt}}{V(\boldsymbol{X})}\right\}$ 在零状态的某个邻域中的所有 $\boldsymbol{X}$ 向量上最大化，称之为 ρ，那么将 $V(\boldsymbol{X};t)$ 的收敛限制为零的指数递减函数是

$$\frac{dV(\boldsymbol{X};t)}{dt} \leq -\rho V(\boldsymbol{X};t) \Rightarrow V(\boldsymbol{X};t) \leq V(\boldsymbol{X};t_0)\,e^{-\rho(t-t_0)} \tag{6.99}$$

让我们重新回到案例 6.6.1，来演示如何完成此操作。

案例 6.6.1 回顾如下：

我们记得，对于 $V(x_1,x_2)=x_1^2+x_2^2$，可得

$$\frac{dV(\boldsymbol{X})}{dt}=2(x_1^2+x_2^2)(x_1^2+x_2^2-1)$$

我们在式（6.97）中观察到 $\frac{dV(\boldsymbol{X})}{dt}=2V(\boldsymbol{X})[V(\boldsymbol{X})-1]$。可得

$$\frac{\frac{dV(\boldsymbol{X})}{dt}}{V(\boldsymbol{X})}=2[V(\boldsymbol{X})-1]$$

$$\left\{\boldsymbol{X}:x_1^2+x_2^2\leq 1 \Rightarrow \frac{\frac{dV(\boldsymbol{X})}{dt}}{V(\boldsymbol{X})}\leq -2\right\} \tag{6.100}$$

因此，在接近零状态时，$V(\boldsymbol{X};t)$ 收敛到零的时间常数为 $\frac{1}{\rho}=0.5$。

李雅普诺夫设计的含义是，如果我们试图最大化 $-\frac{dV(\boldsymbol{X})}{dt}$，那么系统的时间响应可以是最快的。

1. 案例 6.6.4（卫星翻滚稳定的李雅普诺夫设计演示）

设 x、y 和 z 为卫星的主体轴，ω_x、ω_y 和 ω_z 为各主轴的角速度。我们用 I_x、I_y 和 I_z 表示各主轴的惯性矩。该卫星配备了 3 个推进器，每个推进器可以产生围绕其中一个主轴的转矩。卫星稳定时，3 个主轴的角速度均为零。然而，当卫星被随机碎片或陨石击中时，它可能开始翻滚。推进器的目的是在卫星翻滚运动开始时将角速度恢复到零。卫星的动力学方程为

$$\begin{cases} I_x\dfrac{d\omega_x}{dt}-(I_y-I_z)\omega_y\omega_z=u_1 \\ I_y\dfrac{d\omega_y}{dt}-(I_z-I_x)\omega_z\omega_x=u_2 \\ I_z\dfrac{d\omega_z}{dt}-(I_x-I_y)\omega_x\omega_y=u_3 \end{cases} \tag{6.101}$$

我们定义状态向量 $\boldsymbol{X}$ 为

$$\boldsymbol{X} = \begin{pmatrix} x_1 \\ x_2 \\ x_3 \end{pmatrix} = \begin{pmatrix} \omega_x \\ \omega_y \\ \omega_z \end{pmatrix} \tag{6.102}$$

控制目标是为 3 个控制输入 u_1、u_2 和 u_3 设计反馈控制律，以确保零状态全局渐近稳定。如果我们选择 $V(\boldsymbol{X}) = (I_x + x_1)^2 + (I_y + y_2)^2 + (I_z + x_3)^2$，那么

$$\frac{\mathrm{d}V(\boldsymbol{X})}{\mathrm{d}t} = 2(I_x x_1 u_1 + I_y x_2 u_2 + I_z x_3 u_3) \tag{6.103}$$

现在需要制定每个推进器的控制律来使得 $\dfrac{-\mathrm{d}V(\boldsymbol{X})}{\mathrm{d}t}$ 正定。有许多反馈解决方案 $[u_i = -f_i(x_i), i = 1,2,3]$ 可以完成此任务。每个非线性函数 f_i 应为第一象限和第三象限函数，如下所示为

$$x_i f_i(x_i) > 0, \text{当 } x_i \neq 0 \text{ 时}$$

$$\lim_{x_i \to \infty} \int_0^{x_i} f_i(\sigma) \mathrm{d}\sigma = \infty \tag{6.104}$$

我们看到，即使是一个简单的线性控制律（每个推进器采用比例控制）也是式（6.104）中所示的径向无界非线性控制律族中的一员。回顾式（6.99），我们可以让每个比例控制增益尽可能大。由于推进器能够传送能量，每个推进器能够提供的最大转矩为 $|u_i| \leqslant U_i$，$i = 1,2,3$，我们选择

$$u_i = -U_i \mathrm{sign}(x_i) \tag{6.105}$$

这样做是为了最大化 $\dfrac{-\mathrm{d}V(\boldsymbol{X})}{\mathrm{d}t}$，从而使用砰砰控制。

开环卫星翻滚的 Simulink 仿真模型如图 6.117 所示，各主轴角速度的振荡特性如图 6.118 所示。分散化线性比例控制卫星翻滚的 Simulink 仿真模型如图 6.119 所示，每个主轴角速度收敛到零的过程如图 6.120 所示。

砰砰控制下卫星翻滚过程的模型和结果如图 6.121 和图 6.122 所示。

如在玛格丽特-朗霍兹（Margaliot-Langholz）的论文[12]中提出的，在李雅普诺夫设计中，我们经常选择一些任意但合理的 $V(\boldsymbol{X})$ 函数（如状态变量的平方和），然后在选择反馈控制律时，我们常使用蛮力让 $\dfrac{-\mathrm{d}V(\boldsymbol{X})}{\mathrm{d}t}$ 成为一个正定函数，这通常存在显著的建模不确定性，因此需要某种"基于规则的控制"来实现，如模糊逻辑控制。

2. 案例 6.6.5（Margaliot-Langholz 论文中水箱液位控制的李雅普诺夫设计）

圆柱形水箱底部半径为 r 的，设 x 为水量。设流入水箱的水量为 $q(t)$，假设 $q(t)$ 可能在一些标称固定流量 q_s 附近变化。在水箱底部，有一个排水管。从水箱流出的水量为 $p(x)u$，其中 $p(x) = a \sqrt{2g\left(\dfrac{x}{\pi r^2}\right)}$，$a$ 为正常数，g 为重力加速度。控制变量 u 是排水口的横截面积。

因此，水箱液位控制的动态模型为

$$\frac{\mathrm{d}x}{\mathrm{d}t} = q(t) - p(x)u \tag{6.106}$$

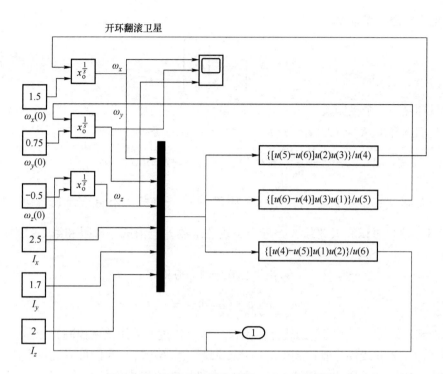

图 6.117 开环卫星翻滚的 Simulink 仿真模型

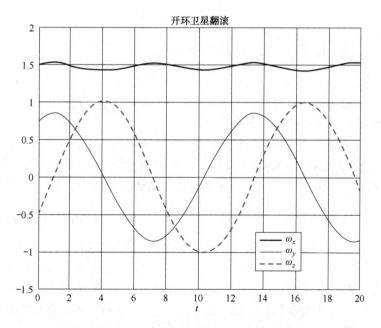

图 6.118 开环卫星翻滚的各主轴角速度波动曲线

控制目标是设计 u 以使得 $x(t)$ 调节到所需的标称量 x_s，假设 $x(t)$ 是可测量的。

建模存在一些不确定性因素：我们对 $p(x)$ 没有明确的了解，我们只知道 $p(x)$ 是正的，但是 $p_s = p(x_s)$ 的值是已知的。

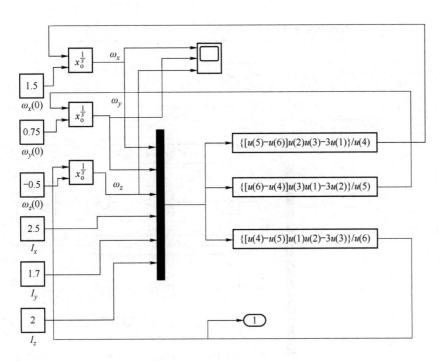

图 6.119　分散化线性比例控制卫星翻滚的 Simulink 仿真模型

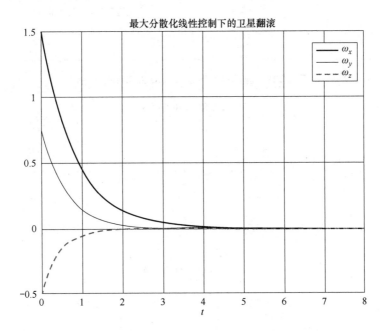

图 6.120　线性比例控制下卫星翻滚的各轴角速度渐近稳定的过程

我们求出 $V(x) = \dfrac{1}{2}(x - x_s)^2$ 的微分方程为

$$\frac{\mathrm{d}V(x)}{\mathrm{d}t} = (x - x_s)\frac{\mathrm{d}x}{\mathrm{d}t} = (x - x_s)\left[q(t) - p(x)u\right] \qquad (6.107)$$

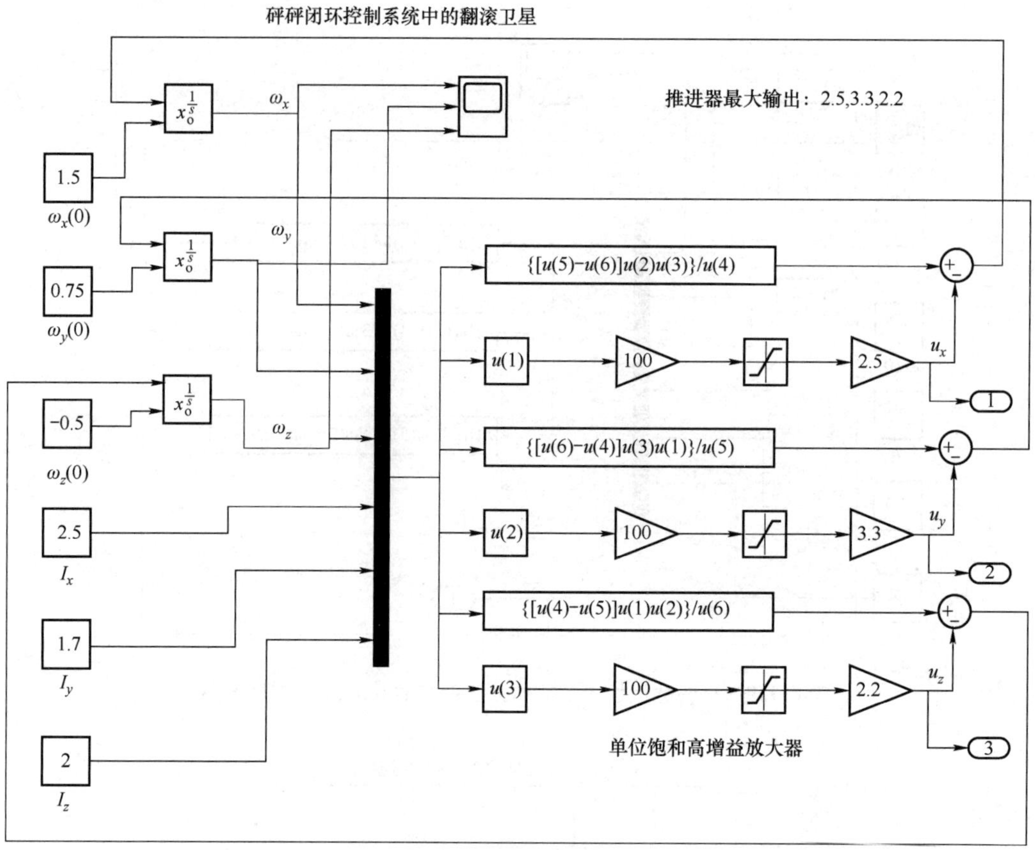

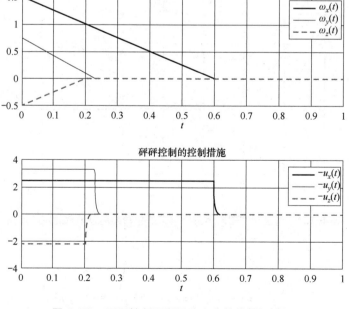

砰砰闭环控制系统中的翻滚卫星

推进器最大输出：2.5,3.3,2.2

ω_x

1.5

$\omega_x(0)$

ω_y

0.75

$\omega_y(0)$

$\{[u(5)-u(6)]u(2)u(3)\}/u(4)$

$u(1)$ 100   2.5 u_x ①

ω_z

-0.5

$\omega_z(0)$

$\{[u(6)-u(4)]u(3)u(1)\}/u(5)$

$u(2)$ 100   3.3 u_y ②

2.5

I_x

1.7

I_y

$\{[u(4)-u(5)]u(1)u(2)\}/u(6)$

$u(3)$ 100   2.2 u_z ③

2

I_z

单位饱和高增益放大器

图 6.121   砰砰控制下卫星翻滚的 Simulink 图

卫星翻滚的稳定过程

砰砰控制的控制措施

图 6.122   砰砰控制下渐近稳定收敛的最短时间

320

李雅普诺夫设计是指对 x 的任意非零值选择合适的 u 强制使得 $\dfrac{\mathrm{d}V(x)}{\mathrm{d}t}$ 为负值。

如果 x 很小，那么 $x-x_\mathrm{s}$ 为负，因为 $q(t)$ 为正，就可以关闭阀门，取 $u=0$。

如果 x 很大，那么 $x-x_\mathrm{s}$ 为正，因此我们必须将阀门打开至最大（$u=u_{\max}$）以使 $\dfrac{\mathrm{d}V(x)}{\mathrm{d}t}$ 为负。

在 Margaliot-Langholz 的论文中，对中间水平的 x 设计了一个线性控制器，选择合适的增益以确保 $\dfrac{\mathrm{d}V(x)}{\mathrm{d}t}$ 保持为负值。另一种选择是查看继电器的动作有哪些（如是否有零电平，$u_{\max}$ 的大小与 x 的较大值和较小值是否相关联），然后用高增益饱和放大器来替换原继电器。设计者在调谐控制信号 u 时，可使用若干线性区宽度值来进行试验。

6.7　本章小结

通常，控制设计者在遇到非线性问题时，会选择将模型线性化，以便应用线性模型的大量设计方法。但为线性化模型设计控制器的有效性是有限的。只要线性近似是有效的，那么该线性控制方法就是有效的。

本章介绍了常用的非线性控制设计技术，包括各种开环和闭环控制设计技术，这些技术不仅不能避免模型的非线性，有时还会将非线性作为有效控制策略的一部分。

本章列举了很多 MATLAB Simulink 的案例。作为 MATLAB Simulink 教程也是本章编写的目的之一。

过程模型中的非线性通常是过程模型的"核心和灵魂"。我们试图用许多现实生活中的例子来说明这一点，如飞机运动模型、导弹制导模型、生理模型等。在所有这些例子中，非线性起着核心的作用。

如仔细和系统地对动态系统进行建模与仿真，完全可以弥补控制设计经验和培训的不足。

对足够慢的过程进行批量仿真的仿真在环，可以提供有意义的控制洞察力，这些洞察力可以实时付诸实施。

滑模控制和李雅普诺夫设计本身就是强有力的控制设计技术。这些控制设计方法在模型存在不确定性和干扰信号时尤为出色。人们甚至可以将这些方法应用于线性过程，以便在某些情况下获得更好的性能。

令人遗憾的是，由于时间和篇幅的限制，本章省略了几个主题（等待本书可能的未来版本进行介绍）。这些主题包括利用 MATLAB 和 Simulink 实现模型线性化[1]和 PID 控制自整定。本书前面几章演示了当过程模型完全已知（和线性）时 PID 控制器的设计。在工业应用中，PID 控制器的整定是在建模显著不确定性和非线性（如状态相关增益、时间常数和时滞效应）的情况下进行的。基于对"黑箱过程"进行有限次试验来整定 PID 参数是实用非线性技术中的常规工作。此外，还有多种值得注意的 PID 整定方法，其涉及了回路中的继电器[13,14]。

课 后 习 题

6.1 如图6.123所示的控制系统称为刘易斯伺服机构。它由模拟乘法器组成，该模拟乘法器将信号 $\dot{c}(t)$ 乘以两种可能的增益：如果误差 $|e(t)|$ 小于阈值 e_0，则乘以 K_1；或者如果误差 $|e(t)|$ 大于阈值 e_1，则乘以 K_2，$K_2 < K_1$。这种非线性配置的目的是改善系统对阶跃信号输入的响应 $r(t) = r_0 =$ 常数（当 $t \geqslant 0$）。其思想是，对于较大的误差信号 $e(t)$，系统的阻尼系数变小，从而产生快速的初始响应，但是当误差变得足够小时，阻尼系数变大，从而帮助 $e(t)$ 收敛到零而不出现超调和/或衰减振荡。在这个问题中，取：$K_1 = 3$，$K_2 = 0$，$e_0 = 0.5$。

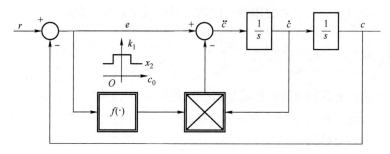

图6.123 习题6.1用图

（a）写出系统的两组二阶微分方程，每个区域（小误差和大误差区域）各一组，分别以 e、$\dot{e}(t)$ 和 $\ddot{e}(t)$ 表示。然后用状态变量写出每个方程：$x_1 = e$ 和 $x_2 = \dot{e}(t)$。

（b）找出每个模型的平衡点（小误差的平衡点和大误差的平衡点），并指出每个平衡点的稳定性和类型，以及该点是真实的还是虚拟的。

（c）假定 $c(t)$ 及其导数的初始条件为零。画出 $u_0 = 5$ 的相平面轨迹。另外，画出输出信号时间响应 $c(t)$。

6.2 由同时具有饱和与死区的放大器驱动的二级过程如图6.124所示。输入信号 $r(t)$ 是阶跃函数。$c(t)$ 及其导数的初始条件为零。为方便起见，令放大器函数 $f(e)$ 为

$$f(e) = \begin{cases} 2 & e \geqslant 2 \\ 2(e-1) & 1 \leqslant e \leqslant 2 \\ 0 & |e| \leqslant 1 \\ 2(e+1) & -2 \leqslant e \leqslant -1 \\ -2 & e \leqslant -2 \end{cases}$$

（a）通过选择 $x = e$ 的状态来写出系统的相变模型，即找出 $\dot{x}$ 是 x 的函数。只对前3个区域（上饱和区、线性增益区和死区）进行操作（另外两个区域段用于提供对称信息，本题不需要）。

（b）分析并绘制上饱和区的样本轨迹。有平衡点吗？如果有，请说明分析过程。

（c）分析并勾画线性增益上部区域的样本轨迹。有平衡点吗？如果有，请说明分析过程。

（d）分析并勾画死区的样本轨迹。有平衡点吗？如果有，请说明分析过程。

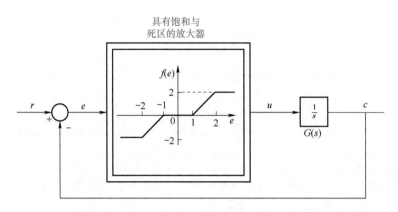

图 6.124　习题 6.2 用图

（e）假设阶跃输入的大小为 5。绘制该输入的完整相平面轨迹。解释此阶跃响应的特征（响应是欠阻尼还是过阻尼？是稳态误差吗？）。

6.3　考虑带有死区继电器的伺服系统如图 6.125 所示。在这个问题中，$r(t)$ 是一个步长大小为 2 的阶跃输入，假设 $c(0)$ 和 $\dot{c}(0)$ 的初始条件为零。

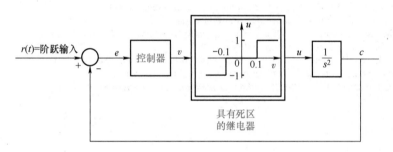

图 6.125　习题 6.3 用图

（a）在没有控制动作（即 $v=e$）的情况下，解释并勾画出反馈系统的相平面轨迹。它稳定吗？提示：当二重积分器的输入为常数和为零时，首先考虑其相平面轨迹。

（b）当控制为 $v=e+\dfrac{\mathrm{d}e}{\mathrm{d}t}$ 时，重写相位变量模型。

（c）系统的相平面轨迹是什么？大致勾画并解释。

（d）有多少个滑动区域？把每个区域都找出来。

（e）系统对此特定步骤输入是否有稳态误差？如果有，误差是什么？并给出解释。

（f）设计最短时间继电器控制（称为砰砰控制）的开关曲线。最优开关曲线是什么？根据每个继电器位置的已知轨迹进行讨论。

（g）对于此问题中采用的特定阶跃输入，系统是否存在稳态误差？并给出解释。

6.4　考虑如下的一阶时变非线性过程：$\dot{x}=ax^3+u$，即系统从 $t=0$ 开始运行，其中 $x(0)=0$。已知 x^3 的参数 a 在 2~4 之间（但确切的值未知）。要求 $x(t)$ 对输入信号 $x_\mathrm{d}(t)=3\sin(5t)$ 执行最优跟踪。

（a）写出滑动曲面的表达式，并计算 $|\dot{x}_\mathrm{d}|_{\max}$ 的数值。

（b）对两位继电器进行滑模控制设计（其中一继电器处理不确定模型参数，另一继电器保持滑模状态)。从数学角度描述控制信号 $u(t)$ 应该是什么。

（c）为（b）的设计绘制可实现的流程框图。

（d）对设计的单继电器滑模控制器，给出需要控制的信号 u。

（e）画出（d）的控制器可实现的流程框图。

参 考 文 献

［1］ Dabney, J. B., & Harman, T. L. (2004). *Mastering SIMULINK*. Prentice-Hall.

［2］ Phillips, C. L., & Harbor, R. D. (2000). *Feedback control systems (4th edn.)*. Prentice-Hall.

［3］ Schoen, E. *Selected Control Systems 1 Lecture Notes, 1973-1978, Technion, Israel Institute of Technology* (in Hebrew).

［4］ Murray, J. D. (2002). *Mathematical biology: I. an introduction (3rd edn.)*. Springer.

［5］ Britton, N. F. (2003). *Essential mathematical biology*. London: Springer.

［6］ htpps://www.cdc.gov/vhf/ebola/outbreaks/2014-west-africa/index.html.

［7］ Khoo, M. C. K. (1999). *Physiological control systems: Analysis, simulation and estimation*. IEEE Press Series on Biomedical Engineering.

［8］ Truxal, J. G. (1955). *Automatic feedback control system synthesis*. McGraw-Hill.

［9］ Slotine, J. J., & Shankar Sastry, S. (1983). *Tracking control of non-linear systems using sliding surfaces, with application to robot manipulators* . International Journal of Control, 38 (2), 465–492.

［10］ Slotine, J.-J. E., & Li, W. (1991). *Applied nonlinear control*. Prentice-Hall.

［11］ Khalil, H. K. (2015). *Nonlinear control*. Pearson Education.

［12］ Margaliot, M., & Langholz, G. (1999). *Fuzzy Lyapunov-based approach to the design of fuzzy controllers. Fuzzy Sets and Systems,* 106, 45–59.

［13］ Astrom, K. J., & Hagglund, T. (1984). *Automatic tuning of simple regulator with specification on phase and amplitude margin. Automatica,* 20(5), 645–651.

［14］ Voda, A., & Landau, I. D. (1995). *A method for the auto-calibration of PID controllers. Automatica,* 31(2).

第 **7** 章

模糊逻辑控制系统

在第 5 章中，针对经典线性控制系统或 PID 控制系统讨论了多种具体的设计方法。设计并实现 PID 控制系统至关重要的一点是获取能够表达 PID 控制系统或设备状态的动态模型。然而在实际的工程应用中，这些动态模型很难或者根本不可能获取。因此，无法获取控制系统的动态模型，也就不可能设计出合适的控制器。

为了解决上述问题，产生了模糊逻辑控制系统。无模型系统更适合采用模糊逻辑控制系统替代 PID 控制器获取准确控制。模糊逻辑控制器（Fuzzy Logic Controller，FLC）还具有可以同时对线性和非线性系统进行控制的优点。因此，它是个鲁棒控制器。

那么，什么是模糊逻辑？术语"模糊"的含义又是什么？

通俗地讲，模糊逻辑的思想类似于人类的感觉和推理过程。例如，当你在某个冬天的早晨起床时，妈妈会说：今天多穿些衣服，天气很冷！有多冷？尽管妈妈不会告知确切的温度，是 4℃还是 0℃，但已经可以意会妈妈所说"很冷"的意思。这就是个模糊的概念，"很冷"就是一个模糊术语。

在日常生活中，模糊的思想和逻辑随处可见以至于常常被忽略。例如，在某些问卷调查中要回答的问题，大多数情况下的回答是"不是非常满意"或"在某种程度上满意"，这些都是模糊或模棱两可的答案。在这些调查中，回答者对某些服务或产品满意或不满意到底是到什么程度呢？这些模糊的答案只是人们的创造和应用，而无法适用于机器。计算机是否有可能像人类一样直接处理这些问卷调查的问题？这显然是不可能的。计算机只能理解"0"或"1"，以及"HIGH"或"LOW"。这些可以被机器所处理的数据被称为观测数据或典型数据。

是否可以让计算机在人类的帮助下处理那些模棱两可的数据？如果可以，计算机和机器如何处理这些模糊数据呢？第一个问题答案是肯定的。但要回答第二个问题，则需要一些模糊逻辑技术和模糊推理系统的知识。

7.1 模糊逻辑控制技术

模糊逻辑概念由加利福尼亚大学伯克利分校（University of California at Berkeley）的扎

© Springer Nature Switzerland AG 2019.

Y. Bai and Z. S. Roth, *Classical and Modern Controls with Microcontrollers*, Advances in Industrial Control, https：//doi. org/10. 1007/978-3-030-01382-0_7.

德（Zadeh）教授在 1965 年发明。直到 1974 年，模糊理论发明后近 10 年，英国伦敦大学教授曼达尼（Mamdani）博士将模糊逻辑应用到自动蒸汽机的实际控制中，模糊理论才被广泛认可。1976 年，丹麦的蓝圈（Blue Circle）水泥公司和 SIRA 公司开发了一种用来控制水泥窑的应用程序，该程序于 1982 年开始运行。自 20 世纪 80 年代以来，出现了越来越多关于模糊逻辑应用的报道，涉及的行业包括工业制造、自动控制、汽车产品、银行、医院、图书馆和学术教育等领域。如今，模糊逻辑技术已广泛应用于社会的方方面面。

模糊逻辑技术的实践应用，需要以下 3 个操作处理步骤：

1）模糊化：将典型数据或观测数据转换为模糊数据或隶属函数（MF）。

2）模糊推理过程：结合隶属度函数与控制规则，得到模糊控制信号输出。

3）去模糊化：将不同方法计算的各组数据的相关度作为输出，并将关联度放入查找对照表中。在程序运行应用时，根据输入查找对照表中的关联度输出对应值。

根据上述方法，所有机器都能像计算机处理"0"或"1"一样处理观测数据或典型数据。为了让机器能够处理模糊的语义输入，如"某种程度上满意"，观测输入和输出必须转换为带有模糊程度的语言变量。例如，为控制空调系统，输入温度和输出控制变量必须转换成相应的语义变量，如"HIGH""MEDIUM""LOW"和"FAST""MEDIUM""SLOW"。前者与输入温度相关，后者与电动机运行的转速相关。除了这些转换之外，输入和输出也必须从观测数据转换为模糊数据。所有这些工作都根据第一步所确定的模糊性隶属函数来执行。

在第二步中，根据模糊推理步骤的要求，将隶属函数与控制规则组合在一起得到控制输出，再将这些输出列入便于查找的数据表中。控制规则是模糊推理过程的核心，这些规则直接关联着人的直觉和感知。例如，在前面列举的空调控制系统中，人们的直觉或常识是如果温度偏高，则应关闭加热器，或者降低热风电动机转速。利用重心法（Center-of-Gravity，COG）或最大值平均值法（Mean of Maximum，MOM）可计算相关的控制输出量，每个控制输出量都存入用于查找的数据表中。

在实际工程应用中，输出的控制量必须从基于当前输入量去模糊化后所得到的新数据表中选取。进而，再将控制输出量由语义变量转换回观测变量，并输出，将其用于运行控制。这个过程被称为去模糊化，即第三步。

在大多数实际情况中，输入变量不止一个维度。需要执行模糊化操作来分别为每个维度变量开发隶属函数。当系统有多个输出变量时，则需要对每个变量都执行上述操作。

综上所述，模糊过程就是对现实系统的观测→模糊化→观测的过程。原始输入和终端输出必须是观测变量，而中间过程则是个模糊的推理过程。将观测变量转化为模糊变量的原因是从模糊控制或人类直觉的角度来看，在现实世界中没有绝对准确的观测变量值。任何物理变量都可能包含其他组成部分。例如，如果有人说：这里的温度很高。这种高温只是相对于某种程度上的中低温而言的。由此看来，模糊控制使用的是广义或全局变量组合，而不是局限于某个范围的经典变量组合。

随着模糊技术的快速发展，结合经典控制方法的多种模糊控制策略相继出现，如 PID 模糊控制、滑模模糊控制、神经网络模糊控制、自适应模糊控制和相平面图模糊控制等。未来，模糊控制策略或结合观测与模糊控制的新技术不断发展涌现，必将影响到社会生活的各个领域。

本章以模糊逻辑控制和模糊术语介绍作为起始。接下来的章节将详细介绍模糊推理过程和模糊逻辑控制的体系架构。7.2 节论述模糊集合和观测集合。7.3 节将阐述模糊化和隶属函数。模糊控制规则和去模糊化将分别在 7.4 和 7.5 节中论述。结合模糊理论的控制方法将在本章最后介绍。7.6 节介绍了 MATLAB 模糊逻辑工具箱，以帮助读者为最流行的控制系统设计和构建专业的 FLC。在 7.7 节中提到另一个有用的工具，MATLAB Simulink。它用更简单直观的方法辅助读者构建和调整所设计的 FLC，以获取给定控制系统的最优控制性能。

7.2　模糊集合

模糊集合的概念是对典型集合或观测集合概念的扩展。模糊集合实际上是一个比典型集合或观测集合更广泛的集合。典型集合是只考虑有限数量成员的程度集，如 "0" 或 "1"，或有限成员的程度数据集。例如，若温度定义为观测集合中的 "高"，其范围必定高于 80℉ [圆圈符号]，而与 70℉ 甚至更低的 60℉ 都无关。但模糊集合对这种高温范围将包含更广泛。换言之，模糊集合可以包含更大的温度范围，例如将 0℉ 以上的温度作为高温。将 0℉ 归于高温的准确程度则取决于定义高温的隶属函数。这意味着模糊集合使用论域作为基础，它包含被考虑对象的全体，即全集。这样，典型集合或观测集合就可以被看作是模糊集合的子集。

7.2.1　典型集合及其运算

典型集合是在给定范围内具有清晰边界的对象集合。对象既可以属于某个集合，也可以不属于某个集合。例如，假设在大学的教职员工集合或者教职员工集合 F，包含了 10 名教员 $x_1, x_2, \cdots, x_{10}$。

$$F = \{x_1, x_2, x_3, x_4, x_5, x_6, x_7, x_8, x_9, x_{10}\} \tag{7.1}$$

通常，整个讨论的对象 F 被称为全集，而每个成员 x_i 被称为基元。假设基元 $x_1 \sim x_4$ 是属于计算机科学系的教职员工，可以看作是集合 A。基元 $x_1 \sim x_3$ 为年龄在 40 岁以下的教职员工，可以看作是集合 B。由此，存在以下关系，即

$$X \in F, A = \{x_1, x_2, x_3, x_4\} \subset F, B = \{x_1, x_2, x_3\} \subset A \tag{7.2}$$

显然集合 B 中的所有元素都属于集合 A，或者集合 A 包含集合 B。在这种情况下，集合 B 可以看作是集合 A 的一个子集，并且可以表示为 $B \subset A$。

上述不同集合之间的关系如图 7.1 所示。基本的典型集合运算包括补集、交集和并集，它们可以表示如下，即

补集 $A(A^c)$

$$A^c(x) = 1 - A \tag{7.3}$$

交集（$A \cap B$）

$$A \cap B = A(x) \cap B(x) \tag{7.4}$$

并集（$A \cup B$）

$$A \cup B = A(x) \cup B(x) \tag{7.5}$$

[圆圈符号] 华氏温度 θ 与摄氏温度 t 的换算关系为：$\dfrac{t}{℃} = \dfrac{5}{9}\left(\dfrac{\theta}{℉} - 32\right)$。

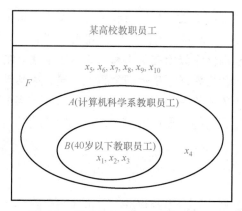

图 7.1　某高校教职员工的典型集合

典型集合及其运算如图 7.2 所示。

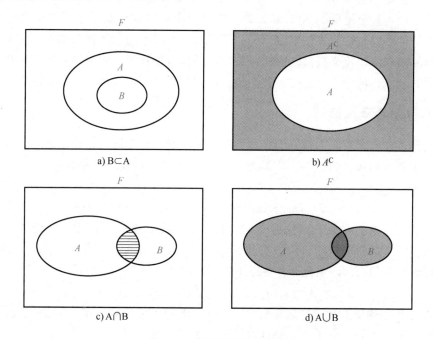

图 7.2　典型集合及其运算

在典型集合及其运算中，基元明确属于某集合，或者不属于某集合。不同集合的不同基元之间有清晰的边界，不可能混在一起。但对于模糊集合，却具有不同的规则。

7.2.2　典型集合到函数的映射

上小节所述的典型集合可以表示或映射为函数。这意味着可以将集合理论与函数表达式联系到一起，并将一个论域中的基元映射成为另一个论域中的基元或集合。对于典型集合或观测集合而言，这种映射简单而直接。假设 X 和 Y 是两个不同的论域。如果基元 x 属于 X，那么它的对应基元 y 属于 Y，那么它们之间的映射可以表示为

$$\mu_A(x) = \begin{cases} 1, & x \in A \\ 0, & x \notin A \end{cases} \tag{7.6}$$

式中，μ_A 表示论域中基元 x 对于集合 A 的"隶属度"。隶属度的概念准确反映了基元 x 在集合 X 中是否属于集合所对应 Y 集合中的两个值，1 表示基元 x 属于集合，0 表示基元 x 不属于集合。

沿用上一小节的例子，学院中教职员工的集合包含了两个子集 A 和 B。通过定义新的集合 $P(x)$，从而将论域集合 F 中的两个子集映射到含有两个基元（0 和 1）的集合 Y。

$$P(x) = \{A, B\} \tag{7.7}$$

$$M\{P(x)\} = \{(1,1,1,1,0,0,0,0,0,0),(1,1,1,0,0,0,0,0,0,0)\} \tag{7.8}$$

据此可以定义两个典型集合 A 和 B 在全集 F 的运算如下，即

$$\begin{aligned}
&并集：A \cup B = \mu_A(x) \cup \mu_B(x) = \max(\mu_A(x), \mu_B(x)) \\
&交集：A \cap B = \mu_A(x) \cap \mu_B(x) = \min(\mu_A(x), \mu_B(x)) \\
&补集：A^C = F \backslash A
\end{aligned} \tag{7.9}$$

7.2.3　模糊集合及其运算

前小节介绍的典型集合具有清晰边界，意味着集合中的基元只能有属于和不属于两种情况。正因为这样，典型集合可以映射成为具有两个基元（0 和 1）的二值函数。如前面所列举的教职员工例子中，计算机科学系的教职员工集合定义为集合 A，那么，全部计算机科学系的教职员工都隶属于集合 $A(\mu_A(x) = 1)$，所有非计算机科学系的教职员工都不属于集合 $A(\mu_A(x) = 0)$。这样的映射简单直接，区别明显不存在任何歧义。也可以表示为完全属于集合 A 的隶属度映射为 1，不属于集合 A 的隶属度映射为 0。这个映射类似于黑白二进制编码。

相比典型集合，模糊集合的基元之间可以具有平滑的过渡边界。可以理解为模糊集合允许其基元部分属于某个集合。仍然以温度为例，从典型集合的角度来看，温度可分为低（0~30℉）、中（30~70℉）和高（70~120℉），如图 7.3a 所示。

在典型集合中，任何温度都只能隶属于低、中或高温度的其中一个子集，并且区分明确。但在图 7.3b 所示的模糊集合中，温度隶属边界变得模糊而平滑。某一个温度可以同时隶属于两个甚至 3 个温区子集。例如，温度 40℉ 在某种程度上可以被认为属于低温，隶属度为 0.5，但同时属于中等温度的隶属度约为 0.7。而 50℉ 的温度可以看作低温和高温的隶属度为 0.2，但对于中等温度的隶属度却接近 1。图 7.3b 中的虚线表示典型集合的边界。

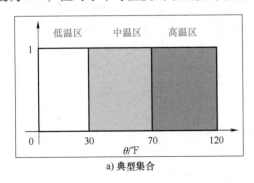
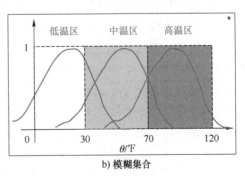

图 7.3　典型集合与模糊集合示意图

显然，模糊集合包含的基元在各个子集中具有不同的隶属度，在典型集合或观测集合中，集合中的基元必须是在子集中具有完全的隶属度。模糊集合允许成员具有偏隶属度，而

这种偏隶属度可以映射到函数或者隶属度值的集合。假设模糊子集为 A，其中有基元 x 隶属于该模糊子集 A，那么 x 的映射可以表示为

$$\mu_A(x) \in [0,1] \quad (A = \mu_A(x \mid x \in X)) \tag{7.10}$$

含有基元 x 的模糊子集 A 的隶属函数为 $\mu_A(x)$。当论域 X 是离散且数量有限时，其映射可以表示为

$$A = \frac{\mu_A(x_1)}{x_1} + \frac{\mu_A(x_2)}{x_2} + \cdots = \sum_i \frac{\mu_A(x_i)}{x_i} \tag{7.11}$$

当论域 X 是连续无穷时，模糊子集 A 的映射可以表示为

$$A = \int \frac{\mu_A(x)}{x} \tag{7.12}$$

如前一小节中讨论的典型集合运算一样，模糊集合基本运算也包括并集、交集和补集，这些运算定义为

$$\begin{cases} 并集：A \cup B = \mu_A(x) \cup \mu_B(x) = \max(\mu_A(x), \mu_B(x)) \\ 交集：A \cap B = \mu_A(x) \cap \mu_B(x) = \min(\mu_A(x), \mu_B(x)) \\ 补集：A^C = F \backslash A \end{cases} \tag{7.13}$$

式中，A 和 B 为模糊集合；x 为论域 X 的基元。图 7.4 演示了上述运算过程。

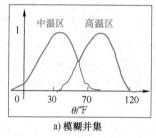
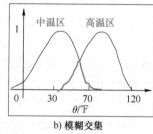
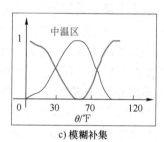

a) 模糊并集　　　　　　　b) 模糊交集　　　　　　　c) 模糊补集

图 7.4　模糊集合的运算

7.2.4　典型集合与模糊集合的比较

7.2.1 小节中定义了学院教职员工集合 F，计算机科学系教职员工集合 A 和 40 岁以下的教职员工集合 B。接下来将通过这个例子来分析典型集合和模糊集合之间的区别。

根据典型集合或观测集合理论，集合 B 只包括 3 个 40 岁以下的成员 (x_1, x_2, x_3)，因此 40 岁以下的教师和 40 岁以上的教师之间的界限是清晰的（见图 7.5 实线）。但对于模糊集合理论，集合 B 除了 x_1、x_2、x_3 这 3 个成员外，还在不同程度上包含了其他成员。10 名教职工的实际年龄分布如图 7.5 中的 x 轴所示。

由图 7.5 可以看出，成员 x_4 和 x_5 在观测集合视图中并不属于集合 B，但可以将其视为隶属度为 0.7 和 0.3 的隶属成员。要将其映射为隶属函数，可以将其表示为

$$\mu_B(x) = \frac{1}{x_1} + \frac{1}{x_2} + \frac{1}{x_3} + \frac{0.7}{x_4} + \frac{0.3}{x_5}$$

式中，除法运算符 "／" 称为分离运算，说明论域中元素与其对应集合的隶属度之间的关系；"+" 则称为或运算，表示汇总。所有隶属度为 0 的项均在式中被省略。

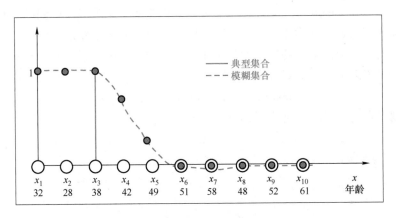

图 7.5　典型集合与模糊集合对比

7.3　模糊化与隶属函数

模糊集合可以将对象或者成员的不确定性或模棱两可的状态表达出来。模糊集合是具有类似于人类观念和思考过程的方法。当采用模糊推理过程时，模糊集合才能产生有用的价值和实用的成果。如前面所介绍的，对真实的产品实现模糊推理或解决实际的问题时，需要 3 个连续的步骤：模糊化、模糊推理过程和去模糊化。

模糊化是应用模糊推理系统的第一步。现实世界中绝大多数变量都是观测变量或典型变量。需要先将这些观测变量（包括输入和输出）转换为模糊变量，然后再应用模糊推理来处理这些数据，最终获得所需的输出。多数情况下，模糊输出需要转换成观测变量，用以实现预期的控制目标。

通常，模糊化包含两个过程：构建输入和输出变量的隶属函数，并用变量语言来表示。这个过程相当于将典型集合转换或映射为具有不同隶属变量的模糊集合。

实际应用中，隶属函数可以有多种不同的类型波形，如三角波形、梯形波形、高斯波形、钟形波形、sigmoidal 波形和 S 曲线波形等。具体类型选择取决于实际的应用条件。在短时间内具有显著动态变化的系统，应采用三角波形或梯形波形。对于控制精度要求较高的系统，应该选高斯或 S 曲线波形。

为了说明模糊化的过程，仍然使用前面小节的空调案例。假设空调控制系统只被单一加热器的控制。常识是，当温度较高时，应关闭加热器控制电动机；当温度较低，则应打开加热器电动机。

通常，标准环境温度范围为 20~90℉。这个范围可以细分为以下 3 个更小范围或子集：

低温区间：20~40℉，30℉为中间温度。

中温区间：30~80℉，55℉为中间温度。

高温区间：60~90℉，75℉为中间温度。

接下来，将这 3 个温度范围转换为变量语言：低温（LOW）、中温（MEDIUM）和高温（HIGH），它们分别对应于上面列出的 3 个温度区间。

温度的隶属函数如图 7.6 所示。为了简化，隶属函数的类型采用了梯形波形。在该模糊隶属函数中，观测温度的低温在某种程度上可以看作是属于中等温度区间的。35℉归属于低温区间和中温区间的隶属度均为0.5。图7.6中还显示了部分隶属函数术语。

比如在低温中，模糊集合的支持度是指在低温中的隶属度大于0的所有基元集合。模糊集合支持度可以用以下函数形式表示，即

$$\text{Support}(\text{LOW}) = \{x \in T \mid \mu_{\text{LOW}}(x) > 0\} \tag{7.14}$$

可以得到模糊集合的支持度就是典型集合。

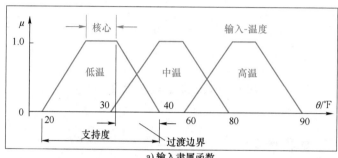

a) 输入隶属函数

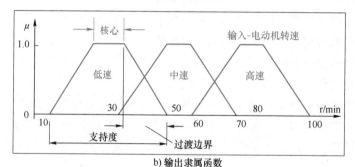

b) 输出隶属函数

图7.6 输入输出的隶属函数

模糊集合核心是指在该集合中隶属度为1的元素的集合，即观测集合。模糊集合的边界是指在该集合中的隶属度在0~1之间（不包括0和1）的元素的范围。

定义了输入和输出的隶属函数后，接下来将定义模糊控制规则。

7.4 模糊控制规则

模糊控制规则可以看作是任何相关领域中专家知识的应用。模糊规则可由IF-THEN形式的逻辑序列表示，从而引导算法规则根据当前观察到的信息决定所应采取的动作或输出。如果采用了闭环控制系统，那么这些规则描述应同时包含输入和反馈。设计或构建模糊规则的原则需要根据人类的知识和经验，而这些知识或经验又依赖于具体的实际应用。

模糊规则IF-THEN将使用变量语言和模糊集合描述的条件同输出或结论相关联。IF部分主要通过灵活的条件捕捉知识，而THEN部分用于以变量语言形式给出结论或输出。此IF-THEN规则被模糊推理系统广泛地应用于计算输入数据与条件规则之间的匹配程度。仍然以空调系统为例，图7.7所示为模糊输入温度T与模糊条件低温之间关联程度的计算方法。

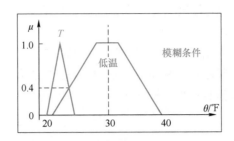

图 7.7　模糊输入温度与模糊条件低温的关系

上述计算关系也可以由下列函数表示为

$$M(T, \text{LOW}) = \text{Support min}(\mu_T(x), \mu_{\text{LOW}}(x)) \qquad (7.15)$$

以下两种模糊控制规则广泛应用于实际情况中：一种是模糊映射规则，另一种是模糊隐含规则。

7.4.1　模糊映射规则

模糊映射规则使用语言变量提供了输入和输出之间的函数映射。模糊映射规则的基础是可描述模糊输入和模糊输出之间关系的模糊逻辑图。在实际应用中，往往很难得出输入和输出之间的确切关系。即使输入与输出之间具有某种联系，这些关系也随着系统的发展而显得复杂多变。模糊映射规则提供了一种有效的解决方案。

模糊映射规则的工作原理与人类的直觉或洞察力类似，每个模糊映射规则只能近似反映出有限数量基元的函数关系，因此完整的模糊函数将是一系列模糊映射规则的集合。仍然以空调系统为例，模糊映射规则可以推导出为：

IF 温度在低温（LOW）区间，THEN 空调散热器电动机应该快速（FAST）运转。

对于其他输入温度，也应制定相应的规则。

大多数实际应用场景，输入变量通常不止一个维度。例如，空调调节系统中，输入量包含了当前温度和温度的变化率。模糊控制规则还需要推广到允许通过多个输入变量来推理得到输出变量。表 7.1 是空调系统中使用的一种模糊控制规则。

表 7.1　模糊规则示例

$\dot{T}$	T		
	低温	中温	高温
低温	快速	中速	中速
中温	快速	慢速	慢速
高温	中速	慢速	慢速

行和列分别表示温度输入和温度输入的变化率，这些输入与 IF-THEN 规则中的 IF 部分相关。控制输出可以看作是位于每行（温度）和每列（温度变化率）交叉点的三维变量，交叉点变量值与 IF-THEN 规则中的 THEN 部分结果相关联。例如，当前温度位于低温区段，温度的变化率也向低温区变化时，应调整加热器电动机的转速为快速，以尽快提高温度。上述过程可以用 IF-THEN 规则表示为：

IF 温度是低温（LOW），且温度变化率向低温区（LOW）变化，THEN 输出（加热器电动机转速）为快速（FAST）。

其他交叉位置的结果都遵循类似的策略，这样的结果与人们的直觉非常相似。

在空调系统例子里，总共制定了 9 条模糊规则。对于需要高控制精度的应用场景，输入输出需要进一步细分，可以具有更多的模糊规则。

7.4.2　模糊隐含规则

模糊隐含规则描述了输入和输出之间的普遍包含的逻辑关系。模糊隐含规则的基础是狭义的模糊逻辑。模糊隐含规则通常与经典的二值逻辑和多值逻辑有关。

仍然以空调系统为例，其含义为：IF 温度是低温（LOW），THEN 加热器电动机快速（FAST）运转。

根据上述含义和实际情况，当温度为高温（HIGH）时，推断结果为加热器电动机停止或减速（SLOW）。

7.5　去模糊化和查找表

由输入、输出隶属函数和模糊规则推理得到的结论或控制输出仍然是模糊的结果或模糊基元，这个过程称为模糊推理。要让这样的结论或模糊输出可用于实际操作，就需要去模糊化。去模糊化就是将模糊输出转换为控制对象所要求的清晰或典型输出量。需要注意的是，模糊结论或输出仍然是语言变量，这样的语言变量还需要通过去模糊化转换为准确的清晰变量。常用的 3 种去模糊化技术为最大值平均值法、重心法和高度法。

7.5.1　最大值平均值（MOM）法

最大值平均值（Mean of Maximum，MOM）去模糊化方法用于计算具有隶属度极值的模糊结论或输出值的平均值。例如，模糊结论为加热器电动机 x 为快速（FAST），则通过 MOM 法，去模糊化可表示为

$$\text{MOM}(\text{FAST}) = \frac{\sum_{x' \in T} x'}{T} \quad T = \left\{ x' \mid \mu_{\text{FAST}}(x') = \text{Support}\mu_{\text{FAST}}(x) \right\} \tag{7.16}$$

式中，T 是输出 x 表示电动机转速为快速的集合。MOM 法的图形表示如图 7.8a 所示。

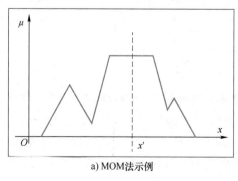

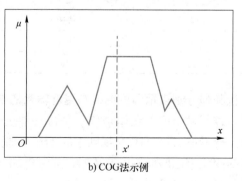

a) MOM法示例　　　　　　　　　　b) COG法示例

图 7.8　去模糊化的方法图形表示

MOM 法的缺点是没有考虑输出隶属函数的整体形状,这种方法只考虑了函数中具有的极值点。对于形状不同但极值点相同的隶属函数,MOM 法会得到相同的结果。

7.5.2　重心 (COG) 法

重心 (Center-of-Gravity, COG) 法是当前实际应用最广泛的去模糊化技术方法。该方法类似于物理学中计算重心的公式方法。通过计算隶属函数的加权平均值或计算以隶属函数曲线为界线的区域加权重心可得到模糊变量的准确值。例如,对于结论加热器电动机 x 快速 (FAST) 旋转,COG 法的输出可以表示为

$$\mathrm{COG}(\mathrm{FAST}) = \frac{\sum_x \mu_{\mathrm{FAST}}(x)x}{\sum_x \mu_{\mathrm{FAST}}(x)} \tag{7.17}$$

如果 x 是连续变量,则去模糊化结果为

$$\mathrm{COG}(\mathrm{FAST}) = \frac{\int \mu_{\mathrm{FAST}}(x)x\,\mathrm{d}x}{\int \mu_{\mathrm{FAST}}(x)\,\mathrm{d}x} \tag{7.18}$$

COG 法的图形表示如图 7.8b 所示。

7.5.3　高度法 (HM)

高度法 (Height Method, HM) 去模糊化方法仅适用于输出隶属函数是对称函数的聚合并集。该方法可分为以下两步。首先,隶属函数的结果 F_i 可以转换成可观测的确切结果 $x = f_i$,其中 f_i 是 F_i 的重心。然后将重心法应用于带有确切结果的规则,其表达式为

$$x = \frac{\sum_{i=1}^{M} w_i f_i}{\sum_{i=1}^{M} w_i} \tag{7.19}$$

式中,w_i 是第 i 条规则与输入数据的匹配程度。这种方法的优点是简单。因此,许多模糊神经网络模型使用该模糊化方法来降低计算的复杂性。

7.5.4　查找表

去模糊化的最终结果是得到查找表。隶属函数的每个子集,包括输入和输出都需要进行去模糊化。在空调系统的例子中,需要根据相关的模糊规则,对温度输入的每个子集(低温、中温、高温)进行去模糊化。根据当前温度和温度变化率,将每个子集的去模糊化的结果存储在查找表的对应位置。接下来以空调系统为例说明去模糊化过程和查找表的创建。

为将介绍简单化,先设定两个假设:①假设温度变化率的隶属函数可以描述为如图 7.9 所示;②该空调系统只采用了 4 条规则。

规则 1:如果温度为低温,且温度变化率为缓慢,则加热器电动机转速为快速。

规则 2:如果温度为中温,且温度变化率为中等,则加热器电动机转速为慢速。

规则 3:如果温度为低温,且温度变化率为中等,则加热器电动机转速为快速。

规则 4:如果温度为中温,且温度变化率为缓慢,则加热器电动机转速为中等。

基于对隶属函数和模糊规则的假设，可以用图像来说明去模糊化过程。图 7.10 表达了以上 4 条模糊规则。

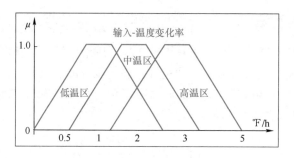

图 7.9　温度变化率的隶属函数

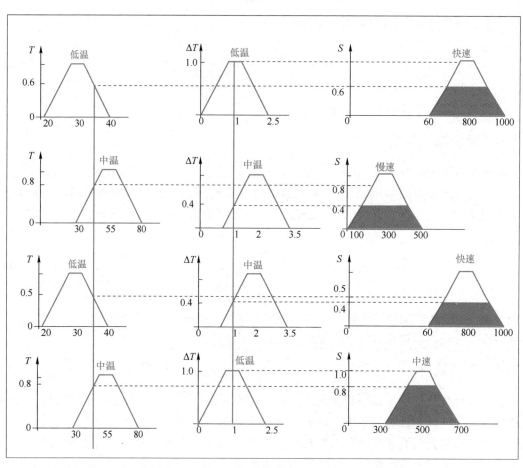

图 7.10　模糊输出计算图解

假设当前的输入温度为 35℉，温度的变化速率为 1℉/h。

由图 7.10 可知，35℉ 的温度值与第一列图（温度输入 T）的交点的隶属函数值分别为 0.6、0.8、0.5 和 0.8。同理，第二列图（温度变化率 ΔT）表明，1℉/h 的温度变化率隶属函数值分别为 1.0、0.4、0.4 和 1.0。这 4 个规则的模糊输出是从图中获得的配对值的交集，或者是温度输入和温度变化率输入之间的交集结果。根据式（7.13），此运算结果应为

min（0.6，1.0）、min（0.8，0.4）、min（0.5，0.4）和 min（0.8，1.0），最终结果分别为 0.6，0.4，0.4 和 0.8。

如图 7.11 所示，隶属函数表示的控制调整是根据输入温度变化而依据不同规则进行加权所得到的结果。

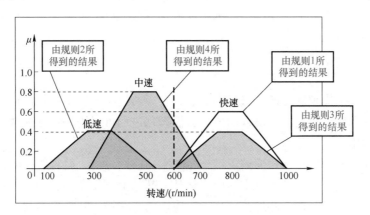

图 7.11　重心法所确定的模糊输出

目前，针对温度和温度变化速率这对变量，存在 4 组模糊输出。要从这些规则导出的结果中确定用于执行的准确值，既可以使用 MOM 法选择最大值，也可以使用 COG 法进行计算。在空调的例子中，可使用 COG 法通过求和区域中心给出具体的执行动作，求和区域的中心由不同的模糊输出得到。此外，与 MOM 法操作相比，COG 法提供了更可靠的查找表。

因此，当输入的参数对为温度为 35℉，温度的变化率为 1℉/h，模糊输出基元 y 为

$$y=\frac{0.6\times800+0.4\times300+0.4\times800+0.8\times500}{0.6+0.4+0.4+0.8}\text{r/min}=600\text{r/min} \tag{7.20}$$

去模糊化的模糊输出是准确值或典型值，应被填入数据查找表中指定位置。由于该模糊输出基元同温度为 35℉的温度输入（在温度隶属度函数中属于低温）和温度变化率为 1℉/h（在温度变化率隶属度函数中也属于低温）两个变量相关联，该输出值应位于表 7.2 中低温 T（行）和低温变化率 $\dot{T}$（列）之间的交点处。

表 7.2　查找表示例

$\dot{T}$	T		
	低温	中温	高温
低温	600	?	?
中温	?	?	?
高温	?	?	?

表 7.2 给出了查找表的示例。读者自行完成该表的其余数据，重复示例过程，使用去模糊化技术计算所有模糊输出值，并将这些输出值定位到数据查找表的相关位置。通常，模糊规则的维度应该与示例中查找表的维度相同。为了获得更高的控制精度或更精准的模糊输出基元值，可以将温度输入和温度变化率划分为更多更小的子集，以获得更精细的隶属函数。在本例中，可以定义"极低温"子集，让它覆盖 20~30℉的温度，缩小"低温"子集覆盖

至 30~40℉的温度范围等。对温度变化率和加热器电动机转速输出进行相同的处理，同样可以得到更精细的查找表。

需要更高的控制精度时，可以对数据查找表的数值进行插值，获得更精确的输出。

实际系统中运行的模糊逻辑技术，将查找表存储在计算机的内存空间中，用户可以根据当前输入实时获取模糊输出。实践中，利用模糊推理过程计算查找表有两种方法：离线方法和在线方法。

7.5.5 离线与在线去模糊化

如前面几小节中提到的方法，去模糊化过程是指通过将隶属函数与模糊规则相结合的去模糊化处理技术推导出所需的准确输出值。去模糊化过程可以进一步分为两类：离线去模糊化和在线去模糊化。

所谓的离线去模糊化是指在模糊逻辑技术在实际应用之前，就将所有的输入输出隶属函数、模糊规则、查找表等在基于对实际应用估计的基础上开发完善。这意味着，所有的输入和输出隶属函数都只能根据实际经验，或指定应用程序的输入和输出参数范围进行开发，并根据这些输入和输出隶属函数的定义计算查找表。该方法的优点是，因为大多数与模糊推理相关的计算都在实际运转实现之前完成，使得模糊过程耗时较短。该技术的缺点是，模糊输出仅基于对输入和输出参数的估计，控制精度低于在线方法。

在线方法具有实时可控性。输入和输出隶属函数都是在实际应用程序的处理过程中实时处理的结果。此外，查找表的基元数值也是根据实时输入和输出计算获得的。在这种方法中，只有模糊规则是在实际应用之前制定的。该方法的优点是可以获得较高的控制精度，并且可以实时计算得到模糊输出。该方法的缺点是需要较长的运算处理时间，处理过程相对耗时。但随着新的计算机技术的发展，更快的 CPU 应用，处理时间的短板对于这种方法来说不再是阻碍。

7.6 模糊逻辑控制系统的结构

结合前几节的讨论，本节给出了模糊逻辑控制系统的结构。

如图 7.12 所示的典型的闭环模糊控制系统中，输入的误差和误差率，可通过 M 模块组合输入模糊推理系统；再根据输入、输出和模糊控制规则的隶属函数得到查找表。控制增益因子 K 用于调整输出查找表以获得不同的输出值。插值模块 S 用于平滑查找表的输出数值。反馈信号从系统的输出中通过传感器获取。

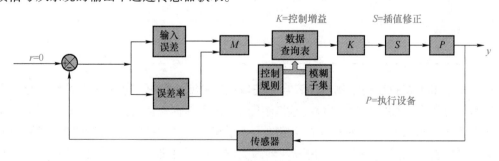

图 7.12 模糊控制系统框图

如图 7.13 所示，对于控制精度要求高的系统，模糊控制系统需要多个查找表。

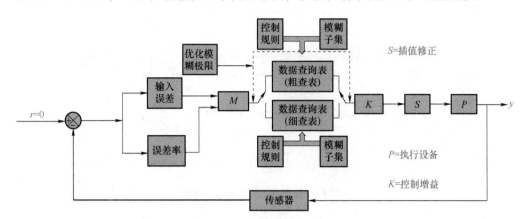

图 7.13　精确的模糊控制系统框图

可以为控制系统开发两个查找表：一个粗略查找表（粗查表）和一个精细查找表（细查表）。实际应用中，粗查表和细查表之间的切换受到输入误差限制的影响。用户可以根据实际应用程序定义限制值。该系统采用两套隶属函数和控制规则，以满足较高的控制精度要求。当系统需要快速响应或快速操作时，使用粗查表。当系统需要较高的控制精度或较小的控制误差时，系统会选择细查表。这种方法需要更多的内存空间来存储粗查表和细查表，并且需要更长的时间来根据输入误差限制值选择查询的数据表。

以上部分回顾了模糊集合、模糊规则和模糊推理系统的基本原理。从明确集合和典型集合的运算入手，推导出了模糊集合及其运算并根据集合理论详细讨论了模糊隶属函数。使用空调控制的例子描述了模糊规则，据此逐步讨论了不同的去模糊化技术及其过程。最后，讨论了诸如离线和在线模糊控制系统，以及包括多个查找表的闭环模糊控制系统的模糊控制技术。

7.6.1　模糊比例微分（PD）控制器

传统的 PD 控制系统算法定义为

$$u(t) = K_{\mathrm{P}}e(t) + K_{\mathrm{D}}\frac{\mathrm{d}e(t)}{\mathrm{d}t} \tag{7.21}$$

PD 控制算法的数值计算表达式为

$$\Delta u_k = K_{\mathrm{P}}e_k + K_{\mathrm{D}}\Delta e_k = K_{\mathrm{P}}e_k + K_{\mathrm{D}}(e_k - e_{k-1}) \tag{7.22}$$

$$u_{k+1} = u_k + \Delta u_k \tag{7.23}$$

如果 e_k 和 Δe_k 是模糊变量，那么式（7.22）和式（7.23）就构成了模糊 PD 控制器。由此，可以得到一种实用的模糊 PD 控制算法，即

$$\begin{cases} u_{k+1} = u_k + \Delta u_k = u_k + K\Delta U_k \\ \Delta U_k = F\{E_k, \Delta E_k\} = F\{K_{\mathrm{P}}e_k, K_{\mathrm{D}}\Delta e_k\} \end{cases} \tag{7.24}$$

式中，F 表示通过查找表形式获取结果的模糊函数。模糊 PD 控制系统的框图如图 7.14 所示。

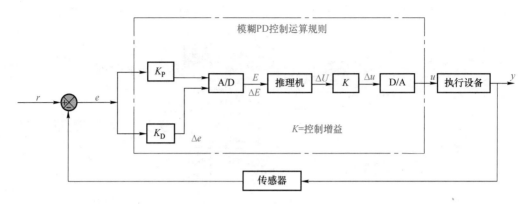

图 7.14　模糊 PD 控制系统的框图

7.6.2　模糊比例积分（PI）控制器

传统的 PI 控制系统算法定义为

$$u(t)=K_\mathrm{P}e(t)+K_\mathrm{I}\int edt \tag{7.25}$$

PI 控制算法的数值计算表达式为

$$\Delta u_k=K_\mathrm{P}\Delta e_k+K_\mathrm{I}e_k=K_\mathrm{P}(e_k-e_{k-1})+K_\mathrm{I}e_k \tag{7.26}$$

$$u_{k+1}=u_k+\Delta u_k \tag{7.27}$$

如果 e_k 和 Δe_k 是模糊变量，那么式（7.26）和式（7.27）就构成了模糊 PI 控制器。由此，可以得到一种实用的模糊 PI 控制算法，即

$$\begin{cases}u_{k+1}=u_k+\Delta u_k=u_k+K\Delta U_k\\ \Delta U_k=F\{E_k,\Delta E_k\}=F\{K_\mathrm{I}e_k,K_\mathrm{P}\Delta e_k\}\end{cases} \tag{7.28}$$

式中，F 表示通过查找表形式获取结果的模糊函数。模糊 PI 控制系统的框图如图 7.15 所示。

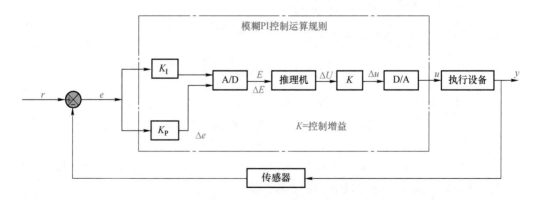

图 7.15　模糊 PI 控制系统的框图

下一节将介绍功能强大的工具——MATLAB 模糊逻辑工具箱，以帮助用户轻松、高效、方便地设计、构建和模拟模糊闭环控制系统。

7.7　MATLAB 模糊逻辑工具箱简介

根据类型定义，模糊逻辑推理系统可分为两类模糊系统：一型和二型。本章主要讨论一型模糊逻辑系统，在第 9 章讨论二型模糊逻辑系统。

MATLAB 提供了非常强大的工具——模糊逻辑工具箱，以帮助用户能以简单、有效的方式设计、构建和实现模糊逻辑控制器。本质上，模糊逻辑工具箱由一套能够提供模糊逻辑系统设计和构建的函数组成，这些函数的覆盖范围广泛。在此基础上，MATLAB 给这些功能提供了模糊逻辑工具箱图形用户界面工具（Fuzzy Logic Toolbox Graphical User Interface Tool，FLTGUIT），用户通过图形界面可以更加直观和方便地调用函数，让设计和构建模糊逻辑控制器变得容易和有趣。首先，关注了解这些模糊逻辑函数，随后再详细介绍 FLIGUIT 工具。

大部分函数可以根据其功能进行分类如下：

1）创建或生成一个新的模糊推理系统。

2）在模糊推理系统中添加新的变量。

3）在模糊推理系统中添加/删除新的隶属函数。

4）在模糊推理系统中添加、编辑和显示控制规则。

5）执行模糊推理计算并估计隶属函数。

6）绘制并显示出模糊推理系统。

7）保存并加载模糊推理系统。

接下来，详细讨论这些类别中的具体函数。

7.7.1　模糊推理函数

类别一中包含下列函数：

1）newfis( )——创建新的模糊推理系统。

语法规则：fis = newfis('name')。此函数返回一个具有指定名称的默认 Mamdani 模糊推理系统。

2）genfis( )——从数据中生成新的模糊推理系统。

语法规则：fis = genfis（inputData，outputData）。此函数可对给定输入和输出数据网格化，从而得到单输出的 Sugeno（关野）模糊推理系统。输入的数据是 N 列数组，其中，N 为 FIS 输入的数量。同样，输出数据是 M 列，M 为 FIS 输出的数量。

类别二中包含下列函数：

addvar( )——向模糊推理系统中添加新的变量。

语法规则：fis = addvar（fis，varType，varName，varBounds）。

函数中包含 4 个输入参数：

fis 为模糊推理系统的工作空间，指定为 FIS 结构。

varType 为要添加的变量类型，指定为"输入"或"输出"。

varName 为要添加的变量名称，指定为字符向量或字符串。

varBounds 为变量范围，指定为双元素向量，其中第一个元素是变量的最小值，第二个元素是变量的最大值。

类别三中包含以下函数：

1）rmvar( )——从模糊推理系统中删除一个隶属函数。

语法规则：fis=rmvar（fis，varType，varIndex）。此函数可从与工作空间 FIS 结构相关联的模糊推理系统列表索引 varIndex 中移除 varType 的变量：

varType 可以是"输入"，也可以是"输出"。

varIndex 是整数型变量，用于表示变量列表的序号。

以下 3 个函数属于在模糊推理系统中添加/删除新的隶属函数类别：

2）addmf( )——在模糊推理系统中添加新的隶属函数（MF）。

语法规则：fis=addmf（fis、varType、varIndex、mfName、mfType、mfParams）。需要注意的是，隶属函数不能直接添加到任何模糊推理系统（FIS）中，相反，它只能添加到现有 FIS 的变量中。索引按照添加的顺序分配给隶属函数。该函数需要 6 个输入参数：

fis 为模糊推理系统的工作空间中的指定 FIS 结构。

varType 为添加的隶属函数的变量类型，可以是"输入"或"输出"。

varIndex 为添加的隶属函数的变量索引，指定为小于或等于 varType 指定类型的变量数量的正整数。

mfName 为新隶属函数的名称，可以是一个字符向量或字符串。

mfType 为新隶属函数的类型。

mfParams 为新隶属函数的参数。

3）rmmf( )——从模糊推理系统中删除一个隶属函数。

语法规则：fis=rmmf（fis，varType，varIndex，'mf'，mfIndex）。

使用函数创建名为 tipper 的新 FIS 的例子，并在该 FIS 中添加新的变量和隶属函数，具体如下所示：

```
a=newfis('tipper');                              %创建名为 tipper 的 FIS
a=addvar(a,'input','service',[0 10]);            %添加输入变量
a=addmf(a,'input',1,'poor','gaussnf',[1.5 0]);   %添加模糊规则 poor
a=addmf(a,'input',1,'good','gaussmf',[1.5 5]) ;  %添加模糊规则 good
a=addmf(a,'input',1,'excellent','gaussmf',[1.5 10]) ;
```

4）mfedit( )——在 FLTGUIT 中打开隶属函数编辑器。

语法规则：mfedit(fis) 和 mfedit(fileName)。第一个函数可针对 FIS 结构，在 MATLAB 工作空间变量上进行计算操作；mfedit（filename）可生成隶属函数编辑器，允许检查和修改存储在文件中的所有 FIS 隶属函数。

以下 5 个函数属于在模糊推理系统中添加、编辑和显示控制规则类别：

1）addrule( )——在模糊推理系统中添加新的规则。

语法规则：fis=addrule（fis，ruleList）。第二个参数 ruleList 是由一行或多行组成的矩阵，每行代表一个给定的规则。规则列表矩阵的格式有特殊要求：如果有 m 个输入和 n 个输出，那么规则列表中必须有 $m+n+2$ 列。

2）showrule( ) ——显示给定 FIS 的规则列表。

语法规则：showrule (fis)。

3）parsrule（ ）——解析模糊规则。

语法规则：newFIS = parsrule（oldFIS，ruleList）。此函数返回模糊推理系统的 newFIS，相当于输入的模糊系统 oldFIS，必须用规则列表中指定的规则替换 ruleList。

4）ruleedit（ ）——打开规则编辑器。

语法规则：ruleedit（fileName）。此函数打开存储在文件中的 FIS 规则进行编辑；ruleedit（fis），用于在 MATLAB 工作空间中对 FIS 结构变量 fis 进行运算。

5）ruleview（ ）——打开规则查看器。

语法规则：ruleview（fileName）。此函数描述存储在 fileName 中模糊推理系统的推理图；ruleview（fis）可打开模糊推理系统 fis 的规则进行查看。该函数用于查看自始至终的整个隐含过程。可以通过输入进行检索找到对应位置，观察系统调整并计算输出的过程。

接下来，用一个例子来理解规则列表矩阵的格式。

假设模糊推理系统名称为 tipper，此系统是用来计算某餐厅整个支付服务费用的系统。该推理系统中添加了 3 个变量，其中两个输入变量为 service 和 food，一个输出变量（表示费用）为 tip。同时，每个变量都有 3 个相关的隶属函数，如下所示：

1）对于服务（service），3 个 MF 等级：poor（差）、good（好）和 excellent（优秀）。

2）对于菜品（food），3 个 MF 等级：rancid（不新鲜）、acceptable（还行）和 delicious（美味）。

3）对于费用（tip），3 个 MF 等级：cheap（低廉）、average（一般）和 generous（昂贵）。

基于这些变量和隶属函数，可以编写一个简单的规则列表。

1）If（service is poor）and（food is rancid）then（tip is cheap）。

2）If（service is good）and（food is rancid）then（tip is average）。

3）If（service is excellent）and（food is delicious）then（tip is generous）。

根据上述规则列表中，可以按模糊规则（MF）等级升序进行排列：

1）服务，poor = 1，good = 2，excellent = 3。

2）菜品，randic = 1，acceptable = 2，delicious = 3。

3）费用，cheap = 1，average = 2，generous = 3。

基于模糊规则（MF）定义，可以将上述规则转换为矩阵：

$$
\begin{matrix}
1 & 1 & 1 \\
2 & 2 & 2 \\
3 & 3 & 3
\end{matrix}
$$

以下两个函数属于执行模糊推理计算并评估隶属函数类别：

1）evalfis（ ）——执行模糊推理计算。

语法规则：output = evalfis（input、fismat）和 output = evalfis（input、fismat、numPts）。

函数的输入参数包括：

input 为指定输入值或矩阵。如果输入是 $M \times N$ 矩阵，其中 N 是输入变量的数量，那么函数将每一行输入作为一个输入向量，并将 $M \times L$ 矩阵返回给输出变量，其中每一行是一个输出向量，L 是输出变量的个数。

fismat 为 FIS 结构待估值。

numPts 为在输出变量范围内评估隶属函数的样本点的数量，指定的数值必须为大于 1

的整数，如果不指定，默认值为 101。

该函数的例子如下：

```
fismat=readfis('tipper');
output=evalfis([2 1;4 9],fismat)
```

2）evalmf( )——计算给定输入的隶属函数。

语法规则：y=evalmf (x，mfParams，mfType)。此函数可以估值任何隶属函数，其中 x 是隶属函数估值的变量范围，mfType 是工具箱中的隶属函数，而 mfParams 是该函数的适当参数。

使用 evalmf( ) 函数的例子如下：

```
x=0:0.1:10;
mfparams=[2 4 6];
mftype='gbellmf';
y=evalmf (x,mfparams,mftype);
```

以下 5 个函数属于绘制并显示模糊推理系统类别：

1）plotfis( )——绘制模糊推理系统。

语法规则：plotfis (fismat)。此函数显示了 FIS、fismat 的高级示意图。

2）showfis( )——显示所选模糊推理系统的内容。

语法规则：shofis (fismat)。

3）surfview( )——曲面查看器，以三维视图显示模糊推理系统的曲面或包络线。

语法规则：surfview (fis)。

4）Plotmf( )——绘制给定变量的隶属函数图像。

语法规则：plotmf (fis，varType，varIndex)。此函数绘制 FIS 中与给定变量关联的所有隶属函数，其变量的类型和索引分别由 varType（"输入"或"输出"）和 varIndx 给出。该函数还可以与 subplot( ) 函数一起使用。

5）gensurf( )——生成模糊推理系统的曲面。此函数与 surfview( ) 的函数类似，但唯一的区别是该函数不能打开曲面查看器。

语法规则：gensurf (fis)。

以下两个函数属于保存并加载模糊推理系统类别：

1）writefis( )——将模糊推理系统保存到文件中。

语法规则：writefis (fis) 和 writefis (fis、fileName)。函数 writefis (fis) 可在 MATLAB® 工作空间中将 FIS 结构保存成以 .fis 为扩展名的文件。函数 writefis (fis，fileName) 可写入一个对应于 FIS 结构的文件，并对文件命名。

2）readfis( )——从文件中加载一个模糊推理系统。

语法规则：fis=readfis (fileName)。

使用 writefis( ) 和 readfis( ) 的两个例子如下：

```
a =readfis('tipper');
writefis(a,'tipper');
```

接下来，重点关注模糊逻辑图形用户界面工具（FLGUIT），其提供了强大而方便的方式来帮助用户设计、构建和实现模糊推理系统，便于在实践中运用模糊控制方法。

7.7.2　模糊逻辑工具箱图形用户界面工具（FLTGUIT）

该工具的主要目的是建立起图形用户界面与用户之间的桥梁，使用户可以轻松获取上一小节中介绍的模糊逻辑功能函数，从而快捷地设计和建立模糊推理系统。模糊逻辑工具箱图形用户界面工具的优势在于，用户不需要详尽地了解模糊函数，只需通过拖动、移动、单击相关的连线工具，就可以轻松地设计和构建专业的模糊推理系统，从而实现设计目标。图形用户界面隐藏了绝大部分的细节，省去用户处理这些函数的工作。但其也有缺点，由于用户对这些功能的绝大部分细节都不清楚，实际上设计者面对的是功能盲盒，难以短时间内构建出更加专业的模糊推理系统。

因此，设计和构建更专业的模糊推理系统并将其实施应用，需要首先对这些模糊功能进行详细地研究和了解。

模糊逻辑工具箱图形用户界面工具与在模糊逻辑工具箱中的所有模糊函数之间的体系结构关系如图 7.16 所示。

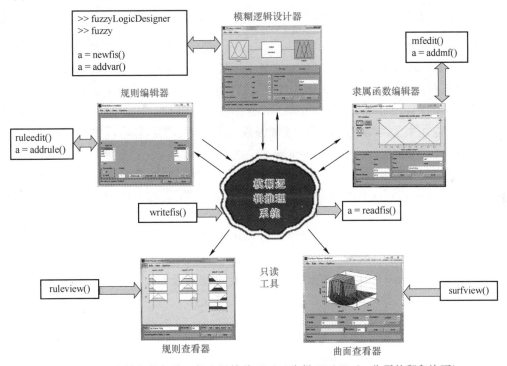

图 7.16　工具箱与其相关函数之间的关系（已取得 MathWorks 公司的翻印许可）

整个面板由 5 个以模糊逻辑推理系统为核心的用户界面（UT）组成：模糊逻辑设计器、隶属函数编辑器、规则编辑器、规则查看器和曲面查看器。

接下来，本节将逐一分析讨论（前 3 部分）。

7.7.2.1　模糊逻辑设计器

模糊逻辑工具箱图形用户界面工具为用户提供了打开 FLTGUIT 的路径，由此可开始创建新的 FIS，或将现有 FIS 或已完成的 FIS 导入工作空间。用户可通过在 MATLAB 命令窗口中输入命令 "fuzzy" 或 "fuzzy Logic Designer"，按下键盘上的<Enter>键打开这个 UI 对话框。界面的 3 个菜单项可以帮助用户简单而有趣地设计和构建 FIS。这些菜单项如图 7.17 所示。

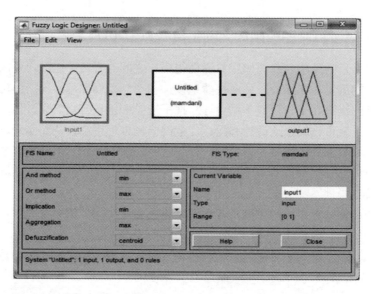

图 7.17　模糊逻辑设计器界面（已取得 MathWorks 公司的翻印许可）

1）File→New FIS，File→Import，File→Export。提供新建两种类型的 FIS：Mamdani 和 Sugeno。对于 Import 和 Export，可以从文件或工作区导入。导出操作的选择相同。

2）Edit 菜单提供了更多具体关于函数编辑的功能，有以下 4 个功能项：

① Edit→Add Variable→Input/Output。该项提供用户向 FIS 中添加输入或输出的模糊变量。实际上，这相当于调用此前介绍的模糊函数 addvar( )。默认输入变量为 input1，输出变量为 output1。新添加的输入变量为 input2，输出变量为 output2。可以通过 name 框中修改添加变量的默认名称（input1），变量名称编辑如图 7.17 所示。

② Edit→Remove Selected Variable。该项提供用户删除添加或选中的变量。此项等价于模糊函数 rmvar( )。

③ Edit→Membership Functions。该项提供用户配置和修改所选变量的隶属函数。图 7.18 所示为变量 input1 的隶属函数编辑界面。在这个编辑界面用户可实现：

a）通过在"Name"框中键入新名称，可在此隶属函数中定义和更改所选成员的名称。在图 7.18 中，对于默认变量 input1，隶属函数名称为 mf1。

b）在"Type"组合框的下拉列表中可以选择隶属函数类型。默认为三角形函数 trimf，如图 7.18 所示。

c）在"Range"框中可以定义或更改隶属函数或全集的范围。默认值为 [0 1]，如图 7.18 所示。

d）向左或向右拖动调整或移动所选隶属函数轨迹，等同于调整所选隶属函数的参数，"Params"框中的值也会随着移动而改变。通过选择不同的隶属函数可进行类似的调整。

e）编辑完成后，单击"Close"按钮，关闭隶属函数编辑器。所有修改会被自动保存。

④ Edit→Rules。该项可打开"规则编辑器"来创建和修改所选 FIS 的规则。规则编辑器如图 7.19 所示。实际上，编辑器允许用户基于实际应用情况构建 IF-THEN 规则。编辑器的默认设置包括：

a）单选框 and 或者 or 可实现对隶属函数选择逻辑关系的运算，如图 7.19 所示。

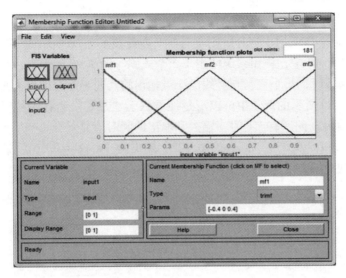

图 7.18　隶属函数编辑器界面（已取得 MathWorks 公司的翻印许可）

b）在 Weight 下的文本框中可以修改权重值，默认权重为 1。可以更改所选规则的权重，并记录在规则中。

c）每个变量的默认条件是 yes。可以选中规则列表下的"not"将此条件更改为非。

d）添加新规则时，通过单击 input1 变量列表选择条件（MF），再选择 input2 变量列表中的条件（MF）。单击"Add rule"按钮，选中的规则将被添加到规则编辑器中。

e）单击"Close"按钮，规则编辑器将被关闭，并可以自动保存所有新添加的规则。该编辑器将在 7.7.2.3 小节中详细介绍。

通过单击"Change rule"或"Delete rule"按钮来更改或删除所选规则。图 7.19 显示了建立规则的例子。在规则中提供了 3 条规则：mf1、mf2 和 mf3；两个输入变量 input1 和 input2 以及一个输出变量 output1。每条规则末尾的括号内的数字表示该规则的权重，默认为 1 时表示与其他规则没有任何重复或关联。

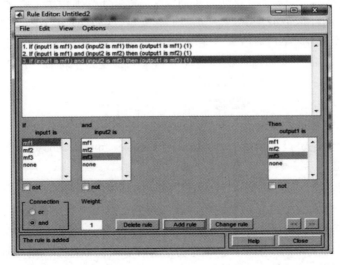

图 7.19　规则编辑器界面（已取得 MathWorks 公司的翻印许可）

3）View 菜单项提供了以下两个功能项：

① View→Rules。该项用于打开规则查看器，查看如图 7.20 所示的 FIS 计算的动态变化或实时视图。在图 7.19 中，模糊系统使用了 3 个规则。图 7.20 显示了在用户移动或改变竖线穿越所有隶属函数时，每个变量与竖线的交点输出将实时显示在输出变量 FIS 的动态变化视图中。通过图 7.20 所示的例子中可以清楚地看到上述过程。当移动的竖线贯穿过每个变量（包括输入和输出）的所有 MF 时，输入和输出的瞬时值显示在每个变量图像的顶部。在本例中，输入为 input1＝0.234，input 2＝0.723；输出为 output1＝0.567。这是一种实时推导 input-output 关系的简便方法。

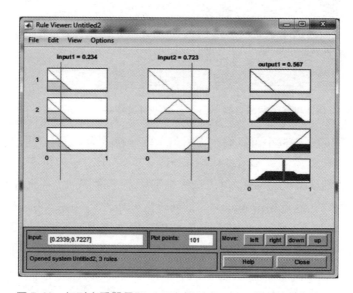

图 7.20　规则查看器界面（已取得 MathWorks 公司的翻印许可）

用户通过规则查看界面右下角的 "left" "right" "down" 或 "up" 按钮变换视图，从而获取不同方向上的视图。单击 "Close" 按钮关闭界面后，所有当前设置都会被自动保存。

② View→Surface。该项让用户通过曲面查看器查看所求得的 FIS 表面三维曲面。如图 7.21 所示，input1 和 input2 输入作为 X-Y 平面变量，output1 作为第三维变量。通过修改 X 网格或 Y 网格框中的数字可以改变 X 和 Y 方向的网格点，还可以通过分别从 X（input）、Y（input）和 Z（output）组合框中选择对应变量来修改变量坐标轴。单击 "Close" 按钮关闭此查看器后，所有当前设置将自动保存。

接下来将仔细分析隶属函数编辑器。

7.7.2.2　隶属函数编辑器

当用户选择模糊逻辑设计器中的 "Edit"→"Membership Functions" 时，会打开隶属函数编辑器，如图 7.18 所示。本节将详细这个编辑器。

在此界面中有 3 个菜单项：File、Edit 和 View。File 和 View 两个功能项与模糊逻辑设计器中的用法相同。不同的是隶属函数编辑器的编辑项，提供了更丰富的功能，允许用户管理和选择需要的隶属函数功能。编辑项下共有 7 个子菜单：

1）Edit→Add MFs。用户可以基于现有或默认的隶属函数添加新的隶属函数。选择此项目时，将弹出要求用户输入要添加的 MF 类型和新函数数量的对话框。

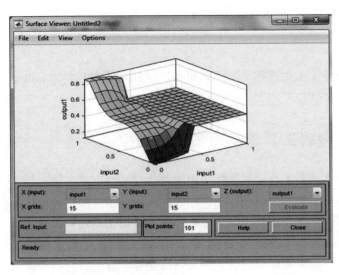

图 7.21　曲面查看器界面（已取得 MathWorks 公司的翻印许可）

2）Edit→Add Customer MF。用户添加定制的 MF。定制 MF 是指根据用户所需调整 MF 相关的所有参数，如类型、名称、范围和参数列表等，不采用任何默认值。

3）Edit→Remove Selected MF。用户删除选中或添加的 MF。在激活此项目之前，用户需要从 UI 中选择至少一个 MF 用于删除。

4）Edit→Remove All MFs。用户从界面中删除所有现有的隶属函数。

5）Edit→Undo。误操作时，用户还可以通过 Edit→Undo 菜单项来恢复所有删除的隶属函数。

6）Edit→FIS Properties。该项用于切换到模糊逻辑设计器 UI。

7）Edit→Rules。该项用于打开规则编辑器。

用户可以通过单击"Close"按钮来关闭此界面。关闭此用户界面后，所有当前设置将自动保存。

7.7.2.3　规则编辑器

规则编辑器在 7.7.2.1 小节中已经提及，如图 7.19 所示。在界面中有 4 个菜单项：File、Edit、View 和 Option。其中 File 和 View 的菜单功能与模糊逻辑设计器中的菜单功能相同。Edit 菜单下有 3 个子菜单项，它们是：

1）Edit→FIS Properties。该项用于切换到模糊逻辑设计器的界面。

2）Edit→Membership Functions。该项用于切换到隶属函数编辑器的界面。

3）Edit→Undo。该项用于恢复或取消前一个操作。

Option 选项下有两个子菜单项：

1）Options→Language。该项用于为规则定义选择不同的语言。

2）Options→Format。该项用于选择不同的格式来表示规则。规则表示的默认格式是 Verbose。Indexed 是一种实用的格式。选择了这种格式，每个规则都由一个索引序列表示，与 7.7.1 小节中规则列所展示的一样。本小节在图 7.19 中创建的 3 个规则，在选择了索引格式后，这些规则就变成如下的索引格式：

$$
\begin{array}{llll}
1 & 1 & 1 & (1) \\
1 & 2 & 2 & (1) \\
1 & 3 & 3 & (1)
\end{array}
$$

现在读者们具备了关于模糊逻辑工具箱和模糊控制技术的知识，可以在实际设计应用程序中来运用这些技术。

7.8 用模糊逻辑工具箱实现模糊逻辑控制

如前所述，模糊逻辑工具箱在实际应用中有两种实现方式。第一种方法是通过模糊逻辑工具箱图形用户界面工具（FLTGUIT）访问模糊推理函数，第二种方法是直接访问和使用模糊函数来构建所需的模糊控制系统。使用第一种方法的优点是，设计者不必关注这些模糊函数的细节，通过 FLTGUIT 提供的各种 UI 界面可轻松地设计和构建模糊逻辑控制系统或模糊推理系统。但是，其缺点是以这种方式构建的应用程序有一些实现的限制。例如，这些程序只能在 FLTGUIT 环境中使用，但不能在实时应用程序中实现。使用第二种方法的优点是，任何以这种方法开发的应用程序都可以在不同的环境中实时使用。

首先，采用第一种方法设计并构建控制直流电动机的模糊推理系统。

7.8.1 FLTGUIT 在直流电动机系统中的应用

在本小节中，将使用第 5 章中使用的直流电动机系统的例子。电动机的传递函数或动态模型为

$$
G(s) = \frac{6520}{s(s+430.6)} e^{-0.005s} \tag{7.29}
$$

该模型的传播时间延迟为 0.005s 或 5ms。

事实上，当将模糊逻辑控制器应用于控制系统时，不需要任何动态模型，因为它是无模态控制器。这里的电动机模型只是作为参考。

直流电动机闭环模糊逻辑控制系统的功能框图如图 7.22 所示。

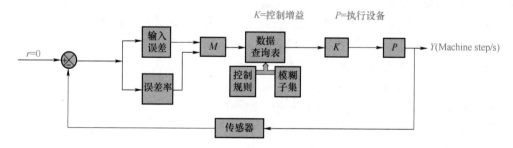

图 7.22 直流电动机闭环模糊逻辑控制系统的功能框图

误差输入电压来自转速表中电动机的预设转速与电动机的实际转速值的比较。传感器用于将电动机转速（Machine steps/s）转换为相关的误差电压。

该控制系统采用误差和误差率两种输入。控制增益用于通过查找表来校准和调整模糊逻辑控制的输出。

设计模糊逻辑控制器（FLC）所需的参数是该直流电动机系统的输入和输出变量范围。表 7.3 显示了该电动机控制系统的输入和输出变量范围。

表 7.3　输入和输出变量范围

变量	变量范围	单位
输入误差	−0.1~0.1	V
输入误差率	−0.06~0.06	V
电动机输出转速	−600~600	Machine steps/s

7.8.1.1　模糊逻辑控制系统的隶属函数设计

为了用模糊集合来表示误差输入和误差率输入，要选择一组语言变量来表示 7 个转速状态的误差、误差率和控制输出。

构造隶属函数来表示属于不同转速状态下隶属函数集合或语言变量集合的输入和输出。

输入误差、误差率和控制器输出的隶属函数如图 7.23 所示。输入误差和误差率的单位都是伏特（Voltage），输出 U 的单位是电动机机械脉冲步数（Machine steps/s）。

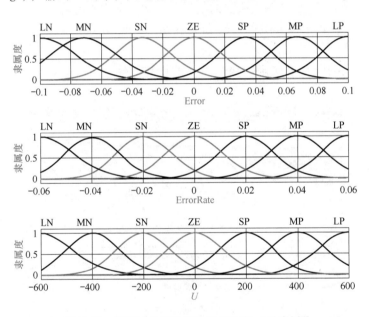

图 7.23　用于输入和输出的隶属函数（见彩插）

语言变量的定义如下：

1）LN——最大反向转速。

2）MN——中等反向转速。

3）SN——最小反向转速。

4）ZE——零转速。

5）SP——最小正向转速。

6）MP——中等正向转速。

7）LP——最大正向转速。

在 MATLAB 命令窗口中输入"fuzzy Logic Designer"或"fuzzy"命令，然后按<Enter>键，打开模糊逻辑工具箱。使用以下操作步骤为输入误差 Error、输入误差率 ErrorRate 和输出 U 创建 3 个隶属函数：

1）转到"Edit"→"Add Variable"→"Input"添加第二个输入变量。通过在"Name"框中将此变量的名称更改为"ErrorRate"。选择第一个输入变量 input1，并将其名称更改为"Error"。

2）双击 Error 变量图标打开隶属函数编辑器。选择"Edit"→"Remove All MFs"以删除所有默认 MF。

3）选择"Edit"→"Add MFs"以打开隶属函数对话框。在 MF 的数量框中输入 7，从"Type"组合框中选择"gaussmf"项，然后单击"OK"按钮，从而将隶属函数添加到 FIS 中。

4）更改每个成员函数的名称。在每个"Name"框键入相关的名称：LN、MN、SN、ZE、SP、MP 和 LP。通过将每个轨迹向左或向右拖动来更改每个函数的范围，以获得更大的覆盖范围。

5）通过在"Range"框中输入所需的上界和下界来修改整个集合范围。对于 Error，范围设置为 -0.1 ~ 0.1。对于 ErrorRate，范围设置为 -0.06 ~ 0.06。对于输出 U，范围设置为 -600 ~ 600。

6）对 3 个变量的所有隶属函数执行类似的操作。输入误差隶属函数的示例如图 7.24 所示。

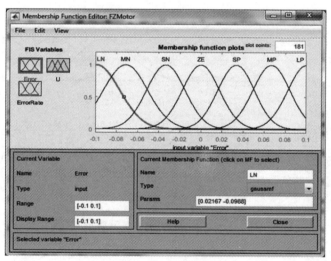

图 7.24　输入误差隶属函数的示例

选择所有隶属函数的类型为高斯波形是为了获得更平滑的直流电动机控制输出，从而获得更好的响应。

如图 7.22 所示，该闭环系统中使用的传感器是转速计，通过系数运算将电动机转速转换成相关电压。该系数的值由输入电压的上界和电动机转速来计算（0.1/600 = 0.00017V·s/Machine steps）。

注意随时通过"File"→"Export"→"To File"或者"File"→"Export"→"To Workspace"

将此 FIS 保存到文件或具有该名称的工作区。在本例中，将此 FIS 保存为 FZMotor.fis 的文件，并将 FZMotor 作为工作区的名称。

7.8.1.2　模糊逻辑控制系统控制规则的设计

控制规则实际上是由数学描述或某些物理定律来决定的控制规律。当然，这些控制规则应该与隶属函数结合起来形成查找表，从而获得模糊逻辑控制（FLC）的输出。控制规则的确定高度依赖于实际应用。例如，在简单的温度控制系统中，当室内温度足够低时应关闭空调，当室内温度过高时应打开空调。量化的"足够冷"和"足够热"才是明确的控制规则。这样的控制相比于模糊逻辑控制具有很大局限性且控制效果差。FLC 中的控制规则在很大程度上取决于人的判断。

控制规则可以根据常识或某些控制理论工具来设计，如系统在时域内的阶跃响应。时域内的阶跃响应可以映射到相平面上。利用阶跃响应的时域和相平面之间的关系，可以推导得到相应的控制规则。这种方法相比其他方法有不少优点。相平面方法的重要特点之一是可以将相位提前信息引入相平面，进而将这些信息集成到控制规则中，以改善系统中存在的时延效果。根据 H. X. 李（H. X. Li）和 H. B. 加特兰（H. B. Gatland）的研究$^{\ominus}$，时域上的阶跃响应可以映射为相平面上的相关响应，如图 7.25 所示。

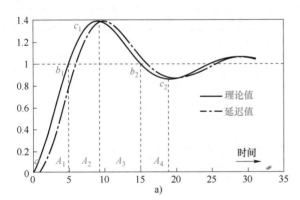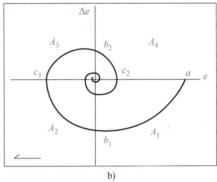

图 7.25　时域与相平面之间阶跃响应的映射

如图 7.25a 所示，时域阶跃响应可以分为 A_1、A_2、A_3 和 A_4 4 个区域，并分别有 a、b_1、b_2、c_1 和 c_2 共 5 个分离点。这些区域和点可以等效地映射到如图 7.25b 所示的相平面。水平轴定义为误差 e，竖直轴定义为误差率 Δe。这两个变量的定义为

$$e=1-y \quad \text{和} \quad \Delta e=e_k-e_{k-1}$$

基于图 7.25 和上述定义，映射到相平面上的阶跃响应可以分为时域中的 4 个区域：

1）A_1：$e>0$ 且 $\Delta e<0 \leftrightarrow A_1$ 在相平面

2）A_2：$e<0$ 且 $\Delta e<0 \leftrightarrow A_2$ 在相平面

3）A_3：$e>0$ 且 $\Delta e>0 \leftrightarrow A_3$ 在相平面

4）A_4：$e<0$ 且 $\Delta e>0 \leftrightarrow A_4$ 在相平面

图 7.25a 中的实线阶跃响应是理想的响应曲线，虚线阶跃响应是有延迟的实际响应。

⊖　H. X. Li and H. B. Gatland, "A New Methodology for Designing a Fuzzy Logic Controller", IEEE Trans. On Systems, Man, and Cybernetics, Vol. 25, No. 3, March 1995, pp. 505-512.

为了补偿时域内的延迟，采用与延迟时间相等的间隔将理想响应曲线右移。这种转变相当于将 $A_1 \sim A_4$ 区域和点 a、b_1、b_2、c_1 和 c_2 向右偏移。然而，如果将这个偏移映射到相平面，则相当于相平面下半区轨迹（$\Delta e < 0$）向右偏移，上半区轨迹（$\Delta e > 0$）向左偏移。同样，这种偏移可以映射成为表 7.4b 所示规则库。比较表 7.4a 所示的控制规则和表 7.4b 所示的规则库，可以发现真实控制规则与规则库之间存在类似的映射关系。

表 7.4 模糊逻辑规则和规则库映射

a) 模糊逻辑规则

$\dot{e}$	e						
	LN	MN	SN	ZE	SP	MP	LP
LP	ZE	SP	SP	MP	MP	LP	LP
MP	SN	ZE	SP	SP	MP	LP	LP
SP	MN	SN	ZE	SP	SP	LP	LP
ZE	LN	MN	SN	ZE	SP	MP	LP
SN	LN	LN	SN	SN	ZE	SP	MP
MN	LN	LN	MN	SN	SN	ZE	SP
LN	LN	LN	MN	MN	SN	SN	ZE

b) 规则库映射

在该控制应用中，可以基于两组 7 个状态的误差和误差率构建出 49 条规则，见表 7.4a。将上述移位在相平面上表示时，会发现这些移位相当于下半区轨迹向右移动，上半区轨迹向左移动，以补偿或减少时延对控制系统的影响。

通过上述定义和分析，可以为 FLC 推导出控制规则的所有基元。控制规则共计 49 条（7 个状态的误差输入和误差率输入组合），见表 7.4a。这样就成为没有时延的常规控制规则了（$T_d = 0$）。

通过前面的分析，使用上述控制规则的优点之一是可以有效地减少系统中存在的延迟效应。本质上是将时延通过在相平面上切换控制规则映射到模糊逻辑控制系统。

大多数实际系统都存在延时，由此会造成控制系统一系列不良的特性。极端情况下，系统的输出会不稳定，甚至出现振荡。为了克服时滞，传统的数字控制系统普遍采用相位滞后技术。

控制中克服时延的主要思想是在原始控制系统中引入延时信息，或等效地将延时信息引入相平面控制规则中。相平面控制方式相当于切换控制规则，由此产生的控制规则见表 7.5。

表 7.5　转换后的模糊逻辑规则

转换 ←	$\dot{e}$	e							
		LN	MN	SN	ZE	SP	MP	LP	
	LP	SP	SP	MP	MP	LP	LP	LP	
	MP	ZE	SP	SP	MP	LP	LP	LP	
	SP	SN	ZE	SP	SP	LP	LP	LP	
	ZE	LN	MN	SN	ZE	SP	MP	LP	换 →
	SN	LN	LN	LN	SN	SN	ZE	SP	
	MN	LN	LN	LN	MN	SN	SN	ZE	
	LN	LN	LN	LN	MN	MN	SN	SN	

用户可通过 MATLAB 模糊逻辑工具箱图形用户界面工具构建上述控制规则。打开已经构建完成的 FZMotor 模糊推理系统，通过"Edit"→"Rules"以打开规则编辑器。根据表 7.4 使用 IF-THEN 条件建立控制规则。在表 7.4 中，列表示误差，行表示误差率。列和行的交叉的单元格作为输出值。

以表 7.4a 中的第一列和第一行的交叉单元格为例，控制规则为：

IF Error 为 LN，且 ErrorRate 为 LP，THEN 输出 U 为 ZE。

这样的结果有现实意义，即如果输入误差为 LN，误差率为 LP，电动机转速应该为零。

通过为输入误差、输入误差率和输出选择的相关模糊规则（MF），在规则编辑器中构建控制规则表，通过单击"Add rule"按钮将每个规则添加到编辑器中。完成的规则表示例如图 7.26 所示。单击"Close"按钮保存并关闭这个编辑器。

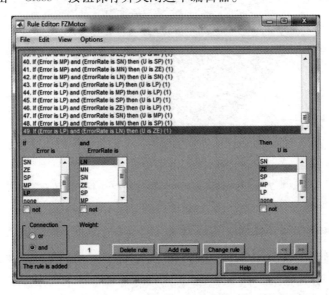

图 7.26　已完成的控制规则表

通过进入"View"→"Rules"菜单项，利用规则查看器显示全部的 49 条规则，并显示实时输入和输出值，如图 7.27 所示。当移动两个输入的竖条时，可以获得实时变化的输出。

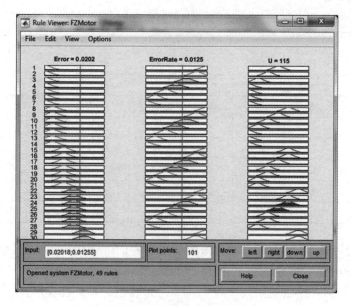

图 7.27　规则查看器中的图像

该模糊控制系统的包络视图或曲线视图如图 7.28 所示。

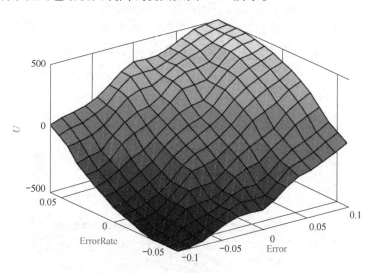

图 7.28　**FZMotor FIS** 的包络视图（曲面视图）

7.8.2　模糊函数模糊逻辑控制的应用

本小节将讨论如何使用上一小节介绍的直流电动机系统访问模糊推理函数来构建模糊逻辑控制器。

这个过程中将创建与模糊逻辑工具箱中的误差 Error、误差率 ErroeRate 和输出 U 相同的隶属函数。

正如本章 7.7.1 小节中所讨论方法，创建新的模糊推理系统并在其中添加隶属函数和控制规则的操作顺序应包括以下步骤：

1）使用 newfis( ) 或 genfis( ) 函数创建一个新的 FIS。

2）使用 addvar( ) 将变量添加到这个新创建的 FIS 中。

3）使用 addmf( ) 函数向输入和输出变量添加新的隶属函数。可以参考上一小节中使用 FLTGUIT 创建的相同隶属函数的参数和范围。

4）调用 addrule( ) 函数，将新的控制规则添加到 FIS。可以参考上一小节中创建的规则来执行此操作。将控制规则从文字转换为索引形式，以这种简单方式完成规则添加。

5）使用 writefis( ) 函数将新创建的 FIS 保存到文件和工作空间中。

6）调用 plotmf( ) 和 gensurf( ) 函数显示隶属函数和已创建的 FIS 的包络曲面。

7）调用 evalfis( ) 函数，根据当前输入值获取 FIS 的实时输出。

现在，按照这些步骤开始这个过程：创建新的 FIS，添加新的变量，并使用模糊逻辑工具箱将隶属函数添加到这个 FIS 中。

7.8.2.1　创建新的 FIS 并添加隶属函数

在 MATLAB 主界面使用"HOME"→"New"菜单创建新的脚本文件，将此文件以 FZMotorFunc. m 的文件名保存到指定文件夹。为了从之前创建的模糊推理系统 FZMotor. fis 中复制所有的隶属函数（MF）和规则，并将其粘贴到本小节中相关的模糊函数中，应在 MATLAB 命令窗口中使用以下命令以获取所有参数：

```
>> a=readfis('FZMotor');
>> showfis(a)
```

与模糊逻辑系统 FZMotor. fis 相关的所有参数都显示在命令窗口中。可以在模糊函数编写过程中选择并复制使用。

接下来在已创建的脚本文件 FZMotorFunc. m 中输入以下代码。

```
a=newfis('FZMotorFuns');                          %创建新 FIS
a=addvar(a,'input','Error',[-0.1,0.1]);           %添加输入变量 Error
a=addmf(a,'input',1,'LN','gaussmf',[0.02167 -0.0988]); %添加隶属函数 LN
a=addnf(a,'input',1,'MN','gaussmf',[0.02087 -0.0714]); %添加隶属函数 MN
a=addmf(a,'input',1,'SN','gaussmf',[0.01823 -0.0333]); %添加隶属函数 SN
a=addmf(a,'input',1,'ZE','gaussmf',[0.01775 0]);       %添加隶属函数 ZE
a=addmf(a,'input',1,'SP','gaussmf',[0.01727 0.0333]);  %添加隶属函数 SP
a=addmf(a,'input',1,'MP','gaussmf',[0.02167 0.0667]);  %添加隶属函数 MP
a=addmf(a,'input',1,'LP','gaussmf',[0.02167 0.1]);     %添加隶属函数 LP

a=addvar(a,'input','ErrorRate',[-0.06,0.06]);      %添加输入变量 ErrorRate
a=addmf(a,'input',2,'LN','gaussmf',[0.01362 -0.06]);   %添加隶属函数 LN
a=addmf(a,'input',2,'MN','gaussmf',[0.01065 -0.04]);   %添加隶属函数 MN
a=addmf(a,'input',2,'SN','gaussmf',[0.01065 -0.02]);   %添加隶属函数 SN
a=addmf(a,'input',2,'ZE','gaussmf',[0.01119 0]);       %添加隶属函数 ZE
a=addmf(a,'input',2,'SP','gaussmf',[0.01092 0.02]);    %添加隶属函数 SP
```

```
a=addmf(a,'input',2,'MP','gaussmf',[0.01119 0.04]);        %添加隶属函数 MP
a=addmf(a,'input',2,'LP','gaussmf',[0.01146 0.1]);         %添加隶属函数 LP

a=addvar(a,'output','U',[-600,600]);                       %添加输出变量 U
a=addmf(a,'output',1,'LN','gaussmf',[125.4 -600]);         %添加隶属函数 LN
a=addmf(a,'output',1,'MN','gaussmf',[103.5 -399.6]);       %添加隶属函数 MN
a=addmf(a,'output',1,'SN','gaussmf',[101.4 -200.4]);       %添加隶属函数 SN
a=addmf(a,'output',1,'ZE','gaussmf',[101.8 0]);            %添加隶属函数 ZE
a=addmf(a,'output',1,'SP','gaussmf',[101.4 200.4]);        %添加隶属函数 SP
a=addmf(a,'output',1,'MP','gaussmf',[106.2 399.6]);        %添加隶属函数 MP
a=addmf(a,'output',1,'LP','gaussmf',[120 600]);            %添加隶属函数 LP
```

在上述 FIS 文件中添加的所有相关参数都可以通过函数 showfis（a）的运行进行显示。
以下是部分运行结果。

```
 1. Name              FZMotor
 2. Type              mamdani
 3. Inputs/Outputs    [2 1]
 4. NumInputMFs       [7 7]
 5. NumOutputMFs      7
 6. NumRules          49
 7. AndMethod         min
 8. OrMethod          max
 9. ImpMethod         min
10. AggMethod         max
11. DefuzzMethod      centroid
12. InLabels          Error
13.                   ErrorRate
14. OutLabels         U
15. InRange           [-0.1 0.1]
16.                   [-0.06 0.06]
17. OutRange          [-600 600]
```

新添加的 3 个变量的名称可以从 InLabels 和 OutLabels 中找到，这些变量的范围可以从
InRange 和 OutRange 中获得。

可以分别从 InMFLabels 和 OutMFLabels 中找到所有隶属函数的名称，包括输入隶属函数
和输出隶属函数（这里没有显示）。上面文件中使用的所有 addmf() 函数的范围显示在
InMFParams 和 OutMFParams 中，如下所示。

```
60. InMFParams    [0.02167 -0.0988 0 0]    : LN-Error (1)
61.               [0.02087 -0.0714 0 0]    : MN-Error (2)
62.               [0.01823 -0.0333 0 0]    : SN-Error (3)
63.               [0.01775 0 0 0]          : ZE-Error (4)
```

64.		$[0.01727\ 0.0333\ 0\ 0]$	: SP-Error (5)
65.		$[0.01778\ 0.0667\ 0\ 0]$	: MP-Error (6)
66.		$[0.01775\ 0.1\ 0\ 0]$	: LP-Error (7)
67.		$[0.01362\ -0.06\ 0\ 0]$	: LN-ErrorRate (1)
68.		$[0.01065\ -0.04\ 0\ 0]$	: MN-ErrorRate (2)
69.		$[0.01065\ -0.02\ 0\ 0]$	: SN-ErrorRate (3)
70.		$[0.01119\ 0\ 0\ 0]$	: ZE-ErrorRate (4)
71.		$[0.01092\ 0.02\ 0\ 0]$	: SP-ErrorRate (5)
72.		$[0.01119\ 0.04\ 0\ 0]$	: MP-ErrorRate (6)
73.		$[0.01146\ 0.06\ 0\ 0]$	: LP-ErrorRate (7)
74.	OutMFParams	$[125.4\ -600\ 0\ 0]$	: LN-U (1)
75.		$[103.5\ -399.6\ 0\ 0]$	: MN-U (2)
76.		$[101.4\ -200.4\ 0\ 0]$	: SN-U (3)
77.		$[103.8\ 0\ 0\ 0]$	: ZE-U (4)
78.		$[101.4\ 200.4\ 0\ 0]$	: SP-U (5)
79.		$[106.2\ 399.6\ 0\ 0]$	: MP-U (6)
80.		$[120\ 600\ 0\ 0]$	: LP-U (7)

INMNFLabels 和 OutMFLabels 中参数的排列顺序与列出的隶属函数的名称顺序相同，依次为 LN、MN、SN、ZE、SP、MP 和 LP。可以将它们逐个复制并粘贴到上述 FIS 文件中的 addmf( ) 函数中，并将其作为隶属函数的一种类型。注意，参数中前两个数字代表高斯曲线的标准差和中心，这两个参数就可以定义一个高斯波形，所以只要复制和粘贴前两个数字即可，忽略最后两个对高斯曲线不重要的零。隶属函数参数末尾和括号内的数字是每个函数变量的序号。

7.8.2.2　在 FIS 中创建和添加新的规则

为了简化添加控制规则的操作，首先打开文件 FZMotor.fis 与 FLTGUI 工具，并将所有规则转换为索引格式。然后可以将所有规则复制、粘贴并附加到上一小节创建的代码的脚本文件 FZMoterFunc.m 中。

执行以下操作步骤，可以在该脚本文件中创建并添加 49 个控制规则：

1）如果还没有打开模糊逻辑编辑界面，在 MATLAB 命令窗口中键入"fuzzy"或"fuzzy Logic Designer"，按<Enter>键打开面板。

2）通过"File"→"Import"→"From File"打开 FZMotor.fis 文件。

3）通过"Edit"→"Rules"打开规则编辑器。

4）选择"Option"→"Format"→"Index"，将所有 49 条规则转换为索引格式。可以看到所有的规则都以索引格式表示，如 1 7，4（1）：1。这种格式相当于 IF-THEN 表示规则。等效表示为：IF Error is LN，ErrorRate is LP，THEN U is ZE。Error 的隶属函数 LN 定义为 1，ErrorRate 的隶属函数 LP 定义为 7，U 的隶属函数 ZE 被定义为 4。括号内的数字 1 是此规则的权重，最后一个数字 1 是与其他控制规则的连接号。通常情况下，最后两个数字应该等于 1。当将此规则写入 Rulelist 时，格式应该为：1 7 4 1 1。

5）打开脚本文件 FZMotorFunc.m，并从 FZMotor.fis 的索引规则中复制每个规则，将它们粘贴到脚本文件 FZMotorFunc. m 的末尾。完成的规则列表应该匹配如下所示的规则列表。

```
ruleList=[1    7    4    1    1
          1    6    3    1    1
          1    5    2    1    1
          1    4    1    1    1
          1    3    1    1    1
          1    2    1    1    1
          1    1    1    1    1
          2    7    5    1    1
          2    6    4    1    1
          2    5    3    1    1
          2    4    2    1    1
          2    3    1    1    1
          2    2    1    1    1
          2    1    1    1    1
          3    7    5    1    1
          3    6    5    1    1
          3    5    4    1    1
          3    4    3    1    1
          3    3    3    1    1
          3    2    2    1    1
          3    1    2    1    1
          4    7    6    1    1
          4    6    5    1    1
          4    5    5    1    1
          4    4    4    1    1
          4    3    3    1    1
          4    3    2    1    1
          4    1    2    1    1
          5    7    6    1    1
          5    6    6    1    1
          5    5    5    1    1
          5    4    5    1    1
          5    3    4    1    1
          5    2    3    1    1
          5    1    3    1    1
          6    7    7    1    1
          6    6    7    1    1
```

```
6 5 7 1 1
6 4 6 1 1
6 3 5 1 1
6 2 4 1 1
6 1 3 1 1
7 7 7 1 1
7 6 7 1 1
7 5 7 1 1
7 4 7 1 1
7 3 6 1 1
7 2 5 1 1
7 1 4 1 1];
```

最后，使用以下两个函数将所有规则添加并保存到此 FIS 中：

```
a=addrule(a,ruleList);
writefis(a,'F ZMotorFunc');
```

为了测试该模糊逻辑系统，可以使用绘制 ErrorRate 隶属函数图像和基于某个参数值计算输出值的方法。

```
a=readfis('FZMotorFunc');
plotmf(a,'input',2);
grid;
evalfis([-0.01 0.02],a)   %当 Error=-0.01 和 ErrorRate=0.02 时计算输出值
```

ErrorRate 的隶属函数所得到的计算结果值为 $U = 78.3152$。

7.9　模糊逻辑控制器的调谐

使用模糊逻辑控制器最困难的部分是参数调优。调整 FLC 的目的是通过筛选所有控制增益或参数的适当组合来获得最优或期望的设计标准。

正如 7.6.1 小节和 7.6.2 小节中所讨论的，对于广泛使用的模糊逻辑控制器，如模糊 PD 或模糊 PI 控制器，调整策略或目标是分别为 3 个控制增益选择合适的值，即 K_P、K_D 和 K（用于模糊 PD 控制算法）或 K_P、K_I 和 K（用于模糊 PI 控制算法），以获得最佳控制目标和所需阶跃响应。

在 FLC 的调谐过程中，控制增益 K_P 和 K_D（或 K_P 和 K_I）可用于调整输入误差和误差率隶属函数的模糊性。通过模糊变量的组合测试多种不同的隶属函数（MF）组合，最终获得最优的控制效果。

图 7.29 中显示的是由三角波形表示的输入误差隶属函数。用比例因子或控制增益 K 与输入误差的乘积可以得到输入误差的范围变化。在图 7.29 中，可以看到改变增益因子 K 所得到

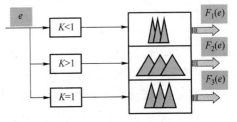

图 7.29　调整隶属函数的变化

的不同隶属函数。

1）当 $K<1$ 时，得到精细的隶属函数。

2）当 $K>1$ 时，得到粗略的隶属函数。

3）当 $K=1$ 时，得到原始的隶属函数。

对于输入误差率，可以使用相同的方式来获得不同的隶属函数。控制增益 K 可用于调整模糊控制系统的输出。在模糊控制系统的调谐过程中，要测试多种不同的查找表，比较后获得控制系统所需的性能。如果每次都根据隶属函数和控制规则重新计算查找表，那么整个调谐过程会变得艰难且耗时。所以更简单的方法是使用控制增益因子 K 来处理。通过调整控制增益因子的值，方便地更改和调整查找表的输出。在控制增益影响下，可以派生出多个查找表。调谐控制增益因子 K 的原则如下：

1）当 $K<1$ 时，得到精细的查找表。

2）当 $K>1$ 时，得到粗略的查找表。

3）当 $K=1$ 时，得到原始的查找表。

通过这种方法，可以节省计算过程中对计算机内存的占用。对于每个控制增益因子 K 都可以得到对应的查找表。完全使用 N 个不同的增益因子，就会得到 N 个不同的查找表。举个例子，如果应用程序使用了 15×15 的查找表（表中使用的实际元素量取决于实际的系统需求），这就意味着查找表中包含 225 个元素。如果该应用程序中使用 8 个不同的控制增益，那么每种情况都将使用 8 个不同的查找表。因此，也就是说计算机需要在内存中存储和搜索 8×225=1800 个元素。这样，不仅会占用大量的内存，而且搜索相关的控制元素也会极大降低处理速度。因此，使用增益因子节省了内存，具有加快处理速度的实际意义，最终将提高控制系统的响应速度。

模糊逻辑控制调谐存在的一个问题是任何实际的控制系统都很难同时在瞬态和稳态下保持良好的特性。这是因为控制系统的瞬态和稳态所需要的控制分辨率不同。理想的瞬态响应，大误差状态需要粗略的控制，这需要具有较粗略的输入和输出变量。然而在稳态下，小误差需要精细的模糊控制，这需要精细的输入和输出变量。同时处理瞬态和稳态误差更实用的方法就是同时使用两个查找表，也就是 7.6 节开始所讨论方式。

7.10 用 Simulink®实现模糊逻辑控制

到目前为止，模糊逻辑控制系统已经建立，接下来要对模糊逻辑控制系统的可控性进行检查和验证。MATLAB® Simulink®提供了强大实用的平台来完成这类工作。

在 MATLAB®上命令窗口中输入命令 Simulink，按<Enter>键，便可以打开 Simulink 浏览器，如图 7.30 所示。

在图 7.30 所示浏览器中单击新模型选项，打开新的 Simulink 模型窗口。然后选择并拖动所有控制块，并将每个控制块添加到新的模型窗口中。完成的模型应该与图 7.31 中所示的模型相匹配。选择菜单命令 "File"→"Save" 将模型保存为 FZMotor_FLC. slx。

在进行这些拖动和放置控制模块时，应注意以下几点：

1）由于 Simulink 对不同应用领域的控制模块进行了分类，需要根据模型搭建的需求到不同类别中查找模型中使用的控制模块。

2）模糊逻辑控制功能模块位于 Simulink 库的 Fuzzy Logic Toolbox（模糊逻辑工具箱）中。

3）由于要对该直流电动机模型的 5ms 时延进行仿真，因此使用了 Simulink 库浏览器 Continuous（连续模组）中的 Transport Delay（传输延迟）模块。双击模块，设置延迟时间为 0.005，即 5ms。

4）将输出 flout 和时钟 tf 模块的数据导出到工作区，用于绘制模糊逻辑控制系统的阶跃响应。3 个控制增益分别为 Gain2（K_P），Gain3（K_D）和 Gain1（K）。

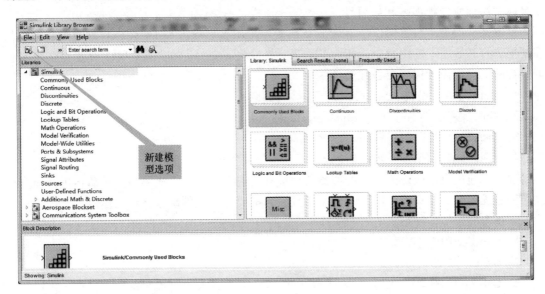

图 7.30　Simulink 库浏览器（已取得 MathWorks 公司的翻印许可）

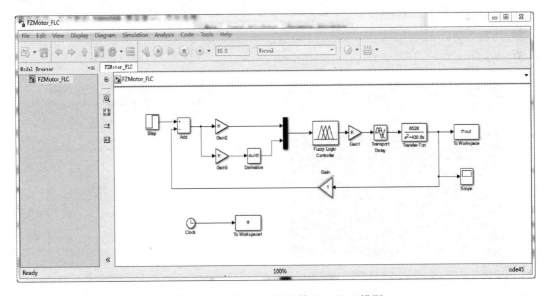

图 7.31　FZMotor_FLC 的 Simulink 模型

在开始仿真模拟之前，需要做的重要任务是设置该模型中模糊逻辑控制器块的路径，以将其连接到上小节中开发的 FIS 路径。有两种方法可以实现这种连接，首先需要双击模糊逻辑控制器打开参数对话框。

1）在 FIS 名称框中输入在上小节中的 FIS 全名。本例中，输入完整名称 FZMotor. fis。注意：为了避免 Simulink 无法识别，文件名应使用英文字符+单引号。单击"OK"按钮完成设置，此时可能会显示警告消息，说明指定的 FIS 被锁定，单击"OK"按钮即可。

2）在 FIS 名称框中输入在上小节中的 FIS 的名称。本例中，输入 FZMotor。如果以该方式设置参数，需要满足将 FIS 导出到工作区的前提条件。如果导出操作没有完成，可打开 FIS 并通过"File"→"Export"→"To Workspace"菜单导出到工作区。这种方式可以避免在模型名称中添加文件扩展名和单引号。

接下来，通过"Simulation"→"Run"启动模拟仿真。双击 Scope 图标打开范围，检查仿真结果。打开 Scope 模块时，使用"View"→"Configure Properties"菜单项设置和调整步长响应视图。建议设置以下参数或属性：

1）Main 菜单：设置"Sample time"为"0.001s"。

2）Time 菜单：选择"Time unit"为"Seconds"。

3）Dispaly 菜单：设置 Y-limits（Maximum）为"1.2"。

4）保持所有其他设置为默认设置，不进行任何更改。

现在，通过更改或修改不同的增益获得最佳的模拟结果。每次调整参数后再进行仿真最终得到最优增益。注意：每次更改增益参数后，都要保存文件确认参数的修改。

所获得的最优控制增益为：

1）Gain1：0.05（K）。

2）Gain2：0.037（K_P）。

3）Gain3：0.00007（K_D）。

阶跃响应仿真结果如图 7.32 所示。采用工作区的数据绘制阶跃响应结果，可以直接在命令窗口中使用以下 MATLAB 命令：

```
>> plot(tf. signals. values,flout. signals. values)
>> grid
```

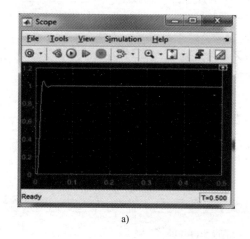
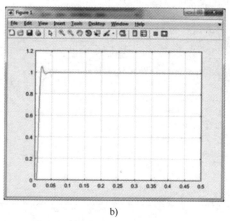

a)   b)

图 7.32　直流电动机系统的阶跃响应仿真结果

由于两个变量 flout 和 tf 以对象格式导出到工作区，因此不能直接使用这些对象进行此绘图，而是要使用以上语句中读取对象浮点运算值的方法访问和使用实际值。

7.11　PID 控制器与模糊逻辑控制器的比较

第 5 章详细讨论了 PID 控制系统，而本章则详细讨论了模糊逻辑控制系统。相对而言，PID 控制器的设计更多地依赖于系统模型，而 FLC 的设计更多地依赖于系统的经验和实测数据。

从控制器的角度来看，PID 控制器对线性系统非常有效，而 FLC 同时适用于线性和非线性系统。

就响应速度而言，FLC 对于控制系统具有相位超前的优点，从而克服了系统存在的时滞，提高了系统的瞬态响应和稳定性。

从调优的角度来看，如果系统模型或参数发生变化，则必须重新设计和调整 PID 控制器的系统，其中包括系统辨识和仿真过程。而对于 FLC 系统，在系统模型变化或者系统参数变化很大时，仅需要调整隶属函数和控制增益因子，而这种调整相对简单和方便。

PID 和 FLC 控制器要调整的控制参数以及两者的优缺点比较见表 7.6。

为了明确 FLC 比传统的 PD、PI 以及 PID 控制器具有更好的性能，本节针对不同的部分对控制的影响进行仿真和实验研究。仿真和实验研究结果表明，FLC 相对于经典的 PID 控制策略具有明显的优势。

表 7.6　PID 控制与模糊逻辑控制的比较

比较项目	PID 控制	模糊逻辑控制
是否基于模型	是	否
稳定性	好	更好
非线性控制	无	有
相图的优点	无	有
响应速度	快	更快
调谐过程	复杂	简单
鲁棒控制	无	有

7.11.1　仿真研究

本小节给出了仿真研究结果，下一小节将介绍实验研究。本章的仿真过程分为 4 个部分。

1) 7.11.1.1 小节中，分别讨论了采用 FLC 和 PID 控制器的具有时滞的控制系统。

2) 7.11.1.2 小节中，对采用 FLC 和 PID 控制器的系统在同时包含噪声和时延情况下的仿真进行了分析和比较。

3) 7.11.1.3 小节中，比较了不确定系统应用 FLC 和 PID 控制器的仿真。

4) 7.11.1.4 小节中，对使用不同隶属函数得到的模糊逻辑控制输出曲线进行了比较研究。

7.11.1.1 一种具有传播时间延迟的系统

本小节中，将对 FLC 和 PID 控制系统，在有规律时滞和较长时间的时滞两种情况下的性能进行研究比较。仿真框图如图 7.33 所示。

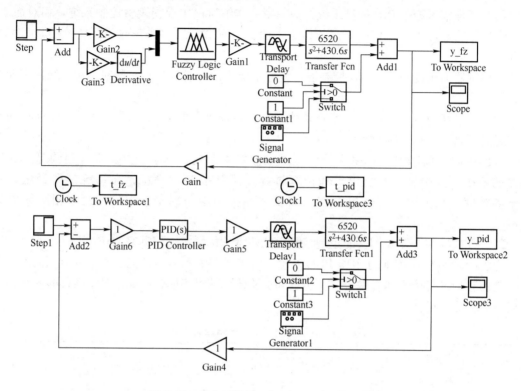

图 7.33　带有时滞的 FLC 和 PID 仿真系统

例子中，系统的传输延迟模块设置了系统时间延迟为 "0.005"（0.005 s = 5ms），分别对 FLC 与 PID 控制器在时滞为 5ms 的系统中模型的调谐仿真进行了研究比较。

创建名为 PID_FLC_SFT. slx 的 MATLAB Simulink 模型，在模型中添加如图 7.33 所示的模块。下列模块是建立模型时需要注意的重点：

1）Switch 和 Switch 1 切换开关的作用是选择和控制模拟噪声和干扰。阈值设置为 0。

2）Signal Generator 和 Signal Generator 1 信号发生器模块用于产生不同的模拟噪声。

3）Transport Delay 模块用于设置系统模型中单纯时间延迟（0.005s）。

4）FLC 和 PID 控制器的输入信号都是阶跃输入信号。

5）时钟 t_fz 和 t_pid 分别记录仿真时间，发送到 Workspace，用于绘制图形。

6）输出 yf 和 y_pid 也发送到 Workspace 以便绘制图形。

7）Scope 和 Scope3 用于监视和记录控制系统的实时输出结果。

8）PID 控制的参数 K_P、K_I 和 K_D 可以从第 5 章实验项目 5.2 中获取。参数值分别设置为 $K_P = 10$，$K_I = 317$，$K_D = 0.02$。使用这些值作为初始控制增益来启动仿真。

9）Fuzzy Logic Controller 模块应连接到 FZMotor_SFT. fis 文件，该模糊控制系统的控制规则遵循表 7.5 切换之后的模糊规则。该文件要构建 FIS 并将其导出到工作区，然后建立连接来执行仿真。

10）在仿真中，传输延迟设置了 5ms 的系统时延。在仿真过程中，需要调整和改变 K_P、K_I 和 K_D 以获得最优的阶跃响应。最优控制参数为 $K_P = 5$，$K_I = 1$，$K_D = 0.01$。模糊逻辑控制器（FLC）的最优控制参数为 Gain1 = 0.05(K)，Gain2 = 0.037(K_P)，Gain3 = 0.00007(K_D)。阶跃输入的最优 FLC 控制器和最优 PID 控制器的比较如图 7.34 所示。

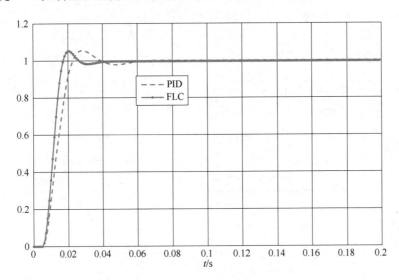

图 7.34　时滞 5ms 时 FLC 与 PID 控制器的比较

由图 7.34 可以发现，采用 FLC 控制的系统阶跃响应优于 PID 控制器。特别是瞬态响应时，采用 FLC 系统的稳定时间约为 0.04s。而 PID 控制器的稳定时间约为 0.06s。同时，FLC 控制系统的输出比 PID 控制系统的输出的超调量更小。图 7.35 显示了不同时滞下 FLC 和 PID 控制的仿真结果，时滞范围为 100~800ms。

从图 7.35 所示的仿真结果可以看出，FLC 在瞬态响应方面的性能优于 PID 控制，且与 PID 控制器相比，FLC 可以获得更短的调节时间。在更多苛刻条件下，对于较长的时间延迟，PID 控制系统可能会变得振荡甚至不稳定。

FLC 和 PID 控制器在不同时滞条件下的最优控制增益参数见表 7.7。如图 7.33 所示，在对仿真过程中不同时间延迟的 FLC 和 PID 控制器进行整定时，应该将这些最优参数输入图 7.33 中的模糊逻辑控制器和 PID 控制器模块中，从而更准确反映比较结果。

表 7.7　FLC 和 PID 控制器最优控制参数

时滞/ms	模糊逻辑控制（FLC）			PID 控制		
	Gain1	Gain2	Gain3	P	I	D
100	0.0015	0.04	0.00005	0.5	0.02	0.02
200	0.0008	0.04	0.00005	0.28	0.005	0.02
500	0.0003	0.04	0.00005	0.15	0.002	0.02
800	0.0002	0.04	0.00005	0.09	0.001	0.02

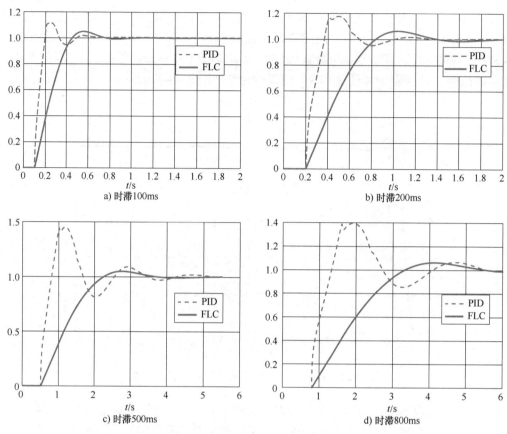

图 7.35   不同时滞下 FLC 和 PID 控制的仿真结果

7.11.1.2   带有噪声和时滞的系统

由于篇幅的限制，从本小节开始仅使用仿真结果直接说明使用 FLC 能有效减弱某些控制系统中噪声和干扰的优势。同时，通过对 FLC 和 PID 控制器在相同噪声和时滞情况下的比较，表明 FLC 在噪声和时滞环境下的性能优于 PID 控制器。

本小节中用于模拟的 FLC 包含粗查表和细查表，用以提高瞬态和稳态性能。正如在 7.6 节中所讨论的，使用两个查找表的优点是使用粗查表来处理瞬变响应，以获得在较大的误差和误差率的情况下的即时响应。而细查表可以用来处理微小的稳态错误，从而获得较小的误差和误差率的精确控制。

本小节只使用随机噪声和固定长度的时延（5ms）用于仿真。当然也可以模拟其他正弦波形、三角波形和矩形波形等不同的噪声，得到的结果类似。

采用随机噪声序列进行仿真研究，比较 FLC 和 PID 控制器的降噪效果。阶跃输入的仿真结果如图 7.36 所示。

随机噪声的峰值在 0.05~0.5 时，使用该信号模拟电耦合效应作为电动机驱动的干扰噪声。对比分别采用 FLC 和 PID 控制的输出结果，容易发现使用 FLC 比 PID 控制提高了 30% 的降噪效果。

通常，与大多数 PID 控制器相比，FLC 控制器具有更好的降噪性能。这种降噪取决于隶属函数的分布和形状。

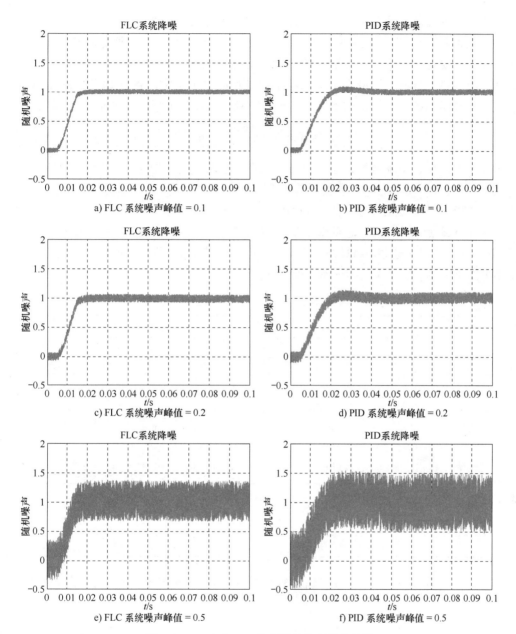

图 7.36 FLC 和 PID 控制器的降噪仿真结果

7.11.1.3 不确定系统模型

由于系统模型中存在的某些不确定因素可通过实验方法进行识别,因此对于某些控制系统,需要利用 MATLAB® Identification Toolbox 或其他方法进行分析。对于不确定系统,需要将 PID 控制器采用工具箱识别的系统模型和使用 FLC 控制器的模型进行比较。通常,由于FLC 是非线性控制器,其查找表的输出并不是基于点对点控制原理,即输出点只与某个输入点相关联,因此 FLC 对不确定系统模型具有更好的控制能力。与传统的控制方法不同,FLC 的输出是基于隶属函数和控制规则的。这意味着 FLC 的输出不仅由当前的输入点(输入误差、输入误差率或输入误差积分)决定,而且还由相邻的误差和误差率(相邻的输入误差和误差率对当前点的影响程度）决定。这样，FLC 的输出不仅取决于当前输入点（误差和误差率），而且还反映并受到邻近输入点的影响。从这个角度来看，即使系统模型有一定程度的变化或不确定性，只要这种变化或不确定性保持在 FLC 控制的有限范围内，FLC 仍然可以实现其控制。这种控制取决于实际的系统模型。本小节中，将对 FLC 控制器模型和与基于直流电动机系统模型给出的不确定系统 PID 控制器模型进行比较研究，该系统模型是

$$G(s) = 10.68 \frac{s+610.5}{s(s+430.6)}e^{-0.005s} \tag{7.30}$$

为了给系统引入不确定性，通过先固定极点，选取传递函数零点（$z = -610.5$）的变化率分别为 5%、10% 和 50% 的系统模型；然后，再保持零点不变，选取改变极点（$s = -430.6$）的变化率分别为 10%、30% 和 50% 的系统模型。

经过上述零点和极点变化而修改的系统模型在表 7.8 中列出。模型的原始系统如式 7.30 所表示，作为通过 MATLAB® Identification Toolbox 获得的直流电动机模型。电动机的 PID 控制模型采用第 5 章中所介绍的简化模型。

表 7.8　修改后的系统模型及其零点和极点变化率

零点/极点	变化率/（%）	修改后的系统模型
零点	5	$G(s) = 10.68 \dfrac{s+641.0}{s(s+430.6)}e^{-0.005s}$
零点	10	$G(s) = 10.68 \dfrac{s+671.5}{s(s+430.6)}e^{-0.005s}$
零点	50	$G(s) = 10.68 \dfrac{s+915.8}{s(s+430.6)}e^{-0.005s}$
极点	10	$G(s) = 10.68 \dfrac{s+610.5}{s(s+473.7)}e^{-0.005s}$
极点	30	$G(s) = 10.68 \dfrac{s+610.5}{s(s+301.4)}e^{-0.005s}$
极点	50	$G(s) = 10.68 \dfrac{s+610.5}{s(s+215.3)}e^{-0.005s}$

由于原系统模型存在一定的不确定性，修正后的系统模型的仿真结果如图 7.37 和图 7.38 所示。

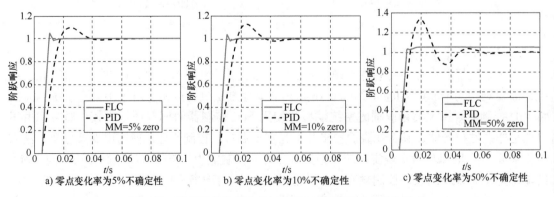

a) 零点变化率为5%不确定性　　b) 零点变化率为10%不确定性　　c) 零点变化率为50%不确定性

图 7.37　零点不确定性变化时 PID 控制和 FLC 的仿真比较

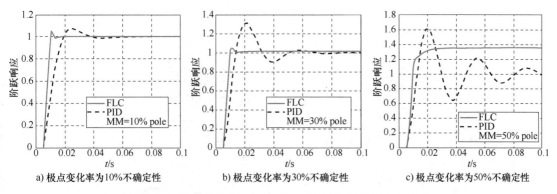

图 7.38　极点不确定性变化时 PID 控制和 FLC 的仿真比较

从仿真结果的比较中可以发现，对于 5% 和 10% 的变化率，PID 控制器和 FLC 都可以很好工作。原系统模型与改变后的系统模型控制性能的唯一区别在于：对于 PID 控制器，出现了更严重的超调（比原模型增加了约 10%），且调节时间也更长。FLC 的超调量和稳定时间与原模型保持一致，但增加了稳态误差（约 1%）。如果可以接受这样小的稳态误差，那么 FLC 是比 PID 控制器更好的控制器。

当 PID 控制器和 FLC 的零点变化率都为 50% 时，情况变得更糟。PID 控制器出现了非常严重的超调和较长的调节时间（与原系统模型相比，超调量增加了约 35%，调节时间增加了 50%）。FLC 瞬态响应保持不变，但出现了较大的稳态误差（与初始情况相比增加了约 5%）。因此，判断哪个控制器更好的标准取决于实际情况和不同的控制目标。但相对而言，对于某个控制系统而言，如果稳态误差能够接受，那么 FLC 具有更好的性能。针对稳态误差可能的解决方案是使用细查表将稳态误差限制在较小范围内，并使其接近于 PID 控制器的零点。但工程应用中这样的结果已经足够使用了。

对于极点情况，PID 控制器和 FLC 在变化率为 10% 不确定系统模型下都能很好地工作。一个小的区别是 PID 控制器有相对较大的超调量和较长的稳定时间，但 FLC 有稍大的稳态误差（1%）。对于变化率为 30% 不确定系统模型，它只是对 10% 不确定情况的扩展。也就是说：PID 控制器有严重的超调量（增加 30%）和较长的稳定时间（增加 50%）；FLC 有较大的稳态误差（约 3%）。在变化率为 50% 不确定系统模型中，PID 控制器有更严重的超调量（增加 60%）和更长的稳定时间（约 150ms）；FLC 表现出的是较大的稳态误差（约 35%）。

综上所述，在大多数一般应用中，系统模型的不确定性为 20%~30% 是可以接受的。对于在这个不确定性水平上的系统模型，FLC 比 PID 控制器具有更好的控制能力和性能。请注意，基于人类知识和经验开发的模糊逻辑控制器有其特殊性，上述结论只是基于模拟仿真研究的分析，并不具有普遍的指导意义。

不同的 FLC 普遍具有不同的降噪能力，这取决于隶属函数的分布、形状以及控制范围。在一定的控制范围内，选择的隶属函数越多（密度越大），降噪能力越好。在相同的情况下，高斯分布隶属函数比三角形分布隶属函数的性能更好。

7.11.1.4　FLC 不同输出曲线的比较

本小节将比较 FLC 使用不同输出隶属函数曲线的仿真结果，从而说明不同输出控制曲线的选择对系统的影响。图 7.39 显示了分别采用高斯曲线和三角形曲线两种输出曲线的仿真系统框图。

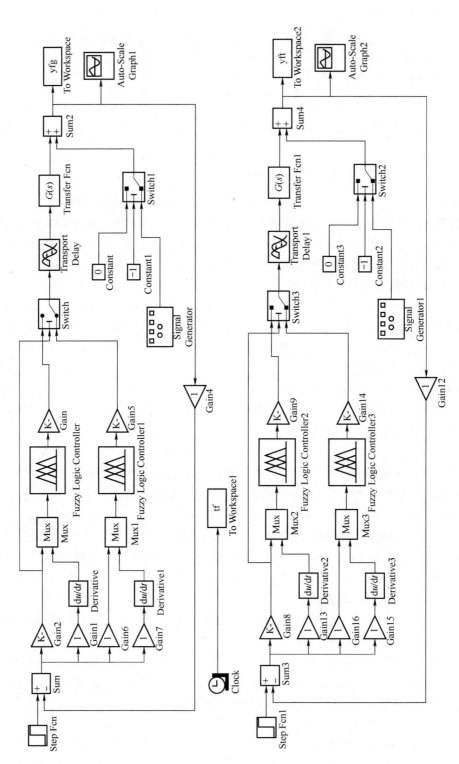

图 7.39 FLC 使用两种输出曲线的仿真系统框图

在图 7.39 的仿真系统框图中，有 4 个不同的模糊逻辑控制器模块，Fuzzy Logic Controller 和 Fuzzy Logic Controller 1 分别为粗略 FLC 和精细 FLC，两条输出曲线都选择了高斯形式。Fuzzy Logic Controller 3 和 Fuzzy Logic Controller 4 用三角形曲线表示粗略 FLC 和 精细 FLC。信号发生器用于产生不同的噪声。

图 7.40 显示了在无噪声情况下，对于具有高斯曲线和三角形曲线的 FLC 的模拟结果。图 7.41 显示了随机噪声［噪声功率 = 0.1（峰值功率）］下两种曲线 FLC 的模拟结果。

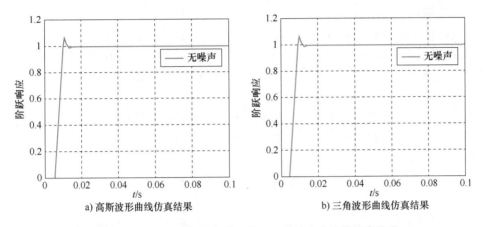

图 7.40　FLC 在无噪声条件下使用两种输出曲线的仿真结果

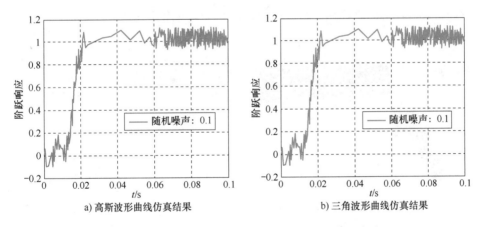

图 7.41　FLC 在随机噪声条件下两条输出曲线的仿真结果

从仿真结果中可以看出，FLC 在使用高斯曲线或三角形曲线作为隶属函数输出曲线时仿真曲线基本一致。其原因是例子中的输入误差、误差率和输出的隶属函数足够精细，从而确保了相邻的输入误差或误差率之间的间隔非常小，以至于可以近似认为是连续函数。这表示在较小的输入误差和误差率（误差为 -0.1~0.1V，误差率为 -0.06~0.06V）范围内，两种输入分别采用 7 个模糊化级别，共设计了 49 条控制规则，使得查找表中具有 15×15 = 225 个基元可用于输出。所产生的 FLC 相邻误差、误差率和输出变量之间的间隔足够小，以至于很难找到 FLC 使用的高斯输出曲线和三角形输出曲线之间的差异。当模糊化程度或控制规则较少时，情况将会有所不同。如果在一个相对较大的控制范围内使用较少的隶属函数，不同隶属函数波形所导致的仿真结果才会出现显著变化。

7.11.2 实验研究

本小节的实验重点研究模糊逻辑控制系统的降噪。本小节可分为两部分：一般降噪和特殊降噪。

7.11.2.1 FLC 和 PID 控制器在一般降噪中的比较

本小节给出了 FLC 和 PID 控制器的噪声和干扰抑制的实验研究结果。通过对 FLC 和 PID 控制器在噪声抑制方面的比较，说明 FLC 具有较好的抗干扰能力。

图 7.42 表示通过辨识参数得到如式（7.30）所示的直流电动机传递函数，其控制系统仿真得到的 FLC 和 PID 控制器稳态误差。从图 7.42 中可以看出，PID 控制器的平均稳态误差（见图 7.42b）约为 0.018V；而 FLC 的稳态误差（见图 7.42a）约为 0.005V。前者大约是后者的 3 倍。

结果表明，采用优良的模糊逻辑控制策略后，系统的稳态误差明显降低。PID 控制器的稳态误差明显比同一装置的 FLC 控制的稳态误差结果大得多。

因此，基于以上的讨论，可以得出以下几点：

1）FLC 控制器具有鲁棒性，可用于减少部分噪声和克服大多数一般扰动，如随机噪声等。

2）FLC 可以从一些特定的控制装置或过程中实现非常精确的控制。与 PID 相比，FLC 的稳态误差要小得多。

相对而言，FLC 可以更好地控制线性和非线性系统，因此它是一种强大的控制策略。

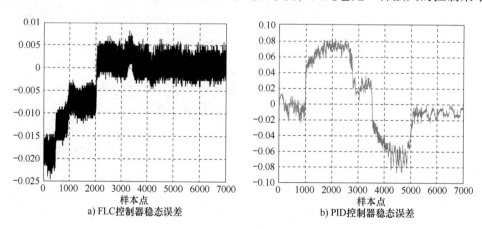

a) FLC控制器稳态误差　　　　b) PID控制器稳态误差

图 7.42　FLC 和 PID 控制器的降噪效果比较

7.11.2.2 利用 FLC 进行特定降噪的频谱分析

正如在上小节中所讨论，FLC 对某些控制系统能够更好地克服噪声和干扰。除了一般的噪声和干扰，FLC 还具有特殊的功能，可以减少在选定的频率范围内的一些特定噪声。为了说明这一点，本节提供了对直流电动机控制系统中存在的噪声和干扰的频谱分析。

该直流电动机控制系统中存在两种噪声源：

1）频率范围为 0~30Hz 的背景噪声。

2）电源噪声约为 60Hz。

电源噪声来自电磁设备或其他装置，如变压器或线圈，这种噪声是通过工作空间或物理空间分布的，很难被移除和过滤。

图 7.43 所示为两种噪声源的频谱。背景噪声在非常低的频率范围内，从 0~30Hz，但电源噪声约为 60Hz，是美国典型的工作频率。

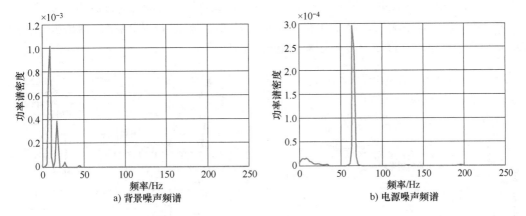

图 7.43　噪声源的功率谱密度

图 7.44 为 PID 控制系统稳态误差的功率谱密度。从图 7.44 所示中可以看出，该系统的噪声是由背景噪声和直流电动机放大器中的变压器噪声共同作用的结果（见图 7.43）。系统噪声的带宽约为 75Hz。很明显，单纯 PID 控制系统不能有效克服这种噪声或干扰。

图 7.45 显示了粗略的模糊逻辑控制策略下系统的稳态误差。与图 7.44 所示的 PID 控制系统相比，噪声的频谱发生了变化。在 PID 控制器下频率分量为 30Hz 的第二个噪声峰值在 FLC 系统中消失。此外，最明显的是在 60Hz 左右的噪声分量被显著衰减，现在大约是原来功率谱密度的一半。结果表明，使用 FLC 后系统噪声大大衰减（约为 50%），信噪比显著提高。这一观察结果与此前在时域中所做的分析结论一致（见图 7.42）。

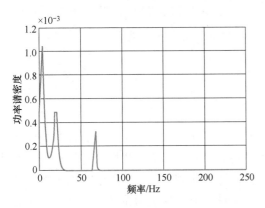
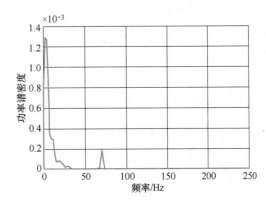

图 7.44　PID 控制系统稳态误差的功率谱密度　　图 7.45　粗略 FLC 控制下噪声的功率谱密度

图 7.46 显示了粗略模糊控制和精细模糊逻辑控制器在降噪方面的不同，以及两种控制策略下噪声分布的差异。

粗略模糊逻辑控制是指噪声的功率谱密度相对较大，噪声分布范围主要在 50Hz 以下，如图 7.46 所示，在低频（50Hz 以下）范围内，精细模糊逻辑控制的噪声比粗略模糊逻辑控制的要小得多（接近于0），唯一的噪声分布在60Hz左右，功率谱密度相对较低。因此，通过比较可以明显看出，使用精细模糊逻辑控制策略后，低频噪声得到了显著的衰减。特别是对背景和环境引入了低频噪声（低于50Hz）后，利用精细模糊逻辑控制可以有效地抑制噪声。

由于FLC在计算输出时采用了"重心"算法，因此具有特殊的低通滤波器函数。图7.47所示为以正弦波形作为输入，对PID和FLC低通滤波器函数的模拟结果。结果显示了粗略和精细FLC控制策略，以及PID控制器的低通滤波性能。

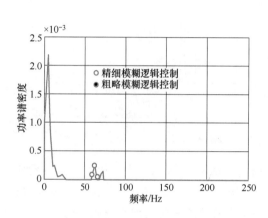

图7.46 粗略模糊控制和精细模糊控制的
降噪效果比较

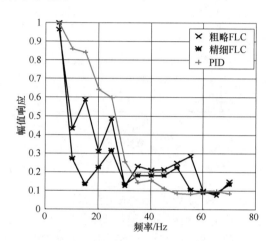

图7.47 FLC和PID控制器的低通滤波性能

通过上述的讨论和分析，可以得出如下结论：对于理想的系统模型，FLC和PID控制器的性能是相同的。但对于包含时滞和噪声的系统模型，使用FLC控制器比PID控制器获得更好的性能。此外，对于同时包含时滞和噪声干扰或一些不确定性的系统模型，采用FLC可以获得更好的控制性能。结果表明，FLC对同时包含时滞和噪声干扰的控制系统也具有更好的性能。包含时滞和噪声干扰的控制系统更接近于现实世界中的实际控制情况。

7.12 本章小结

本章详细介绍和讨论了模糊逻辑控制策略、算法和技术。从7.2节开始，针对典型集合和模糊集合的所有不同的集合都用深入和完整的插图详细讨论。7.3节提出并解释了模糊化和隶属函数的概念。7.4节给出了模糊控制规则的设计和实现。7.5节介绍了模糊控制器的输出、去模糊化和查找表。对无论是线性或非线性系统控制，所有讨论和介绍都是实现和应用模糊控制技术的大多数控制系统所需的基本原理和基本知识。

7.6节介绍了模糊逻辑控制器的结构。在大多数现实世界的应用中，模糊控制器可以分类和映射到PD或PI控制器。该节通过使用功能框图分析了FLC与PD或PI控制器之间的详细映射关系。

7.7~7.11节介绍了不同的模糊逻辑控制技术的各种控制目标的实现，主要以直流电动机控制为例。在 7.8 节中介绍和呈现出 MATLAB®模糊逻辑工具箱和模糊逻辑工具箱图形用户界面工具（FLTGUIT）的两种典型应用，结合实例详细讨论了利用 FLTGUIT 开发的应用程序，以及利用模糊逻辑工具箱函数构建的应用程序。

7.9 节所阐述的是在模糊逻辑控制技术的实现中最重要和最困难的课题之一，即如何有效地调整模糊逻辑控制器，并分析了 FLC 的不同调优技术，以帮助用户更有效、更容易地构建和应用 FLC 技术。

7.10 节用 MATLAB Simulink 的强大工具实现了 FLC 应用，介绍了在 Simulink 环境中创建、设计、调优和模拟 FLC 的详细过程步骤，帮助用户能够快速和有效地设计、调优和模拟真实 FLC 应用程序。

最后一节中，提供了 FLC 和 PID 控制系统之间的比较结果，来说明在一般应用中使用 FLC 取代 PID 控制器的优点。通过仿真研究和实验研究，可以清楚地看出使用 FLC 控制器可以获得比 PID 控制器更好的控制性能。这些比较包括以下几方面：

1）对比具有短传播时延和长传播时延的系统。

2）对比具有不同噪声和干扰的系统。

3）对比具有不同不确定动态模型的系统。

4）比较了在直流电动机系统上应用一般噪声和特定噪声的频谱分析。

课后习题和实验

7.1 使用 MATLAB® FLTGUIT 为图 7.48 所示的加热风扇控制系统设计模糊逻辑控制，室温由加热风扇控制。如果室温低或过冷，应打开加热器加热房间。如果温度高或过热，应关闭加热器风扇，使房间降温。温度计作为反馈的传感器。

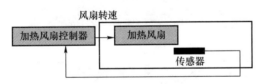

图 7.48 加热风扇控制系统

输入温度和加热风扇转速（r/min）输出的隶属函数定义如图 7.49 所示。

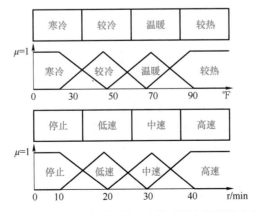

图 7.49 输入温度和加热风扇转速的隶属函数定义

该系统的 4 条模糊控制规则如下：

1）IF 温度为寒冷，THEN 风扇转速为高速。

2）IF 温度为较冷，THEN 风扇转速为中速。

3）IF 温度为温暖，THEN 风扇转速为低速。

4）IF 温度为炎热，THEN 风扇转速为停止。

7.2　参照图 7.50 使用 MATLAB® FLITGUIT 重新设计加热风扇控制系统的模糊逻辑控制系统。温度计和湿度探测器作为反馈传感器。

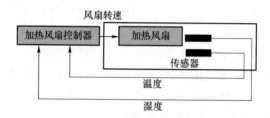

图 7.50　改进后的加热风扇控制系统

输入和输出的隶属函数如图 7.51 所示。

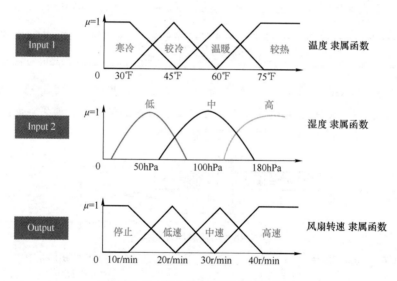

图 7.51　输入和输出的隶属函数

FIS 中遵循以下 12 条控制规则：

1）IF 温度寒冷，湿度高，THEN 风扇转速值为高。

2）IF 温度较冷，湿度高，THEN 风扇转速值为中。

3）IF 温度温暖，湿度高，THEN 风扇转速值为低。

4）IF 温度较热，湿度高，THEN 风扇转速值为零。

5）IF 温度寒冷，湿度中，THEN 风扇转速值为中。

6）IF 温度较冷，湿度中，THEN 风扇转速值为低。

7）IF 温度温暖，湿度中，THEN 风扇转速值为零。

8）IF 温度较热，湿度中，THEN 风扇转速值为零。

9）IF 温度寒冷，湿度低，THEN 风扇转速值为中。

10）IF 温度较冷，湿度低，THEN 风扇转速值为低。

11）IF 温度温暖，湿度低，THEN 风扇转速值为零。

12）IF 温度较热，湿度低，THEN 风扇转速值为零。

7.3 用 MATLAB® 模糊逻辑工具箱的功能重解第 7.1 题，并创建一个名为 HW7_3.fis 的新模糊逻辑系统。

7.4 用 MATLAB® 模糊逻辑工具箱的功能重解第 7.2 题，并创建一个名为 HW7_4.fis 的新模糊逻辑系统。

实验项目——模糊逻辑控制系统

实验项目 7.1

使用 MATLAB® 来设计和构建第 4 章 4.7.5 小节中确定的直流电动机系统的 FLC。该直流电动机的动态模型为

$$G(s) = \frac{3.776}{(1+0.56s)} e^{-0.09s} \approx \frac{6.74}{(s+1.79)} e^{-0.09s}$$

第 4 章 4.7.5 小节中直流电动机的输入是脉宽调制（PWM）值，输出是电动机编码器的转速（单位为 P/r）。在表 7.9 中列出的电动机编码器速度（P/r）与控制输出 PWM 值之间的关系与表 4.12 相同。输入和输出变量的范围见表 7.10。

表 7.9 收集的 QEI 编码器速度值和相应的 PWM 值

编号	PWM 值（u）	编码器速度值（es）（P/r）	
		十六进制	十进制
1	100	49	73
2	300	F4	244
3	500	15C	348
4	700	19F	415
5	900	1E0	480
6	1100	1EF	495
7	1300	1FA	506
8	1500	201	513
9	1700	206	518
10	1900	20C	524
11	2100	20D	525
12	2300	20C	524
13	2500	20E	526
14	2700	20E	526

表 7. 10　输入和输出变量的范围

变量	变量范围	单位
输入误差（err）	−0. 2~0. 2	V
输入误差率（err_rate）	−0. 05~0. 05	V
电动机输出转速（m_sp）	−800~800	r/min

两个输入值：PWM 值 pwm 和脉冲调制率 pwm_rate，作为输入，输出是电动机编码器速度 e_sp。

输入 pwm 的范围应为 500~1900，可分为低、中、高 3 种隶属函数。pwm_rate 的范围为 200~760，也可分为小、中、大 3 种隶属函数。e_sp 的输出范围为 348~524P/r，可分为慢、中、快 3 种隶属函数。所有的磁场的波形可以选择三角波形或高斯波形。为了让大部分控制器实现控制，只使用矩形框内的数据，以便让 PWM 值和电动机编码器值之间呈线性关系。

该模糊逻辑控制系统总共需要 9 条控制规则。试根据常识和一般控制原则建立这些规则。

该闭环控制系统的反馈路径可以采用电动机编码器速度转换为 PWM 值的系数，可以使用 PWM 值与电动机编码器速度值的平均比值 2. 45。

直流电动机模型仅用于 FLC 和 PID 控制器之间的比较。

实验项目 7. 2

用 MATLAB® 模糊逻辑工具箱功能重复实验项目 7. 1。

实验项目 7. 3

利用 MATLAB® Simulink 对实验项目 7. 1 中得到的 FLC 进行仿真研究，得到阶跃输入的最优阶跃响应。

实验项目 7. 4

给定的直流电动机系统，其传递函数为

$$G(s) = \frac{1}{s(s+1)}$$

根据下列条件，使用 FLTGUIT 或 Fuzzy Logic Toolbox 函数方法设计该控制系统的模糊逻辑控制系统。

1) 该系统的输入电压的输入误差 err 和输入误差率 err_rate 作为两个输入变量。

2) 输出变量为电动机转速 m_sp（r/min）。

3) 3 个变量 err、err_rate 和 m_sp 的范围见表 7. 10。

4) 输入 err 和 err_rate，设计为 5 个隶属函数状态：小负（SN）、大负（LN）、零（ZE）和小正（SP）和大正（LP）。使用高斯曲线来得到更精确的控制。

5) 输出 m_sp 的 5 个隶属函数状态为小负（SN）、大负（LN）、零（ZE）和小正（SP）和大正（LP）。同样使用高斯曲线来得到更精确的控制。

6) 参考表 7. 5，根据常识设计模糊逻辑系统的 25 条规则（见表 7. 5）。

使用 MATLAB®进行模拟研究，比较该模糊控制器和第 5 章 5.3.6.2 小节中设计的 PID 控制器的控制性能（无延时阶跃响应）。PID 控制器的初始参数值采用优化的 PID 控制增益：$K_P = 2.76$、$K_I = 1.13$ 和 $K_D = 1.69$。

实验项目 7.5

在两个控制器具有下列传播时间延迟值的条件下，重复实验项目7.4。

（a）10ms；（b）100ms；（c）500ms。

第 8 章

TM4C123G MCU 系统的模糊逻辑控制器设计

在上一章中，我们很详细地讨论了模糊逻辑控制系统，包括模糊集合、隶属函数、控制规则、查找表和模糊推理系统（FIS）基本操作等模糊技术和模糊推理系统的基本理论知识。在介绍理论知识后，我们介绍和讨论了一种强大的工具——MATLAB® Fuzzy Logic Toolbox，并提供了一些真实示例。此外，我们结合实际的直流电动机控制系统分析和讨论了 MATLAB® Simulink，它是一款强大而有用的仿真工具。在本章中，我们将在实施方面进行更现实的讨论，探讨如何结合微控制器编程项目在典型的直流电动机控制系统中运用 FIS。

8.1 引言

模糊逻辑控制器是一种通用控制器，可处理线性和非线性控制系统。众所周知，PID 控制器仅可处理线性系统或线性时不变（LTI）系统。但是，世界上的所有实际系统都是非线性系统。为了开发出一种高度契合的、能控制非线性系统的控制器，模糊逻辑控制器是一个很好的选择。

为了在真实闭环控制系统中有效地设计和实施 FLC，应该遵循下列操作流程步骤：

1) 模糊化过程：将明确变量转换为模糊变量。

2) 控制规则过程：设计控制规则。

3) 去模糊化过程：将模糊变量重新转换为明确变量。

图 8.1 所示为模糊逻辑控制器的开发过程。

若要构建模糊逻辑控制器（FLC），需要提前计算输入误差 e 和误差率 Δe，并将这两者作为输入提供给 FLC。

根据 FLC 和实际应用程序的架构，可针对指定的系统来设计和实施模糊 PI 或模糊 PD 控制器。请读者参见第 7 章 7.6 节，更详细地了解控制类型选项。

© Springer Nature Switzerland AG 2019.

Y. Bai and Z. S. Roth, *Classical and Modern Controls with Microcontrollers*, Advances in Industrial Control, https://doi.org/10.1007/978-3-030-01382-0_8.

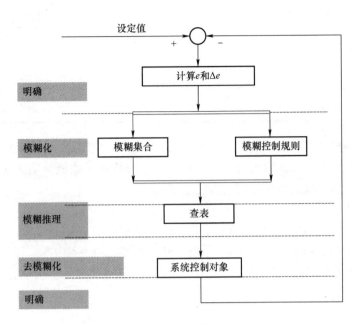

图 8.1　模糊逻辑控制器的开发过程

8.2　模糊逻辑闭环控制系统的实现

要实施 FLC，首先是对实际控制系统或过程的输入和输出执行模糊化过程。

8.2.1　模糊化过程

所谓的模糊化过程就是将明确变量转换为相应的模糊变量。转换后的模糊变量由一组隶属函数表示。执行此转换之前，应首先确定系统的输入和输出的范围。这样，就能分别定义输入误差、误差率和系统输入对应的隶属函数。

回顾一下第 5 章 5.5 节，我们讨论了针对直流电动机系统 Mitsumi 448 PPR 的 PID 控制器设计和实施过程，当时使用的传递函数为

$$G(s) = \frac{6.74}{s+1.79} e^{-0.09s} \tag{8.1}$$

在该项目中，直流电动机的输入变量或 PID 控制器的输出是 PWM 值。输出是电动机编码器。在本小节中，我们会直接将电动机编码器值（反馈）用作输入提供给该 FLC 系统。表 8.1 中列出了系统输入和输出的范围。这些输入误差、误差率和输出电动机转速 PWM 值可根据项目 CalibEncoder（详见第 4 章 4.7.4 小节）和 PID Control（详见第 5 章 5.5.2 小节）收集到的数据计算得出。比如，输入编码器误差下限是 −400。输入误差率上限是 179 − 49 = 130，而输出电动机转速 PWM 值的范围是 −2000 ~ 2000（50%）。该项目中使用了一个对称的数据结构。虽然绝对不会存在电动机转速 PWM 值为 −2000，但在模糊系统设计中，建议采用对称数据结构并将它应用于模糊控制器。

表 8.1 输入误差、误差率和输出电动机转速 PWM 值的范围

变量	变量范围	单位
输入误差 e	−400~400	P/r
输入误差率 Δe	−130~130	P/r
输出电动机转速 PWM 值	−2000~2000	PWM

为了使用模糊集合表示这些输入和输出变量，选择了一组语言变量来表示误差的 5 个等级、误差率的 5 个等级和控制输出的 5 个等级。本小节构造了隶属函数来表示输入和输出，其中等级属于不同的隶属函数集合或语言变量集合。

语言变量定义如下：

输入：LN—大负，LP—大正，SN—小负，SP—小正，ZE—零。

输出：LN—大负，LP—大正，SN—小负，SP—小正，ZE—零。

输入误差、误差率和控制器输出对应的隶属函数如图 8.2 所示。所有这些变量的单位分别是 P/r 和 PWM 值。

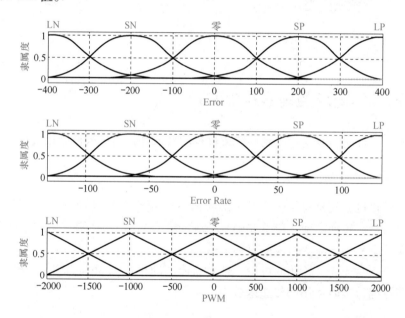

图 8.2 输入误差、误差率和控制器输出对应的隶属函数（见彩插）

MATLAB® Fuzzy Logic Toolbox™ 用于构建和开发该模糊控制器。两个输入（误差和误差率）都采用了高斯波形表示隶属函数（MF）的形状。但输出 PWM 值使用了三角形波形来表示其隶属函数的形状。

8.2.2 控制规则设计

为该模糊控制器设计的 25 条控制规则，如图 8.3 所示。

这些控制规则是使用 MATLAB® Fuzzy Logic Toolbox™ 根据总体控制策略设计的。用户请转到"Edit"→"Rules"菜单，打开控制规则编辑器向导来生成这些规则。

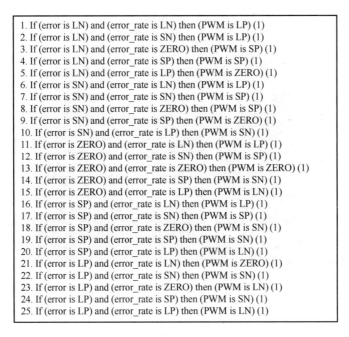

```
1. If (error is LN) and (error_rate is LN) then (PWM is LP) (1)
2. If (error is LN) and (error_rate is SN) then (PWM is LP) (1)
3. If (error is LN) and (error_rate is ZERO) then (PWM is SP) (1)
4. If (error is LN) and (error_rate is SP) then (PWM is SP) (1)
5. If (error is LN) and (error_rate is LP) then (PWM is ZERO) (1)
6. If (error is SN) and (error_rate is LN) then (PWM is LP) (1)
7. If (error is SN) and (error_rate is SN) then (PWM is SP) (1)
8. If (error is SN) and (error_rate is ZERO) then (PWM is SP) (1)
9. If (error is SN) and (error_rate is SP) then (PWM is ZERO) (1)
10. If (error is SN) and (error_rate is LP) then (PWM is SN) (1)
11. If (error is ZERO) and (error_rate is LN) then (PWM is LP) (1)
12. If (error is ZERO) and (error_rate is SN) then (PWM is SP) (1)
13. If (error is ZERO) and (error_rate is ZERO) then (PWM is ZERO) (1)
14. If (error is ZERO) and (error_rate is SP) then (PWM is SN) (1)
15. If (error is ZERO) and (error_rate is LP) then (PWM is LN) (1)
16. If (error is SP) and (error_rate is LN) then (PWM is LP) (1)
17. If (error is SP) and (error_rate is SN) then (PWM is SP) (1)
18. If (error is SP) and (error_rate is ZERO) then (PWM is SN) (1)
19. If (error is SP) and (error_rate is SP) then (PWM is SN) (1)
20. If (error is SP) and (error_rate is LP) then (PWM is LN) (1)
21. If (error is LP) and (error_rate is LN) then (PWM is ZERO) (1)
22. If (error is LP) and (error_rate is SN) then (PWM is SN) (1)
23. If (error is LP) and (error_rate is ZERO) then (PWM is LN) (1)
24. If (error is LP) and (error_rate is SP) then (PWM is SN) (1)
25. If (error is LP) and (error_rate is LP) then (PWM is LN) (1)
```

图 8.3　模糊控制规则

8.2.3　去模糊化过程

若要对控制系统进行实时控制，需要有明确的控制输出。因此，必须使用去模糊化过程将模糊输出重新转换为明确输出。

去模糊化过程的核心就是重心（COG）法。假设 u_i 是隶属函数、U_i 是论域、m 是贡献数，则模糊推理系统的传统输出可表示为

$$u = \frac{\sum_{i=1}^{m}(u_i \times U_i)}{\sum_{i=1}^{m} u_i} \tag{8.2}$$

式中，u 是模糊推理系统的当前明确输出，该公式称为重心法。

在 MATLAB® Fuzzy Logic Toolbox™ 中，可根据图形输出控制向导的引导，轻松查看控制规则及其函数，如图 8.4 所示。在 MATLAB® Fuzzy Logic Toolbox™ 窗口中，转到 "View"（视图）→"Rules"（规则）菜单项，打开此图形视图，并查看为该模糊控制器生成的所有控制规则。也可转到 "View"（视图）→"Surface"（曲面）菜单项查看完整的模糊输出曲面或包络曲面，如图 8.5 所示。

去模糊化过程得到的是明确的实际输出，可采用以下两种不同的方法推导或计算出项目中的电动机转速：离线方法和在线方法。离线方法是指在项目运行之前生成一个查找表。在查找表中，可根据当前的输入误差和误差率对唯一确定每个明确控制输出。而在线方法是在 COG 公式中根据当前误差输入和控制输出实时计算每个明确控制输出。

在该项目中，我们尝试使用离线方法计算查找表，简化了去模糊化过程，获得了控制输出。

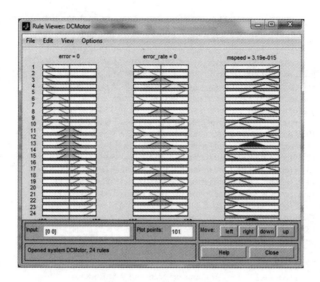

图 8.4   控制规则的图形表示

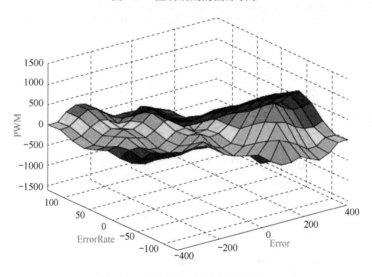

图 8.5   模糊输出曲面或包络曲面

为了在项目中应用这些控制规则和去模糊化过程，需要利用 IF 选择结构将这些内容转换为 C 语言代码。

8.3   模糊逻辑控制器在直流电动机控制系统中的应用

若要使用查找表来获取所需的控制输出，应使用 IF 选择结构将输入误差和输出控制拆分到不同的范围。可根据不同的范围在查找表中确定控制输出。查找表中的控制输出就是明确变量。

由表 8.2 可知，控制输出 PWM 值是根据其峰值而不是范围进行的分组，根据 COG 法的要求，这些峰值对应的是上述 COG 公式中的 U_i 值。

根据图 8.3 中显示的控制规则，可创建输入/输出关系表，具体见表 8.3。可将该表看作是一个二维矩阵，其中每个相交单元格就是控制输出 PWM 或 pwm(i,j)。

表 8.2　直流电动机的输入和输出范围

输入误差	<-300	[-300, -100)	[-100, 100)	[100, 300)	≥300
MF	LN	SN	ZE	SP	LP
输入误差率	<-100	[-100, -50)	[-50, 50)	[50, 100)	>100
MF	LN	SN	ZE	SP	LP
输出转速	-1500	-1000	0	1000	1500
MF	LN	SN	ZE	SP	LP

表 8.3　控制规则

e	Δe				
	LN	SN	ZE	SP	LP
LN	LP	LP	SP	SP	ZE
SN	LP	SP	SP	ZE	SN
ZE	LP	SP	ZE	SN	LN
SP	LP	SP	SN	SN	LN
LP	ZE	SN	LN	SN	LN

根据 COG 公式可知，每个 u_i 应为 AND 或是 MF_e 和 MF_Δe 对之间选定的最小值：$u(i,j) = \min(MF\_e, MF\_\Delta e)$，前提是每个 u_i 可由二维矩阵中的一个元素表示，见表 8.4。MF_e 和 MF_Δe 分别是误差 e 和误差率 Δe 的隶属函数。这样一来，使用这两个表，根据上述 COG 公式就可以轻松计算出每一个明确的控制输出或 PWM 值，理由是这两个表中的每个单元格都有一对一关系。比如，如果 e 是 LN 且 Δe 是 SN，则应该将表 8.4 中的 $u(0,1)$ 乘以单元格 LP 来得到 pwm(0,1)。类似地，如果 e 是 LN 且 Δe 是 ZE，则应该将表 8.4 中的 $u(0,2)$ 乘以单元格 SP 得到 pwm(0,2)。最后，可以将所有 pwm(i,j) 相加作为分子，将所有 $u(i,j)$ 相加作为分母，得到明确的控制输出 u。

表 8.4　输入误差

e	Δe				
	LN	SN	ZE	SP	LP
LN	$u(0,0)$	$u(0,1)$	$u(0,2)$	$u(0,3)$	$u(0,4)$
SN	$u(1,0)$	$u(1,1)$	$u(1,2)$	$u(1,3)$	$u(1,4)$
ZE	$u(2,0)$	$u(2,1)$	$u(2,2)$	$u(2,3)$	$u(2,4)$
SP	$u(3,0)$	$u(3,1)$	$u(3,2)$	$u(3,3)$	$u(3,4)$
LP	$u(4,0)$	$u(4,1)$	$u(4,2)$	$u(4,3)$	$u(4,4)$

这两个例子的伪代码可表示如下：

如果 e=LN 且 Δe=SN，则 $u_1 = u(0,1) \times LP = \min(MF\_e, MF\_\Delta e) \times LP$。

如果 e=LN 且 Δe=ZE，则 $u_2 = u(0,2) \times SP = \min(MF\_e, MF\_\Delta e) \times SP$。

此外，这两个伪指令可写成：

如果 $e<-300$ 且 $-100<\Delta e<-50$，则 $u_1=\min(0.5,0.8)\times1500=0.5\times1500=\text{pwm}(0,1)=750$。

如果 $e<-300$ 且 $-50<\Delta e<50$，则 $u_2=\min(0.5,1)\times1000=0.5\times1000=\text{pwm}(0,2)=500$。

参见图 8.2，获取每个误差和误差率对应的隶属函数的值。最后，控制输出可按下列方程计算，即

$$u=\frac{u(0,1)\times\text{LP}+u(0,2)\times\text{SP}}{u(0,1)+u(0,2)}=\frac{0.5\times1500+0.5\times1000}{0.5+0.5}=1250 \tag{8.3}$$

在本例中，为了简化该计算过程，对实际的 MF 值取了近似值。为了使项目简单易用，使用了 MATLAB® Fuzzy Logic Toolbox™ 来生成查找表。

大体来说，使用查找表的核心就是根据输入误差和误差率的不同范围预定义或预先计算所有明确控制输出。换句话说，查找表中的每个控制输出与当前误差和误差率输入值并不对应，而是基于输入误差和误差率范围的。所有输入误差和误差率都可拆分到不同的范围中，并且每个范围可关联到查找表中一个明确的控制输出。误差和误差率范围越小，可从查找表中获得的控制输出就越准确。不过，需要更多内存空间将控制输出存储在更大的查找表中。比如，项目中的误差和误差率都拆分为 4 段，例如误差范围是 $-400\sim400$，而误差率范围是 $-120\sim120$，并且误差和误差率的每段间隔分别是 200 和 60，那么，控制输出的查找表是一个 5×5 矩阵，有 25 个元素。在程序中，会使用 25 个 IF-THEN 指令来区分这些误差和误差率，以便从查找表中获取所需的控制输出。

若要创建更准确的查找表，可将输入转速误差 e 和误差率 Δe 拆分为更小的相等的片段或范围。对于任何控制系统，都需要在准确度和空间之间进行权衡。在该项目中，选择使用一个 5×5 查找表将输出拆分成 4 段。

可在图 8.6 中查看用于计算查找表的 MATLAB® 脚本。在该脚本中，使用了 Fuzzy Logic Toolbox 中的 MATLAB® 函数 evalfis() 计算这个 5×5 查找表，得到的查找表如图 8.7 所示。

```
% 直流电动机控制系统模糊查找表的计算–DCMotorLT.m
% Feb 18, 2018
% Y. Bai

MLT = zeros(5, 5);          % 查找表是5×5矩阵
e   = -400;                 % 最大负转速误差: 范围 -400 ~ 400, 步长 200 (4步)
de  = -120;                 % 最大负转速误差率: 范围 -120 ~ 120, 步长 60 (4步)

% 结果查找表是5×5矩阵
a = readfis('DCMotor'); %获得直流电动机(DCMotor)的模糊推理系统–DCMotor.fis

for i = 1:5
   for  j = 1:5
   MLT(i, j) = evalfis([(e + (i-1)*200) (de + (j-1)*60)], a);
   end
end
MLT                        % 显示结果查找表
```

图 8.6 用于计算查找表的 MATLAB® 脚本

表 8.5 所示为查找表中输入误差、误差率范围和控制输出之间的关系。在程序中可直接使用该查找表，在 IF-THEN 选择指令的帮助下，根据转速误差和误差率输入范围，确定和识别所需的控制输出。要注意的一点是，程序中，没有配置电动机逆时针旋转的方向，所以，某些负数控制输出可能永远不会用到。

```
MLT =

     1616.5      1573.4       958.2       919.7        76.8
     1513.0       958.2       889.5        30.0       818.5
     1513.0       860.0       0.000      -860.0     -1419.6
     1289.9       809.9      -889.5      -958.2     -1513.0
      -74.6      -889.6     -1364.8     -1002.6     -1513.0
```

图 8.7　得到的查找表

表 8.5　输入误差、误差率范围和控制输出之间的关系

e	Δe				
	<-120	[-120, -60)	[-60, 0)	[0, 60)	[60, 120)
<-400	1617	1573	958	920	77
[-400, -200)	1513	958	890	30	819
[-200, 0)	1513	860	0	-860	-1420
[0, 200)	1290	810	-890	-958	-1513
[200, 400)	-75	-890	-1365	-1003	-1513

对于该模糊控制器，应该定期使用 MATLAB® Simulink® 执行仿真过程。受空间限制，我们不得不跳过这一步骤。现在，让我们构建模糊控制程序 Fuzzy Control，使用模糊逻辑控制器控制直流电动机。

在文件夹 C:\C-M Control Class Projects\Chapter 8 下创建一个新的文件夹 Fuzzy Control，在该文件夹下新建一个名为 Fuzzy Control 的 Keil® μVision® 5 项目。由于该项目有点大，所以需要创建一个头文件和一个 C 源文件。

1. 控制头文件 Fuzzy Control. h

创建一个新的头文件 Fuzzy Control. h，并将它添加到上面刚刚创建的项目 Fuzzy Control 中。在该头文件中输入图 8.8 所示的代码。

让我们仔细查看这个头文件，探究它是如何工作的。

1）第 4~9 行中的代码用于声明此项目使用的一些系统头文件。

2）第 10~12 行中的代码用于定义项目中使用的 3 个常量、PWM 输出值的上限和下限，以及将反馈速度值转换为相应的 PWM 值的转换系数 HS。

3）第 13~17 行中定义了 GPIO 端口 D 和 F 的映射地址，以及与 QEI0 相关的 GPIO 引脚。

4）第 18~20 行中声明了用户定义的 3 个函数，分别是 InitPWM( )、InitQEI( ) 和 GetLookup( )。根据当前输入转速误差和误差率值，使用 GetLookup( ) 函数从模糊查找表中获取明确的控制输出值。

5）第 21~22 行中定义了模糊输入转速误差和误差率的范围，并且定义了 5 个点将输入误差和误差率拆分成 4 段，这些点可以直接从表 8.5 中获取。

6）第 23~27 行中声明了查找表 MLT[ ]，这是一个 5×5 的矩阵，可以从表 8.5 中获取该查找表上的值。

```
1   //****************************************************************
2   // Fuzzy-Control.h - 模糊控制程序的头文件
3   //****************************************************************
4   #include <stdint.h>
5   #include <stdbool.h>
6   #include "driverlib/sysctl.h"
7   #include "driverlib/gpio.h"
8   #include "driverlib/qei.h"
9   #include "TM4C123GH6PM.h"
10  #define PWMMAX          3999
11  #define PWMMIN          5
12  #define HS              2.22                      // HS = 1/K = 1/0.45 = 2.22
13  #define GPIO_PD6_PHA0            0x00031806
14  #define GPIO_PD7_PHB0            0x00031C06
15  #define GPIO_PORTD_BASE          0x40007000       // GPIO端口D
16  #define GPIO_PORTF_CR_R          (*((volatile uint32_t *)0x40025524))
17  #define GPIO_PORTD_CR_R          (*((volatile uint32_t *)0x40007524))
18  void InitPWM(void);
19  void InitQEI(void);
20  int GetLookup(double error, double error_rate);
21  int E_LN = -400, E_SN = -200, E_ZE = 0, E_SP = 200, E_LP = 400;
22  int ER_LN = -120, ER_SN = -60, ER_ZE = 0, ER_SP = 60, ER_LP = 120;
23  static int MLT[5][5] = {{1617, 1573, 958,   920,   77},
24                          {1513, 958,  890,   30,   819},
25                          {1513, 860,  0,   -860, -1420},
26                          {1290, 810, -890, -958, -1513},
27                          {-75, -890, -1365,-1003, -1513}};
```

图 8.8　项目 Fuzzy Control 的头文件

接下来，创建 C 源文件供该项目使用。

2. 创建 C 源文件 Fuzzy Control. c

该源文件包含供模糊推理过程使用的代码，所以有点大。因此，可将该源文件拆分为 3 部分：main( ) 程序部分、模糊推理过程部分，以及 PWM 和 QEI 模块的初始化过程。PWM 和 QEI 模块的初始化过程函数 InitPWM( ) 和 InitQEI( ) 与之前的项目（例如 CalibEncoder，详见第 4 章 4.7.4 小节；PID Control，详见第 5 章 5.5.2 小节）生成的函数相同，本小节不再讨论。请查看之前的项目，详细了解这两个函数的代码。

该源文件的第一部分如图 8.9 所示。

大体来说，该部分中的代码与在第 5 章 5.5.2 小节中生成的 PID Control 项目中的代码相同，所以我们只讨论与该项目中的代码不同的代码。让我们仔细查看这些代码，探究它们是如何工作的。

1）由于模糊查找表中既有负数 PWM 输出值，也有正数 PWM 输出值，所以 PWM 输出变量 pw 的类型在第 9 行中从 uint32_t 变为了 int。

2）第 33 行中的代码被弃用，改为调用用户定义的函数 GetLookup( ) 进行模糊推理计算，是从查找表中获取明确的 PWM 输出值，而不是使用 PID 算法获取 PID 控制输出值。

该部分其余的代码都与 PID Control 项目中使用的代码相同。

现在，我们来研究该项目的第二部分代码，它是一个用户自定义的函数 GetLookup( )。该函数的详细代码如图 8.10 所示。

1）从第 1 行开始是 GetLookup( ) 函数，它有两个参数 error：（电动机编码器反馈速度误差）和 error_rate（误差率），这两个参数的数据类型都是 double。返回的变量数据类型是 int。

```
1  //*************************************************************************
2  // Fuzzy-Control.c - 电动机模糊逻辑控制程序 - QEI0
3  //*************************************************************************
4  #include "Fuzzy-Control.h"
5  int main(void)
6  {
7      uint32_t es, index, upper = 1000, s, n = 0, motor[100];
8      double de, e[2];
9      int pw;
10     SysCtlClockSet(SYSCTL_SYSDIV_25|SYSCTL_USE_PLL|SYSCTL_XTAL_4MHZ|SYSCTL_OSC_MAIN);
11     SYSCTL->RCGC2 = 0x2A;                    // 使能GPIO 端口B、D、F并计时
12     GPIOB->DEN = 0xF;                        // 使能 PB3 ~ PB0，作为数字功能引脚
13     GPIOB->DIR = 0xF;                        // 配置 PB3 ~ PB0，作为输出引脚
14     GPIOD->DEN = 0xC0;                       // 使能 PD7 ~ PD6，作为数字功能引脚
15     GPIOD->DIR = ~0xC;                       // 配置 PD7 ~ PD6，作为输入引脚
16     GPIOF->DEN = 0xF;                        // 使能 PF3 ~ PF0，作为数字功能引脚
17     GPIOF->DIR = 0xF;                        // 配置 PF3 ~ PF0，作为输出引脚
18     InitPWM();                               // 配置 PWM模块1
19     InitQEI();                               // 配置 QEI模块0
20     while(1)
21     {
22         PWM1->_2_CTL = 0x1;                  // 使能PWM1_2B或M1PWM5
23         PWM1->ENABLE = 0x20;
24         s = 1000;                            // 设s = 1000 使得 es = 0.45*PWM = 0.45*1000 = 450
25                                              // 将输入速度设为450P/r
26         PWM1->_2_CMPB = s;                   // 将目标PWM值或450P/r发送给电动机
27         e[1] = s;
28         for (index = 0; index < upper; index++)     // 向电动机输出方波
29         {
30             es = QEI0->SPEED;                // 得到当前编码器的速度值
31             e[0] = s - es*HS;                // 将速度值转换成相应的PWM值
32             de = e[1] - e[0];                // 获取误差值
33             pw = GetLookup(e[0], de);        //从查找表获取明确控制输出值
34             e[1] = e[0];
35             PWM1->_2_CMPB = pw;              //进行模糊逻辑控制
36             SysCtlDelay(5);
37             if (n < 100) { motor[n] = es; }
38             n++;
39         }
40         PWM1->_2_CMPB = 0;                   // 向电动机发送指令0，使电动机停转
41         PWM1->_2_CTL = 0x0;                  // 禁用PWM1_2B或M1PWM5
42         PWM1->ENABLE &= ~0x20;
43         for (index = 0; index < upper; index++)
44             SysCtlDelay(10);
45     }
46 }
```

图 8.9　项目 Fuzzy Control 的第一部分代码

2）第 3 行中声明了返回的变量 u。

3）总共有 25 个控制输出，以一个 5×5 查找表形式表示。为了从查找表中确定和选择所需的控制输出，需要使用反馈速度误差和误差率作为输入。换句话说，需要根据头文件 Fuzzy Control. h 中定义的不同误差和误差率范围进行此选择，而这些范围是根据表 8.5 中定义的误差和误差率范围进行确定的。所以，使用 if 和 else if 选择结构的序列进行此选择。

4）通过将误差范围拆分成 5 段进行选择，并根据每段误差范围内的误差率范围完成 5 个次级选择。

从第 4 行开始，第一段误差范围是 error<E_LN，会继续检查第 6~10 行中的 5 个误差率范围，即<ER_LN、ER_LN ~ ER_SN、ER_SN ~ ER_ZE、ER_ZE ~ ER_SP 和 ER_SP ~ ER_LP。根据每个误差率范围，对应的控制输出可按查找表 MLT[0,n] 中的相关元素标识，并分配给返回的变量 u。

5）从第 12 行开始是第二段误差范围 error<E_SN && error >=E_LN。如果速度误差是在此范围内，则会进行 5 个次级选择，检查与上一个误差范围相关的 5 个误差率范围，以便分别从第 14~18 行对应的查找表中选择出对应的控制输出 MLT[1,n]。

```
1    int GetLookup(double error, double error_rate)
2    {
3        int u;
4        if (error < E_LN)
5        {
6            if (error_rate < ER_LN) { u = MLT[0][0]; }
7            else if (error_rate < ER_SN && error_rate >= ER_LN) { u = MLT[0][1]; }
8            else if (error_rate < ER_ZE && error_rate >= ER_SN) { u = MLT[0][2]; }
9            else if (error_rate < ER_SP && error_rate >= ER_ZE) { u = MLT[0][3]; }
10           else if (error_rate < ER_LP && error_rate >= ER_SP) { u = MLT[0][4]; }
11       }
12       else if (error < E_SN && error >= E_LN)
13       {
14           if (error_rate < ER_LN) { u = MLT[1][0]; }
15           else if (error_rate < ER_SN && error_rate >= ER_LN) { u = MLT[1][1]; }
16           else if (error_rate < ER_ZE && error_rate >= ER_SN) { u = MLT[1][2]; }
17           else if (error_rate < ER_SP && error_rate >= ER_ZE) { u = MLT[1][3]; }
18           else if (error_rate < ER_LP && error_rate >= ER_SP) { u = MLT[1][4]; }
19       }
20       else if (error < E_ZE && error >= E_SN)
21       {
22           if (error_rate < ER_LN) { u = MLT[2][0]; }
23           else if (error_rate < ER_SN && error_rate >= ER_LN) { u = MLT[2][1]; }
24           else if (error_rate < ER_ZE && error_rate >= ER_SN) { u = MLT[2][2]; }
25           else if (error_rate < ER_SP && error_rate >= ER_ZE) { u = MLT[2][3]; }
26           else if (error_rate < ER_LP && error_rate >= ER_SP) { u = MLT[2][4]; }
27       }
28       else if (error < E_SP && error >= E_ZE)
29       {
30           if (error_rate < ER_LN) { u = MLT[3][0]; }
31           else if (error_rate < ER_SN && error_rate >= ER_LN) { u = MLT[3][1]; }
32           else if (error_rate < ER_ZE && error_rate >= ER_SN) { u = MLT[3][2]; }
33           else if (error_rate < ER_SP && error_rate >= ER_ZE) { u = MLT[3][3]; }
34           else if (error_rate < ER_LP && error_rate >= ER_SP) { u = MLT[3][4]; }
35       }
36       else if (error < E_LP && error >= E_SP)
37       {
38           if (error_rate < ER_LN) { u = MLT[4][0]; }
39           else if (error_rate < ER_SN && error_rate >= ER_LN) { u = MLT[4][1]; }
40           else if (error_rate < ER_ZE && error_rate >= ER_SN) { u = MLT[4][2]; }
41           else if (error_rate < ER_SP && error_rate >= ER_ZE) { u = MLT[4][3]; }
42           else if (error_rate < ER_LP && error_rate >= ER_SP) { u = MLT[4][4]; }
43       }
44       return u;
45   }
```

图 8.10　函数 GetLookup( ) 的详细代码

6）按类似的方式，可进入下面的 3 段误差范围，并进行相关的 5 个次级选择，从而得到对应的控制输出 MLT[2,n]、MLT[3,n] 和 MLT[4,n]，并分配给第 22~26 行、第 30~34 行和第 38~42 行程序返回的变量 u。

7）最后，存储在返回的变量 u 中已确定的控制输出会返回到第 44 行的主程序。

需要特别注意电动机旋转方向和我们在程序中定义的方向。在该项目中，将电动机正转方向定义为顺时针（CW），根据该定义在查找表中定义了隶属函数和控制输出。如果发现方向相反，或者仿真结果是负的，则需要更改程序中的方向来重新定义此方向。此外，隶属函数的输入定义（比如 LN、SN、SP 和 LP）需要进行极性反转。

3. 设置环境来生成和运行项目

需要设置下列环境，才能运行该项目来测试模糊逻辑控制器：

1）在"Project"（项目）→"Options for Target 'Target 1'"（目标"Target 1"的选项）菜单项下的"C/C++"选项卡中的"Include Paths"（包含路径）框中，添加在该项目中使

用的所有系统头文件的路径。正确的路径应该是：C：\ti\TivaWare_C_Series-2.1.4.178。

2）在"Project"（项目）→"Options for Target 'Target 1'"（目标"Target 1"的选项）菜单项下的"Debug"（调试）选项卡中，选择正确的调试驱动程序 Stellaris ICDI。

3）在项目中添加 Tiva Ware™ 外围设备驱动程序库 driverlib.lib 文件。该库文件位于：C：\ti\TivaWare_C_Series-2.1.4.178\driverlib\rvmdk。通过在"Project"（项目）窗格中右击"Source Group 1"（源组 1），然后选择"Add Existing File"（添加现有文件）项，可在项目中添加该库文件。

现在，对于直流电动机闭环控制系统，可以运行项目来测试模糊逻辑控制器。运行时可以发现电动机会定期旋转和停止。该模糊逻辑控制系统的阶跃响应如图 8.11 所示，其是根据从 QEI0 模块获得的已收集到的电动机输出转速反馈值 motor[ ] 进行绘制的。

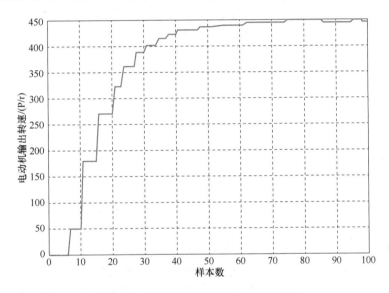

图 8.11　模糊逻辑控制系统的阶跃响应

8.4　案例研究：构建模糊逻辑控制项目 FZControl

在第 7 章 7.8.1 小节中，我们讨论了如何使用传递函数为直流电动机系统设计 FLC。

$$G(s) = \frac{6520}{s(s+430.6)} e^{-0.005s} \qquad (8.4)$$

本节将继续讨论并生成一个真实的微控制器编程项目，方便执行该电动机系统的闭环控制。

我们仍然要使用查找表，根据输入获取所需的控制输出，应使用 IF 选择结构将输入误差和输出控制拆分到不同的范围，可根据不同的范围在查找表中确定控制输出。查找表中的控制输出就是明确变量。

根据第 7 章的表 7.3 和图 7.23，输入误差、误差率和输出可拆分为 7 段，见表 8.6。从表 8.6 中可以看出，控制输出 PWM 值是根据其峰值而不是范围进行分组，但是依据 COG 法的要求，这些峰值对应的是式（8.2）中的 U_i 值。

表 8.6　直流电动机的输入和输出的范围

输入误差	<-0.1	[-0.1, -0.05)	[-0.05, -0.01)	[-0.01, 0.01)	[0.01, 0.05)	[0.05, 0.1)	>0.1
MF	LN	MN	SN	ZE	SP	MP	LP
输入误差率	<-0.06	[-0.06, -0.03)	[-0.03, -0.01)	[-0.01, 0.01)	[0.01, 0.03)	[0.03, 0.06]	>0.06
MF	LN	MN	SN	ZE	SP	MP	LP
输出转速度	-600	-400	-200	0	200	400	600
MF	LN	MN	SN	ZE	SP	MP	LP

根据图 8.3 中所示的控制规则，可制定输入输出关系表，见表 8.7。可将该表看作是一个二维矩阵，其中每个相交单元格就是控制输出 PWM 或 pwm(i,j)。

表 8.7　控制规则

e	Δe						
	LN	MN	SN	ZE	SP	MP	LP
LN	LP	LP	LP	SP	SP	SP	ZE
SN	LP	MP	SP	SP	ZE	SN	SN
ZE	LP	MP	SP	ZE	SN	MN	LN
SP	LP	MP	SP	SN	SN	MN	LN
LP	ZE	SN	SN	LN	SN	MN	LN

根据 COG 公式，每个 u_i 应为 AND 或是 MF_e 和 MF_Δe 对之间选定的最小值：$u(i,j) = \min(MF\_e, MF\_\Delta e)$，前提是每个 u_i 可由二维矩阵中的一个元素表示，见表 8.8。MF_e 和 MF_Δe 分别是误差 e 和误差率 Δe 的隶属函数。这样，通过使用这两个表，可以根据式（8.2）所示的 COG 公式轻松计算出每个明确的控制输出或 PWM 值，理由是这两个表中的每个单元格都有一对一关系。比如，如果 e 是 LN 且 Δe 是 MN，则应该将表 8.8 中的 $u(0,1)$ 乘以单元格 LP 来得到 pwm$(0,1)$。类似地，如果 e 是 LN 且 Δe 是 ZE，则应该将表 8.8 中的 $u(0,3)$ 乘以单元格 SP 来得到 pwm$(0,3)$。最后，可将所有 pwm(i,j) 相加用作分子，将所有 $u(i,j)$ 相加用作分母，从而得到明确控制输出 u。

表 8.8　输入误差

e	Δe						
	LN	MN	SN	ZE	SP	MP	LP
LN	$u(0,0)$	$u(0,1)$	$u(0,2)$	$u(0,3)$	$u(0,4)$	$u(0,5)$	$u(0,6)$
SN	$u(1,0)$	$u(1,1)$	$u(1,2)$	$u(1,3)$	$u(1,4)$	$u(1,5)$	$u(1,6)$
ZE	$u(2,0)$	$u(2,1)$	$u(2,2)$	$u(2,3)$	$u(2,4)$	$u(2,5)$	$u(2,6)$
SP	$u(3,0)$	$u(3,1)$	$u(3,2)$	$u(3,3)$	$u(3,4)$	$u(3,5)$	$u(3,6)$
LP	$u(4,0)$	$u(4,1)$	$u(4,2)$	$u(4,3)$	$u(4,4)$	$u(4,5)$	$u(4,6)$

这两个例子的伪代码可表示为：

如果 $e = $ LN 且 $\Delta e = $ MN，则 $u_1 = u(0,1) \times LP = \min(MF\_e, MF\_e) \times LP$。

如果 $e=\text{LN}$ 且 $\Delta e=\text{ZE}$，则 $u_3=u(0,3)\times\text{SP}=\min(\text{MF\_}e,\text{MF\_}e)\times\text{SP}$。

此外，这两个伪指令可写成：

如果 $e<-0.1$ 且 $-0.06<\Delta e<-0.03$，则 $u_1=\min(0.5,0.8)\times600=0.5\times600=\text{pwm}(0,1)=300$。

如果 $e<-0.1$ 且 $-0.01<\Delta e<0.01$，则 $u_3=\min(0.5,1)\times200=0.5\times200=\text{pwm}(0,3)=100$。

参见第 7 章的图 7.23，获取每个误差和误差率对应的隶属函数的值。最后，控制输出可按式（8.5）计算，即

$$u=\frac{u(0,1)\times\text{LP}+u(0,3)\times\text{SP}}{u(0,1)+u(0,3)}=\frac{0.5\times600+0.5\times200}{0.5+0.5}=400 \tag{8.5}$$

为了简化该计算过程，对实际的 MF 值取了近似值。为了使项目简单易用，使用了 MATLAB® Fuzzy Logic Toolbox™ 来生成查找表。

大体来说，使用查找表的核心就是根据输入误差和误差率的不同范围预定义或预先计算所有明确控制输出。所有输入误差和误差率都可拆分到不同的范围中，并且每个范围可关联到查找表中的一个明确控制输出。误差和误差率范围越小，可从查找表中获得的控制输出就越准确。不过，需要更多内存空间来将这些控制输出存储在更大的查找表中。比如，项目中的误差和误差率都划分为 6 段，例如误差范围是 $-0.1\sim0.1$，而误差率范围是 $-0.06\sim0.06$，并且误差和误差率的每段间隔分别是 0.03 和 0.02。因此，控制输出查找表是一个 7×7 矩阵，有 49 个元素。在程序中，会使用 49 个 IF-THEN 指令来区分这些误差和误差率，以便从查找表中获取所需的控制输出。

若要创建更准确的查找表，可将输入转速误差 e 和误差率 Δe 分为更小的区间大小相等的范围。对于任何控制系统，都需要在准确度和空间之间进行权衡。在该项目中，我们选择使用一个 7×7 查找表将输出分成 6 段。

可在图 8.12 中查看用于计算查找表的 MATLAB® 脚本。在该脚本中，使用 Fuzzy Logic Toolbox 中的 MATLAB® 函数 evalfis() 来计算这个 7×7 的查找表。得到的查找表如图 8.13 所示。

```
% 直流电动机控制系统模糊查找表的计算 – FZMotorLT.m
% Feb 3, 2018
% Y. Bai

FZMLT = zeros(7, 7);              % 查找表是7×7 矩阵
e  = -0.1;                        % 最大负转速误差: 范围 -0.1 ~ 0.1, 步长 0.033(6步)
de = -0.06;                       % 最大负转速误差率: 范围 -0.06 ~ 0.06, 步长 0.02(6步)

a = readfis('FZMotor');           % 获取FZMotor的模糊推理系统– FZMotor.fis

for i = 1:7
    for j = 1:7
        FZMLT(i, j) = evalfis([(e + (i-1)*0.033) (de + (j-1)*0.02)], a);
    end
end

FZMLT                             % 显示结果查找表
```

图 8.12　用于计算查找表的 MATLAB® 脚本

表 8.9 所示为查找表中输入误差、误差率范围和控制输出之间的关系。在程序中可直接使用该查找表，在 IF-THEN 选择指令的帮助下，根据转速误差和误差率输入范围，确定和识别所需的控制输出。要注意的一点是，在程序中，没有配置电动机的逆时针方向，所以，某些负数控制输出可能永远都不会用到。

```
FZMLT =

-502.6755    -502.2861    -461.1693    -389.0839    -275.2139    -111.9937     25.6576
-465.1543    -404.9152    -399.8878    -301.4340    -165.0299     -57.1639     83.9465
-357.6980    -354.8496    -199.6049    -148.0946     -47.6655     130.0324    180.0034
-354.5252    -224.0123    -145.1449      -3.6552     122.5543     196.3798    348.3112
-200.2323    -151.8705      34.1608     133.3607     192.5916     350.4985    351.5642
-114.8222       8.1741     145.8789     300.8185     398.0874     400.0460    462.9850
  -6.8332     114.4380     293.0933     400.9215     459.8715     506.6105    506.9236
```

图 8.13 得到的查找表

表 8.9 输入误差、误差率范围和控制输出之间的关系

e	Δe						
	<-0.06	$[-0.06, -0.04)$	$[-0.04, -0.02)$	$[-0.02, 0.02)$	$[0.02, 0.04)$	$[0.04, 0.06)$	≥ 0.06
<-0.1	-502	-502	-461	-389	-275	-112	26
$[-0.1, -0.067)$	-465	-405	-400	-301	-165	-57	84
$[-0.067, -0.034)$	-358	-355	-200	-148	-48	130	180
$[-0.034, 0.032)$	-355	-224	-145	-3	123	196	348
$[0.032, 0.065)$	-200	-152	34	133	193	350	352
$[0.065, 0.1)$	-115	8	146	301	398	400	463
≥ 0.1	-7	114	293	401	460	507	507

对于该模糊控制器，应该定期使用 MATLAB® Simulink® 执行仿真过程。在第 7 章 7.10 节中提供了该仿真研究的方法，所以，可跳过此步骤。现在，让我们来构建用于控制直流电动机的模糊逻辑控制项目 FZControl。

在文件夹 C:\C-M Control Class Projects\Chapter 8 下创建一个新的文件夹 FZControl，在该文件夹下新建一个名为 FZControl 的 Keil® μVision® 5 项目。由于该项目有点大，所以需要创建一个头文件和一个 C 源文件。

1. 控制头文件 FZControl. h

创建一个新的头文件 FZControl. h，并将它添加到上面刚刚创建的项目 FZControl 中。在该头文件中输入图 8.14 所示的代码。

让我们仔细查看这个头文件，探究它是如何工作的。

1）使用第 4~9 行中的代码来声明要在此项目中使用的一些系统头文件。

2）使用第 10~12 行中的代码来定义要在项目中使用的 3 个常量、PWM 输出值的上限和下限，以及用来将反馈速度值转换为相应的 PWM 值的转换系数 HS。

3）第 13~17 行中定义了 GPIO 端口 D 和 F 的映射地址，以及与 QEI0 相关的 GPIO 引脚。

4）第 18~20 行中声明了用户定义的 3 个函数，它们是 InitPWM( )、InitQEI( ) 和 GetLookup( )。根据当前输入转速误差和误差率值，使用 GetLookup( ) 函数从模糊查找表中获取明确的控制输出值。

```
1    //*********************************************************************
2    // FZControl.h - 模糊逻辑控制程序的头文件
3    //*********************************************************************
4    #include <stdint.h>
5    #include <stdbool.h>
6    #include "driverlib/sysctl.h"
7    #include "driverlib/gpio.h"
8    #include "driverlib/qei.h"
9    #include "TM4C123GH6PM.h"
10   #define  PWMMAX          3999
11   #define  PWMMIN          5
12   #define  HS              2.22                    // HS = 1/K = 1/0.45 = 2.22
13   #define  GPIO_PD6_PHA0           0x00031806
14   #define  GPIO_PD7_PHB0           0x00031C06
15   #define  GPIO_PORTD_BASE         0x40007000      // GPIO 端口 D
16   #define  GPIO_PORTF_CR_R         (*((volatile uint32_t *)0x40025524))
17   #define  GPIO_PORTD_CR_R         (*((volatile uint32_t *)0x40007524))
18   void InitPWM(void);
19   void InitQEI(void);
20   int GetLookup(float error, float error_rate);
21   float E_LN = -0.1, E_MN = -0.067, E_SN = -0.034, E_ZE = 0, E_SP = 0.034, E_MP = 0.067, E_LP = 0.1;
22   float ER_LN = -0.06, ER_MN = -0.04, ER_SN = -0.02, ER_ZE = 0, ER_SP = 0.02, ER_MP = 0.04, ER_LP = 0.06;
23   static int MLT[7][7] = {{-502, -502, -461, -389, -275, -111,   26},
24                           {-465, -405,  -400, -301, -165,  -57,   84},
25                           {-358, -355,  -200, -148,  -48,  130,  180},
26                           {-355, -224,  -145,   -4,  123,  196,  348},
27                           {-200, -152,   34,  133,  193,  350,  352},
28                           {-115,    8,  146,  301,  398,  400,  463},
29                           {  -7,  114,  293,  401,  460,  507,  507}};
```

图 8.14　项目 FZControl 的头文件

5）第 21～22 行中定义了模糊输入转速误差和误差率的范围，并且定义了 7 个点将输入误差和误差率划分为 6 段，这些点可以直接从表 8.9 中获取。

6）第 23～27 行中声明了查找表 MLT［］，这是一个 7×7 矩阵，可从表 8.9 中获取该查找表上的值。

接下来，创建 C 源文件供该项目使用。

2. 创建 C 源文件 FZControl. c

该源文件包含供模糊推理过程使用的代码，所以有点大。因此，可将该源文件拆分为 3 部分：main（）程序部分、模糊推理过程部分，以及 PWM 和 QEI 模块的初始化过程。PWM 和 QEI 模块的初始化过程函数 InitPWM（）和 InitQEI（）与之前的项目（例如 CalibEncoder，详见第 4 章 4.7.4 小节；PID Control，详见第 5 章 5.5.2 小节）生成的函数相同，本小节不再讨论之前的函数。请查看之前的项目，详细了解这两个函数的代码。

该源文件的第一部分如图 8.15 所示。

大体来说，该部分中的代码与在 8.3 节中生成的 Fuzzy Control 项目中的代码相同，所以我们只讨论与该项目中的代码不同的代码。让我们仔细查看这些代码，探究它们是如何工作的。

1）PWM upper 的上限值在第 7 行中更改为 600，理由是该数字与第 7 章 7.8.1 小节中先前项目 FZMotor. fis 的值相同。

2）输入编码器误差 e［］和误差率 de 的数据类型从 double 更改为 float，以与头文件中定义的函数 GetLookup（）相匹配。

该部分中的其余代码都与在 Fuzzy Control 项目中生成的代码相同。

现在，我们来探究该项目的第二部分代码，它是一个用户定义的函数 GetLookup（）。该函数的详细代码如图 8.16 所示。

```
1    //*********************************************************************
2    // FZControl.c - 电动机模糊逻辑控制程序 - QEI0
3    //*********************************************************************
4    #include "FZControl.h"
5    int main(void)
6    {
7       uint32_t es, index, s, upper = 600, n = 0, motor[100];
8       float  de, e[2];
9       int pw;
10      SysCtlClockSet(SYSCTL_SYSDIV_25|SYSCTL_USE_PLL|SYSCTL_XTAL_4MHZ|SYSCTL_OSC_MAIN);
11      SYSCTL->RCGC2 = 0x2A;                    // 使能GPIO 端口B、D、F并计时
12      GPIOB->DEN = 0xF;                        // 使能PB3 ~ PB0，作为数字功能引脚
13      GPIOB->DIR = 0xF;                        // 配置PB3 ~ PB0，作为输出引脚
14      GPIOD->DEN = 0xC0;                       // 使能PD7 ~ PD6，作为数字功能引脚
15      GPIOD->DIR = ~0xC;                       // 配置PD7 ~ PD6，作为输入引脚
16      GPIOF->DEN = 0xF;                        // 使能PF3 ~ PF0，作为数字功能引脚
17      GPIOF->DIR = 0xF;                        // 配置PF3 ~ PF0，作为输出引脚
18      InitPWM();                               // 配置 PWM模块1
19      InitQEI();                               // 配置 QEI模块0
20      while(1)
21      {
22         PWM1->_2_CTL = 0x1;                   // 使能PWM1_2B或M1PWM5
23         PWM1->ENABLE = 0x20;
24         s = 1000;                             // 设s = 1000 使得 es = 0.45*PWM = 0.45*1000 = 450
25                                               // 将输入速度设为450P/r
26         PWM1->_2_CMPB = s;                    // 向电动机发送目标PWM值或450P/r
27         e[1] = s;
28         for (index = 0; index < upper; index++)   // 向电动机输出方波
29         {
30            es = QEI0->SPEED;                  // 得到编码器的当前速度值
31            e[0] = s- es*HS;                   // 将速度值转换成相应的PWM值
32            de = e[1] - e[0];                  // 获取误差值
33            pw = GetLookup(e[0],  de);         // 从查找表获取明确控制输出值
34            e[1] = e[0];
35            PWM1->_2_CMPB = pw;                // 进行模糊逻辑控制
36            SysCtlDelay(5);
37            if (n < 100)  { motor[n] = es; }
38            n++;
39         }
40         PWM1->_2_CMPB = 0;                    // 向电动机发送指令0，使电动机停转
41         PWM1->_2_CTL = 0x0;                   // 禁用PWM1_2B或M1PWM5
42         PWM1->ENABLE &= ~0x20;
43         for (index = 0; index < upper; index++)
44            SysCtlDelay(10);
45      }
46   }
```

图 8.15 项目 FZControl 的第一部分代码

1）从第 1 行开始是 GetLookup( ) 函数，它有两个参数：error（电动机编码器反馈速度误差）和 error_rate（误差率），这两个参数的数据类型都是 float。返回的变量数据类型是 int。

2）第 2 行中声明了返回的变量 u。

3）总共有 49 个控制输出，以一个 7×7 查找表形式表示。为了从查找表中确定和选择所需的控制输出，我们需要使用反馈速度误差和误差率作为输入。换句话说，需要根据头文件 FZControl. h 中定义的不同误差和误差率范围进行此选择，而这些范围是根据表 8.9 中定义的误差和误差率范围进行确定的。因此，使用 if 和 else if 选择结构的序列进行此选择。

```
1    int GetLookup(float error, float error_rate)
2    {  int u;
3
4      if (error < E_LN) {
5        if (error_rate < ER_LN) { u = MLT[0][0]; }
6        else if (error_rate < ER_MN && error_rate >= ER_LN) { u = MLT[0][1]; }
7        else if (error_rate < ER_SN && error_rate >= ER_MN) { u = MLT[0][2]; }
8        else if (error_rate < ER_ZE && error_rate >= ER_SN)  { u = MLT[0][3]; }
9        else if (error_rate < ER_SP && error_rate >= ER_ZE)  { u = MLT[0][4]; }
10       else if (error_rate < ER_MP && error_rate >= ER_SP) { u = MLT[0][5]; }
11       else if (error_rate < ER_LP && error_rate >= ER_MP) { u = MLT[0][6]; } }
12     else if (error < E_MN && error >= E_LN) {
13       if (error_rate < ER_LN) { u = MLT[1][0]; }
14       else if (error_rate < ER_MN && error_rate >= ER_LN) { u = MLT[1][1]; }
15       else if (error_rate < ER_SN && error_rate >= ER_MN) { u = MLT[1][2]; }
16       else if (error_rate < ER_ZE && error_rate >= ER_SN)  { u = MLT[1][3]; }
17       else if (error_rate < ER_SP && error_rate >= ER_ZE)  { u = MLT[1][4]; }
18       else if (error_rate < ER_MP && error_rate >= ER_SP) { u = MLT[1][5]; }
19       else if (error_rate < ER_LP && error_rate >= ER_MP) { u = MLT[1][6]; }  }
20     else if (error < E_SN && error >= E_MN) {
21       if (error_rate < ER_LN) { u = MLT[2][0]; }
22       else if (error_rate < ER_MN && error_rate >= ER_LN) { u = MLT[2][1]; }
23       else if (error_rate < ER_SN && error_rate >= ER_MN) { u = MLT[2][2]; }
24       else if (error_rate < ER_ZE && error_rate >= ER_SN)  { u = MLT[2][3]; }
25       else if (error_rate < ER_SP && error_rate >= ER_ZE)  { u = MLT[2][4]; }
26       else if (error_rate < ER_MP && error_rate >= ER_SP) { u = MLT[2][5]; }
27       else if (error_rate < ER_LP && error_rate >= ER_MP) { u = MLT[2][6]; }  }
28     else if (error < E_ZE && error >= E_SN) {
29       if (error_rate < ER_LN) { u = MLT[3][0]; }
30       else if (error_rate < ER_MN && error_rate >= ER_LN) { u = MLT[3][1]; }
31       else if (error_rate < ER_SN && error_rate >= ER_MN) { u = MLT[3][2]; }
32       else if (error_rate < ER_ZE && error_rate >= ER_SN)  { u = MLT[3][3]; }
33       else if (error_rate < ER_SP && error_rate >= ER_ZE)  { u = MLT[3][4]; }
34       else if (error_rate < ER_MP && error_rate >= ER_SP) { u = MLT[3][5]; }
35       else if (error_rate < ER_LP && error_rate >= ER_MP) { u = MLT[3][6]; }  }
36     else if (error < E_SP && error >= E_ZE) {
37       if (error_rate < ER_LN) { u = MLT[4][0]; }
38       else if (error_rate < ER_MN && error_rate >= ER_LN) { u = MLT[4][1]; }
39       else if (error_rate < ER_SN && error_rate >= ER_MN) { u = MLT[4][2]; }
40       else if (error_rate < ER_ZE && error_rate >= ER_SN)  { u = MLT[4][3]; }
41       else if (error_rate < ER_SP && error_rate >= ER_ZE)  { u = MLT[4][4]; }
42       else if (error_rate < ER_MP && error_rate >= ER_SP) { u = MLT[4][5]; }
43       else if (error_rate < ER_LP && error_rate >= ER_MP) { u = MLT[4][6]; }  }
44     else if (error < E_MP && error >= E_SP) {
45       if (error_rate < ER_LN) { u = MLT[5][0]; }
46       else if (error_rate < ER_MN && error_rate >= ER_LN) { u = MLT[5][1]; }
47       else if (error_rate < ER_SN && error_rate >= ER_MN) { u = MLT[5][2]; }
48       else if (error_rate < ER_ZE && error_rate >= ER_SN)  { u = MLT[5][3]; }
49       else if (error_rate < ER_SP && error_rate >= ER_ZE)  { u = MLT[5][4]; }
50       else if (error_rate < ER_MP && error_rate >= ER_SP) { u = MLT[5][5]; }
51       else if (error_rate < ER_LP && error_rate >= ER_MP) { u = MLT[5][6]; }  }
52     else if (error < E_LP && error >= E_MP) {
53       if (error_rate < ER_LN) { u = MLT[6][0]; }
54       else if (error_rate < ER_MN && error_rate >= ER_LN) { u = MLT[6][1]; }
55       else if (error_rate < ER_SN && error_rate >= ER_MN) { u = MLT[6][2]; }
56       else if (error_rate < ER_ZE && error_rate >= ER_SN)  { u = MLT[6][3]; }
57       else if (error_rate < ER_SP && error_rate >= ER_ZE)  { u = MLT[6][4]; }
58       else if (error_rate < ER_MP && error_rate >= ER_SP) { u = MLT[6][5]; }
59       else if (error_rate < ER_LP && error_rate >= ER_MP) { u = MLT[6][6]; }  }
60       return u;
61   }
```

图 8.16　函数 GetLookup( ) 的详细代码

4）将误差范围划分成 7 段并进行选择，并根据每段误差范围中的误差率范围完成 7 个次级选择。

从第 4 行开始，第一段误差范围是 error<E_LN，会继续检查第 5~11 行中的 7 个误差率范围，即<ER_LN、ER_LN ~ ER_MN、ER_MN ~ ER_SN、ER_SN ~ ER_ZE、ER_ZE ~ ER_SP、ER_SP ~ ER_MP 和 ER_MP ~ ER_SP。根据每个误差率范围，对应的控制输出可按查找表 MLT[0,n] 中的相关元素标识，并分配给返回的变量 u。

5）从第 12 行开始是第二段误差范围 error<E_MN && error >=E_LN。如果速度误差是在此范围内，则会进行 7 个次级选择，检查与上一个误差范围相关的 7 个误差率范围，以便分别从第 13~19 行对应的查找表中选择出对应的控制输出 MLT[1,n]。

6）按类似的方式，可进入下面的 5 段误差范围，并进行相关的 7 个次级选择，从而得到对应的控制输出 MLT[2,n]、MLT[3,n]、MLT[4,n]、MLT[5,n] 和 MLT[6,n]，并分配给第 21~27 行、第 29~35 行、第 37~43 行、第 45~51 行和第 53~59 行程序返回的变量 u。

7）最后，存储在返回的变量 u 中已确定的控制输出会返回到第 61 行的主程序。

需要特别注意电动机旋转方向和我们在程序中定义的方向。在该项目中，将电动机正转方向定义为顺时针（CW），根据该定义在查找表中定义了隶属函数和控制输出。如果发现方向相反，或者仿真结果是负的，则需要更改程序中的方向来重新定义此方向。此外，隶属函数的输入定义（比如 LN、MN、SN、SP、MP 和 LP）需要进行极性反转。

现在可设置环境，采用 8.3 节中的类似序列生成和运行项目。

到目前为止，对于与 FLC 相关的所有项目，我们只讨论了如何使用离线模糊推理系统，通过预定义或预先计算的查找表获取模糊控制输出。对于一些准确和高速控制应用程序而言，这种方法有一些缺点。在下一节中，我们将主要探讨如何使用在线模糊推理系统来获取实时模糊控制输出，实现可控性和控制的准确度。

8.5 利用在线模糊推理系统获取实时模糊控制输出

正如我们在第 7 章 7.5.5 小节中讨论的，在线方法具有实时可控性。输入和输出隶属函数都是在实际应用程序的实时处理期间开发的。而且，查找表元素是根据当前实际输入和输出实时计算的。采用这种方法时，只有模糊规则是在实际运用之前制定的。该方法的优点是可获得更高的控制准确度供过程使用，并且可实时计算模糊输出。而它的缺点是需要更长的处理时间，这个过程有点耗时。不过随着新的计算机技术的发展，如今有了速度大幅提升的 CPU，处理时间长不再是阻碍运用该方法的一个大问题。

在使用在线模糊推理系统时，主要难点是在 C 源文件环境和 MATLAB 环境之间构建一个界面，并且能够根据当前输入从 C 源文件环境实时调用关键模糊评价函数 evalfis()。图 8.17 是一个原理框图，说明了从 C 源文件环境中对 MATLAB 函数进行访问或调用的方法。这类访问的操作过程如下：

1）在 C 源文件环境和 MATLAB 环境之间构建一个用户界面。

2）根据实际控制系统设计和构建一个 FIS。

3）使用下面的 MATLAB 脚本生成 C 源文件需要调用的目标 MATLAB 函数：

```
a=readfis('FZMotor');
```

```
u=evalfis([err,err_rate],a);
```

其中，err 和 err_rate 是输入变量，它们来自 C 源文件，而变量 u 是 FIS 根据这两个输入计算得到的结果，它会返回到 C 源文件中。所选的 FIS 的名称是 FZMotor。

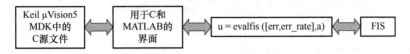

图 8.17　从 C 源文件访问 MATLAB 函数

有相当多的方法可用来在 C/C++和 MATLAB 之间设计和构建用户界面。"*Applications Interface Programming Using Multiple Languages—A Windows Programmer's Guide*"（ISBN：0131003135，Prentice Hall，March 2003）这本书的作者提出了 4 种不同的方法。请查看该参考文献，详细了解这些方法。

在下一小节中，我们将主要探讨这 4 种方法中的一种，即 MATLAB 引擎方法，进而讨论如何在 C/C++和 MATLAB 之间构建一个界面来调用 MATLAB 函数，从而访问 FIS 来实时获取模糊输出值。

8.5.1　生成 Visual C++界面项目访问 MATLAB FIS

MATLAB 引擎方法与 Active-X 方法类似，它会动态访问 MATLAB 域，通过 Active-X 引擎库设置、操作和检索变量的值。

如果使用 MATLAB 引擎库方法，那么 C/C++和 MATLAB 之间的界面会相对简单一些。与 Active-X 控件一样，在调用到 MATLAB 环境来执行 MATLAB 中的一些函数后，C/C++仍然可以控制程序的执行。使用 MATLAB 引擎库还有一个好处是，我们不需要在 C/C++环境中的数据文件中存储任何数据，也不需要在 MATLAB 环境中打开该数据文件来检索该数据。相反，我们可以在 C/C++编程中创建数据，通过将该数据作为数组字符串传递到 MATLAB 域，在 MATLAB 中直接调用函数。

我们想要显示一个示例项目，来展示一下如何使用 MATLAB 引擎库方法在 MATLAB 环境中访问和操作数据。不过，需要确保已设置下列环境和安装项，然后我们才能执行该操作。

1）计算机中应该已经安装了 Microsoft Visual Studio。在本例中，我们使用 Microsoft Visual Studio. NET 2012。

2）计算机上安装了 MATLAB。在本例中，安装的是附带 Fuzzy Logic Toolbox 的 MATLAB R2015b。默认文件夹应该是 C：\ Program File \ MATLAB \ R2015b。已经使用 Fuzzy Logic Toolbox 生成了模糊推理系统 FZMotor. fis（有关生成说明，参见第 7 章 7.8.1 小节）。

3）应该已经安装了 Windows 操作系统。在本例中，我们使用 Windows 7 SP 1。

现在我们使用软件 Visual Studio. NET 2012 和附带 Fuzzy Logic Toolbox 的 MATLAB R2015b 来生成界面项目 C_MATLAB_UI。

8.5.1.1　创建和生成 VC/C++界面项目 C_MATLAB_UI

打开 Visual Studio. NET 2012 来创建一个新的 Visual C++ Win32 控制台项目，将它命名为 C_MATLAB_UI。在 C_MATLAB_UI. cpp 文件打开期间，将主入口程序标题行修改为

intmain （void）。

因为程序在演示时有点大，所以我们将它分为两部分：头文件和源文件。在实际项目中，这两个文件是组合在一起的，只有一个源文件 C_MATLAB_UI. cpp

在头文件 C_MATLAB_UI. h 中输入图 8.18 中所示的代码。将该头文件另存为 C_MATLAB_UI. h 并添加到项目中。

```
1   //****************************************************************************
2   // C_MATLAB_UI.h- 项目C_MATLAB_UI的头文件
3   //****************************************************************************
4   #include "stdafx.h"
5   #include <stdlib.h>
6   #include <stdio.h>
7   #include <string.h>
8   #include <conio.h>
9   #include "engine.h"
10  #define BUFSIZE 256
11  double err = 0.08, err_rate = 0.04;                    // 测试err和err-rate的值

12  static double Error[2] = { err, err_rate };
```

图 8.18　头文件 C_MATLAB_UI. h

事实上，第一个（顶部的）#include 子句会自动创建并添加到源文件 C_MATLAB_UI. cpp 中。子句<conio. h>用于进行测试，可从最终的正常项目文件中删除它。使用 err 和 err_rate 来表示 FLC 的输入误差和输入误差率，它们将放入数据数组 Error[ ] 中，该数组稍后可轻松传递到界面 MATLAB 函数中。

在源文件 C_MATLAB_UI. cpp 中输入图 8.19 所示的代码。虽然相关注释中用图解说明了大部分代码，但还是让我们来查看一下这部分代码，探究它是如何工作的：

1）项目头文件 C_MATLAB_UI. h 包含在第 7 行中，用来确保编译器能够找到系统开发或生成，并在该项目中使用的所有结构和函数的所有相关符号和原型。

2）第 10~13 行中声明了 MATLAB 引擎指针 *ep 和两个空的 mxArray （*a 和*u）。稍后，会使用这两个数组将变量放置到 MATLAB 域中，并从该域中检索变量。double 指针变量 *result 稍后用来取回和存储返回的模糊控制输出值 u。buffer[ ] 是一个数据数组，它用于存储所有变量值，便于它们稍后被转移和放置到 MATLAB 工作区中。所有这些变量都必须声明为指针，因为它们是内存地址，不是变量。

3）在第 17 行中，创建了一个 1×2 double 数组，它用于保存 err 和 err_rate 值，便于它们稍后传递到 MATLAB 工作区。在第 18 行中创建了该数据数组的相关内存空间，它用于保存 Error 数组（源）（包括 err 和 err_rate）。该数组中的所有值都会复制到以地址 a 开头的目标内存空间中。函数 mxGetPr （a）可获取目标内存空间的起始地址。

4）在第 20 行中，这个 Error 数据数组（包括它的值 err 和 err_rate）被放入 MATLAB 工作区中。

5）第 22 行中调用了 MATLAB 函数 getFZOutput() 来获取名为 FZMotor. fis 的 FIS 所需的控制输出值。用来调用此函数的 MATLAB 命令通过文本字符串从 VC++传输到 MATLAB 环境，使用变量 u 来检索收集到的模糊控制输出值。

```
1    /********************************************************************
2    * NAME: C_MATLAB_UI.cpp
3    * FUNC: C++与MATLAB的接口，可用于获取FZ输出
4    * PRGM: Y. Bai
5    * DATE: 2-8-2018
6    *********************************************************************/
7    #include "C_MATLAB_UI.h"
8    int main(void)
9    {
10     Engine *ep;
11     mxArray *a = NULL, *u = NULL;
12     double *result;
13     char buffer[BUFSIZE+1];
14     /* 启动MATLAB引擎*/
15     if (!(ep = engOpen(NULL))) { printf("Cannot start MATLAB engine!\n");   exit(-1); }
16     /* 创建 1×2的数组，用于存放误差和误差率的值*/
17     a = mxCreateDoubleMatrix(1, 2, mxREAL);
18     memcpy((char *) mxGetPr(a), (char *) Error, 2*sizeof(double));
19     /* 将err(误差)和err_rate(误差率)的数组保存在MATLAB工作空间*/
20     engPutVariable(ep,"E", a);
21     /* 调用MATLAB函数用于计算模糊控制的输出值*/
22     engEvalString(ep,"u = getFZOutput(E);");
23     /* 用engOutputBuffer截取MATLAB输出结果，确保缓冲区一直为空值  */
24     buffer[BUFSIZE] = '\0';
25     engOutputBuffer(ep, buffer,BUFSIZE);
26     /* 评估字符串将结果返回输出缓冲区*/
27     engEvalString(ep, "whos");
28     printf("MATLAB - whos\n");
29     /*得到MATLAB数组中的模糊控制输出*/
30     u = engGetVariable(ep,"u");
31     if (u == NULL) { printf("Get Array Failed\n"); }
32     else
33     {
34         result = mxGetPr(u);
35         printf("Control ouput u =: %f",result[0]);
36         mxDestroyArray(u);
37     }
38     engClose(ep);
39     mxDestroyArray(a);
40     while( !_kbhit() ){}                          // 用于测试,可从普通程序中移除
41     return 0;
42  }
```

图 8.19　源文件 C_MATLAB_UI.cpp 的详细代码

6）第 26～28 行中的代码只用于进行测试，可以从最终的正常项目中删除它们来加快程序运行速度。

7）在第 30 行中，使用 engGetVariable( ) 函数从 MATLAB 工作区中提取计算得到的模糊控制输出。要注意的一点是，该值是一个地址或指针，不是数据值。

检查该指针后，返回的这个数组的起始地址会通过函数 mxGetPr 分配给第 34 行中的变量指针 result。存储在该数组中的第一个数据值显示在第 35 行中。事实上，可在最终的正常项目源文件中忽略这个代码行，因为它只用于测试目的。

8）第 36～39 行中执行了一些清理操作。

9）第 40 行代码仅用于测试，目的是使提示命令窗口保持打开状态，将模糊控制输出值显示一段时间，直到用户按键为止。可在最终的项目文件中忽略该行。

现在，我们需要设置适当的环境变量来生成和运行该项目，以便稍后成功访问 MATLAB

工作区。

8.5.1.2 设置环境变量来生成项目

请执行以下操作步骤来设置这些环境变量：

1）转到"Project"（项目）→"C_MATLAB_UI properties"（C_MATLAB_UI 属性）菜单项，在左侧窗格中的"Configuration Properties"（配置属性）项下打开"C_MATLAB_UI Property Pages"（C_MATLAB_UI 属性页）对话框，然后选择"VC++ Directories"（VC++目录）项。在"Include Directories"（Include 目录）行中，单击下拉箭头，再选择"Edit"（编辑）来打开"Include Directories"（Include 目录）对话框，如图 8.20 所示。单击添加新行按钮和浏览按钮，转到所需的包含 MATLAB 引擎库头文件 engine.h 的 include 文件夹，它位于计算机上的 C:\Program Files\MATLAB\R2015b\extern\include。

2）转到"Project"（项目）→"C_MATLAB_UI properties"（C_MATLAB_U 属性）菜单项，在左侧窗格中的"Configuration Properties"（配置属性）项下打开"C_MATLAB_UI Property Pages"（C_MATLAB_UI 属性页）对话框，然后选择"Linker"（链接器）→"General"（常规）项，转到"Additional Library Directories"（其他库目录）行。单击下拉箭头，再选择"Edit"（编辑）打开"Additional Library Directories"（其他库目录）对话框，它与图 8.20 中显示的"Include Directories"（Include 目录）对话框类似。单击添加新行按钮和浏览按钮，转到

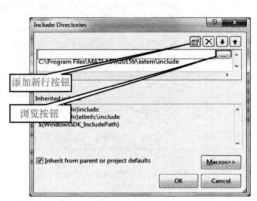

图 8.20 打开的"Include Directories"
（Include 目录）对话框

所需的包含 MATLAB 引擎库文件 libeng.lib 和 libmx.lib 的 Library 文件夹，它位于计算机上的 C:\Program Files\MATLAB\R2015b\extern\lib\win32\microsoft。

3）还是在"C_MATLAB_UI Property Pages"（C_MATLAB_UI 属性页）对话框中，选择"Linker"（链接器）→"Input"（输入）项，然后转到顶部的"Additional Dependencies"（其他依赖项）行。单击下拉箭头，再选择"Edit"（编辑）来打开"Additional Dependencies"（其他依赖项）对话框。在顶部框中输入 libeng.lib 和 libmx.lib。按"OK"按钮完成这些 VC++ 设置。

4）最后一项设置是最重要的，必须在"System Environment Variables"（系统环境变量）设置对话框中执行。完成该设置后，VC++将能够查找并找到在项目中使用的动态库，比如 libeng.dll 和 libmx.dll。单击计算机左下角的"启动"图标，打开"控制面板"→"系统和安全"→"系统"对话框。单击"高级系统设置"链接打开"系统属性"对话框，然后单击"环境变量"按钮打开"环境变量"对话框。在"系统变量"组下，单击"新建"按钮添加一个新变量，其中变量名称为 PATH，变量值为 C:\Program Files\MATLAB\R2015b\bin\win32。

可参考 4）中的路径设置来查看库文件 libeng.dll 和 libmx.dll 的位置。重要的一点是，可能需要重启 Visual Studio.NET 2012，甚至是重启计算机才能使这些设置生效。

现在，你可以生成项目并链接所有必要的库，而不会出现任何问题。不过，需要先创建一个 MATLAB 界面函数 getPZOutput()，然后才能运行该项目。接下来，让我们了解如何

生成 MATLAB 界面函数。

8.5.1.3 生成 MATLAB 界面函数 GetFZOutput( )

该函数的主要作用是在 VC++和 MATLAB 域之间充当界面或网桥，以便在两个域之间传输必要信息。事实上，该函数需要读取 FIS"FZMotor. fis"并执行评价函数 evalfis( )，根据当前的两个输入 err 和 err_rate 计算模糊输出。

使用新的脚本文件打开 MATLAB，在该函数中输入图 8.21 所示的代码。将该文件作为 getPZOutput. m 保存到默认的 MATLAB 文件夹中。

对于这段代码，要注意的第一点是该脚本文件的名称和该函数的名称必须相同，这是 MATLAB 编程过程的要求。

要注意的第二点是此函数的输入是一个包含 err 和 err_rate 值的 1×2 数组。应该已经使用 Fuzzy Logic Toolbox 生成了 FIS FZMotor. fis，并且它已经导出到 FZMotor. fis 文件中。

```
1   % C-MATLAB UI Function getFZOutput()
2   % Inputs: err & err_rate
3   % Output: u - current fuzzy output
4   function u = getFZOutput(eInput)
5   a = readfis('FZMotor');
6   u = evalfis(eInput, a);
7   end
```

图 8.21　MATLAB 函数 getFZOutput( )
的详细代码

现在，可以在 Visual Studio. NET 2012 集成运行环境中运行 VC++项目 C_MATLAB_UI 来测试该界面函数。根据当前正在测试的 err 和 err_rate 值（0.08 和 0.04），计算得出的模糊输出应该是 u = 475.1369，也可以使用 Fuzzy Logic Toolbox 和 FZMotor FIS 来测试和确认该值。

8.5.2 生成完整项目获取在线模糊输出

借助在上一小节中生成的界面函数，我们可将该界面函数开发成单个或独立函数，并将它插入完整的主模糊逻辑控制程序中来实时获取在线模糊输出。

让我们将该界面函数开发成一个独立的 C++函数文件，便于供稍后生成的主模糊控制程序调用。

首先，使用 Visual Studio. NET 2012 创建一个 C++主控制台 Win32 项目 MC_MATLAB_UI。现在，不需要担心 C++主文件 MC_MATLAB_UI. cpp，我们稍后会处理这个文件。在解决方案资源管理器窗口中右击新创建的项目 MC_MATLAB_UI，然后选择"Add New Item"链接，添加一个新的 C++文件 CMFZOutput. cpp。在该源文件中输入图 8.22 所示的代码。

该函数中的所有代码都与上一小节中讨论的 C_MATLAB_UI 项目中的代码相同或类似。只需要注意下面几点：

1) 每个 C++文件都需要系统头文件 stdafx. h。通常，在创建新的 C++项目时，系统会自动创建该头文件。但是，对于任何新创建的 C++或头文件，需要自行添加。

2) 稍后会生成用户头文件 MC_MATLAB_UI. h，其中只包含其他一些有用的系统头文件和一些全局变量。

3) MATLAB 引擎指针 * ep 会作为参数传递到 CMFZOutput( ) 函数。由于应该在主程序中创建该指针，并且它将在该函数中使用，所以必须将它作为指针传递到该函数。

4) double 变量 fvalue 充当中间变量，用于稍后将获得的存储在指针变量 result 中的模糊输出值返回到主程序。无法直接将变量 result[0] 返回给主程序，原因是在执行 mxDestroyArray(u) 指令时，应该已经在 else 语句中销毁了该变量。所以，必须在销毁之前将它的值保留到 fvalue 中。

```
1   /****************************************************************************
2   * NAME:  CMFZOutput() function
3   * PRGMR: Y. Bai
4   * DATE:    2-11-2018
5   ****************************************************************************/
6   #include "stdafx.h"
7   #include "MC_MATLAB_UI.h"
8   double CMFZOutput(Engine *ep, double errorInput[])
9   {
10      double *result = NULL, fvalue;
11      char buffer[BUFSIZE+1];
12      mxArray *a = NULL, *u = NULL;

13      a = mxCreateDoubleMatrix(1, 2, mxREAL);        // 创建1×2数组用于存储误差和误差率
14      memcpy((char *) mxGetPr(a), (char *) errorInput, 2*sizeof(double));
15      engPutVariable(ep,"E", a);                      // 将误差和误差率数组存放在MATLAB工作空间

16      /*调用MATLAB函数, 用于计算fz输出值*/
17      engEvalString(ep,"u = getFZOutput(E);");

18      /* 用engOutputBuffer截取MATLAB输出结果, 确保缓冲区一直为空值 */
19      buffer[BUFSIZE] = '\0';
20      engOutputBuffer(ep, buffer, BUFSIZE);

21      /* 获取MATLAB数组中的模糊控制输出结果u*/
22      u = engGetVariable(ep, "u");

23      if (u == NULL) { printf("Get Array Failed\n"); }
24      else {  result = mxGetPr(u);
25          printf("Control ouput u =: %f ",result[0]);
26          fvalue = result[0];
27          mxDestroyArray(u); }
28      mxDestroyArray(a);

29      rcturn fvaluc;
30  }
```

图 8.22　函数 CMFZOutput( ) 的完整代码

现在，向该项目添加一个新的头文件，并命名为 MC_MATLAB_UI.h，然后在该头文件中输入图 8.23 所示的代码。

```
1   /****************************************************************************
2     NAME: MC_MATLAB_UI.h
3   * FUNC: Header file for the main program MC_MATLAB_UI
4   * PRGM: Y. Bai
5   * DATE: 2-11-2018
6   ****************************************************************************/
7   #include <stdlib.h>
8   #include <stdio.h>
9   #include <string.h>
10  #include <conio.h>
11  #include "engine.h"
12  #define BUFSIZE 256
```

图 8.23　头文件 MC_MATLAB_UI.h

现在，要创建主程序文件 MC_MATLAB_UI.cpp。使用函数已经完成了大部分的工作，并获得了模糊输出，因此，主程序非常简单。在这个 C++主文件中输入图 8.24 所示的代码。

在上一小节中，当我们创建项目 C_MATLAB_UI 时，已经提供了这段代码的说明。应注意下面几点：

406

```
1    /***********************************************************************
2      NAME: MC_MATLAB_UI.cpp
3    * FUNC: 用于调用接口功能的主程序CMFZOutput()
4    * PRGM: Y. Bai
5    * DATE: 2-11-2018
6    ***********************************************************************/
7    #include "stdafx.h"
8    #include "MC_MATLAB_UI.h"
9    Engine *ep;
10   extern double CMFZOutput(Engine *ep, double Error[]);

11   int main(void)
12   {
13       double ret = 0;
14       double err = 0.08, err_rate = 0.04;              // 测试误差和误差率的值
15       static double Error[2] = { err, err_rate };

16       /* 启动MATLAB引擎 */
17       if (!(ep = engOpen(NULL))) { printf("Cannot start MATLAB engine!\n");
18           exit(-1);
19       }
20       /*调用函数CMFZOutput()，计算模糊输出值*/
21       ret = CMFZOutput(ep, Error);
22       if (ret == 0)
23           printf("Error in calling function CMFZOutput()!\n");
24       else
25           printf("\nReturned calculated fuzzy output value is: %f ", ret);
26       engClose(ep);

27       while( !_kbhit() ){}                             // 测试,可以从常规程序中删除

28       return 0;
29   }
```

图 8.24　主程序 MC_MATLAB_UI. cpp 的详细代码

1）应该将 MATLAB 引擎指针 * ep 声明为全局变量，因为主程序和函数文件都将使用它。

2）函数 CMFZOutput( ) 位于单独的 C++文件 CMFZOutput. cpp 中，因此必须在主程序中该函数声明的前面添加系统关键词 extern 作为前缀，告诉编译器该函数位于何处，以及在稍后编译整个项目时如何在该项目中找到它。

3）同样地，每个 C++文件都需要使用系统头文件 stdafx. h，所以用户必须添加并包含该头文件。

现在，需要按照我们在 8. 5. 1. 2 小节中操作的方式，为该项目设置环境变量，然后才能运行项目访问 MATLAB FIS，通过 MATLAB 引擎库获取需要的模糊输出值。

8.6　本章小结

本章主要讲的是使用实际微控制器及其编程技术在任何闭环控制系统上实现模糊逻辑控制（FLC）的方法。从 8.2 节开始，我们介绍并讨论了在任何闭环系统上成功实现模糊逻辑控制的 3 个主要操作步骤，分别是模糊化、控制规则设计和去模糊化。在 8.3 节中，以实际的直流电动机闭环控制系统为例，阐述了如何使用实际的 C 编程控制代码在该系统上设计并实现 FLC；讨论了在实际模糊逻辑输出查找表与采用 C 编程语言的二维矩阵之间使用的映射技术，还提供了详细的阐述和编码过程的示例。

为了使这种实现过程在运用中更令人印象深刻、更加实用，8.4 节中以另一个直流电动机系统为特殊案例进行了研究和分析。在 8.3 节和 8.4 节中使用的所有模糊控制策略都属于离线模糊技术，在项目运行之前，必须提前计算模糊输出查找表。

从 8.5 节开始，我们通过 MATLAB 引擎库方法在 VC++和 MATLAB 之间设计了一个用户界面（UI），使 VC++能够访问在 MATLAB 环境中构建的 FIS，从而介绍并实施了在线模糊输出策略。我们分步介绍并讨论了 VC++端的编程代码和在 MATLAB 域中设计的界面函数，并进行了详细的描述。我们设计和演示了一个完整的控制程序，它有一个主程序和一个界面函数，这两者使控制更加有针对性且更加集成。

实　验

实验项目 8.1

根据第 7 章第 7.2 题中给出的 MF 和控制规则创建一个离线查找表。输入（温度和湿度）和输出（风扇速度）之间的关系见表 8.10。

表 8.10　加热风扇系统的输入和输入范围

输入温度/℉	<30	[30,60)	[45,75)	≥75
MF	寒冷	较冷	温暖	较热
输入湿度/hPa	<50	50~180		>180
MF	低	中		高
输出风扇转速/(r/min)	10	20	30	40
MF	ZE	低	中	高

根据第 7.2 题中显示的控制规则（表 8.11），可创建输入误差，见表 8.12。可将该表看作是一个二维矩阵，其中每个相交单元格就是控制输出 fan_speed 或 f_sp(i,j)。

表 8.11　控制规则

温度	湿度		
	低	中	高
寒冷	中	中	高
较冷	低	低	中
温暖	ZE	ZE	低
较热	ZE	ZE	ZE

表 8.12　输入误差

温度	湿度		
	低	中	高
寒冷	u(0,0)	u(0,1)	u(0,2)
较冷	u(1,0)	u(1,1)	u(1,2)
温暖	u(2,0)	u(2,1)	u(2,2)
较热	u(3,0)	u(3,1)	u(3,2)

参见图 8.12，使用 MATLAB 脚本 Lab8_1.m 创建该查找表矩阵。

实验项目 8.2

参见图 8.16 创建一个 C 函数 GetLookupTable( )，根据两个输入 Temp 和 Humd 从查找表中获取所需的模糊输出，显示对该函数使用的完整代码。可创建和生成一个 VC++文件来保存这个名为 Lab8_2.cpp 的函数。

实验项目 8.3

参见 8.5.1 节，生成一个 VC++界面函数 VC_GetFZOutput( ) 来调用 MATLAB 界面函数 GetFuzzyOutput( )（详见 8.5.1.3 小节），从而访问 evalfis( ) 函数来根据输入 Temp 和 Humd 获取所需的在线模糊输出。本书提供了两个功能完整的 VC++代码和 MATLAB 脚本代码，可将这个 VC++函数添加到在实验项目 8.4 中生成的主程序 VC_MATLAB 中。可以先执行实验项目 8.4，然后再将该函数作为独立的 C++文件添加到该主程序中。

实验项目 8.4

参见 8.5.2 小节，生成一个 VC++主程序 VC_MATLAB 来调用在实验项目 8.3 中生成的界面函数 VC_GetFZOutput( )。提供该项目的完整 VC++代码。可以将在实验项目 8.3 中生成的函数 VC_GetFZOutput( ) 与该主程序组合在一起。

第 9 章

区间二型模糊逻辑控制器

从控制类型的角度来看，模糊逻辑控制技术可分为两类：一型和二型。到目前为止，我们在本书前面章节中讨论的模糊逻辑控制技术属于一型模糊逻辑控制。在一型模糊逻辑控制中，根据当前输入或输出值，每个隶属函数都一个定值或隶属度。此外，控制规则有二对一、多对一或多对多这种明确的单值关系，并且模糊推理系统输出是一个明确单值输出。但是，这种模糊推理系统存在自身的一些缺点。实际的隶属函数可能在一定范围内变化，且不是明确的单一隶属值。所以，对于实际情况，可使用二型模糊推理系统来提供更准确或更实用的方法。在二型模糊逻辑控制技术中，区间二型模糊推理系统（IT2FIS）技术是一项相对简单、实用的技术，可在大多数系统中研究和实施，我们将在本章中重点介绍此技术。

9.1 一型和区间二型模糊集合简介

在第 7 章 7.2 节中，我们详细讨论了一型模糊集合及其 3 个基本操作。一型模糊集合的所有成员都是带有特定值的确定值。比如，针对房间供热一型模糊推理系统，图 9.1a 所示的 L（低）模糊集合包含 f 域的元素如下，即

$$L = \{0/20, 0.5/30, 1/40, 0.5/50, 0/60\} \tag{9.1}$$

其中，第一个数字 0/20 表示 20℉ 在这个一型模糊集合 f 中有一个隶属度 0，第二个数字 0.5/30 表示 30℉ 在该集合 f 中有一个隶属度 0.5，以此类推。换句话说，该集合中的每个元素都自带确定的隶属度值。现在，我们来看一下图 9.1b 所示的相似的二型模糊集合。

与一型模糊集合 L 相比，对于二型模糊集合，在集合名称上面加一个波浪符号显示成 $\tilde{L}$。此外，模糊集合中的每个元素不再是明确值，而是一个区间或范围。比如，如图 9.1b 所示，30℉ 的隶属关系是 $[0, 0.6]$，而 40℉ 的隶属关系是 $[0.6, 1]$。还可以观察到，在图 9.1b 所示的区间二型模糊集合中，两个一型模糊集合 $\overline{L}$ 和 $\underline{L}$ 形成了集合的边界，这两个集合分别称为上隶属函数（Upper Membership Function，UMF）和下隶属函数（Lower Membership

© Springer Nature Switzerland AG 2019.

Y. Bai and Z. S. Roth, *Classical and Modern Controls with Microcontrollers*, Advances in Industrial Control, https://doi.org/10.1007/978-3-030-01382-0_9.

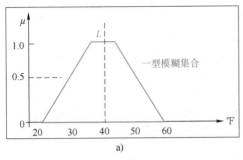
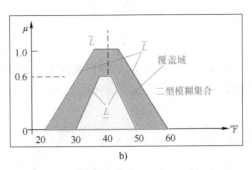

图 9.1　一型和二型模糊集合的示例

Function，LMF）。$\overline{L}$ 和 $\underline{L}$ 之间的区域称为不确定覆盖域（Footprint Of Uncertainty，FOU）。

与一型模糊集合相比，使用二型模糊集合能更好地建模不确定性和不确切性。这些二型模糊集合最初是扎德（Zadeh）在 1975 年提出的，它们本质上是"双重模糊"集合，其中模糊隶属度是一型模糊集合。孟德尔（Mendel）和梁（Liang）提出的新概念，可以描述带有 UMF 和 LMF 的区间二型模糊集合；这两个函数可分别表示一个一型模糊集合隶属函数。

不确定性表示对自然过程或自然系统的了解不完善。统计不确定性是指当我们在使用统计方法时，由不同来源造成的随机性或误差。

事实上，IT2 FS 使用不确切性和不确定性来表示一个元素属于一个集合的非确定性真实度。用 $\widetilde{A}$ 表示的 IT2 FS 具有一个二型隶属函数 $\mu_{\widetilde{A}}(x,u)$，其中 $x \in X$，$u \in J_x^u[0,1]$ 且 $0 \leqslant \mu_{\widetilde{A}}(x,u) \leqslant 1$，定义为

$$\widetilde{A} = \{(x,\mu_{\widetilde{A}}(x) \mid x \in X\}，\widetilde{A} = \{(x,u,\mu_{\widetilde{A}}(x,u)) \mid \forall x \in x, \forall u \in J_x^u[0,1]\} \qquad (9.2)$$

如果 $f_x(u) = 1$，$\forall u \in [\underline{J}_x^u, \overline{J}_x^u] \subseteq [0,1]$，则这是一个 IT2 FS，并且可以用一个一型 UMF$[\overline{J}_x^u = \overline{\mu}(x)]$ 和一个一型 LMF$[\underline{J}_x^u = \underline{\mu}_{\widetilde{A}}(x)]$ 来表示隶属函数 $\mu_{\widetilde{A}}(x,u)$，如图 9.2 所示。该二型模糊集合如式（9.3）所示，即

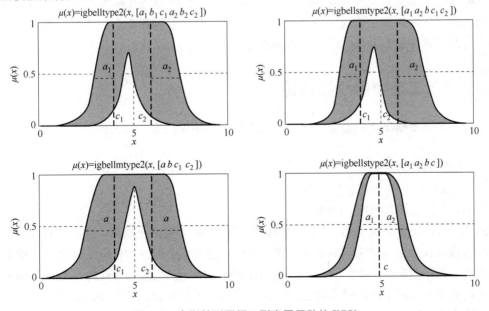

图 9.2　高斯钟形区间二型隶属函数的 FOU

$$\tilde{A} = \begin{cases} (x, u, 1) \mid \forall x \in X \\ \forall u \in [\underline{\mu}_A(x), \bar{\mu}_A(x)] \subseteq [0, 1] \end{cases} \quad (9.3)$$

图 9.2 中，使用了高斯钟形曲线来显示该隶属函数，用不同的参数（比如 a_i、b_i 和 c_i）表示相关 FOU。

9.2 区间二型模糊集合运算

区间二型模糊集合中的基础操作有并集 [见式（9.4）]、交集 [见式（9.5）] 和补集 [见式（9.6）]。区间二型模糊集合 $\tilde{A}$ 和 $\tilde{B}$ 的并集是

$$\tilde{A} \cup \tilde{B} = \left\{ \int_{x \in X} \mu_{\tilde{A}}(x) \cup \mu_{\tilde{B}}(x) / x \right\} = \left\{ \int_{x \in X} \left[\int_{\alpha \in [\underline{\mu}_{\tilde{A}(x)} \vee \underline{\mu}_{\tilde{B}(x)}, \bar{\mu}_{\tilde{A}(x)} \vee \bar{\mu}_{\tilde{B}(x)}]} 1/\alpha \right] / x \right\} \quad (9.4)$$

区间二型模糊集合 $\tilde{A}$ 和 $\tilde{B}$ 的交集是

$$\tilde{A} \cap \tilde{B} = \left\{ \int_{x \in X} \mu_{\tilde{A}}(x) \cap \mu_{\tilde{B}}(x) / x \right\} = \left\{ \int_{x \in X} \left[\int_{\alpha \in [\underline{\mu}_{\tilde{A}(x)} \wedge \underline{\mu}_{\tilde{B}(x)}, \bar{\mu}_{\tilde{A}(x)} \wedge \bar{\mu}_{\tilde{B}(x)}]} 1/\alpha \right] / x \right\} \quad (9.5)$$

区间二型模糊集合 $\tilde{A}$ 的补集是

$$-\tilde{A} = \left\{ \int_{x \in X} \mu_{-\tilde{A}}(x) / x \right\} = \left\{ \int_{x \in X} \left[\int_{\alpha \in [1 - \bar{\mu}_{\tilde{A}}(x), 1 - \underline{\mu}_{\tilde{A}}(x)]} 1/\alpha \right] / x \right\} \quad (9.6)$$

如前所述，对于区间二型模糊集合，第 3 维度值在任何位置都是相同的（例如是 1），这表示在区间二型模糊集合的第 3 个维度中没有提供任何新信息。因此，对于这类集合，会忽略第 3 维度，只使用 FOU 来描述带有 UMF 和 LMF 的 MF 的区间或范围。正因如此，有时会将区间二型模糊集合称为一阶不确定模糊集合模型，而将一般二型模糊集合（其第 3 维度有用）称为二阶不确定模糊集合模型。

FOU 表示一型隶属函数的模糊量，完全由它的两个边界函数描述。这两个函数分别是下隶属函数（LMF）和上隶属函数（UMF），它们都是一型模糊集合。所以，可以使用一型模糊集合数学来描述和处理区间二型模糊集合。

9.3 区间二型模糊逻辑系统

作为一个二型模糊逻辑系统，区间二型模糊逻辑系统需要 3 步操作来生成模糊逻辑控制系统：

1）模糊程序-模糊化。

2）模糊控制规则-模糊推理系统。

3）降型法-去模糊程序-去模糊化。

图 9.3 所示是一个典型的区间二型模糊逻辑控制系统的原理框图。这个区间二型模糊逻辑控制的输入和输出都是明确的变量。在一型模糊逻辑控制中，MF 和控制规则变量都是明确的变量，而在 IT2 FLC 中，所有 MF 和控制规则变量（包括输入和输出）都由上限和下限隶属函数描述和设定范围的模糊集合。因此，推理引擎的输出是 IT2 FS，需要使用降型法将它们转换为 T1 FS，然后才能执行去模糊化过程。

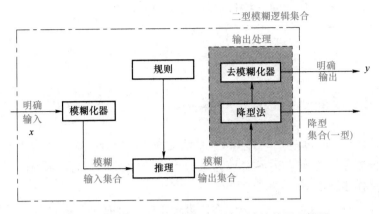

图 9.3　典型的区间二型模糊逻辑控制系统的原理框图

实际上，IT2 FLC 中的计算是可以大幅简化的。思考一下由 N 个规则构成的 IT2 FLC 的规则库，假设采用下列形式，即

$$R^n: \text{IF}\quad x_1 \text{ 为 } \widetilde{X}_1^n, \cdots, \text{且 } x_i \text{ 为 } \widetilde{X}_i^n, \text{ Then }\quad y \text{ 为 } Y^n; \ n=1,2,\cdots,N$$

式中，$\widetilde{X}_i^n(i=1\sim I)$ 是 IT2 模糊集合，$Y^n=[\underline{y}^n, \overline{y}^n]$ 是一个区间，可作为后续区间二型模糊集合的质心，为了简单起见，可将其视作最简单的 TSK 模型。

假设输入向量是 $\boldsymbol{x}'=(x_1', x_2', \cdots, x_i')$。与一型模糊控制类似，二型模糊控制的典型计算涉及以下步骤：

1）对每个 X_i^n 计算 x_i' 的隶属关系来得到 LMF 和 UMF，即 $\{\underline{\mu}(\boldsymbol{x}'), \overline{\mu}(\boldsymbol{x}')\}$。

2）计算第 n 个规则的激活区间 $F^n(\boldsymbol{x}')$，如下式所示

$$F^n(\boldsymbol{x}') = [\underline{\mu}(x_1') \times \underline{\mu}(x_2') \times \cdots \times \underline{\mu}(x_i'), \overline{\mu}(x_1') \times \overline{\mu}(x_2') \times \cdots \times \overline{\mu}(x_i')] = [\underline{f}^n, \overline{f}^n]\text{。}$$

3）完成降型，将 $F^n(\boldsymbol{x}')$ 和相应的规则与 center-of-sets 降型法相结合，即

$$Y_{\cos}(\boldsymbol{x}') = \bigcup_{\substack{f^n \in F^n(\boldsymbol{x}') \\ y^n \in Y^n}} \frac{\displaystyle\sum_{n=1}^{N} f^n y^n}{\displaystyle\sum_{n=1}^{N} f^n} = [y_l, y_r] \tag{9.7}$$

4）计算去模糊化的输出，方程是

$$y = \frac{y_l + y_r}{2} \tag{9.8}$$

在第 3）步中，使用下面的方程来计算 y_1 和 y_r，即

$$y_l = \min_{k \in [1, N-1]} \frac{\displaystyle\sum_{n=1}^{k} \overline{f}^n \underline{y}^n + \sum_{n=k+1}^{N} \underline{f}^n \underline{y}^n}{\displaystyle\sum_{n=1}^{k} \overline{f}^n + \sum_{n=k+1}^{N} \underline{f}^n} \equiv \frac{\displaystyle\sum_{n=1}^{L} \overline{f}^n \underline{y}^n + \sum_{n=L+1}^{N} \underline{f}^n \underline{y}^n}{\displaystyle\sum_{n=1}^{L} \overline{f}^n + \sum_{n=L+1}^{N} \underline{f}^n}$$

$$y_r = \max_{k \in [1, N-1]} \frac{\displaystyle\sum_{n=1}^{k} \underline{f}^n \overline{y}^n + \sum_{n=k+1}^{N} \overline{f}^n \overline{y}^n}{\displaystyle\sum_{n=1}^{k} \underline{f}^n + \sum_{n=k+1}^{N} \overline{f}^n} \equiv \frac{\displaystyle\sum_{n=1}^{R} \underline{f}^n \overline{y}^n + \sum_{n=R+1}^{N} \overline{f}^n \overline{y}^n}{\displaystyle\sum_{n=1}^{R} \underline{f}^n + \sum_{n=R+1}^{N} \overline{f}^n} \tag{9.9}$$

其中，可使用 Karnik-Mendel（KM）算法确定切换点 L 和 R。

$$\begin{cases} \underline{y}^L \leqslant y_l \leqslant \underline{y}^{L+1} \\ \overline{y}^R \leqslant y_r \leqslant \overline{y}^{R+1} \end{cases} \tag{9.10}$$

9.4 Karnik-Mendel（KM）算法

如前所述，使用 Karnik-Mendel（KM）算法是为了高效查找输出集合中左边界和右边界的切换点。可根据左边界和右边界将该算法分为两个单独的过程。首先，查找左边界 y_1。该算法的基本操作步骤如下：

1）按递增顺序对 $\underline{y}^n$（$n=1,2,\cdots,N$）进行排序，形成一个新的集合 $\underline{y}^1 \leqslant \underline{y}^2 \leqslant \cdots \leqslant \underline{y}^N$。将激活权重 $F^n(\boldsymbol{x}')$ 与上述新集合中对应的 $\underline{y}^n$ 进行匹配，并重新编号，使其索引与重新编号后的新集合 $\underline{y}^n$ 相对应。

2）初始化 f^n，如式（9.11）所示，即

$$f^n = \frac{\underline{f}^n + \overline{f}^n}{2} \qquad n=1,2,3,\cdots,N \tag{9.11}$$

3）计算输出集合 y，式（9.12）所示，即

$$y = \frac{\sum_{n=1}^{N} \underline{y}^n f^n}{\sum_{n=1}^{N} f^n} \tag{9.12}$$

4）查找切换点 k（$1 \leqslant k \leqslant N-1$），得到

$$\underline{y}^k \leqslant y \leqslant \underline{y}^{k+1} \tag{9.13}$$

5）设置

$$f^n = \begin{cases} \underline{f}^n, n \leqslant k \\ \overline{f}^n, n > k \end{cases} \tag{9.14}$$

6）计算 y' 的值，如式（9.15）所示，即

$$y' = \frac{\sum_{n=1}^{N} \underline{y}^n f^n}{\sum_{n=1}^{N} f^n} \tag{9.15}$$

7）检查是否满足 $y' = y$。如果是，则停止并设置 $y_1 = y$ 且 $L = k$。如果否，则转到第8）步。

8）设置 $y = y'$ 并转到第4）步。

现在，让我们使用算法来查找右边界 y_r。该算法包含以下步骤：

1）按递减顺序对 $\overline{y}^n$（$n=1,2,\cdots,N$）进行排序，形成一个新的集合 $\overline{y}^1 \leqslant \overline{y}^2 \leqslant \cdots \leqslant \overline{y}^N$。将激活权重 $F^n(\boldsymbol{x}')$ 与上述新集合中对应的 $\underline{y}^n$ 进行匹配，并对它们重新编号，使其索引与重新编号后的新集合 $\overline{y}^n$ 对应。

2）初始化 f^n，如式（9.16）所示，即

$$f^n = \frac{\underline{f}^n + \overline{f}^n}{2} \qquad n = 1, 2, 3, \cdots, N \tag{9.16}$$

3）计算输出集合 y，如式（9.17）所示，即

$$y = \frac{\sum\limits_{n=1}^{N} \overline{y}^n f^n}{\sum\limits_{n=1}^{N} f^n} \tag{9.17}$$

4）查找切换点 $k(1 \leqslant k \leqslant N-1)$，得到

$$\overline{y}^k \leqslant y \leqslant \overline{y}^{k+1} \tag{9.18}$$

5）设置

$$f^n = \begin{cases} \underline{f}^n, n \leqslant k \\ \overline{f}^n, n > k \end{cases} \tag{9.19}$$

6）计算 y' 的值，如式（9.20）所示，即

$$y' = \frac{\sum\limits_{n=1}^{N} \overline{y}^n f^n}{\sum\limits_{n=1}^{N} f^n} \tag{9.20}$$

7）检查是否满足 $y' = y$。如果是，则停止并设置 $y_r = y$ 且 $R = k$。如果否，则转到第 8）步。

8）设置 $y = y'$ 并转到第 4）步。

KM 算法的主要思路是查找 y_1 和 y_r 的切换点。让我们假设 y_1，并以 IT2 输入 MF（误差）为例，该函数包含 7 个元素。y_1 是 $Y_{\cos}(\boldsymbol{x}')$ 的最小值。在图 9.4a 所示的水平轴上，$\underline{y}^n$ 从左到右增加，所以应该对左侧的 $\underline{y}^n$ 选择较大的权重（上隶属度），对右侧的 $\underline{y}^n$ 选择较小的权重（下隶属度）。KM 算法可查找到切换点 L。对于 $n \leqslant L$，使用上隶属度计算 y_1；对于 $n > L$，使用下隶属度计算 y_1。这将确保 y_1 是最小值。

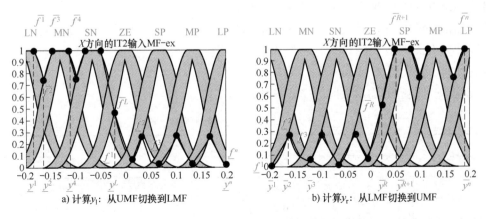

图 9.4　计算 y_1 和 y_r 中的切换点

与 y_1 的过程类似，y_r 应该是 $Y_{\cos}(\boldsymbol{x}')$ 的最大值。在图 9.4b 的水平轴上，$\overline{y}^n$ 从左到右增加，所以，应该对左侧的 $\overline{y}^n$ 选择较小的权重（下隶属度），对右侧的 $\overline{y}^n$ 选择较大的权限（上隶属度）。KM 算法可查找到切换点 R。对于 $n \leqslant R$，使用下隶属度来计算 y_r；对于 $n > R$，使用上隶属度计算 y_r。这将确保 y_r 是最大值。

9.5 区间二型模糊逻辑系统示例

为了使上述 IT2 FLS 更有意义，我们尝试举一个例子来阐述 IT2 FLC 或 FLS 如何根据输入 MF 和控制规则实现其推理函数，从而推导出输出模糊集合，并使用降型法过程获取明确模糊输出。

考虑一个 IT2 FLS，有两个输入 Input1 和 Input2，有一个输出 output。每个输入域包含两个区间二型模糊集合 W、E 和 N、S，如图 9.5 所示。

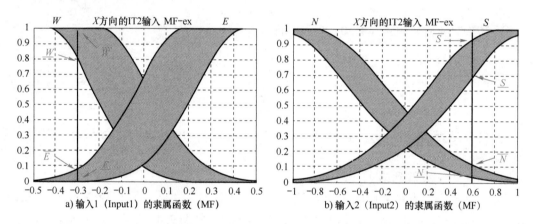

a) 输入1（Input1）的隶属函数（MF）　　　　b) 输入2（Input2）的隶属函数（MF）

图 9.5　ITS 示例系统的输入隶属函数

两个输入的模糊集合都使用高斯二型曲线来描述，如图 9.5 所示。向该 IT2 FLS 应用了 4 个控制规则，如下所示：

1) 如果 Input1 是 W 且 Input2 是 N，输出是 Y^1。
2) 如果 Input1 是 W 且 Input2 是 S，输出是 Y^2。
3) 如果 Input1 是 E 且 Input2 是 N，输出是 Y^3。
4) 如果 Input1 是 E 且 Input2 是 S，输出是 Y^4。

控制规则和相应的输出之间的完整关系见表 9.1。

表 9.1　IT2 FLS 的控制规则

Input1	Input2	
	N	S
W	$Y^1 = [\underline{y}^1, \overline{y}^1] = [-0.6, -0.3]$	$Y^2 = [\underline{y}^2, \overline{y}^2] = [-0.2, 0.2]$
E	$Y^3 = [\underline{y}^3, \overline{y}^3] = [0.2, 0.6]$	$Y^4 = [\underline{y}^4, \overline{y}^4] = [0.4, 0.8]$

假设基于上述 4 个控制规则有一个输入向量 Input = {Input1, Input2} = {-0.3, 0.6}，那么

4 个 IT2 模糊集合的激活区间如下，即

$$[\mu_{\underline{W}}(-0.3),\mu_{\overline{W}}(-0.3)]=[0.8,1.0] \tag{9.21}$$

$$[\mu_{\underline{E}}(-0.3),\mu_{\overline{E}}(-0.3)]=[0.0,0.08] \tag{9.22}$$

$$[\mu_{\underline{N}}(0.6),\mu_{\overline{N}}(0.6)]=[0.04,0.1] \tag{9.23}$$

$$[\mu_{\underline{S}}(0.6),\mu_{\overline{S}}(0.6)]=[0.7,0.95] \tag{9.24}$$

根据 9.3 节中的步骤第 2）步，4 个规则的激活区间 $F^n(\boldsymbol{x}')=[\underline{f}^n,\overline{f}^n]$ 可计算为

1）$[\underline{f}^1,\overline{f}^1]=[\mu_{\underline{W}}(-0.3)\times\mu_{\underline{N}}(0.6),\mu_{\overline{W}}(-0.3)\times\mu_{\overline{N}}(0.6)]=[0.8\times0.04,1.0\times0.1]=$ $[0.032,0.1]\rightarrow[\underline{y}^1,\overline{y}^1]=[-0.6,-0.3]$

2）$[\underline{f}^2,\overline{f}^2]=[\mu_{\underline{W}}(-0.3)\times\mu_{\underline{S}}(0.6),\mu_{\overline{W}}(-0.3)\times\mu_{\overline{S}}(0.6)]=[0.8\times0.7,1.0\times0.95]=$ $[0.56,0.95]\rightarrow[\underline{y}^2,\overline{y}^2]=[-0.2,0.2]$

3）$[\underline{f}^3,\overline{f}^3]=[\mu_{\underline{E}}(-0.3)\times\mu_{\underline{N}}(0.6),\mu_{\overline{E}}(-0.3)\times\mu_{\overline{N}}(0.6)]=[0.0\times0.04,0.08\times0.1]=$ $[0.0,0.008]\rightarrow[\underline{y}^3,\overline{y}^3]=[0.2,0.6]$

4）$[\underline{f}^4,\overline{f}^4]=[\mu_{\underline{E}}(-0.3)\times\mu_{\underline{S}}(0.6),\mu_{\overline{E}}(-0.3)\times\mu_{\overline{S}}(0.6)]=[0.0\times0.7,0.08\times0.95]=$ $[0.0,0.076]\rightarrow[\underline{y}^4,\overline{y}^4]=[0.4,0.8]$

根据 KM 算法，我们发现在本例中 $L=1$ 且 $R=2$，从而得出

$$y_l=\frac{\overline{f}^1\underline{y}^1+\underline{f}^2\underline{y}^2+\underline{f}^3\underline{y}^3+\underline{f}^4\underline{y}^4}{\overline{f}^1+\underline{f}^2+\underline{f}^3+\underline{f}^4}=\frac{0.1\times(-0.6)+0.56\times(-0.2)+0\times0.2+0\times0.4}{0.1+0.56}=-0.2606$$

$$y_r=\frac{\underline{f}^1\overline{y}^1+\underline{f}^2\overline{y}^2+\overline{f}^3\overline{y}^3+\overline{f}^4\overline{y}^4}{\underline{f}^1+\underline{f}^2+\overline{f}^3+\overline{f}^4}=\frac{0.032\times(-0.3)+0.56\times0.2+0.008\times0.6+0.076\times0.8}{0.032+0.56+0.008+0.076}=0.2485$$

因此，该 IT2 FLS 的最后一个明确输出 y 是

$$y=\frac{y_l+y_r}{2}=\frac{-0.2606+0.2485}{2}=-0.0061$$

接下来，让我们探讨如何为直流电动机系统设计并实现一个真实的 IT2 FLC。

9.6　设计和构建直流电动机系统的区间二型模糊逻辑控制器

回顾一下在第 8 章中，我们讨论了一型模糊逻辑控制，还使用传递函数为直流电动机系统设计了一个一型模糊逻辑控制。模型函数为

$$G(s)=\frac{6520}{s(s+430.6)}e^{-0.005s} \tag{9.25}$$

事实上，这个直流电动机系统是在激光跟踪系统（LTS）中实现的，其工作原理是将小型电动机与大型直流电动机组合后构建一个跟踪平衡系统。

在本节中，我们将讨论如何为这个直流电动机系统设计并实现一个区间二型模糊逻辑控制，并将两种类型的 FLC 与 MATLAB 仿真过程的控制性能进行比较。

首先，使用奥斯卡·卡斯蒂罗（Oscar Castillo）博士和他的团队提供的区间二型模糊逻辑工具箱[1,2]，为这个直流电动机系统构建一个 IT2 FLC。

由于软件兼容性问题，这个区间二型模糊逻辑工具箱只适用于 MATLAB® 历史版本，例

如 MATLAB® R2010b。因此，我们将使用该版本的软件构建 IT2 FLC 系统。

在 MATLAB 命令窗口中提示标志>>后键入"it2fuzzy"，打开区间二型模糊推理系统。执行以下操作步骤，构建该区间二型模糊逻辑推理系统。

1. 创建新的区间二型模糊逻辑推理系统

当区间二型模糊推理系统打开时，会显示默认的区间二型模糊推理系统编辑器，如图 9.6 所示。

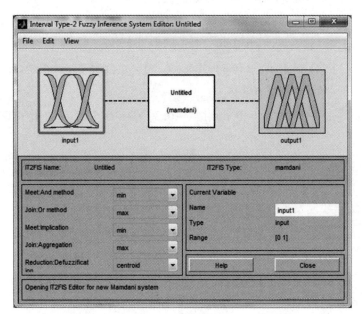

图 9.6　打开的区间二型模糊推理系统编辑器

转到"Edit"（编辑）→"Add Variable"（添加变量）→"Input"（输入）菜单项来添加多个输入，这是因为这个直流电动机控制系统需要两个输入：误差 ex 和误差率 dex。

接着，转到"File"（文件）→"Export"（导出）→"To Disk"（到磁盘），将此 FIS 在适当的文件夹中保存为 IT2PL_LTS. fis。

单击"input1"框来修改 input1 变量的名称，并在"Name"（名称）框上将其名称更改为 ex。执行类似的操作，将 input2 和 output1 变量的名称分别更改为 dex 和 yit2。

2. 生成输入和输出隶属函数

执行以下操作步骤来生成输入和输出隶属函数：

1）双击第一个输入"ex"框，打开它的 IT2 隶属函数编辑器。接着，转到"Edit"（编辑）→"Remove All MFs"（删除所有 MF）删除所有默认 MF。然后，转到"Edit"（编辑）→"Add MFs"（添加 MF），打开 IT2 隶属函数对话框，添加 7 个 MF，这 7 个元素可用于此 MF，分别为 LN、MN、SN、ZE、SP、MP 和 LP。

2）在打开的对话框中，单击"Number of MFs"（MF 数目）上的下拉箭头，然后从列表中选择"7"。保留默认的 MF type，igaussstype2 不做更改，然后单击"OK"（确定）按钮。

3）单击 mf1，在"Name"（名称）框中将其名称更改为"LN"。接下来，执行类似的操作对其余 6 个元素分别进行如下更改：mf2→MN，mf3→SN，mf4→ZE，mf5→SP，mf6→MP，mf7→LP。

4）转到左下侧窗格中的"Range"（范围）框，然后将范围更改为［-0.2　0.2］。输入值 ex 的完整隶属函数应该与图 9.7 所示的设置匹配。

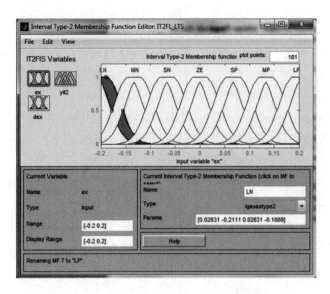

图 9.7　针对第一个输入值 ex 的完整隶属函数

执行上述类似的操作步骤，为第二个输入 dex 创建和修改相关的 MF。从根本上说，这两个 MF 是相同的，唯一的区别在于"dex"的"Range"（范围）是［-0.15　0.15］。

现在，在该 MF 上使用 7 个元素对输出 MF yit2 执行类似的操作。该 MF 的"Rang"（范围）是［-600　600］。

3. 设计和生成控制规则

我们有两个输入，每一个输入有 7 个元素，所以总共要设计 49 个控制规则。参见第 7 章 7.8.1.2 小节，详细了解这 49 个规则。在本节中，只考虑在该 FIS 中实施这些规则。

转到"Edit"（编辑）→"Interval Type-2 Rules"（区间二型规则）菜单项打开"Interval Type-2 Rule Editor"（区间二型规则编辑器），然后向该编辑器添加下面 49 个规则：

1）IF（ex 是 LN）且（dex 是 LN），THEN（yit2 是 LN）。

2）IF（ex 是 LN）且（dex 是 MN），THEN（yit2 是 LN）。

3）IF（ex 是 LN）且（dex 是 SN），THEN（yit2 是 LN）。

4）IF（ex 是 LN）且（dex 是 ZE），THEN（yit2 是 LN）。

5）IF（ex 是 LN）且（dex 是 SP），THEN（yit2 是 MN）。

6）IF（ex 是 LN）且（dex 是 MP），THEN（yit2 是 SN）。

7）IF（ex 是 LN）且（dex 是 LP），THEN（yit2 是 ZE）。

8）IF（ex 是 MN）且（dex 是 LN），THEN（yit2 是 LN）。

9）IF（ex 是 MN）且（dex 是 MN），THEN（yit2 是 LN）。

10）IF（ex 是 MN）且（dex 是 SN），THEN（yit2 是 LN）。

11）IF（ex 是 MN）且（dex 是 ZE），THEN（yit2 是 MN）。

12）IF（ex 是 MN）且（dex 是 SP），THEN（yit2 是 SN）。

13）IF（ex是MN）且（dex是MP），THEN（yit2是ZE）。

14）IF（ex是MN）且（dex是LP），THEN（yit2是SP）。

15）IF（ex是SN）且（dex是LN），THEN（yit2是MN）。

16）IF（ex是SN）且（dex是MN），THEN（yit2是MN）。

17）IF（ex是SN）且（dex是SN），THEN（yit2是SN）。

18）IF（ex是SN）且（dex是ZE），THEN（yit2是SN）。

19）IF（ex是SN）且（dex是SP），THEN（yit2是ZE）。

20）IF（ex是SN）且（dex是MP），THEN（yit2是SP）。

21）IF（ex是SN）且（dex是LP），THEN（yit2是SP）。

22）IF（ex是ZE）且（dex是LN），THEN（yit2是MN）。

23）IF（ex是ZE）且（dex是MN），THEN（yit2是SN）。

24）IF（ex是ZE）且（dex是SN），THEN（yit2是SN）。

25）IF（ex是ZE）且（dex是ZE），THEN（yit2是ZE）。

26）IF（ex是ZE）且（dex是SP），THEN（yit2是SP）。

27）IF（ex是ZE）且（dex是MP），THEN（yit2是SP）。

28）IF（ex是ZE）且（dex是LP），THEN（yit2是MP）。

29）IF（ex是SP）且（dex是LN），THEN（yit2是SN）。

30）IF（ex是SP）且（dex是MN），THEN（yit2是SN）。

31）IF（ex是SP）且（dex是SN），THEN（yit2是ZE）。

32）IF（ex是SP）且（dex是ZE），THEN（yit2是SP）。

33）IF（ex是SP）且（dex是SP），THEN（yit2是SP）。

34）IF（ex是SP）且（dex是MP），THEN（yit2是MP）。

35）IF（ex是SP）且（dex是LP），THEN（yit2是MP）。

36）IF（ex是MP）且（dex是LN），THEN（yit2是SN）。

37）IF（ex是MP）且（dex是MN），THEN（yit2是ZE）。

38）IF（ex是MP）且（dex是SN），THEN（yit2是SP）。

39）IF（ex是MP）且（dex是ZE），THEN（yit2是MP）。

40）IF（ex是MP）且（dex是SP），THEN（yit2是LP）。

41）IF（ex是MP）且（dex是MP），THEN（yit2是LP）。

42）IF（ex是MP）且（dex是LP），THEN（yit2是LP）。

43）IF（ex是LP）且（dex是LN），THEN（yit2是ZE）。

44）IF（ex是LP）且（dex是MN），THEN（yit2是SP）。

45）IF（ex是LP）且（dex是SN），THEN（yit2是MP）。

46）IF（ex是LP）且（dex是ZE），THEN（yit2是LP）。

47）IF（ex是LP）且（dex是SP），THEN（yit2是LP）。

48）IF（ex是LP）且（dex是MP），THEN（yit2是LP）。

49）IF（ex是LP）且（dex是LP），THEN（yit2是LP）。

完整的控制规则列表应该与图9.8中显示的类似。

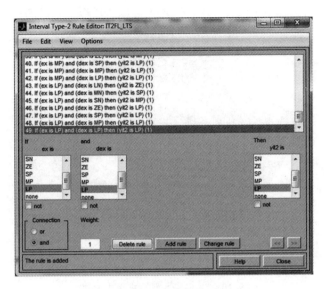

图 9.8 完整的 49 个控制规则

4. 查看完整的区间二型模糊推理系统

现在，我们可转到"View"（视图）→"Interval Type-2 Rules"（区间二型规则），详细查看这个区间二型模糊推理系统。该 IT2 FIS 的完整视图如图 9.9 所示。如果移动一个输入垂直条来获取不同的输入值，那么可立即实时计算输出 yit2，并且该输出显示在输出列的顶部。

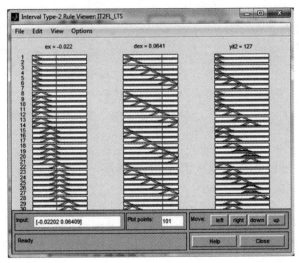

图 9.9 IT2 FIS 的完整视图

图 9.9 所示的一个示例，其两个输入是 $ex = -0.022$，$dex = 0.0641$，输出是 $yit2 = 127$。还可使用 IT2 FIS 命令 gensurftype2( )，通过以下脚本绘制该 IT2 FIS 的包络面：

```
a=readfistype2('IT2FL_LTS');
gensurftype2(a)
```

为 FIS 绘制的曲面或包络面如图 9.10 所示。

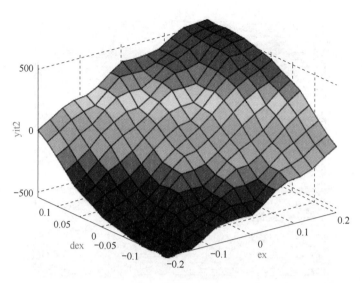

图 9. 10　为 FIS 绘制的曲面或包络面

9.7　区间二型模糊逻辑控制系统的仿真研究

在本节中，我们尝试使用 MATLAB® Simulink® 对该 IT2 FLC 执行仿真研究，从而确认该闭环直流电动机控制系统的控制性能。在下一节中，我们将在一型和二型模糊逻辑控制系统之间进行比较研究。

在开始该仿真研究之前，我们需要将区间二型模糊推理系统 IT2FL_LTS. fis 导出到 MATLAB® 工作区来简化我们的研究。当然，对于该仿真研究而言，将它导出到文件中也是可行的。

如果 IT2FL_LTS. fis 未打开，则将它打开，然后转到"File"（文件）→"Export"（导出）→"To Workspace"（到工作区）项，保留原始名称不变，然后单击"OK"（确定）按钮完成该导出操作。

9. 7. 1　创建 FIS——IT2FL_LTS 仿真框图模型

首先，让我们创建一个名为 IT2FL_Mode1 的 Simulink® 模型。

在 MATLAB® R2010b 命令窗口中提示符号≫的后面键入"simulink"来打开 MATLAB® Simulink®，从而打开 Simulink 库浏览器。然后，向该模型容器中添加不同的方框来构建该 Simulink 模型，完成的模型框图应该与图 9. 11 中显示的一致。将该模型另存为模型文件 IT2FL_Mode1. mdl。

构建该模型时，应特别注意下面几点：

1）MATLAB FUNCTION 模块位于 Simulink 库浏览器中的"User-Defined Funciton"（用户定义的函数）组中。需要此函数模块提供 IT2 FIS 函数，从而根据两个输入评估 IT2 模糊输出。

2）信号发生器（发生器）用于充当噪声发生器，可创建仿真的噪声供稍后测试该 FLC 的降噪能力。

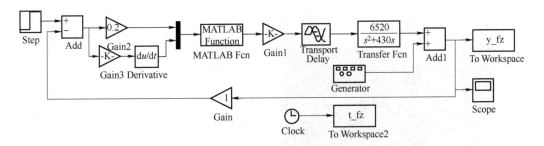

图 9.11 Simulink 模型的完整框图

我们在该部分不会处理任何噪声，所以现在需要将该发生器的 Amplitude（振幅）设置为 0。

3）双击 MATLAB Function 模块，输入 MATLAB 函数 evalifistype2（[u(1)u(2)]，IT2PL_LTS）。两个输入是 u(1) 和 u(2)，第 3 个参数是 IT2PL_LTS，是指在上一小节结束时导出到 MATLAB 工作区的 IT2 FIS。

4）两个变量集合 y_fz 和 t_fz 在仿真过程中导出到工作区，我们稍后将用它们来绘制该 IT2 FLC 的阶跃响应。

5）在仿真研究期间，在调优该 IT2 FLC 时将使用 3 个电压增益（Gain1、Gain2 和 Gain3）来调整放大系数，得到具有阶跃响应的最佳控制性能。

需要设置适当的仿真环境来实施该研究，然后才能开始仿真过程。转到"Simulation"（仿真）→"Configuration Parameters"（配置参数）菜单项，打开配置参数向导。执行以下操作来设置环境：

1）在该向导顶部的"Simulation time"（仿真时间）组下的"Stop time"（停止时间）框中输入"0.3"，因为该仿真研究需要的时间较短。

2）确保在"Solver options"（求解器选项）组下的"Type"（类型）框中选择"Variable-step"（变步长），并将其他所有默认设置保持不变。单击"OK"（确定）按钮完成该设置。

现在，可转到"Simulation"（仿真）→"Start"（启动）项来开始仿真过程。

在仿真过程中，需要调优 3 个增益：Gain1、Gain2 和 Gain3。3 个最优增益分别为：

① 增益 1：0.01。

② 增益 2：0.20。

③ 增益 3：0.00005。

接下来，让我们看看仿真结果。

9.7.2 IT2FL_LTS 模型的仿真结果

根据 3 个控制增益（Gain1～Gain3）的最优参数，绘制出相应的阶跃响应，如图 9.12 所示。

图 9.12a 所示的阶跃响应是由图 9.11 所示仿真框图生成，并且在连接的范围内的输出。而图 9.12b 所示的阶跃响应是根据输出到工作区的输出变量 y_fz 和 t_fz，使用单独的脚本文件来绘制的。两个变量都是 66×1 数组，绘制脚本代码如图 9.13 所示。

423

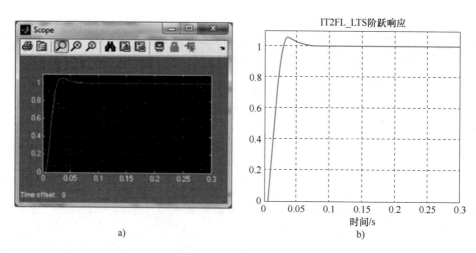

a) b)

图 9.12 IT2FL_LTS 控制系统的仿真阶跃响应

```
% Plot IT2FL_LTS Step Response
% Y. Bai
% 2-25-2018
t = t_fz.signals.values;
y = y_fz.signals.values;
plot(t, y,'b-');
grid;
title('IT2FL_LTS Step Response');
xlabel('Time - Seconds');
axis([0 0.3 0 1.1]);
```

图 9.13 用于绘制 IT2FL_LTS 系统阶跃响应的脚本代码

接下来，让我们着重针对直流电动机闭环控制系统，在 PID 控制器和该 IT2 FLC 之间进行比较研究。

9.8 PID、一型模糊逻辑控制和区间二型模糊逻辑控制间的比较

回顾一下第 5 章实验项目 5.2 和第 7 章 7.10 节，我们要求学生按照我们在上一节中设计 IT2 FLC 的方式，为同一个直流电动机系统设计一个 PID 控制器和一个模糊逻辑控制器，并进行了仿真研究。在该实验项目 5.2 和 7.10 节的"最优 PID 控制参数"中，一型模糊逻辑控制和区间二型模糊逻辑控制的控制增益如下所示：

1）对于 PID 控制器：$P=10$、$I=317$ 且 $D=0.02$。

2）对于一型模糊逻辑控制：Gain1 = 0.05、Gain2 = 0.037 且 Gain3 = 0.00007。

3）对于 IT2 FLC：Gain1 = 0.01、Gain2 = 0.20 且 Gain3 = 0.00005。

本节中，我们需要通过仿真研究比较这 3 个控制器（PID 控制器、一型模糊逻辑控制器和区间二型模糊逻辑控制器）的控制性能。比较标准包括具有变时滞的系统、具有不确定或随机噪声的系统以及具有不确定动态模型的系统的控制性能。

9.8.1 正常时滞系统的仿真研究比较

首先，让我们使用 Simulink® 库浏览器生成仿真框图。在 MATLAB® 命令窗口的提示符

号>>后面键入"simulink"来打开该浏览器。

　　然后，创建一个新的仿真模型，再向该模型平台添加相关方框来构建仿真模型。完成的仿真模型应该与图 9.14 所示模型类似。将该模型作为 T1IT2PIDComp. mdl 保存到计算机上的适当文件夹中。

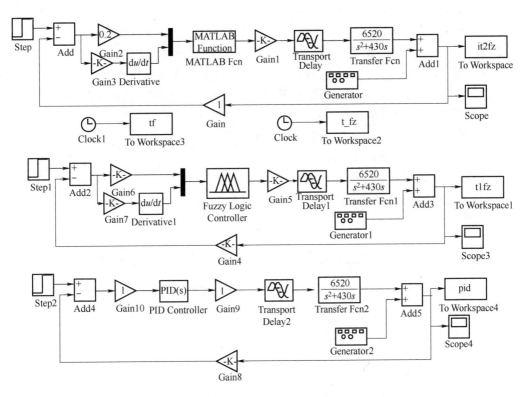

图 9.14　完整的仿真框图模型 **T1IT2PIDComp. mdl**

　　在完成该仿真框图构建后，需要执行以下操作才能开始仿真过程：

　　1）应该已经生成一型仿真推理系统 T1_PLC. fis（如果尚未生成，参见第 7 章 7.8.1 小节进行生成）。名为 T1_PLC. fis 的 FIS 与 FIS PZMotor. fis 类似。

　　2）应该已经将一型模糊推理系统 T1_PLC. fis 导出到工作区。如果还没有，打开该 FIS 并将它导出到工作区。

　　3）双击图 9.14 上的"Fuzzy Logic Controller"模块，再在"FIS file"（FIS 文件）框中输入 T1_PLC. fis。

　　4）对图 9.14 顶部的"MATLAB Function"模块执行类似的操作，在"MATLAB Function"模块中输入 evalifistype2（[u(1)u(2)],IT2FL_LTS）。

　　5）双击 PID Controller（PID 控制器）框，在 3 个框中输入上述 3 个最优 PID Control 增益：$P = 10$、$I = 317$ 且 $D = 0.02$。

　　6）双击 3 个阶跃输入方框（Step、Step1 和 Step2），再在"Sample time"（样本时间）框中输入 0.001 来定义一个固定采样周期。

　　7）转到"Simulation"（仿真）→"Configuration Parameters"（配置参数）菜单项，打开"Configuration Parameters"（配置参数）对话框。从"Solver options"（求解器选项）组下的

"Type"（类型）组合框中选择"Fixed-step"（固定阶跃）。

8）将 3 个传输延迟模块（Transport Delay、Transport Delay1 和 Transport Delay2）设置为时滞"0.005"（5ms）。

9）将 3 个示波器模块（Scope、Scope3 和 Scope4）的"Time range"（时间范围）属性设置为 0.3s。

10）右键单击每个示波器打开其"Scope properties"（示波器属性）对话框；对于 3 个示波器模块，将"Y-min"设置为"0"，将"Y-max"设置为"1.2"。

现在，可转到"Simulation"（仿真）→"Start"（启动）菜单项来开始仿真过程。在仿真过程中，应该打开全部 3 个范围来观察阶跃响应和所有控制参数（包括 PID 控制增益 P、I 和 D），还需要对 8 个电压增益（Gain1～Gain8）进行调优，获得 3 种控制器的最优阶跃响应。根据仿真研究，这些参数的最优值如下所示：

1）对于 PID 控制器：$P = 6$、$I = 8$ 且 $D = 0.01$。

2）对于一型模糊逻辑控制：Gain4 = 0.885、Gain5 = 0.05、Gain6 = 0.07 且 Gain7 = 0.00008。

3）对于区间二型模糊逻辑控制：Gain1 = 0.01、Gain2 = 0.20 且 Gain3 = 0.00005。

仿真的阶跃响应如图 9.15 所示。

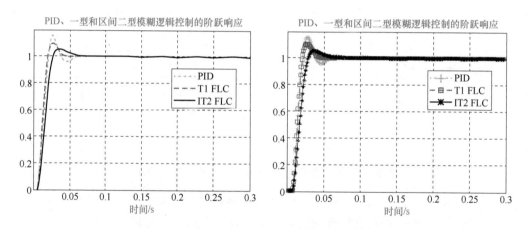

图 9.15 3 种控制器的仿真阶跃响应（见彩插）

从仿真结果中可以看出，3 种控制器的设定时间基本相同，没有大的区别。不过，与 IT2 FLC 相比，一型模糊逻辑控制器和 PID 控制器的超调量相对更大。

9.8.2 长时滞系统的仿真研究比较

现在，对 3 种控制策略进行更长时滞的仿真研究。双击 3 个传输延迟模块（Transport Delay、Transport Delay1 和 Transport Delay2），将延迟时间分别更改为"0.01"（10ms）、"0.1"（100ms）、"0.5"（500ms）和"0.8"（800ms）。

对于每个时滞设置，都需要对所有控制参数（包括 PID 和所有增益）进行重新调优，执行单独的仿真研究，获取 3 个控制策略的最优阶跃响应。当时滞为 10ms 时 3 种控制器的阶跃响应仿真结果如图 9.16 所示。

如果时滞是 10ms，那么返回的最优控制参数如下所示：

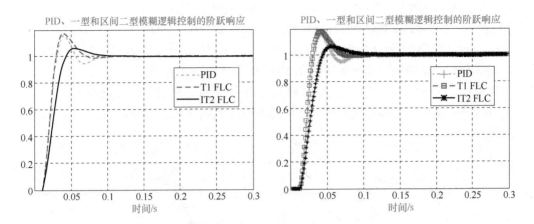

图 9.16　针对 3 种控制器使用 10ms 时滞仿真的阶跃响应（见彩插）

1）对于 PID 控制器：$P = 3.6$、$I = 2.0$、$D = 0.01$ 且 Gain8 = 1.02。

2）对于一型模糊逻辑控制：Gain4 = 0.885、Gain5 = 0.03、Gain6 = 0.07 且 Gain7 = 0.00008。

3）对于区间二型模糊逻辑控制：Gain1 = 0.006、Gain2 = 0.20 且 Gain3 = 0.00005。

如果时滞是 100ms，那么返回的最优控制参数如下所示：

1）对于 PID 控制器：$P = 0.5$、$I = 0.08$、$D = 0.01$ 且 Gain8 = 1.01。

2）对于一型模糊逻辑控制：Gain4 = 0.885、Gain5 = 0.0034、Gain6 = 0.07 且 Gain7 = 0.00008。

3）对于区间二型模糊逻辑控制：Gain1 = 0.0008、Gain2 = 0.20 且 Gain3 = 0.00005。

当时滞达 100ms 时，3 种控制器的阶跃响应仿真结果如图 9.17 所示。访问 "Configuration Parameters"（配置参数）对话框中的 "Simulation time"（仿真时间）组，将 "Stop time"（停止时间）框中的值更改为 1，从而延长仿真时间。

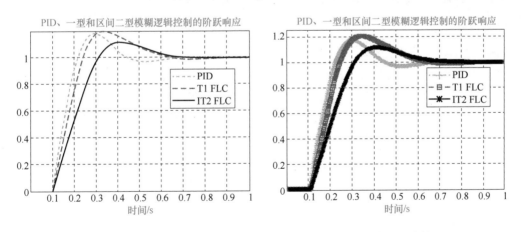

图 9.17　针对 3 种控制器使用 100ms 时滞仿真的阶跃响应（见彩插）

现在，采用 500ms 的时滞设置。双击 3 个传输延迟模块（Transport Delay、Transport Delay1 和 Transport Delay2），在 "Time delay"（时滞）框中输入 "0.5"。如果时滞是 500ms，那么返回的最优控制参数如下所示：

1）对于 PID 控制器：$P=0.11$、$I=0.001$、$D=0.01$ 且 Gain8 = 1。

2）对于一型模糊逻辑控制：Gain4 = 0.885、Gain5 = 0.0006、Gain6 = 0.07 且 Gain7 = 0.00008。

3）对于区间二型模糊逻辑控制：Gain1 = 0.00016、Gain2 = 0.20 且 Gain3 = 0.00005。

针对 3 种控制器使用 500ms 时滞仿真的阶跃响应如图 9.18 所示。从图 9.18 中可以看出，PID 控制器的阶跃响应具有更大的超调量和欠调量，还有更长的安定时间（>4s）。而一型和区间二型模糊逻辑控制器的安定时间更短（大约 3.5s）且超调量更小。

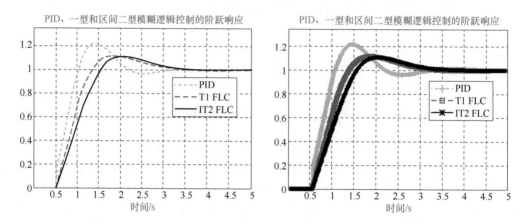

图 9.18　针对 3 种控制器使用 500ms 时滞仿真的阶跃响应（见彩插）

如果时滞是 800ms，那么返回的最优控制参数如下所示：

1）对于 PID 控制器：$P=0.65$、$I=0.0005$、$D=0.01$ 且 Gain8 = 1。

2）对于一型模糊逻辑控制：Gain4 = 0.885、Gain5 = 0.0004、Gain6 = 0.07 且 Gain7 = 0.00008。

3）对于区间二型模糊逻辑控制：Gain1 = 0.0001、Gain2 = 0.20 且 Gain3 = 0.00005。

针对 3 种控制器使用 800ms 时滞仿真的阶跃响应如图 9.19 所示。

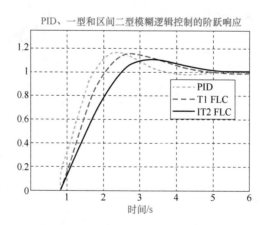

图 9.19　针对 3 种控制器使用 800ms 时滞仿真的阶跃响应

9.8.3　随机噪声系统的仿真研究比较

现在，让我们针对直流电动机控制系统使用随机噪声来研究全部 3 种控制器。随机噪声可以被看作是对系统的干扰。

执行以下操作来将所有控制参数和控制增益还原为原始最优值，此时传输延迟设置为 5ms：

1）将 3 个传输延迟模块（Transport Delay、Transport Delay1 和 Transport Delay2）设置为时滞"0.005"（5ms）。

2）将 3 个示波器模块（Scope、Scope3 和 Scope4）的"Time range"（时间范围）属性设置为 0.3s。

3）右击每个示波器打开其"Scope properties"（示波器属性）对话框；对于 3 个示波器模块，将"Y-min"设置为"0"，将"Y-max"设置为"1.2"。

4）对于 PID 控制器：$P=6$、$I=8$、$D=0.01$ 且 Gain8=1.01。

5）对于一型模糊逻辑控制：Gain4=0.885、Gain5=0.05、Gain6=0.07 且 Gain7=0.00008。

6）对于区间二型模糊逻辑控制：Gain1=0.01、Gain2=0.20 且 Gain3=0.00005。

现在，双击每个"Signal Generator"（信号发生器）模块，设置如下参数，创建随机噪声：

1）从"Waveform"（波形）组合框中选择"random"（随机）。

2）在"Amplitude"（振幅）框中输入"0.05"。

3 种控制器的阶跃响应仿真结果如图 9.20 所示。图 9.20a 所示的阶跃响应的随机噪声振幅为 0.05，图 9.20b 所示的阶跃响应的随机噪声振幅为 0.2。

从图 9.20 可以看出，这 3 种控制策略之间的区别不大。不过，相对来说，与 PID 控制器相比，一型模糊逻辑控制和 IT2 FLC 具有更优的降噪能力。

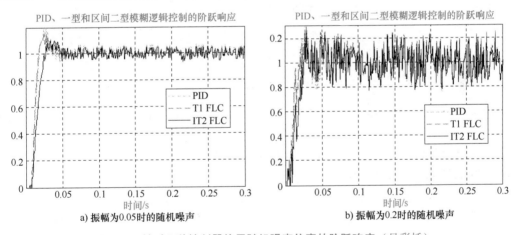

图 9.20　针对 3 种控制器使用随机噪声仿真的阶跃响应（见彩插）

9.8.4　模型不确定系统的仿真研究比较

现在，使用模型不确定性对 3 种控制器进行仿真研究，不确定性是指直流电机系统的动态模型随着时间的推移有一些变化。

在第 7 章 7.11.1.3 小节中，我们对具有不确定模型的系统进行了类似的仿真研究。事实上，该直流电动机系统的完整动态模型为

$$G(s)=10.68\frac{s+610.5}{s(s+430.6)}e^{-0.005s} \tag{9.26}$$

本小节模型与式 (9.25) 所示的模型之间的区别是，该模型中添加了 "zero = -610.5" 这一设置。在上述仿真研究中，使用式 (9.25) 所示的模型，而不是式 (9.26) 所示的模型，理由是由式 (9.26) 改为式 (9.25) 可简化整个模型。

为了在系统中引入一定的不确定性，首先将该传递函数的零点 ($z = -610.5$) 从 5%、10% 修改为 50%，并固定极点。然后，将极点 $s = -430.6$ 从 10%、30% 修改为 50%，零点保持不变。

表 7.8 中列出了修改后的系统模型以及其零点和极点变化率，将这些数据复制过来作为表 9.2。式 (9.26) 所示的模型是使用 MATLAB® Identification Toolbox 为直流电动机系统确定的原始系统模型。设计第 5 章中的常规 PID 控制器时使用了简化的模型。

表 9.2　修改后的系统模型以及其零点和极点变化率

零点/极点	变化率/(%)	修改后的系统模型
零点	5	$G(s) = 10.68 \dfrac{s+641.0}{s(s+430.6)} e^{-0.005s}$
零点	10	$G(s) = 10.68 \dfrac{s+671.5}{s(s+430.6)} e^{-0.005s}$
零点	50	$G(s) = 10.68 \dfrac{s+915.8}{s(s+430.6)} e^{-0.005s}$
极点	10	$G(s) = 10.68 \dfrac{s+610.5}{s(s+473.7)} e^{-0.005s}$
极点	30	$G(s) = 10.68 \dfrac{s+610.5}{s(s+301.4)} e^{-0.005s}$
极点	50	$G(s) = 10.68 \dfrac{s+610.5}{s(s+215.3)} e^{-0.005s}$

由于原始直流电动机系统模型中存在一些不确定性，因此修改后的系统模型的仿真结果如图 9.21 所示。

从图 9.21 可以看出，图 9.21a、b 所示的模型零点的不确定较小（例如 5% 或 10%），3 种控制器的仿真结果区别不大。不过，当模型零点的不确定性接近图 9.21c 所示的 50% 时，仿真结果的区别就非常明显了。在这种情况下，PID 控制器的仿真结果超调量较大（≈30%）且安定时间更长（≈0.08s），而一型模糊逻辑控制的超调量为 22%、安定时间为 0.04s，区间二型模糊逻辑控制的超调量为 18%、安定时间为 0.04s。

对于不确定的极点，会得到类似的结果。如图 9.21d 所示，当极点的不确定性较小时，3 种控制器的仿真结果区别不大。不过，随着极点不确定性越来越大，3 种控制策略之间的区别也会越来越明显。尤其是当极点不确定性达到 30% 时，PID 控制器生成了一个 30% 的超调量且安定时间更长（0.07s），而一型模糊逻辑控制的超调量为 20%、安定时间为 0.04s，区间二型模糊逻辑控制的超调量为 17%、安定时间为 0.05s。当极点不确定性是 50% 时，这些差异显著增加。在这种情况下，PID 控制器生成一个 60% 的超调量和长得多的安定时间（0.15s），而一型模糊逻辑控制的超调量为 43%、安定时间为 0.08s，区间二型模糊逻辑控制的超调量为 38%、安定时间为 0.08s。

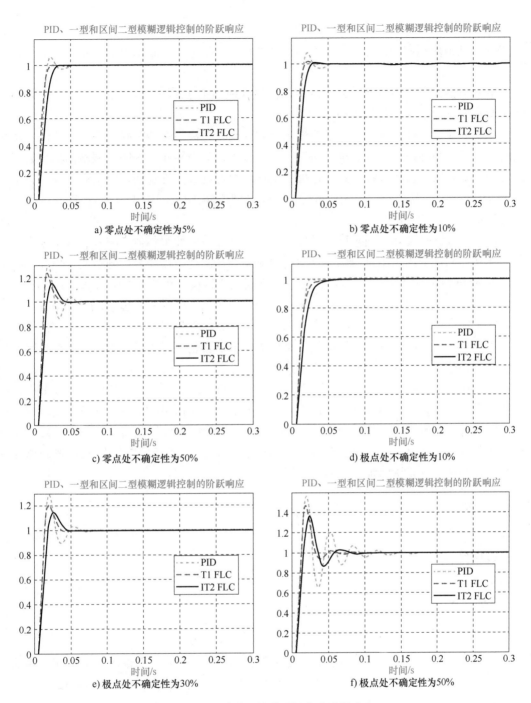

图 9.21　不确定系统模型的仿真阶跃响应

根据这些仿真结果，我们可以得出这样的结论：当动态模型中存在长时滞、随机噪声和不确定性的情况时，相对而言，一型模糊逻辑控制和区间二型模糊逻辑控制的可控性更好。所以，一型模糊逻辑控制器和区间二型模糊逻辑控制器与 PID 控制器相比具有更高的鲁棒性。

在进行上述仿真时，需要根据表 9.2 所示的值，在图 9.14 所示仿真框图中对直流电动机的 3 个动态模型（Transfer Fcn、Transfer Fcn1 和 Transfer Fcn2）输入正确的分子和分母。

9.9 本章小结

在本章中，我们主要讨论了大多数常用控制系统（包括线性和非线性系统）中运用的区间二型模糊逻辑控制（IT2 FLC）策略。

从9.1节开始，我们介绍了一型模糊集合和区间二型模糊集合之间的区别，让读者清晰完整地了解了这两种模糊集合和推理系统。与一型模糊集合相比，区间二型模糊集合为现实中运用的更复杂的系统或非线性系统提供了更多可控性和灵活性。在该介绍后，我们分别在9.2节和9.3节中更详细、更深入地探讨了区间二型模糊集合（IT2 FS）的运算和区间二型模糊推理系统（FIS）。

从根本上说，一型和区间二型模糊推理系统在大多数方面很相似，唯一的区别是后者的隶属函数和控制规则输出不是明确值，而是模糊集合。因此，需要采用降型法，借助9.4节中介绍的Karnik-Mendel（KM）算法，将这些模糊集合转换为相关的明确值。

为了更清晰地说明如何在实际的系统中实现这个区间二型模糊推理系统，我们在9.5节举例说明了如何用区间二型模糊集合和模糊推理系统设计实际的区间二型控制系统。9.6节中提供了一个更实用的示例，使用区间二型模糊逻辑工具箱引导读者为直流电动机控制系统分步设计和构建一个实际的区间二型模糊逻辑控制器。

9.7节中讨论了一个仿真研究，帮助用户熟悉MATLAB Simulink工具，对9.6节中构建的区间二型模糊逻辑控制器执行仿真研究。在9.8节中，我们引入了一个比较研究，通过仿真研究对3种控制策略（PID控制器、一型和区间二型模糊逻辑控制器）进行了比较。仿真了很多控制因素和情境，仿真结果说明一型和区间二型模糊逻辑控制器与PID控制器相比的优势，控制因素有正常时滞、长时滞、随机噪声和模型不确定性。

实　验

实验项目 9.1

使用区间二型模糊逻辑工具箱为第4章4.7.5小节中确定的直流电动机系统设计并构建一个FLC。该直流电动机确定的动态模型是

$$G(s) = \frac{3.776}{(1+0.56s)} e^{-0.09s} \cong \frac{6.74}{(s+1.79)} e^{-0.09s} \tag{9.27}$$

在4.7.5小节中，直流电动机的输入是PWM值，输出是电动机编码器转速（每圈的脉冲数，P/r）。电动机编码器速度（P/r）和控制输出PWM值之间的关系见表4.12和表9.3。输入和输出关系的范围见表9.4。

表9.3　收集到的QEI编码器速度值和PWM值

编号	PWM值（u）	编码器速度值（es）/(P/r)	
		十六进制	十进制
1	100	49	73
2	300	F4	244

（续）

编号	PWM 值（u）	编码器速度值（es）/（P/r）	
		十六进制	十进制
3	500	15C	348
4	700	19F	415
5	900	1E0	480
6	1100	1EF	495
7	1300	1FA	506
8	1500	201	513
9	1700	206	518
10	1900	20C	524
12	2100	20D	525
13	2300	20C	524
14	2500	20E	526
15	2700	20E	526

表 9.4　输入/输出变量的范围

变量	变量范围	单位
输入误差（err）	−0.3～0.3	V
输入误差率（err_rate）	−0.08～0.08	V
电动机输出转速（m_sp）	−800～800	P/r

将误差值 err 和误差率 err_rate 用作输入，输出是电动机编码器转速 m_sp。

误差 err 的范围为−0.3～0.3，可划分到 5 个 MF，即 LN、SN、ZE、SP 和 LP。与误差类似，err_rate 也可划分到 5 个 MF。输出 m_sp 的范围是−800～800P/r，也可划分到 5 个 MF，即 LN、SN、ZE、SP 和 LP。所有 MF 的波形类型应该是 igausstype2。

该 FIS 总共需要 25 个控制规则。请尝试根据常识和一般控制原则创建这些规则。

式（9.27）中显示的直流电动机模型仅供稍后项目用于 IT2 FLC 与 PID 控制器之间的仿真研究和比较。

实验项目 9.2

使用 MATLAB® R2010b 和 Simulink® 对在实验项目 9.1 中得到的 IT2 FLC 进行仿真研究，以获得阶跃输入的最优阶跃响应。调优是指调整所有控制增益来得到最优阶跃响应。传输延迟应为 90ms（0.09s）。

实验项目 9.3

使用 MATLAB® R2010b 和 Simulink® 进行仿真研究，对在实验项目 9.1 中构建的 IT2 FLC 与在第 5 章 5.3.6.2 小节中设计的 PID 控制器的控制性能进行比较。最优 PID 控制增益是 $P=2.76$、$I=1.13$ 且 $D=1.69$。在该仿真研究中，将这些增益用作 PID 控制器的初始 PID 值。

实验项目 9.4

使用不同的不确定模型重新操作实验项目 9.3。原始模型如式（9.27）中所示。更改模型，将极点的位置（$s=-1.79$）更改为变化率 10%、30%、50% 和原始位置的 80%，这样便可产生模型不确定性的效果。将所有控制参数保持不变，查看控制性能，比较 PID 控制器和 IT2 FLC 的控制鲁棒性。绘制这些模型不确定性的阶跃响应。

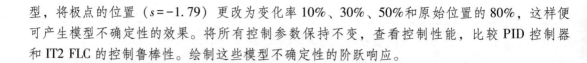

参 考 文 献

［1］ Castro, J. R., Castillo, O., Melin, P., Martínez, L. G., Escobar, S., & Camacho, I. (2007). *Building fuzzy inference systems with the interval Type-2 fuzzy logic toolbox.* IFSA.

［2］ Castro, J. R., Castillo, O., & Melin, P. (2007). *An interval Type-2 fuzzy logic toolbox for control applications.* FUZZ-IEEE.

附录 A　下载并安装 Keil MDK-ARM μVision 5. 24a

1）打开官网界面（https://www. keil. com/download/product），单击"MDK-Arm"按钮（见图 A. 1）进入个人信息注册界面。

图 A. 1　官网界面

2）输入个人信息，完成注册过程，单击"Submit"（提交）按钮进入下一界面（见图 A. 2）。

3）单击"MDK524AEXE"链接启动下载过程（见图 A. 2）。

4）单击"Save"（保存）按钮将文件保存到 C 盘，然后单击"Run"（运行）和"Yes"（是）按钮下载该软件。

5）确认界面如图 A. 3 所示。单击"Next"（下一步）按钮进入下一界面。

6）选中"I agree to all the terms of the preceding License Agreement"（我同意前述许可协议的所有条款）复选框后，然后单击"Next"按钮。

© Springer Nature Switzerland AG 2019.

Y. Bai and Z. S. Roth, *Classical and Modern Controls with Microcontrollers*，Advances in Industrial Control，https://doi. org/10. 1007/978-3-030-01382-0_0.

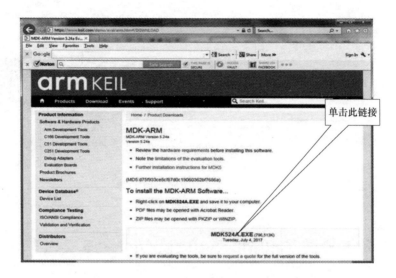

图 A. 2　下载信息界面

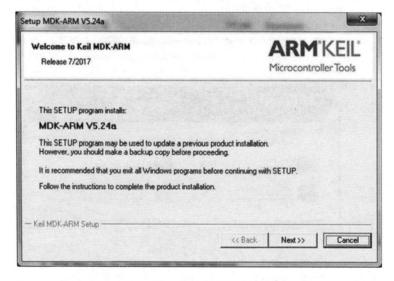

图 A. 3　确认界面

7）如果保留安装软件的默认位置（C:\Keil_v5），单击下一界面上的"Next"按钮。

8）在下个界面中，再次输入您的注册信息，然后单击"Next"按钮。安装开始，如图 A. 4 所示。安装过程中将显示一个命令窗口，显示将要安装调试驱动程序，即 ULINK 驱动程序（见图 A. 5）。

9）安装完成后，将显示最终的界面，如图 A. 6 所示。单击"Finish"（完成）按钮结束此过程。

10）此时，将出现一个发布界面，显示此 MDK 更新版本的详细信息。

11）同时出现一个对话框，说明软件包的安装方法，帮助使用者完成安装目标微控制器或 MCU 所需软件包和驱动程序的全部步骤，如图 A. 7 所示。单击"OK"（确定）按钮关闭该对话框，继续安装所有软件包和驱动器。

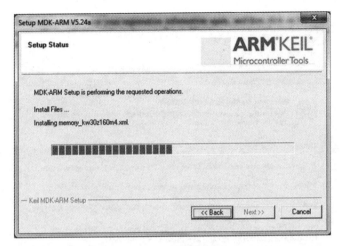

图 A.4　安装过程中

图 A.5　ULINK 驱动程序的安装过程

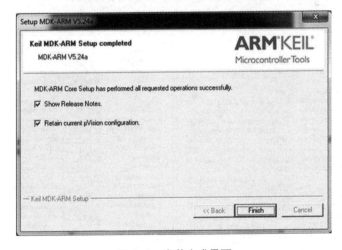

图 A.6　安装完成界面

12）如图 A.8 所示，在打开的"Pack Installer"（软件包安装）程序窗口中，所有可用的已开发固件包（Developments Firmware Packs，DFP）显示在"Device"（设备）选项卡下的左窗格中。这些 DFP 由 Keil 公司开发，通过该开发集成环境，不同 MCU 供应商可以构建并开发基于不同类型的 MCU。单击相关的"Install"（安装）按钮，可以选择安装任何所需的软件包。软件包安装程序是一个用于安装、更新和删除软件包的实用程序，可以从 μVision 内部或独立启动，也可以在 μVision 外部启动。

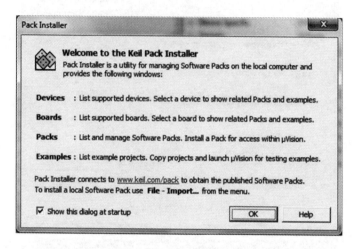

图 A.7　软件包安装初始界面

13）我们将使用的开发工具包括 Texas Instruments TM4C123G LaunchPad-EK-TM4C123GXL 评估套件等，因此，需要在该套件安装程序中安装 TM4C123x 系列的系列套件和相关示例。展开 Texas Instruments Tiva C 系列和 TM4C123x 系列的 3 个项目，并单击左窗格中 "Devices"（设备）选项卡下的 TM4C123GH6PM，如图 A.8 所示。然后转到右窗格，单击位于 "Packs"（软件包）选项卡下 Keil:TM4C_DFS 右侧的 "Install"（安装）按钮，如图 A.8 所示。

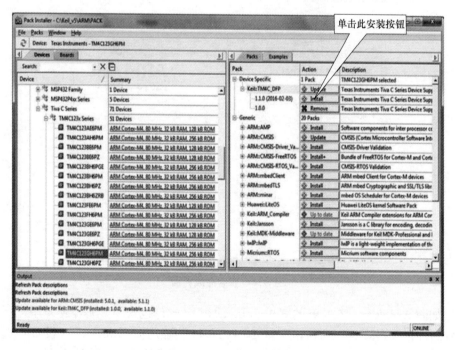

图 A.8　软件包安装窗口

14) 右下角的任务栏上会显示安装过程。等待安装过程完成。

15) 安装 TM4C_DFP 时，操作选项卡下的"Install"（安装）按钮变为"Up to date"（最新软件），如图 A.9 所示。这表明所选 MCU TM4C123GH6PM（基于 ARM Cortex-M4F 的 32 位微控制器）的安装 DFP 是最新的。

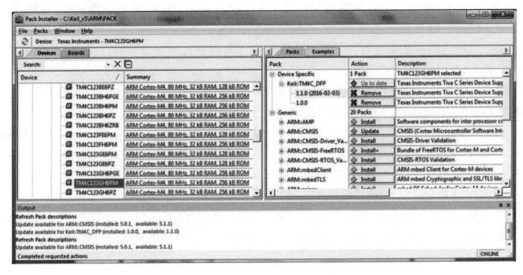

图 A.9　已安装软件包

16) 如图 A.10 所示，3 个默认的 CMSIS 相关支持工具 ARM::CMSIS、Keil::ARM_Compiler 和 Keil::MDK-Middleware 显示也是最新的。稍后，我们需要使用这些工具来构建应用程序项目。

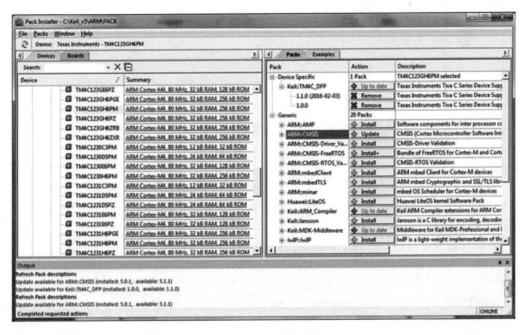

图 A.10　安装完成界面

附录 B 下载并安装 TivaWare SW-EK-TM4C123GXL 软件包

SW-EK-TM4C123GXL 软件包包含为了 Tiva™ C 系列 TM4C123G LaunchPad（EK-TM4C123GXL）发布的C 系列 TivaWare™。此软件包包括最新版本的 C 系列 TivaWare 驱动程序库、USB 库和图形库，以及 Tiva C 系列 LaunchPad 的几个完整示例。

如果用户已经在系统上安装了受支持的第三方集成开发环境（IDE），如 Keil MDK，则需要下载此软件包。

此 EK-TM4C123GXL 软件包包含 SW-EK-TM4C123GXL 软件包以及选定 IDE 的安装文件和调试界面的 Microsoft® Windows® 驱动程序。另外，还包含一些文档，帮助用户开始使用 Tiva C 系列 LaunchPad。每个文件都是一个单独的包，包含使用相应工具集进行编程和调试 Tiva C 系列 LaunchPad 所需的一切文件。对于不同的操作系统（Windows 7/8 或 10），此下载和安装过程基本相同。现以 Windows 7 平台为例，下载并安装适用于 Windows 7 的 TivaWare SW-EK-TM4C123GXL 软件包。

1）打开网页（http://www.ti.com/tool/SW-EK-TM4C123GXL）⊖，如图 B.1 所示。单击 SW-EK-TM4C123GXL 右侧的"Get Software"（获取软件）按钮，可转入获取软件文件列表界面。

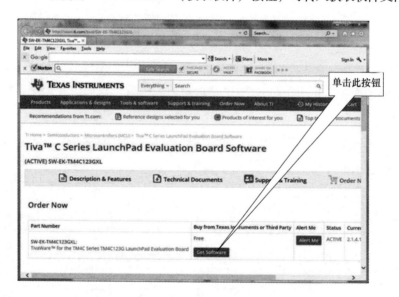

图 B.1 下载安装 Tiva C 系列评估板软件的窗口

2）与 TM4C123GXL 相关的软件文件列表如图 B.2 所示。单击链接 SW-EK-TM4C123GXL-2.1.4.178.exe 开始进入下载过程。

3）如果您是新用户，请输入必要的信息，然后单击"Register and continue"（注册并继

⊖ 翻译本书时，此链接界面设计已全部更新。读者阅读本书时，界面也可能再次调整。请在界面中找到 download 或 download option 字样的按钮，单击后可展开软件文件列表。如需获取最新版本的软件，可打开界面 https://www.ti.com/tool/EK-TM4C123GXL，找到 SW-TM4C—TivaWare for C Series Software（Complete）。软件下载后，安装过程与本书相同。——译者注

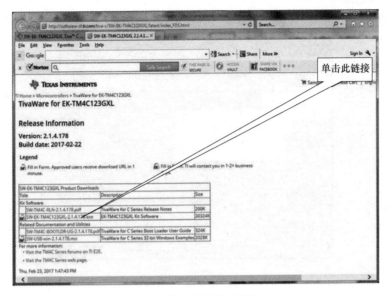

图 B.2　需下载的目标软件包

续）按钮转到下一界面。如果您是老用户，可以输入用户名和密码登录到该系统。

4）在下一个界面中，您需要输入相关信息以完成审批流程。需要注意的一点是使用此软件的目的可以是军事或民用。单击"Civil"（民用），并保证以上所有内容都是真实的。然后，单击提交。

5）单击下一页上的"Download"（下载）按钮，开始下载软件包。如果下载过程无法在下一页自动启动，可检查系统，确保计算机没有阻止某些弹出文件。

6）此过程中，浏览器会显示一个对话框，用于确认您要下载软件 SW-EK-TM4C123GXL-2.1.4.178.exe。单击"Run"（运行）按钮继续。

7）单击信息对话框中的"Yes"（是）以确认此下载过程。

8）单击下个界面中的"Next"（下一步）按钮。选中"Agreement"（同意协议），然后再次单击"Next"按钮转到下个界面。

9）如果不想更改默认位置（即 C:\ti\TivaWare_C_Series-2.1.4.178），单击"Next"按钮，将软件包保存到计算机中，如图 B.3 所示。

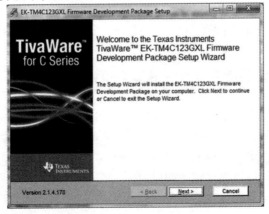

图 B.3　TivaWare 软件包安装界面

10）单击下一界面的"Install"（安装）按钮，如图 B.4 所示，准备开始安装过程。

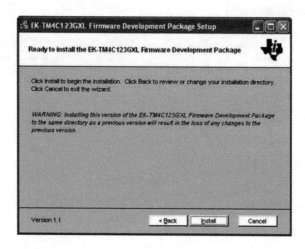

图 B.4　开始安装界面

11）安装过程如图 B.5 所示。

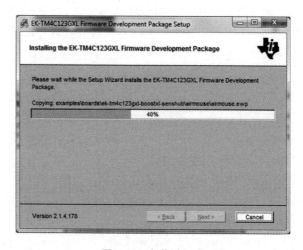

图 B.5　安装过程中

12）完成安装后，单击"Finish"（完成）按钮完成安装。

现在，如果转到主机中的 C:\ti\ 目录，可以发现已安装软件包 TivaWare_C_Series-2.1.4.178。

附录 C　下载并安装 Stellaris ICDI 和设置虚拟 COM 端口

Tiva™ C 系列评估和参考设计套件可提供集成的 Stellaris ICDI，允许对板载 TM4C123G 微控制器进行编程和调试。Stellaris ICDI 可与 StellarisLM Flash 编程器，以及任何 Tiva C 系列支持的工具链（如德州仪器公司的 Code Composer Studio）一起使用，仅支持 JTAG 接口。本附录介绍了在主机上安装适当驱动程序的说明。

要调试和下载微控制器闪存中的自定义应用程序并使用虚拟 COM 端口连接，请在主机上安装以下驱动程序：

1）Stellaris 虚拟串行端口。

2）Stellaris ICDI JTAG/SWD 接口。

3）Stellaris ICDI DFU。

这些驱动程序支持调试器访问 JTAG 接口，并支持主机访问虚拟 COM 端口。

在将基于 Tiva TM4C123G 的评估板连接到主机之前，用户需要首先下载 Stellaris ICDI 驱动程序。

C. 1　下载 Stellaris ICDI 驱动程序

此下载过程需要从 TI 公司网站上的 Stellaris ICDI 驱动程序工具文件夹中获取 Tiva 评估或参考设计工具包所需的驱动程序。然后，将文件从压缩文件夹提取并安装到装有 Windows 的主机的已知位置。执行以下操作可以完成此过程：

1）打开网页 http://www.ti.com/tool/stellaris_icdi_drivers，单击与当前版本相关的 "Download"（下载）按钮，如图 C. 1 所示。

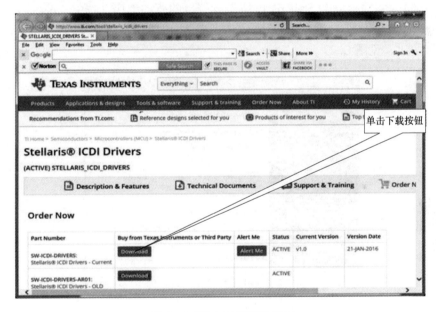

图 C. 1　TI 套件的下载界面

2）单击 "Save"（保存）按钮，将这些驱动器文件保存到主机上的默认下载文件夹。

3）单击 "Open Folder"（打开文件夹）按钮，开始下载的压缩驱动程序文件的解压缩过程。

4）双击下载的压缩文件 spmc016a。连续单击 "Next"（下一步）按钮，然后选择一个目标文件夹以保存解压缩的驱动程序文件。使用默认文件夹就足够了，但请记住这个位置，稍后可能需要将这些驱动程序文件移动到所需的位置。

5）单击 "Unzip"（解压）按钮开始解压过程。

6）完成解压过程后，所有 Stellaris 驱动程序文件都位于默认解压文件夹下的 Stella ris_icdi_drivers 文件夹中。单击 Winzip 窗口上的 "Finish"（完成）按钮以关闭此解压过程。

7）现在，将此文件夹与所有 stellaris 驱动程序一起移动到主机的根驱动器 "C:"。当

443

然，用户可以将这些驱动程序文件保存在任何文件夹中。但是，我们更喜欢将此文件夹保存在根驱动器下，以便于查找。请记住，所有 stellaris 驱动程序现在都保存到了目标文件夹 C:/stellaris_icdi_drivers 中。

下载过程完成后，接下来我们需要将这些驱动程序安装到主机上。

C.2 安装 Stellaris ICDI 驱动程序

根据主机使用的操作系统的不同，安装过程不同。让我们从 Windows XP 开始介绍，然后是 Windows 7、Windows 8 和 Windows 10。

C.2.1 在 Windows XP 上安装 Stellaris ICDI 驱动程序

按照以下说明在运行 Windows XP 的主机上安装驱动程序。

1）使用开发套件附带的 USB 线将基于 Tiva C 系列 TM4C123G LaunchPad 的评估板连接到主机。

2）当 Tiva 评估板首次连接到主机时，Windows 启动"Found New Hardware Wizard"（找到新硬件向导），并提示安装 Stellaris 虚拟串行端口的驱动程序。选中"Install from a list or specific location（Advanced）"［从列表或特定位置安装（高级）］单选按钮，然后单击"Next"（下一步）按钮（见图 C.2）。

图 C.2　找到新硬件向导

3）选择"Search for the best driver in these locations"（搜索这些位置中的最佳驱动程序），并选中"Include this location in the search："（在搜索中包括此位置）选项，如图 C.3 所示。单击"Browse"（浏览）按钮，浏览到驱动程序安装文件在主机中的位置，在本例中，文件地址为 C:/stellaris_icdi_drivers。单击"OK"（确定）按钮，然后单击"Next"（下一步）按钮继续。

4）安装过程中可能会出现警告，以警告驱动程序未签名；单击"Continue Anyway"（无论如何继续）按钮继续。向导显示"Please wait while the wizard searches"（请等待，向导搜索）状态窗口，如图 C.4 所示。此时不需要用户操作。

5）当安装软件时，向导将显示"Please wait while the wizard installs the software"（请等待向导安装软件）状态窗口。

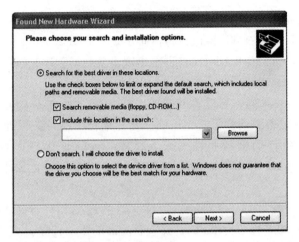

图 C.3　搜索最佳驱动向导

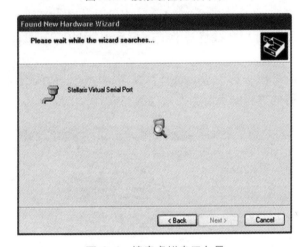

图 C.4　搜索虚拟串口向导

6）Stellaris 虚拟串行端口驱动程序安装完成后，单击图 C.5 所示的"Finish"（完成）按钮，关闭对话框和安装过程。

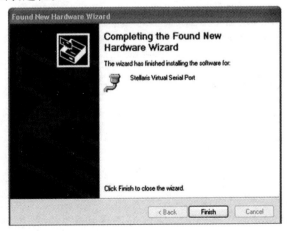

图 C.5　安装完成

Stellaris 虚拟串行端口的驱动程序现已安装。

对于 Stellaris ICDI JTAG/SWD 接口，将再次出现 "Found New Hardware Wizard"（查找新硬件向导）；对于 Stellari ICDI DFU，将再次出现设备驱动程序。按照相同的说明安装这两个设备的驱动程序。

启动 Windows 设备管理器，右键单击选择 "Scan for Hardware Change"（扫描检测硬件更改），可以确认这些设备驱动程序安装正确。此扫描将更新设备管理器属性列表。大多数情况下，设备管理器会自动刷新属性列表。现在，Stellaris 虚拟串行端口、Stellaris ICDI JTAG/SWD 接口和 Stellaris ICDI DFU 设备应该出现在列表中了。此操作表示驱动程序已成功安装。

正确安装这些驱动程序后，Windows 会自动检测连接到计算机的任何新的 Tiva 评估板（带有基于 Stellaris 的虚拟串行端口），并安装所需的驱动程序。

C.2.2 在 Windows 7/8/10 上安装 Stellaris ICDI 驱动程序

按照以下说明在运行 Windows 7 或 Windows 8 的主机上安装驱动程序。

1）使用开发套件附带的 USB 线将基于 Tiva C 系列 TM4C123G LaunchPad 的评估板连接到主机。

2）首次连接 Tiva 评估板时，Windows 7 或 Windows 8 系统会立即搜索签名驱动程序（见图 C.6），并等待此进程结束。当搜索过程完成时，出现图 C.7 所示的界面。

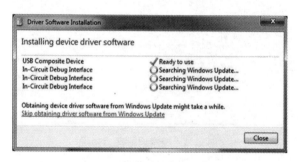

图 C.6 ICDI 搜索向导

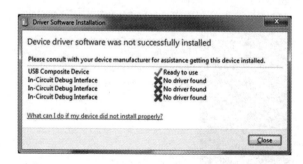

图 C.7 ICDI 搜索完成

3）进入 "控制面板"→"硬件和声音"→"设备和打印机"，打开 Windows 设备管理器。在 "Other devices"（其他设备）类别下，应该可以看到 3 个带黄色感叹号的在线调试接口设备，如图 C.8 所示。

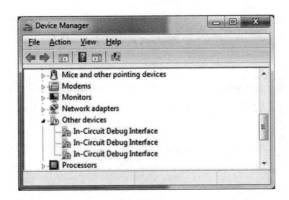

图 C. 8　其他设备

4）右击其中一个设备条目并选择"Update Driver Software"（更新驱动程序）（见图 C. 9）。

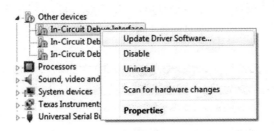

图 C. 9　更新驱动程序

5）然后选择"Browse my computer for driver software"（浏览我的计算机以查找驱动程序软件），如图 C. 10 所示。

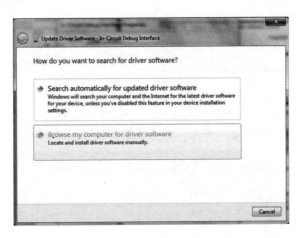

图 C. 10　选择"浏览我的计算机以查找驱动程序软件"

6）单击"Browse"（浏览）按钮，浏览到 Stellaris ICDI 驱动程序的安装位置，即 C:\ Stellari_icdi_drivers，如图 C. 11 所示。然后单击"OK"（确定）和"Next"（下一步）按钮。

7）可能会出现警告，表示 Windows 无法验证此驱动程序软件的发布者。出现此消息是因为驱动程序未签名。单击"Install this driver software anyway"（无论如何安装此驱动程序软件）继续。

图 C. 11　浏览向导

8）Stellaris ICDI 驱动程序将开始安装过程，所有相关驱动程序将安装在主机中。

9）安装过程完成后，将出现关闭向导，如图 C. 12 所示。单击"Close"（关闭）按钮以完成此安装过程。

图 C. 12　关闭向导

安装 ICDI 驱动程序后，可以立即进入文件夹"Stellaris In-Circuit Debug Interface"（Stellaris 在线调试界面），如图 C. 13 所示。现在，可以关闭设备管理器和控制面板了。

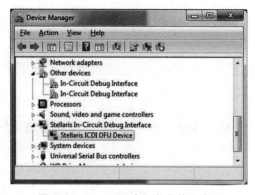

图 C. 13　ICDI 驱动程序安装完成后